机电工程安装细部节点做法优选（2025）

中国安装协会　组织编写

中国建筑工业出版社

图书在版编目（CIP）数据

机电工程安装细部节点做法优选. 2025 / 中国安装
协会组织编写 . -- 北京：中国建筑工业出版社，2025.
8.（2025.10 重印）-- ISBN 978-7-112-31483-6
  I . TH
中国国家版本馆 CIP 数据核字第 2025QT6182 号

　　本书采用文字和示意图相结合的表述方式，系统又简捷地介绍了机电工程安装细部节点好的做法，内容涵盖了建筑管道工程、建筑电气工程、通风与空调工程、建筑智能化工程、电梯工程、消防工程、机械设备安装工程、电气装置安装工程、工业管道工程、自动化仪表工程、防腐蚀工程、绝热工程、石油化工工程、发电工程、冶炼工程等多个专业工程和测量、焊接、起重三项施工专业技术，反映了近几年机电工程中的新标准、新工艺、新技术、新设备、新材料在施工中的应用。

　　本书内容丰富、实用性强，可作为建造师参考用书和施工现场技术人员、管理人员的培训教材，也可供高等学校相关专业师生参考学习。

责任编辑：李笑然　牛　松
责任校对：李美娜

机电工程安装细部节点做法优选（2025）
中国安装协会　组织编写

*

中国建筑工业出版社出版、发行（北京海淀三里河路 9 号）
各地新华书店、建筑书店经销
北京鸿文瀚海文化传媒有限公司制版
河北京平诚乾印刷有限公司印刷

*

开本：787 毫米×1092 毫米　1/16　印张：24¼　字数：602 千字
2025 年 8 月第一版　2025 年 10 月第四次印刷
定价：**96.00** 元
ISBN 978-7-112-31483-6
（45491）

程安装细部节点做法优选（2025）》

编写委员会

编：要明明

主编：陆文华

参 编：（按姓氏笔画排序）

于 峰　王 汇　任建斌　刘福建　李宇舟

李丽红　余 雷　张青年　陈海军　林宽宏

罗 宾　郑永恒　赵 凯　高 杰　郭育宏

唐艳明　常艳艳　崔 峻　符 明　葛兰英

程宝丽　谢鸿钢　蔺雪竹　潘 健　魏成权

前　　言

　　本书由中国安装协会组织机电、电力、石油、化工、冶金、建筑等方面富有技术及管理实践经验的专家编写。"细部节点"是指某个分项工程的完成面、某个工序的交接面、某个工艺准备的开始面。"优选"是选择机电工程操作技术中典型的，属于主控项目的分项工程、系统、组件、设备、器件、管路、管线等的做法。

　　本书共三章十八节。第一章建筑机电工程安装细部节点做法，分为六节；第二章工业机电工程安装细部节点做法，分为九节；第三章施工技术应用的细部做法，分为三节。全书涵盖了建筑管道工程、建筑电气工程、通风与空调工程、建筑智能化工程、电梯工程、消防工程、机械设备安装工程、电气装置安装工程、工业管道工程、自动化仪表工程、防腐蚀工程、绝热工程、石油化工工程、发电工程、冶炼工程等多个专业工程和测量、焊接、起重三项施工专业技术。

　　本书采用文字和示意图相结合的表述方式，系统又简捷地介绍了机电工程安装细部节点好的做法，反映了近几年机电工程中的新标准、新工艺、新技术、新设备、新材料在施工中的应用。

　　本书内容丰富，重点突出，通俗易懂，举一反三，方便读者实现知识的运用和消化吸收，适用于各类工业和民用、公用建筑的机电工程，对机电工程技术人员，尤其是对一线人员能起到有效的指导作用，是一本实用性很强的书籍，可作为建造师参考用书和施工现场技术人员和管理人员的培训教材，也可供高等学校相关专业师生参考学习。

　　本书在编写过程中得到了广大会员单位的大力支持，在此一并表示感谢。由于编写时间紧，书中难免有不妥之处，欢迎广大读者批评指正。

编　者

2025 年 7 月

目　　录

第一章
建筑机电工程安装细部节点做法

第一节　建筑管道工程安装细部节点做法

一、管道连接

（一）管道焊接连接

（1）管道下料，按照管道特性将管道切断坡口，其中碳钢类管道可采用氧乙炔焰割制，热塑性管道和不锈钢管道尽可能采用机械方法。

（2）管材管壁厚度为 3～20mm 时采用 V 形坡口加工法，坡口角度 α 为 60°±5°，对口间隙 c 和钝边长度 p 为 0～3mm；管壁厚度为 20～60mm 时采用 U 形坡口加工法，坡口角度 β 为 8°～12°，对口间隙 c 和钝边长度 p 为 0～3mm。V 形和 U 形坡口如图 1-1-1 所示。

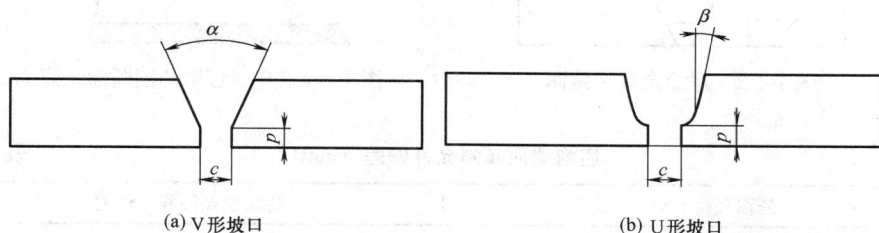

(a) V 形坡口　　　　　　　　　　　(b) U 形坡口

图 1-1-1　V 形和 U 形坡口示意图

$\alpha(\beta)$—坡口角度；c—对口间隙；p—钝边长度

（3）焊接完成后，焊缝的质量应符合设计要求，并执行现行国家标准《现场设备、工业管道焊接工程施工规范》GB 50236、《工业金属管道工程施工规范》GB 50235、《工业金属管道工程施工质量验收规范》GB 50184 等标准要求，见表 1-1-1。经外观检验不合格的焊缝不得进行无损伤检测。

焊缝外形尺寸及表面质量检验表　　　　　　　　　　表 1-1-1

项目	质量等级			
	I	II	III	IV
表面裂纹、气孔、夹渣、凹陷及熔合性飞溅	不允许			
咬边	不允许		深度≤0.5mm，连续长≤10mm，咬边总长≤10%焊缝总长	

项目	质量等级			
	Ⅰ	Ⅱ	Ⅲ	Ⅳ
焊缝余高	$e\leqslant0.10b$，且最大为 3mm		$e\leqslant1+0.20b$，且最大为 5mm	
接头错边	不超过壁厚的 10% 且不大于 2mm			

注：e 为缺陷尺寸；b 为焊缝余高，如图 1-1-2 所示。

（4）薄壁不锈钢进行焊接时，常采用氩弧焊焊接形式，焊接完成后，要对焊缝的表面质量进行 100% 的自检。焊缝银白、金黄最佳，蓝为良好，红灰为较好，灰为不好，黑色最差。

（二）金属管道沟槽连接

（1）金属管道切割应采用机械方法。管材切口断面应垂直管道中心轴线，其切割断面倾斜允许偏差 e 应该满足图 1-1-3 和表 1-1-2 的要求。

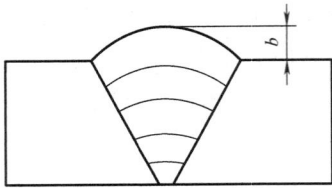

图 1-1-2　焊缝余高示意图　　　　图 1-1-3　金属管道切割断面示意图

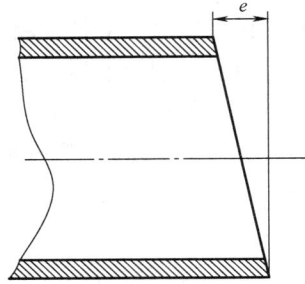

切割端面倾斜允许偏差（mm）　　　　表 1-1-2

公称直径 DN	切割断面倾斜允许偏差 e
$\leqslant80$	0.8
$100\sim150$	1.2
$\geqslant220$	1.6

（2）沟槽式管接头平口端环形沟槽必须采用专门的滚槽机加工成型。沟槽宽度、深度需要满足相应的规范要求。压槽时应持续渐进，沟槽加工完成样如图 1-1-4 所示。沟槽深度应符合表 1-1-3 的规定，并应用标准量规测量槽的全周深度。

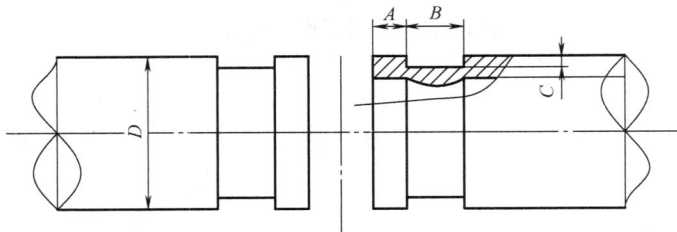

图 1-1-4　沟槽加工完成样示意图

A—管端长度；B—沟槽宽度；C—沟槽深度；D—管外径

沟槽标准深度及公差（mm）　　　　　　　　　　表 1-1-3

公称直径	沟槽深度	公差
65～80	2.2	+0.3
100～150	2.2	+0.3
200～250	2.5	+0.3
300	3.0	+0.5

（3）沟槽连接装配顺序：依次为清理管端、套上橡胶密封圈、装上卡箍和紧固螺栓。装配要求：沟槽两端管道中心线一致，沟槽安装方向（紧固螺栓位置）一致。

（三）薄壁金属管道卡压连接

（1）管段切割：当管径≤80mm时，切割工具宜采用专用的电动切管机或手动切管器、手动管割刀；当管径≥100mm时，宜采用锯床切割，当必须采用砂轮锯时，应采用不锈钢专用砂轮片，且不得切割其他金属管材。切割后必须清除管内外毛刺。切割后管口的端面应平整，并垂直于管轴线，其切斜允许值如图 1-1-5 所示，并符合表 1-1-4 的要求。

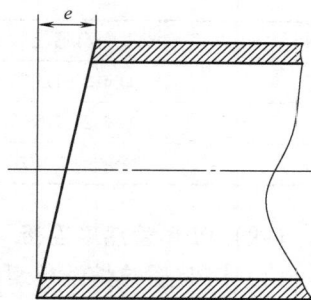

图 1-1-5　金属管道切斜允许值示意图

金属管道切斜允许值（mm）　　　　　　　　　　表 1-1-4

公称尺寸 DN	切斜允许值 e	公称尺寸 DN	切斜允许值 e
≤20	0.5	100～150	1.2
25～40	0.6	≥200	1.5
50～80	0.8		

（2）不锈钢管件安装时，密封圈严禁使用润滑油，将管道垂直插入卡压式管件中至规定划线位置，不得歪斜，如图 1-1-6 所示。插入长度 L 可参考表 1-1-5。卡压完成后检查划线处与接头端部的距离 H，若 DN15～DN25 距离 H 超过 3mm、DN32～DN50 距离 H 超过 4mm，则属于不合格，需切除后重新施工。

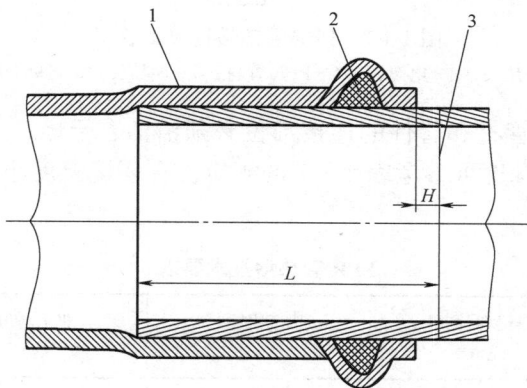

图 1-1-6　薄壁金属管道卡压连接示意图
1—卡压管件；2—密封圈；3—划线位置

薄壁金属管道卡压连接插入长度 L 基准值（mm）　　　表 1-1-5

公称直径 DN	10	15	20	25	32	40	50	65	80	100
插入长度	18	21	24	24	39	47	52	53	60	75

（3）薄壁金属管道卡压连接时，不同管径管道的卡压压力应满足相应规范要求。采用液压分离式卡压工具对应不同管径的卡压压力见表 1-1-6。

卡压连接压力表　　　表 1-1-6

公称通径	卡压压力（MPa）
DN15～DN25	40
DN32～DN50	50
DN65～DN100	60

（四）PPR 管热熔连接

（1）PPR 管热熔连接组件主要包括热熔管件、加热头、电热板、加热套以及 PPR 管材，组件连接顺序如图 1-1-7 所示。管道切割应使用专用的管剪或管道切割机，管道切割后的断面应去除毛边和毛刺，管道的截面必须垂直于管轴线。

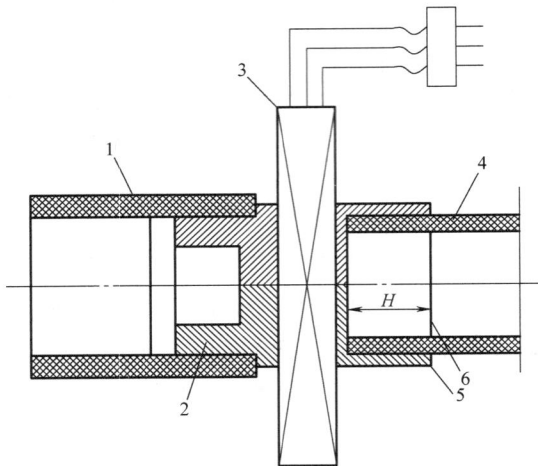

图 1-1-7　PPR 管热熔连接示意图

1—热熔管件；2—加热头；3—电热板；4—PPR 管材；5—加热套；6—热熔深度；H—划线位置

（2）管道热熔前，管材和管件的连接部位必须清洁、干燥、无油，需量出热熔的深度，并做好标记。热熔深度可参考表 1-1-7 的规定。在环境温度小于 5℃时，加热时间应延长 50%。

PPR 管热熔技术要求　　　表 1-1-7

公称直径 （mm）	热熔深度 H （mm）	加热时间 （s）	加工时间 （s）	冷却时间 （min）
0	14	5	4	3
25	16	7	4	3

公称直径 （mm）	热熔深度 H （mm）	加热时间 （s）	加工时间 （s）	冷却时间 （min）
32	20	8	4	4
40	21	12	6	4
50	22.5	18	6	5
63	24	24	6	6
75	26	30	10	8
90	32	40	10	8
110	38.5	50	15	10

（3）连接时，把管端插入加热套内，插到所标志的深度，同时把管件推到加热头上规定标志处。

（4）达到加热时间后，立即把管材与管件从加热套与加热头上同时取下，迅速无旋转地直线均匀插入所标深度，使接头处形成均匀凸缘。

（五）HDPE 管热熔连接

（1）HDPE 管采用热熔对焊连接或电熔套管连接。

（2）热熔对焊连接：主要包含热熔加热板和 HDPE 管材，其热熔对焊连接示意图如图 1-1-8 所示。热熔时将热熔加热板升温至 210℃，放置两管材端面中间，操作电动液压装置使两端面同时完全与电热板接触加热。加热达到要求后，抽掉加热板，再次操作液压装置，使已熔融的两管材端面充分对接并锁定液压装置（防止反弹）。

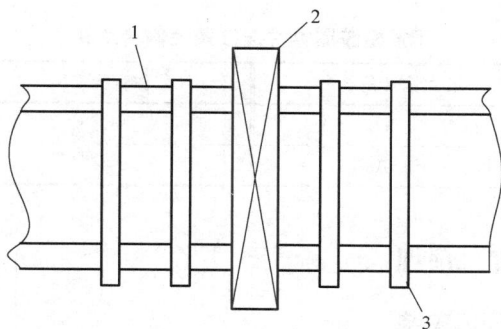

图 1-1-8 HDPE 管热熔对焊连接示意图
1—HDPE 管材；2—热熔加热板；3—对焊液压机架

（3）热熔对接完成后，检查熔接面，需有双面翻边。壁厚偏移量必须小于 10% 壁厚，$K>0$，如图 1-1-9 所示。

（4）HDPE 管电熔连接：将管材完全插入电熔管件内，将专用电熔机两根导线分别接通电熔管件正负两极，接通电源，将预埋在电熔管件内的电热丝加热，使电熔管件与管材接触处材料在加热后熔接成一体，如图 1-1-10 所示。

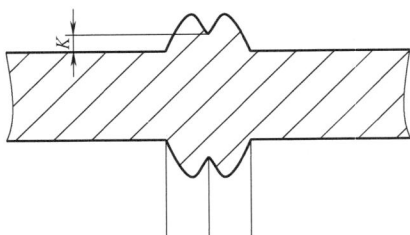

图 1-1-9 热熔接面双面翻边示意图

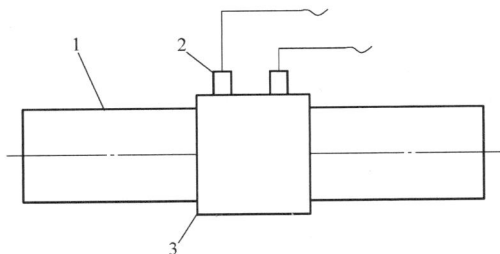

图 1-1-10 HDPE 管电熔套管连接示意图
1—管材；2—电熔管件正负极；3—管件

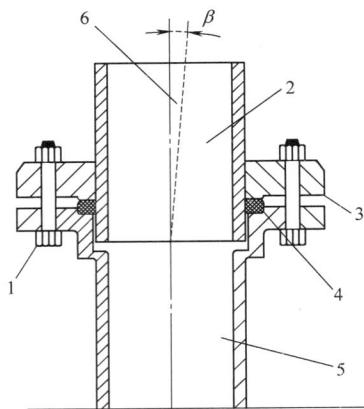

图 1-1-11 承插橡胶圈柔性连接示意图
1—紧固螺栓；2—插口端；3—法兰；4—密封胶圈；5—承口端；6—偏转角 β

（六）承插橡胶圈柔性连接

（1）承插橡胶圈柔性连接：主要包括插口端、承口端、法兰、密封胶圈以及紧固螺栓等部分，如图 1-1-11 所示。

（2）安装前要确认胶圈应完整、表面光滑、粗细均匀，无气泡、重皮，尺寸偏差应小于 1mm。安放时胶圈放入承口内的圈槽里，均匀严整地紧贴承口内壁，如有隆起或扭曲现象，必须调平。

（3）安装时，管子插口工作面和胶圈内表面需刷水并擦上肥皂水，管材根据要插入的深度，沿管子插口外表面划出安装线，安装面应与管轴相垂直。每个接口的管道最大偏转角 β 应符合表 1-1-8 的规定。

承插橡胶圈柔性连接最大偏转角 β　　　　　　　　表 1-1-8

公称直径 DN	最大偏转角 β(°)	公称直径 DN	最大偏转角 β(°)
≤200	5	≥400	3
200~350	4		

二、管道套管预留、预埋

（一）刚性防水套管预埋安装

（1）刚性防水套管可分为 A 型、B 型、C 型三种型号。A 型适用于钢管或 PVC 管，B 型和 C 型适用于铸铁管和球墨铸铁管。

（2）刚性防水套管主要由钢制套管、止水翼环、封口环组成。钢管外面焊接一道止水翼环，迎水面设有封口环，在外层涂有防水层，管材与套管之间的间隙一般灌注发泡聚氨酯，室内侧用水泥砂浆封堵，具体安装示意图如图 1-1-12 所示。

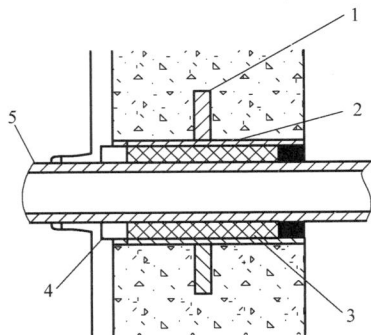

图 1-1-12 刚性防水套管安装示意图
1—止水翼环；2—钢制套管；3—发泡聚氨酯；4—封口环；5—管道

（3）刚性防水套管主要用于有可能有水渗漏，而要求又比较高的结构墙、板位置，如地下室的外墙和屋面的楼板等处。

（二）柔性防水套管预埋安装

（1）柔性防水套管可分为 A 型和 B 型，A 型适用于建筑物的内墙，B 型适用于建筑物的外墙。

（2）柔性防水套管主要由钢制套管、止水翼环、法兰压盖、密封圈等部分组成。

钢管外面焊接 3 道止水翼环，内部有挡圈、密封圈，外面再做一道法兰压盖，压盖和套管利用螺栓连接，螺栓越紧密封圈越大，越不易漏水。具体安装示意图如图 1-1-13 所示。

（3）柔性防水套管具有较严密的防水性能以及抗震、抗沉降等优点，一般用在消防水池、饮用水

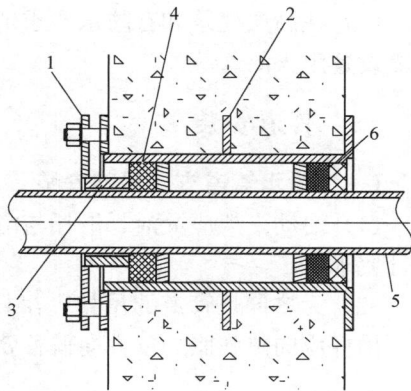

图 1-1-13　柔性防水套管安装示意图
1—紧固螺栓；2—止水翼环；3—法兰
压盖；4—密封圈；5—管道；
6—钢制套管

池、污水处理池、城市管廊、地下管道、石油化工、城市建设等的管道建设中。

（三）穿墙保护套管预埋安装

（1）管道穿越墙体时，应按照设计要求的规格尺寸正确安装套管，其中穿越防火墙必须安装钢制套管，普通隔墙宜安装钢制套管或 PVC 套管。

（2）穿墙保护套管两端应与墙体装饰面齐平，套管与管道之间的缝隙宜用阻燃密实材料填实，且端面光滑，如图 1-1-14 所示。

（3）对有绝热要求的管道，穿越墙体时，应保证绝热层与套管之间有 10～30mm 的间隙；套管处需要做绝热处理；用玻璃棉等不燃绝热材料将管道绝热层与套管之间的所有间隙填满塞密。

（4）管道接口不得设置在套管内。

（四）楼板保护套管预埋安装

（1）所有预留套管的中心坐标及标高，偏移设计位置应不大于 20mm。

（2）安装在楼板内的套管，其顶部应高出装饰地面 20mm，安装在卫生间及厨房内的套管，其顶部应高出装饰地面 50mm，底部应与楼板地面相平，套管与管道之间的缝隙宜用阻燃密实材料和防水泥（油膏）填实，且端面光滑。其安装封堵如图 1-1-15 所示。

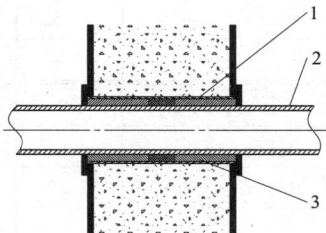

图 1-1-14　穿墙保护套管安装示意图
1—穿墙保护套管；2—管道；
3—阻燃密实材料

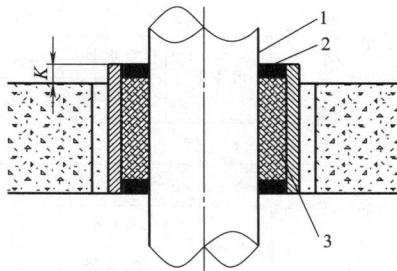

图 1-1-15　楼板保护套管安装示意图
1—管道；2—阻燃密实材料；3—防水泥（油膏）；
K—高出饰面高度

（3）在高层建筑和有防水要求的建筑中，公称直径 DN100 及以上的塑料立管穿楼板处需设置阻火圈。

三、管道安装

（一）给水管道支、吊架安装

（1）滑动支架应灵活，滑托与滑槽两侧间应留有 3～5mm 的间隙，纵向移动量应符合设计要求。

（2）无热伸长管道的吊架、吊杆应垂直安装，如图 1-1-16 所示；有热伸长管道的吊架、吊杆应向热膨胀的反方向偏移 $\delta/2$（δ 为热膨胀的位移量），如图 1-1-17 所示。

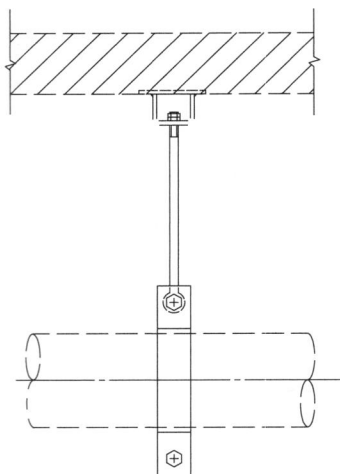

图 1-1-16　无热伸长管道的吊架、
吊杆安装示意图

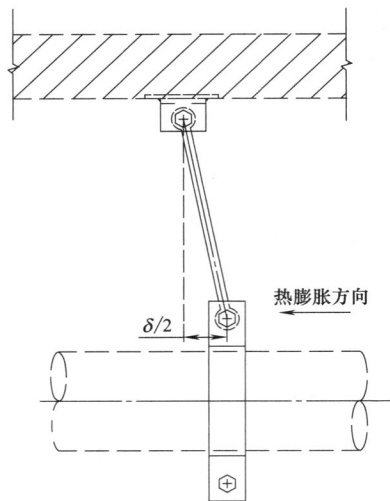

图 1-1-17　有热伸长管道的吊架、
吊杆安装示意图

（3）塑料管及复合管垂直或水平安装的支、吊架间距应符合表 1-1-9 的规定。采用金属制作的管道支架，应在管道与支架间加衬非金属垫或套管，如图 1-1-18 所示。

塑料管及复合管垂直或水平安装的支、吊架最大间距　　　　表 1-1-9

直径（mm）		12	14	16	18	20	25
管架的最大间距（m）	立管	0.5	0.6	0.7	0.8	0.9	1.0
	水平管 冷水管	0.4	0.4	0.5	0.5	0.6	0.7
	水平管 热水管	0.2	0.2	0.25	0.3	0.3	0.35
直径（mm）		40	50	63	75	90	110
管架的最大间距（m）	立管	1.3	1.6	1.8	2.0	2.2	2.4
	水平管 冷水管	0.9	1.0	1.1	1.2	1.35	1.55
	水平管 热水管	0.5	0.6	0.7	0.8	—	—

（4）金属管道立管管卡安装应符合下列规定：

① 楼层高度 H 小于或等于 5m 时，每层必须安装 1 个管卡。

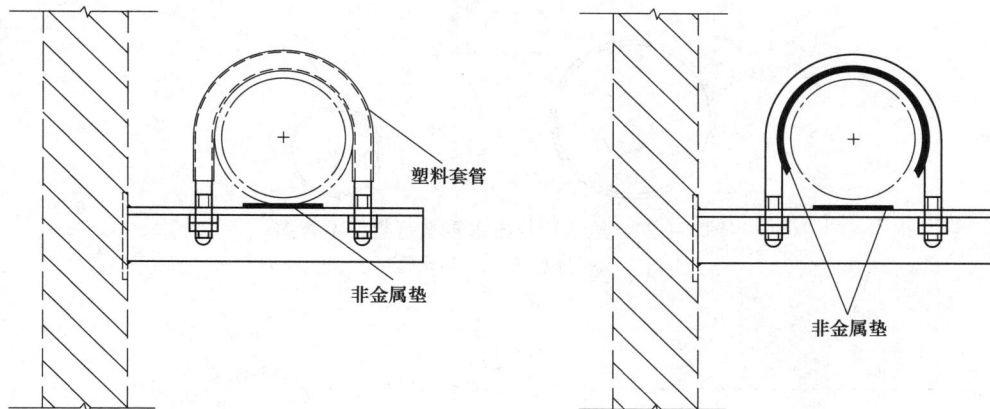

图 1-1-18　管道与支架间加衬非金属垫或套管示意图

② 楼层高度 H 大于 5m 时，每层不得少于 2 个管卡。

③ 管卡安装高度，距地面 L 应为 1.5～1.8m；2 个以上管卡应匀称安装，同一房间管卡应安装在同一高度上，如图 1-1-19 所示。

（5）薄壁不锈钢管道安装时，公称直径不大于 25mm 的管道可采用塑料管卡。采用碳钢管卡或吊架时，碳钢管卡或吊架与管道之间应采用塑料或橡胶等隔离垫。

（二）室内给水管道及配件安装

（1）管道安装一般应本着先主管后支管、先上部后下部、先里后外的原则进行，对于不同材质的管道应先安装钢质管道，后安装塑料管道，当管道穿过地下室侧墙时应在室内管道安装结束后再进行安装，安装过程中应注意成品保护。

（2）冷热水管道上下平行安装时热水管道应在冷水管道上方，垂直安装时热水管道应在冷水管道左侧。

（3）给水引入管与排水排出管的水平净距 L 不得小于 1m。室内给水与排水管道平行铺设时，两管间的最小水平净距 L 不得小于 0.5m，如图 1-1-20 所示。室内给水与排水管道交叉敷设时，垂直净距 H 不得小于 0.15m，如图 1-1-21 所示。给水管应铺在排水管上面，若给水管必须铺在排水管的下面时，给水管应加套管，其长度 L 不得小于排水管管径的 3 倍，如图 1-1-22 所示。

（4）给水水平管道应有 2‰～5‰ 的坡度坡向泄水装置。

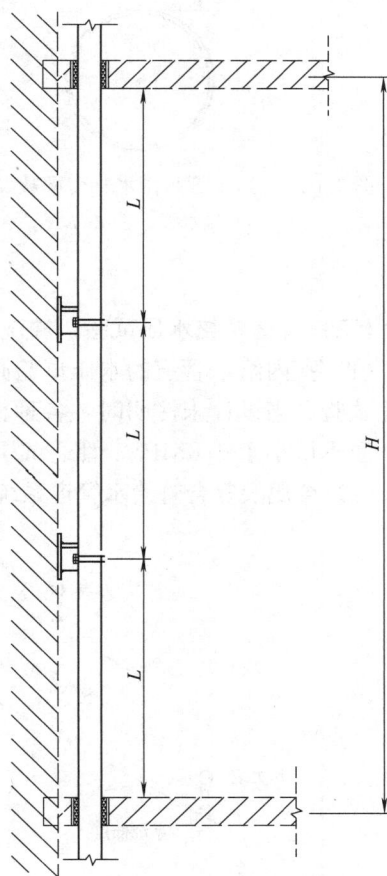

图 1-1-19　立管管卡安装示意图

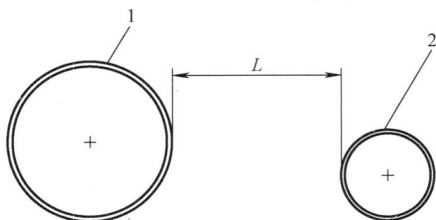

图 1-1-20　给水管与排水管平行敷设示意图

1—排水管；2—给水管

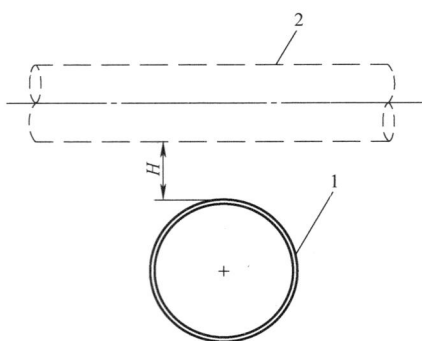

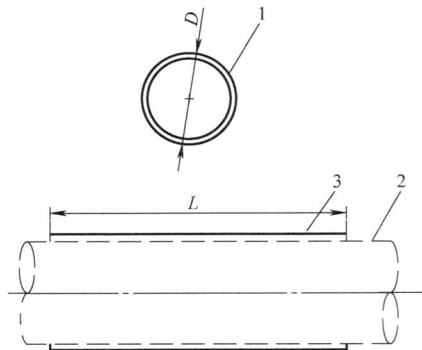

图 1-1-21　给水管与排水管交叉敷设示意图

1—排水管；2—给水管

图 1-1-22　给水管敷设在排水管下方

加设套管安装示意图

1—排水管；2—给水管；3—套管

（三）管道系统水压试验、冲洗及消毒

（1）室内给水管道的水压试验必须符合设计要求，水压试验应包括水压强度试验和严密性试验。当设计未注明时，各种材质的给水管道系统强度试验压力均为工作压力的 1.5倍，但不得小于 0.6MPa。管通试压系统如图 1-1-23 所示。

（2）金属及复合管给水管道系统在试验压力下观测 10min，压力降不应大于 0.02MPa，然后降到工作压力进行检查，应不渗不漏；塑料管给水系统应在试验压力下稳压 1h，压力降不得超过 0.05MPa，然后在工作压力的 1.15 倍状态下稳压 2h，压力降不得超过 0.03MPa，同时检查各连接处不得渗漏。

（3）管道系统水压试验合格后，应进行管道系统冲洗。

（4）热水管道系统冲洗时，应先冲洗热水管道底部干管，后冲洗各环路支管。由临时供水入口向系统供水，关闭其他支管的控制阀门，只开启干管末端支管最底层的阀门，由底层放水并引至排水系统内。观察出水口处水质变化是否清洁。底层干管冲洗后再依次冲洗各

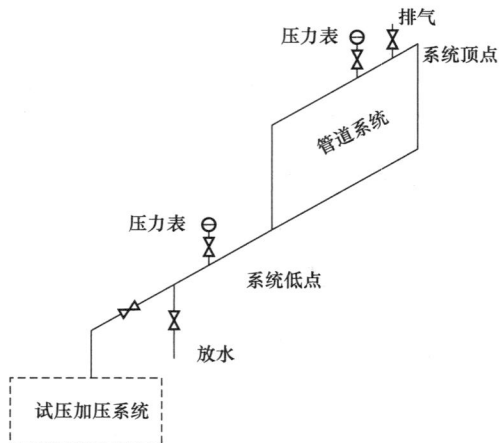

图 1-1-23　管道试压系统示意图

分支环路，直至全系统管路冲洗完毕为止。

（5）生活给水、热水系统及游泳池循环给水系统的管道和设备在交付使用前必须冲洗和消毒，生活饮用水系统的水质应进行见证取样检验。生活饮用水中不应含有病原微生物，水中的化学物质、放射性物质不应危害健康且感官性状良好。生活饮用水的输配装置、防护材料和水处理材料不应污染饮用水。

（四）排水管道支、吊架安装

（1）金属排水管道上的吊钩或卡箍应固定在承重结构上，如图 1-1-24 所示。

（2）固定件间距：横管不大于 2m；立管不大于 3m，楼层高度小于或等于 4m，立管可安装 1 个固定件，如图 1-1-25 所示。

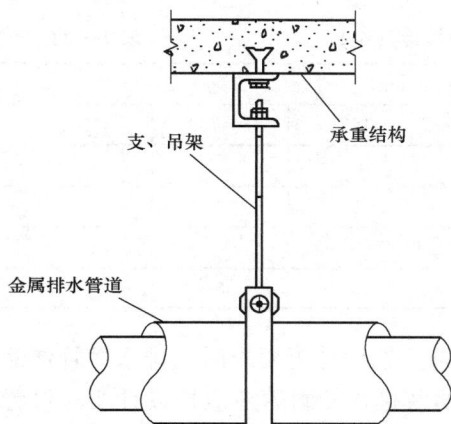

图 1-1-24 金属排水管道吊钩示意图

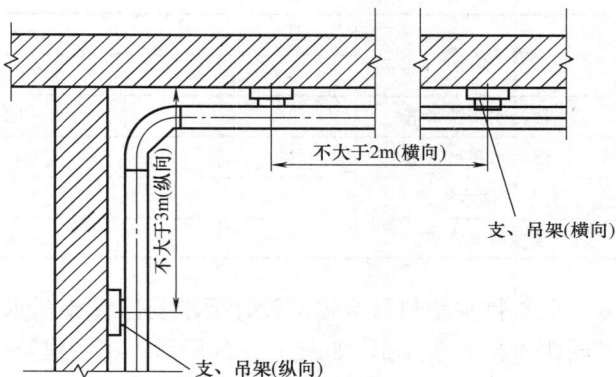

图 1-1-25 固定件间距示意图

（3）排水横管在平面转弯时，弯头处应增设支（吊）架。排水横管起端和终端应采用防晃支架或防晃吊架固定，如图 1-1-26 所示。

（4）排水立管底部的弯管处应设支墩或采取固定措施，如图 1-1-27 所示。

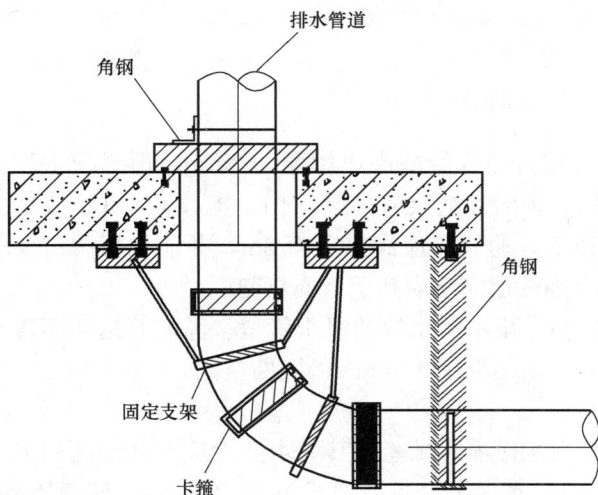

图 1-1-26 横管底部弯管固定支架示意图

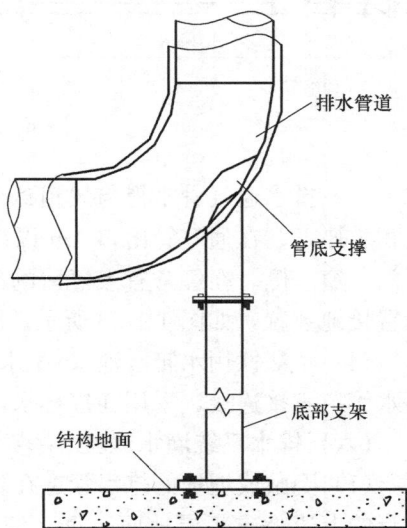

图 1-1-27 排水立管底部弯管支撑示意图

（5）排水塑料管道的支、吊架最大间距应符合表 1-1-10 的规定。

排水塑料管道支、吊架最大间距（m）　　　　　表 1-1-10

管径(mm)	50	75	110	125	160
立管	1.2	1.5	2.0	2.0	2.0
横管	0.5	0.75	1.10	1.30	1.60

（五）排水管道及配件安装

（1）室内生活污水管道应按铸铁管、塑料管等不同材质及管径设置排水坡度，铸铁管的坡度应高于塑料管的坡度。室内生活污水、雨水管道的最小坡度应满足表 1-1-11 的要求。

室内生活污水、雨水管道最小坡度（‰）　　　　　表 1-1-11

管道名称	管径(mm)					
	50	75	100(110)	125	150(160)	200
生活污水铸铁管道	25	15	12	10	7	5
生活污水塑料管道	12	8	6	5	4	—
悬吊式雨水管道	5					
埋地雨水管道	20	15	8	6	5	4

（2）排水塑料管必须按设计要求及位置装设伸缩节。如设计无要求时，排水横管伸缩节间距不得大于 4m，如图 1-1-28 所示。高层建筑中明装排水塑料管道应按设计要求设置阻火圈（图 1-1-29）或防火套管。

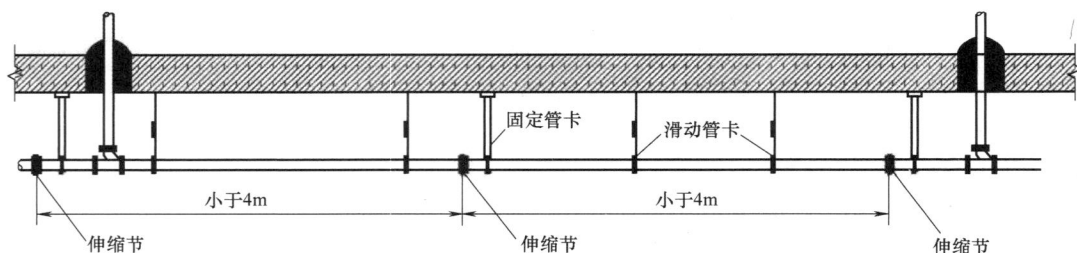

图 1-1-28　伸缩节间距示意图

（3）排水通气管不得与风道或烟道连接，通气管应高出屋面 300mm，但必须大于最大积雪厚度。在通气管出口 4m 以内有门、窗时，通气管应高出门、窗顶 600mm 或引向无门、窗一侧。在经常有人停留的平屋顶上，通气管应高出屋面 2m，并应根据防雷要求设置接地装置，如图 1-1-30 所示。屋顶有隔热层应从隔热层板面算起。

（4）生活饮用水箱（池）、中水箱（池）、雨水清水池的泄水管道、溢流管道，不得与污水管道直接连接，采用间接排水，并应留出不少于 100mm 的隔断空间。

（六）排水系统灌水试验

（1）隐蔽或埋地的排水管道在隐蔽前必须做灌水试验，其灌水高度应不低于底层卫生器具的上边缘或底层地面高度。满水 15min 水面下降后，再灌满观察 5min，液面不降、管道及接口无渗漏为合格，如图 1-1-31 所示。

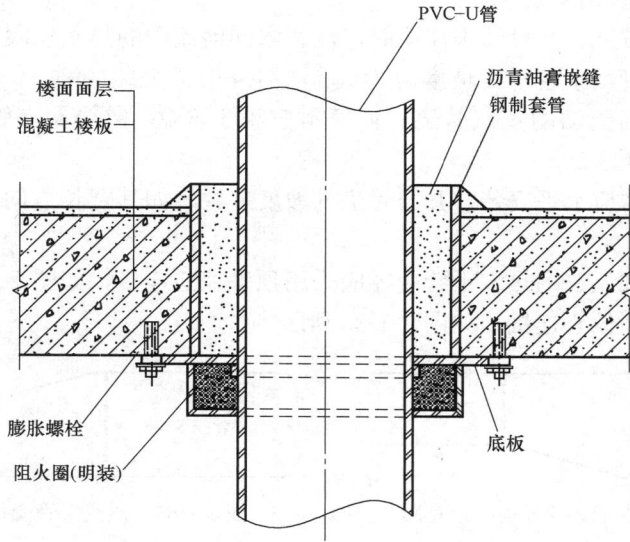

图 1-1-29　高层建筑排水管道阻火圈示意图

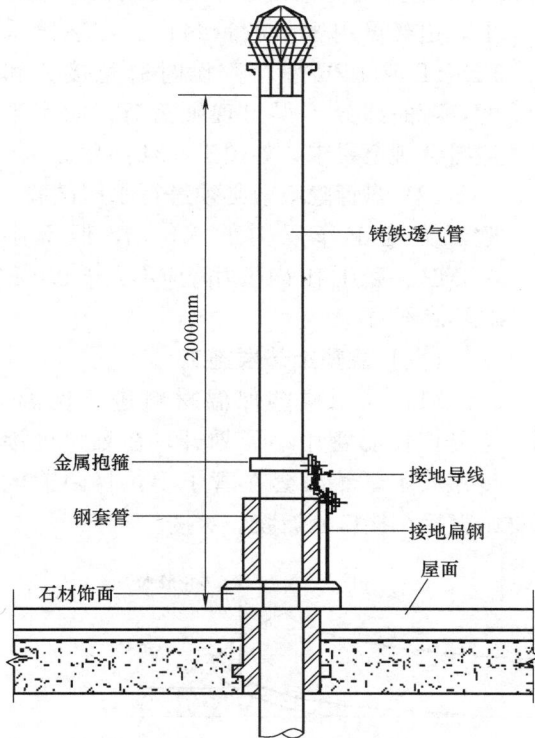

图 1-1-30　排水铸铁透气管安装示意图

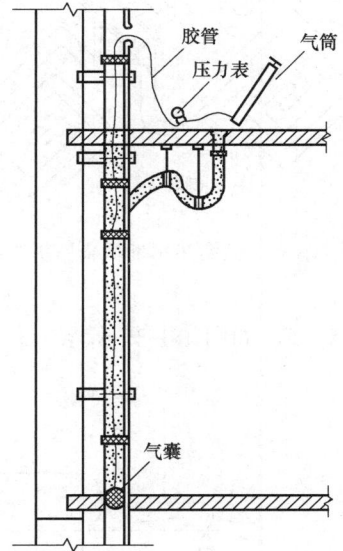

图 1-1-31　管道灌水示意图

（2）安装在室内的雨水管道安装后应做灌水试验，灌水高度必须到每根立管上部的雨水斗。灌水试验持续 1h，不渗不漏为合格。

（七）室内供暖管道安装

（1）管道安装坡度，当设计未注明时，汽、水同向流动的热水供暖管道和汽、水同向流动的蒸汽管道及凝结水管道，坡度应为3‰，不得小于2‰；汽、水逆向流动的热水供暖管道和汽、水逆向流动的蒸汽管道，坡度不应小于5‰；散热器支管的坡度应为1%，坡向应利于排气和泄水。

（2）方形补偿器应水平安装，并与管道的坡度一致；如其臂长方向垂直安装必须设排气及泄水装置。

（3）上供下回式系统的热水干管变径应采用顶平偏心连接，如图1-1-32所示。蒸汽干管变径时应采用底平偏心连接，如图1-1-33所示。

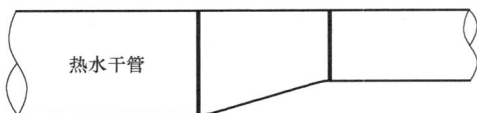

图1-1-32　热水干管变径连接示意图　　图1-1-33　蒸汽干管变径连接示意图

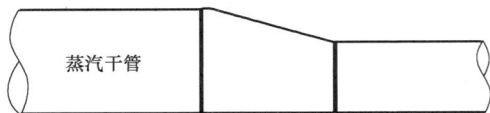

（八）低温热水地板辐射供暖系统安装

（1）地面下敷设的盘管埋地部分不应有接头，绝热层应铺设在平整的结构层或地面上，边缝需用密封胶带封严。加热管采用PE-RT或PPR管，敷设时避免接头和死弯，弯曲部分不得出现硬折弯，曲率半径应符合规范要求，如图1-1-34所示。

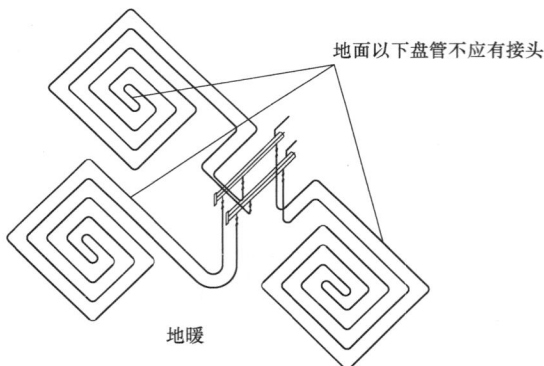

（2）盘管隐蔽前必须进行水压试验，试验压力为工作压力的1.5倍，但不小于0.6MPa。稳压1h内压力降应不大于0.05MPa且不渗不漏。

图1-1-34　低温热水地板辐射供暖盘管安装示意图

（九）橡塑绝热层施工

（1）采用橡塑保温材料进行保温时，应先把保温管用小刀划开，在划口处涂上专用胶水，然后套在管子上，将两边的划口对接，如图1-1-35所示，若保温材料为板材则直接在接口处涂胶、对接。

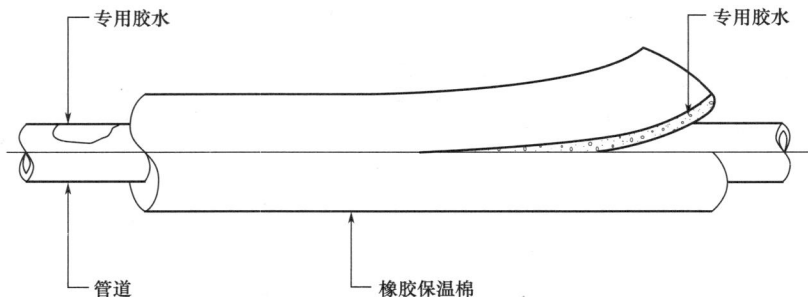

图1-1-35　橡塑保温安装示意图

（2）管道及设备保温层的厚度和表面平整度的允许偏差应符合表 1-1-12 的规定。

给水管道防腐允许偏差表

表 1-1-12

项次	项目		允许偏差（mm）	检验方法
1	厚度		$+0.1\delta$ -0.05δ	用钢针刺入
2	表面平整度	卷材	5	用 2m 靠尺和楔形塞尺检查
		涂抹	10	

注：δ 为橡塑保温层的厚度。

（十）金属外保护层施工

（1）管道金属保护层的纵向接缝，当为保温结构时，其可采用自攻螺钉或抽芯铆钉固定，间距宜为 150～200mm，如图 1-1-36 所示，间距应均匀一致，且不得刺破防潮层；当为保冷结构时，应采用镀锌铁丝或胶带等抱箍固定，间距为 250～300mm，间距应均匀，如图 1-1-37 所示。金属保护壳板材的连接应牢固严密，外表应整齐平整。

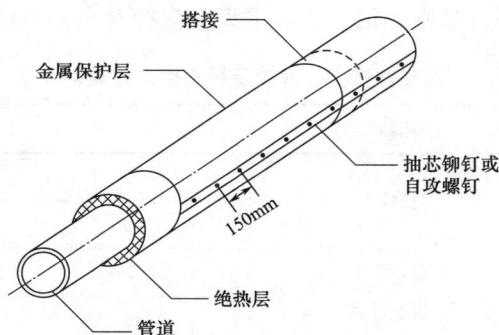

图 1-1-36 管道金属保护层（保温）纵向接缝固定示意图

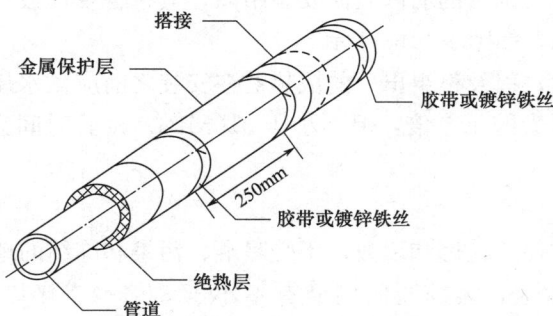

图 1-1-37 管道金属保护层（保冷）纵向接缝固定示意图

（2）圆形保护壳应贴紧绝热层，不得有脱壳、褶皱、强行接口等现象。接口搭接应顺水流方向设置，并应有凸筋加强，如图 1-1-38 所示。

（3）水平管道金属保护层的环向接缝应顺水搭接，如图 1-1-39 所示，纵向接缝应设于管道的侧下方，并顺水；立管金属保护层的环向接缝必须上搭下。

接缝顺水流方向设置

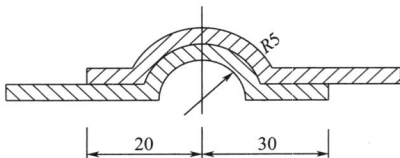

图 1-1-38　凸筋搭接示意图　　　　　图 1-1-39　金属保护层接缝施工示意图

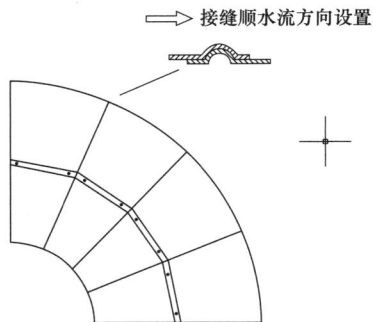

四、器具/设备安装

（一）散热器安装

（1）散热器组对应平直紧密，组对后的平直度应符合表 1-1-13 的规定。

散热器类型、片数及平直度允许偏差　　　　　表 1-1-13

项次	散热器类型	片数	平直度允许偏差（mm）
1	长翼型	2～4	4
		5～7	6
2	铸铁片式 钢制片式	3～15	4
		16～25	6

（2）散热器支架、托架安装，位置应准确，埋设牢固。

（3）散热器背面与装饰后的墙内表面安装距离，应符合设计或产品说明书要求。如设计未注明，应为 30mm，如图 1-1-40 所示。

（4）散热器组对后，以及整组出厂的散热器在安装之前应做水压试验。试验压力如设计无要求时应为工作压力的 1.5 倍，但不小于 0.6MPa。试验时间为 2～3min，压力不降且不渗不漏。

（二）水表安装

（1）水表应安装在便于检修和读数，不受曝晒、污染和冻结的地方。

（2）安装螺翼式水表，表前与阀门应有不小于 8 倍水表接口直径的直线管段，如图 1-1-41 所示。其他类型水表前后直线管段的长度，应不小于 300mm 或符合产品标准规定的要求。

（3）水表安装时，应使进水方向与表上标志方向一致。旋翼式水表和垂直螺翼式水表应水平安装，水平螺翼式和容积式水表可根据实际情况确定水平、倾斜或垂直安装；垂直安装时，水流方向必须自下而上。

（4）水表下方设置水表托架（图 1-1-41），宜采用 25mm×25mm×3mm 的角钢制作。

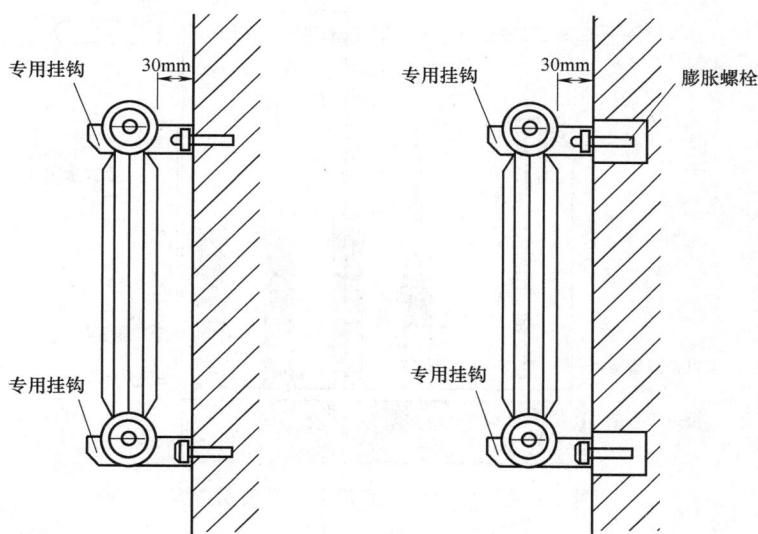

(a) 铝合金散热器实墙上安装　　　　(b) 铝合金散热器轻质墙上安装

图 1-1-40　散热器安装示意图

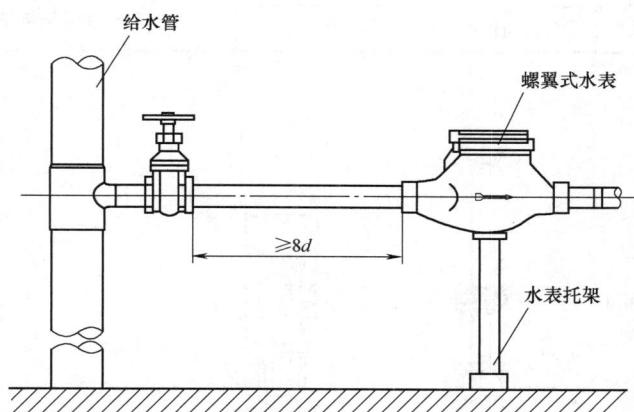

图 1-1-41　螺翼式水表安装示意图

（三）生活给水变频泵组安装

（1）生活给水变频泵组是由给水水泵（通常为立式泵）和定压补水装置共同安装在一个型钢底座上，如图 1-1-42 所示。

（2）水泵组就位前的基础混凝土强度、坐标、标高、尺寸和螺栓孔位置必须符合设计规定，水泵安装的允许偏差及检验方法见表 1-1-14。

（3）安装在水泵进出水管上的软接头必须在阀门和止回阀近水泵的一侧，可曲挠软接头宜安装在水平管上（图 1-1-43），用于生活饮水管道的软接头仍应符合饮用水水质标准，进场时提供饮用水卫生许可文件。

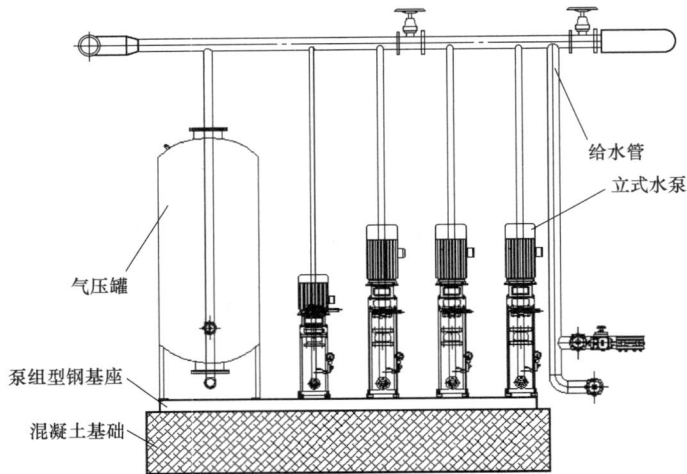

图 1-1-42 生活给水变频泵组安装示意图

水泵安装的允许偏差和检验方法　　　　　　　　　　　　表 1-1-14

项目		允许偏差(mm)	检验方法
离心式水泵	立式泵体垂直度(每米)	0.1	水平尺和塞尺检查
	联轴器同心度　轴向倾斜(每米)	0.8	在联轴器互相垂直的四个位置上用水准仪、百分表或测微螺钉和塞尺检查
	联轴器同心度　径向位移	0.1	

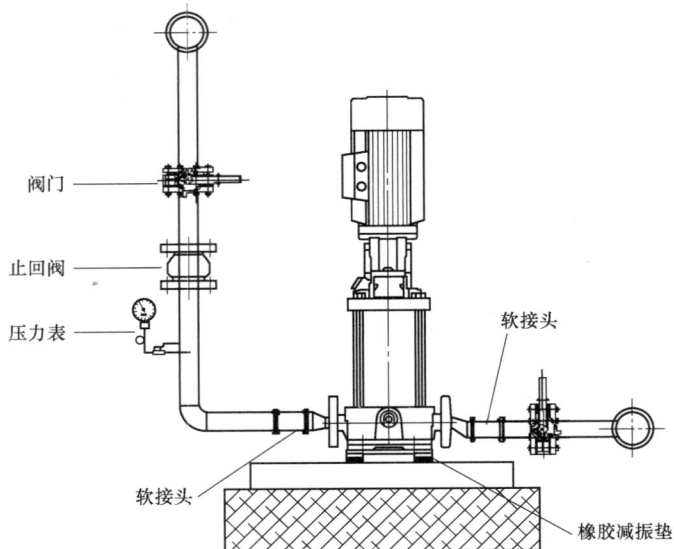

图 1-1-43 立式给水泵可曲挠软接头安装示意图

（4）立式水泵的减振装置不应采用弹簧减振器，如需要可采用橡胶隔振垫或橡胶隔振器，橡胶隔振垫支承点数量应为偶数且不少于 4 个，其布置方式如图 1-1-44 所示。

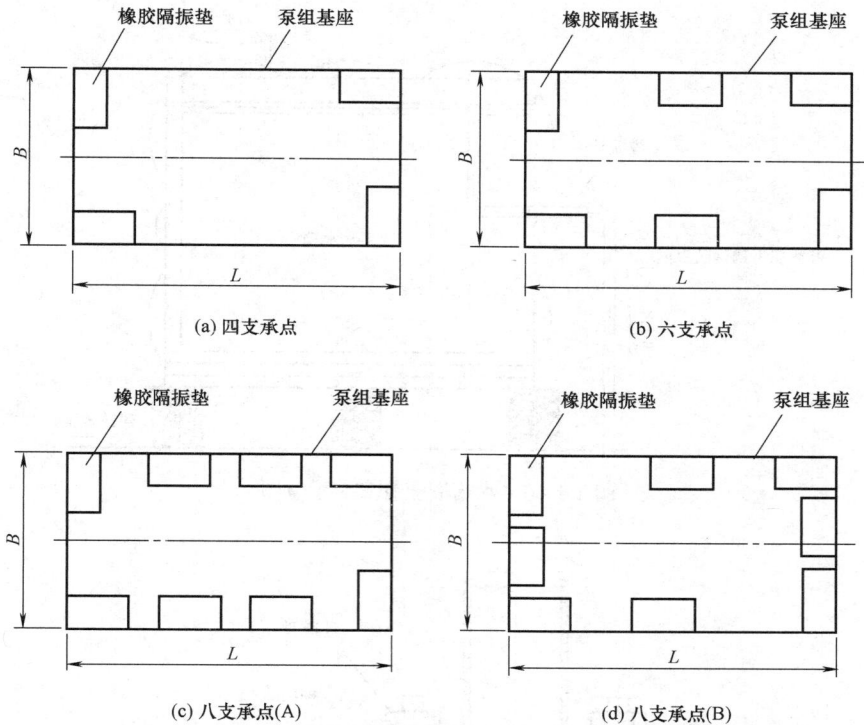

(a) 四支承点　　　　　　　　　　(b) 六支承点

(c) 八支承点(A)　　　　　　　　　(d) 八支承点(B)

图 1-1-44　立式给水泵橡胶隔振垫布置示意图

（5）水泵吸水管道变径连接时，应采用偏心异径管件，并应采用管顶平接，带斜度的一段朝下，以防止产生"气囊"，如图 1-1-45 所示。

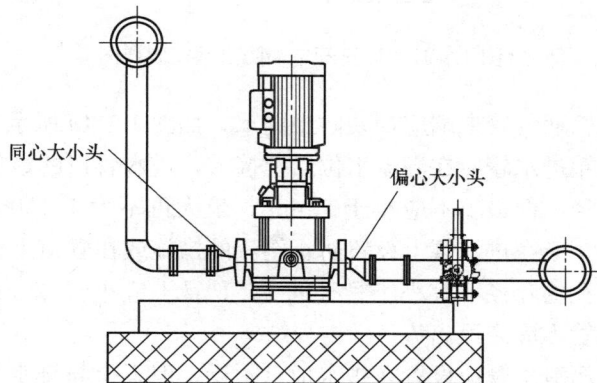

图 1-1-45　给水泵吸水管偏心管件安装示意图

（四）敞口水箱安装

（1）给水敞口水箱溢流管的直径不应小于进水管直径的 2 倍，且不应小于 DN100，溢流管的喇叭口直径不应小于溢流管直径的 1.5～2.5 倍。溢流管末端应加装防虫网，如图 1-1-46 和图 1-1-47 所示。

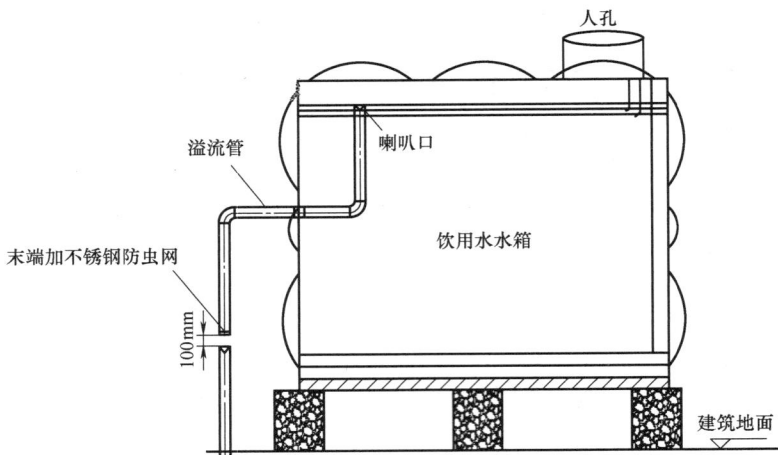

图 1-1-46　水箱溢流管安装示意图

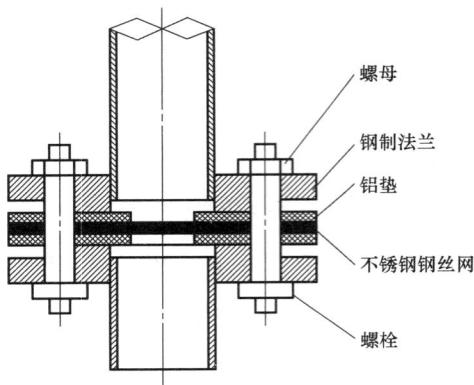

图 1-1-47　溢流管末端防虫网安装详图

（2）给水敞口水箱通气管末端应加装防虫网罩，如图 1-1-48 所示。

（3）给水敞口水箱进水管应在溢流水位以上接入，进水管口的最低点高出溢流边缘的高度应等于进水管管径，但最小不应小于 25mm，最大可不大于 150mm（图 1-1-48）；当进水管为淹没出流时，应在进水管上设置防止倒流的措施或在管道上设置虹吸破坏孔和真空破坏器，虹吸破坏孔的孔径不宜小于管径的 1/5，且不应小于 25mm。但当采用生活给水系统补水时，进水管不应淹没出流。

（4）给水敞口水箱泄水管应设置在排水地点附近，但不得与排水管直接连接，泄水管末端应加装防虫网罩，如图 1-1-48 所示。

（5）给水敞口水箱一般采用不锈钢水箱，与型钢底座之间需加设橡胶绝缘垫（图 1-1-48），防止产生电化学腐蚀现象。

（五）锅炉相关阀/管安装

（1）非承压锅炉，锅筒顶部必须敞口或装设大气连通管，连通管上不得安装阀门。

（2）锅炉锅筒上的安全阀（图 1-1-49）分为控制安全阀和工作安全阀两种，控制安全

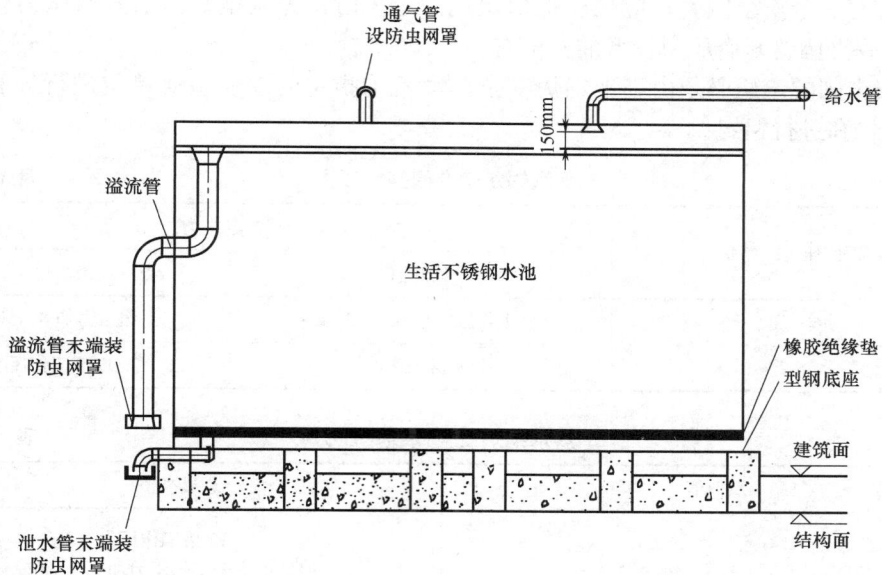

图 1-1-48　给水敞口水箱进水管安装示意图

阀的开启压力低于工作安全阀的开启压力。安全阀安装前应逐个进行气密性试验。

（3）蒸汽锅炉安全阀应安装通向室外的排气管（图 1-1-49）。热水锅炉安全阀泄水管应接到安全地点。在排气管和泄水管上不得装设阀门。

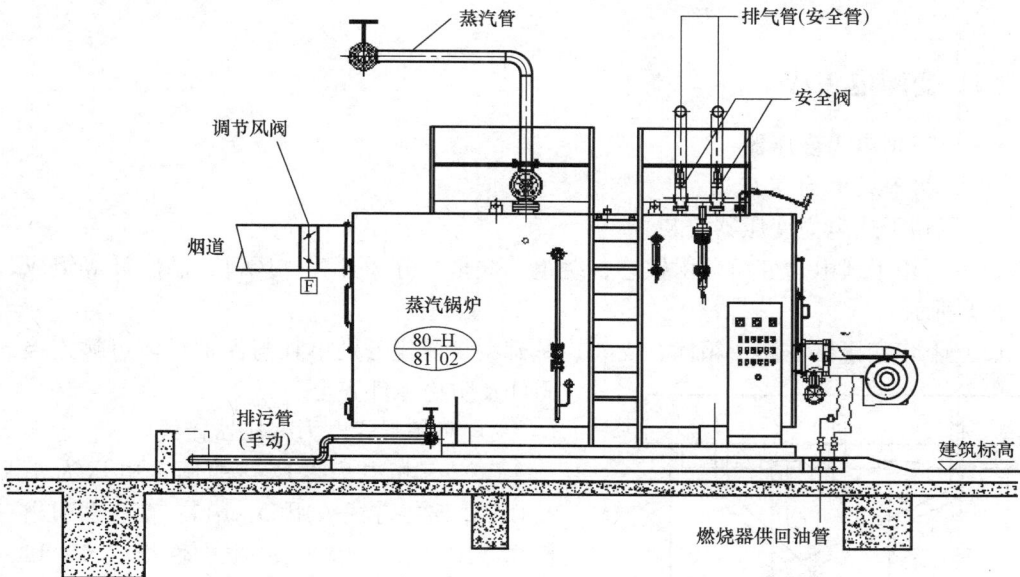

图 1-1-49　锅炉安全阀安装示意图

（4）锅炉投入使用前，安全阀应进行定压调整。

① 锅炉装有 2 个安全阀的，一个按表 1-1-15、表 1-1-16 中较高值调整，另一个按表 1-1-15、表 1-1-16 中较低值调整。

② 装有 1 个安全阀时，应按较低值定压。定压时，先调整锅筒上开启压力较高的安全阀，然后再调整开启压力较低的安全阀。

③ 安全阀的定压必须由当地锅炉安全监察机构指定的专业检测单位进行校验，并出具检测报告和进行铅封。

蒸汽锅炉安全阀整定压力 表 1-1-15

额定工作压力 p（MPa）	安全阀整定压力	
	最低值	最高值
$p\leq0.8$	工作压力加 0.03MPa	工作压力加 0.05MPa
$0.8<p\leq5.9$	1.04 倍工作压力	1.06 倍工作压力

热水锅炉安全阀整定压力 表 1-1-16

最低值	最高值
1.10 倍工作压力， 但是不小于工作压力加 0.07MPa	1.12 倍工作压力， 但是不小于工作压力加 0.10MPa

（5）排烟管道要求：两台或两台以上燃油锅炉共用一个烟囱时，每一台锅炉的烟道上均应配备风阀或挡板装置（图 1-1-49），并应具有操作调节和闭锁功能。

第二节　建筑电气工程安装细部节点做法

一、变配电工程

（一）三相电力变压器

1. 三相干式电力变压器

1）三相干式电力变压器安装

（1）三相干式电力变压器由铁芯、绕组、铁箱、分类开关、风机、温度计等组成，如图 1-2-1 所示。

（2）干式变压器本体、箱体、支架、基础型钢等应分别单独与保护导体可靠连接，紧固件及防松零件齐全。

2）三相干式电力变压器接线

（1）三相电力变压器的额定电压为 10kV/0.4kV，连接方式采用 D，yn11；变压器引出三根相线（L1、L2、L3）、一根中性线（N）和一根保护接地线（PE），如图 1-2-2 所示，成为三相五线（TN-S）供电方式；能同时提供线电压（380V）和相电压（220V）两种电压等级，供动力设备和照明设备使用。

（2）D，yn11 连接的变压器在低压绕组的中性

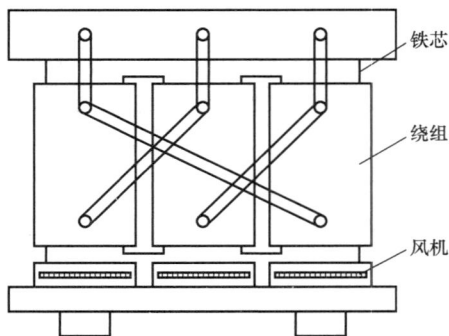
图 1-2-1　三相干式电力变压器示意图

铁芯　绕组　风机

点应直接接地（工作接地），变压器中性点的接地连接方式及接地电阻值应符合设计要求。

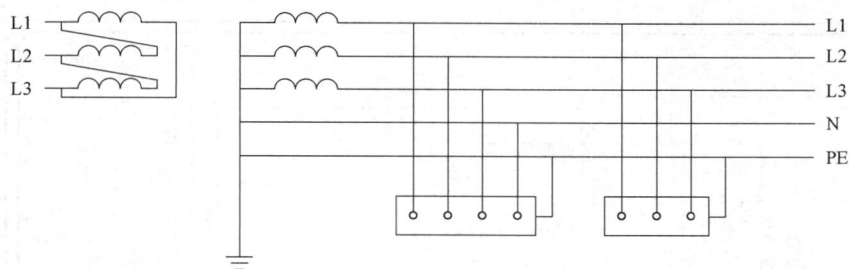

图 1-2-2 三相五线（TN-S）供电方式

2. 室外箱式变电所

1）箱式变电所安装

（1）箱式变电所的基础应高于室外地坪，周围排水通畅，如图 1-2-3 所示。

（2）箱式变电所用地脚螺栓固定的螺帽应齐全，垫平放正，拧紧牢固。对于金属外壳箱式变电所的箱体应与保护导体可靠连接，且有标识。

（3）箱式变电所内、外涂层应完整、无损伤，对于有通风口的，其风口防护网应完好。

（4）箱式变电所的高压和低压配电柜内部接线应完整、低压输出回路标记应清晰，回路名称应准确。

（5）箱式变电所的金属门应采用裸编织铜线与保护接地导体可靠连接，其截面积不应小于 $4mm^2$。

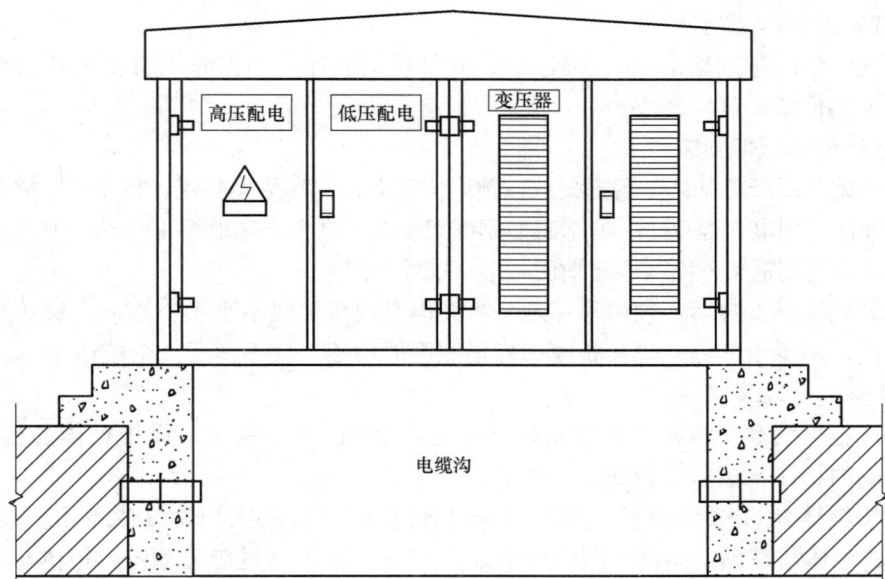

图 1-2-3 箱式变电所示意图

2）箱式变电所供电系统

箱式变电所供电系统由高压电气系统、低压配电系统、计量保护系统和变压器等独立单元系统组成，如图 1-2-4 所示。

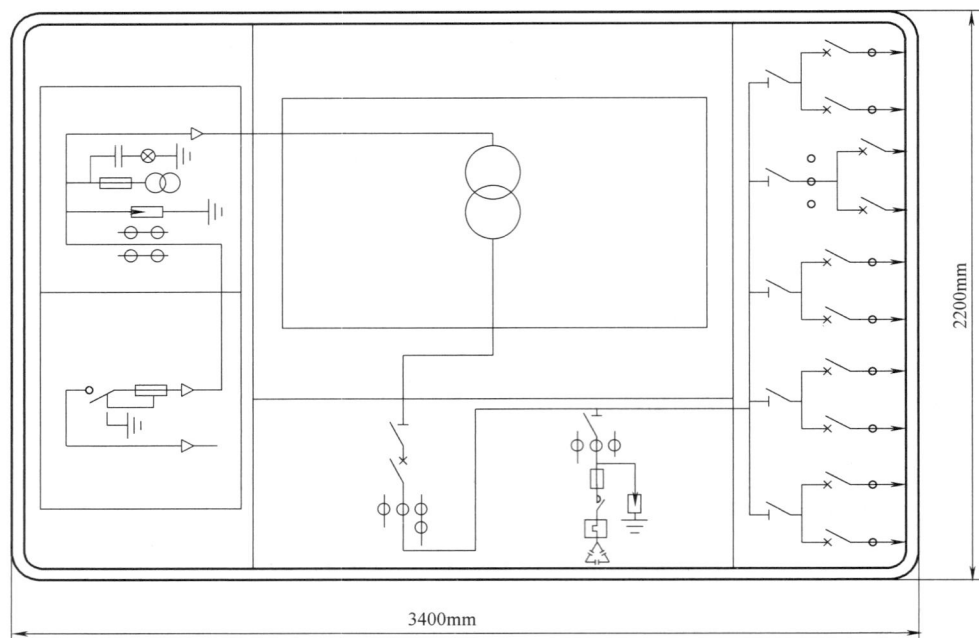

图 1-2-4　箱式变电所供电系统示意图

（二）成套配电柜（箱）

1. 基础型钢制作安装

1）基础型钢框架制作

成套配电柜的基础型钢框架一般采用 10 号槽钢制作，制作时先将型钢矫直整平，按图纸制作型钢框架，刷防锈漆。

2）基础型钢框架安装

（1）按施工图纸将基础型钢框架放在预留位置上，用水平尺找正、找平后，将基础型钢框架和预埋铁件用电焊焊牢。一般基础型钢框架顶部宜高出土建地坪 100mm（图 1-2-5），手车式柜体基础型钢框架顶面与土建地面相平（铺胶垫时）。

（2）基础型钢安装后，须可靠接地。将配电室内接地线不小于 100mm² 镀锌扁钢与基础槽钢焊接，不少于两处，焊接长度为扁钢宽度的两倍，应不少于 3 个棱边。

2. 成套配电柜安装固定

（1）按施工图顺序将柜体放在基础型钢上，如图 1-2-6 所示。成排柜体各台就位后，先找正一端的柜体，然后逐台找正、找平。

（2）按柜体螺孔位置在基础型钢框架上钻孔，一般低压柜钻 φ12.5 孔，高压柜钻 φ16.5 孔，柜体与基础型钢框架间应分别采用 M12、M16 镀锌螺栓固定，柜体与柜体间也应用镀锌螺栓连接，且防松零件应齐全。

（3）常用的高压中置式开关柜结构如图 1-2-7 所示，低压抽出式配电柜结构如图 1-2-8 所示。

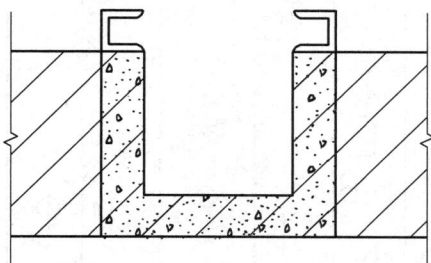

图 1-2-5　基础型钢框架安装

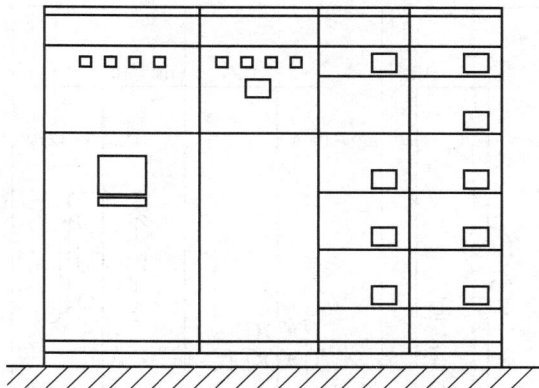

图 1-2-6　室内成套配电柜安装示意图

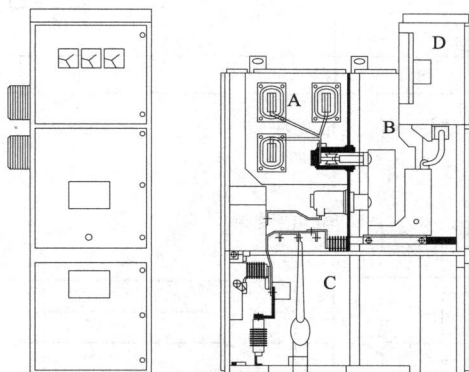

图 1-2-7　高压中置式开关柜示意图

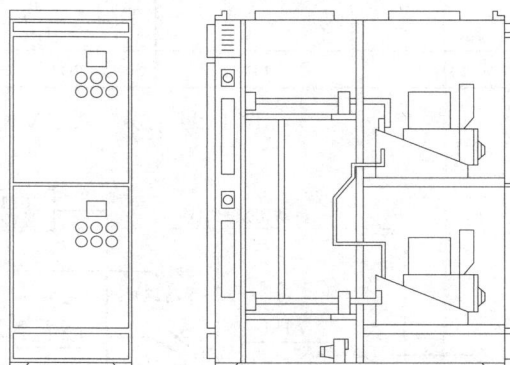

图 1-2-8　低压抽出式配电柜示意图

3. 成套配电柜接地

（1）柜的金属框架及基础型钢应与保护导体可靠连接。

（2）对于装有电器的可开启门，门和金属框架的接地端子间应选用截面积不小于 $4mm^2$ 的黄绿色绝缘铜芯软导线连接，并应有标识。

4. 10kV/0.4kV 配电系统

10kV/0.4kV 配电系统如图 1-2-9 所示（位置布局法）。重要场所的配电系统应二路电源进线，还需配置柴油发电机组、UPS 等设备，如图 1-2-10 所示。

（三）母线

1. 裸铜母线

1）母线制作

（1）母线弯曲

矩形母线的弯曲，应冷弯，不得热弯。母线弯曲有立弯、平弯及扭弯三种形式。

（2）母线钻孔

矩形母线一般采用螺栓固定搭接，在母线的连接处进行钻孔，搭接钻孔的孔径与个数必须符合规范的规定。螺孔间中心距离的允许偏差为 ±0.5mm，所以螺孔的直径宜大于螺

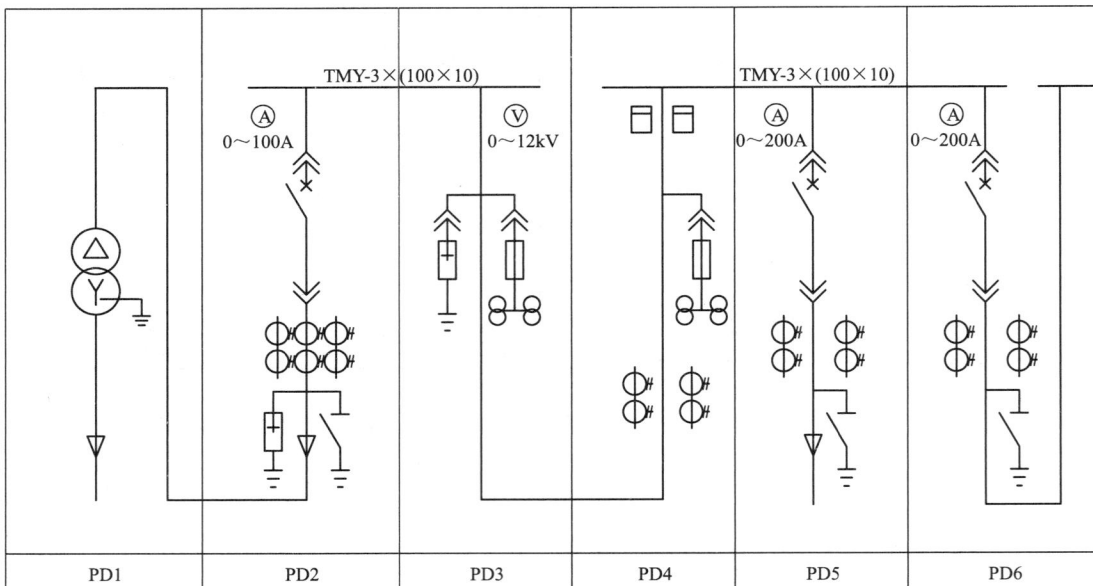

图 1-2-9　10kV/0.4kV 配电系统图（位置布局法）

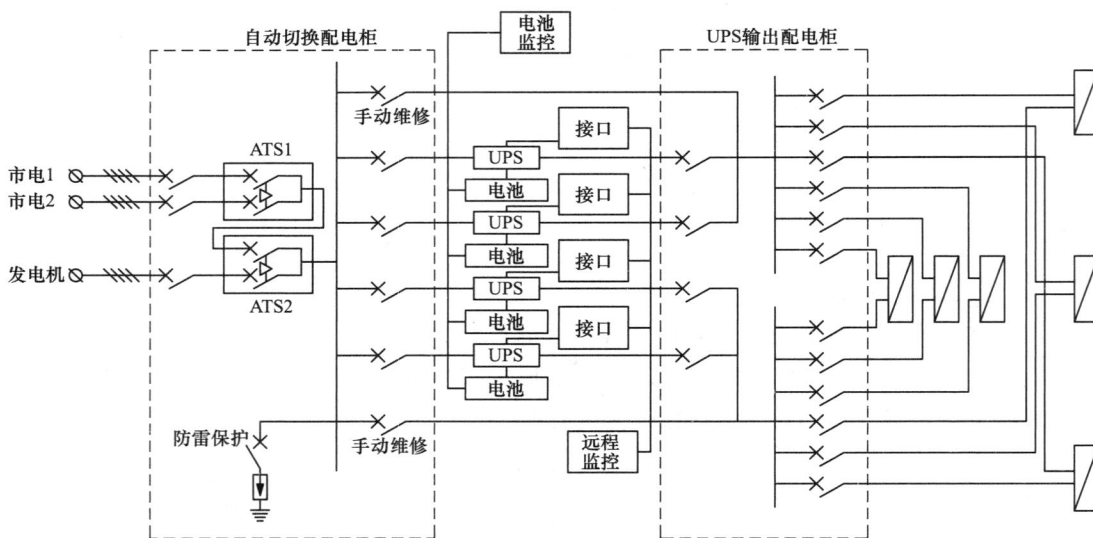

图 1-2-10　重要场所配电系统示意图

栓 1mm，螺栓孔周边应无毛刺。

2）母线连接

（1）室外、高温且潮湿或对铜母线有腐蚀性气体的室内必须搪锡（图 1-2-11），在干燥的室内可直接连接。

（2）母线搭接连接的钻孔直径和搭接长度应符合规范规定，当一个连接处需要多个螺栓连接时，每个螺栓的拧紧力矩值应一致。

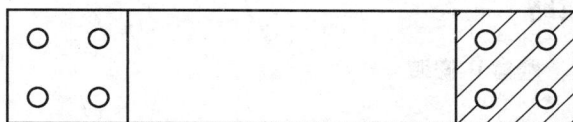

图 1-2-11 铜母线搪锡做法

（3）当母线平置时，螺栓应由下向上穿（图 1-2-12），在其他情况时，螺母应置于维护侧。螺栓连接的母线两外侧均应有平垫圈，螺母侧应装有弹簧垫圈或锁紧螺母。

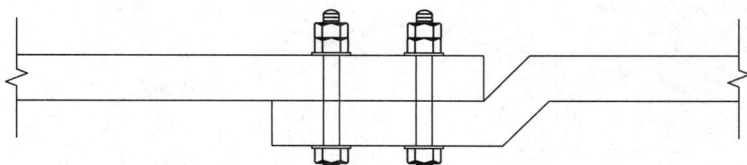

图 1-2-12 母线平置搭接连接

（4）母线螺栓连接应用力矩扳手紧固，连接螺栓的力矩值应符合规范规定，螺栓受力应均匀，不应使电器或设备的接线端子受到额外应力。

2. 母线槽安装要求

（1）母线槽水平安装。采用金属吊架安装，如图 1-2-13 所示，母线槽可用夹板、螺栓固定在吊架上，吊架应安装牢固、无明显扭曲，应设置防晃支架，配电母线槽的圆钢吊架直径不得小于 8mm，照明母线槽的圆钢吊架直径不得小于 6mm，吊架间距一般不大于 2m。

（2）母线槽垂直安装。垂直安装的母线槽主要在电气竖井内，母线槽的连接段不应设置在穿越楼板处，垂直穿越楼板处应选用弹簧支架（图 1-2-14），其孔洞四周应设置高度为 50mm 及以上的防水台，并应采取防火封堵措施。

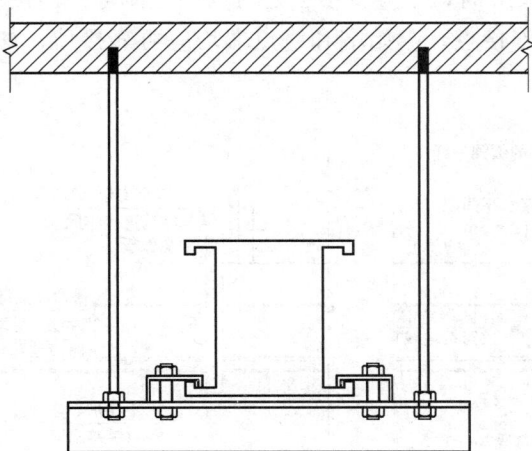

图 1-2-13 母线槽吊架安装示意图

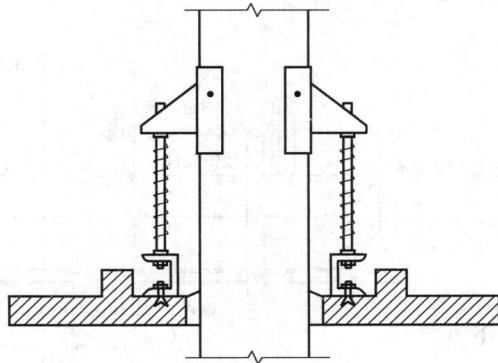

图 1-2-14 母线槽垂直安装示意图

二、室内配电线路

（一）梯架（托盘、槽盒）安装

1. 支架安装

（1）水平安装的支架间距宜为 1.5～3.0m（图 1-2-15），垂直安装的支架间距不应大于 2m。

（2）采用金属吊架固定时，圆钢直径不得小于 8mm，并应设置防晃支架。在分支处或端部 0.3～0.5m 处应有固定支架，如图 1-2-15 所示。

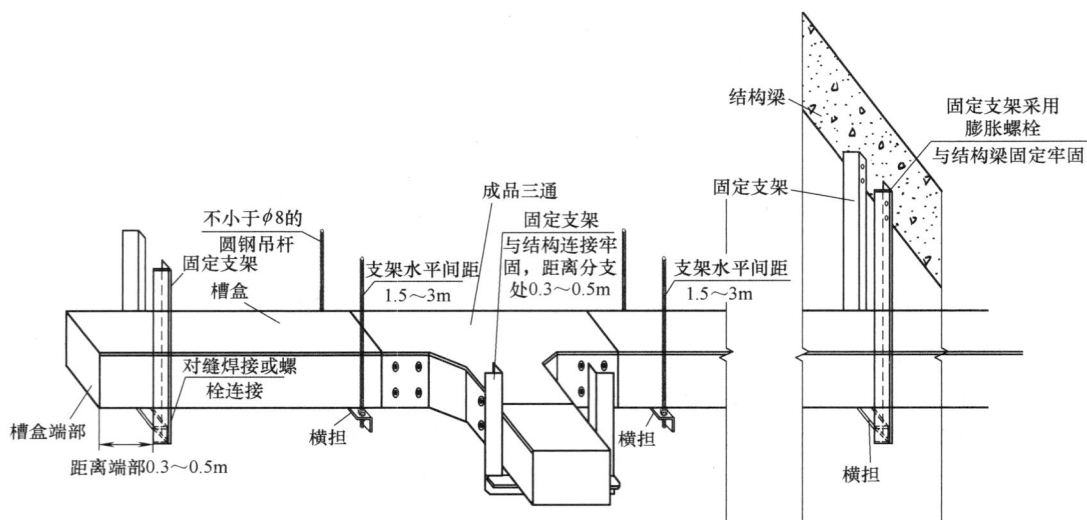

图 1-2-15　支架安装示意图

2. 金属梯架（托盘、槽盒）安装连接

（1）金属梯架（托盘、槽盒）本体之间的连接要求：

① 金属梯架（托盘、槽盒）全长不大于 30m 时，不应少于 2 处与保护导体可靠连接；全长大于 30m 时，每隔 20～30m 应增加一个连接点，起始端和终点端均应可靠接地，如图 1-2-16 所示。

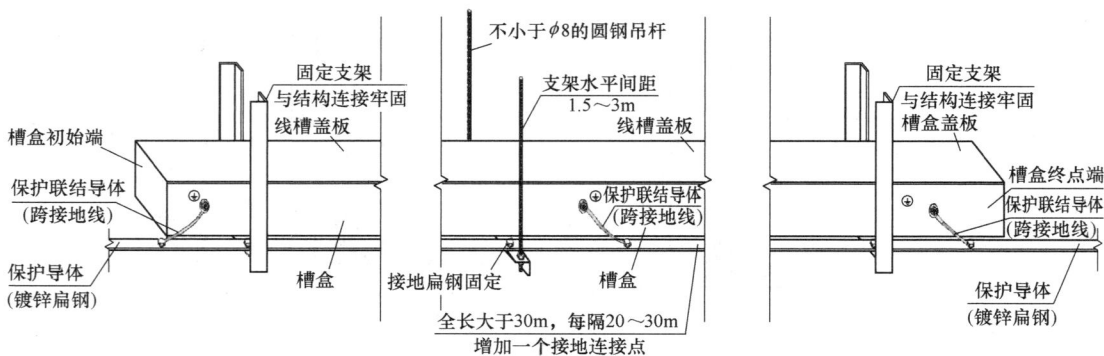

图 1-2-16　槽盒跨接示意图

② 非镀锌金属梯架（托盘、槽盒）之间连接的两端应跨接保护联结导体，保护联结导体的截面应符合设计要求，如图 1-2-17 所示。

③ 镀锌金属梯架（托盘、槽盒）之间可不跨接保护联结导体时，连接板每端不应少于 2 个有防松螺帽或防松垫圈的连接固定螺栓。

（2）梯架（托盘、槽盒）与支架间及与连接板的固定螺栓应采用方颈螺栓紧固，螺母应位于梯架（托盘、槽盒）外侧。

（3）敷设在电气竖井内穿楼板处和穿越不同防火区的梯架（托盘、槽盒），应有防火隔离措施，如图 1-2-18 所示。

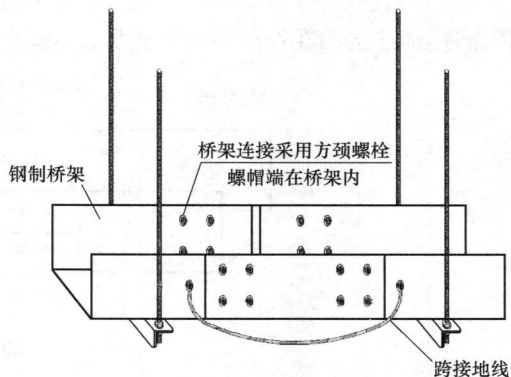

图 1-2-17 非镀锌桥架连接示意图

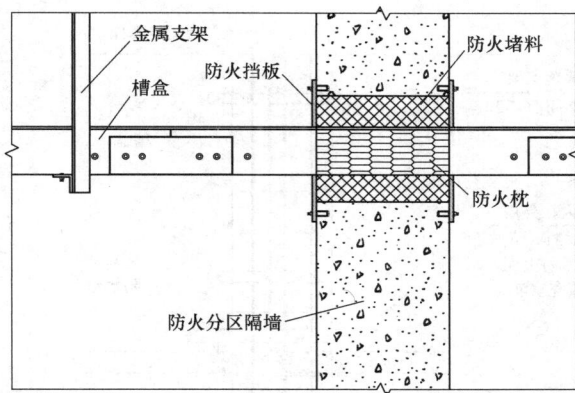

图 1-2-18 槽盒穿防火分区示意图

（4）对于敷设在室外的槽盒，当进入室内或配电箱（柜）时应有防雨措施，槽盒底部应有泄水孔，如图 1-2-19 所示。

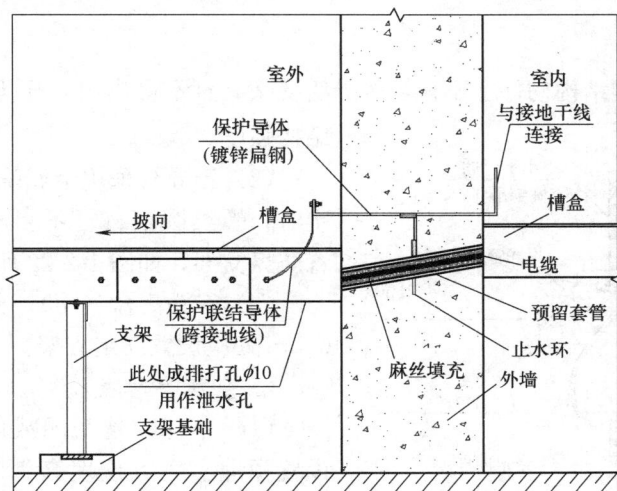

图 1-2-19 槽盒进入室内示意图

（5）当直线段金属梯架（托盘、槽盒）长度超过30m或过结构伸缩缝处，应设置伸缩节，需接地连接的在伸缩节处要确保接地柔性连接，且确保连接可靠，如图1-2-20所示。

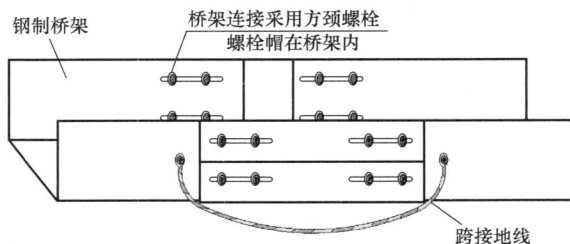

图1-2-20　伸缩节安装示意图

（6）梯架（托盘、槽盒）在竖井内穿越楼板时，应在预留洞周边砌筑防水台。电缆敷设完毕后，应用防火封堵材料将梯架（托盘、槽盒）内外封堵严密（图1-2-21）。

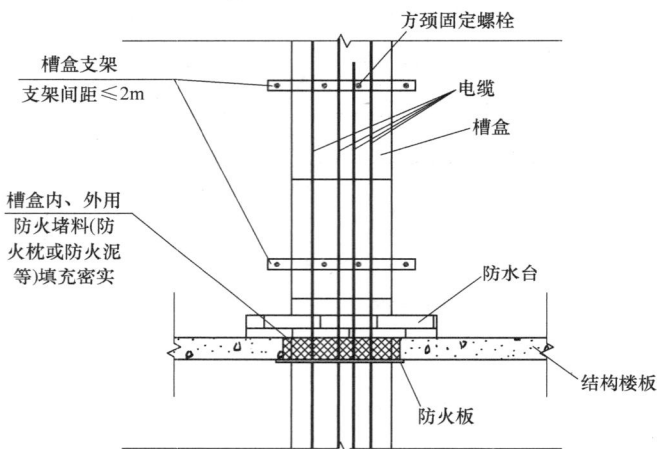

图1-2-21　竖井内穿越楼板做法

(二) 导管敷设

1. 支架安装

（1）承力建筑钢结构构件上不得熔焊导管支架，且不得热加工开孔，防止热加工影响结构强度。

（2）当导管采用金属螺纹吊架抱式管卡固定时，螺纹圆钢直径不得小于8mm，并应设置防晃支架，如图1-2-22所示。

（3）在距离盒（箱）、分支处或端部0.3～0.5m处应设置固定支架。

2. 金属导管敷设

（1）导管穿越密闭或防护密闭隔墙时应设置预埋套管，预埋套管的制作和安装应符合设计要求，套管两端伸出墙面的长度宜为

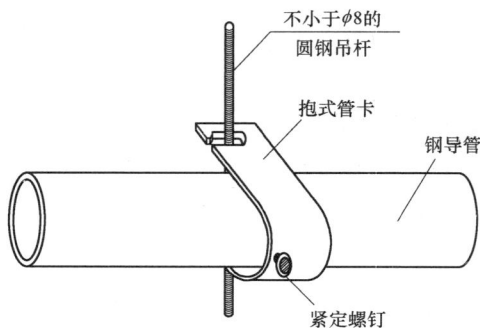

图1-2-22　导管抱式管卡固定做法

30～50mm，导管穿越密闭穿墙套管的两侧应设置接线盒并应做好封堵，如图 1-2-23 所示。

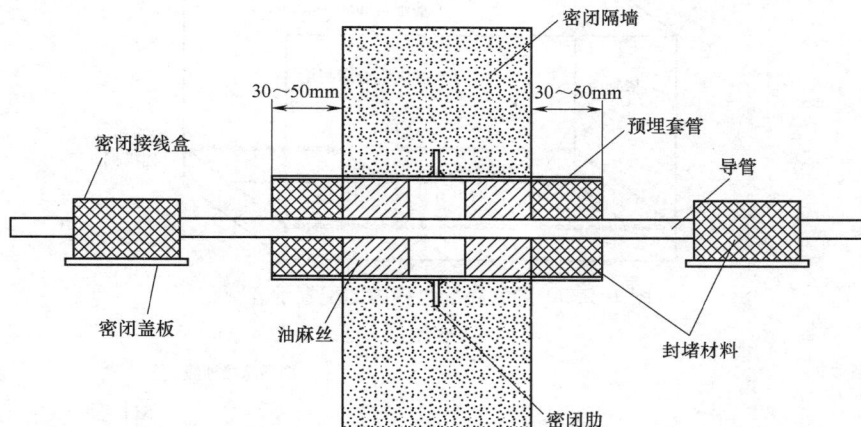

图 1-2-23 导管穿越密闭隔墙做法

（2）明配电气导管应排列整齐、固定点间距均匀、安装牢固，如图 1-2-24 所示。

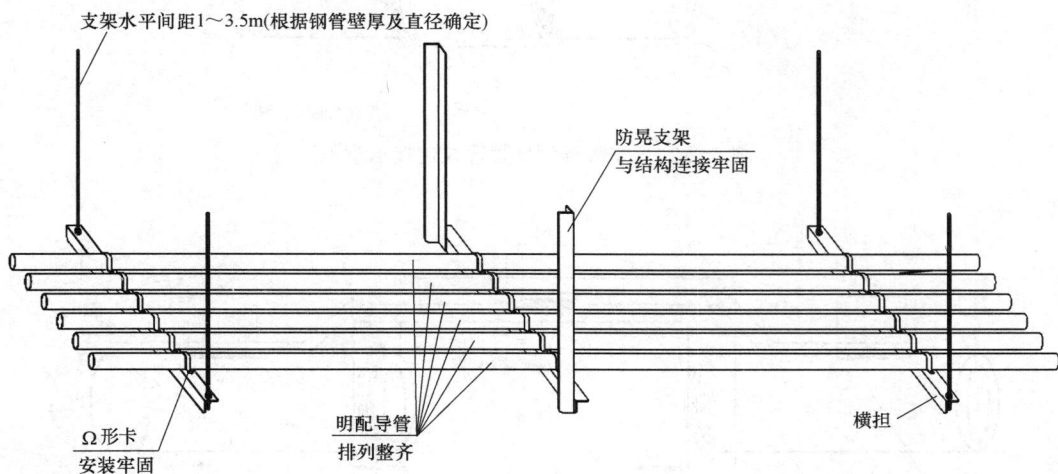

图 1-2-24 多管明配敷设示意图

（3）进入配电（控制）柜（台、箱）内的导管管口，当箱底无封板时，管口应高出柜（台、箱）的基础面 50～80mm，并做好封堵，如图 1-2-25 所示。

（4）当非镀锌钢导管采用螺纹连接时，连接处的两端应熔焊焊接保护联结导体；熔焊焊接的保护联结导体宜为圆钢，直径不应小于 6mm，其搭接长度应为圆钢直径的 6 倍，如图 1-2-26 所示。

（5）非镀锌焊接钢管入盒一般采用丝扣连接，需采用 $\phi 6$ 的圆钢进行现场焊接跨接，如图 1-2-27 所示。

（6）镀锌钢导管连接处的两端宜采用专用接地卡固定保护联结导体，如图 1-2-28 所示。

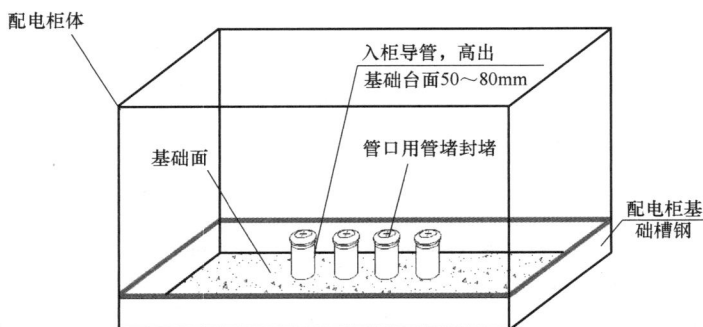

图 1-2-25　导管在配电柜内的配管示意图

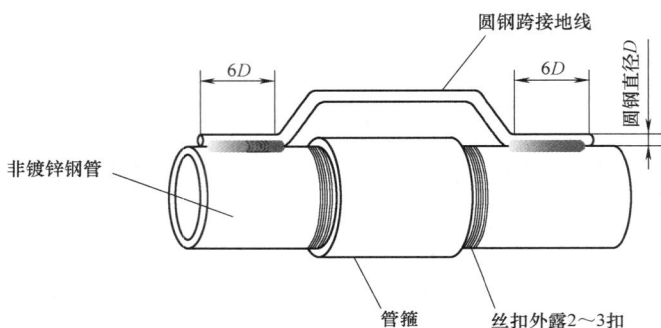

图 1-2-26　非镀锌钢导管螺纹连接示意图

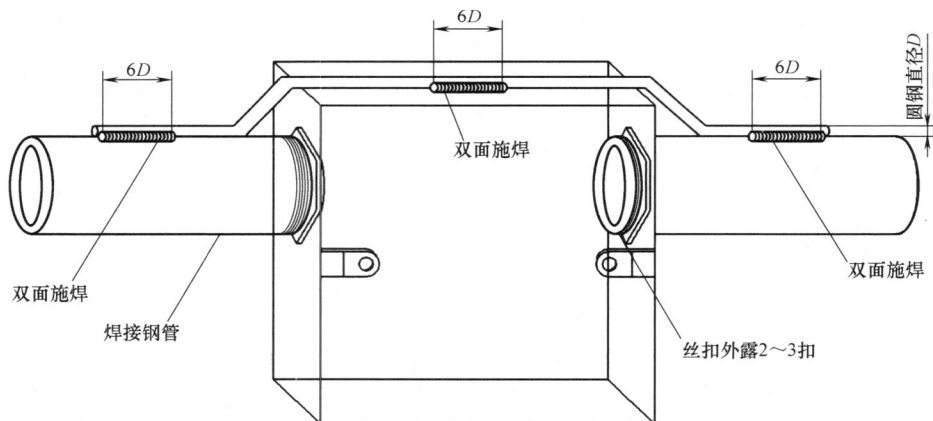

图 1-2-27　非镀锌焊接钢管入盒做法

（7）镀锌钢管入盒一般采用丝扣连接，跨接地线的连接如图 1-2-29 所示。

（8）金属导管与金属梯架（托盘、槽盒）连接时，镀锌材质的连接端宜用专用接地卡固定保护联结导体，非镀锌材质的连接处应熔焊焊接保护联结导体，如图 1-2-30 所示。

（9）紧定式钢导管（JDG）采用配套管箍连接，连接处应涂抹电力复合酯，可不单独跨接连接导体，如图 1-2-31 所示。

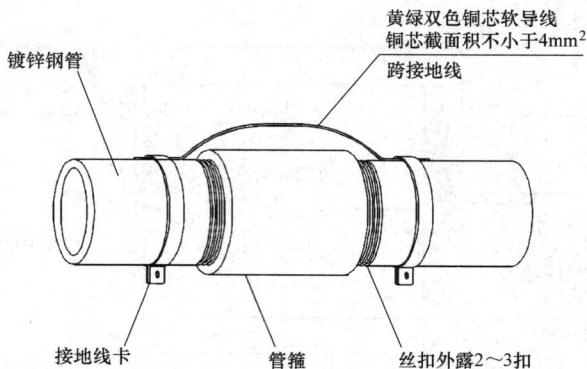

图 1-2-28　镀锌钢管接地保护联结示意图

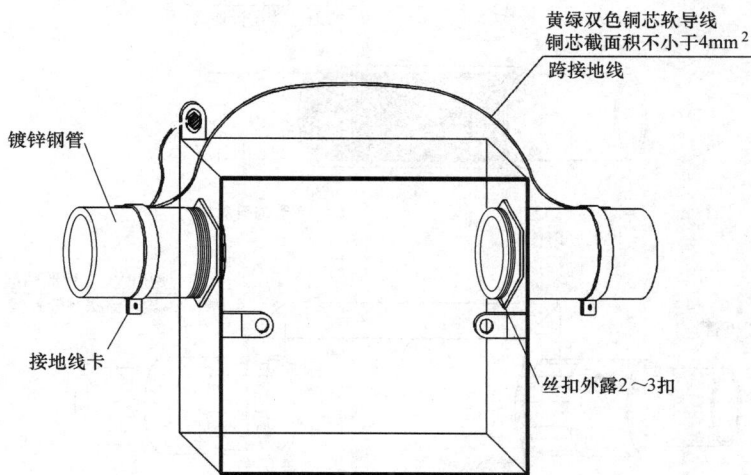

图 1-2-29　镀锌钢管入盒做法

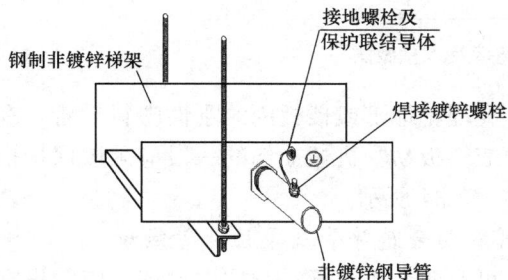

图 1-2-30　金属导管与梯架连接示意图

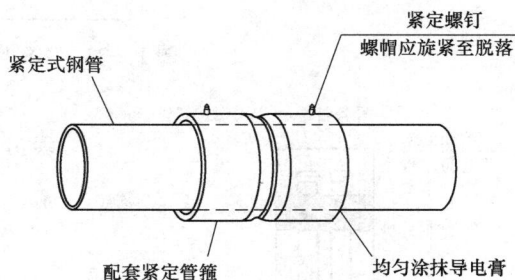

图 1-2-31　紧定式钢导管（JDG）连接示意图

（10）紧定式钢导管与接线盒、箱连接时应采用专用接头固定，如图 1-2-32 所示。

3. 塑料导管敷设

（1）管口应平整光滑，管与管、管与盒（箱）等器件采用插入法连接时，连接处结合面应涂专用胶粘剂，接口应牢固密封，如图 1-2-33 所示。

紧定式钢管

紧定螺钉
螺帽应旋紧至脱落

专用盒接

配套紧定盒接

均匀涂抹导电膏

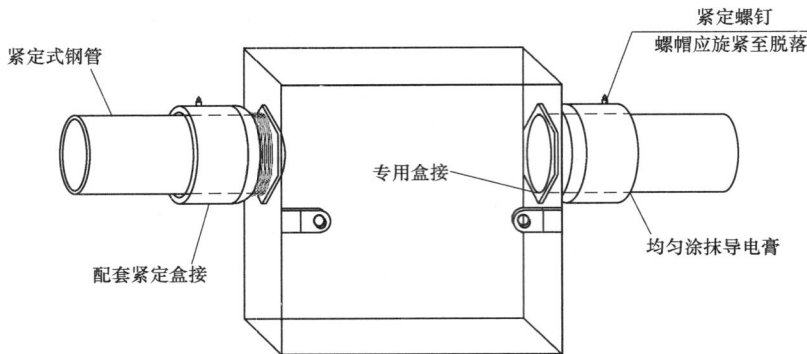

图 1-2-32　紧定式钢导管（JDG）入盒示意图

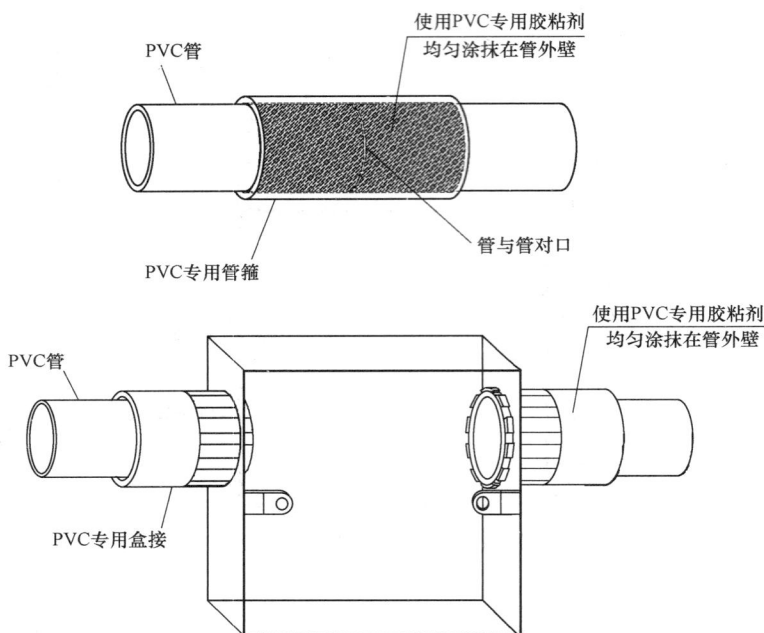

PVC管

使用PVC专用胶粘剂
均匀涂抹在管外壁

管与管对口

PVC专用管箍

PVC管

使用PVC专用胶粘剂
均匀涂抹在管外壁

PVC专用盒接

图 1-2-33　塑料导管连接及入盒做法

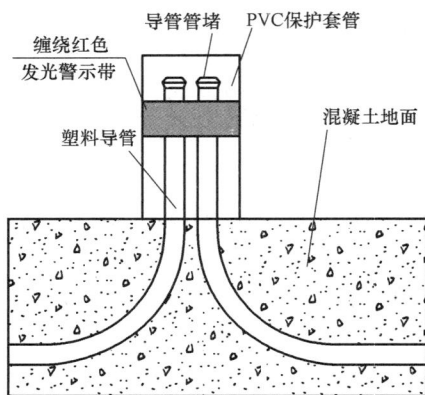

导管管堵　PVC保护套管

缠绕红色
发光警示带

混凝土地面

塑料导管

图 1-2-34　塑料导管成品保护示意图

（2）直埋于地下或楼板内的刚性塑料导管，在穿出地面或楼板易受机械损伤的一段应采取保护措施，如图 1-2-34 所示。

4．可弯曲金属导管及柔性导管敷设

（1）可弯曲金属导管在结构内预埋，应敷设在底层钢筋与上层钢筋之间，并紧贴上层钢筋，绑扎固定如图 1-2-35 所示。

（2）柔性导管与刚性导管或电气设备、器具间的连接应采用专用接头，导管管口不应敞口垂直向上，导管端部应设有防水弯，柔性导管弯成滴水弧状后再引入设备的接线盒，导管管口在穿入绝缘导线后做防水封处理，如图 1-2-36 所示。

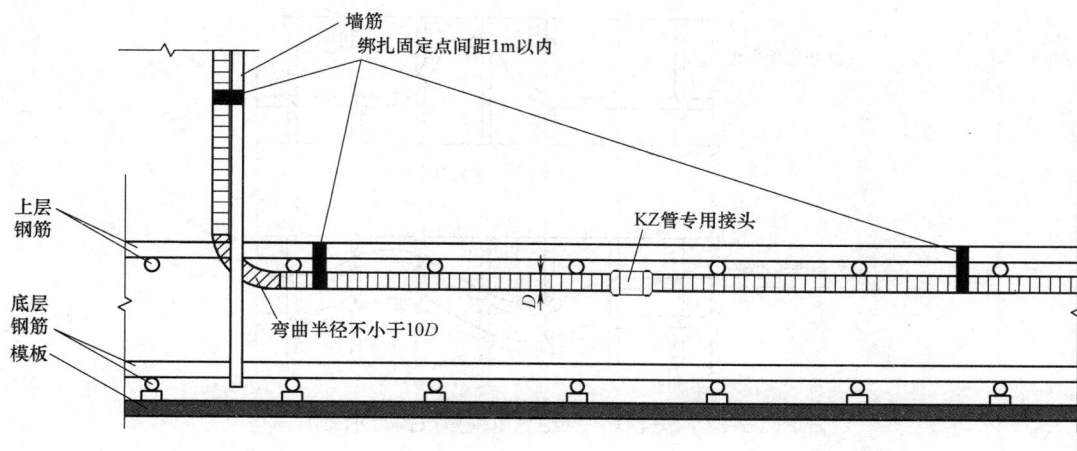

图 1-2-35 可弯曲金属管结构预埋示意图

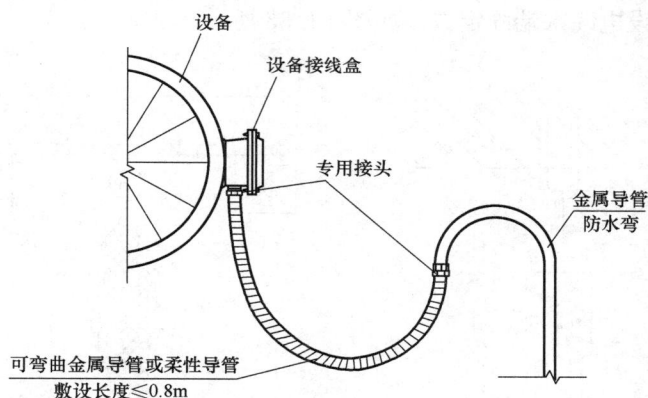

图 1-2-36 专用接头连接示意图

（三）电缆敷设

1. 电缆穿管敷设

（1）交流单芯电缆或分相后的每相电缆不得单根独穿于钢导管内，固定用夹具和支架不应形成闭合磁路。

（2）电缆进出管子管口处应采取防火或密封措施。

（3）电缆保护导管的内径不应小于电缆外径的 1.5 倍。

2. 电缆桥架敷设

桥架内电缆敷设要求：

（1）氧化镁矿物绝缘电缆敷设在温度变化大的场所、振动场所或穿越建筑物变形缝时应采取"S"或"Ω"弯，单芯矿物绝缘电缆须品字形敷设，且应进行固定，如图 1-2-37 所示。

（2）电缆的首端、末端和分支处应设标识牌，电缆标识牌应注明电缆编号、规格型

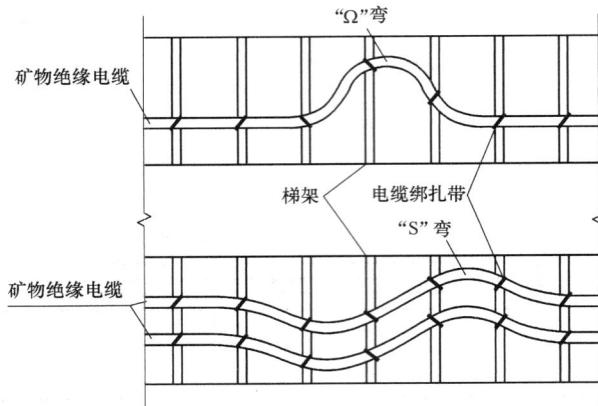

图 1-2-37　氧化镁矿物绝缘电缆敷设固定示意图

号、起始点位置及长度，且标识牌不应加在电缆中导致无法辨识，应并排在电缆外侧并绑扎牢固，以便于观察、检修及维护。

建筑内竖向敷设电缆末端固定方法如图 1-2-38 所示。

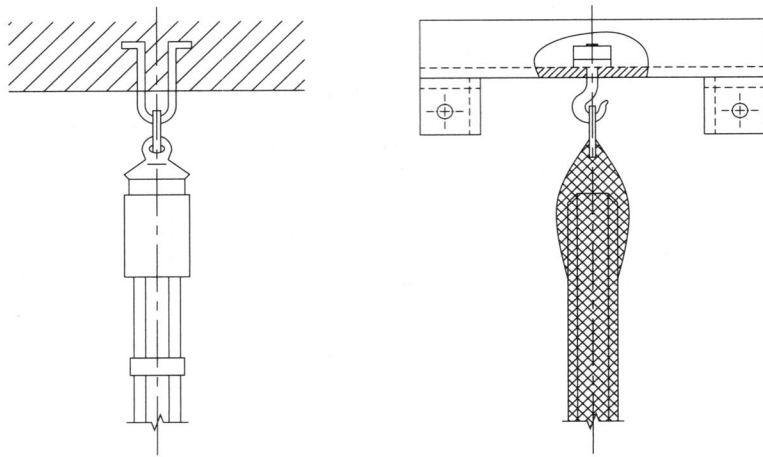

图 1-2-38　建筑内竖向敷设电缆末端固定示意图

3. 电缆支架敷设

1）电缆支架安装

（1）支架采用膨胀螺栓固定时，螺栓应适配、连接紧固、防松零件齐全，支架安装应牢固、无明显扭曲。

（2）支架与预埋件焊接固定时，焊缝应饱满。承力建筑钢结构构件上不得熔焊支架，且不得热加工开孔。

（3）金属支架必须与保护导体可靠连接，如图 1-2-39 所示。

2）电缆支架敷设固定

（1）在电缆沟或电气竖井内垂直敷设或大于45°倾斜敷设的电缆应在每个支架上固定。

（2）无挤塑外护层电缆金属护套与金属支架直接接触的部位应采取防电化学腐蚀的措施，如图 1-2-39 所示。

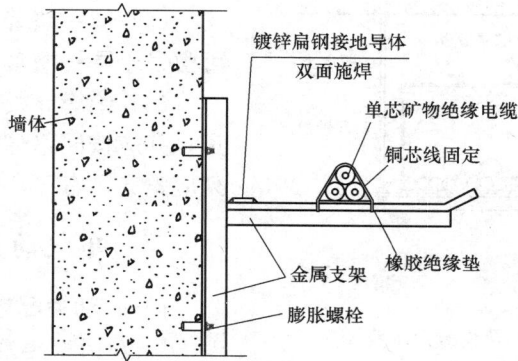

图 1-2-39　金属支架接地及电缆敷设示意图

4. 电缆终端头和分支接头

（1）低压塑料绝缘电缆终端头如图 1-2-40 所示。

（2）建筑竖井内塑料绝缘电缆分支接头做法如图 1-2-41 所示。

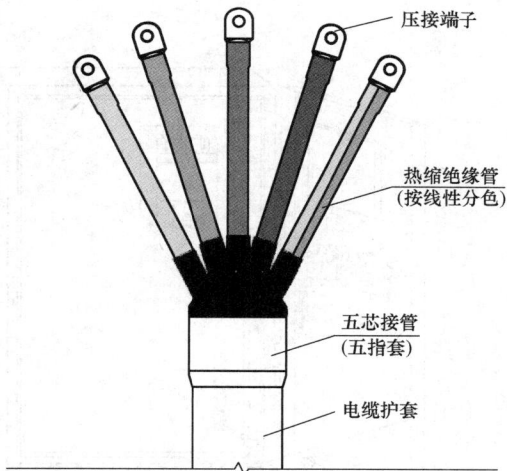

图 1-2-40　塑料电缆终端头示意图

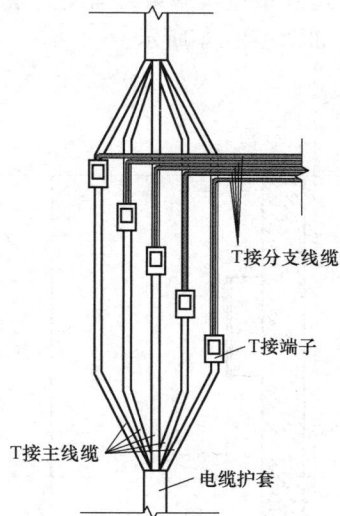

图 1-2-41　电缆分支接头示意图

（四）导管内穿线和槽盒内敷线

1. 导管内穿线

（1）绝缘导线接头应设置在专用接线盒（箱）或器具中，不得设置在导管和槽盒内，接线盒（箱）的设置位置应便于检修。

（2）同一交流回路的绝缘导线不应敷设于不同的金属槽盒内或穿于不同金属导管内。

（3）不同回路、不同电压等级和交流与直流线路的绝缘导线不应穿于同一导管内。

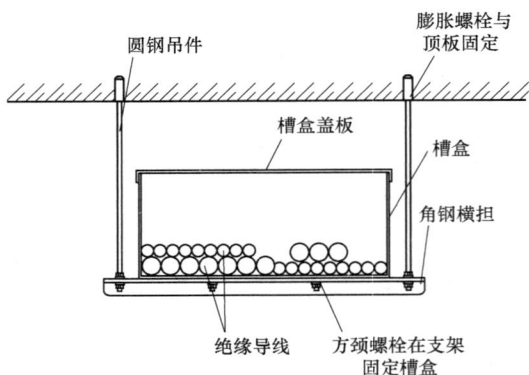

图 1-2-42　槽盒内导线敷设示意图

2. 槽盒内敷线

（1）同一槽盒内不宜同时敷设绝缘导线和电缆。

（2）同一路径无抗干扰要求的线路，可敷设于同一槽盒内，如图 1-2-42 所示。

（3）绝缘导线在槽盒内应留有一定余量，并应按回路分段绑扎，槽盒内导线排列应整齐、有序。

三、电气动力工程

（一）动力配电箱（柜）

1. 动力配电箱（柜）安装

配电箱（柜）的布置及安全、维护间距应符合设计要求，落地式动力配电柜的槽钢基础应高于地坪。配电箱的操作通道宽度，不宜小于1m，如图 1-2-43 所示。

2. 动力配电箱（柜）接线

（1）动力配电箱（柜）面板上的电器的连接导线应采用多芯铜芯绝缘软导线，敷设长度留有适度裕量，线束外宜有外套塑料管等加强绝缘保护，可转动部位的两端应采用卡子固定，如图 1-2-44 所示。

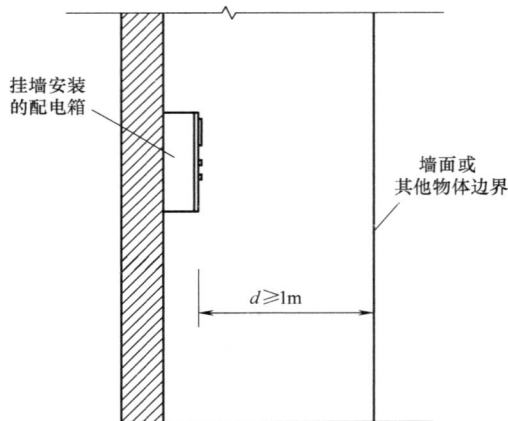

图 1-2-43　挂墙式动力配电箱安装示意图

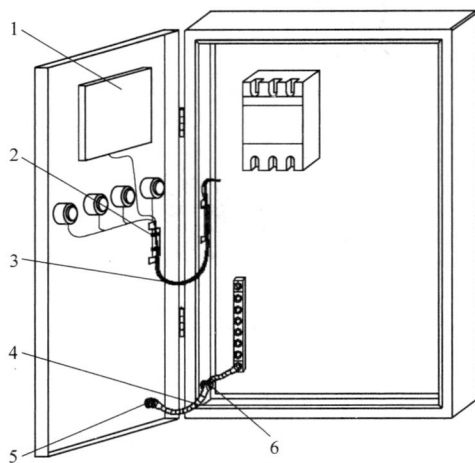

图 1-2-44　动力配电箱（柜）面板上的电器接线示意图

1—电器元件；2—可转动部分两端固定；3—保护软管；4—不小于 $4mm^2$ 黄绿色绝缘铜芯软导线；5—箱门接地端子；6—框架接地端子

（2）动力配电箱（柜）的装有电器的可开启的门，门和金属框架的接地端子间应用截面积不小于 $4mm^2$ 的黄绿色绝缘铜芯导线连接，并应有标识。

（二）控制柜（台、箱）

（1）控制柜（台、箱）宜与所控制设备就近安装，安装高度应符合设计要求，方便操作维护。

（2）墙上安装时，当箱体高度 $H \leqslant 800\text{mm}$ 时，安装高度 h 以底边计距地宜为 1.4m，多箱并列安装时，以底边平齐，如图 1-2-45（a）所示。当箱体高度 $H > 800\text{mm}$ 时，安装高度 h 以箱体中线计距地宜为 1.4m，以顶边平齐，如图 1-2-45（b）所示。

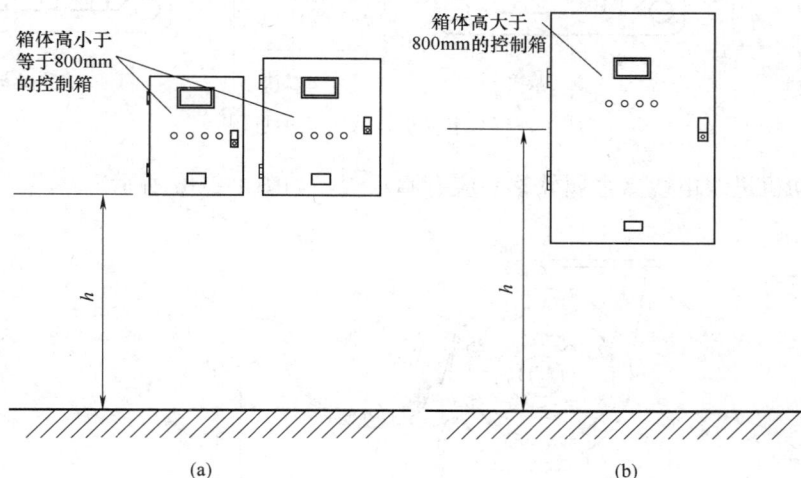

图 1-2-45　控制箱安装高度示意图

（三）电动机

1. 电动机安装

（1）电动机与被驱动设备应安装固定在同一框架上，如图 1-2-46 所示，并按设计要求采取减振措施。

（2）电动机外露可导电部分必须与保护导体可靠连接。

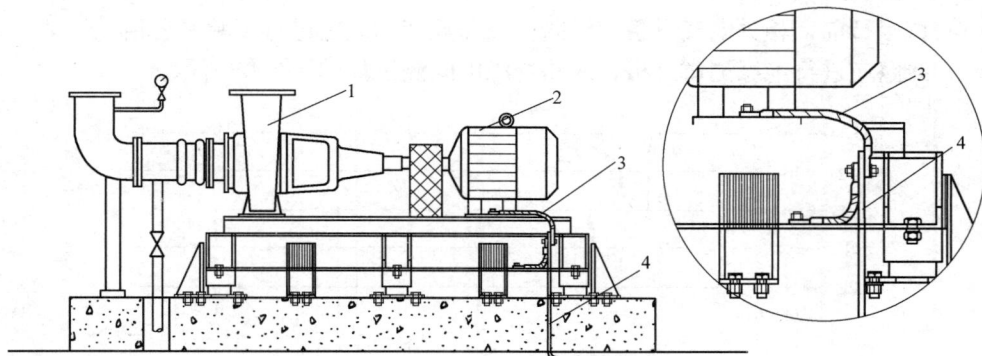

图 1-2-46　电动机及被驱动设备安装示意图

1—动力设备；2—电动机；3—保护联结导体；4—保护导体

2. 电动机接线

（1）电动机接线方式有丫形和△形接法等，接线应牢固可靠，如图 1-2-47 所示。

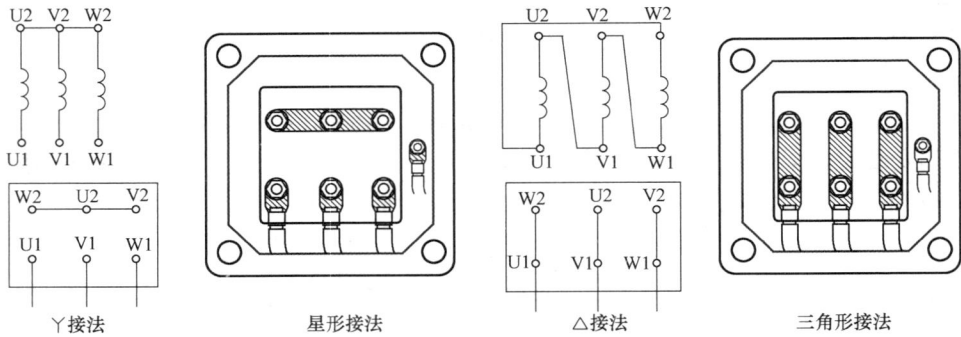

图 1-2-47　电动机接线方式示意图

Ｙ接法　　　　　星形接法　　　　　△接法　　　　　三角形接法

（2）电动机进线电缆（金属软管）应有滴水弯，如图 1-2-48 所示。

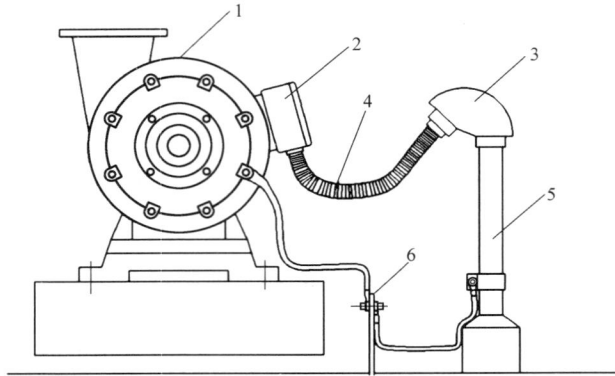

图 1-2-48　电动机进线导管安装示意图

1—水泵电机；2—接线盒；3—防水弯头；4—金属软管；5—金属导管；6—保护导体

（四）电气设备试验和试运行

1. 电气设备试验

（1）试运行前，相关电气设备和线路应按照规范的规定进行试验并合格。

（2）线路应进行绝缘测试合格，线路绝缘电阻测试如图 1-2-49 所示。

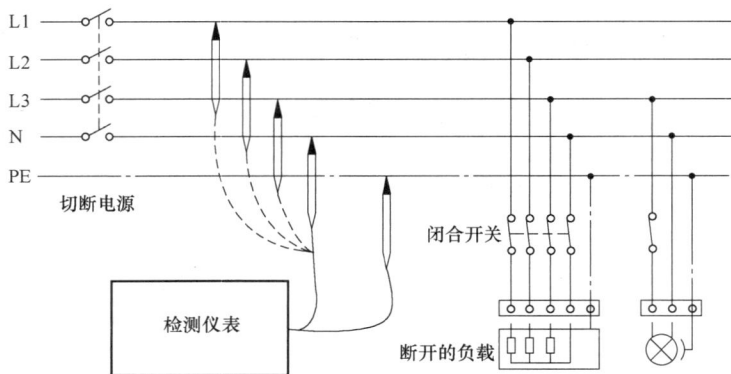

L1
L2
L3
N
PE

切断电源

闭合开关

检测仪表

断开的负载

图 1-2-49　线路绝缘电阻测试示意图

（3）电动机应拆下接线盒内接线端子之间的连接片，进行绝缘电阻测试，相间和相对地电阻值均不应小于 $0.5M\Omega$。电动机绝缘电阻测试如图 1-2-50 所示。

2. 电气设备试运行

（1）有联轴器的设备，电动机通电前应手动盘车，确认转动不卡滞、无异常撞击声，冷机状态下，点动确认转动方向无误方可正式通电试运行。

（2）冷态运行 2h，机身温升应符合设备的空载运行状态要求。具体温升允许值，应根据电动机绝缘等级等参数确定，一般不超过 55℃。红外测温仪测量电动机温升如图 1-2-51 所示。

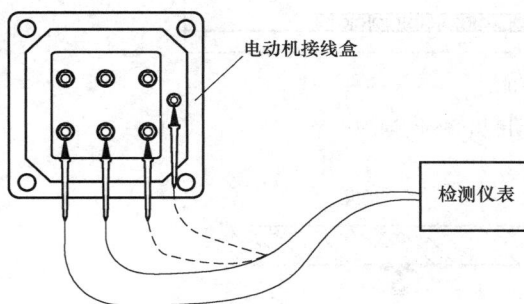

图 1-2-50 电动机相间、相对地绝缘
电阻测试示意图

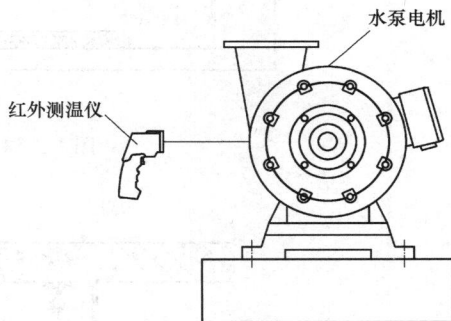

图 1-2-51 红外测温仪测量
电动机温升示意图

四、电气照明工程

（一）照明配电箱

1. 照明配电箱安装

（1）箱体应采用不燃材料制作，箱体开孔应与导管管径适配，箱内部件、回路编号应齐全，标识正确。

（2）照明箱安装应牢固、位置正确，安装高度应符合设计要求，暗装配电箱箱盖应紧贴墙面，垂直度允许偏差不应大于 1.5‰。

2. 照明配电箱接线

（1）照明配电箱内宜分别设置中性导体（N）和保护接地导体（PE）汇流排（图 1-2-57），汇流排上同一端子不应连接不同回路的 N 线或 PE 线。

（2）照明配电箱内配线应整齐、无绞接现象；导线连接应紧密；同一电器器件端子上的导线连接不应多于 2 根（图 1-2-52）。垫圈下螺栓两侧压的导线截面积应相同，防松垫圈等零件应齐全。

（二）灯具

1. 灯具安装

（1）质量大于 3kg 的悬吊灯具应用螺栓或预埋吊钩固定，螺栓或预埋吊钩的直径不应小于灯具挂销直径，且不应小于 6mm。质量大于 3kg 嵌入式吸顶灯安装如图 1-2-53 所示，灯具重量不能受力于石膏板吊顶上，应用链条（或镀锌铁丝）固定在楼板吊钩上，灯具应受力于混凝土楼板。

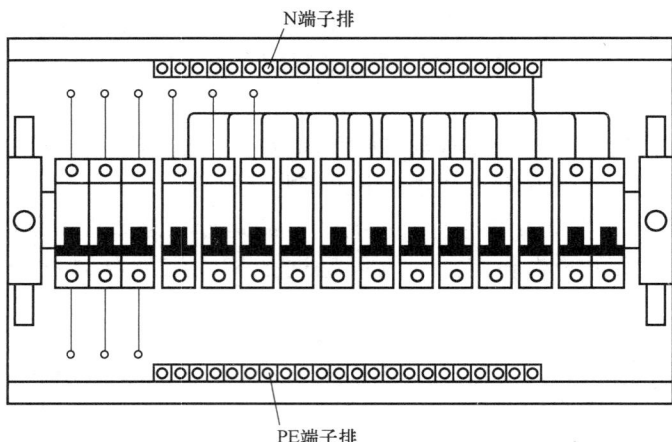

图 1-2-52　照明配电箱示意图

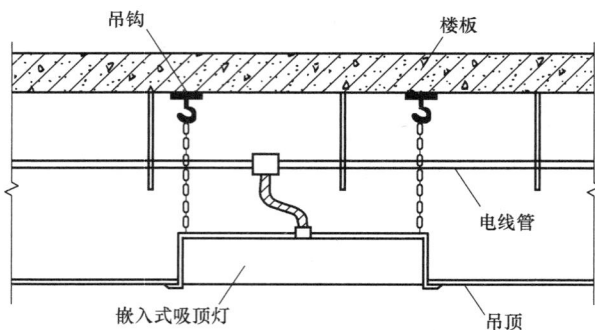

图 1-2-53　嵌入式吸顶灯安装示意图

（2）质量大于 10kg 的灯具（图 1-2-54），固定装置及悬吊装置应按灯具重量的 5 倍恒定均布载荷做强度试验，且持续时间不得少于 15min。

（3）灯具吊杆采用钢管时，其内径不应小于 10mm，壁厚不应小于 1.5mm；灯具连接件之间采用螺纹连接的，螺纹啮合扣数不应少于 5 扣。如在混凝土楼板上安装吊灯时，灯具吊杆上端宜采用挂销连接，才能确保灯具的垂直度，如图 1-2-55 所示。

（4）吸顶或墙面上安装的灯具，其固定用的螺栓或螺钉不应少于 2 个，灯具应紧贴饰面（图 1-2-56）。

2. 灯具接线

（1）普通灯具的Ⅰ类灯具外露可导电部分必须采用铜芯软导线与保护导体可靠连接，连接处应设置接地标识，铜芯软导线的截面积应与进入灯具的电源线截面积相同。

（2）引向单个灯具的绝缘导线截面积应与灯具功率相匹配，绝缘铜芯导线的线芯截面积不应小于 1mm^2。

（三）开关

1. 开关安装

（1）开关安装位置应便于操作，开关边缘距门框边缘的距离宜为 0.15～0.2m；开关距地面高度宜为 1.3m（以地坪装饰完成面测量）。开关安装做法如图 1-2-57 所示。

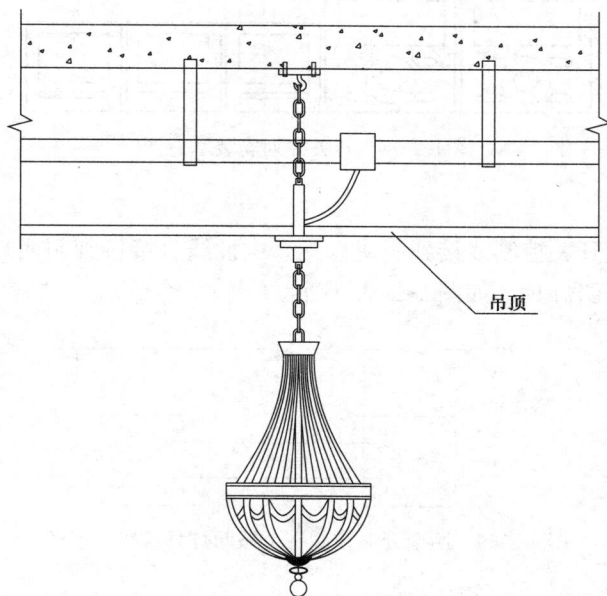

图 1-2-54　质量大于 10kg 的悬吊灯具安装示意图

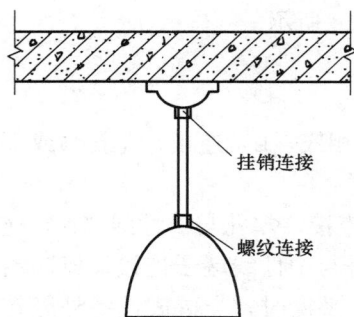

图 1-2-55　深照型工厂灯安装示意图

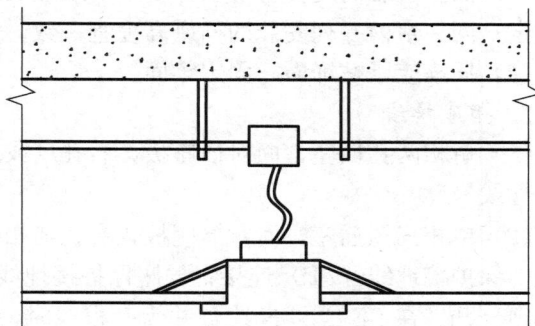

图 1-2-56　嵌入式筒灯安装示意图

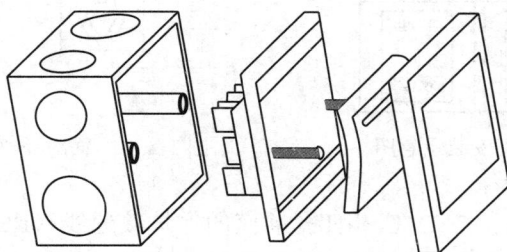

图 1-2-57　开关安装做法

（2）规格尺寸不同的开关并列安装时，应下沿齐平（图 1-2-58），同一室内的开关安装高度宜一致。

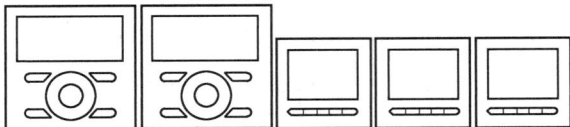

图 1-2-58　开关并列安装示意图

2. 开关接线

电源相线应通过开关控制线接到照明灯具，中性线直接接到照明灯具。例如两个单联双控开关控制一个照明灯具，如图 1-2-59 所示。

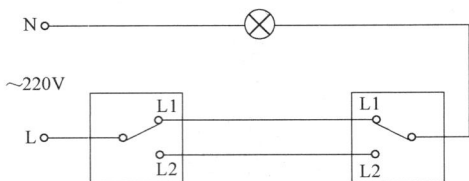

图 1-2-59　两个开关控制一个照明灯具接线示意图

（四）插座

1. 插座安装

（1）插座安装高度应符合设计要求，插座安装标高（插座的下沿）一般根据使用要求来决定；同一室内并列安装的插座高度宜一致，如图 1-2-60 所示。

（2）插座应紧贴饰面，固定牢固。

2. 插座接线

（1）单相两孔插座，面对插座板，右孔（或上孔）与相线（L）连接，左孔（或下孔）与中性线（N）连接。

（2）单相三孔插座，面对插座板，右孔与相线（L）连接，左孔与中性线（N）连接，上孔与保护接地线（PE）连接；插座保护接地线端子不得与中性线端子连接，PE 线和 N 线必须分开。在 PE 线和 N 线合并为一根线时，当三相不平衡时，会造成设备外壳带电。如图 1-2-61 所示。

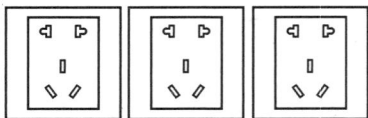

图 1-2-60　插座并列安装示意图

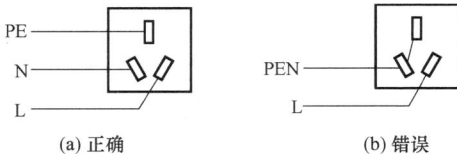

（a）正确　　　　　　（b）错误

图 1-2-61　面对插座板的接线示意图

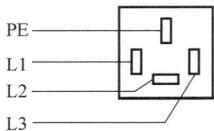

图 1-2-62　三相四孔
插座的接线示意图

（3）三相四孔插座的保护接地线（PE）应接在上孔；同一场所的三相插座，其接线的相序应一致；如接线的相序不一致，会造成三相电动机反转。如图 1-2-62 所示。

（4）保护接地线（PE）在插座之间不得串联连接。为了防止因 PE 线在插座端子处断线后（如某个插座拆除），导致 PE 线虚接或中断，而使故障点之后的插座失去接地保护，采取措施：应从 PE

线上分路引出导线，单独连接在插座的 PE 端子上。这样即使某个插座端子处出现虚接故障，也不会引起其他插座失去接地保护。"串联"与"不串联"的做法如图 1-2-63 所示。

（5）相线（L）与中性线（N）不应利用插座本体的接线端子转接供电。插座的接线要求是不应通过插座本体的接线端子并接线路，以防止插座使用过程中，由于插头的频繁操作，造成端子接线松动而引发安全事故，如图 1-2-63 中不串联连接的做法。

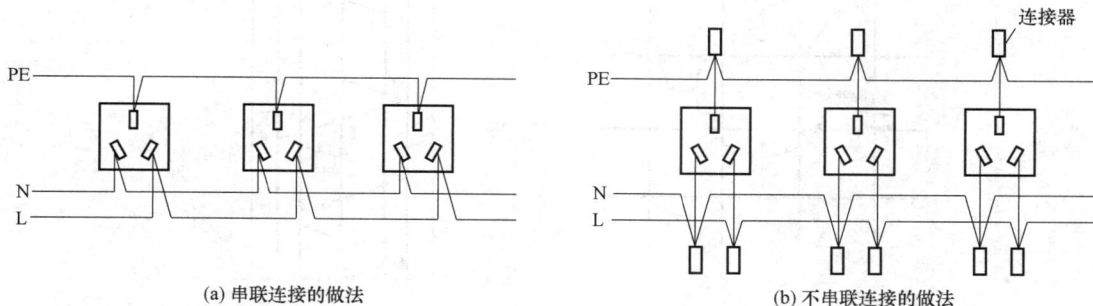

(a) 串联连接的做法　　　　　　　　　　　(b) 不串联连接的做法

图 1-2-63　插座之间串联与不串联做法示意图

五、防雷与接地工程

（一）接地装置安装

1. 人工接地体

（1）人工接地体顶部埋设深度不应小于 0.6m，与建筑物的外墙或基础之间的水平距离不宜小于 1m。

（2）垂直接地体可采用角钢、钢管、圆钢、铜棒、铜管等材料制作，其长度不应小于 2.5m，垂直打入地沟内，相互之间的间距一般不应小于 5m（水平间距不小于长度的 2 倍），如图 1-2-64 所示。

（3）水平接地体可采用扁钢、铜排等材料制作，其截面积应不小于 100mm²，厚度不小于 4mm。

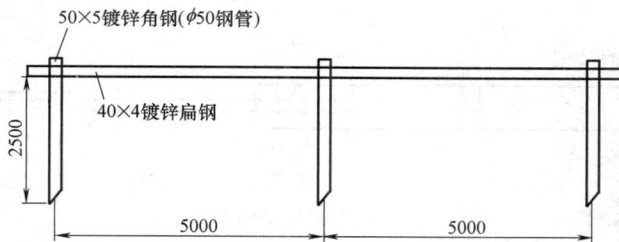

图 1-2-64　人工接地体制作示意图（单位：mm）

2. 自然接地体

自然接地体是利用钢筋混凝土基础中的钢筋（桩基及底板钢筋）作为接地体。按设计图的接地位置要求，找好桩基位置，将桩基内主筋（不少于二根）与底板主筋搭接，并在地面以下将底板主筋（不少于二根）焊接连接，形成接地网，并用色漆做好标记，以便于引出和检查，如图 1-2-65 所示。

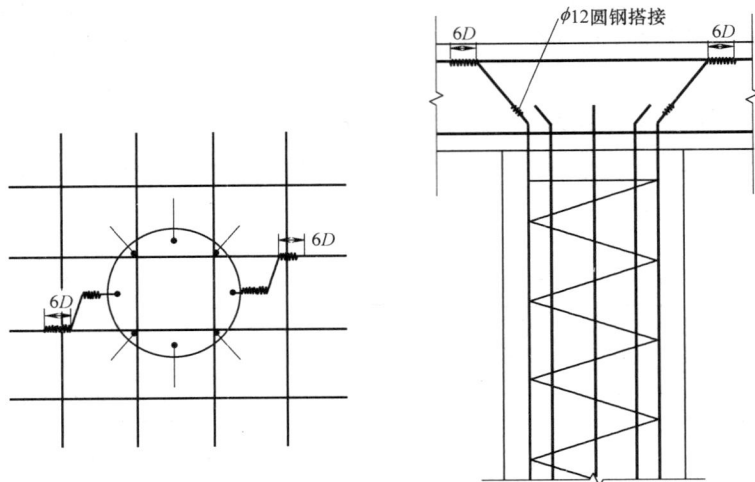

图 1-2-65　利用混凝土基础中钢筋接地的做法

3. 接地体（线）的搭接要求

1）接地体（线）的连接要求

接地体（线）的连接应采用焊接，焊接处焊缝应饱满并有足够的机械强度，不得有夹渣、咬肉、裂纹、虚焊、气孔等缺陷，焊缝处均应做防腐处理（埋设在混凝土中的除外）。

2）接地体（线）的焊接搭接长度要求

（1）扁钢与扁钢搭接不应小于扁钢宽度的 2 倍，且应至少三面施焊。

（2）圆钢与圆钢搭接不应小于圆钢直径的 6 倍，且应双面施焊。

（3）圆钢与扁钢搭接不应小于圆钢直径的 6 倍，且应双面施焊。

（4）扁钢与钢管焊接应紧贴 3/4 钢管表面，且上下两侧施焊。

（5）扁钢与角钢焊接应紧贴角钢外侧两面，且上下两侧施焊。

接地体（线）的焊接搭接示意图如图 1-2-66 所示。

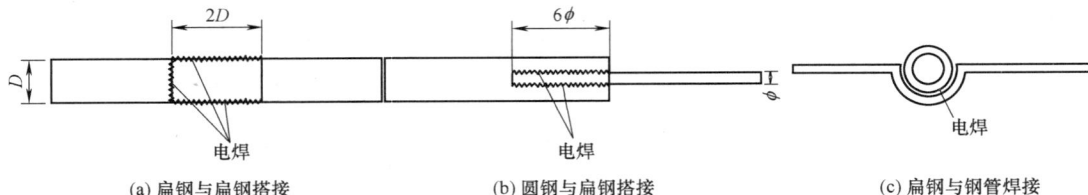

图 1-2-66　接地体（线）的焊接搭接示意图

（二）接闪针、接闪带（线、网）安装

1. 接闪针制作安装

（1）接闪针制作

按设计要求的材料所需的长度分上、中、下三节进行，如针尖采用钢管制作，可先将上节钢管一端锯成锯齿形，用手锤收尖后，进行焊接磨尖，然后将另一端与中、下二节钢管找直、焊好。

（2）接闪针安装

先将支座钢板的底板固定在预埋的地脚螺栓上，焊上一块肋板，再将避雷针立起，找直、找正后，进行点焊，然后加以校正，焊上其他三块肋板，最后将引下线焊在底板上，如图 1-2-67 所示。

2. 接闪带（网）制作安装

（1）接闪网分明网和暗网两种，暗网格越密，其可靠性就越好，网格的密度应视建筑物的重要程度而定。一类防雷建筑物可采用不大于 5m×5m 的网格，二类防雷建筑物采用不大于 10m×10m 的网格，三类防雷建筑物应采用不大于 20m×20m 的网格。明敷接闪网一般使用 25mm×4mm 镀锌扁钢或 ϕ12 镀锌圆钢。

（2）接闪器与防雷引下线必须采用焊接或卡接器连接，防雷引下线与接地装置必须采用焊接或螺栓连接，如图 1-2-68 所示。

3. 防雷引下线

（1）防雷引下线有明敷和暗敷两种，引下线的间距应视建筑物的防雷分类而定。第一类防雷建筑引下线间距不应大于 12m，第二类防雷建筑引下线间距不应大于 18m，第三类防雷建筑引下线间距不应大于 25m。

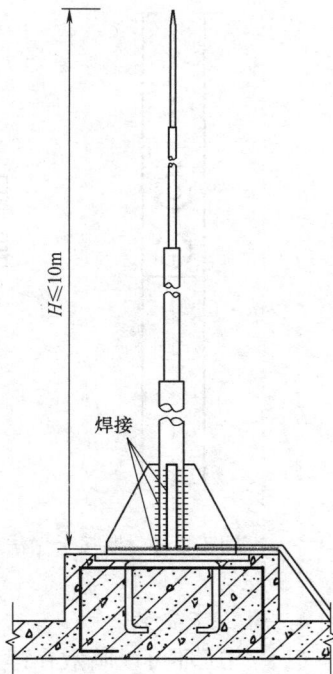

图 1-2-67 接闪针安装示意图

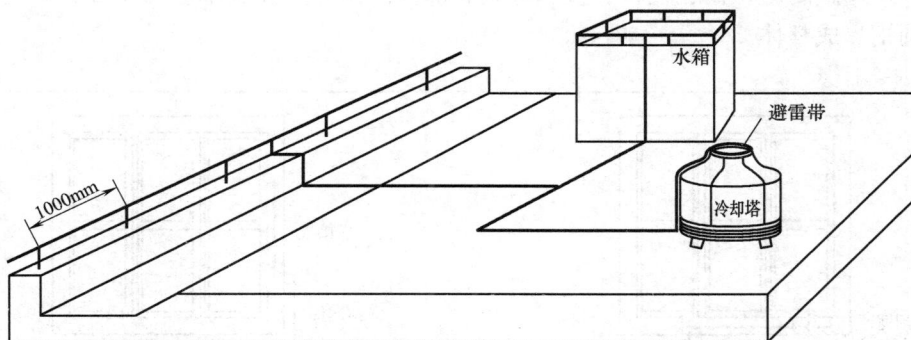

图 1-2-68 接闪线（网）安装示意图

（2）明敷防雷引下线一般使用 40mm×4mm 镀锌扁钢或 ϕ12 镀锌圆钢沿外墙引下，在距地 1.8m 处做断接卡，如图 1-2-69 所示。

（3）利用混凝土内的主钢筋作暗敷引下线时，每一条引下线不得少于 2 根主钢筋，并在离地 0.5m 处，采用 100mm×100mm×10mm 的钢板做接地测试点，如图 1-2-70所示。

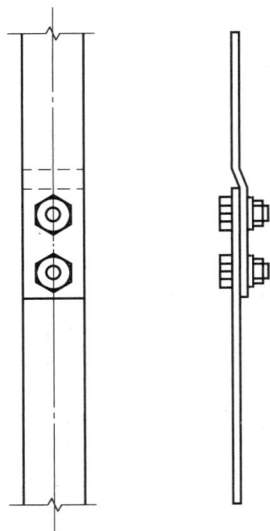

图 1-2-69　断接卡做法示意图　　　　图 1-2-70　接地测试点做法示意图

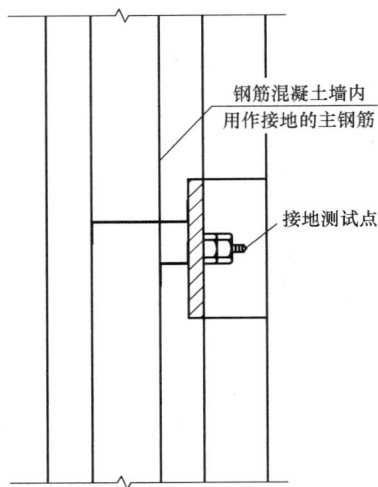

　　4．均压环安装

　　（1）均压环可以暗敷在建筑物表面的抹灰层内，或直接利用结构钢筋贯通，并应与暗敷的避雷网或楼板的钢筋焊接，所以均压环实际上也就是接闪带。均压环安装如图 1-2-71 所示。

　　（2）将结构圈梁里的主筋或腰筋用 ϕ12 的圆钢跨接成一个整体，并与柱筋中引下线焊成一个整体。

　　（3）外檐金属门、窗、栏杆、扶手等金属部件的预埋焊接点不应少于 2 处，与接闪带预留的圆钢焊成整体。

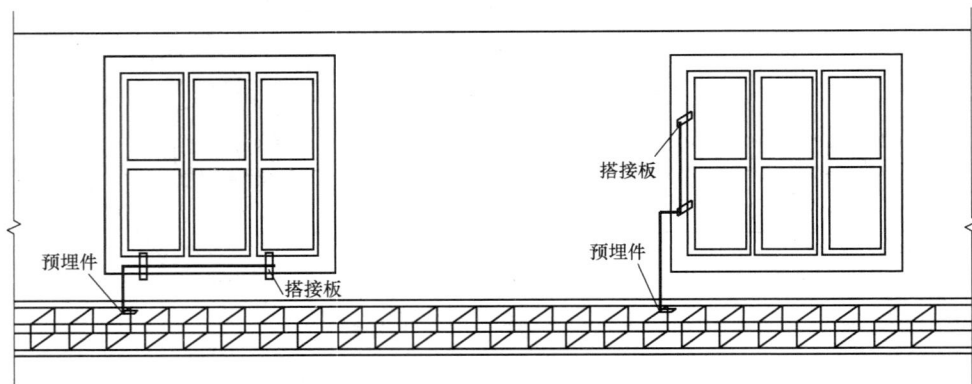

图 1-2-71　均压环安装示意图

　　（三）等电位联结

　　（1）需做等电位联结的卫生间内金属部件或零件的外界可导电部分，应设置专用接线螺栓与等电位联结导体（BV-2.5 铜芯导线）连接（图 1-2-72），并应设置标识；连接处螺帽应紧固、防松零件应齐全。

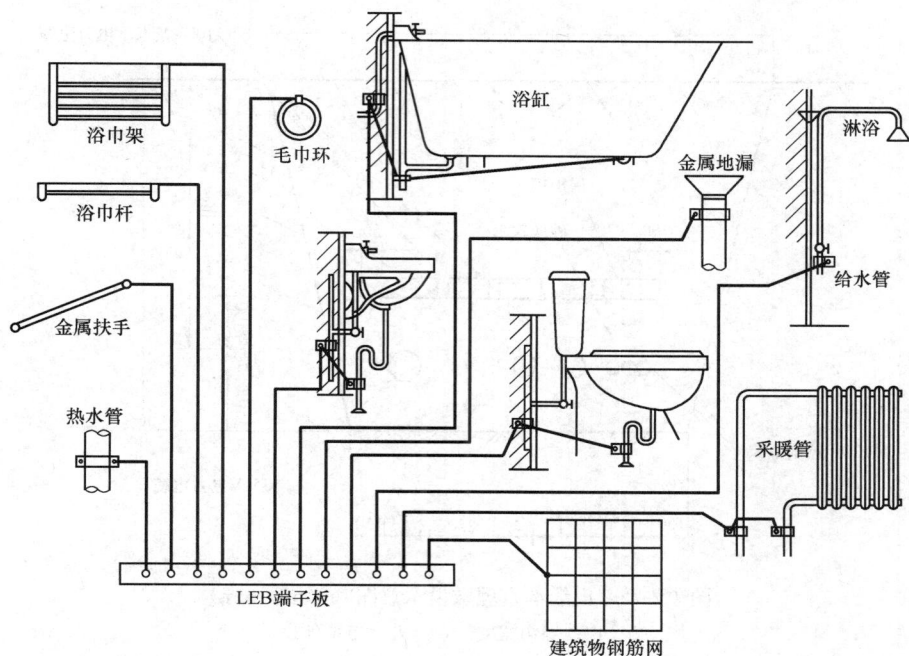

图 1-2-72 卫生间等电位联结示意图

（2）需做等电位联结的外露可导电部分或外界可导电部分的连接应可靠。采用螺栓连接时，其螺栓、垫圈、螺母等应为热镀锌制品，且应连接牢固。

六、室外电气工程

（一）室外电缆敷设

1. 直埋敷设

（1）直埋敷设于非冻土地区时，电缆外皮至地面深度不得小于 0.7m；当位于车行道或耕地下时，应不小于 1m。应在电缆上下各均匀铺设 100mm 厚的软土或细沙层，再盖混凝土板、石板或砖等保护，保护板应超出电缆两侧各 50mm，如图 1-2-73 所示。

（2）直埋电缆路径标志应与实际路径相符。路径标志应清晰、牢固，间距适当，且在直线段每隔 50～100m 处、电缆接头处、转弯处、进入建筑物等处应设置明显标志或标桩，如图 1-2-74 所示。

（3）直埋电缆引入建筑物时，应穿电缆保护管防护，并做好防水处理，保护管两端应打磨成喇叭口，如图 1-2-75 所示。

2. 排管敷设

（1）室外排管敷设的电缆导管施工如图 1-2-76 所示。

（2）敷设电缆排管时，拐弯、分支处以及直线段每隔 50m 应设电缆井，排管向工作井侧应有不小于 0.5% 的排水坡度，井内有集水坑。

3. 电缆沟敷设

室外电缆沟如图 1-2-77 所示。电缆沟应采取防水措施，底部还应设集水井，室外电缆沟在进入建筑物处，应设防火分隔。

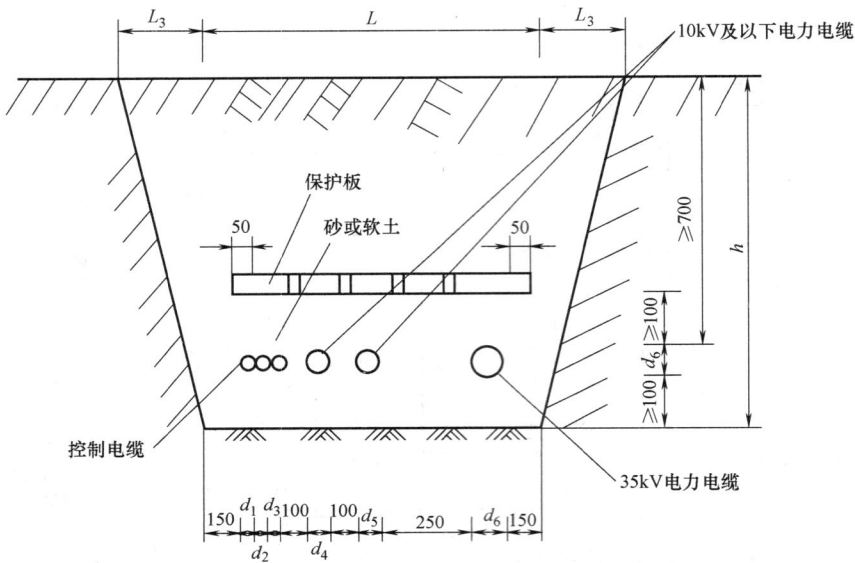

图 1-2-73　电缆沟直埋敷设示意图（单位：mm）

L—电缆壕沟宽度；$d_1 \sim d_6$—电缆外径

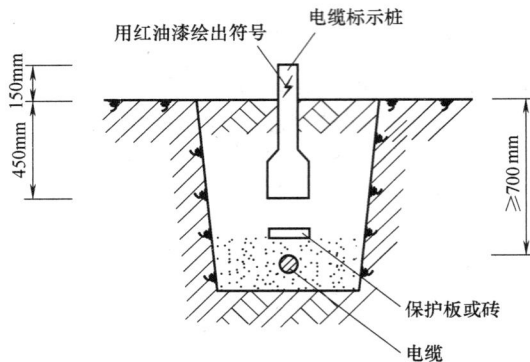

图 1-2-74　直埋电缆标示桩示意图

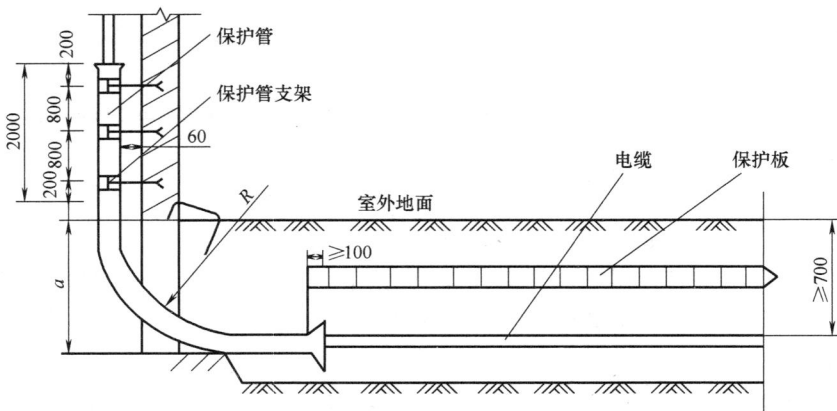

图 1-2-75　直埋电缆引入建筑物示意图（单位：mm）

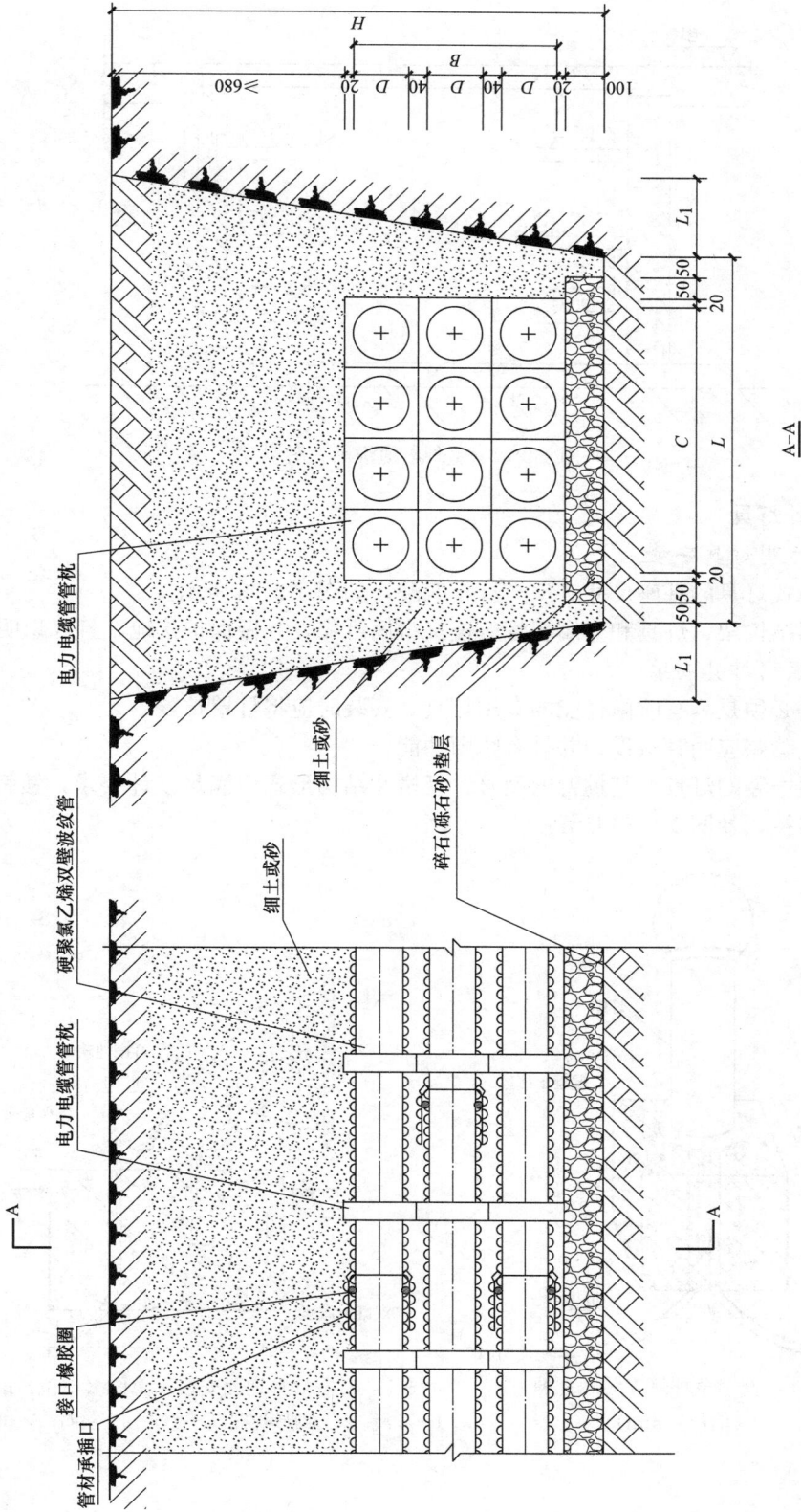

图 1-2-76　电缆排管敷设示意图

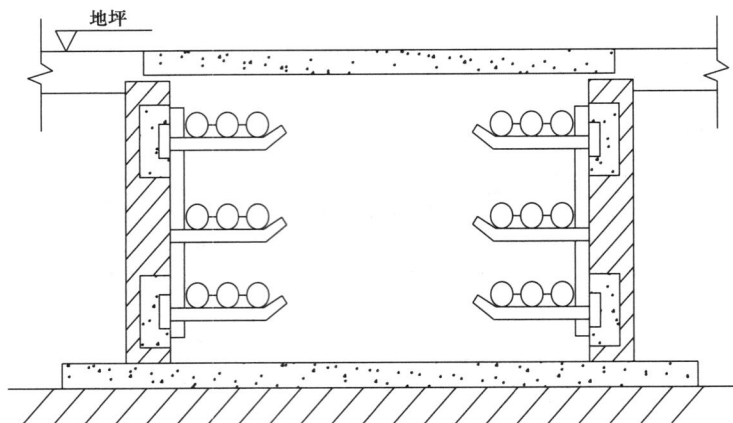

图 1-2-77　室外电缆沟示意图

（二）室外灯具

1. 景观照明灯具安装

（1）落地式灯具的基座尺寸必须与灯箱匹配，如图 1-2-78 所示。

（2）金属结构架、灯具和金属软管应连接牢固可靠，并做保护接地，且标识明显。

2. 泛光照明灯具安装

（1）灯具必须是具有防雨性能的专用灯具，安装时应将灯罩拧紧。

（2）配线管路应明管敷设，并具有防雨功能。

（3）悬挑安装的灯具，其挑臂的型号、规格及结构形式应满足设计要求，镀锌件应采用螺栓固定连接，如图 1-2-79 所示。

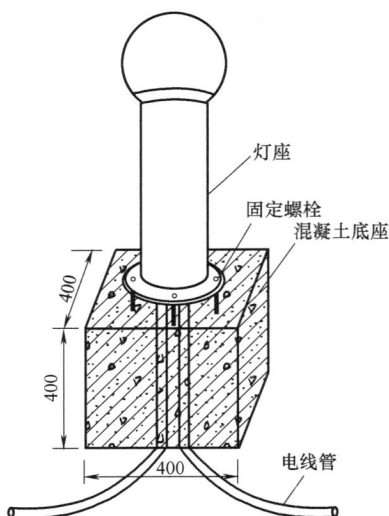

图 1-2-78　草坪灯安装示意图
（单位：mm）

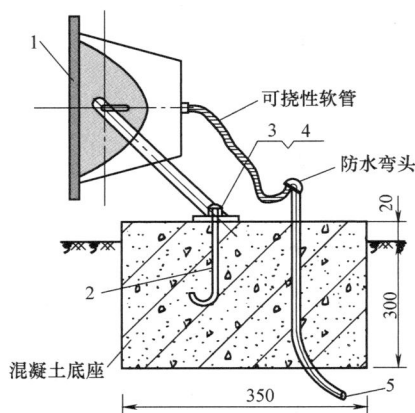

图 1-2-79　灯具地面安装示意图（单位：mm）
1—灯具；2—地脚螺栓；3—螺母；4—垫圈；5—电线管

3. 路灯安装

（1）每套路灯应在相线上装设保护装置。灯具接线盒或熔断器盒的盒盖防水密封垫应完整。

（2）金属结构支托架及立柱、灯具应连接保护接地线，连接牢固可靠，接地点应有标识，如图 1-2-80 所示。

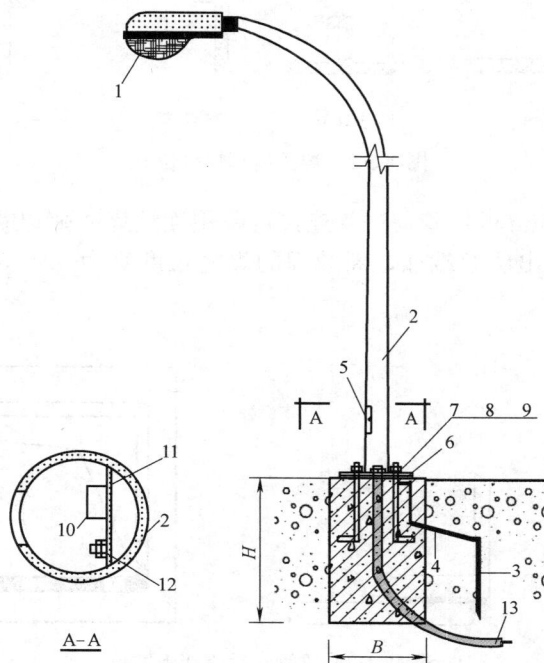

图 1-2-80　路灯安装示意图

1—灯具；2—灯杆；3—接地极；4—接地线；5—接线盒；6—固定钢板；7—螺栓；
8—螺母；9—垫圈；10—断路器；11—固定钢板；12—接线端子；13—电源进线

第三节　通风与空调工程安装细部节点做法

一、风管制作

（一）金属风管制作

（1）金属矩形风管制作采用咬口连接时，有如下四种形式，如图 1-3-1 所示。按扣式咬口只适用于中压及以下的矩形风管。

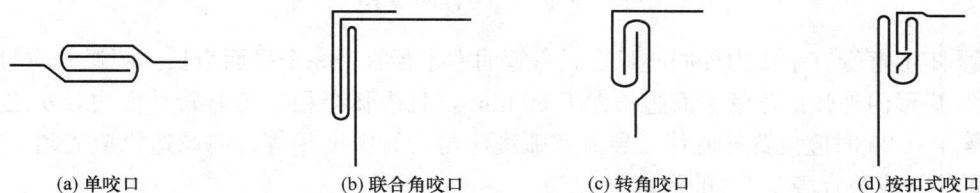

(a) 单咬口　　　(b) 联合角咬口　　　(c) 转角咬口　　　(d) 按扣式咬口

图 1-3-1　金属风管咬口连接形式

（2）风管板面焊接连接可采用搭接、角接和对接三种形式。风管焊接前应除锈、除油，焊缝应熔合良好、平整，表面不应有裂纹、焊瘤、穿透的夹渣和气孔等缺陷，焊后的板材变形应矫正，焊渣及飞溅物应清除干净，如图 1-3-2 所示。

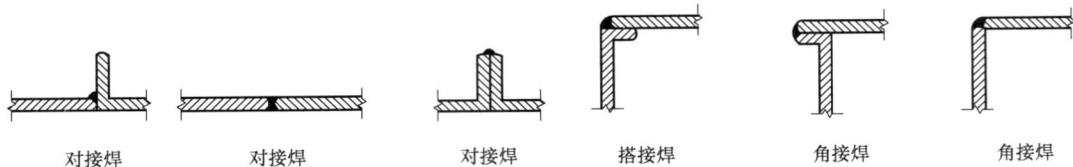

| 对接焊 | 对接焊 | 对接焊 | 搭接焊 | 角接焊 | 角接焊 |

图 1-3-2　焊接风管焊缝位置

（3）壁厚大于 1.2mm 的风管与法兰连接可采用连续焊或翻边断续焊。管壁与法兰内口应紧贴，焊缝不得凸出法兰端面，断续焊的焊缝长度宜为 30～50mm，间距不应大于50mm，如图 1-3-3 所示。

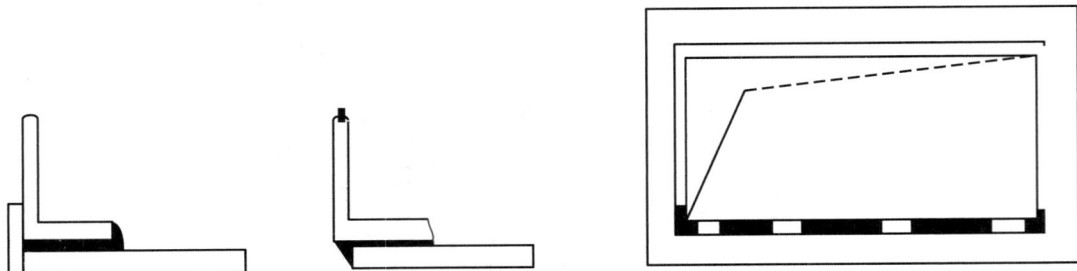

图 1-3-3　风管法兰焊接形式

（4）金属矩形弯管分为内外同心弧形、内弧外直角形、内斜线外直角形及内外直角形，如图 1-3-4 所示，其制作应符合下列规定：

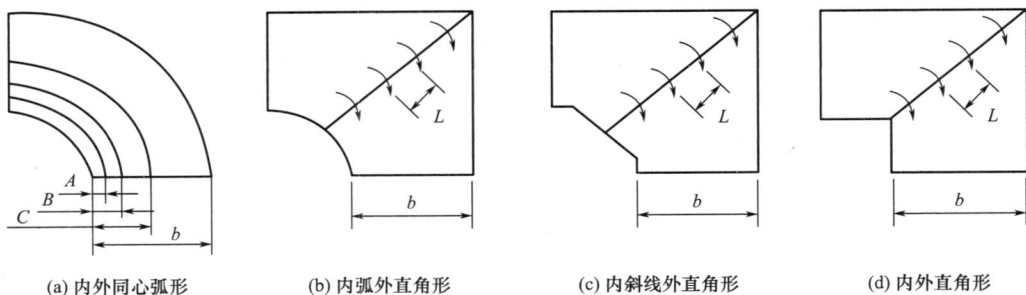

(a) 内外同心弧形　　(b) 内弧外直角形　　(c) 内斜线外直角形　　(d) 内外直角形

图 1-3-4　矩形弯管示意图

① 矩形弯管宜采用内外同心弧形，弯管曲率半径宜为一个平面边长，圆弧应均匀。

② 矩形内外弧形弯管平面边长大于 500mm，且内弧半径 r 与弯管平面边长 b 之比小于或等于 0.25 时应设置导流片。导流片弧度应与弯管弧度相等，迎风边缘应光滑，片数及设置位置应符合表 1-3-1 的规定。

内外弧形矩形弯管导流片数及设置 表 1-3-1

弯管平面边长 b(mm)	导流片数	导流片位置			
		A	B	C	
b＜1000	1	b/3	—	—	
1000≤b＜1600	2	b/4	b/2	—	
1600≤b＜2000	3	b/8	b/3	b/2	
b≥2000	4	b/8	b/3	b/2	3b/4

（5）金属圆形风管三通、四通的支管与总管夹角宜为 $15°\sim60°$，制作偏差不应大于 $3°$。插接式三通管段长度宜为支管直径的 2 倍加 100mm，支管长度不应小于 200mm，止口长度宜为 50mm。三通连接处宜采用咬接或焊接，如图 1-3-5 所示。

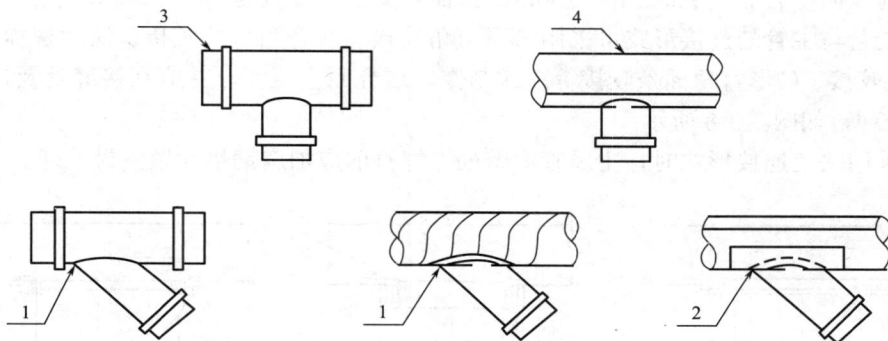

图 1-3-5 三通连接形式
1—咬口、焊接；2—焊接；3—止口；4—纵向或螺旋咬口

（6）风管的加固采用通丝内支撑加固形式时，应根据风管所属系统（正压或负压），按正确的方向安装专用垫圈：负压系统专用垫圈应安装于风管内侧，正压系统专用垫圈应安装于风管外侧，如图 1-3-6 所示。

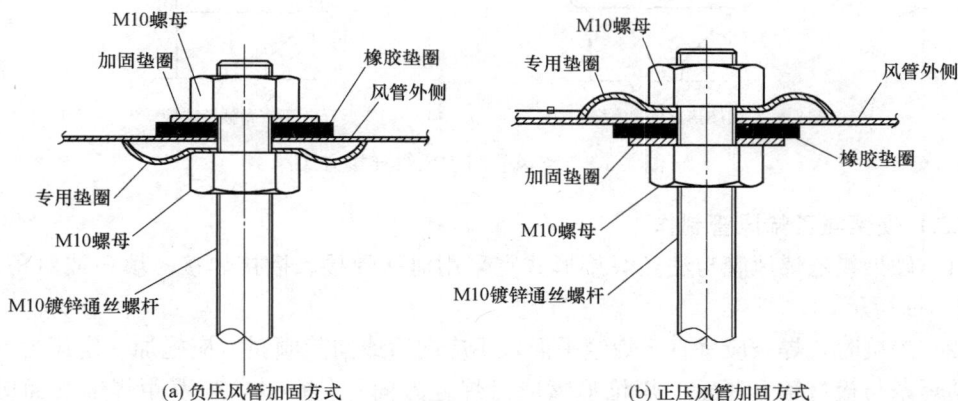

(a) 负压风管加固方式　　　　(b) 正压风管加固方式

图 1-3-6 风管通丝内支撑加固形式

（7）净化风管不得采用内部加固框或加强筋，缩小风管通风有效面积。为保证净化风管内表面不积尘，减少风管的阻力，应采用外部加固措施，如图 1-3-7 所示。

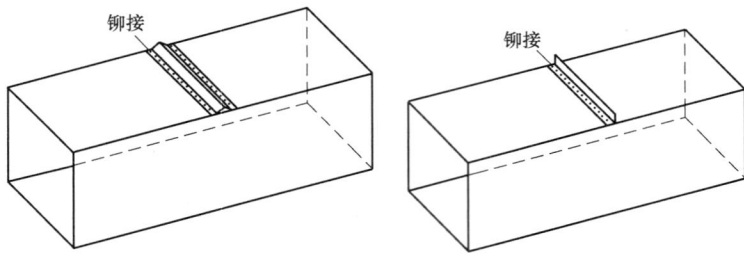

图 1-3-7　净化类风管外加固形式

（8）边长小于或等于 630mm 的支风管与主风管连接应符合下列规定：

① 迎风面应有 30°斜面或 $R=150mm$ 弧面，支管长度宜为 150～200mm。

② 支管与主管的连接形式可采用 S 形直角咬接、联合角口式咬接、法兰螺栓连接、S 形止口式咬接、C 形直角插条咬接等形式制作，结合面应压实，并应在接缝处及连接四角处密封处理，如图 1-3-8 所示。

③ 采用法兰连接形式时，主风管内壁处上螺钉前应加扁钢垫并做密封处理。

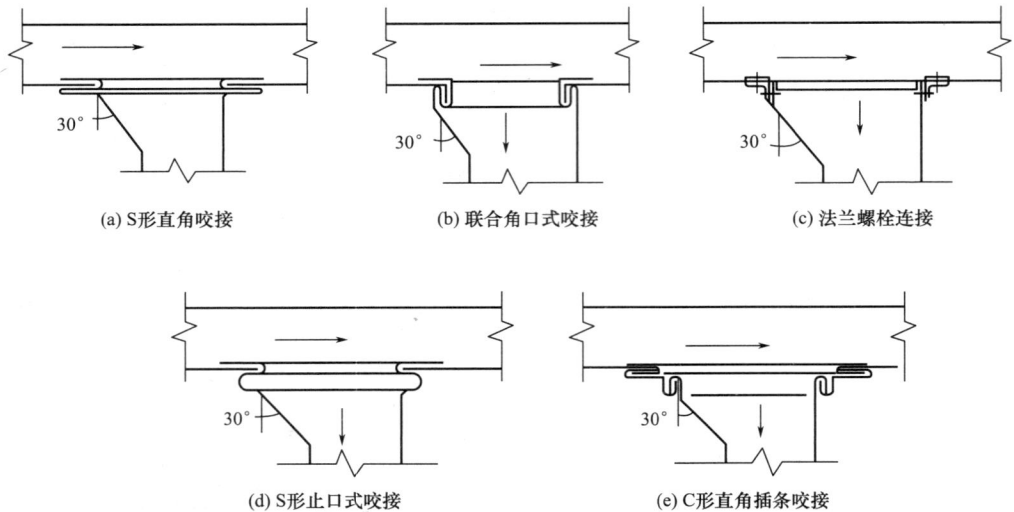

(a) S形直角咬接　　(b) 联合角口式咬接　　(c) 法兰螺栓连接

(d) S形止口式咬接　　(e) C形直角插条咬接

图 1-3-8　支风管与主风管连接方式

（二）硬聚氯乙烯风管制作

（1）硬聚氯乙烯风管与法兰焊接形式宜采用对接焊接、搭接焊接、填角或对角焊接，如图 1-3-9 所示。

（2）焊接时，焊条应垂直于焊缝平面，不应向后或向前倾斜，应施加一定压力，使被加热的焊条与板材粘合紧密。焊枪喷嘴应沿焊缝方向均匀摆动，喷嘴距焊缝表面应保持 5～6mm 的距离。喷嘴的倾角应根据被焊板材的厚度按表 1-3-2 的规定选择，具体如图 1-3-10 所示。

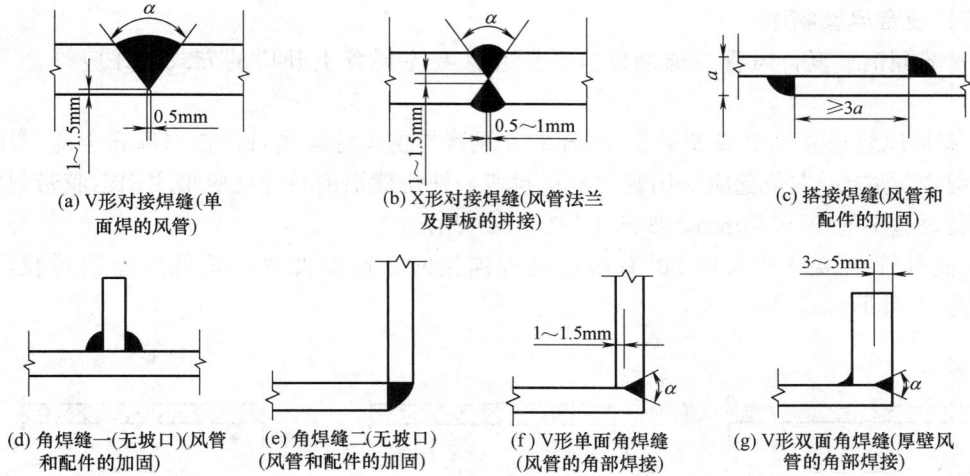

图 1-3-9 硬聚氯乙烯板焊缝形式

焊枪喷嘴倾角的选择 表 1-3-2

板厚(mm)	≤5	5～10	>10
倾角(°)	15～20	25～30	30～45

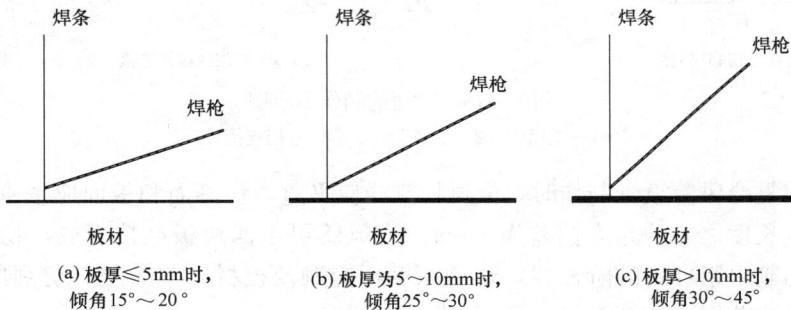

图 1-3-10 焊枪喷嘴倾角的选择

（3）当硬聚氯乙烯风管的直径或边长大于 500mm 时，风管与法兰的连接处应设加强板，且间距不得大于 450mm。硬聚氯乙烯风管加固宜采用外加固框形式，并应采用焊接将同材质加固框与风管紧固，如图 1-3-11 所示。

（4）矩形硬聚氯乙烯风管的四角可采用煨角或焊接连接，当采用煨角连接时，纵向焊缝距煨角处宜大于 80mm，如图 1-3-12 所示。

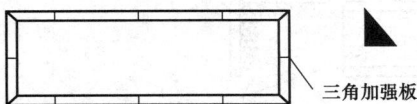

图 1-3-11 硬聚氯乙烯风管外加固示例

图 1-3-12 硬聚氯乙烯风管四角采用煨角连接成型

（三）复合风管制作

（1）酚醛铝箔复合风管三通制作宜采用直接在主风管上开口的方式，并应符合下列规定：

① 矩形风管边长小于或等于500mm的支风管与主风管连接时，在主风管上应采用接口处内切45°粘接；内角缝应采用密封材料封堵，外角缝铝箔断开处应采用铝箔胶带封贴，封贴宽度每边不应小于20mm，如图1-3-13（a）所示。

② 主风管上接口处采用90°专用连接件连接时，连接件的四角处应涂密封胶，如图1-3-13（b）所示。

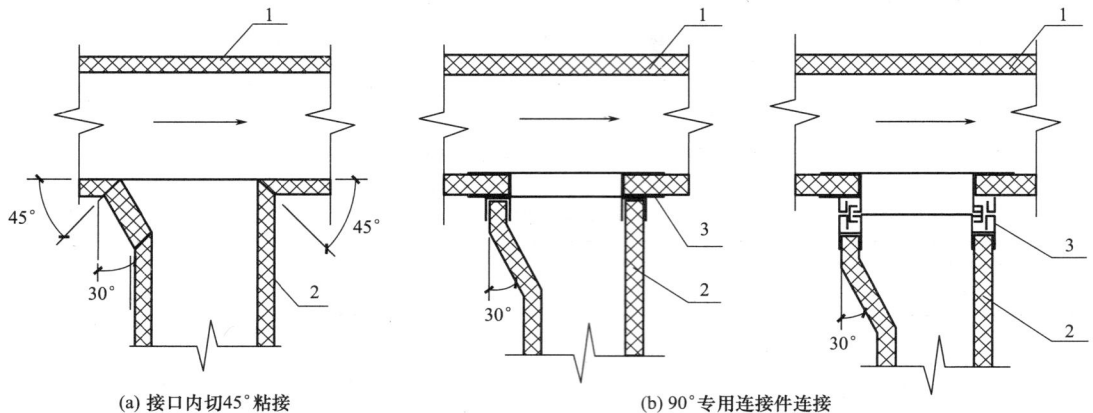

（a）接口内切45°粘接　　　　　　（b）90°专用连接件连接

图1-3-13　三通的制作示意图

1—主风管；2—支风管；3—90°专用连接件

（2）玻镁复合风管直管制作时，板材切割线应平直，切割面和板面应垂直。切割后的风管板对角线长度之差的允许偏差为5mm。直风管可由四块板粘接而成，切割风管侧板时，应同时切割出组合用的阶梯线，切割深度不应触及板材外覆面层，切割出阶梯线后，刮去阶梯线外夹芯层，如图1-3-14所示。

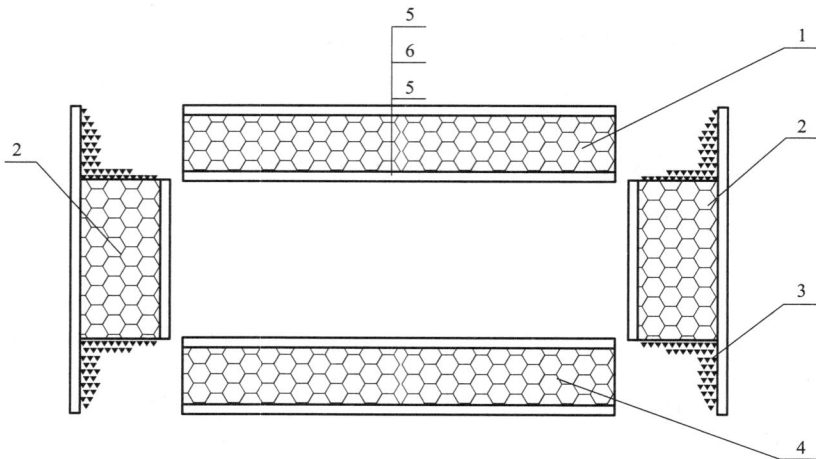

图1-3-14　玻镁复合矩形风管组合示意图

1—风管顶板；2—风管侧板；3—涂专用胶粘剂处；4—风管底板；5—覆面层；6—夹芯层

二、风管（部件、配件）系统安装

（一）金属风管安装

1. 风管支、吊架安装

（1）支、吊架的设置位置不应影响阀门、自控机构的正常动作，且不应设置在风口、检查门处，离风口和分支管的距离不宜小于 200mm，如图 1-3-15 所示。金属风管安装支、吊架间距应符合表 1-3-3 的规定。

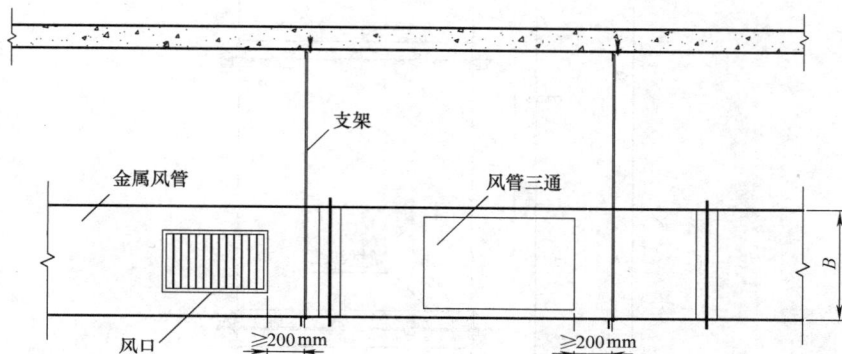

图 1-3-15　水平风管吊架距离风口做法

金属风管安装支、吊架间距　　　　　　　　　　　　　　　　表 1-3-3

风管安装类型	支、吊架间距				
	直径或边长	矩形风管	圆形风管		薄钢板法兰风管
			纵向咬口	螺旋咬口	
水平安装	≤400mm	≤4m	≤4m	≤5m	≤3m
	>400mm	≤3m	≤3m	≤3.750m	
垂直安装	≤4m				

（2）不隔热矩形风管立面与吊杆的间隙不宜大于 50mm，吊杆距风管末端不应大于 1000mm，如图 1-3-16 所示。

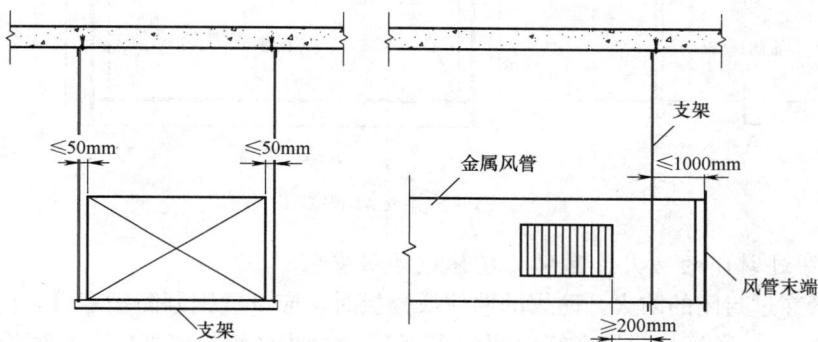

图 1-3-16　风管末端支架做法

（3）垂直安装的风管支架宜设置在法兰连接处，不宜单独以抱箍的形式固定风管，使用型钢支架并使风管重量通过法兰作用于支架上，且法兰应采用角钢法兰的形式连接，如图 1-3-17 所示。

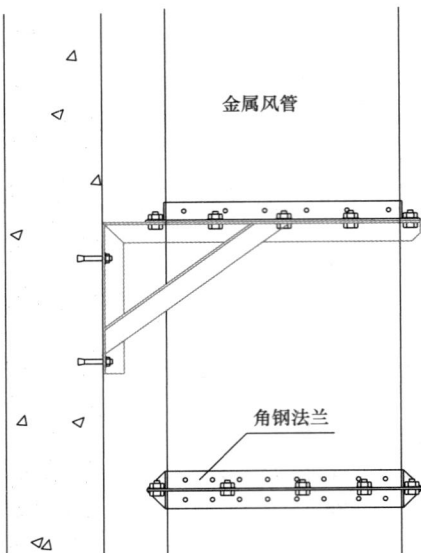

图 1-3-17　风管垂直安装

2. 防晃支架

悬吊的水平主、干风管直线长度大于 20m 时，应设置防晃支架或防止摆动的固定点。防晃支架与普通吊架横担应选用同一型号角钢，角钢横担的朝向需一致，横担的螺孔需采用机械加工。防晃支架限位丝杆应紧贴风管（含保温层）完成面，长边尺寸大于或等于 1250mm 的大型风管采用 $\phi10$ 限位丝杆，其余风管采用 $\phi8$ 限位丝杆，如图 1-3-18 所示。

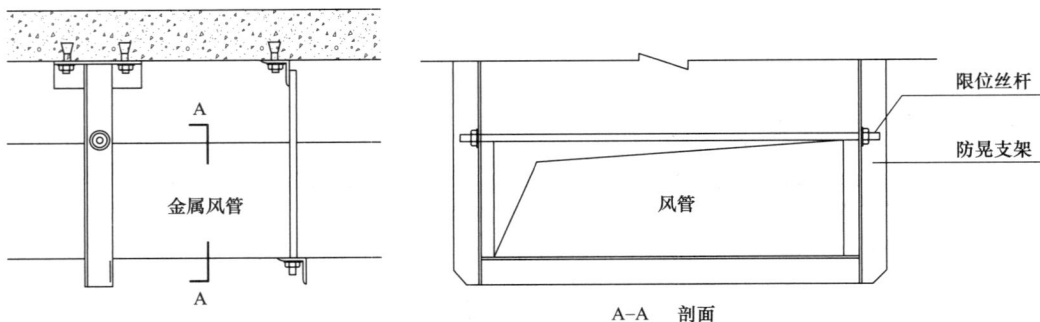

图 1-3-18　防晃支架示意图

3. 风管穿过封闭的防火、防爆的墙体或楼板安装

（1）风管穿过封闭的防火、防爆的墙体或楼板时，应设置钢制防护套管，防护套管厚度不小于 1.6mm，风管与防护套管之间应采用不燃柔性材料封堵严密。穿墙套管与墙体两面平齐，如图 1-3-19 所示。

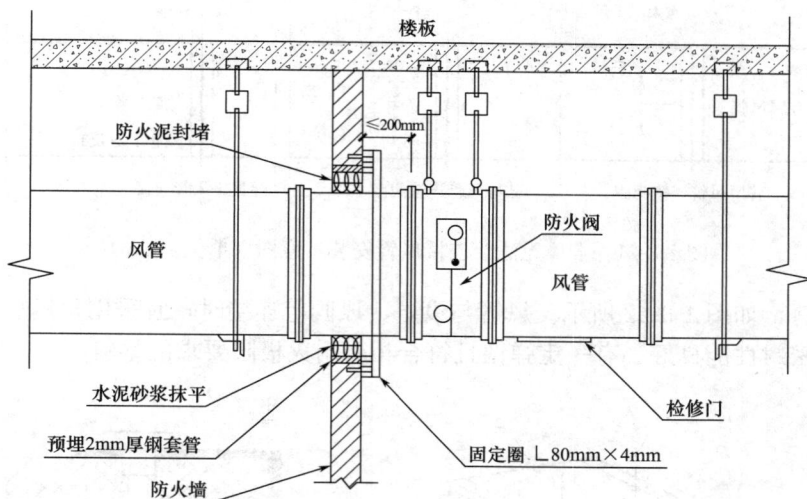

图 1-3-19　水平风管穿隔墙做法

（2）水平风管穿伸缩缝处应采用金属软管连接，金属软管长度不小于 600mm 且伸出两侧墙体 100mm，如图 1-3-20 所示。

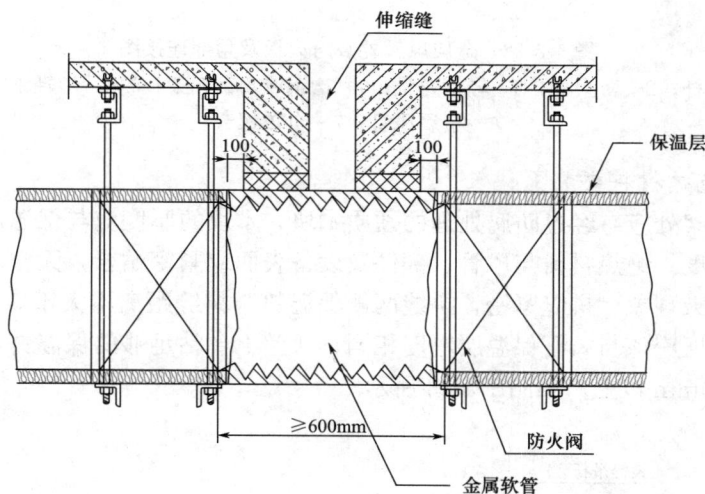

图 1-3-20　水平风管穿伸缩缝

4. 金属无法兰连接风管安装

（1）矩形薄钢板法兰风管可采用弹性插条、弹簧夹或 U 形紧固螺栓连接。连接固定的间隔不应大于 150mm，净化空调系统风管的间隔不应大于 100mm，且分布应均匀。

（2）当采用弹簧夹连接时，宜采用正反交叉固定方式，但不应松动（图 1-3-21）。

5. 金属风管外敷防火板

在板与板结合的缝隙处、管段与管段的拼接缝隙处，应涂抹板材生产厂商认可的专用防火密封胶。U 形轻钢龙骨固定在金属风管的外侧，防火板与 U 形轻钢龙骨连接，均应

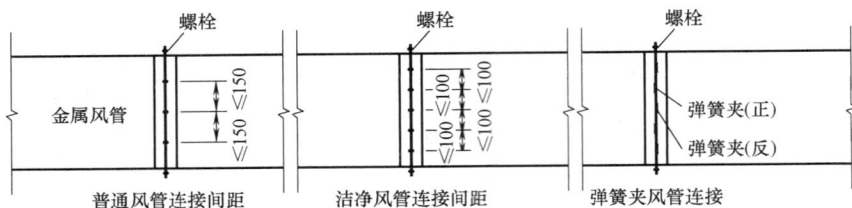

图 1-3-21　金属无法兰连接风管安装示意图（单位：mm）

采用自攻螺钉，如图 1-3-22 所示。风管与设备、风阀等连接时，宜采用角钢法兰，两法兰之间应使用密封性能良好、有一定弹性且符合相应耐火极限要求的垫料。

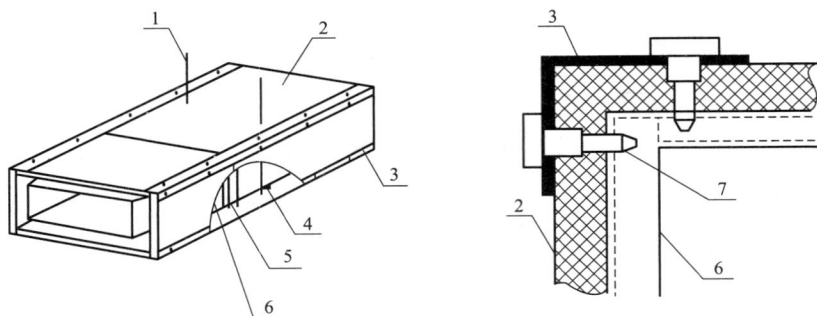

图 1-3-22　金属风管外敷防火板及角部连接图

1—吊杆；2—防火板；3—轻钢龙骨；4—槽钢或角钢托架；5—U 形轻钢龙骨；
6—金属风管；7—自攻螺钉

6. 玻璃棉绝热材料安装

保温风管支架处应有经过防腐处理的硬质木块，木块的厚度应与保温层厚度一致，不能小于保温层厚度。绝热材料与风管、部件及设备表面应紧密贴合，无空隙，保温钉应收紧，防止出现空鼓现象。拼缝紧密，拼缝两侧保温钉与拼缝距离不大于 50mm，风管法兰部位保温层的厚度应该与风管保温层厚度相同，法兰上要粘足够的保温钉，其宽度应该宽出法兰边两端 30mm 以上，如图 1-3-23 所示。

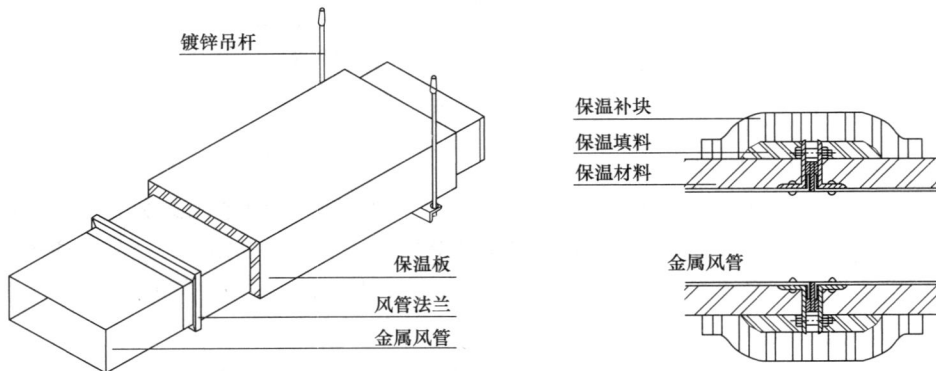

图 1-3-23　风管保温示意图

7. 风阀及法兰部位保温

保温板的拼缝要用铝箔胶带封严，胶带宽度平拼缝处为 50mm，风管转角处为 80mm。粘胶带时要用力均匀适度，使胶带牢固地粘贴在保温棉板面上，不得出现胀裂和脱落。风阀及法兰部位的保温结构应能单独拆卸。保温时不影响风阀执行机构动作，如图 1-3-24 所示。

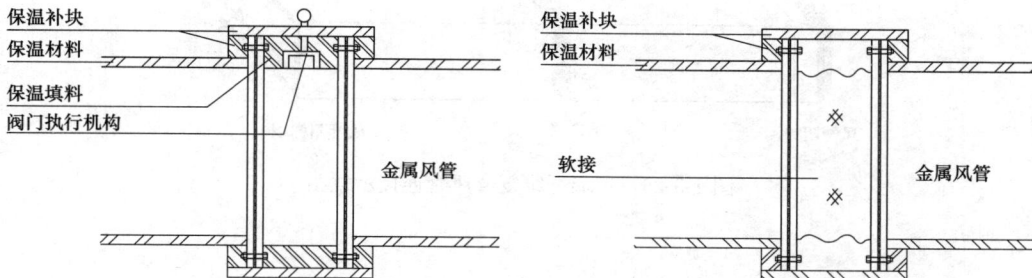

图 1-3-24 风阀保温示意图

（二）非金属风管安装

1. 硬聚氯乙烯风管安装

采用承插连接的圆形风管，直径小于或等于 200mm 时，插口深度宜为 40～80mm，粘接处应严密牢固。采用套管连接时，套管厚度不应小于风管壁厚，长度宜为 150～250mm。采用法兰连接时，垫片宜采用 3～5mm 厚软聚氯乙烯板或耐酸橡胶板。风管直管连续长度大于 20m 时，应按设计要求设置伸缩节，支管的重量不得由干管承受，如图 1-3-25 所示。

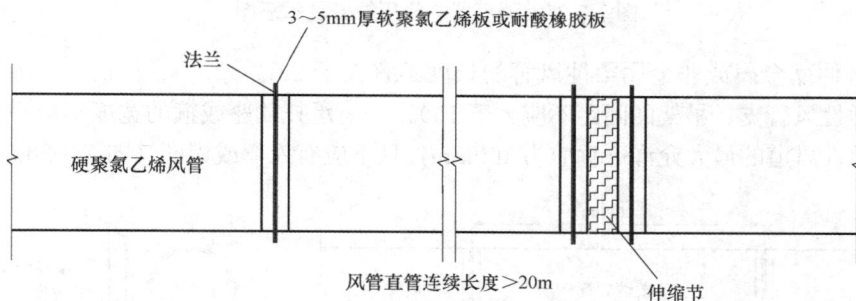

图 1-3-25 硬聚氯乙烯风管安装示意图

2. 玻璃纤维复合板风管安装

风管的铝箔复合面与丙烯酸等树脂涂层不得损坏，风管的内角接缝处应采用密封胶勾缝。榫连接风管应在榫口处涂胶粘剂，连接后在外接缝处应采用扒钉加固，间距不宜大于 50mm，并宜采用宽度大于或等于 50mm 的热敏胶带粘贴密封（图 1-3-26）。

（三）消声器、静压箱安装

（1）消声器及静压箱安装时，应设置独立支、吊架，应牢固固定，如图 1-3-27 所示。

（2）当采用回风箱作为静压箱时，回风口处应设置过滤网。

（四）柔性风管安装

（1）柔性风管安装应松紧适度、目测平顺，不应有强制性的扭曲。

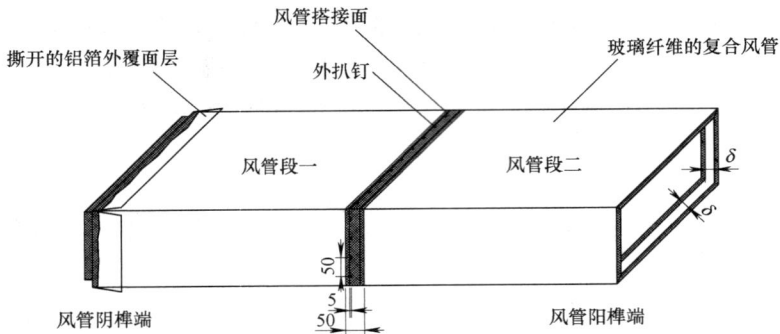

图 1-3-26　玻璃纤维复合风管连接示意图

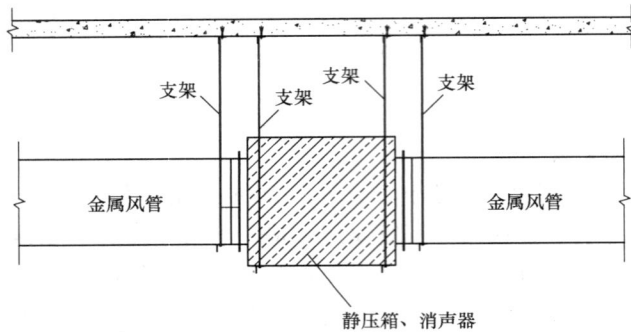

图 1-3-27　消声器、静压箱安装示意图

（2）可伸缩金属或非金属柔性风管的长度不宜大于 2m。

（3）柔性风管支、吊架的间距不应大于 1500mm，承托的座或箍的宽度不应小于 25mm，两支架间柔性风道的最大允许下垂应为 100mm，且不应有死弯或塌凹（图 1-3-28）。

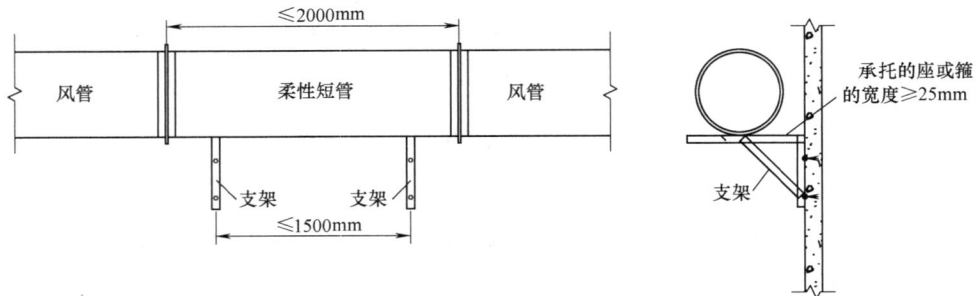

图 1-3-28　可伸缩金属或非金属柔性风管安装示意图

（五）柔性短管安装

（1）柔性短管的长度宜为 150～250mm，接缝的缝制或粘接应牢固、可靠，不应有开裂；成型短管应平整，无扭曲等现象。柔性短管与法兰组装宜采用压板铆接连接，铆钉间距宜为 60～80mm，如图 1-3-29 所示。

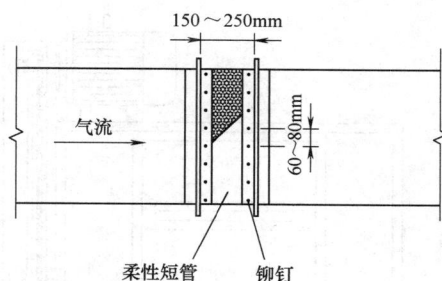

图 1-3-29 柔性短管制作示意图

（2）柔性短管不应为异径连接管，矩形柔性短管与风管连接不得采用抱箍固定的形式。

（3）防烟、排烟系统柔性短管的制作材料必须为不燃材料。

（六）风口安装

风口或结构风口与风管的连接应严密牢固，不应存在可察觉的漏风点或部位，风口与装饰面贴合应紧密。风口表面应平整、不变形，调节应灵活、可靠。同一厅室、房间内的相同风口的安装高度应一致，排列应整齐。明装无吊顶的风口，安装位置和标高允许偏差应为 10mm，如图 1-3-30 所示。

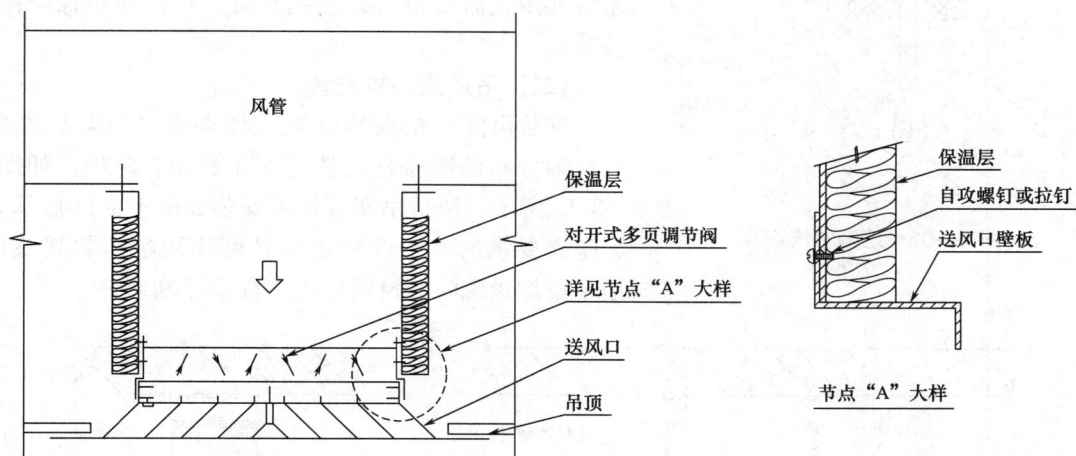

图 1-3-30 风口安装示意图

三、风机与空气处理设备安装

（一）落地式风机安装

（1）风机设备安装就位前，按设计图纸并依据建筑物的轴线、边线及标高线放出安装基准线；将设备基础表面的油污、泥土和螺栓预留孔内的杂物清除干净；对基础的强度、尺寸、预埋件等进行验收；基础边到风机底座边的距离以 100mm 为宜，如图 1-3-31 所示。

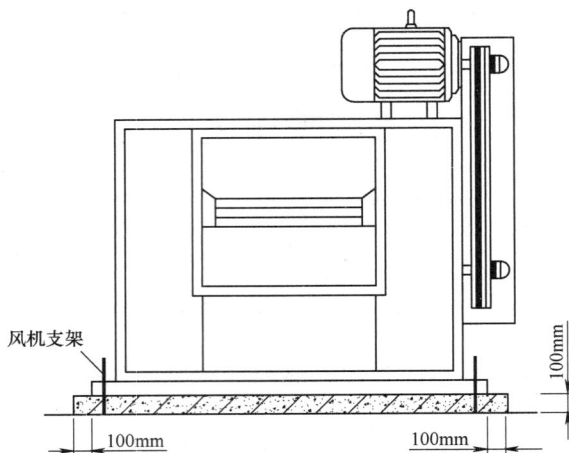

图 1-3-31　落地式风机安装

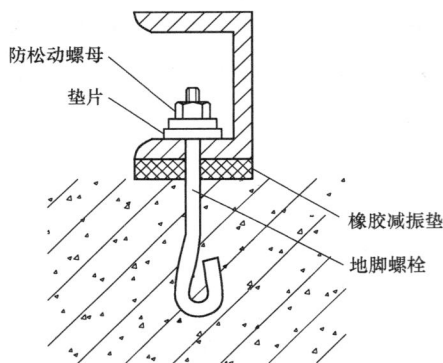

图 1-3-32　地脚螺栓安装

（2）风机安装采用符合设计要求的胀锚螺栓或地脚螺栓（图 1-3-32）固定，如设计无特别说明采用胀锚螺栓。防排烟风机应设在混凝土或钢架基础上，且不应设置减振装置；若排烟系统与通风空调系统共用且需要设置减振装置时，不应使用橡胶减振装置。

（二）吊顶式风机安装

安装尺寸应根据所选风机样本确定，需安装 3 个均匀分布的限位杆，选用 M8 螺栓、螺母，如图 1-3-33 所示。风机吊架穿楼板安装如图 1-3-34 所示。无防火要求时，柔性软连接管可选用帆布软接头；用于排烟系统时，材料应由工程设计确定。

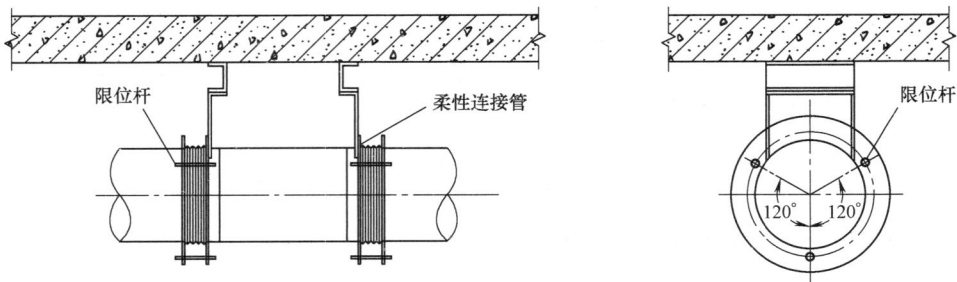

图 1-3-33　管道风机吊装

（三）屋面风机安装

支墩长度每边比风机支架至少增加 200mm，高度不小于 500mm，风口距屋面高度不小于 300mm，如图 1-3-35 所示。

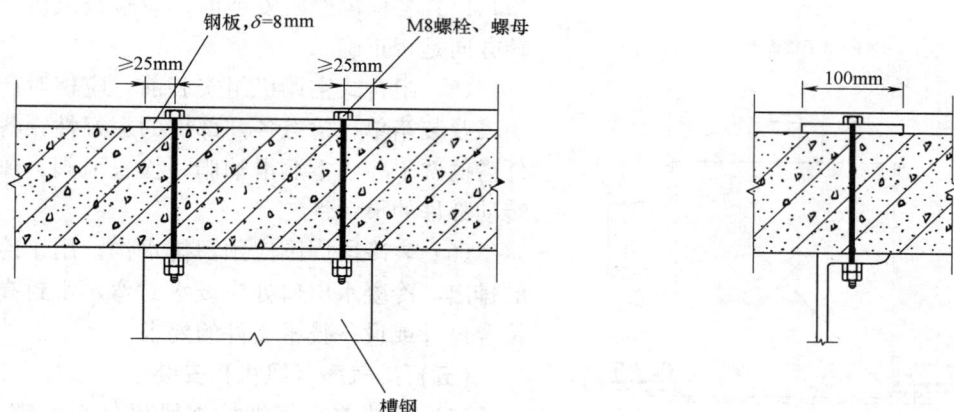

图 1-3-34　吊架穿楼板安装

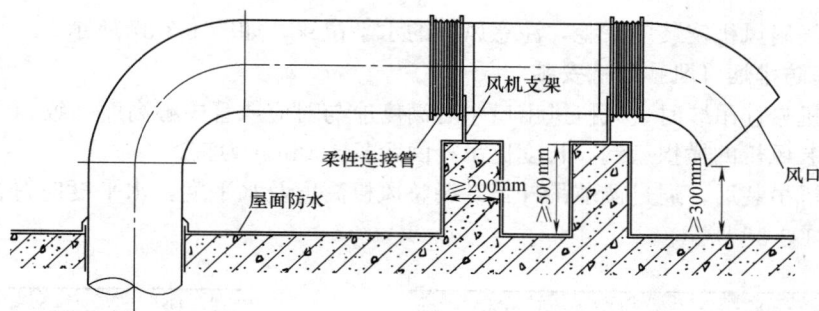

图 1-3-35　管道风机在屋面上安装

(四) 空调机组安装

(1) 组合式空调机组的基础高度应符合设计要求,如图 1-3-36 所示,离墙的一面须留有 1m 的空间,凸台平面要求平整、水平,各种功能段用螺栓连接,段与段之间用发泡聚乙烯密封,不应出现漏风现象。

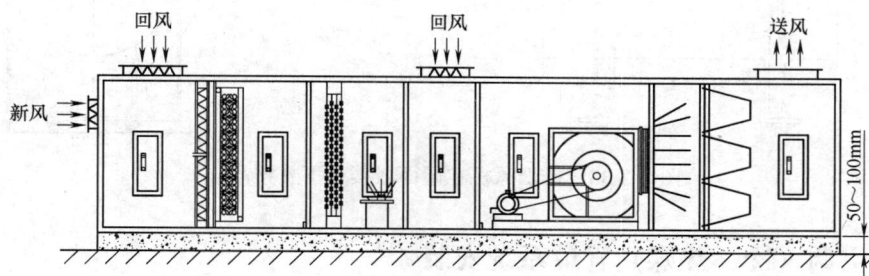

图 1-3-36　组合式空调机组的基础

(2) 组合式空调机组全部安装完毕后,应进行试运转,不得在全开风阀的状况下启动,以免启动电流过大烧坏电机,运转 8h 无异常现象为合格。

(3) 安装时,骨架的连接处涂密封胶(或其他填料),防止漏风现象产生。

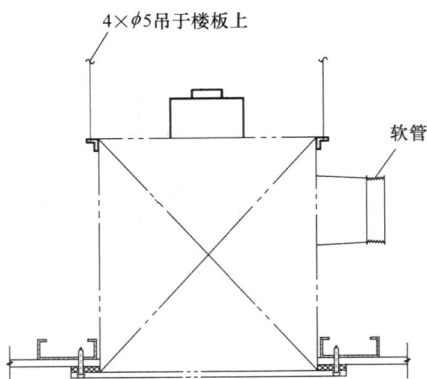

4×φ5吊于楼板上

软管

图1-3-37　吊顶式通风器（排气扇）安装

（4）各保温壁板安装前，应检查风机叶轮旋转方向是否正确。

（5）组合式空调机组安装前，应核对产品说明书及装箱单，检查各零部件的完好性；各零部件需擦洗干净，上润滑油脂；检查风阀、风机等转动部件的灵活性。

（6）表冷段周围应预留排水沟，用于冷凝水的排出，冷凝水出口处应设水封弯，水封高度应符合设计或设备技术文件的要求。

（五）排气扇（风机）安装

（1）安装前应仔细检查风机是否完整无损，各紧固件螺栓是否有松动或脱落，叶轮有无碰撞风罩。

（2）排气扇风机安装应平稳，注意风机的水平位置，如图1-3-37所示。

（六）消防排烟（风）风机安装

（1）风机悬挂吊装时，风机进出口中心高度应与对应风管中心高度一致。

（2）吊装风机的横担型钢，长度比吊杆间距长100mm为宜。

（3）风机吊装后，通过调节吊杆长度调整风机高度及水平度，水平度应符合设备技术要求，如图1-3-38所示。

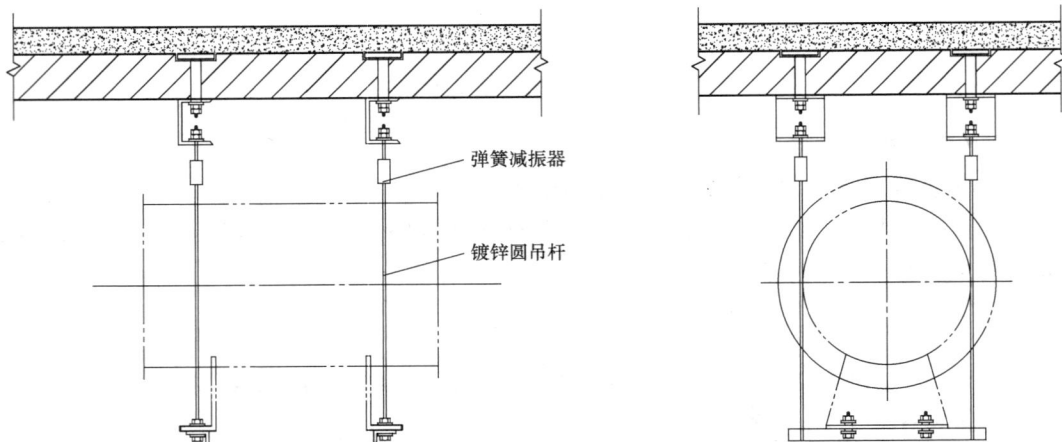

弹簧减振器

镀锌圆吊杆

图1-3-38　排烟风机在屋面或楼板下悬挂吊装

四、空调（冷、热媒）管道系统安装

（一）管道焊接对口

（1）管道焊接对口平直度的允许偏差应为1‰，全长不应大于10mm，管道对口时应在距接口中心200mm处测量平直度（图1-3-39）。

（2）当管道公称尺寸小于100mm时，允许偏差为1mm；当管道公称尺寸大于等于100mm时，允许偏差为2mm，且全长允许偏差均为10mm（图1-3-39）。

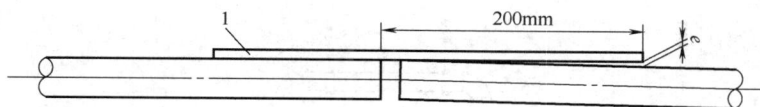

图 1-3-39 管道对口平直度

1—钢板尺；e—管道对口时的平直度

(二) 管道法兰连接

(1) 法兰连接管道的法兰面应与管道中心线垂直，且应同心。

(2) 法兰对接应平行，偏差不应大于管道外径的 1.5‰，且不得大于 2mm。

(3) 连接螺栓长度应一致，螺母应在同一侧，并应均匀拧紧（图 1-3-40）。

(4) 紧固后的螺母应与螺栓端部平齐或略低于螺栓。

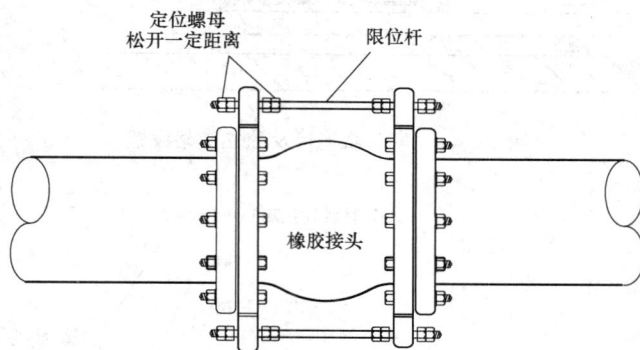

图 1-3-40 法兰连接示意图

(三) 设备软连接及独立支架设置

(1) 管道与设备（水泵、制冷机组）的接口应为柔性接管，不得强行对口连接，与其连接的管道应设置独立支架。

(2) 当设备安装在减振基座上时，独立支架的固定点应为减振基座（图 1-3-41）。

(四) 冷凝水管道安装

(1) 冷凝水管的坡度应满足设计要求，当设计无要求时，干管坡度不宜小于 0.8%，支管坡度不宜小于 1%。

(2) 冷凝水管道与机组连接应按设计要求安装存水弯（图 1-3-42）。冷凝水管道严禁直接接入生活污水管道，且不应接入雨水管道。

(五) 补偿器（膨胀器）安装

(1) 当产品注明预拉伸量时，按产品的标明数值进行预拉伸。当产品未注明时，其预拉伸量为最大补偿量的一半或按产品说明书中的公式计算。

(2) 波纹管膨胀节或补偿器内套有焊缝的一端，水平管路上应安装在水流的流入端，垂直管路上应安装在上端。补偿器一端的管道应设置固定支架，两固定支架只能布置一个轴向型波纹补偿器（图 1-3-43）；结构形式和固定位置应符合设计要求，并应在补偿器的预拉伸（或预压缩）前固定。

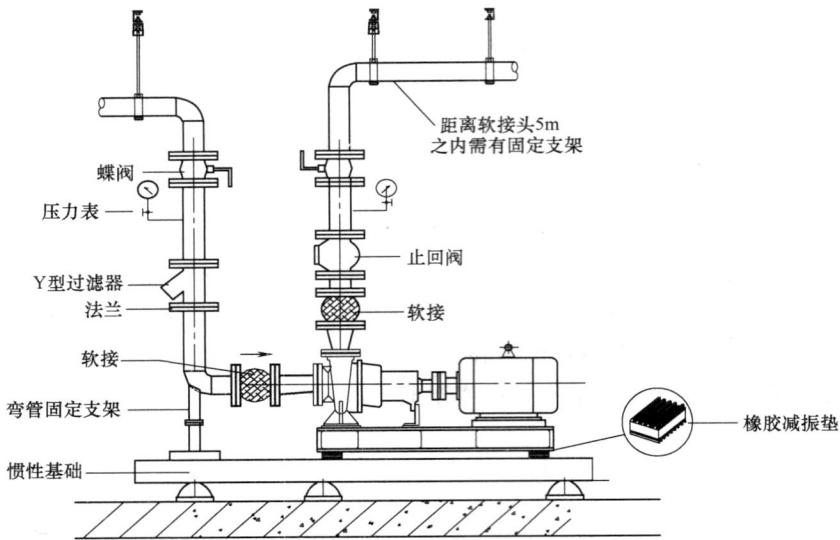

图 1-3-41　设备软连接及独立支架设置

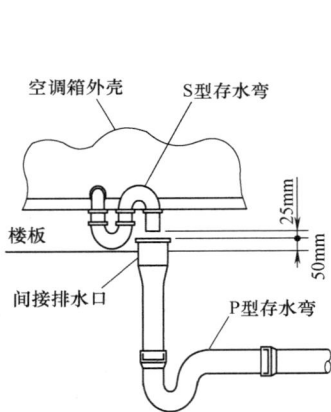

图 1-3-42　落地式空调机组
凝结水管接法示意图

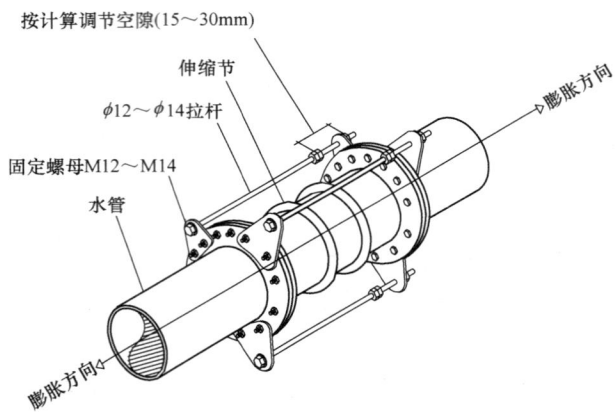

图 1-3-43　波纹补偿器示意图

（3）波纹补偿器、膨胀节应与管道保持同心，不得偏斜和轴向扭转，如图 1-3-44 所示。

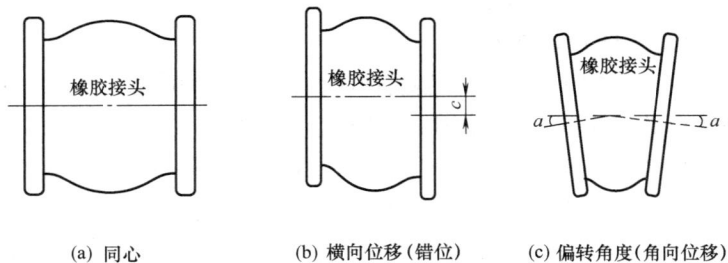

（a）同心　　　　　（b）横向位移（错位）　　　　（c）偏转角度（角向位移）

图 1-3-44　补偿器安装示意图

（六）立管承重支架安装

承载支架结构应进行受力计算，承重力需满足要求。立管承重支架应支撑在结构梁上，如设置在楼板上需进行承载力校核。支架上应设置隔热和减振措施，如图 1-3-45 所示。

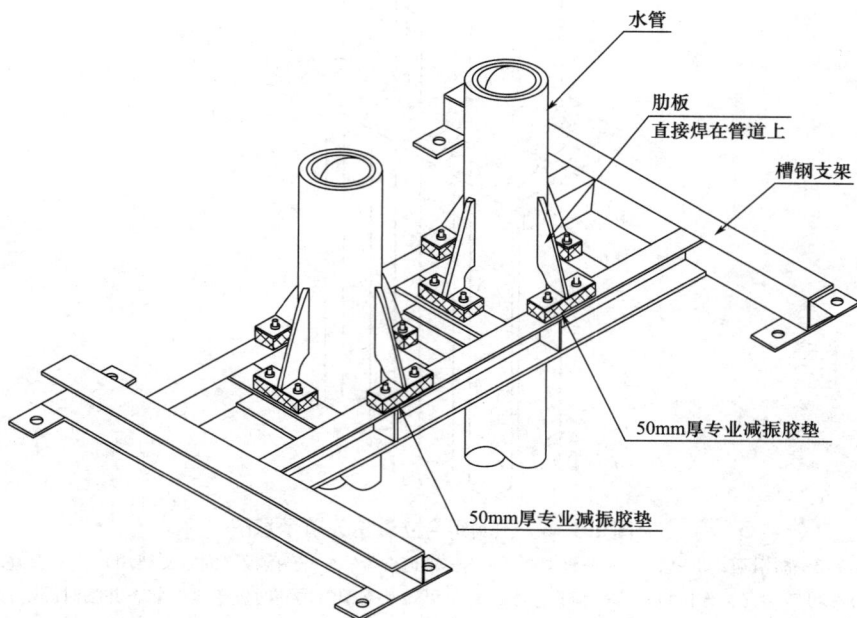

图 1-3-45　立管承重支架安装示意图

（七）预制组合立管单元安装

预制组合立管是将一个管井内的管道作为一个单元，以一个或几个楼层为一个单元节，单元节内所有管道及管道支架预先制作并装配，运输至施工现场进行整体安装的一组管道，如图 1-3-46 所示。

预制组合立管设计、装配、吊装应满足下列要求：

（1）预制组合立管的构造设计，要预留管井封堵施工时植筋和混凝土浇筑的空间；采用防火封堵材料封堵时，可在管道支架设计制作时，同步完成封堵材料支撑构件的设计制作。

（2）施工过程单元节对接前，该节最上层支架为吊装及就位后承重支架，各节对接后，在各楼层重新固定，荷载承受在每层的支架上；对已经施工好的预制组合立管没有影响，因此计算时仅考虑本节的荷载。

（3）预制组合立管单元节储存和运输时为水平放置，吊装时变为垂直状态，为防止预制组合立管单元节在从水平状态转为竖立状态时发生碰撞变形，宜采用双机抬吊完成卸货和竖立过程并保证单元节竖立方向正确。

（4）预制组合立管的支架一般设置于管井内每层楼板处，安装于管道上的阀门、膨胀器等管道附件及管道连接件处需按相关规范增设支架。

（5）预制组合立管单元节在装配、运输、吊装、组对时，管道均固定在管架上，支架

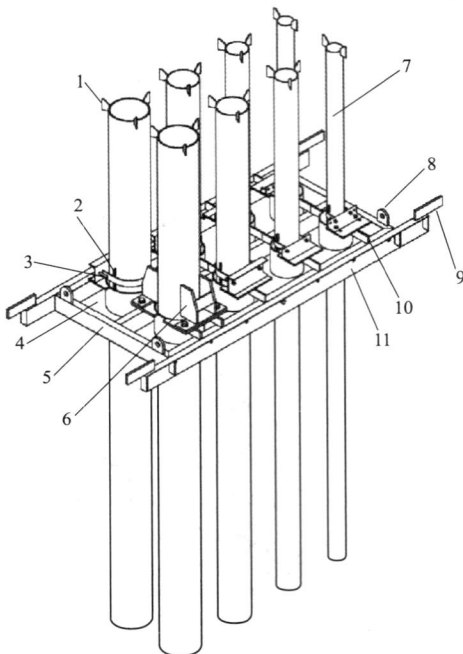

图 1-3-46　预制组合立管单元节示意图

1—组对导板；2—防滑块；3—管卡；4—管架封板；5—管道框架；6—连接板（固定支架用）；7—管道；8—吊耳；
9—可转动支架连接板；10—套管撑板；11—可转动支架（吊装时置于垂直状态并临时固定）

形式的调整应在其上部的固定支架安装固定后进行。

（八）金属保护壳施工

（1）圆形保护壳应贴紧绝热层，不得有脱壳、褶皱、强行接口等现象。接口搭接应顺水流方向设置，并应有凸筋加强，搭接尺寸应为 20～25mm。采用自攻螺钉紧固时，螺钉间距应匀称，且不得刺破防潮层。

（2）户外金属保护壳的纵、横向接缝应顺水流方向设置，纵向接缝应设在侧面。保护壳与外墙面或屋顶的交接处应设泛水，且不应渗漏。

（3）金属保护层的接缝可选用搭接、咬接、插接及嵌接的形式。保护层安装应紧贴保温层或防潮层。金属保护层纵向接缝可采用搭接或咬接；环向接缝可采用插接或搭接，如图 1-3-47 所示。

五、配套设备安装

（一）分、集水器、储水罐（槽）安装

为保证筒体能在轴向自由伸缩，支架一端应与筒体预留件焊接固定，另一端采用托架，支架底部与基础接触的钢板轴向预留 50mm 长的腰眼孔，使螺栓在其内部滑动。管道法兰接口的中心距应根据管道的公称直径，预留适合的间距，保证接管时安装的操作空间。底座支架需要使用保温材料进行保温，防止产生冷桥现象。分、集水器安装示意图如图 1-3-48 所示。

固定搭接

活动搭接

固定搭接

固定搭接

(a) 搭接接缝

(b) 咬接接缝

固定插接

活动插接

(c) 插接接缝

(d) 嵌接接缝

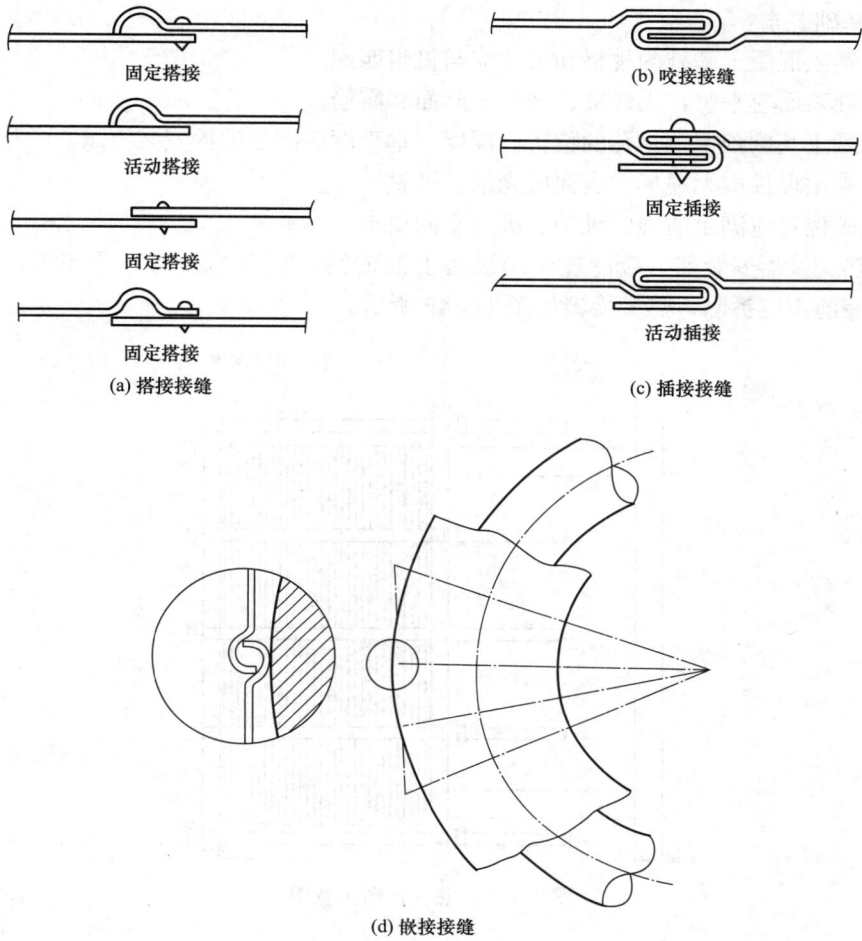

图 1-3-47 保护壳搭接类型

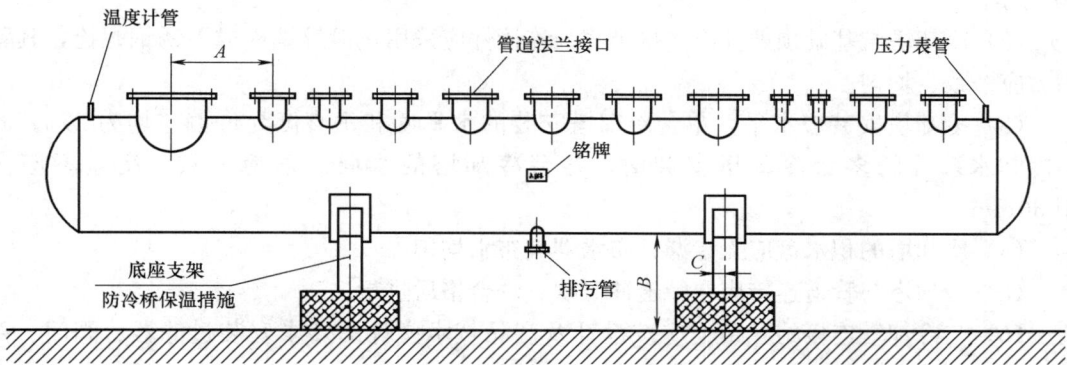

温度计管

A

管道法兰接口

压力表管

铭牌

底座支架
防冷桥保温措施

排污管

B

C

图 1-3-48 分、集水器安装示意图

（二）热交换器安装

（1）基础要求：

① 型钢或混凝土基础的规格和尺寸应与机组匹配。

② 基础表面应平整，无蜂窝、裂纹、麻面和露筋。

③ 混凝土基础预留螺栓孔的位置、深度、垂直度应满足螺栓安装要求。

④ 基础预埋件应无损坏，表面应光滑、平整。

⑤ 基础位置应满足清洗、维护、拆装空间要求。

（2）热交换器安装前，应清理干净设备上的油污、灰尘等杂物，设备所有的孔塞或盖，在安装前不应拆除，热交换器如图 1-3-49 所示。

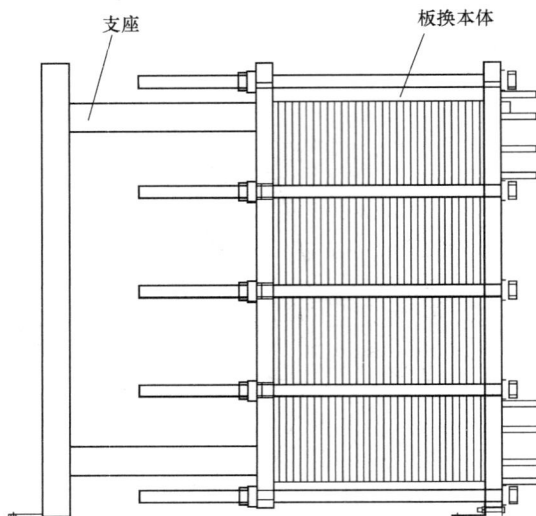

图 1-3-49　热交换器示意图

（三）冷却塔安装

（1）冷却塔的安装位置应符合设计要求，进风侧距建筑物应大于 1000mm，如图 1-3-50 所示。

（2）冷却塔与基础预埋件应连接牢固，连接件应采用热镀锌螺栓或不锈钢螺栓，其紧固力应一致、均匀。

（3）冷却塔安装应水平，单台冷却塔安装的水平度和垂直度允许偏差均为 2‰。同一冷却水系统的多台冷却塔安装时，各台冷却塔的水面高度应一致，高差不应大于 30mm。

（4）冷却塔的积水盘应无渗漏；布水器应布水均匀。

（5）冷却塔与管道连接应在管道冲（吹）洗合格后进行。

（6）与冷却塔连接的管路上应按设计及产品技术文件的要求安装过滤器、阀门、部件、仪表等，安装位置应正确、排列应规整。

（7）压力表距阀门位置不宜小于 200mm。

（8）冷却塔补水管应采取防冻措施，在屋面层最低点处设置泄水阀。

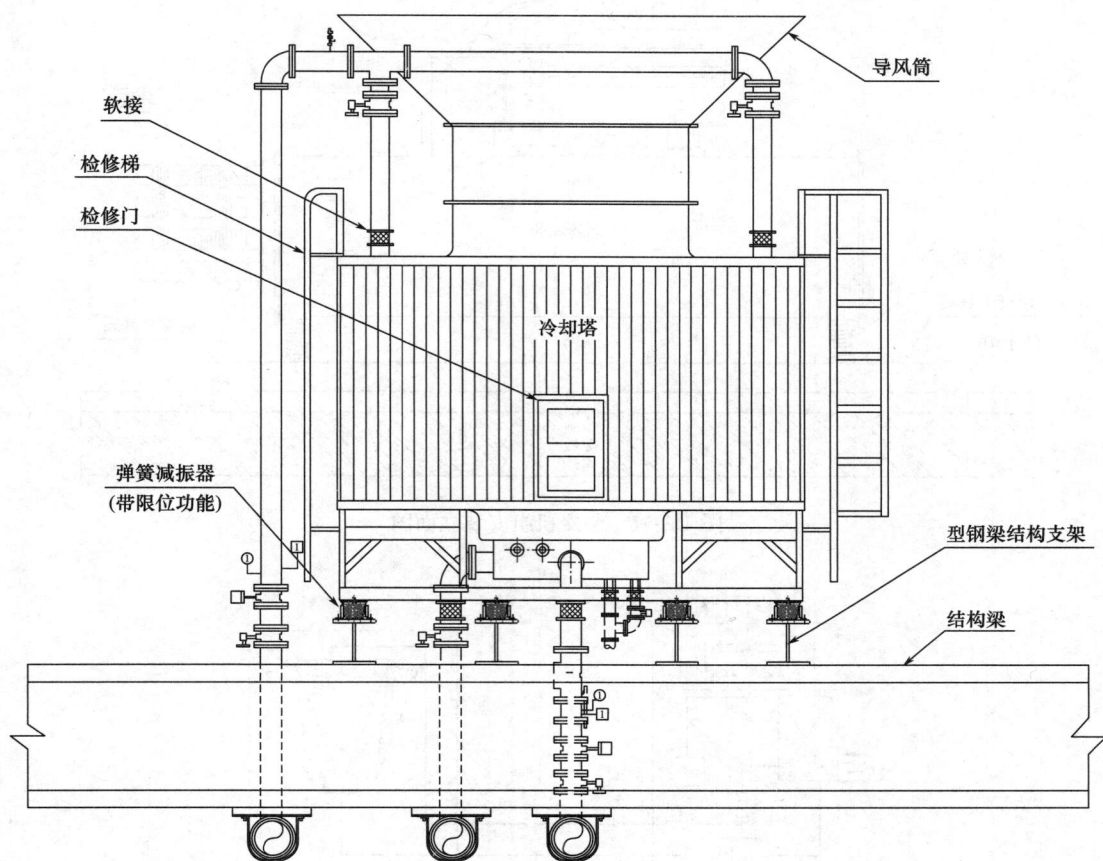

导风筒

软接

检修梯

检修门

冷却塔

弹簧减振器
（带限位功能）

型钢梁结构支架

结构梁

图 1-3-50 冷却塔安装立面图

六、空调冷（热）源设备安装

（一）压缩式制冷设备安装

（1）压缩机底座应平整，底座应安装减振器，减振器的压缩量应均匀一致，偏差不应大于 2mm。

（2）机组安装应留有维修空间；多台机组安装时，机组之间应有 1.5～2m 的空间，便于维护保养。

（3）机组安装的纵向和横向水平偏差均不应大于 1‰，并应在底座或底座平行的加工面进行测量。制冷机组安装如图 1-3-51 所示。

（二）风冷热泵机组安装

（1）主机安装前应检查：设备基础尺寸和位置、基础质量、排水道是否符合要求。

（2）机组间的距离应保持在 2m 以上，机组与主体建筑间的距离应保持在 3m 以上。风冷热泵机组系统框图如图 1-3-52 所示。

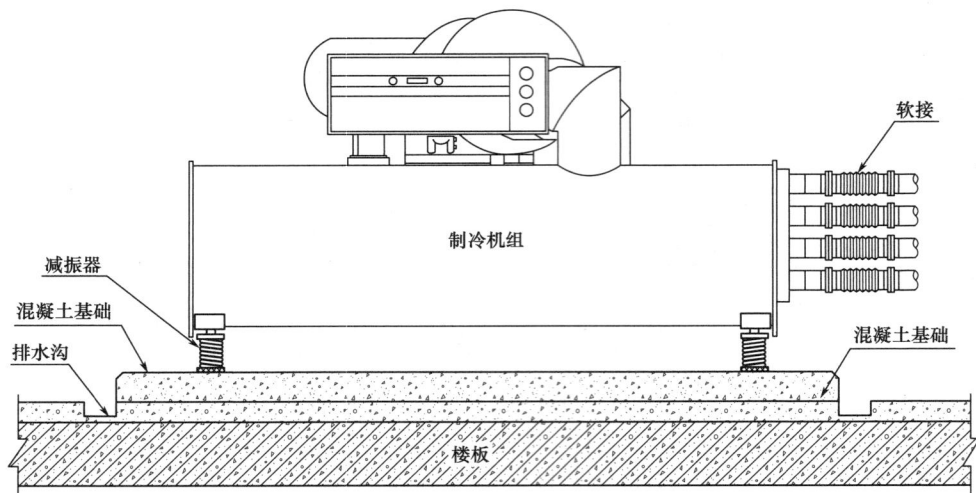

图 1-3-51　制冷机组安装立面图

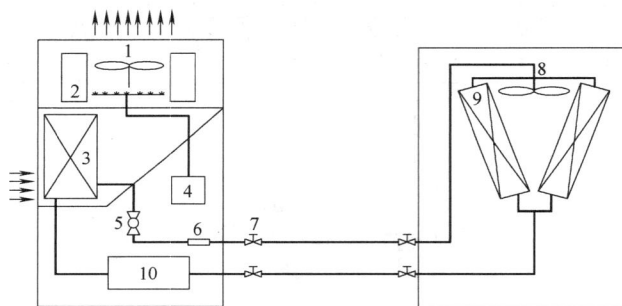

图 1-3-52　风冷热泵机组系统框图

1—室内风机；2—电加热器；3—蒸发器；4—加湿器；5—膨胀阀；
6—过滤器；7—连接阀；8—室外风机；9—室外冷凝器；10—压缩机

七、末端设备安装

（一）风机盘管

1. 风机盘管安装

（1）风机盘管连接的风系统由软连接、送风管、回风管、消声装置和送、回风口等组成。

（2）风机盘管安装在同一平面上的送、回风口间距不宜小于 1200mm，卧式暗装风机盘管安装如图 1-3-53 所示。

2. 风管软连接

（1）风机盘管与进、出风设置保温柔性短管，长度为 150～250mm。

（2）柔性短管与角钢法兰组装时，法兰的规格应与风管相同，可采用条形镀锌钢板压条将柔性短管与法兰固定，压条翻边宜为 6～9mm，铆钉间距宜为 60～80mm，如图 1-3-54 所示。

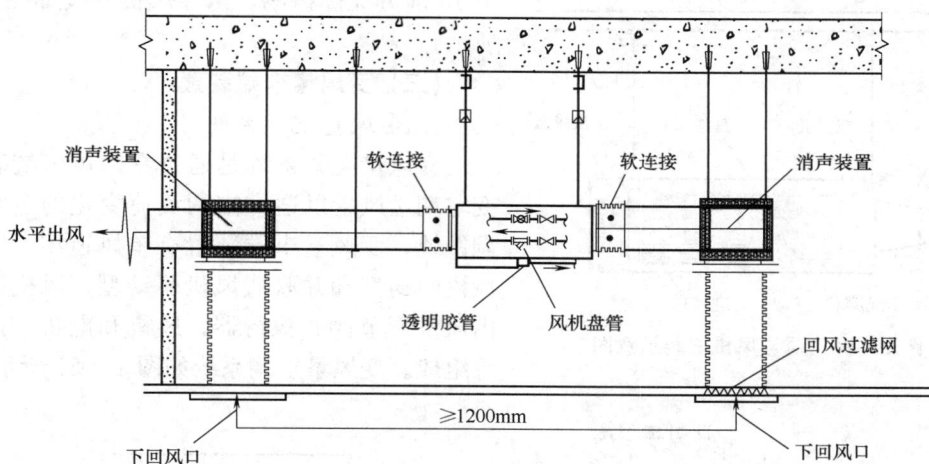

图 1-3-53 卧式暗装风机盘管安装示意图

3. 水管安装

（1）风机盘管水系统由冷热水供水管、回水管、冷凝水管、金属软接头、阀门、过滤器等组成。

（2）冷热水管上的阀门及过滤器应靠近风机盘管安装，金属软接头、过滤器及阀门均应保温。

（3）凝结水管与风机盘管连接时，应设置透明胶管，能观察到凝结水排水情况，长度不宜大于 150mm，风机盘管水管安装如图 1-3-55 所示。

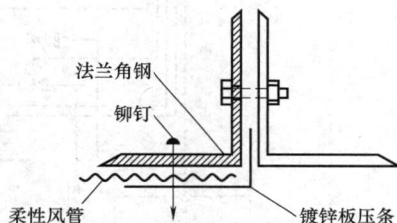

图 1-3-54 柔性短管角钢
法兰连接示意图

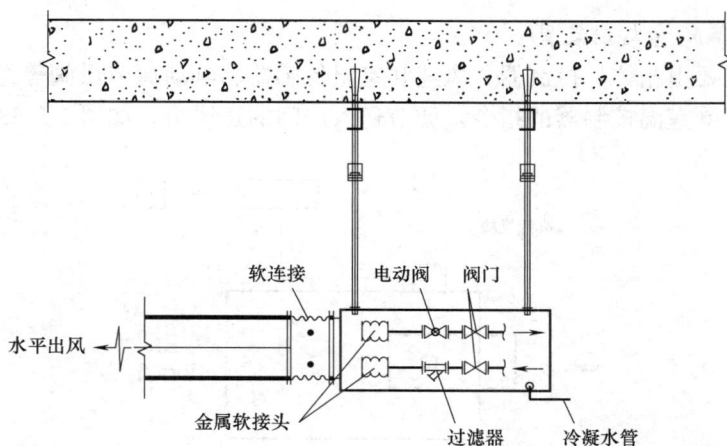

图 1-3-55 风机盘管水管安装示意图

（二）诱导风机

（1）诱导风机利用空气射流的引射作用进行通风，由箱体、离心风机、挠性喷嘴、过滤网等部分组成。

（2）诱导风机安装方向应正确，回风口与障碍物间距不应小于 500mm，喷嘴出风口向

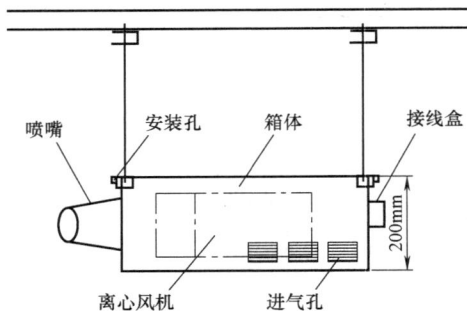

图 1-3-56　诱导风机安装示意图

下 15°前方无障碍物，诱导风机安装如图 1-3-56 所示。

（三）变风量末端装置

1. 变风量空调系统

变风量空调系统是通过变风量末端装置改变空调送风量以适应空调负荷变化的全空气空调系统，变风量末端装置有单风道型、串联式风机驱动型和并联式风机驱动型，风机驱动型由风量调节阀、执行器、风机和电机、控制器等组成。变风量空调系统如图 1-3-57 所示。

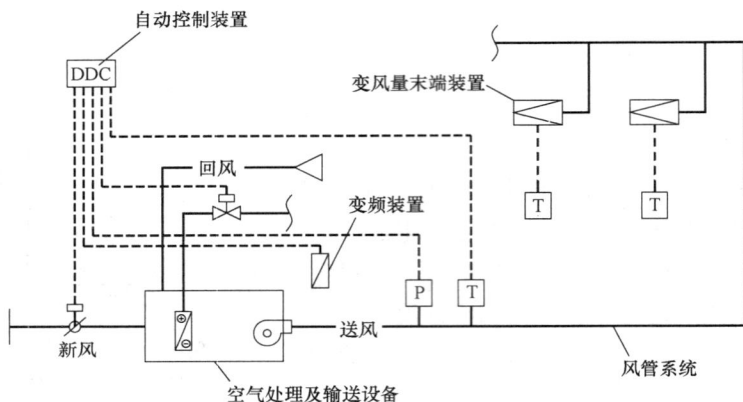

图 1-3-57　变风量空调系统示意图

2. 单风道变风量末端装置

单风道型主要由箱体、控制器、风速和室温传感器、电动调节风阀等组成，根据室内温度的偏差，接受室温控制器的指令，调节送入房间的送风量，如图 1-3-58 所示。

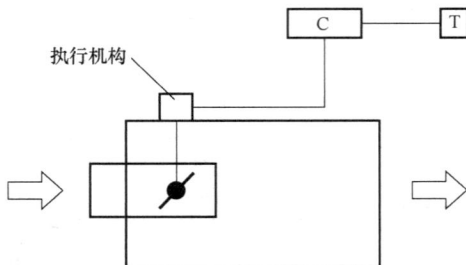

图 1-3-58　单风道型变风量装置示意图

3. 串联式风机驱动型

串联型一次风阀根据房间温控器调节一次风量后与房间二次回风量进行混合，通过送风机送出，当房间负荷减少时，一次冷风量减少，二次回风量增加，房间总风量不变化，如图 1-3-59 所示。

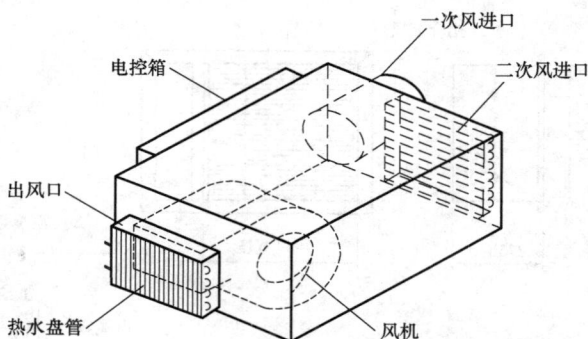

图 1-3-59　串联式风机驱动型变风量装置示意图

4. 并联式风机驱动型

并联型一次冷风量根据房间负荷变化，当负荷减少时，一次风量减少，低于设定值时风机启动将二次回风吸入末端装置进行混合，再送入室内，如图 1-3-60 所示。

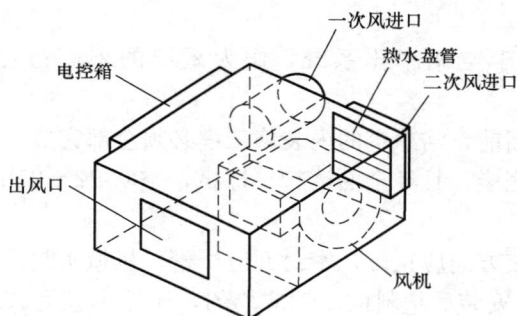

图 1-3-60　并联式风机驱动型变风量装置示意图

（四）其他末端装置

1. 排烟风口安装

（1）防排烟系统排烟口分板式排烟口和多叶排烟口，安装在建筑墙面或顶板上，具有远传自动开启、复位装置，如图 1-3-61 和图 1-3-62 所示。

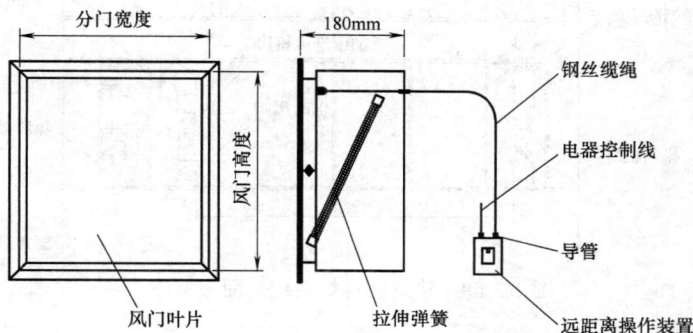

图 1-3-61　板式排烟口安装示意图

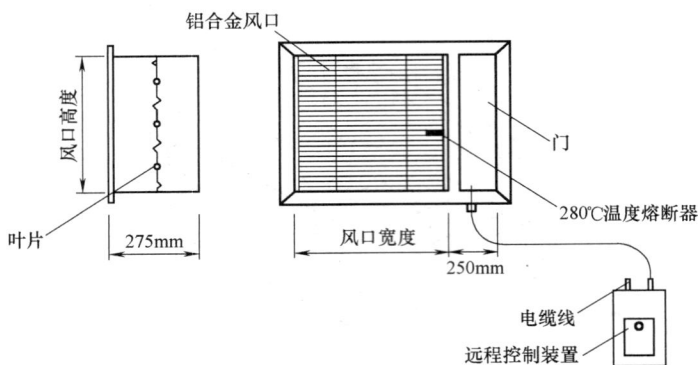

图 1-3-62　多叶排烟口安装示意图

（2）送风机进风口不应与排烟风机出风口设在同一面上，当设在同一面时，两者边缘的水平距离不应小于 20m，不足 20m 的排风口应高出进风口边缘 6m，如图 1-3-63 和图 1-3-64 所示。

2. 高效过滤器

（1）高效过滤器用于空调净化系统，作为系统的末端过滤装置，一般过滤粒径 $\geqslant 0.5\mu m$。

（2）高效过滤器安装前，洁净室的内装修工程必须全部完成，系统中末端过滤器前的所有空气过滤器应安装完毕，且经全面清扫、擦拭，空吹 12～24h。空调净化系统安装如图 1-3-65 所示。

（3）高效过滤器安装方向应正确，密封面应严密。机械密封采用的密封垫料厚度宜为 6～8mm，安装应平整，安装后垫料的压缩应均匀，压缩率宜为 25%～30%。带高效空气过滤器的送风口，四角应设置可调节高度的吊杆。高效过滤器安装如图 1-3-66 所示。

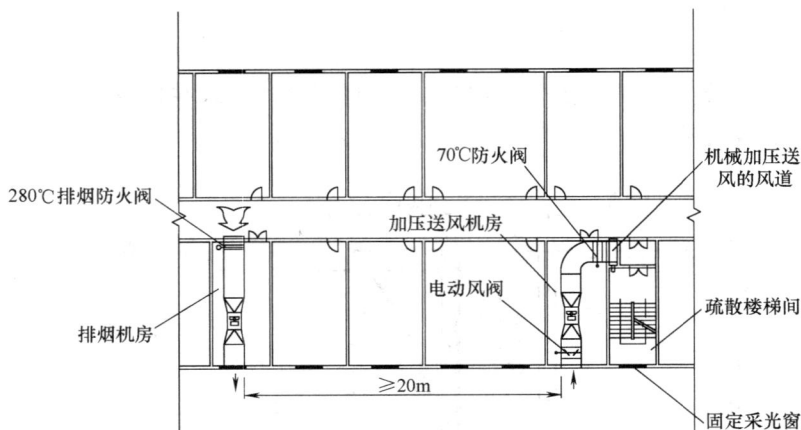

图 1-3-63　建筑防排烟系统平面布置图

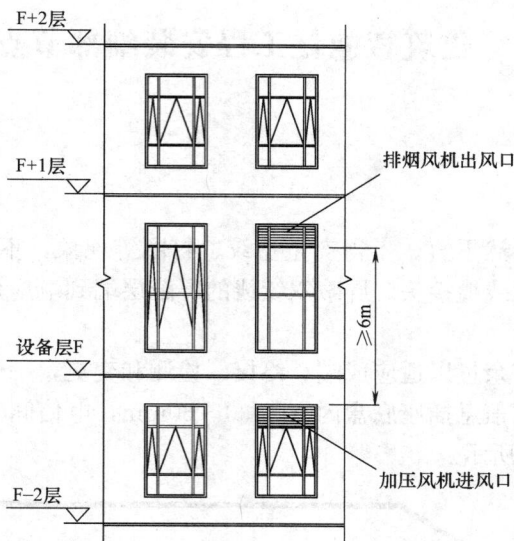

图 1-3-64 建筑防排烟系统竖向布置图

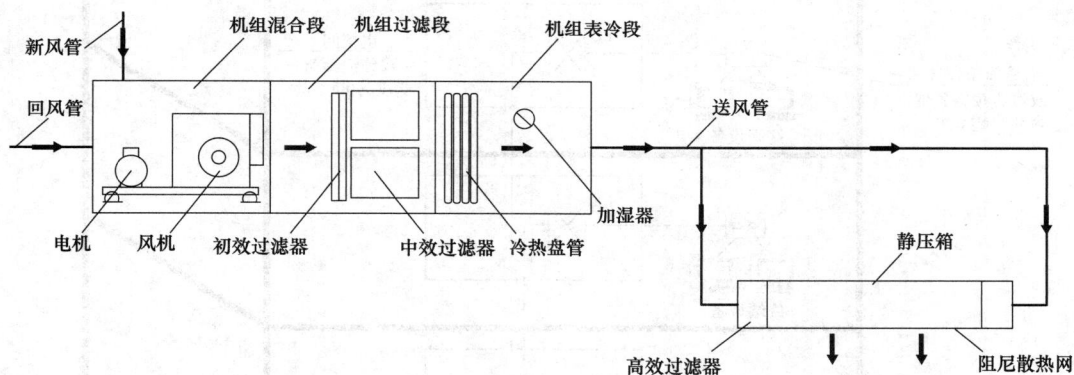

图 1-3-65 空调净化系统安装示意图

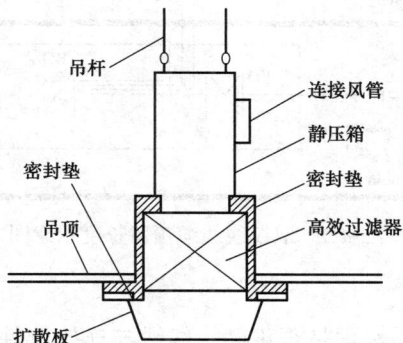

图 1-3-66 洁净室内安装的高效过滤器示意图

第四节　建筑智能化工程安装细部节点做法

一、综合布线

（一）双绞线敷设

（1）线缆的布放应自然平直，不得产生扭绞、打圈等现象，不应受外力挤压和损伤，线缆布放路由中不得出现线缆接头。屏蔽双绞线的屏蔽层端到端应保持完好的导通性，不应受到拉力。

（2）线缆布放时应有余量以适应成端、终接、检测和变更，一般情况下双绞线线缆在终接处预留长度在工作区信息插座底盒内宜为 30～60mm，电信间宜为 0.5～2m，设备间宜为 3～5m，如图 1-4-1 所示。

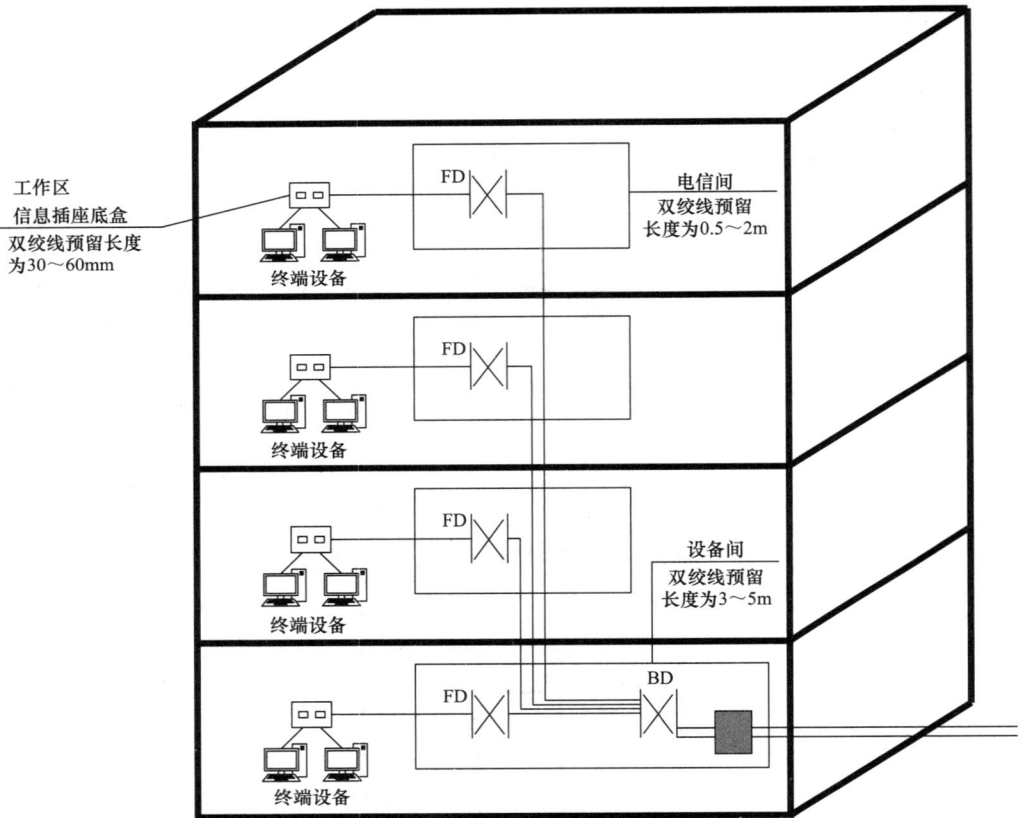

图 1-4-1　双绞线线缆预留长度示意图

（二）铜缆配线架接线

（1）终接前，应核对线缆标识是否正确；线缆与连接器件应认准线号、线位色标，不得颠倒和错接。终接时，每对线缆需保持扭绞状态，扭绞松开长度对于 3 类线缆不应大于 75mm，对于 5 类线缆不应大于 13mm，对于 6 类及以上类别线缆不应大于 6.4mm。

（2）线缆与 8 位模块式通用插座相连时，应按色标和线对顺序进行卡接，同一布线工程中两种方式不得混合使用，两种接线方式线序如图 1-4-2 所示。

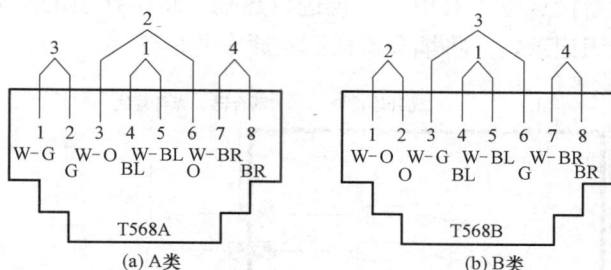

图 1-4-2　模块式通用插座线序示意图

（3）根据标签色标排列顺序，将对应颜色的线对逐一压入槽内，然后使用打线工具固定线对连接，同时将多余导线截断，如图 1-4-3 所示。

图 1-4-3　配线架打线示意图

（4）所有线缆上架完毕后，将线缆压入配线架后方的走线槽内，整理整齐并绑扎固定，如图 1-4-4 所示。

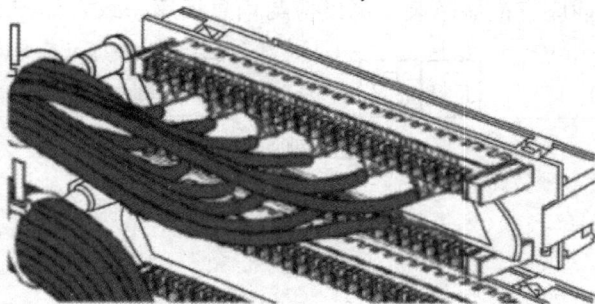

图 1-4-4　配线架线缆固定示意图

（三）光纤配线架熔接

（1）用户光缆光纤接续宜采用熔接方式。在用户接入点配线设备及信息箱内宜采用熔接尾纤方式终结。每一光纤链路中宜采用相同类型的光纤连接器件。采用金属加强芯的光缆，金属构件应接地。

（2）光纤熔接，如图 1-4-5 所示。熔纤应选用溶剂清洁纤芯，再切割纤芯，最后熔接。推熔接保护套管，使熔接点位于其中央，再进行热缩。将熔接后的纤芯整齐放入熔接区。每芯光纤做好熔接标识记录，并将耦合器插回到原来的位置。

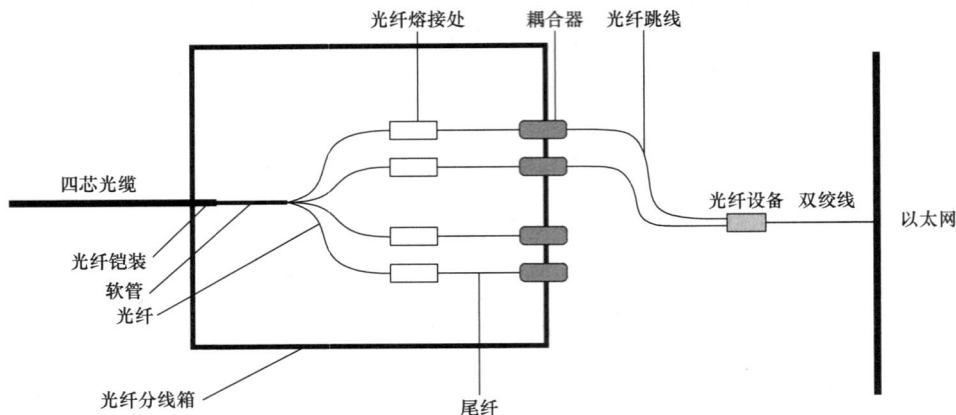

图 1-4-5　光纤熔接示意图

（四）信息插座安装

（1）暗装在地面上的信息插座盒应满足防水和抗压要求，工业环境中的信息插座可带有保护壳体。

（2）暗装或明装在墙体或柱子上的信息插座盒底距地高为 300mm，安装在工作台侧隔板面及临近墙面上的信息插座盒底距地宜为 1.0m。

（3）信息插座模块宜采用标准 86 系列面板安装，安装光纤模块的底盒深度不应小于 60mm。

（4）每个工作区宜配置不少于 2 个单相交流 20V/10A 插座盒，电源插座应选用带保护接地的单相电源插座。

（5）工作区电源插座宜嵌墙暗装，高度应与信息插座一致，如图 1-4-6 所示。

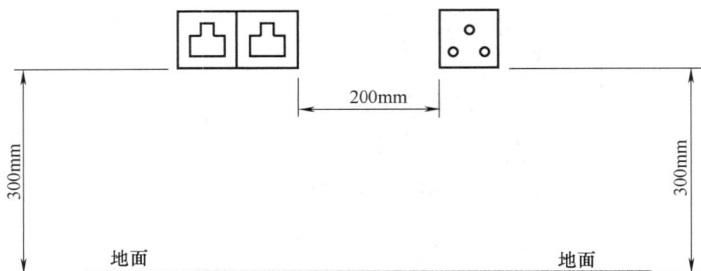

图 1-4-6　同墙面信息插座与电源插座布设

（五）信息模块端接

信息插座面板有单孔和双孔面板，线缆与模块端接后（端接做法见铜缆配线架接线部分内容），将多余线缆盘好放入插座底盒中，用螺栓固定信息面板，如图 1-4-7 所示。

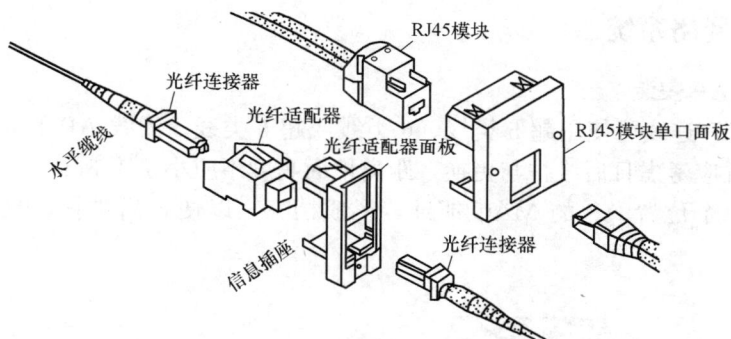

图 1-4-7　信息插座端接示意图

（六）双绞线缆测试方法

（1）双绞线缆测试方式分为永久链路及信道测试，其中永久链路测试是布线系统工程质量验证的必要手段，不能以信道测试取代永久链路测试。

（2）永久链路测试模型应包括水平电缆及相关连接器件，如图 1-4-8 所示。信道性能测试模型应在永久链路模型的基础上包括工作区和电信间的设备电缆和跳线。

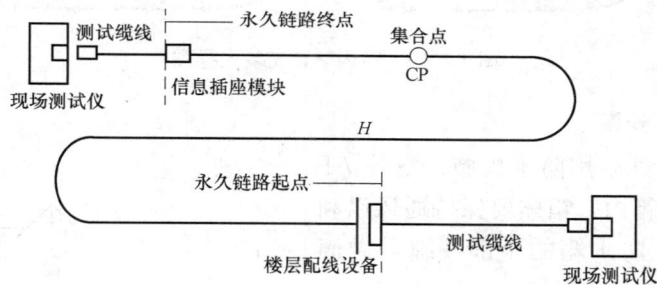

图 1-4-8　永久链路测试模型

（七）光纤测试方法

（1）光纤测试前应对所有光连接器件进行清洁，并将测试接收器校准至零。根据工程设计的应用情况按等级 1 或等级 2 测试模型与方法完成测试。

（2）等级 1 测试内容应包括光纤信道或链路的衰减、长度与极性，应使用光损耗测试仪 OLTS 测量每条光纤链路的衰减并计算光纤长度；等级 2 测试除应包括等级 1 的测试内容外，还需包括利用 OTDR 曲线获得信道或链路中各点的衰减、回波损耗值。

（3）光纤链路测试连接模型应包括两端测试仪器所连接的光纤和连接器件，如图 1-4-9 所示。

图 1-4-9　光纤链路测试模型

二、信息网络系统

（一）室内 AP 安装

（1）无线 AP 连线可使用超 5 类线、6 类线或超 6 类线。无线 AP 的安装位置应便于布线；安装位置应考虑日后维护与更换，距离地面高度不应小于 1.5m。

（2）记录每个位置 AP 的 MAC 地址，形成档案，以便日后维护，具体安装方式如图 1-4-10 所示。

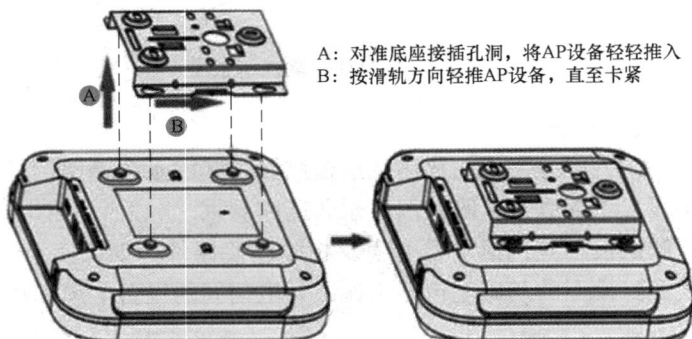

A：对准底座接插孔洞，将AP设备轻轻推入
B：按滑轨方向轻推AP设备，直至卡紧

图 1-4-10　室内 AP 安装大样图

（二）室外 AP 安装

（1）线缆连接处采用防水措施，室外 AP 设备如放置于防水箱内，箱体要保持通风以利于设备散热，进入防水箱的全部线缆需做滴水弯。

（2）室外立柱的避雷针要求直径为 12～14mm、长度为 60～80cm，电气性能良好，接地良好，室外 AP 需安装在避雷针的 45°保护角内，如图 1-4-11 所示。

（三）信息网络接地

（1）保护性接地和功能性接地共用一组接地装置，其接地电阻应按其中最小值确定。信息网络系统所有设备的金属外壳、各类金属管道、金属线槽、建筑物金属结构等必须进行等电位联结并接地。

（2）等电位联结方式应根据电子信息设备易受干扰的频率确定，可采用 S 型、M 型或 SM 混合型。每台电子信息设备（机柜）应采用两根不同长度的等电位联结导体就近与等电位联结网络连接。

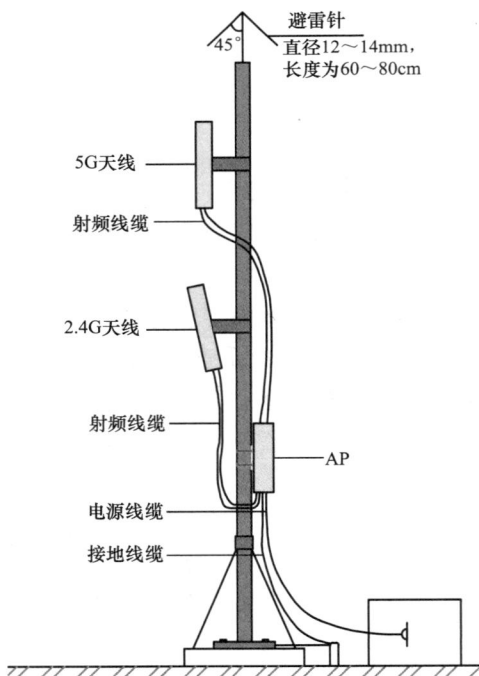

避雷针
直径12～14mm，
长度为60～80cm
45°
5G天线
射频线缆
2.4G天线
射频线缆
AP
电源线缆
接地线缆

图 1-4-11　室外 AP 安装大样图

① M 型等电位联结网络

M 型等电位联结网络有一个网格状的接地网，所有设备外壳接地、金属件接地、机柜电源分配单元（PDU）地线等都接入接地网中，如图 1-4-12 所示。连接前应检查线缆的规格、型号、标识，连接后检查线缆敷设质量。

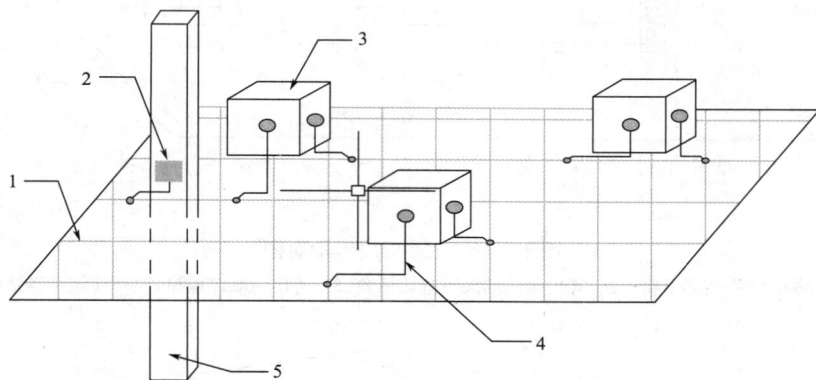

图 1-4-12　M 型接地示意图

1—等电位联结网格；2—等电位联结端子箱；3—设备外壳；4—等电位联结线（连接体）；5—建筑金属结构

② S 型等电位联结网络

S 型等电位联结网络是电器外壳的保护接地点、PDU 的接地线、金属管件的接地点都通过平行的接地线连接到等电位汇流排，如图 1-4-13 所示，最后总等电位汇流排通过干线和大楼接地连接起来。连接前应检查线缆的规格、型号、标识，连接后检查线缆敷设质量。

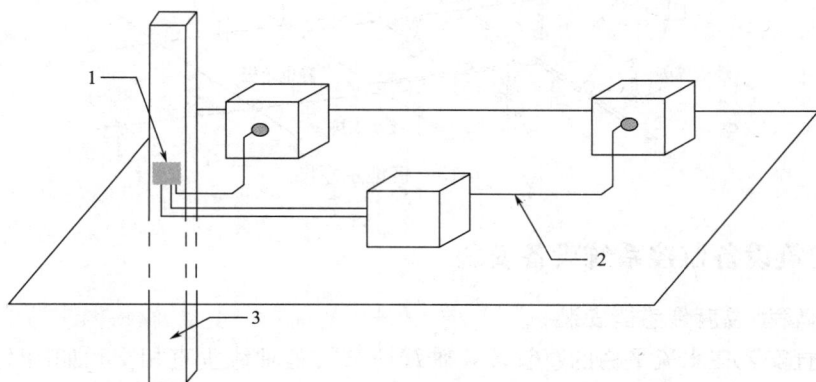

图 1-4-13　S 型接地示意图

1—等电位联结端子箱；2—等电位联结线（连接体）；3—建筑金属结构

③ SM 型等电位联结网络

SM 型等电位联结网络整体接地为多点接地，如图 1-4-14 所示，连接前应检查线缆的规格、型号、标识，连接后检查线缆敷设质量。

（3）等电位联结网格应采用截面积不小于 $25mm^2$ 的铜带或裸铜线，并应在防静电活动地板下构成边长为 $0.6\sim3m$ 的矩形网格，如图 1-4-15 所示。

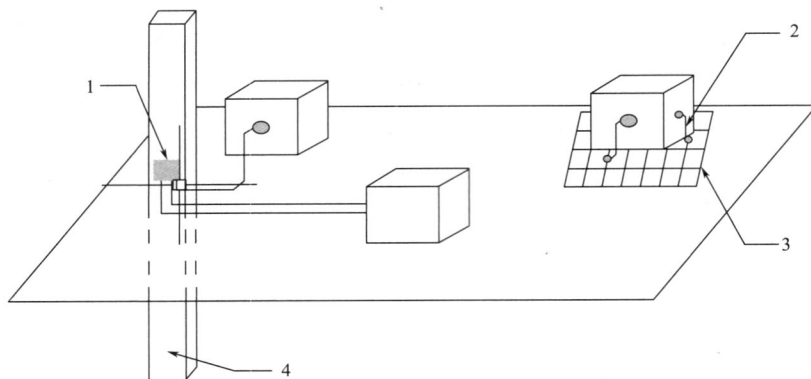

图 1-4-14　SM 型接地示意图

1—等电位联结端子箱；2—等电位联结线（连接体）；3—等电位联结网格；4—建筑金属结构

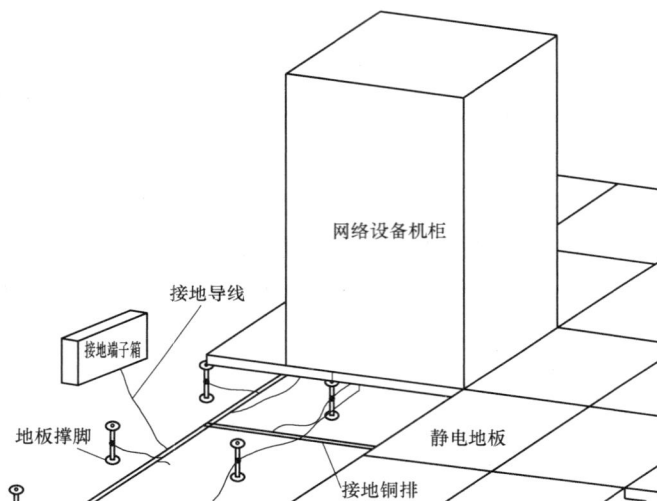

图 1-4-15　接地示意图

三、建筑设备监控系统设备安装

（一）水管型温度传感器安装

一般垂直安装在水流平稳的直管段，轴线应与管道轴线垂直相交，如图 1-4-16 所示；其安装位置应避开水流流束死角，且不宜安装在管道焊缝处。探头感温段应有效浸入介质，当探头感温段小于管道口径的 1/2 时，应安装在管道的侧面或底部。水管型温度传感器的安装宜与工艺管道安装同时进行。

（二）风管型温度传感器安装

安装时，应先在风管上按尺寸要求开孔，在开孔处放好密封胶垫圈，通过螺钉与固定夹板将传感器固定在风管上，如图 1-4-17 所示。风管型温度传感器应安装在风速平稳的直管段的下半部，且应避开风管内通风死角。风管型传感器应在风管保温层完成并经吹扫后进行安装，且不应被保温材料遮盖。

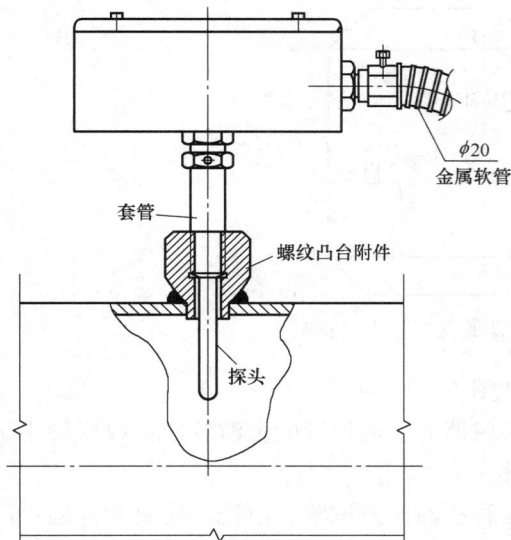

图 1-4-16　水管型温度传感器的安装示意图

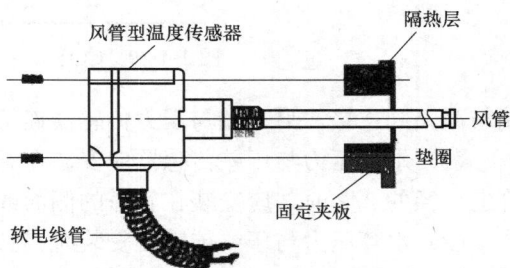

图 1-4-17　风管型温度传感器的安装示意图

（三）室内外温湿度传感器安装

安装位置宜距门、窗和出风口大于 2m，且在同一区域内安装的室内温湿度传感器距地高度应一致，高度差不应大于 10mm，如图 1-4-18 所示。室外温湿度传感器应有防风、防雨措施。室内外温湿度传感器不应安装在阳光直射的地方，应远离有较强振动、电磁干扰、潮湿的区域。

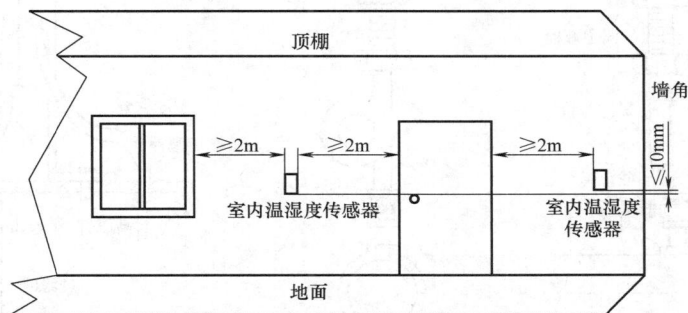

图 1-4-18　室内温湿度传感器的安装示意图

（四）空气质量传感器安装

安装时，探测气体比重轻的空气质量传感器应安装在房间的上部，安装高度不宜小于 1.8m，例如 CO 传感器应安装在距离地面 2～2.5m 的位置，且避免安装在送排风机附近；探测气体比重重的空气质量传感器应安装在房间的下部，安装高度不宜大于 1.2m，例如 CO_2 传感器宜安装在离地面约 1.2m 的墙面上，且避免安装在受新风机器、空调机影响或发生结露等位置，如图 1-4-19 所示。

（五）水管型压力传感器安装

安装时，在水管管壁上开洞焊上管箍并安装截止阀，然后安装缓冲弯管，缓冲弯管一

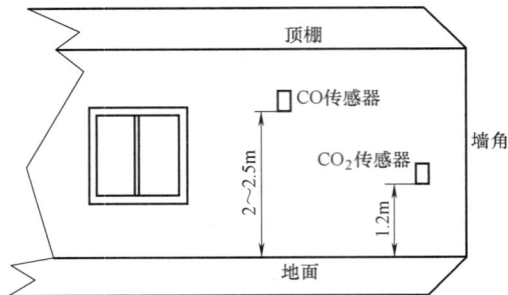

图 1-4-19 CO、CO_2 探测器的安装位置示意图

端与截止阀连接，另一端与压力传感器连接，如图 1-4-20 所示。

（1）水管压力与压差传感器应安装在温度传感器的管道位置的上游管段，取压段小于管道口径的 2/3 时，应安装在管道的侧面或底部。

（2）水管压力与压差传感器安装时，必须在管道的压力试验、清洗、防腐和保温工序前完成水管型传感器的开孔与焊接工作。

（六）风管压差开关安装

（1）风管压差开关应与风管垂直安装，可使用铁板制成的"L"形托架支撑，在过滤网前后分别打孔设置高压管与低压管检测压力差，如图 1-4-21 所示。

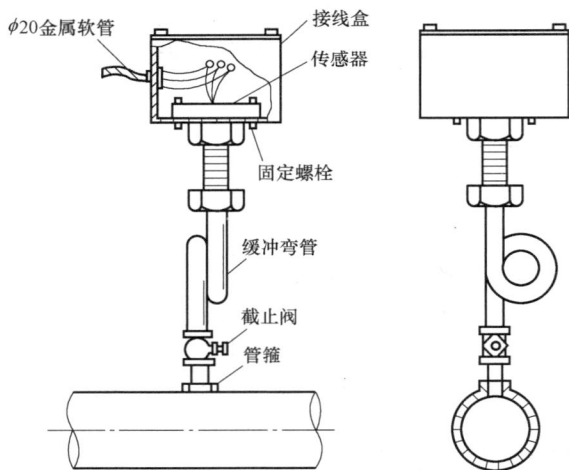

图 1-4-20 水管型压力传感器的安装示意图

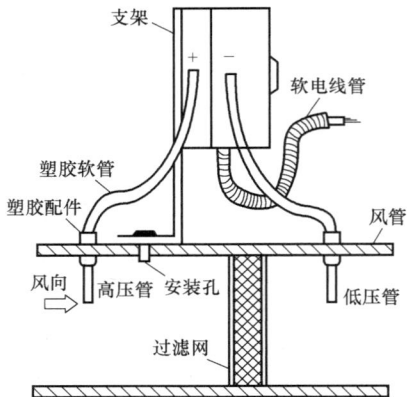

图 1-4-21 风管压差开关的安装示意图

（2）风管型压力传感器应安装在管道的上半部，并应在温/湿度传感器测温点的上游管段；风管压差开关安装离地高度不宜小于 0.5m，安装完毕后应做密闭处理。

（七）电磁流量计安装

（1）电磁流量计一般与管道法兰连接，应避免在有较强直流磁场或剧烈振动的位置安装。

（2）电磁流量计在垂直管道安装时，管道内流体流向应自下而上，以保证管道内充满被测流体，不至于产生气泡；水平安装时，必须使电极处在水平方向，以保证测量精度。

（3）电磁流量计与工艺管道二者之间应该联结成等电位，并且金属外壳良好接地。电磁流量计的安装位置如图 1-4-22 所示，C、D 为适宜位置，A、B、E 为不适宜位置（A 处易积聚气体、B 处可能液体不充满、E 处传感器后管段有可能不充满）。

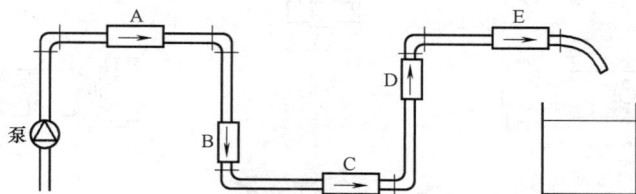

图 1-4-22　电磁流量计的安装示意图

（八）风阀执行器安装

（1）风阀执行器与风阀轴的连接应固定牢固，风阀的机械机构开闭应灵活，且不应有松动或卡涩现象，如图 1-4-23 所示。

（2）风阀执行器不能直接与风门挡板轴相连接时，可通过附件与挡板轴相连，但其附件装置应保证风阀执行器旋转角度的调整范围。

（3）风阀执行器的输出力矩应与风阀所需的力矩相匹配，开闭指示位应与风阀实际状况一致，且宜面向便于观察的位置。

（4）风阀执行器安装时，会根据实际功能需求，默认在风阀为开启或闭合位置安装风阀执行器。

（九）电磁阀、电动调节阀安装

（1）电磁阀、电动调节阀安装前，应按说明书规定检查线圈与阀体间的电阻，进行模拟动作试验和压力试验。

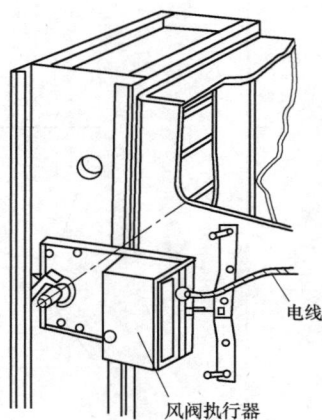

图 1-4-23　风阀执行器的安装示意图

（2）电磁阀、电动调节阀应垂直安装于水平管道上，但禁止倒装在管道上，如图 1-4-24 所示；阀体上箭头指示方向应与水流方向一致；阀口径和管道口径不一致时，采用渐缩管件，阀口径一般不低于管道口径两个等级。

（3）阀门执行机构应安装牢固、传动应灵活，且不应有松动或卡涩现象，阀门应处于便于操作的位置。有阀位指示装置的阀门，其阀位指示装置应面向便于观察的位置。

（十）现场控制器箱安装

（1）位置宜靠近被控设备电控箱，一般安装在弱电竖井内、冷冻机房、高低压配电房等需监控的机电设备附近。

（2）现场控制器箱的高度不大于 1m 时，宜采用壁挂安装，箱体中心距地面的高度不应小于 1.4m；现场控制器箱的高度大于 1m 时，宜采用落地式安装，并应制作底座。

（3）现场控制器箱侧面与墙或其他设备的净距离不应小于 0.8m，正面操作距离不应小于 1m，如图 1-4-25 所示。

（4）现场控制器应在调试前安装，在调试前应妥善保管并采取防尘、防潮和防腐蚀措施。

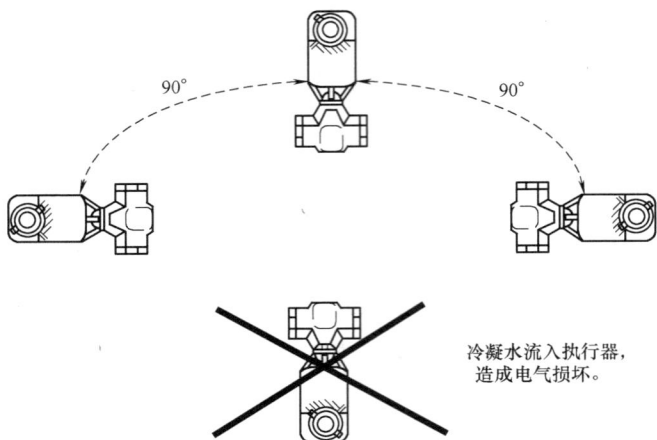

图 1-4-24　电磁阀、电动调节阀的安装方式

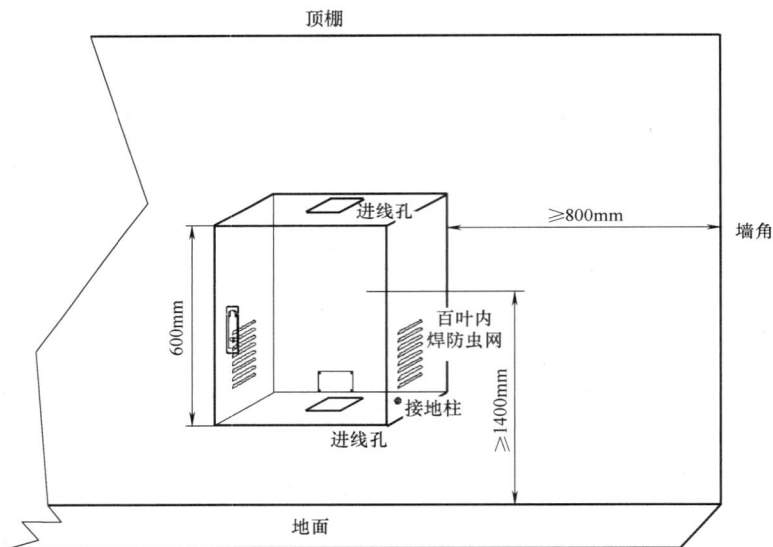

图 1-4-25　现场控制器箱的安装示意图

（十一）现场设备接线

（1）输入/输出设备的接线盒引入口不宜朝上，当不可避免时，应采取密封措施。

（2）输入/输出设备应按照接线图和设备说明书进行接线；其配线应整齐，不宜交叉，并应固定牢靠，端部均应标明编号。

（3）输入/输出设备一般采用屏蔽线缆接入现场控制器箱，如图 1-4-26 所示。线缆屏蔽层应在现场控制器箱一侧可靠接地，同一回路的屏蔽层应具有可靠的电气连续性，不应浮空或重复接地。

（十二）控制台（柜）安装

（1）控制台（柜）安装位置应符合设计要求，安装在监控室内，台（柜）体离墙应不小于 1m，便于安装和施工。

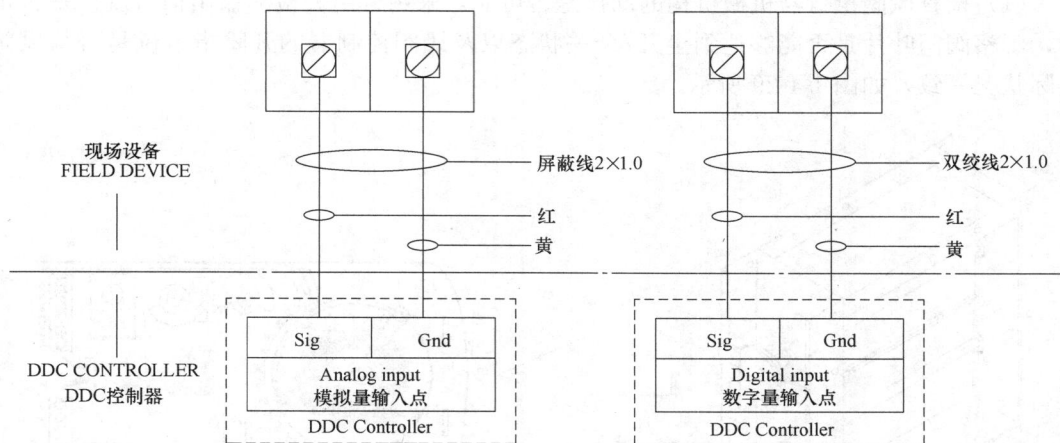

图 1-4-26 输入/输出设备接线示意图

（2）承重大于 $600kg/m^2$ 的设备应单独制作设备基座，不应直接安装在抗静电地板上，底座大小与控制台（柜）相同，用角钢制作，高度与防静电地板上标高一致，如图 1-4-27 所示。

（3）安装应平稳牢固，并应便于操作维护，应按设计图的防震要求进行施工。

（十三）控制台（柜）内设备安装

（1）施工前应对所安装的设备外观、型号、规格、数量、标志、标签、产品合格证、产地证明、说明书、技术文件资料进行检验，检验设备是否选用厂家原装设备、设备性能是否达到设计和国家标准要求。

（2）服务器、交换机宜安装在控制台（柜）内机架上，安装应牢固。服务器、交换机等设备应按设计要求安装到位，标志齐全，布置应整齐、稳固，如图 1-4-28 所示。

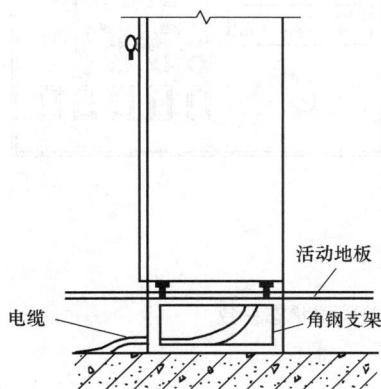

图 1-4-27 控制台（柜）安装示意图

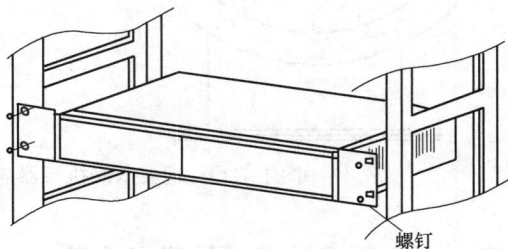

图 1-4-28 机柜内服务器与交换机安装示意图

（十四）设备检查测试

网络控制器与服务器、工作站应正常通信，网络控制器的电源应连接到不间断电源上，以保证调试期间网络控制器电源正常供应的要求。

（1）检查风阀执行器机械机构的动作是否可靠，采用万用表检测输出信号反馈是否正常，观察阀门叶片是否能够达到全开/全关状态以及风阀控制器的开闭指示位是否与风阀实际状况一致，如图 1-4-29 所示。

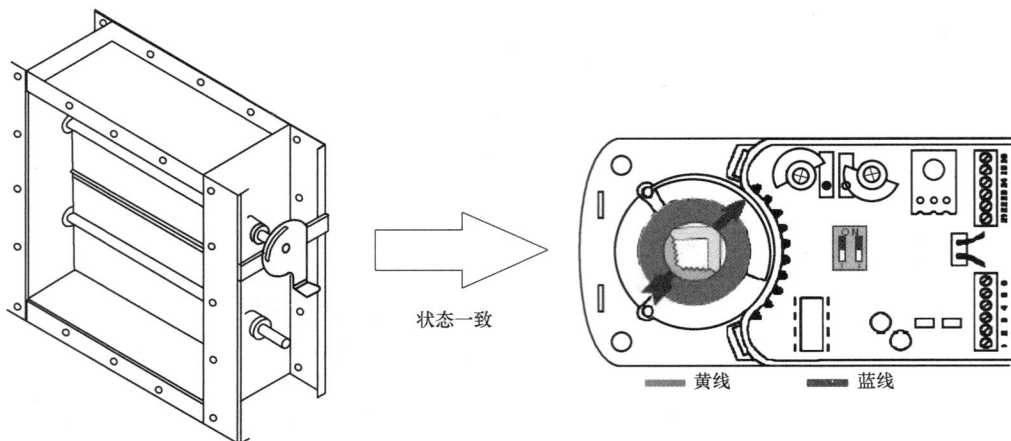

图 1-4-29　观察风阀执行器与控制器开关限位状态一致

（2）检查水阀执行器箭头指向是否与水流方向一致，机械机构的动作是否可靠，采用万用表检测输出信号反馈是否正常，观察阀门叶片是否能够达到全开/全关状态，如图 1-4-30 所示。

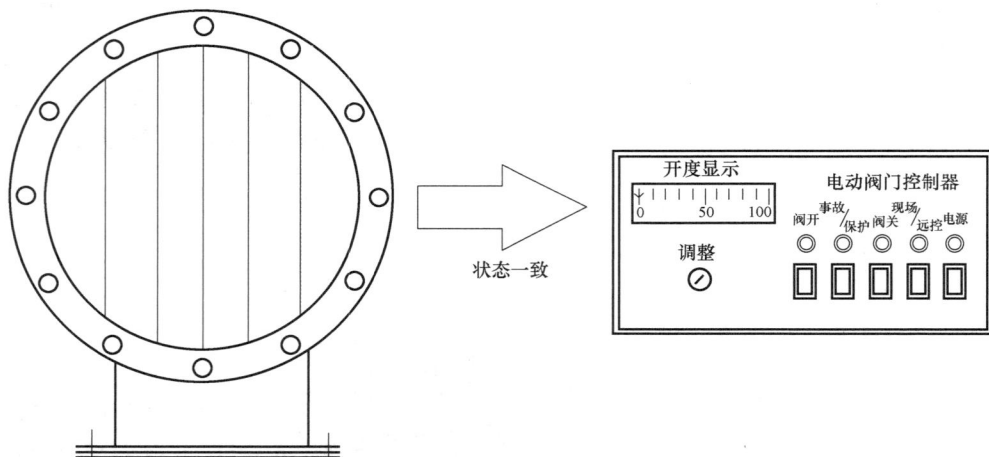

图 1-4-30　观察水阀执行器与控制器开关限位状态一致

四、安全技术防范系统设备安装

（一）视频监控摄像机安装

（1）吊顶内安装摄像机，吊顶上方的空间大于摄像机的"H"值，如图 1-4-31 所示；如吊顶板安装强度不够，应在吊顶板上方加装摄像机安装龙骨，装设防止摄像机掉下的独立吊链。

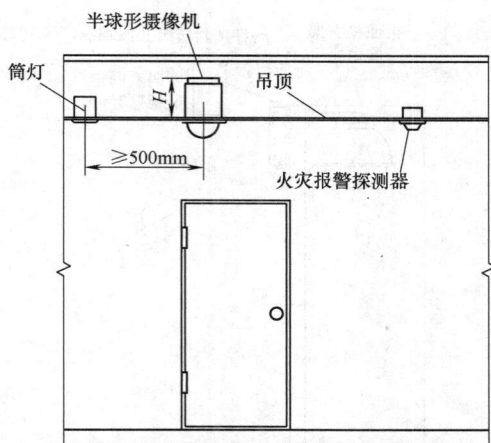

图 1-4-31　吊顶内摄像机布置示意图

（2）摄像机与筒灯间隔 500mm 以上，摄像机的前方 2m 内不应出现非嵌入式光源；装饰吊顶板预留孔宜与其他设备（如灯、火灾探测器等）一致，如图 1-4-31 所示。

（3）装饰板上壁装摄像机应用膨胀螺栓将预埋安装支架与墙面直接连接，如墙面达不到安装强度，应加强相应位置墙面强度，如图 1-4-32 所示。

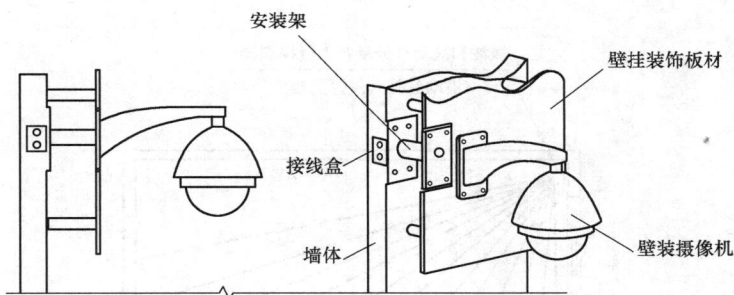

图 1-4-32　壁装摄像机布置示意图

（4）室外摄像机应采取防雨、防腐、防雷措施，并通过配套支架固定于立杆，解码设备、电源设备可统一安装在室外防水箱内并固定于立杆上，如图 1-4-33 所示。

（二）入侵和紧急报警设备安装

1. 报警探测设备安装

室内壁挂被动红外探测器一般安装在墙面或墙角，安装在墙角比安装在墙面效果好，安装高度通常为 2.2～2.7m。室内探测器安装示意图如图 1-4-34 所示。

2. 周界报警设备安装

（1）室外的脉冲电子围栏主机必须要安装于防雨箱内。防雨箱安装于围栏下方、围栏分区处，防雨箱与围栏间隔应大于 400mm，用膨胀螺栓固定于墙上，如图 1-4-35 所示。

（2）警灯一般安装在防雨箱的上方，通过自身的螺母固定在支架上面，每一个防区安装一个警灯，用膨胀螺栓固定于墙体上，如图 1-4-36 所示。

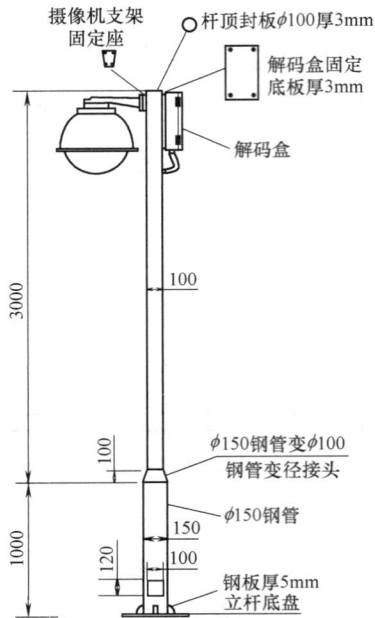

图 1-4-33　室外摄像机布置示意图（单位：mm）

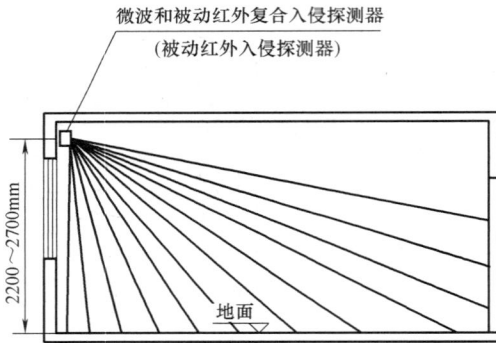

图 1-4-34　室内探测器安装示意图

图 1-4-35　周界报警主机安装示意图

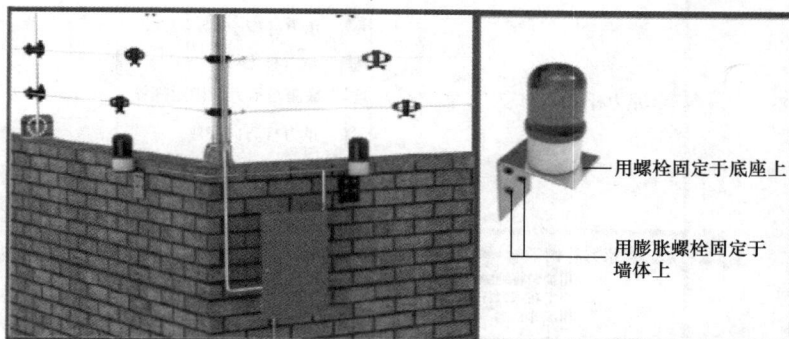

图 1-4-36 警灯安装示意图

（3）每个防区的两端、防区拐角小于 120°及墙体高差大于 200mm 以上的位置应安装终端杆，安装时应尽量靠近墙壁，加强固定，如图 1-4-37 所示。

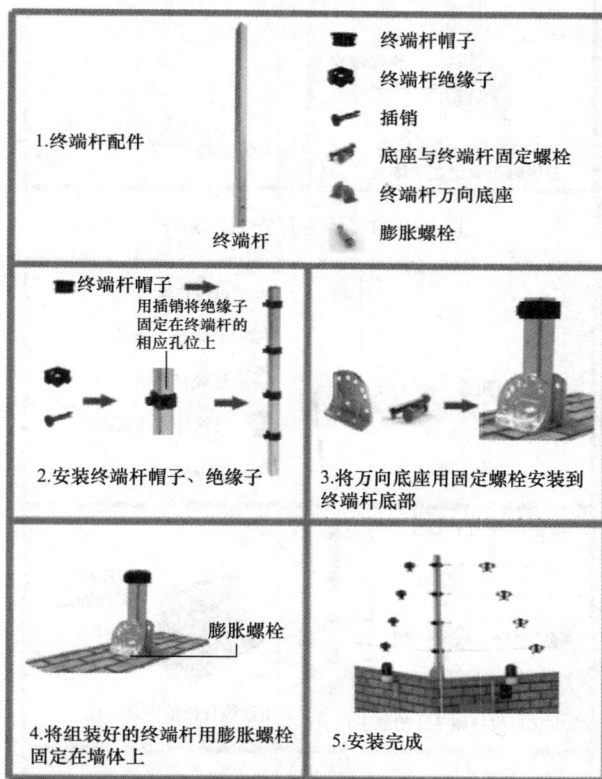

图 1-4-37 终端杆安装示意图

（4）承力杆安装于围墙拐角幅度成弧形或者两根终端杆之间，承力杆之间的间距或与终端杆间距应不大于 25m，如图 1-4-38 所示。

（5）过线杆应安装在坚固的墙体或其他物件上，结合应牢固，与其他过线杆、承力杆和终端杆的间距应小于 5m，如图 1-4-39 所示。

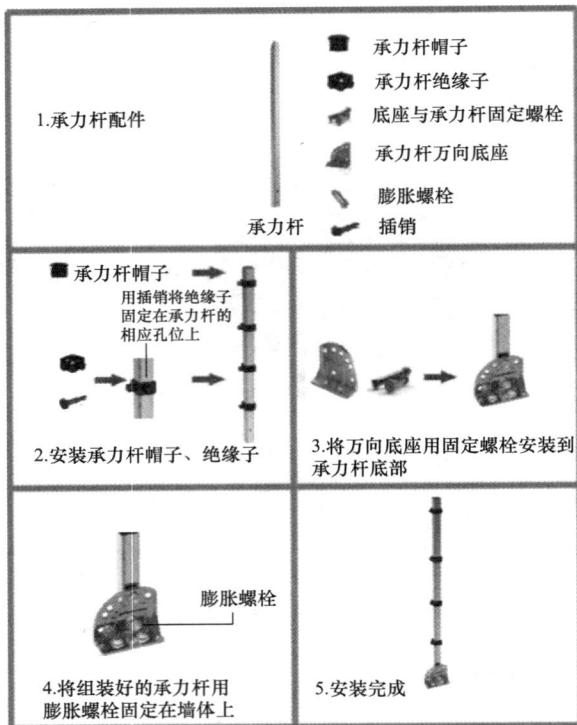

图 1-4-38 承力杆安装示意图

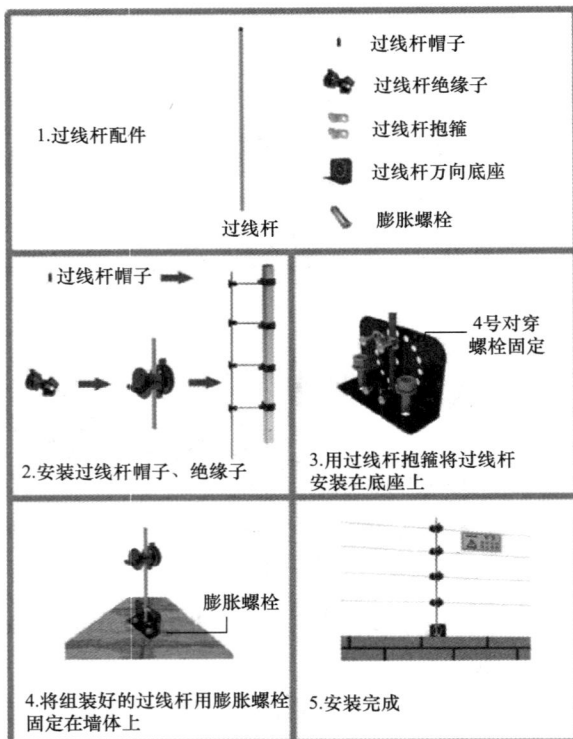

图 1-4-39 过线杆安装示意图

（三）出入口控制设备安装

1. 控制设备安装及接线

（1）各类型识读装置的安装应具备防篡改、防拆等保护措施。

（2）识读设备的安装位置应避免强电磁辐射源、潮湿、有腐蚀性等恶劣环境，并根据产品接口，敷设多芯线缆或网线，接线应牢固。

（3）受控区内出门按钮的安装，应保证在受控区外不能通过识读装置的过线孔触及出门按钮的信号线。

（4）出门按钮的中心距地安装高度通常与识读装置一致，同时考虑与电气开关统一高度安装。

（5）具备信号反馈的锁具，电源线与信号线对应接入设备端子。无信号反馈锁具，只需接入电源线缆。

出入口控制设备安装如图1-4-40所示。

2. 电控锁安装

常用锁具可分为磁力锁、电插锁、阴极锁、阳极锁等，现场应根据设计要求及安装环境选择合适设备，单门磁力锁安装如图1-4-41所示。

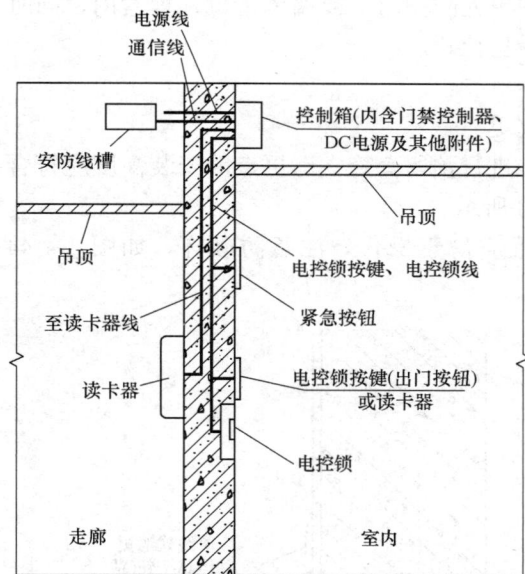

图1-4-40 门禁设备安装示意图

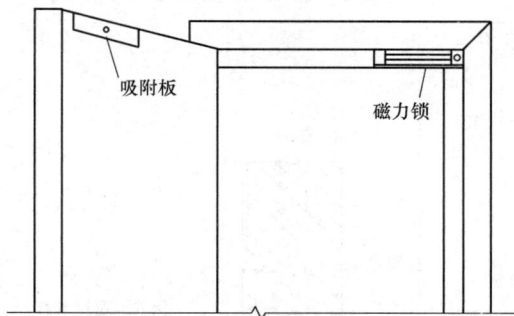

图1-4-41 单门磁力锁安装示意图

（1）选用安装电控锁要注意门的材质、门的开启方向及电磁门锁的拉力。

（2）锁具应合理安装并有效保护，应保证在防护面外无法拆卸，配套锁具安装应牢固，启闭应灵活。

（四）楼宇对讲设备安装

（1）访客对讲主机宜安装在楼宇入口防护门上或入口附近墙体上，对讲分机宜安装在过厅侧墙或起居室墙上，对讲机可用塑料胀管及螺钉或膨胀螺栓等进行安装，如图1-4-42所示。

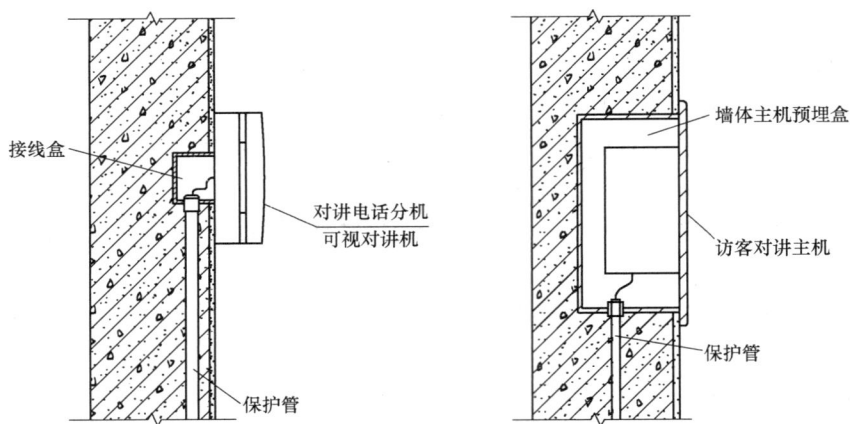

图 1-4-42　可视对讲门口机、室内机安装示意图

（2）访客对讲主机操作面板的安装高度距地不宜高于 1.5m。操作面板应面向访客，便于操作。

（3）对讲分机安装在住户室内墙上，安装牢固，高度距地 1.4～1.6m。

（4）访客对讲主机根据工程的需要可安装在单元防护门上或墙体主机预埋盒内，同时调整访客对讲主机内置摄像机的方位和视角于最佳位置。

（五）电子巡查设备安装

电子巡更通常分为在线式巡更以及离线式巡更。

（1）在线式巡更系统在土建施工时，应同步进行预留套管，巡更点的安装高度应符合设计要求，应适应人体便利的高度，如图 1-4-43 所示。

（2）离线式巡更信息按钮设备的安装位置应易于操作，注意防破坏，如图 1-4-44 所示。

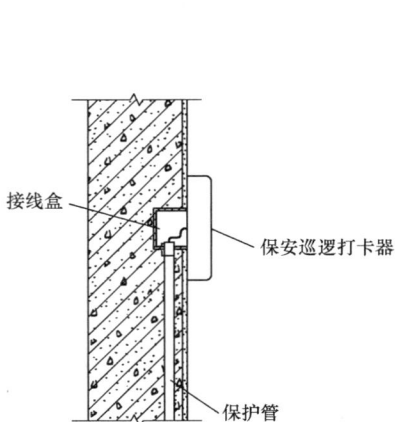

图 1-4-43　在线式巡更信息按钮安装示意图　　图 1-4-44　离线式巡更信息按钮安装示意图

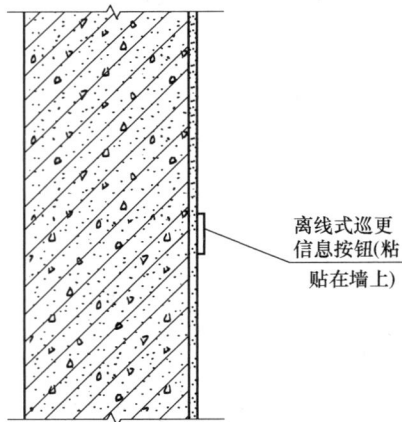

（六）停车库（场）安全管理设备安装

1. 停车库（场）出入口设备安装

停车库（场）的出入口设备安装要求，如图 1-4-45 所示。

（1）车牌识别摄像机应安装牢固，避免强光源、逆光或无光环境。

（2）摄像机辅助光源等的安装不影响行人、车辆正常通行。

（3）道闸安装应平整，保持与水平面垂直，不得倾斜，室外安装时应采取防水、防撞、防砸措施。

（4）地感线圈埋设位置与埋设深度应满足设计要求以及产品使用要求。地感线圈至机箱处的线缆应采用金属保护管保护。

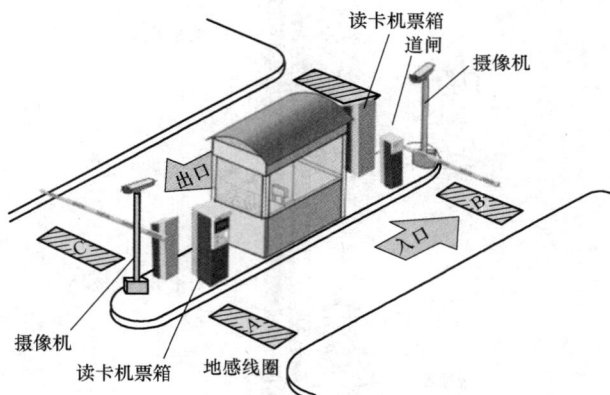

图 1-4-45　停车库（场）出入口设备安装示意图

2. 车位检测器安装

（1）视频车检器安装于停车场桥架下，拍摄范围内应无障碍物，安装高度及距离需符合设计和产品说明要求。

（2）地磁车检器安装于车位中间靠后处。

停车库（场）视频车检器的安装，如图 1-4-46 所示。

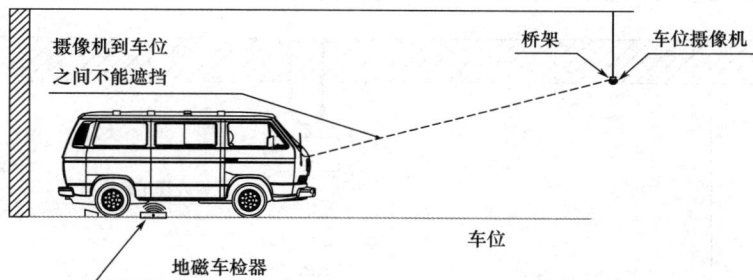

图 1-4-46　停车库（场）视频车检器安装示意图

第五节　电梯工程安装细部节点做法

一、电力驱动的曳引式或强制式电梯安装

电梯主要由曳引系统、导向系统、轿厢系统、门系统、对重平衡系统、电力拖动系

统、电气控制系统、安全保护系统八大系统组成。各系统设备分别安装在电梯机房、井道和电梯底坑内，如图 1-5-1 所示。

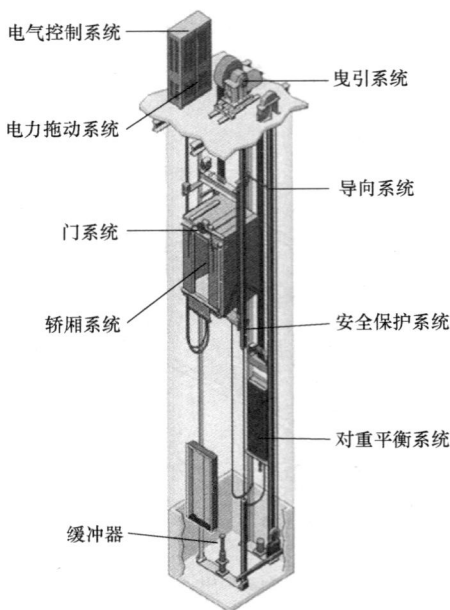

图 1-5-1　电梯系统组成示意图

（一）电梯机房设备安装

1. 电梯机房配套设施安装

（1）电梯机房工作区域净高不应小于 2m。设备吊钩位置及承载能力应符合电梯厂家要求。吊钩安装完毕后，应在承重梁或吊钩上标明最大允许吊装载荷（图 1-5-2）。

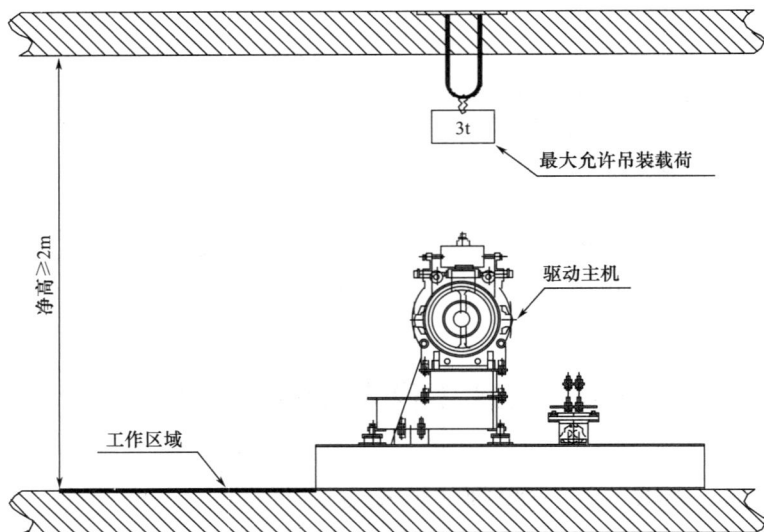

图 1-5-2　电梯机房吊钩示意图

（2）电梯机房内空气温度应保持在 5～40℃。机房窗、排风扇及空调等通风换气设备不宜安装在电梯驱动主机、控制柜上方，避免因为漏雨、漏水等原因造成电梯设备损坏（图 1-5-3）。

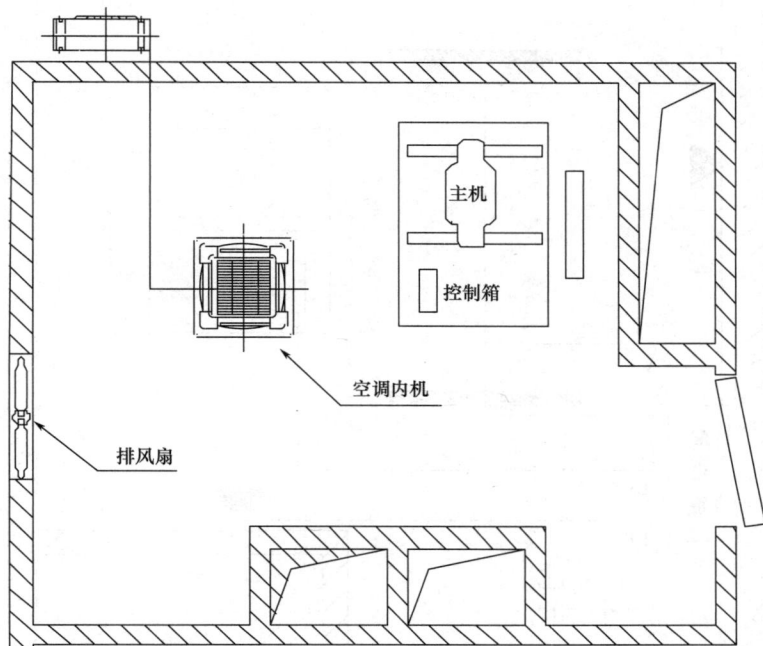

图 1-5-3　电梯机房通风空调示意图

（3）电梯机房应安装永久电气照明，其地面上的照度不应小于 200lx，开关设于靠近入口位置，照明电源应与电梯驱动主机电源分开，同时为了方便机房内维修，需在周围设置一个或多个插座（图 1-5-4）。

（4）机房内存在不同高度的活动平台，若相邻平台高差大于 0.5m 时，应设置楼梯或台阶供人通行。楼梯和较高活动平台的临边需设置高度不小于 0.9m 的防护栏杆，进行竖向安全防护。机房深度大于 0.5m 的坑槽需要进行水平防护，且机房内供活动区域净空高度不应小于 1.8m（图 1-5-5）。

2. 驱动主机安装

（1）驱动主机承重钢梁基座应采用钢板制作，钢板厚度不应小于 20mm，承重梁埋入承重墙内的支撑长度宜超过墙厚中心 20mm，且不应小于 75mm，如图 1-5-6 所示。

（2）吊装驱动主机时不应磕碰主机外壳，避免造成内部及外观损坏。驱动主机底座与基础底座中间应用垫片调节，电梯空载、满载时曳引轮垂直度应在 2mm 以内。

（3）驱动主机安装完毕后，所有旋转部件外侧均应涂成黄色，并标明与电梯运行方向相同的箭头及文字说明，手动释放制动器操作部件应涂成红色。

（4）驱动主机承重梁安装是隐蔽工程，安装自检完毕后应及时上报监理单位组织验收，验收合格后承重梁两端支撑处宜用混凝土浇筑固定。

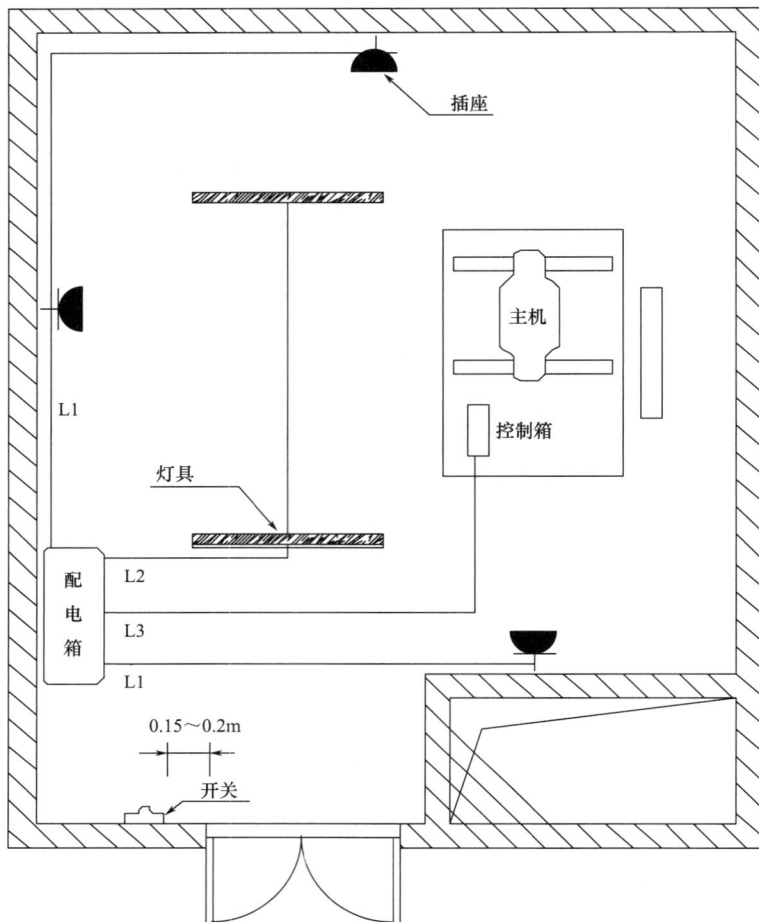

图 1-5-4　电梯机房照明、插座及配电示意图

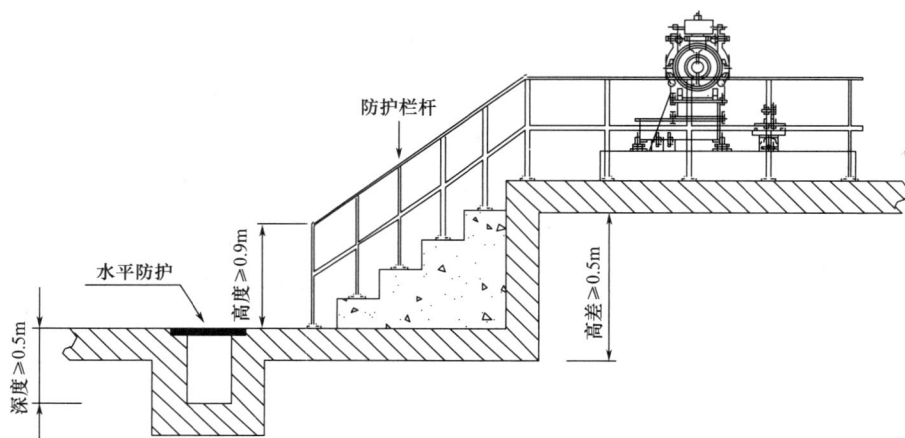

图 1-5-5　电梯机房安全防护示意图

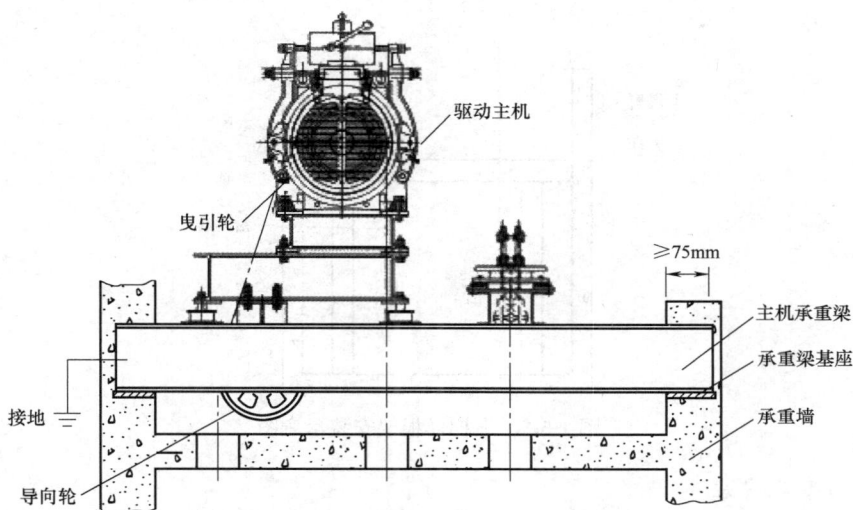

图 1-5-6 驱动主机承重梁安装示意图

3. 限速器安装

(1) 限速器安装时，绳轮轮缘端面相对于水平面的垂直度不应大于 2/1000，如图 1-5-7 所示。

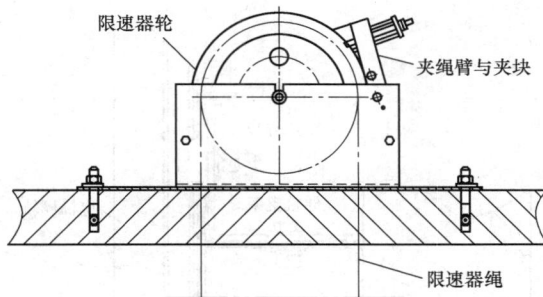

图 1-5-7 电梯限速器结构示意图

(2) 限速器系统安装完毕后要进行联动试验，带动轿厢安全钳动作后，曳引钢丝绳在曳引轮上应出现打滑现象。

(二) 电梯井道设备安装

1. 电梯样板架安装

(1) 电梯导轨安装前，首先应测井放线、制作样板架。井道测量时应依据电梯厂家提供的井道施工布置图进行测量，井道尺寸可偏大，不应偏小。

(2) 当电梯底坑下样板架上铅垂线稳定后，用 U 形钉固定铅垂线并刻标记，防止铅垂线碰断时重新放线使用。铅垂线坠一般为 5kg，当井道过高时，可相应增加铅垂线坠的重量，减少摆动量和增加阻尼性。每次施工时，要重新进行铅垂线位置的勘察与测量，测量无误后再进行施工，如图 1-5-8 所示。

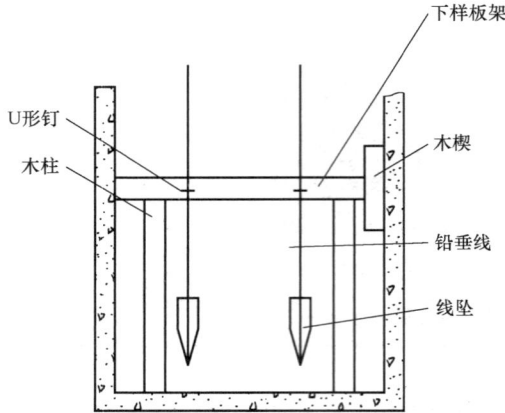

图 1-5-8　电梯样板架安装示意图

2. 电梯导轨安装

（1）电梯导轨安装前应检查导轨有无弯曲变形，并清洗导轨接头，清除导轨上的毛刺、黄油等杂物。

（2）电梯轿厢导轨和对重导轨，其下端的导轨座应安装在坚固的地面上。

（3）用膨胀螺栓固定导轨支架时，要选用合适的钻头打孔，孔要正，深度不应小于120mm。电梯每根导轨不应少于 2 个导轨支架，支架间距不宜大于 2.5m，如图 1-5-9 所示。

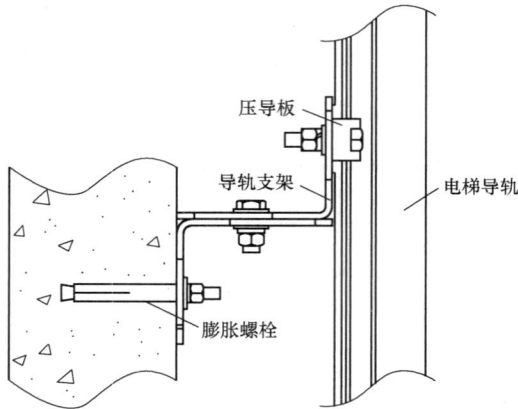

图 1-5-9　电梯导轨安装示意图

（4）调整导轨的垫片不应超过 3 片，导轨支架与导轨背面之间的垫片厚度不应超过3mm，当垫片厚度大于 3mm、小于 7mm 时，要在垫片之间点焊，若超过 7mm 时，应先用与导轨宽度相同的钢板垫入，再用垫片进行调整。

（5）导轨安装调整时，电梯轿厢两列导轨顶面间的距离允许偏差为 0～+2mm，对重导轨允许偏差为 0～+3mm。

（6）导轨调整时应使用专用找道尺，同根导轨必须确定专人找道，中途严禁换人以确保导轨安装质量，当调整完毕后再逐个拧紧压道板和导轨连接板螺栓。

（7）导轨接头处修平长度应大于 200mm，当电梯额定速度≥2.5m/s 时其导轨接头处修平长度应大于 300mm。

（8）电梯轿厢导轨和设有安全钳的对重导轨，工作面接头处不应有连续缝隙，局部缝隙不应大于 0.5mm。导轨接头处，可用 500mm 钢板尺靠在导轨工作面上（图 1-5-10），用塞尺检查 a、b、c、d 处，其偏差不应大于表 1-5-1 中的数值。

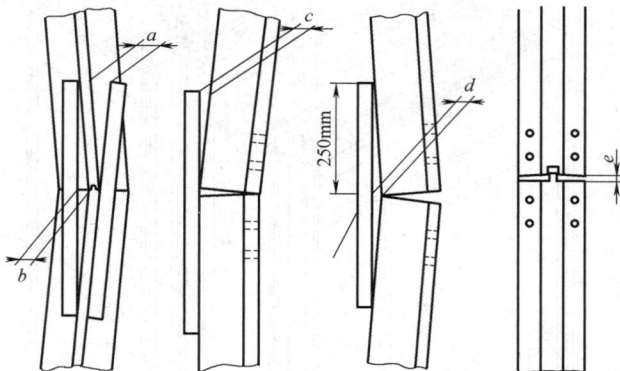

图 1-5-10　电梯导轨接头处示意图

导轨接头处允许偏差值　　　　　　　　　表 1-5-1

导轨接头处	a	b	c	d	e
不大于(mm)	0.15	0.06	0.15	0.06	0.5

3. 轿厢安装

（1）电梯轿厢要依据厂家图纸安装轿厢底梁、轿厢立柱、轿厢上梁、轿厢底盘、轿厢壁、轿厢顶、轿厢门机构及电气装置等（图 1-5-11）。

（2）当距轿厢底部高度 1.1m 以下使用玻璃轿壁时，必须在距轿底 0.9～1.1m 的高度安装扶手，并独立固定安装（图 1-5-12）。

（3）当电梯额定速度小于或等于 0.63m/s 时，轿厢可采用瞬时式安全钳。速度大于 0.63m/s 时，轿厢应采用渐进式安全钳。若轿厢装设有数套安全钳，则应全部是渐进式的。

（4）电梯轿顶安装紧急停止时，应保证开关位置不应大于入口 1m 的易接近位置，并标以"停止"字样加以识别。

（5）电梯轿厢门安全触板或光幕安装调整时，使其垂直，动作灵活可靠。光幕应保证其工作表面清洁，功能可靠。

4. 层门安装

（1）层门安装前应检查门套无变形，门滑轮转动灵活，并将门滑道、地坎槽清理干净。

（2）电梯层门地坎安装要高出最终装饰地平面 2～5mm。层门关闭后，要调整门扇之间及立柱、地坎之间的间隙，乘客电梯不应大于 4mm，载货电梯不应大于 6mm，开关门过程中不应有振动或撞击声响，如图 1-5-13 所示。

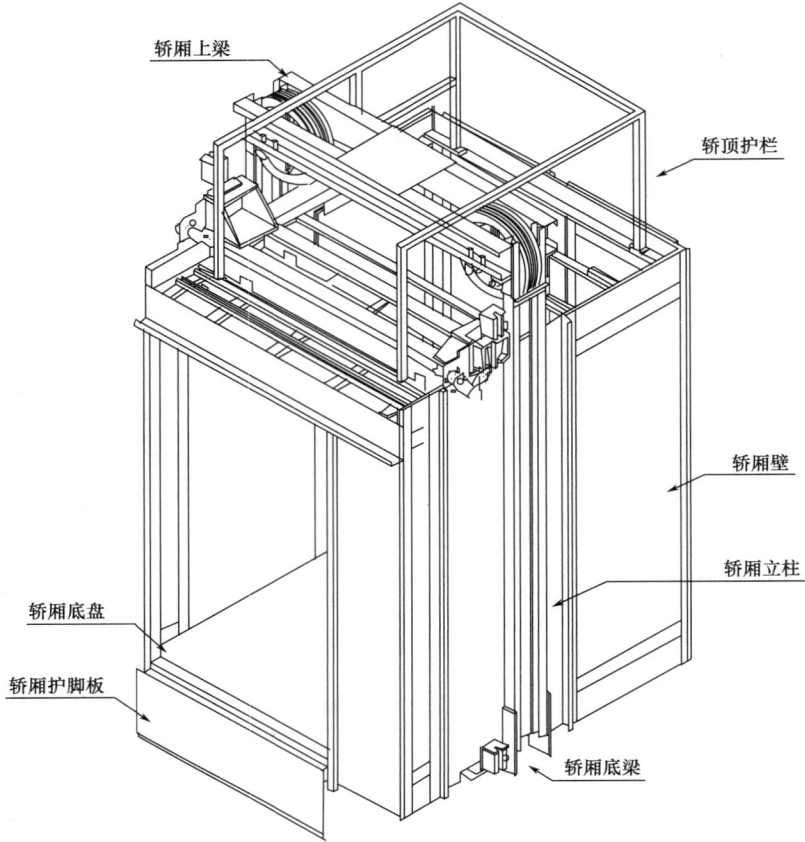

图 1-5-11　电梯轿厢结构示意图

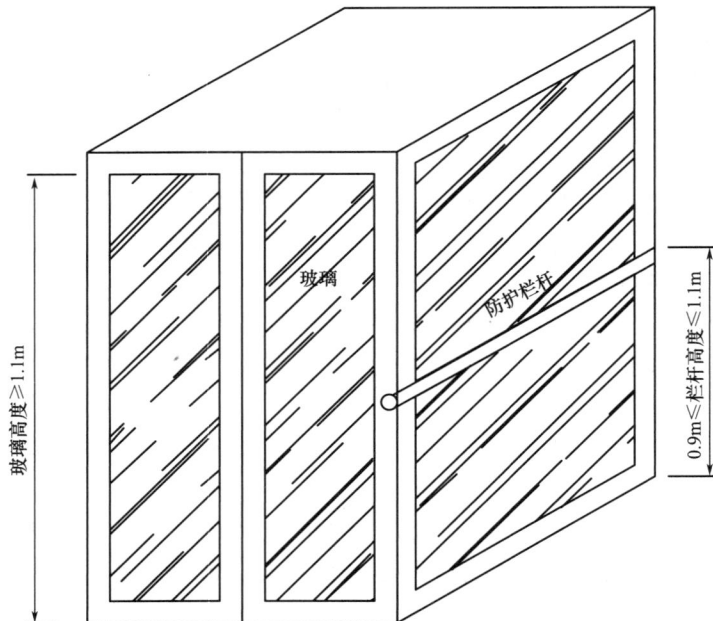

图 1-5-12　玻璃轿壁安全防护示意图

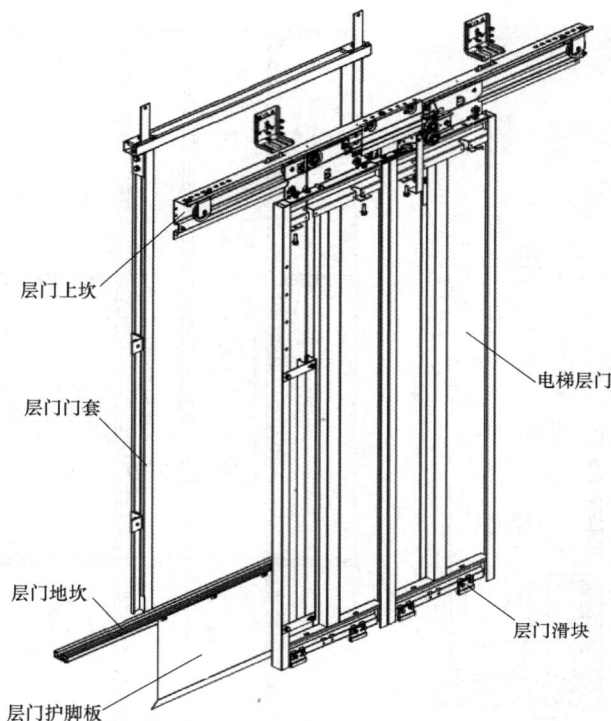

图 1-5-13 电梯层门结构示意图

（3）电梯层门自闭装置安装时，应保障当轿厢在开锁区域之外时，无论层门因何种原因开启，其层门自闭装置应能够使层门自动关闭。

（4）层门与轿厢门地坎之间水平距离偏差为 $0\sim+3$mm，最大距离不应超过 35mm。每一扇层门门锁锁紧后，锁紧元件啮合深度不应小于 7mm，如图 1-5-14 所示。

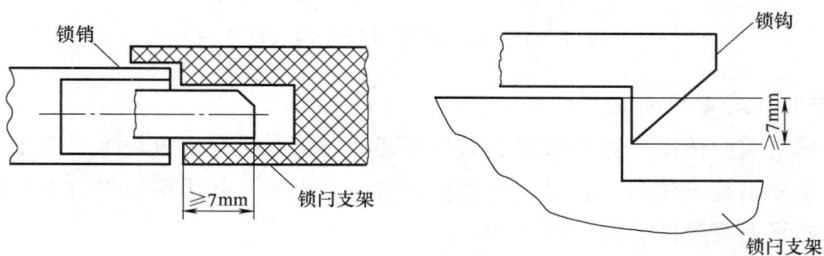

图 1-5-14 电梯层门锁紧元件啮合深度示意图

（5）层门安装过程中，预留孔洞必须设置高度不小于 1.2m 的安全防护围栏，并且与周围墙体用膨胀螺栓固定牢固（图 1-5-15）。

（6）上下相邻两层门地坎间的距离大于 11m 时，中间井道必须设置安全门。井道安全门必须朝外开，并与电梯运行有电气联锁装置，确保救援安全（相邻轿厢有救援门设计的电梯除外）（图 1-5-15）。

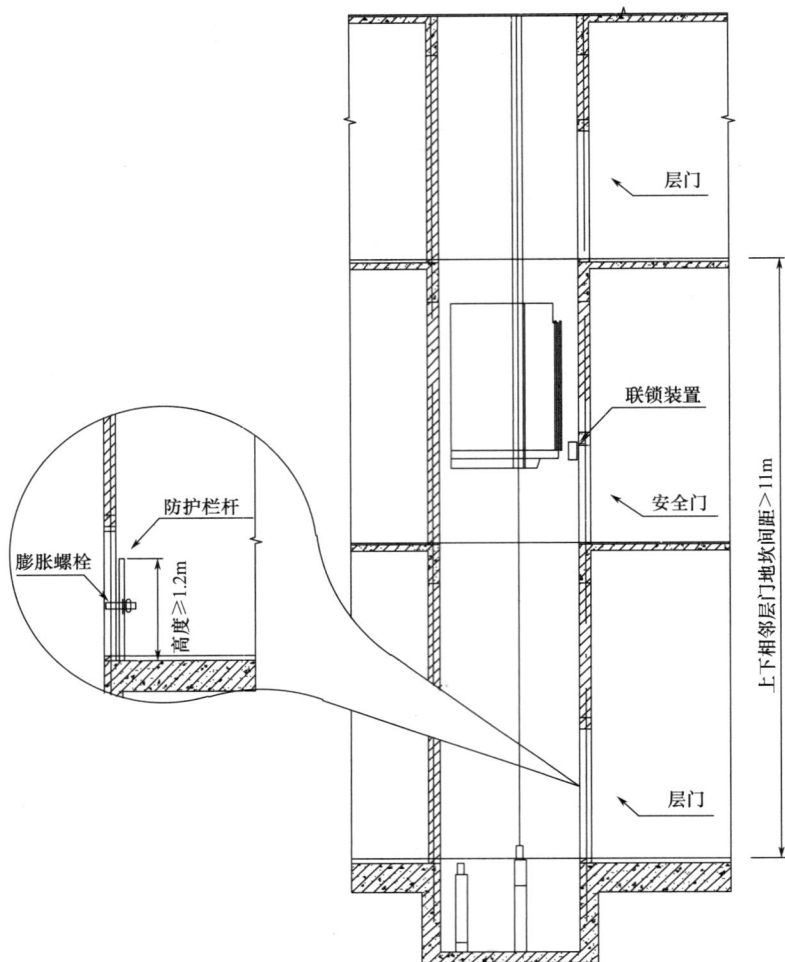

图 1-5-15　洞口防护及安全门示意图

5. 平衡重（对重）安装

（1）电梯对重应依据厂家图纸安装对重框架、对重导靴、对重块等（图 1-5-16）。

（2）对重架吊装就位后，将对重块逐步加至所需重量，并用压板将对重块稳固。

（3）电梯平衡系数值应为 40%～50%。

（4）电梯轿厢和对重底部补偿链安装调节时，应保证悬空部分距底坑地平面不应小于 100mm，并在两端附加二次保护装置（图 1-5-17）。

6. 悬挂装置、随行电缆安装

（1）悬挂装置钢丝绳安装前应检查有无外伤、锈蚀、断丝和变形等现象。

（2）当悬挂装置采用金属充填曳引绳头组合时，首先要清洗绳瓶锥套及应折弯的钢丝绳绳头。浇注时，要一次性浇注完成，浇注完成面应高出锥套 10～15mm，灌后冷却前不可移动（图 1-5-18）。

（3）当悬挂装置采用绳夹固定绳头时，必须注意绳夹规格与钢丝绳公称直径的配合，

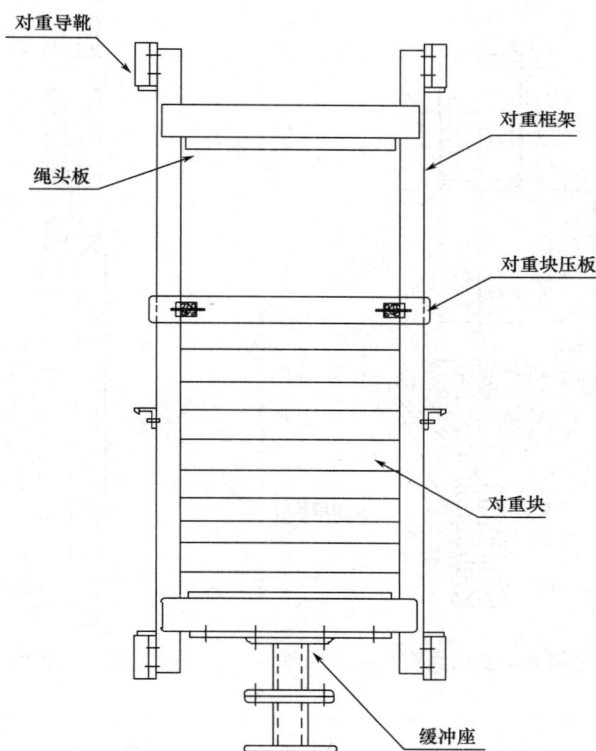

图 1-5-16　电梯平衡重（对重）结构示意图

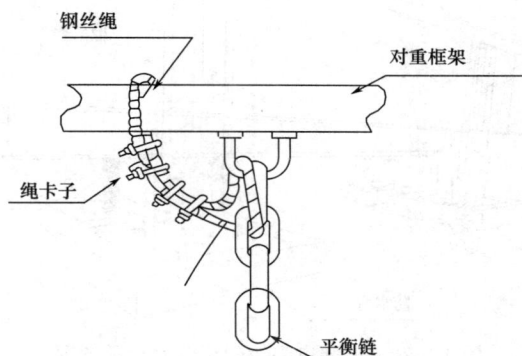

图 1-5-17　电梯平衡重（对重）二次保护装置示意图

U 形螺栓加紧方向正确（图 1-5-19）。

（4）钢丝绳头制作安装完成后，应调节钢丝绳的张力，其张力与平均值偏差不应大于 5%。

（5）悬挂装置绳孔洞四周应筑有防水台，防水台应高于楼板或完工后地面至少 50mm，钢丝绳或绳瓶与防水台每边间隙均应为 20～40mm（图 1-5-20）。

（6）悬挂装置绳端，其锁紧螺母均应锁紧，并安装有锁紧销。

曳引绳瓶

曳引钢丝绳

绳端固定卡

楔块

锥套

防转绳孔

丝杆

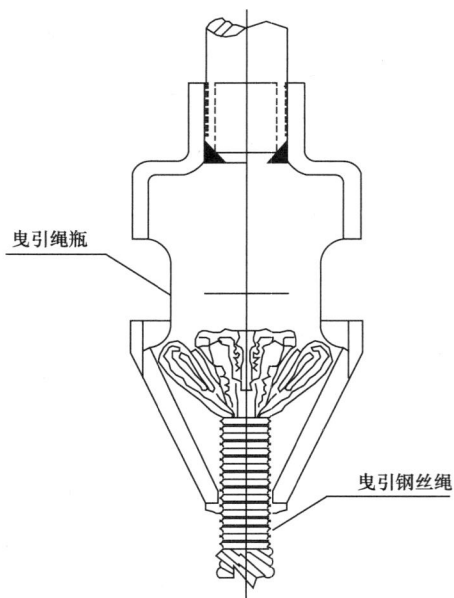

图 1-5-18　金属充填曳引绳头组合示意图　　　图 1-5-19　自锁紧楔形绳头组合示意图

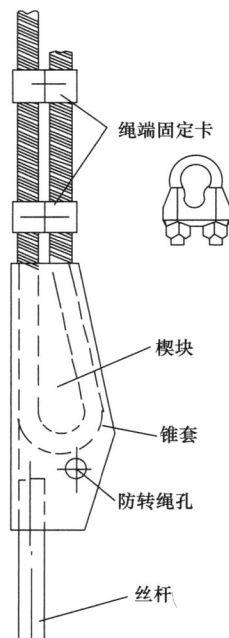

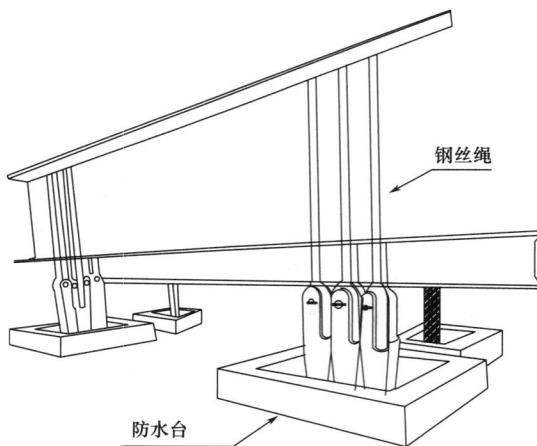

钢丝绳

防水台

图 1-5-20　电梯曳引钢丝绳防水台示意图

（7）扁平型随行电缆可重叠安装，重叠根数不宜超过 3 根，每两根之间应保持 30～50mm 的活动间距。

（8）随行电缆固定在井道壁处时，可采用电缆架或楔块形式固定（图 1-5-21）。

（三）电梯底坑设备安装

1. 缓冲器安装

（1）缓冲器安装前，检查缓冲器外观有无锈蚀、油路是否通畅，并按照说明书要求注足指定型号缓冲器油。

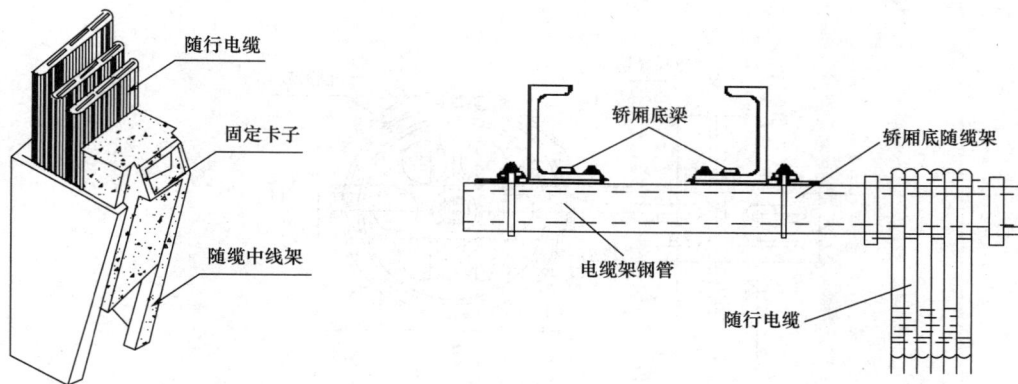

图 1-5-21　电梯随行电缆安装示意图

（2）依据电梯厂家图纸测量底坑深度是否符合图纸要求，清扫底坑杂物。

（3）当轿厢或对重底部使用一个以上缓冲器时，各缓冲器顶面与对重或轿厢之间的距离偏差不应大于 2mm。

（4）轿厢、对重的缓冲器撞板中心与缓冲器中心的偏差不应大于 20mm。

（5）缓冲器进行动作试验时，其柱体从完全压缩到完全复位，时间不能大于 120s，缓冲器在未恢复到正常位置前，电气开关不能复位、电梯不能启动，如图 1-5-22 所示。

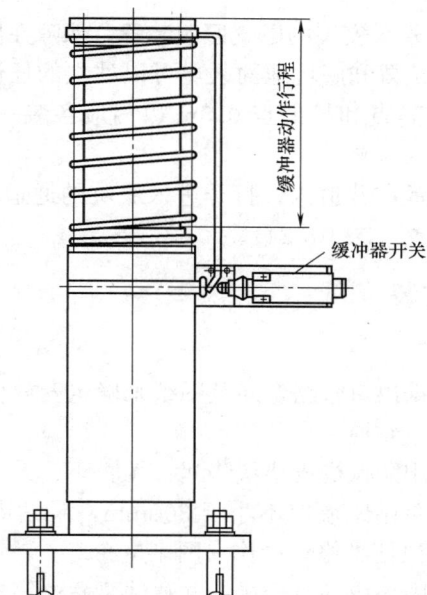

图 1-5-22　电梯缓冲器结构示意图

2. 电梯涨紧轮安装

（1）底坑涨紧轮安装位置应保证当限速器绳断裂或过分伸长时，其电气安全开关能够断开使电动机停止运转。

（2）应定期检查限速器绳是否伸长，并做相应收绳调整，保证涨紧绳轮的平行度

（图 1-5-23）。

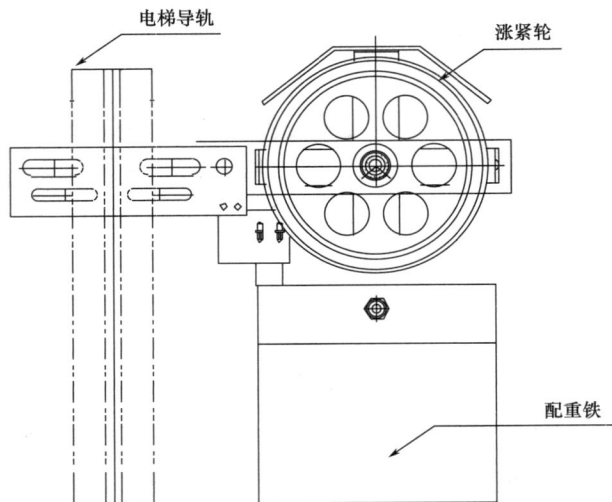

图 1-5-23　电梯涨紧绳轮结构示意图

3. 电梯井道照明、底坑急停等安装

（1）井道照明开关应分别设置在底坑和电梯机房主开关附近，以便这两个地方均能控制井道照明。

（2）井道内应设置 36V 永久安装的电气照明装置，保障在所有的门关闭时，电梯轿厢位于井道内整个行程的任何位置和底坑地面人员可以站立的任何地方，以上 1.0m 处的照度至少为 50lx。通常井道最高点和最低点 0.5m 以内应各装一盏照明灯具，且中间不超 7m 应设置一盏灯具。

（3）底坑停止装置应设置在井道内，打开进入底坑的通道门等能够容易接近的位置，必要时可以设置两个停止装置（图 1-5-24）。

二、液压电梯系统安装

（一）液压泵站设备安装

（1）液压电梯泵站应根据出口管路走向及图纸来确定安放位置，泵站、油缸、油管在搬运、安装过程中严禁划伤、碰撞。

（2）泵站安装时，底座用防振橡皮垫块垫起，无底座、无减振胶皮设计的泵站可按厂家规定直接安放在地面上，泵站距墙应不小于 300mm，泵站周围至少一面有一块不小于 600mm×1200mm 的空间，以便维修与操作（图 1-5-25）。

（3）泵站油箱加油前，内部应保持干燥，并清洗泵站油箱出口及泵站出口。液压油经过滤后注入油箱，并注意观察油尺的最大和最小油位标记，当油缸的柱塞杆将轿厢提升到最高层站时，泵站油箱内的油位应不低于油尺最小油位标记。

（4）液压泵站应设有在紧急情况下使轿厢下降的手动下降阀装置，最大下降速度不应超过 0.3m/s，该装置应加以保护，避免发生误动作。

（二）液压油缸设备安装

（1）液压油缸出厂试验记录、合格证和随带技术文件应齐全，外观不应存在明显损

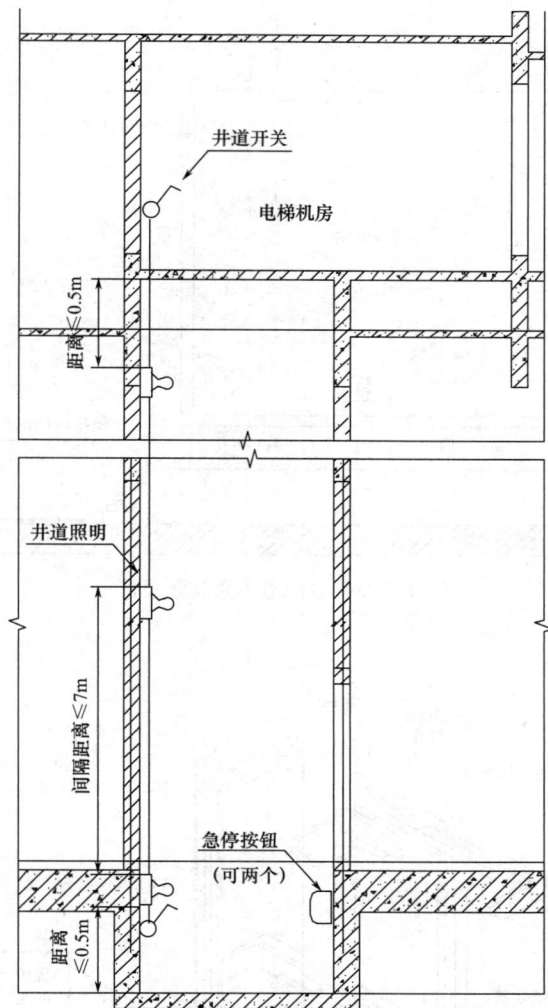

图 1-5-24 电梯井道照明、急停开关安装示意图

坏，部件应活动灵活、功能可靠。

（2）安装通道应畅通，场地应整洁、底坑无杂物，安装过程中禁止淋雨，禁止油缸柱塞长时间暴露在外。

（3）依据液压电梯井道布置图及导轨中心线确定液压缸架位置，起吊缸筒时应防止缸筒发生碰撞，将缸筒放在液压缸座上安装缸筒固定架及抱箍，缸筒进出油口处应朝向机房入口处，如图 1-5-26 所示。

（4）油缸中心位移偏差应不大于 2mm，液压缸体的垂直误差应不大于 0.4/1000。

（5）采用多个液压油缸并行工作的直顶式液压电梯，应保证在运行时轿厢地板的倾斜角度不应超过正常位置的 5%。

（6）油缸校正完毕后，用油缸固定架及抱箍将油缸固定，并安装导靴及油杯。

（7）液压泵站应设有过载保护，安全阀的调定压力不应超过额定工作载荷时压力的 120%。

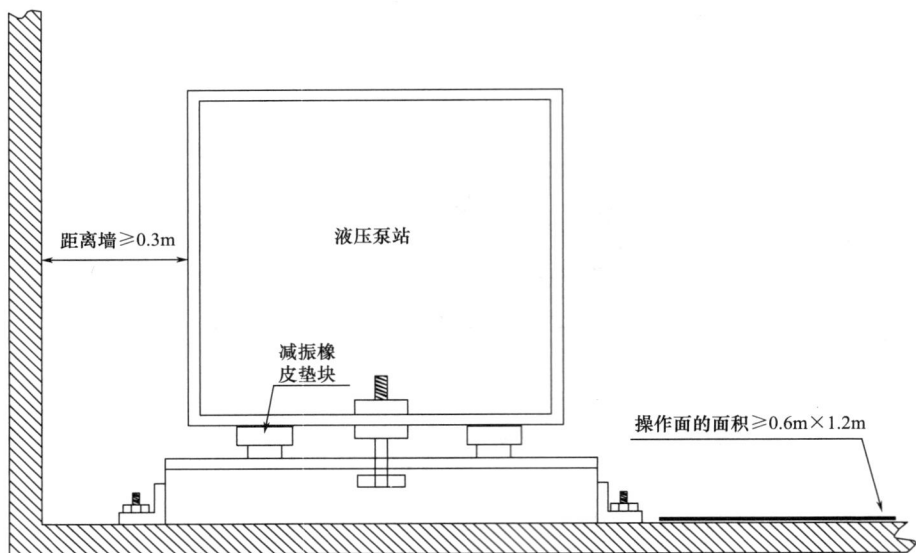

图 1-5-25　液压电梯泵站示意图

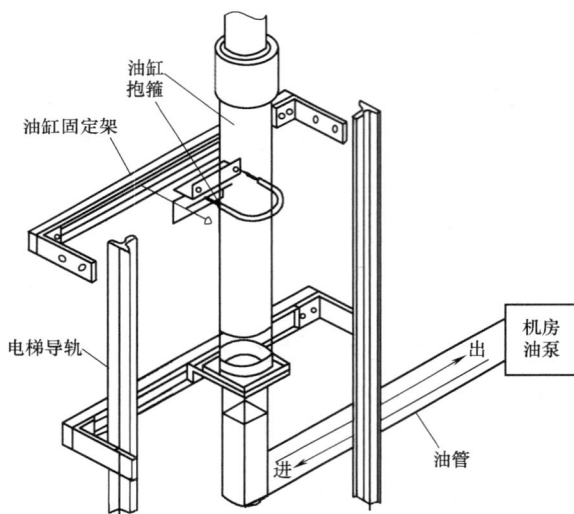

图 1-5-26　液压电梯油缸安装示意图

三、自动扶梯、自动人行道的安装

（一）主要部件及尺寸要求

1. 主要部件

自动扶梯、自动人行道主要部件包括桁架、上下部驱动、导轨、曳引机、主驱动链条、护壁板、扶手支架、扶手带、围裙板、内盖板、外盖板、梯级（踏板）、梯级（踏板）链条、楼层板、前沿板等（图 1-5-27）。

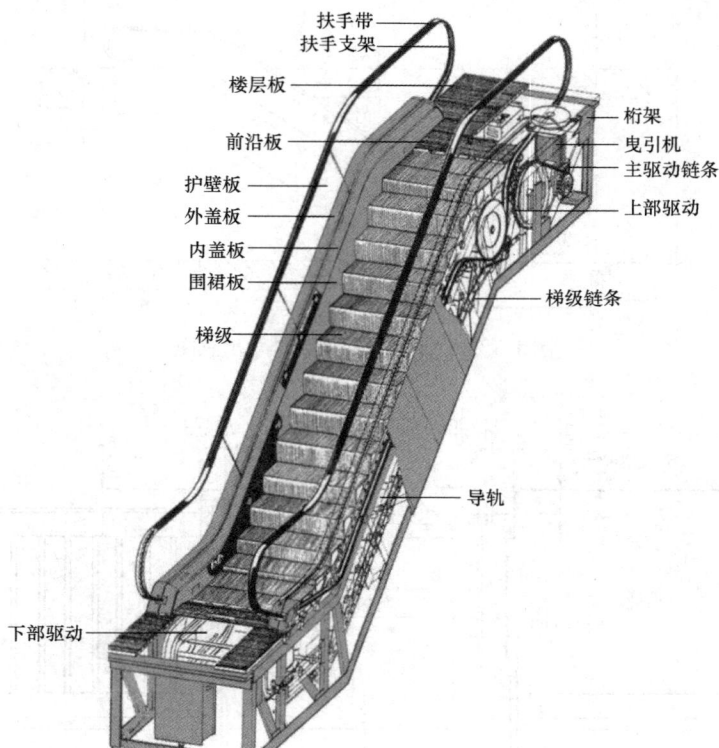

图 1-5-27　自动扶梯主要部件示意图

2. 尺寸要求

（1）扶手带顶面距梯级前缘或踏板表面或胶带表面之间的垂直距离 L_1，不应小于 0.9m 也不应大于 1.1m（图 1-5-28）。

（2）自动扶梯的梯级或自动人行道的踏板或胶带上方，垂直净高度 L_2 不应小于 2.3m（图 1-5-28）。该净高度应当延续到扶手转向端端部。

（3）在与楼板交叉处以及各交叉设置的自动扶梯或自动人行道之间，应在扶手带上方设置一个无锐利边缘的垂直防护挡板，其高度 L_3 不应小于 0.3m，且至少延伸至扶手带下缘 25mm 处，例如：采用一块无孔的三角板（图 1-5-28）。

（4）在危险区域内，由建筑结构形成的固定护栏至少增加到高出扶手带 100mm（H_1），并且位于扶手带外缘 80～120mm（L_1），固定护栏到护壁板的距离不得大于 120mm（L_2），如图 1-5-29 所示。

（5）墙壁或其他障碍物与扶手带外缘之间的水平距离在任何情况下均不得小于 80mm，与扶手带下缘的垂直距离均不得小于 25mm，如图 1-5-29 所示。

（6）当自动扶梯或自动人行道与墙相邻，且外盖板的宽度大于 125mm 时，在上、下端部应安装阻挡装置以防止人员进入外盖板区域。当自动扶梯或自动人行道为相邻平行布置，且共用外盖板的宽度大于 125mm 时，也应安装这种阻挡装置。该装置应延伸到距离扶手带下沿 25～150mm（H_2），如图 1-5-29 所示。

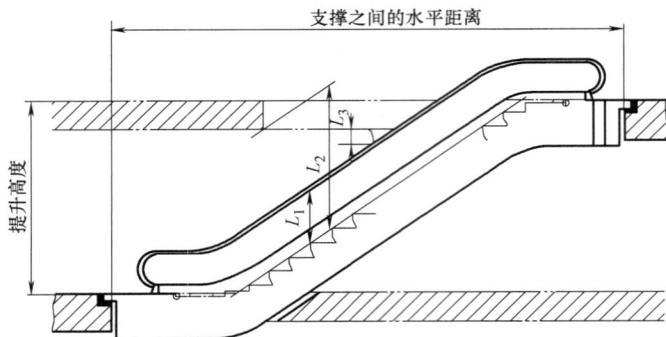

图 1-5-28　自动扶梯相关尺寸示意图

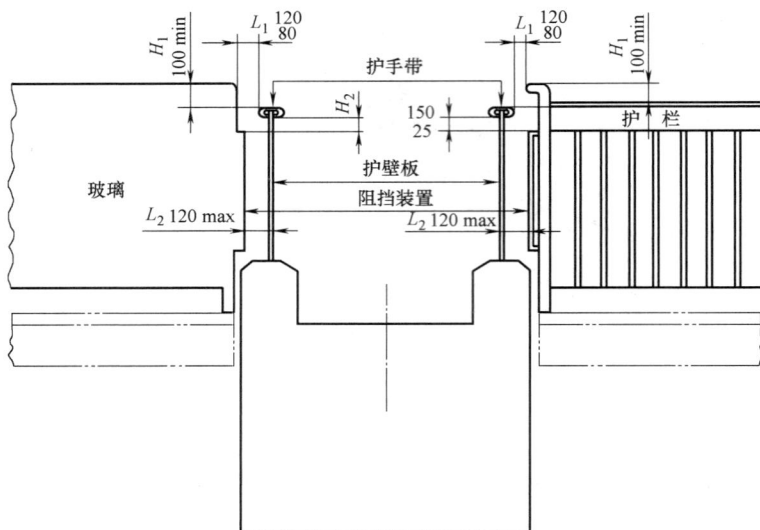

图 1-5-29　阻挡装置示意图（单位：mm）

（二）安装技术

1. 吊装就位技术

1）吊装前结构复核

根据现场提供的清晰水平线标记和中心线标记，检查支撑端之间的距离、底坑的长宽高、提升高度和对角线长度。提升高度允许偏差应为 $-15 \sim +15$mm，跨度允许偏差应为 $0 \sim +15$mm（图 1-5-30）。

2）桁架吊装就位

桁架根据现场环境具体情况选择合适的吊装就位方法。当室外上下站台距离空间充足时，采用整体接驳、整体吊装的方式；当室外上下站台距离空间有限时，采用分段起吊、空中接驳的方式；当室内层高有限时，采用顺序起吊、就位后接驳的方式（图 1-5-31）。

桁架分段间的接驳必须采用高强度螺栓，需严格控制螺母的拧紧力度，确保螺栓的连接可靠（图 1-5-32）。

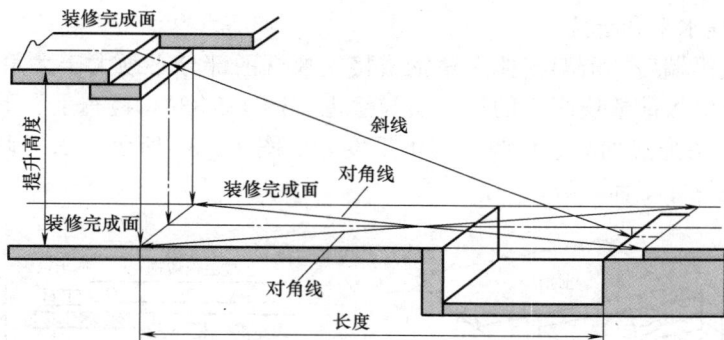

图 1-5-30 尺寸测量示意图

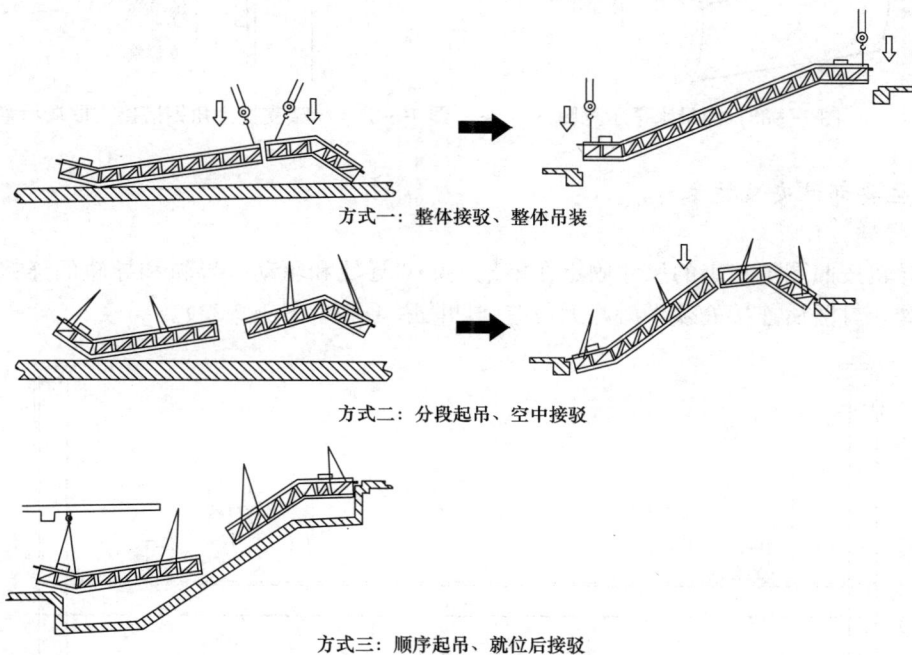

方式一：整体接驳、整体吊装

方式二：分段起吊、空中接驳

方式三：顺序起吊、就位后接驳

图 1-5-31 桁架吊装方式示意图

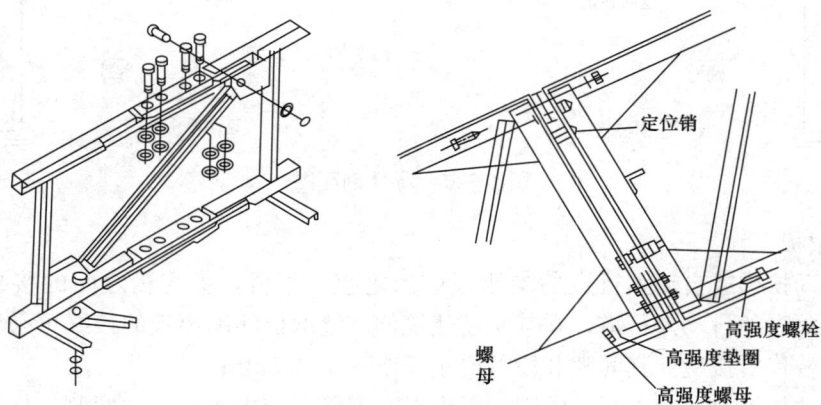

图 1-5-32 桁架螺栓连接示意图

3）桁架调整水平和定位

桁架放到支撑端后，桁架支撑大角钢搭接支撑端的部分必须大于大角钢宽度的 2/3。把水平仪放在前沿板前整块露出的第一块梯级上（图 1-5-33），检查上、下驱动的水平度不大于 1/1000，可通过加减垫片调整其水平度，如图 1-5-34 所示。水平调整后，楼层板边框高度应与地坪完工面一致。

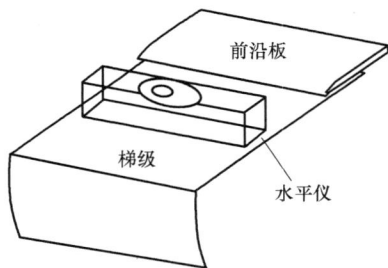

图 1-5-33 测量水平示意图

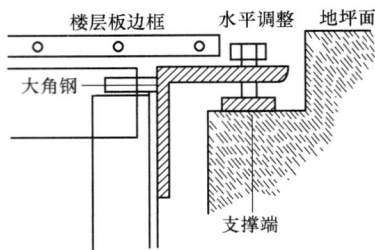

图 1-5-34 桁架支撑大角钢搭接支撑端示意图

2. 主要部件安装技术

1）导轨

将导轨按照图纸规定的尺寸固定在桁架上，对导轨和驱动、导轨和导轨的连接处进行焊接打磨，打磨后连接处须平滑，无段差、凹陷、毛刺（图 1-5-35）。

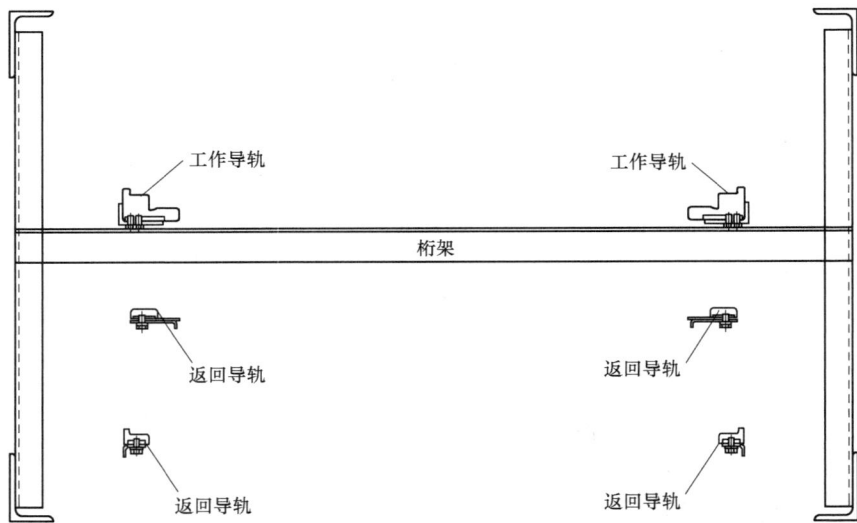

图 1-5-35 导轨剖面图

2）围裙板

（1）自动扶梯或自动人行道的围裙板应当垂直、平滑，板与板之间的接缝应是对接缝。对于长距离的自动人行道，在其跨越建筑伸缩缝部位的围裙板的接缝可采取其他特殊连接方法来替代对接缝。其间隙和段差要小于或等于 0.5mm。

（2）自动扶梯或自动人行道的围裙板设置在梯级、踏板或胶带的两侧，任何一侧的水平间隙不应大于 4mm，且两侧对称位置处的间隙总和不应大于 7mm，如图 1-5-36 所示。

（3）如果自动人行道的围裙板设置在踏板或胶带之上时，则踏板表面与围裙板下端间所测得的垂直间隙不应超过 4mm；踏板或胶带产生横向移动时，不允许踏板或胶带的侧边与围裙板垂直投影间产生间隙，如图 1-5-36 所示。

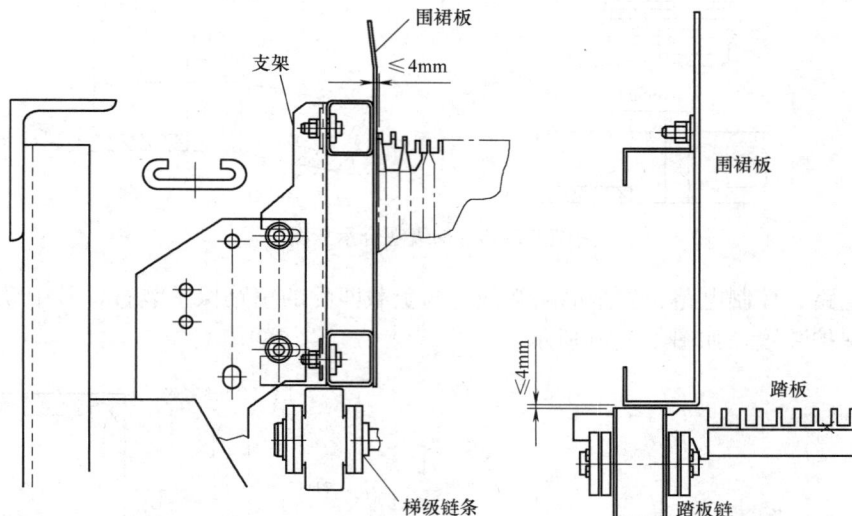

图 1-5-36　围裙板安装示意图

3）内、外盖板

外盖板安装在护壁板外侧，与护壁板成直角；内盖板安装在护壁板内侧，与围裙板连接；内盖板与外盖板的接缝应对齐，内、外盖板的间隙和段差要小于或等于 0.5mm（图 1-5-37）。

4）梯级

扶梯或人行道在运行过程中，前后梯级踏板或踏面都是以齿相互啮合的，之间间隙应不大于 6mm。自动人行道过渡曲线区段，踏板的前缘和相邻踏板的后缘啮合，之间间隙不应大于 8mm（图 1-5-38）。

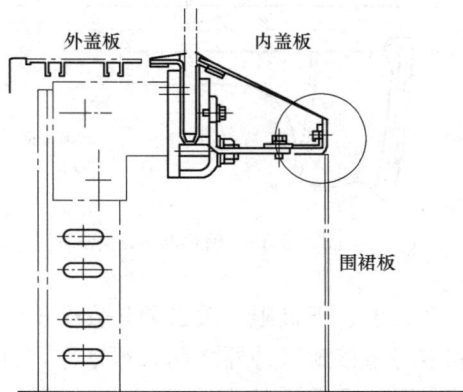

图 1-5-37　内、外盖板安装示意图

5）梯级梳齿板安装

梯级安装完成后安装梳齿板，通过调整前沿板支撑处，达到梳齿板梳齿与踏板面齿槽的啮合深度至少为 4mm，间隙不应超过 4mm 的要求（图 1-5-39）。

四、电梯验收

（一）电力驱动的曳引式或强制式电梯验收细部要求

1. 安全保护验收

（1）当控制柜三相电源中任何一相断开或任何两相错接时，断相、错相保护装置动

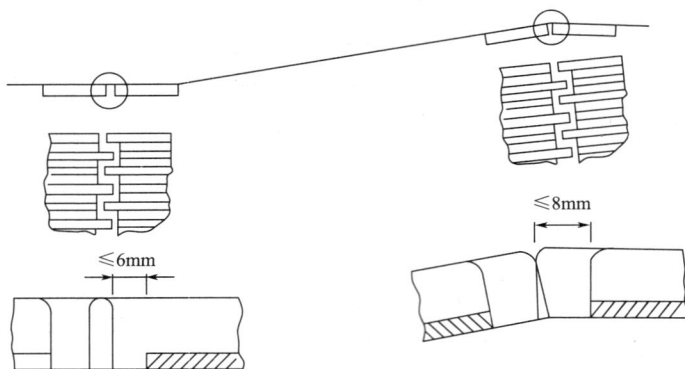

图 1-5-38　梯级啮合示意图

作。动力电路、控制电路、安全电路必须有与负载匹配的短路保护装置，其中动力电路必须有过载保护装置，如图 1-5-40 所示。

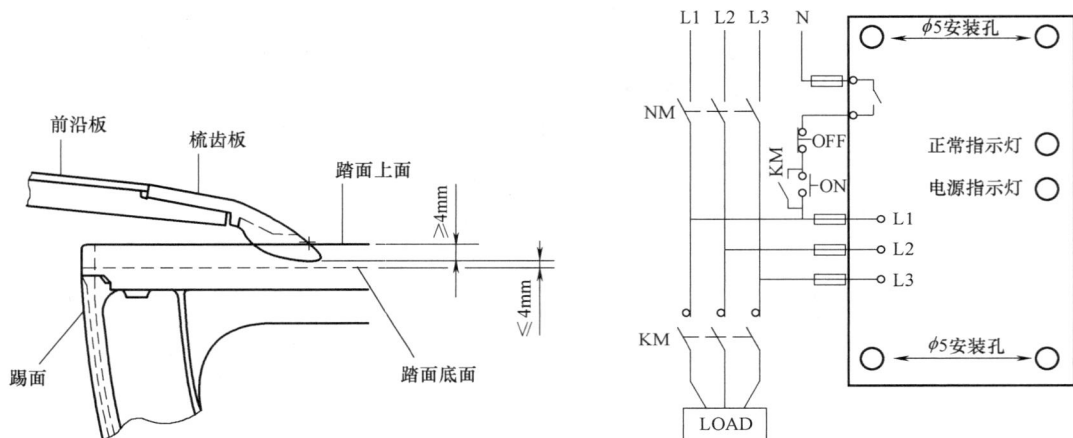

图 1-5-39　梳齿板示意图

图 1-5-40　断相、错相保护电路示意图

（2）上、下极限开关必须是安全触点，在端站位置进行动作试验时必须动作正常。在轿厢或对重接触缓冲器之前必须动作，且缓冲器安全压缩时，保持动作状态。上、下极限开关是限位开关不动作后的第二层保护，一旦动作将切断主电源，需要复位才能重启。其位置在井道顶层和底层，一般安装在导轨端，动作距离为 50～100mm，如图 1-5-41 所示。

2. 曳引电梯的曳引能力试验

（1）一般采用铸铁锁式砝码配重进行曳引能力试验，砝码须均匀分布在轿厢内。轿厢在行程上部范围空载上行，行程下部范围载有 125% 额定重量下行，分别停层 3 次以上，轿厢必须可靠地制停，如图 1-5-42 所示。

（2）轿厢载有 125% 额定载重量以正常运行速度下行时，切断电动机与制动器供电，电梯必须可靠制动，且轿厢倾斜度不应大于 5%。

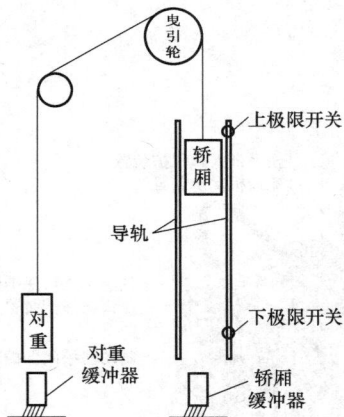

图 1-5-41　上、下极限开关示意图

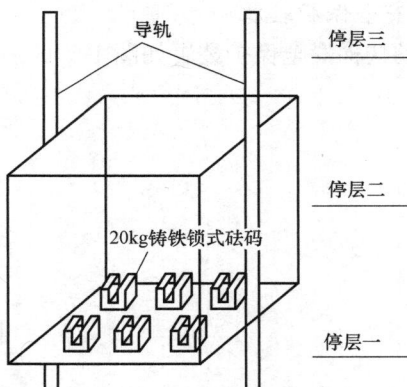

图 1-5-42　曳引能力试验示意图

(二) 液压电梯验收细部要求

安全保护验收：

（1）当液压油达到产品设计温度时，温升保护装置必须动作，使液压电梯停止运行。

（2）载有额定载重量的轿厢停靠在最高层站时，停梯 10min，沉降量不应大于 10mm（但因油温变化而引起的油体积缩小造成的沉降不包括在这 10min 检验之内）。

（3）在连接油缸到单向阀之间的管路上应设置安全溢流阀，安全溢流阀的调定工作压力应设定在系统压力为满载压力的 140%～170% 时动作。

（4）截止阀与机房最后一段配管相连，将截止阀关闭，在轿厢内施加 200% 的额定荷载，液压电梯油泵站安全部件如图 1-5-43 所示。持续 5min 后，液压系统应完好无损，能继续正常运行。

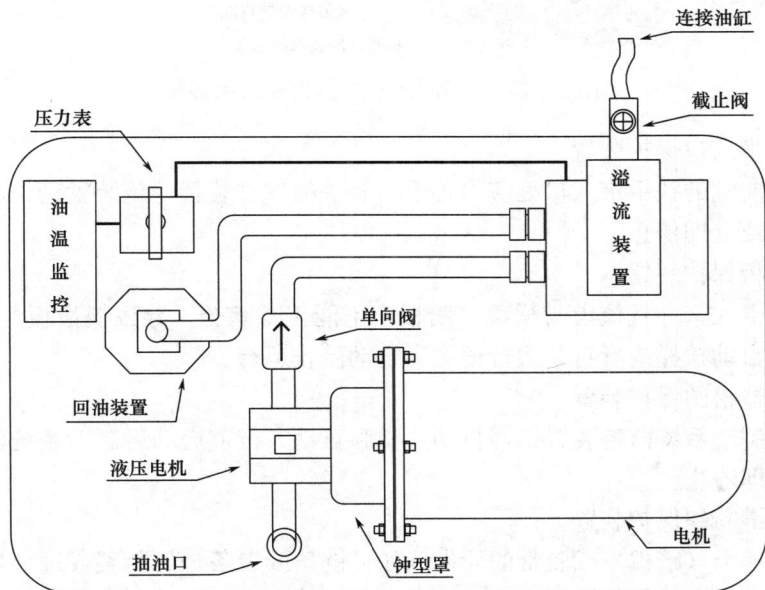

图 1-5-43　液压电梯油泵站安全部件示意图

（三）自动扶梯与自动人行道验收细部要求

1. 安全保护验收

自动扶梯安全保护装置如图 1-5-44 所示。

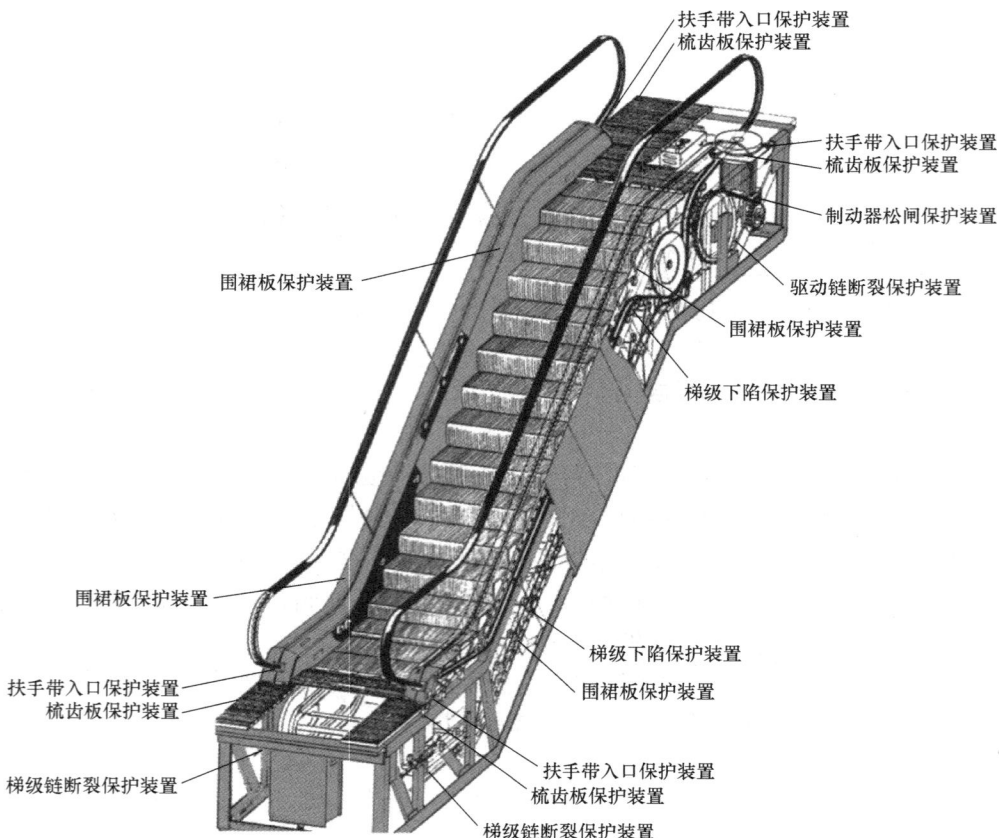

图 1-5-44　自动扶梯安全保护装置示意图

（1）扶手带入口保护装置

在扶手转向端的扶手带入口处应设置手指和手的保护装置，该装置动作时，驱动主机应当不能启动或立即停止。

（2）梳齿板保护装置

当有异物卡入，并且梳齿与梯级（踏板）不能正常啮合，导致梳齿板与梯级（踏板）发生碰撞时，自动扶梯或者自动人行道应当自动停止运行。

（3）制动器松闸保护装置

应当设置制动系统监控装置，当自动扶梯和自动人行道启动后制动系统没有松闸，驱动主机应当立即停止。

（4）驱动链断裂保护装置

直接驱动梯级（踏板）或胶带的元件（如：链条或齿条）的断裂或过分伸长，自动扶梯或自动人行道应自动停止运行。

（5）围裙板保护装置

当围裙板和梯级（踏板）之间卡入异物时，围裙板受挤压往外，自动扶梯或自动人行道停止运行。

（6）梯级下陷保护装置

当梯级（踏板）的任何部分下陷导致不再与梳齿啮合，应当有安全装置使自动扶梯或自动人行道停止运行。

（7）梯级链断裂保护装置

直接驱动梯级（踏板）或胶带的元件（如：链条或齿条）的断裂或过分伸长，自动扶梯或自动人行道应自动停止运行。

2. 其他附加安全设施

扶梯周边结构存在临边，应设置防坠栏杆和防落物安全网。扶梯两侧存在可踏面，应设置隔离挡板。挡板距地（1000±50）mm，宽度不小于 1000mm（图 1-5-45）。

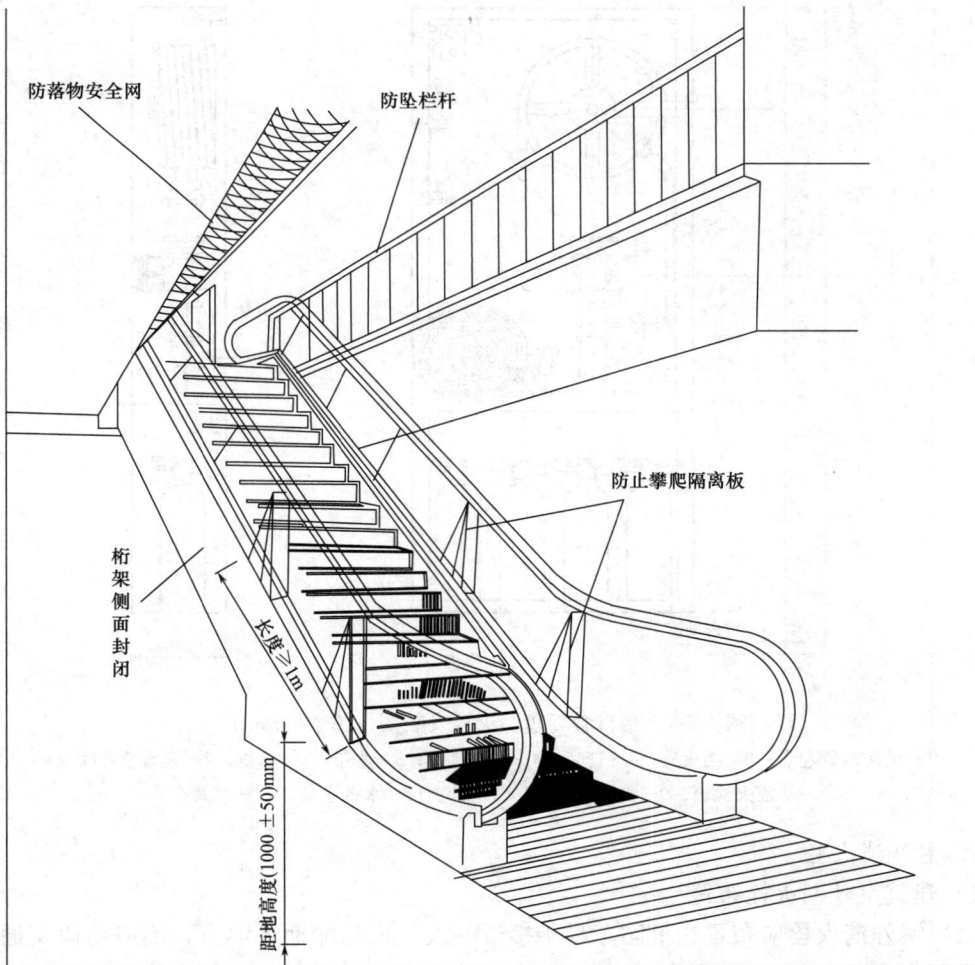

图 1-5-45　自动扶梯附加安全设施示意图

第六节 消防工程安装细部节点做法

一、消火栓灭火系统

（一）消火栓安装

1. 室内消火栓

（1）消火栓的启闭阀门设置位置应便于操作使用，阀门的中心距箱侧面应为 140mm，距箱后内表面应为 100mm，允许偏差为 ±5mm。

（2）消火栓水龙带与快速接头进行绑扎，采用一道喉箍和两道铅丝绑扎牢固，根据箱内构造将水龙带盘好后放置在箱体内托盘或挂放在箱内的挂钉或支架上，如图 1-6-1 所示。

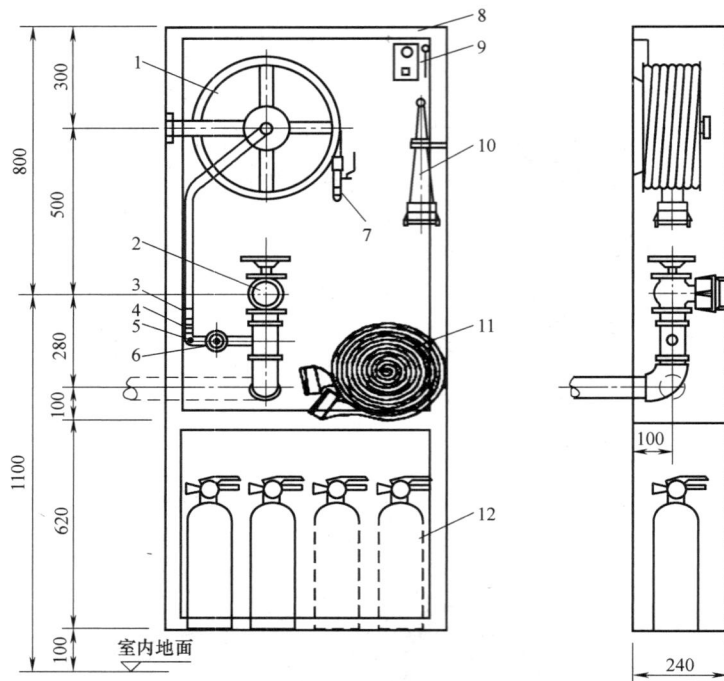

图 1-6-1 带自救卷盘消火栓安装图（单位：mm）

1—消防软管卷盘；2—消火栓；3—管套；4—快速接口；5—水带；6—水枪；7—直流喷雾喷枪；
8—消火栓箱；9—消防按钮；10—水枪；11—水带卷盘；12—灭火器

2. 室外消火栓

1）建筑室外消火栓布置

（1）室外消火栓应布置在消防车易于接近的人行道和绿地等地点，不应妨碍交通，距离路边不宜小于 0.5m，并不应大于 2.0m，距离建筑外墙或外边缘不宜小于 5.0m。

（2）室外消火栓的保护半径不应超过 150m，间距不应大于 120m。

2）建筑室外消火栓分地上式、地下式

（1）地上式消火栓安装距地高度不宜大于 0.45m，如图 1-6-2 所示。

（2）地下式消火栓顶部进水口或顶部出水口与消防井盖底面的距离不应大于 0.4m，如图 1-6-3 所示。

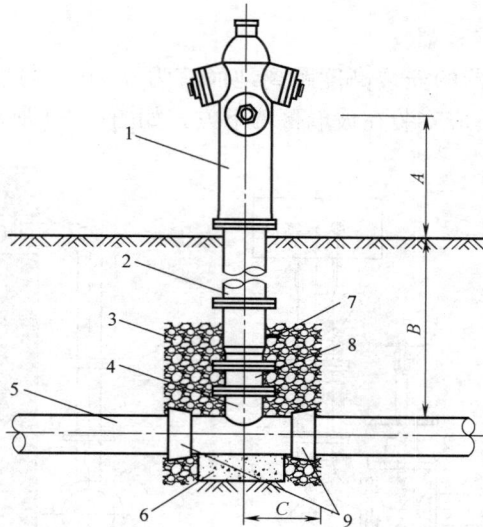

图 1-6-2 室外地上式消火栓示意图

1—地上式消火栓；2—法兰接管；3—卵石回填；4—三通；5—消火栓干管；6—混凝土支墩；
7—泄水口；8—法兰短管；9—柔性连接；

A：450mm；B：覆土深度 600～4000mm；C：≥500mm

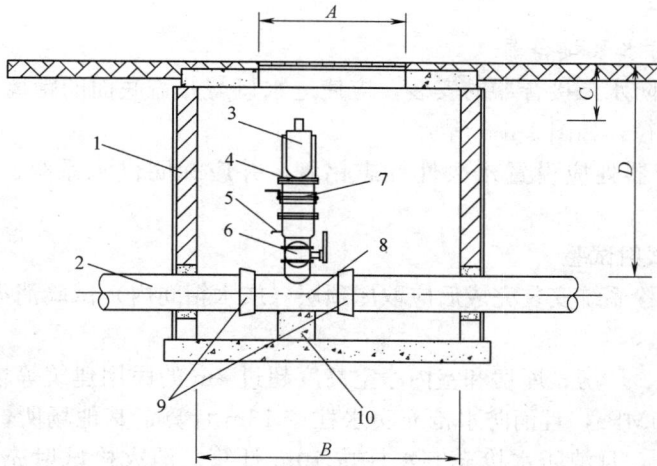

图 1-6-3 室外地下式消火栓示意图

1—立式闸阀井；2—铸铁管干管；3—地下式消火栓；4—法兰接管；5—泄水口；
6—法兰式蝶阀；7—支架；8—三通；9—柔性接口；10—混凝土支墩；

A：ϕ800mm；B：1200～2000mm；C：200～400mm；D：1000～4000mm

（二）消防水泵接合器

水泵接合器应设在室外便于消防车使用的地点，距离室外消火栓或消防水池的距离不宜小于 15m，并不宜大于 40m。消防水泵接合器的供水范围，应根据当地消防车的供水流量和压力确定。

1. 墙壁式消防水泵接合器

墙壁式消防水泵接合器的安装高度距离地面宜为 0.7m，与墙面上门、窗、孔、洞的净距离不应小于 2m，且不应安装在玻璃幕墙下方，如图 1-6-4 所示。

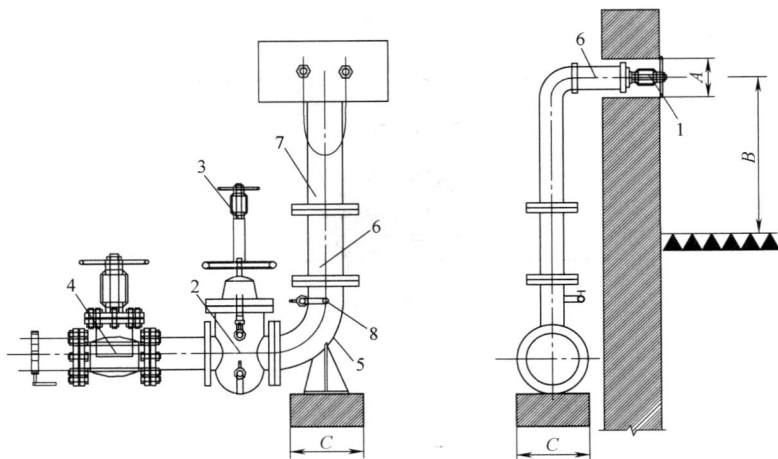

图 1-6-4　墙壁式消防水泵接合器安装

1—进水接口；2—止回阀；3—安全阀；4—闸阀；5—弯头；6—法兰直管；7—法兰弯头；8—截止阀；

A：300mm；B：700mm；C：400mm

2. 地下式消防水泵接合器

（1）地下式消防水泵接合器的安装，应使进水口与井盖底面的距离不大于 0.4m，且不应小于井盖的半径，如图 1-6-5 所示。

（2）水泵接合器处应设置永久性标志铭牌，并应标明供水系统、供水范围和额定压力。

（三）消火栓试射试验

（1）室内消火栓系统安装完成后应取屋顶层（或水箱间内）试验消火栓和首层取二处消火栓做试射试验。

（2）高层建筑、厂房、库房和室内净空高度超过 8m 的民用建筑等场所，消火栓栓口动压不应小于 0.35MPa，且消防水枪充实水柱按 13m 计算；其他场所，消火栓栓口动压不应小于 0.25MPa，且消防水枪充实水柱按 10m 计算。消火栓试射充实水柱如图 1-6-6 所示。

二、自动喷水灭火系统

自动喷水灭火系统由洒水喷头、报警阀组、水流报警装置（水流指示器或压力开关）等组件，以及管道、供水设施等组成。

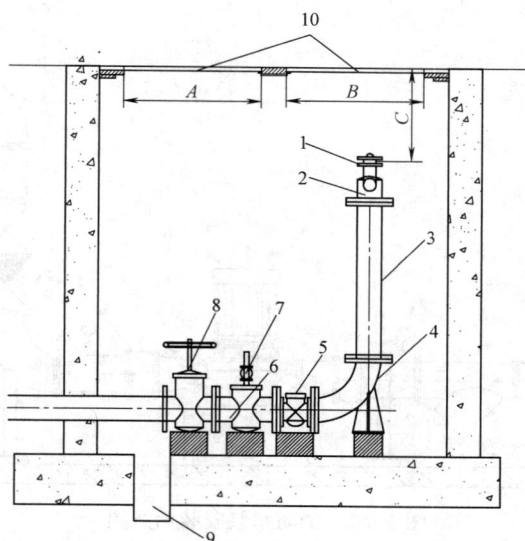

图 1-6-5 地下式消防水泵接合器安装

1—进水接口；2—本体；3—连接管；4—弯管；5—止回阀；6—放空阀；7—安全阀；
8—控制阀；9—集水坑；10—井盖

A：井盖 ϕ700mm；B：井盖 ϕ500mm；C：≤400mm

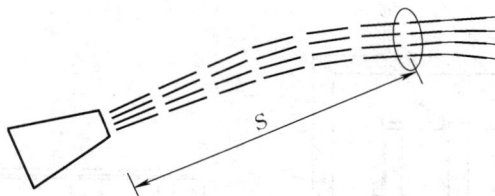

图 1-6-6 消火栓试射充实水柱示意图

S—射流长度

（一）消防水泵安装

（1）吸水管及其附件的安装应符合下列要求：

① 吸水管上的控制阀应在消防水泵固定于基础上之后再进行安装，其直径不应小于消防水泵吸水口直径，且不应采用没有可靠锁定装置的蝶阀，蝶阀应采用沟槽式或法兰式蝶阀。

② 当消防水泵和消防水池位于独立的两个基础上且相互为刚性连接时，吸水管上应加设柔性连接管。

（2）消防水泵的出口管上应安装软接头、止回阀、控制阀和压力表，或安装控制阀、多功能水泵控制阀和压力表。压力表量程应为工作压力的 2～2.5 倍，且不低于 1.6MPa。

（3）水泵吸水管水平连接变径管应选用偏心变径管，且安装时要做到上平；水泵出口管上安装变径管一般为同心变径管，如图 1-6-7 所示。

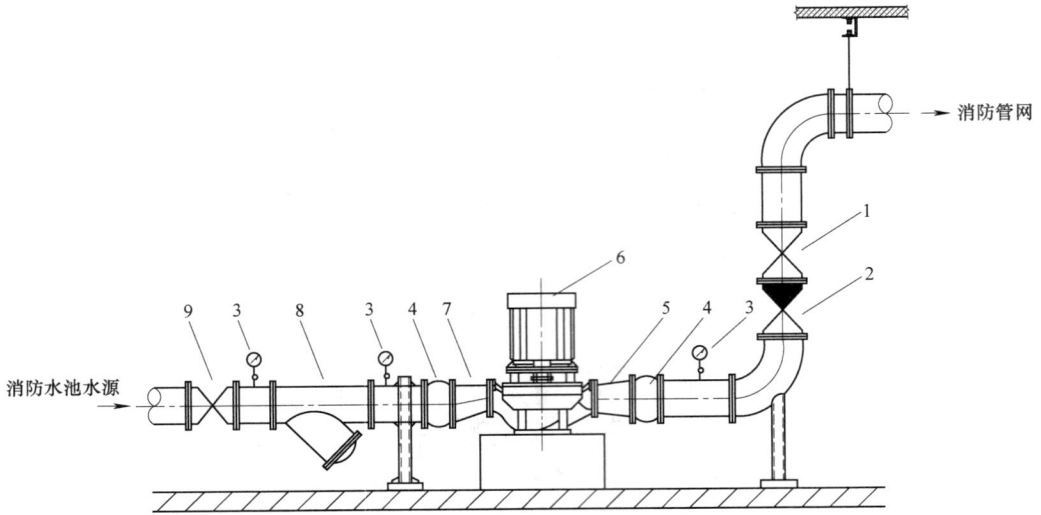

图 1-6-7　消防水泵安装示意图

1—阀门；2—止回阀；3—压力表；4—软接头；5—同心变径管；

6—消防水泵；7—偏心变径管；8—过滤器；9—明杆软密封闸阀

（二）消防稳压设备安装

1. 消防水箱

（1）水箱底部应架空，距地面不宜小于 0.5m，并应有排水措施，如图 1-6-8 所示。

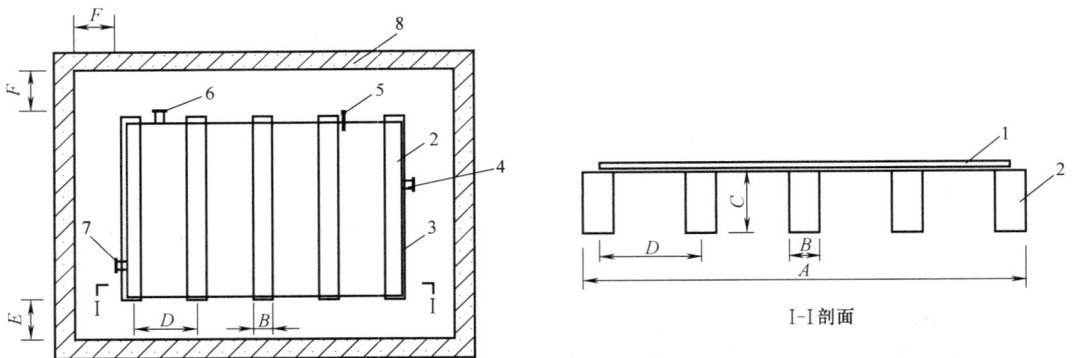

图 1-6-8　建筑物内消防水箱布置示意图

1—水箱底架型钢；2—混凝土基础；3—水箱；4—进水管；5—水位计；

6—溢流管及泄水管；7—出水管；8—建筑物结构墙；

A：水箱长度＋200mm；B：混凝土基础宽度 300mm；C：混凝土基础高度≥500mm；

D：1000mm；E：无管道侧面与墙面净距≥0.7m；F：有管道侧，管道外壁与墙面净距≥0.6m

（2）当高位消防水箱、消防水池与其他用途的水箱、水池合用时，应复核有效的消防水量，满足设计要求，并应设有防止消防用水被他用的措施。

2. 稳压装置

（1）稳压装置包括稳压罐、稳压水箱、稳压水泵、管道、阀门及控制系统。

（2）稳压装置安装时其四周应设检修通道，如图1-6-9所示。

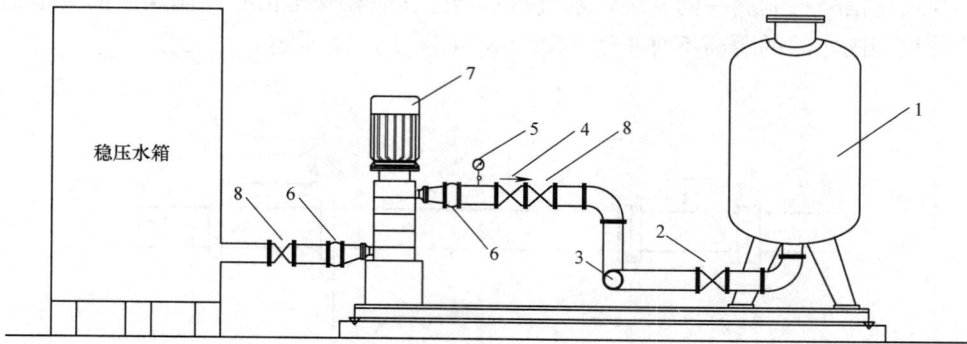

图1-6-9　稳压装置安装示意图

1—稳压罐；2—蝶阀；3—消防出水总管；4—截止阀；5—压力表；6—软接头；7—稳压泵；8—闸阀

（三）自动喷水系统部件安装

1. 报警阀组安装

（1）报警阀组应安装在便于操作的明显位置，距室内地面高度宜为1.2m；两侧与墙的距离不应小于0.5m；正面与墙的距离不应小于1.2m。

（2）安装时应先安装水源控制阀、报警阀，然后进行报警阀辅助管道的连接。

（3）安装报警阀组的室内地面应有排水设施，排水能力应满足报警阀调试、验收和利用试水阀门泄空系统管道的要求，如图1-6-10所示。

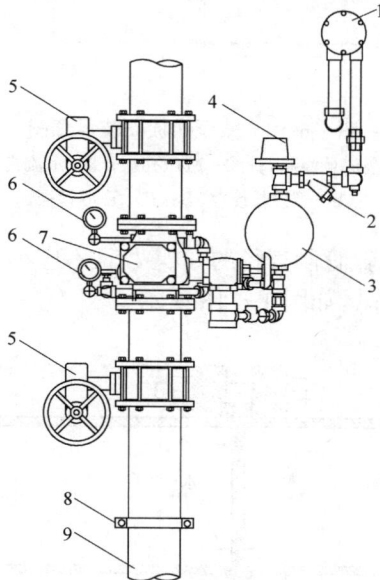

图1-6-10　报警阀组安装示意图

1—水力警铃；2—过滤器；3—延迟器；4—压力开关；5—信号蝶阀；6—压力表；
7—报警阀；8—管卡；9—消防管道

2. 水流指示器安装

如与安全信号控制阀一同安装，水流指示器应安装在安全信号控制阀后的管道上，与安全信号控制阀之间的距离不宜小于 300mm，如图 1-6-11 所示。

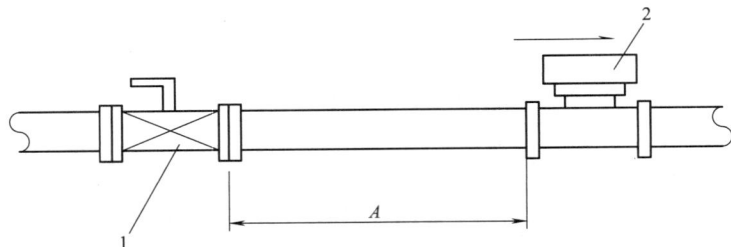

图 1-6-11　水流指示器安装示意图

1—信号阀；2—水流指示器；A：管段长度≥300mm

3. 减压孔板安装

（1）与安全信号控制阀和水流指示器共同安装时，安装顺序为安全信号控制阀、减压孔板、水流指示器，如图 1-6-12 所示。

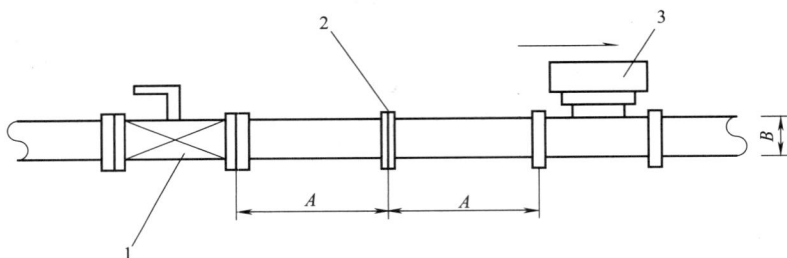

图 1-6-12　减压孔板安装示意图

1—安全信号控制阀；2—减压孔板；3—水流指示器；

A：管段长度>5B；B：管道管径

（2）孔口直径不应小于设置管段直径的 30%，且不应小于 20mm，减压孔板一般采用 3mm 以上厚度不锈钢板材制作，如图 1-6-13 所示。

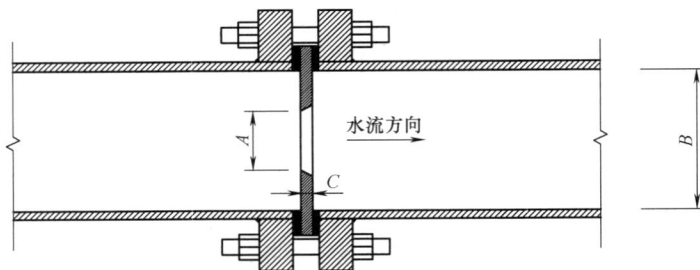

图 1-6-13　减压孔板构造示意图

A：孔口直径；B：管道管径；C：孔板厚度

4. 末端喷头

1）喷头试验

（1）喷头安装前应进行密封性能试验，如图 1-6-14 所示。

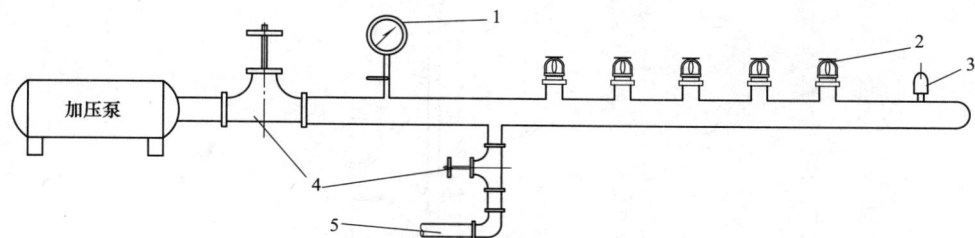

图 1-6-14　喷头密封性能试验示意图

1—压力表；2—试验喷头；3—排气阀；4—阀门；5—补水管

（2）试验数量应从每批次中抽查 1%，并不得少于 5 只，试验压力应为 3.0MPa，保压时间不得少于 3min。

2）喷头安装

（1）喷淋头安装间距不大于 3.6m；喷头距墙不大于 1.8m，不小于 0.6m。

（2）管道支、吊架与喷淋头之间的距离不宜小于 300mm；与末端喷淋头之间的距离不宜大于 750mm。当通风管道、成排桥架或梁宽度大于 1.2m 时，应在其腹面下增设下垂喷头，如图 1-6-15 所示。

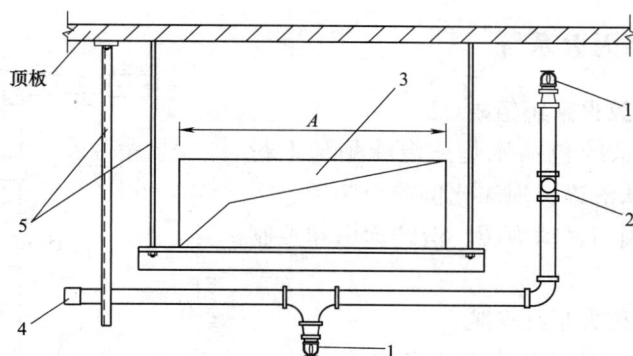

图 1-6-15　障碍物边长大于 1.2m 时增加喷头示意图

1—喷头；2—喷淋配水支管；3—障碍物（管道、梁、风管、桥架等）；

4—管道堵头；5—型钢支、吊架；A：障碍物的宽度>1200mm

5. 末端试水装置安装

（1）每个报警阀组控制的最不利点喷淋头处均应设末端试水装置；其他防火分区、楼层均应设直径为 25mm 的试水阀，如图 1-6-16 所示。

（2）末端试水装置和试水阀的安装位置应便于检查、试验，并应有相应排水能力的排水设施。

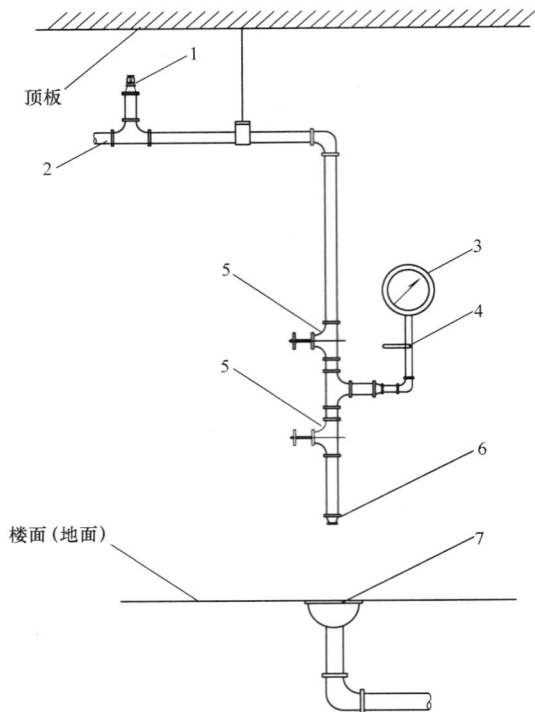

图 1-6-16　末端试水装置安装示意图

1—最不利点喷头；2—接喷淋管网；3—压力表；4—旋塞阀；5—截止阀；6—试水接头；7—排水地漏

三、消防水炮灭火系统

（一）消防水炮灭火系统组成

消防水炮灭火系统包括水炮、泡沫炮、干粉炮、消防泵组、泡沫液罐、泡沫比例混合装置、干粉罐、氮气瓶组、阀门、动力源、消防炮塔和控制装置等组件。

（二）消防水炮灭火系统安装

1. 安装在现浇钢筋混凝土平台或钢平台时

（1）消防水炮引入管采用加强肋板与平台预埋钢板或加强钢板焊接固定（图 1-6-17），必要时亦可在平台下表面焊接（此时预埋钢板改在板下）。

（2）带螺栓的法兰盘先焊在平台预埋钢板或加强钢板上，再与消防水炮入口法兰拧紧。

2. 安装在砌体或混凝土墙面时

（1）消防水炮引入管应牢固固定在墙体上，固定方式如图 1-6-18 所示。

（2）型钢固定支架型号根据消防水炮管引入管

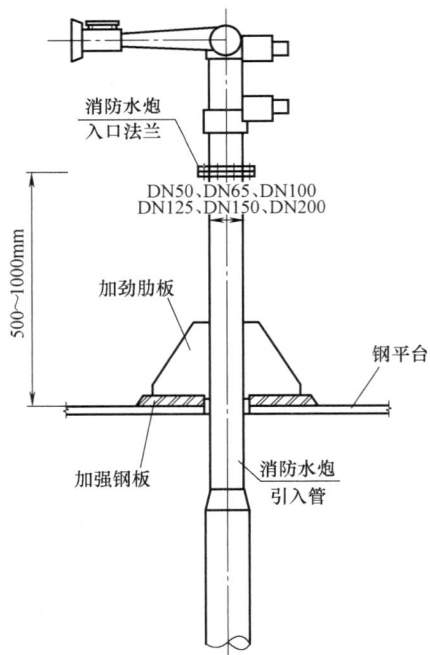

图 1-6-17　在钢平台安装示意图

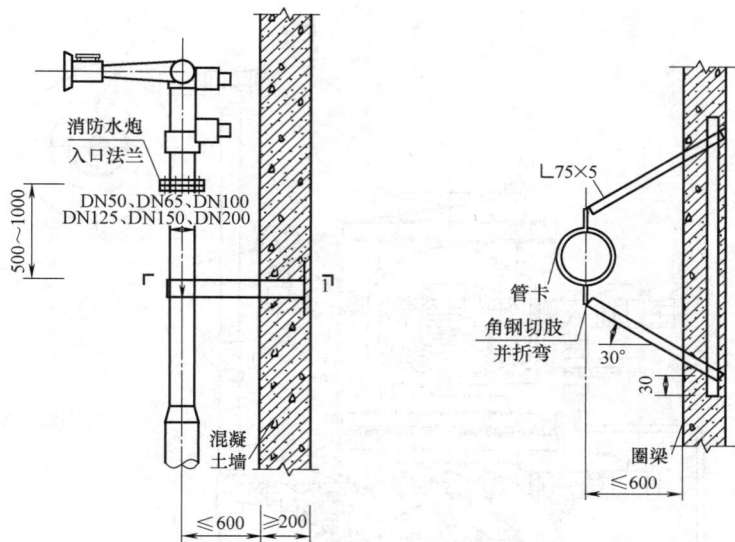

图 1-6-18　在混凝土墙上安装示意图（单位：mm）

管径大小参见国家建筑标准设计图集 03S402《室内管道支架及吊架》安装。

3. 安装在混凝土基础上时

（1）型钢固定支架型号根据消防水炮引入管管径大小参见国家建筑标准设计图集 03S402《室内管道支架及吊架》安装。

（2）消防水炮安装位置不得影响水炮设计旋转角度，消防水炮四周不得有影响水炮旋转的障碍物。

四、水喷雾、高压细水雾灭火系统

（一）水喷雾灭火系统

1. 水喷雾灭火系统组成

水喷雾灭火系统是由水源、供水设备、管道、雨淋阀组、过滤器和水雾喷头组成。

2. 水喷雾灭火系统安装

1）过滤装置

（1）水喷雾灭火系统在雨淋阀组前的管道上应设置可冲洗的过滤器，过滤器滤网应采用耐腐蚀的金属材料，滤网的网孔基本尺寸 ϕ 应为 0.6～0.71mm。

（2）管道过滤器可水平或垂直安装，安装时系统水流方向要与过滤器上箭头方向一致。

2）控制阀

（1）安装雨淋阀组的室内地面应有排水设施，水喷雾灭火系统的雨淋阀组如图 1-6-19 所示。

（2）控制阀的规格、型号和安装位置均应符合设计要求；安装方向应正确，控制网内应清洁、无堵塞、无渗漏。

（二）高压细水雾灭火系统

主要由高压泵组、水箱、泵组控制柜、稳压泵、过滤装置、分区控制阀、细水雾喷头

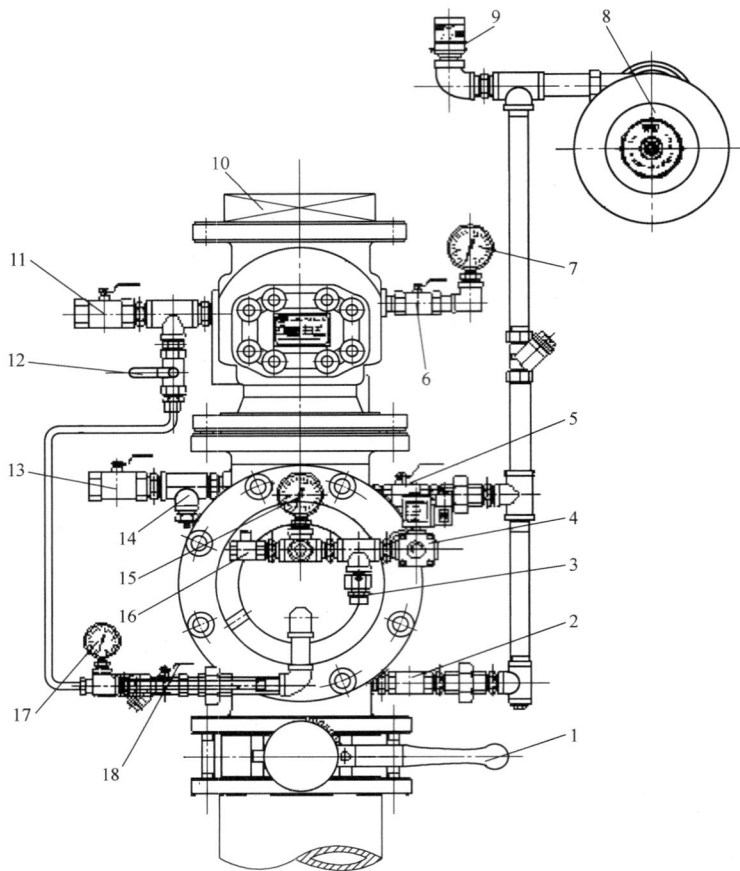

图 1-6-19　水喷雾灭火系统的雨淋阀组

1—进水信号蝶阀（常开）；2—报警试验球阀（常闭）；3—复位阀；4—电磁阀；5—报警球阀（常开）；

6—充气控制球阀（常开）；7—系统气压表；8—水力警铃；9—压力开关；10—出水信号蝶阀（常开）；

11—放水球阀（常闭）；12—加水隔离球阀（常闭）；13—泄水球阀（常闭）；14—滴水阀；

15—控制压力表；16—带锁球阀（常闭）；17—压力表；18—快速复位球阀（常闭）

等组件和供水管道组成。

1. 泵组

高压泵组由高压泵、备用泵、调压泄压阀、压力表、进水管路、高压出水管路、溢流管路等组成，用于提供灭火装置高压水源。

（1）系统采用柱塞泵时，泵组安装后应充装润滑油并检查油位。

（2）泵组吸水管上的变径处应采用顶平偏心大小头连接。

2. 水箱、稳压泵及控制柜组件

水箱、稳压泵及控制柜总成由水箱、稳压泵、控制柜、出水管路、稳压管路等组成，用于高压泵组供水、装置管道稳压以及灭火装置的控制等，如图 1-6-20 所示。

（1）控制柜基座的水平度偏差不应大于±2mm/m。

（2）水箱组件及设备周围应设检修通道，通道的宽度不宜小于 0.7m。

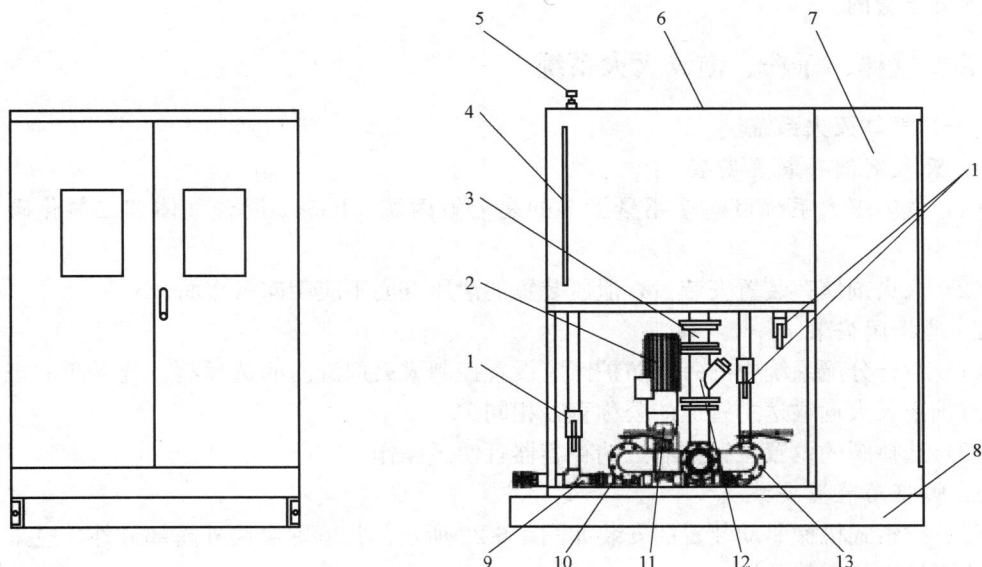

图 1-6-20　水箱、稳压泵及控制柜总成示意图

1—手动球阀；2—稳压泵；3—软接头；4—液位管；5—液位控制器；6—水箱；7—控制柜；
8—地盘；9—单向阀；10—软接头；11—电动阀；12—Y 型过滤器；13—手动阀

3. 分区控制阀

1）分区控制阀组成

分区控制阀由压力信号器、手动球阀、高压电动截止阀、接线盒、压力表以及箱体等组成。

2）分区控制阀主要功能

（1）接收控制主机的控制信号，开启电动截止阀，向防护区释放细水雾实施灭火，并由压力信号器向控制主机发出喷洒反馈信号。

（2）控制阀一般以分区按单元式设置，闭式系统分区控制阀箱如图 1-6-21 所示。

3）分区控制阀的安装要求

（1）阀组上的启闭标志应便于识别。

（2）分区控制阀的安装高度宜为 1.2～1.6m，操作面与墙或其他设备的距离不应小于 0.8m，并应满足操作要求。

4. 高压细水雾喷头安装

按所使用的细水喷雾喷头型式分类，可以分为闭式细水雾灭火装置和开式细水雾灭火装置。

（1）喷头安装必须在系统管道试压、吹扫合格后进行。应采用专用扳手进行安装。

（2）带有外置式过滤网的喷头，其过滤网不

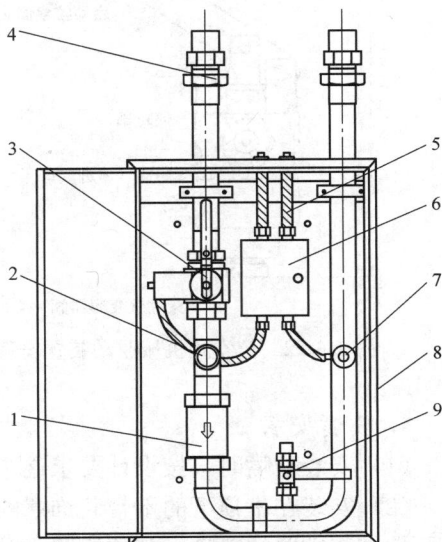

图 1-6-21　闭式系统分区控制阀箱示意图

1—单向阀；2—压力表；3—带行程开关手动球阀；4—高压焊接式活接头；5—接线软管；6—接线盒；7—流量开关；8—阀箱；9—高压手动球阀

应伸入支干管内。

五、气体、干粉、泡沫灭火系统

（一）气体灭火系统

1. 灭火剂储存装置安装

（1）气体灭火系统目前使用量最多的是七氟丙烷、IG541 混合气体和二氧化碳气体三种。

（2）灭火剂储存装置安装后，泄压装置的泄压方向不应朝向操作面。

2. 选择阀安装

（1）组合分配系统中的每个防护区应设置控制灭火剂流向的选择阀。选择阀的规格应与该防护区灭火剂输送主管道的公称直径相同。

（2）选择阀的设置位置应靠近储存容器且便于操作。

3. 阀驱动装置安装

（1）拉索式机械驱动装置的安装如图 1-6-22 所示。拉索除必要外露部分外，应采用经内外防腐处理的钢管防护。

（2）安装重力式机械驱动装置时，应保证重物在下落行程中无阻挡，其下落行程应保证驱动所需距离，且不得小于 25mm。

（3）电磁驱动装置的电气连接线应沿固定灭火剂储存容器的支、框架或墙面固定。电磁驱动器如图 1-6-23 所示。

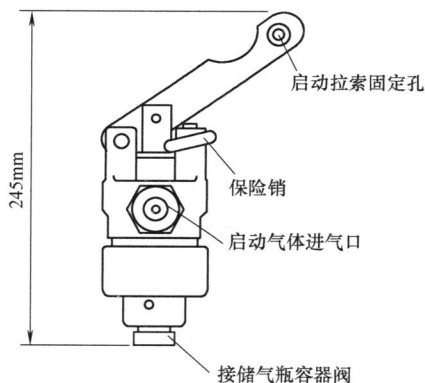

图 1-6-22　拉索式机械驱动装置安装

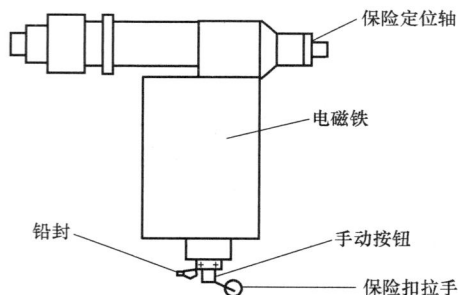

图 1-6-23　电磁驱动器

4. 喷嘴安装

（1）安装喷嘴时，按设计要求逐个核对其型号、规格及喷孔方向。

（2）安装在吊顶下的不带装饰罩的喷嘴，其连接管管端螺纹不应露出吊顶；安装在吊顶下的带装饰罩的喷嘴，其装饰罩紧贴吊顶。

5. 预制灭火系统安装

（1）柜式气体灭火装置、热气溶胶灭火装置等预制灭火系统及其控制器、声光报警器的安装位置应预先设计、组装成套，便于实现联动功能，并固定牢靠，如图 1-6-24 所示。

（2）将喷嘴安装在柜体上部喷嘴孔，喷射方向朝柜外，内部用紧固螺母固定在柜体上。

（二）干粉灭火系统

干粉灭火系统是由干粉供应源通过输送管道连接到固定的喷嘴上，通过喷嘴喷放干粉的灭火系统。

干粉灭火装置的支架应固定牢靠。干粉灭火装置与支架的连接应牢靠，不得有松动。悬挂式干粉灭火器安装如图1-6-25所示。

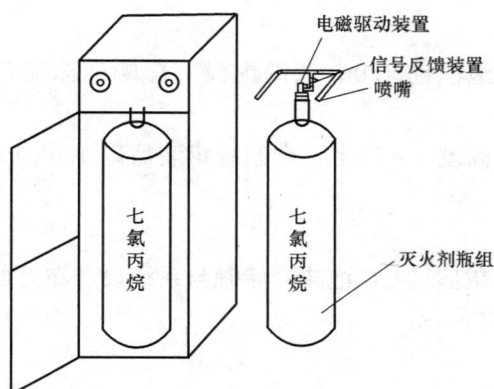

图1-6-24　预制灭火系统　　　　图1-6-25　悬挂式干粉灭火器安装示意图

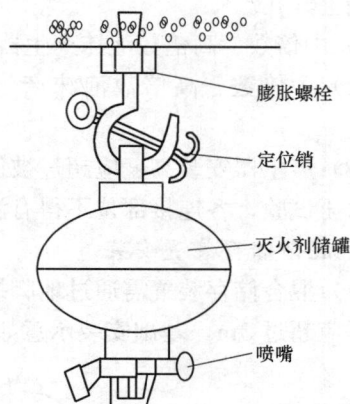

（三）泡沫灭火系统

1. 泡沫灭火管道安装

（1）水平管道安装时，其坡度、坡向应符合设计要求，且坡度不应小于设计值，当出现U形管时应有放空措施。

（2）寒冷季节有冰冻的地区，泡沫灭火系统的湿式管道应采取防冻措施，如图1-6-26所示。

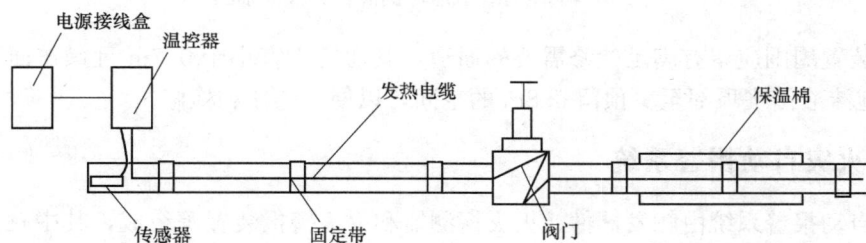

图1-6-26　湿式管道采取防冻措施

2. 泡沫灭火阀门安装

（1）液下喷射和半液下喷射泡沫灭火系统的泡沫管道进储罐处设置的钢质明杆闸阀和止回阀需要水平安装。

（2）泡沫混合液立管上设置的控制阀，其安装高度一般为1.1~1.5m，并需要设置明显的启闭标志；当控制阀的安装高度大于1.8m时，需要设置操作平台或操作凳。

3. 泡沫产生器安装

按产生泡沫倍数的不同分为低倍数泡沫灭火系统、中倍数泡沫灭火系统和高倍数泡沫灭火系统三类。

1）低倍数泡沫产生器

（1）固定顶储罐、按固定顶储罐对待的内浮顶储罐，宜选用立式泡沫产生器。

（2）横式泡沫产生器的出口，应设置长度不小于1m的泡沫管；安装产生器时应先在储罐壁上开孔。

2）中倍数、高倍数泡沫产生器

（1）中倍数、高倍数泡沫产生器的发泡网前1.0m范围内没有影响泡沫喷放的障碍物。

（2）产生器安装高度应超过被保护体的高度1m以上，全系统组装后以1.0MPa压力进行水压试验，各连接部位不得有渗漏。

4. 混合储存装置安装

（1）混合储存装置需通过地脚螺栓固定在基础上，泡沫液储罐与系统设备布置的水平距离不应超过3m，基础安装示意如图1-6-27所示。

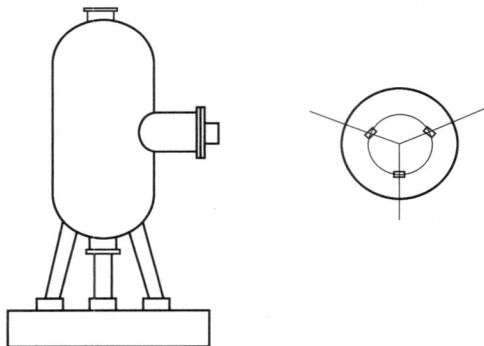

图1-6-27　压力式泡沫比例混合装置基础图

（2）装置周围应留有满足检修需要的通道，其通道不宜小于0.7m且操作面不宜小于1.5m²，泡沫液储罐顶部至少预留0.8m的空间，以便于操作和检修。

六、火灾自动报警系统

火灾自动报警系统由触发器件、火灾探测器和火灾警报装置等组成，其中触发器件包括火灾探测器和手动火灾报警按钮。

（一）火灾探测器、手动火灾报警按钮安装

1. 火灾探测器安装

（1）在宽度小于3m的内走道顶棚上安装探测器时，应居中安装，探测器宜水平安装，当确需倾斜安装时，倾斜角不应大于45°。

（2）火焰探测器适用于封闭区域内易燃液体、固体等的加工区域，探测器底座的连接导线，应留有不小于150mm的余量，且在其端部应有明显标志；火焰探测器吸顶和壁挂安装如图1-6-28所示。

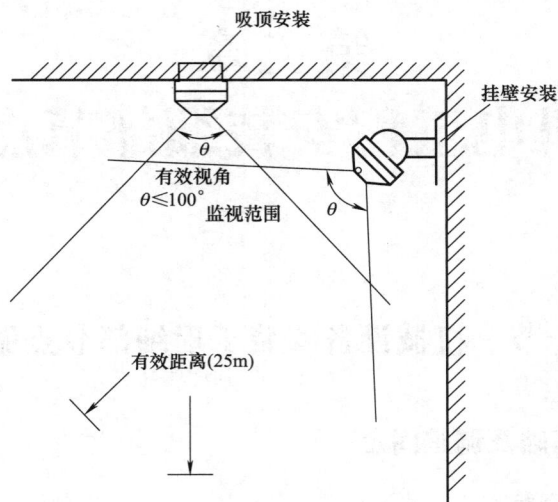

图 1-6-28　火焰探测器吸顶和壁挂安装示意图

2. 手动火灾报警按钮安装

（1）手动火灾报警按钮安装在明显和便于操作的部位，当安装在墙上时，其底边距地面高度应为 1.3～1.5m。

（2）手动火灾报警按钮，应安装牢靠，不应倾斜。手动火灾报警按钮的连接导线，应留不小于 150mm 的余量，且在其端部应有明显标志，如图 1-6-29 所示。

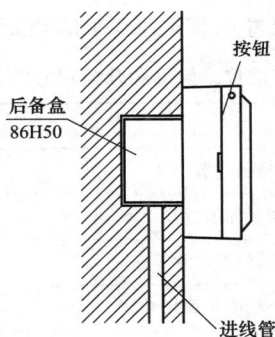

图 1-6-29　手动火灾报警按钮安装示意图

（二）控制设备安装

模块箱、报警控制器、区域显示器安装：

（1）壁挂式箱类安装应靠近门轴的侧面，距墙不应小于 0.5m。

（2）火灾报警主机壁挂式安装时，其底边距地面高度宜为 1.3～1.5m，其靠近门轴的侧面距墙不应小于 0.5m，正面操作距离不应小于 1.2m。

第二章
工业机电工程安装细部节点做法

第一节　机械设备安装工程细部节点做法

一、机械设备基础及调整固定

（一）机械设备基础验收

1. 机械设备基础混凝土质量的验收要求

（1）设备基础的质量应符合现行国家标准《混凝土结构工程施工质量验收规范》GB 50204、《混凝土结构通用规范》GB 55008 的有关规定，并查验其施工验收资料和质量合格证明文件，主要检查复核混凝土强度及施工验收记录是否符合设计要求。

（2）重要设备基础有预压或沉降观测要求时，应经预压试验，并附有预压试验记录或沉降观测记录，其结果应符合设计要求。

2. 机械设备基础位置、标高和几何尺寸的验收要求

设备基础位置、标高和几何尺寸应按表 2-1-1 的规定进行复检，并做好记录。

设备基础位置、标高和几何尺寸的允许偏差　　　　　　表 2-1-1

序号	项目		允许偏差（mm）
1	坐标位置		20
2	不同平面的标高		−20,0
3	平面外形尺寸		±20
4	凸台上平面外形尺寸		−20,0
5	凹穴尺寸		0,+20
6	平面水平度	每米	5
		全长	10
7	垂直度	每米	5
		全高	10

注：检查坐标、中心线位置时，应沿纵、横两个方向测量，并取其中最大值。

3. 机械设备预埋地脚螺栓的验收要求

设备预埋地脚螺栓、地脚螺栓孔、活动地脚螺栓锚板的位置、尺寸应按表 2-1-2 的规定进行复检，并做好记录。

预埋地脚螺栓、地脚螺栓孔、活动地脚螺栓锚板的位置、尺寸允许偏差　　表 2-1-2

序号	项目		允许偏差（mm）
1	预埋地脚螺栓	标高	0，+20
		中心距	±2
2	地脚螺栓孔	中心线位置	10
		深度	0，+20
		孔壁垂直度	10
3	活动地脚螺栓锚板	标高	0，+20
		中心线位置	5
		带槽锚板水平度	5
		带螺纹孔锚板水平度	2

注：1. 地脚螺栓的标高，应在其顶部测量。

2. 地脚螺栓的中心距，应在其根部和顶部测量。

(二) 机械设备调整

1. 设备调整的主要内容和找正的依据

1) 设备调整的主要内容

(1) 设备找正。主要是找中心、找标高、找水平。设备的找正可分初平和精平两步进行。

(2) 调整设备自身和相互位置状态。根据设备技术文件或规范要求的精度等级，调整设备自身和相互位置状态，使安装技术指标均达到规范要求。

2) 设备找正的依据

一是设备基础上的安装基准线（图 2-1-1）；二是设备本身上划出的中心线，即定位基准线。

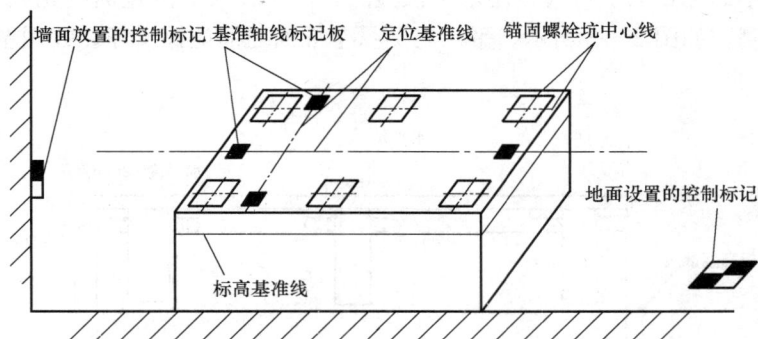

图 2-1-1　安装基准线示意图

2. 设备的初平

1) 设备初平的要求

(1) 设备的初平主要是初步找正设备中心位置、标高位置和水平度。

(2) 通常设备初平与设备的吊装、就位同时进行，即设备吊装就位时要安放垫铁、安装地脚螺栓，并对设备初步找正。

（3）其找正、调平应在确定的测量位置上进行检验，且应做好标记，精平调整、复检时应在原来的测量位置。

2）测量位置的确定

设备的找正、调平的测量位置，当设备技术文件无规定时，宜在下列部位中选择：

（1）设备的主要工作面（如铣床工作台、辊道辊子的圆柱表面等）。

（2）支承滑动部件的导向面。

（3）部件上加工精度较高的表面（如锻锤砧座的上平面等）。

（4）设备上应为水平或垂直的主要轮廓面（如容器外壁等）。

（5）连续输送设备和金属结构上，宜选在主要部件可调部位的基准面，相邻两测点间距离不宜大于 6m。

3. 安装精度的控制

1）安装精度的偏差

设备安装时，安装精度的偏差，宜偏向下列方面：

（1）能补偿受力或温度变化后所引起的偏差（如龙门式机床的立柱只许向前倾）。

（2）能补偿使用过程中磨损所引起的偏差，以提高使用寿命（如车床导轨只许中间凸起）。

（3）不增加功率消耗。

（4）使运转平稳。

（5）使机件在负荷作用下受力较小。

（6）使有关的机件更好地连接配合。

（7）有利于被加工件的精度控制。

（8）有利于抵消摩擦面间油膜的影响。

2）水平度的调整要求

（1）在较小的测量面上可直接用水平仪检测，对于较大的测量面应先放上水平尺，然后用水平仪检测，如图 2-1-2 所示。平尺与测量基准面之间应擦干净，并用塞尺检查间隙，接触应良好。

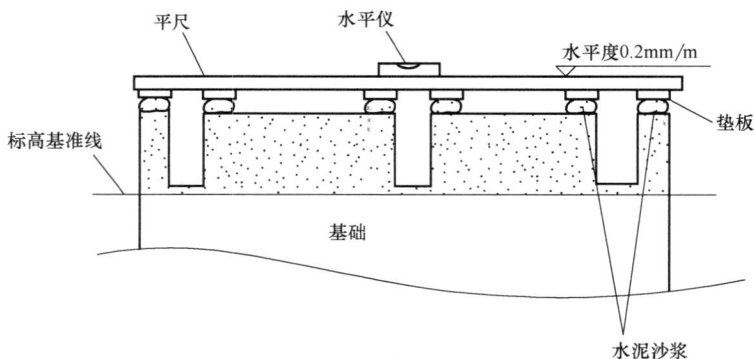

图 2-1-2 水平度的调整示意图

（2）在两个高度不同的加工面上用平尺测量水平度时，应在低的平面上垫放块规或特制垫块。

（3）在有斜度的测量面上测量水平度时，应用角度水平器或用精确的样板或垫铁。

（4）在滚动轴承外套上检查水平度时，轴承外套与轴承座间不得有"夹帮"现象。

（5）水平仪在使用时应正反各测一次，以纠正水平仪本身的误差，天气寒冷时，应防止水平仪气泡接近人或人的呼吸等热度影响水平的误差。

（6）找正设备的水平度所用水平仪、平尺等，必须校验合格。

3）拉线法找中心的要求

（1）拉紧力应为线材拉断力的 $30\%\sim80\%$。在水平方向拉线测量同轴度时（图 2-1-3），拉紧力应取较高的数值。

（2）线不得有打结、弯圈等不直现象。

（3）所用的钢丝直径应为 $0.3\sim0.8$mm。

（4）测量时，附近有振动严重的设备应暂停使用。

（5）线拉好后，宜在线上悬挂彩色纸条等标记，以防碰断。

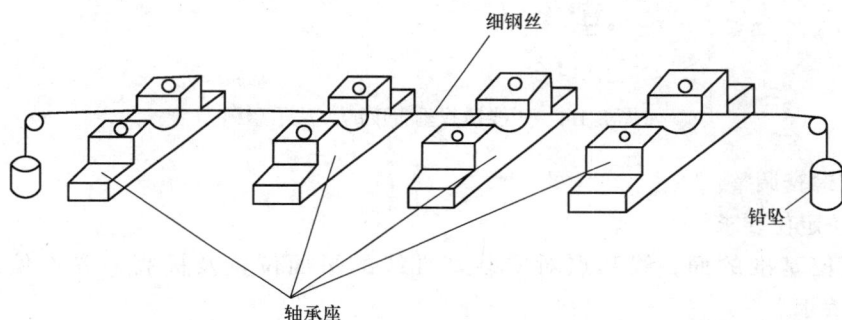

图 2-1-3 拉线法测量同轴度的方法示意图

4）吊线锤的测量要求

（1）室外测量时，应注意风向，风力过大时，不宜测量（图 2-1-4）。

（2）线锤的线应纤细而柔软，利用线锤的尖对准设备表面上的中心点。

（3）用线锤找垂直度和找中心时应避免线锤摇摆。

（4）线锤的线不得打结，其重量应为线材拉断力的 $30\%\sim50\%$。

5）新技术的应用

设备安装中，所有位置精度项和部分形状精度项，涉及误差分析、尺寸链原理及精密测量技术，目前随着激光对中技术和计算机自动检测技术在安装技术上的应用，安装精度得到大幅度提高。

4. 设备的精平

1）设备精平的要求

（1）在初平的基础上（地脚螺栓已灌浆固定，混凝土强度不低于设计强度的 75%）进行设备精平。

（2）对设备的中心位置、标高、水平度、垂直度、平面度、同轴度等进行检测和调整，使它完全达到设备安装规范的要求。

（3）对设备进行最后一次检查调整，使设备安装质量进一步提高。在初平的基础上，对设备主要部件的相互关系进行规定项目的检测和调整，如大型精密机床、气体压缩机和

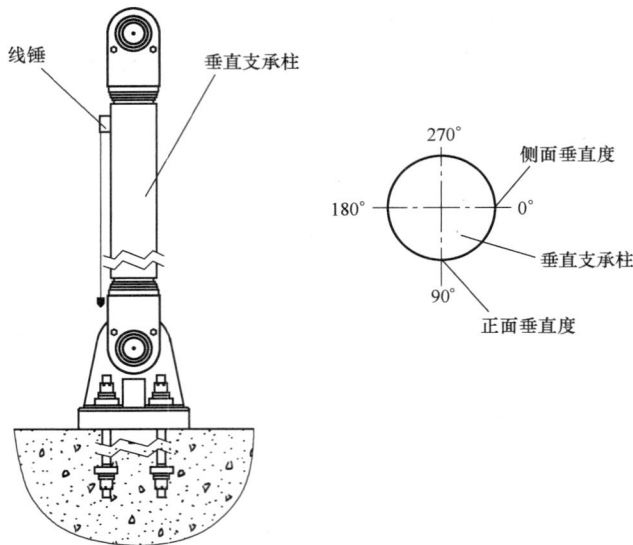

图 2-1-4　用线锤找垂直度的方法示意图

透平机等的检查调整。

2）设备定位要求

设备定位基准的面、线和点对安装基准线的平面位置及标高的允许偏差应符合表 2-1-3 的要求。

定位基准的面、线和点对安装基准线的平面位置及标高的允许偏差　　表 2-1-3

项次	项目	允许偏差（mm）	
		平面位置	标高
1	与其他设备无机械联系时	±5	（−10，+20）
2	与其他设备有机械联系时	±2	±1

（三）地脚螺栓

1. 分类

（1）地脚螺栓一般可分为固定地脚螺栓、活动地脚螺栓、胀锚地脚螺栓、粘接地脚螺栓和化学锚固地脚螺栓。

（2）固定地脚螺栓又称为短地脚螺栓（图 2-1-5），其长度一般为 300～1000mm，通常用来固定工作时没有强烈振动和冲击的中小型设备，它往往与基础浇灌在一起。如直钩螺栓、弯折螺栓、U 形螺栓、爪式螺栓、锚板螺栓等。

（3）活动地脚螺栓又称为长地脚螺栓（图 2-1-6），其长度一般为 1000～4000mm，是一种可拆卸的地脚螺栓。通常用来固定工作时有强烈振动和冲击的重型设备，安装活地脚螺栓的螺栓孔内一般不用混凝土浇灌，当需要移动设备或更换地脚螺栓时较方便。如 T 形头螺栓、拧入式螺栓、对拧式螺栓等。

鱼尾螺栓　　　　环眼螺栓　　　　钩形螺栓

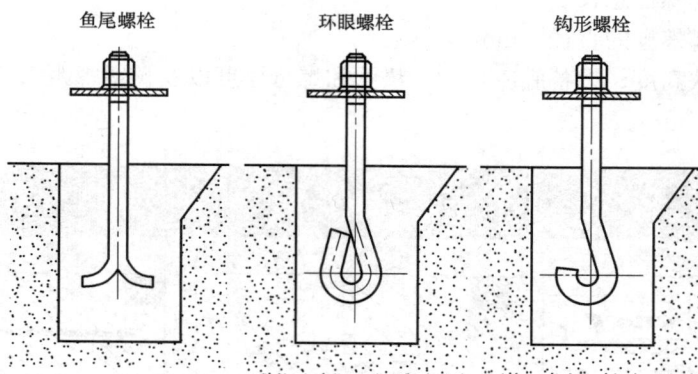

图 2-1-5　固定地脚螺栓示意图

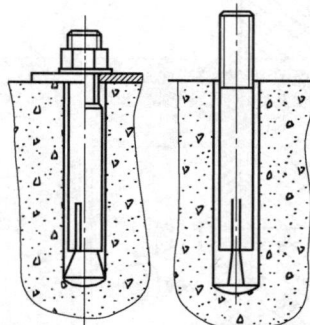

（4）胀锚地脚螺栓通常用以固定部分静置的设备或辅助设备（图 2-1-7），胀锚地脚螺栓施工简单、方便，定位精确；大多数情况下，螺栓直径限制在 25mm 以下，并且要求在混凝土上打出高度精确的地脚螺栓孔。

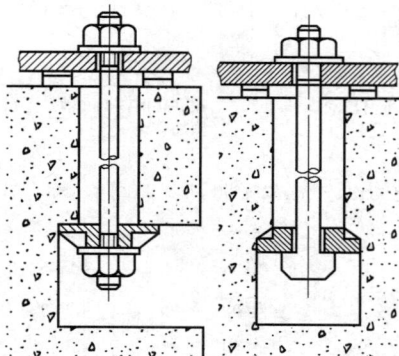

图 2-1-6　活动地脚螺栓示意图　　　　图 2-1-7　胀锚地脚螺栓示意图

（5）粘接地脚螺栓是近些年应用的一种地脚螺栓，其安装方法和要求与胀锚地脚螺栓基本相同，不同之处在于粘接地脚螺栓需要在螺栓孔内注入粘结剂，通过粘结剂使地脚螺栓与基础固定。在粘接时应把孔内杂物吹净，并不得受潮。

（6）化学锚固地脚螺栓与粘接地脚螺栓原理相同，是通过将化学药管或药剂挤压入孔中，利用药管破裂后产生的预紧力，使螺杆紧密咬合在螺栓孔内。在使用时也需要确保螺栓孔洞清洁干燥，其化学药管属于易燃易爆试剂，需按使用说明书安全操作。化学锚栓除用于设备安装外，还可用于各种幕墙、大理石干挂施工的后加埋件安装，公路、桥梁护栏安装，建筑物加固改造等场合。化学锚固地脚螺栓安装步骤如图 2-1-8 所示。

2. 地脚螺栓的形式和规格要求

地脚螺栓的形式和规格应符合设备技术文件或设计规定，如无规定时，地脚螺栓的直径一般可按设备的地脚螺栓孔径小 2～4mm，长度可按下式计算：

$$L = 15D + S \tag{2-1-1}$$

式中　*L*——地脚螺栓总长度，mm；

　　　D——地脚螺栓的直径，mm；

　　　S——垫铁高度、设备底座高度、垫圈和螺母厚度以及预留螺距1.5～5扣长度的总

　　　　　和，mm。

安装步骤

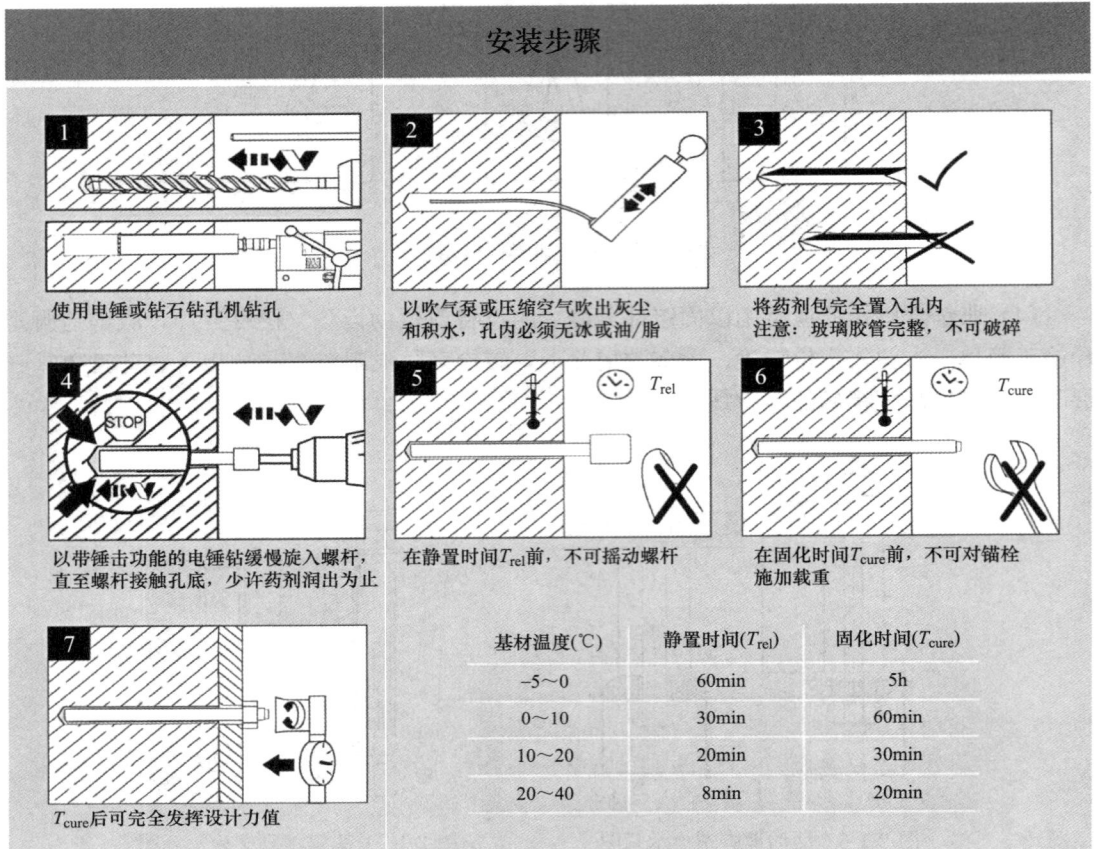

1 使用电锤或钻石钻孔机钻孔

2 以吹气泵或压缩空气吹出灰尘和积水，孔内必须无冰或油/脂

3 将药剂包完全置入孔内
注意：玻璃胶管完整，不可破碎

4 以带锤击功能的电锤钻缓慢旋入螺杆，直至螺杆接触孔底，少许药剂润出为止

5 在静置时间T_{rel}前，不可摇动螺杆

6 在固化时间T_{cure}前，不可对锚栓施加载重

7 T_{cure}后可完全发挥设计力值

基材温度(℃)	静置时间(T_{rel})	固化时间(T_{cure})
-5～0	60min	5h
0～10	30min	60min
10～20	20min	30min
20～40	8min	20min

图 2-1-8　化学锚固地脚螺栓安装步骤示意图

（四）灌浆

1. 设备灌浆分类

（1）一次灌浆

在设备初平后，对地脚螺栓进行的灌浆。灌浆应采用比基础高一级的细石混凝土。

（2）二次灌浆

在设备精平找正后，对设备底座和基础间进行的灌浆。

2. 一次灌浆法

（1）在浇灌设备基础时，同时也将地脚螺栓进行灌浆，这种方法称为一次灌浆法，如图 2-1-9 所示。

（2）一次灌浆法的优点是地脚螺栓与混凝土的结合牢固，程序简单，其缺点是设备安装时不便于调整。

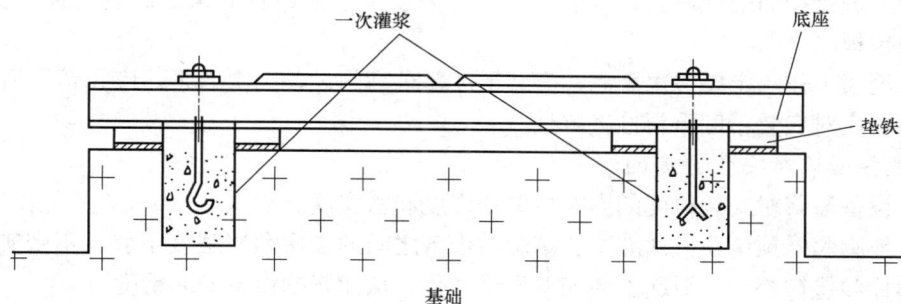

图 2-1-9　一次灌浆示意图

（3）灌浆时，要将预埋混凝土部分螺栓表面的锈垢、油质除净，以保证地脚螺栓与混凝土牢固结合。

3. 二次灌浆法

1）进行二次灌浆的时间

在设备的标高、中心、水平度以及精平中的各项检测完全符合技术文件要求后，可进行二次灌浆，如图 2-1-10 所示。

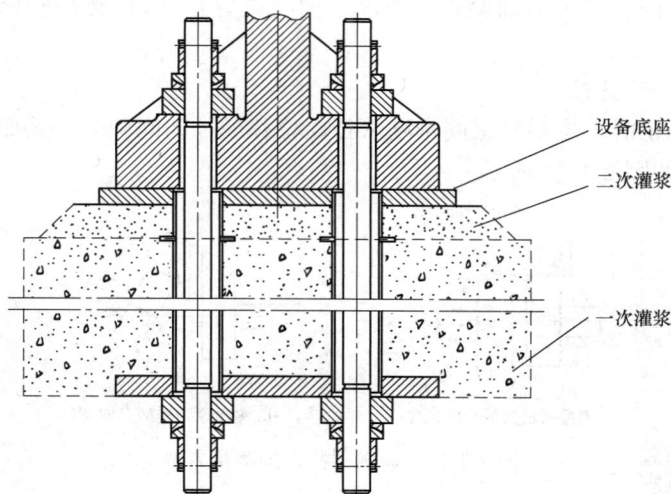

图 2-1-10　二次灌浆示意图

2）二次灌浆的技术要求

（1）灌浆一般宜采用细碎石混凝土或水泥浆，其强度等级应比基础或地坪的混凝土高一级。

（2）灌浆时应捣实，并不应使地脚螺栓倾斜和影响设备的安装精度。

（3）当灌浆层与设备底座面接触要求较高时，宜采用无收缩混凝土或水泥砂浆。灌浆层厚度不应小于 25mm，如仅用于固定垫铁或防止油、水进入的灌浆层，且灌浆无困难时，其厚度可小于 25mm。

（4）灌浆前应敷设外模板，外模板距设备底座面外缘的距离不宜小于 60mm，模板拆除后表面应进行抹面处理，当设备底座下不需要全部灌浆，且灌浆层需承受设备负荷时，应敷设内模板。

（5）灌浆工作一定要一次灌完，安装精度要求高的设备二次灌浆，应在精平后24h内灌浆，否则应对安装精度重新检查测量。

4. 设备灌浆对安装精度的影响

（1）设备灌浆对安装精度的影响主要是强度和密实度。

（2）地脚螺栓预留孔一次灌浆、基础与设备之间的二次灌浆强度不够、不密实，会造成地脚螺栓和垫铁松动，引起安装偏差发生变化，从而影响设备安装精度。

二、机械设备典型零部件安装

（一）联轴器装配

1. 联轴器的分类

（1）刚性联轴器

要求被连接的两侧轴同轴度和回转精度高，而且轴向不能发生抵触干涉，装配前检查配合尺寸是否恰当，尽量采用压入而非敲击装配单侧部件，然后再连接到一起。

（2）挠性联轴器

允许有较大的误差（包括轴偏心、角度、轴向位置），但是必须确保在所选定联轴器补偿能力范围内。

2. 联轴器找正的方法

（1）联轴器找正时，主要测量同轴度（径向位移或径向间隙）和两轴线倾斜（角向位移或轴向间隙），如图2-1-11所示。

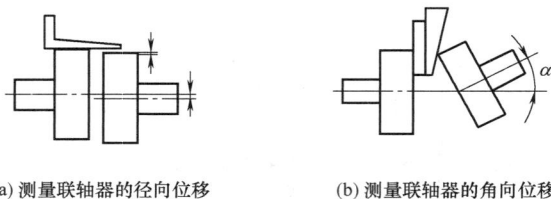

(a) 测量联轴器的径向位移 　　(b) 测量联轴器的角向位移

图 2-1-11　联轴器找正的测量方法

（2）利用直角尺测量联轴器的同轴度（径向位移）。利用平面规和楔形间隙规来测量联轴器的平行度（角向位移），这种方法简单，应用比较广泛，但精度不高，一般用于低速或中速等要求不太高的运转设备上。

（3）直接用百分表、塞尺、中心卡测量联轴器的同轴度和平行度。

调整的方法通常是在垂直方向加减主动机（电机）支脚下面的垫片，或在水平方向移动主动机位置来实现。

3. 联轴器的装配方法

联轴器在轴上的装配是联轴器安装的关键。联轴器与轴的配合大多为过盈配合，分为有键连接和无键连接，联轴器的轴孔又分为圆柱形轴孔与锥形轴孔两种形式。

在施工现场常用的装配方法：静力压入法、动力压入法、温差装配法及液压装配法等。

1）静力压入法

（1）根据装配时所需压入力的大小不同，采用夹钳、千斤顶、手动或机动的压力机进行，静力压入法一般用于锥形轴孔。

（2）由于静力压入法受到压力机械的限制，在过盈量较大时，施加很大的力比较困难。同时，在压入过程中会切去联轴器轴孔与轴之间配合面上不平的微小的凸峰，使配合面受到损坏。因此，这种方法一般应用不多。

2）动力压入法

（1）采用冲击工具或机械来完成装配过程。

（2）一般用于联轴器与轴之间的配合是过渡配合或过盈不大的场合。

（3）装配现场通常采用手锤敲打的方法。

在轮毂的端面上垫放木块或其他软质材料作缓冲件，依靠手锤的冲击力，把联轴器敲入。这种方法对用铸铁、淬火的钢、铸造合金等脆性材料制造的联轴器有局部损伤的危险，不宜采用。这种方法同样会损伤配合表面，故经常用于低速和小型联轴器的装配。

3）温差装配法

（1）用加热的方法使联轴器受热膨胀或用冷却的方法使轴端受冷收缩，从而能方便地把联轴器轮毂装到轴上。这种方法和静力压入法以及动力压入法相比有很多的优点，对于用脆性材料制造的轮毂，采用温差装配法非常适合。

（2）温差装配法大多采用加热的方法，冷却的方法用得比较少。加热的方法有多种，有的将轮毂放入高闪点的油中进行油浴加热或焊枪烘烤，也有的用烤炉来加热，装配现场多采用油浴加热和焊枪烘烤。

① 油浴加热能达到的最高温度取决于油的性质，一般在200℃以下。采用其他方法加热轮毂时，可以使联轴器的温度高于200℃，但加热温度上限应在400℃以下。

② 联轴器实际所需的加热温度，可根据联轴器与轴配合的过盈值和联轴器加热后向轴上套装时的要求进行计算。

4．联轴器装配后的检查

1）联轴器装配规定

（1）两轴心径向位移和两轴线倾斜。联轴器装配时，两轴心径向位移和两轴线倾斜的测量与计算应符合现行国家标准《机械设备安装工程施工及验收通用规范》GB 50231的规定。

（2）联轴器与轴的垂直度和同轴度。联轴器在轴上装配完成后，应仔细检查联轴器与轴的垂直度和同轴度。一般是在联轴器的端面和外圆设置两块百分表，盘车使轴转动时，观察联轴器的全跳动（包括端面跳动和径向跳动）的数值，判定联轴器与轴的垂直度和同轴度的情况。

（3）联轴器全跳动。不同转速、不同型式的联轴器对全跳动的要求值不同，联轴器在轴上装配完后，必须使联轴器全跳动的偏差值在规定要求的公差范围内。

2）联轴器全跳动值不符合要求的原因

（1）加工造成的误差

对于现场装配来说，由于键的装配不当引起联轴器与轴不同轴。键的正确安装应该使键的两侧面与键槽壁严密贴合，一般在装配时用涂色法检查，配合不好时可以用锉刀或铲刀修复使其达到要求。键的顶部一般留有间隙，约为 0.1～0.2mm。

（2）机械高速旋转

高速旋转机械对于联轴器与轴的同轴度要求高，用单键连接不能得到高的同轴度，用双键连接或花键连接能使两者的同轴度得到改善。

3）测量联轴器间隙的要求

测量联轴器端面间隙时，应将两轴的轴向相对施加适当的推力，消除轴向窜动的间隙后，再测量端面的间隙值，否则测得的端面间隙值是不正确的。

4）联轴器装配注意事项

（1）联轴器装配时，两轴心径向位移和两轴线倾斜的测量与计算应符合现行国家标准《机械设备安装工程施工及验收通用规范》GB 50231 的规定。

（2）当测量联轴器端面间隙时，应使两轴的轴向窜动至端面间隙为最小的位置上，再测量其端面间隙值。

（3）凸缘联轴器装配，应使两个半联轴器的端面紧密接触，两轴心的径向和轴向位移不应大于 0.03mm。

（4）齿式联轴器装配的允许偏差应符合现行国家标准《机械设备安装工程施工及验收通用规范》GB 50231 的规定。

（5）联轴器的内、外齿的啮合应良好，并在油浴内工作，不得有漏油现象。

（二）轴承的装配

1. 滚动轴承的装配方法

1）压入法

当轴承内孔与轴颈配合较紧，外圈与壳体配合较松时，应先将轴承装在轴上，如图 2-1-12（a）所示；反之，则应先将轴承压入壳体上，如图 2-1-12（b）所示。如轴承内孔与轴颈配合较紧，同时外圈与壳体也配合较紧，则应将轴承内孔与外圈同时装在轴和壳体上，如图 2-1-12（c）所示。

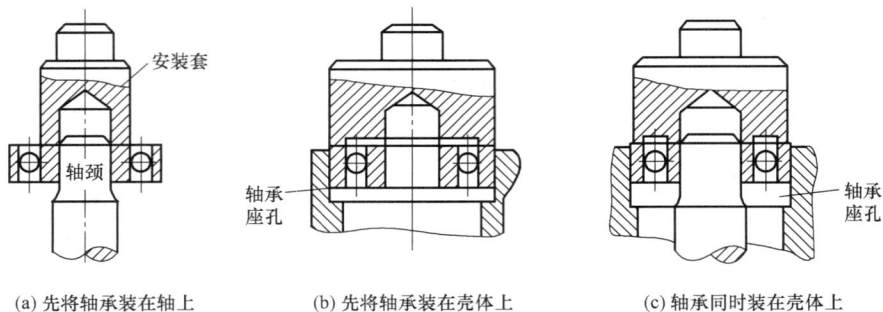

(a) 先将轴承装在轴上　　(b) 先将轴承装在壳体上　　(c) 轴承同时装在壳体上

图 2-1-12　压入法装配滚动轴承

2）均匀敲入法

在配合过盈量较小又无专用套筒时，可通过圆棒分别对称地在轴承的内环或外环上均匀敲入，如图 2-1-13 所示。也可通过装配套筒，用锤子敲入，如图 2-1-14 所示。但不能用铜棒等软金属，因为容易将软金属屑落入轴承内，不可用锤子直接敲击轴承。敲击时应在四周对称交替均匀地轻敲，避免因用力过大或集中一点敲击，而使轴承发生倾斜。

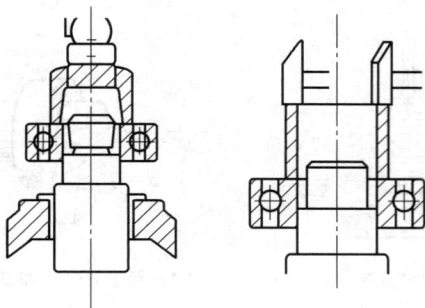

图 2-1-13　均匀敲入法装配滚动轴承

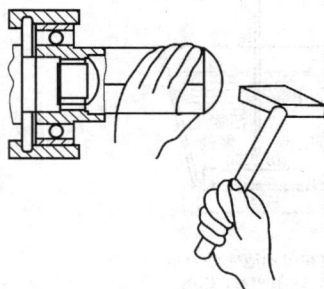

图 2-1-14　用锤子和装配套筒装配滚动轴承

3）机压法

用杠杆齿条式或螺旋式压力机压入，如图 2-1-15 所示。

4）液压套入法

这种方法适用于轴承尺寸和过盈量较大，又需要经常拆卸的情况，也可用于不可锤击的精密轴承。装配锥孔轴承时，由手动泵产生的高压油进入轴端，经通路引入轴颈环形槽中，使轴承内孔胀大，再利用轴端螺母旋紧，将轴承装入，如图 2-1-16 所示。

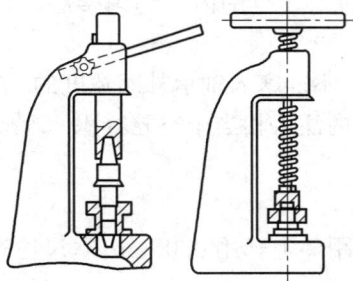

图 2-1-15　用杠杆齿条式或螺旋式
压力机压装滚动轴承

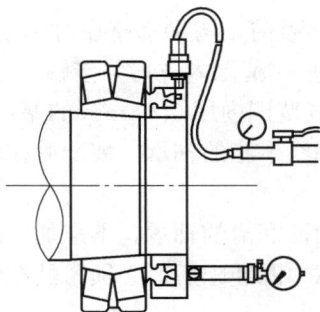

图 2-1-16　液压套入法装配锥孔轴承

5）温差法

（1）有过盈配合的轴承常采用温差法装配。可把轴承放在 $80\sim100℃$ 的油池中加热，加热时应放在距油池底部一定高度的网格上，如图 2-1-17（a）所示。对较小的轴承可用挂钩悬于油池中加热，如图 2-1-17（b）所示，防止过热。

（2）取出轴承后，用比轴颈尺寸大 0.05mm 左右的测量棒测量轴承孔径，如尺寸合适应立即用干净布揩清油迹和附着物，并用布垫着轴承并端平，迅速将轴承推入轴颈，趁热与轴径装配，在冷却过程中要始终用手推紧轴承，并稍微转动外圈，防止倾斜或卡住，如图 2-1-17（c）所示，冷却后将产生牢固的配合。如果要把轴承取下来，还得放在油中加温。也可放在工业冰箱内将轴承或零件冷却，或放在有盖密封箱内，倒入干冰或液氮，保温一段时间后，取出装配。

2．滚动轴承装配的要求

（1）用温差法装配时，应将轴承加热 $90\sim100℃$ 后进行装配。但带防尘盖或密封圈的

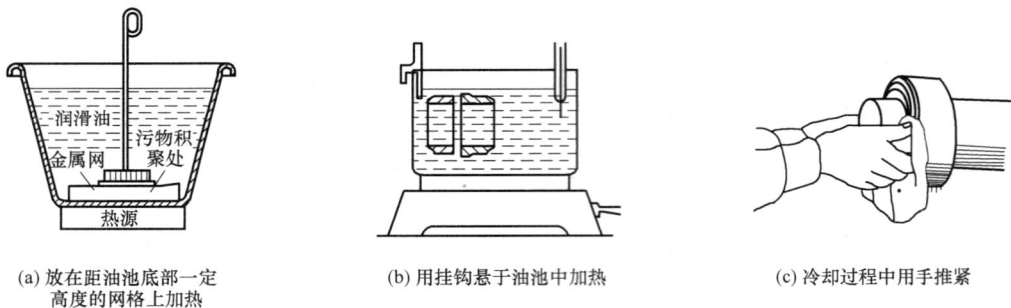

(a) 放在距油池底部一定   (b) 用挂钩悬于油池中加热   (c) 冷却过程中用手推紧
    高度的网格上加热

图 2-1-17　油池加热法

轴承不能用温差法装配。

（2）用压入法装配时，应用压力机压入，不允许通过滚动体传递压力。如必须用手锤敲打，则中间垫以铜棒或其他不损坏装配件表面的物体，打击力应均匀分布在带过盈的座圈上。

（3）安装轴承时，应将带标记端朝外。

（4）轴承外圈与轴承座及轴承盖的半圆孔均应贴合良好。可用着色方法检查或用塞尺测缝隙检查。

① 着色检查时，与轴承座在对称于中心线的 120°范围内应均匀接触，与轴承盖在对称于中心线的 90°范围内应均匀接触。

② 在上述范围内用 0.03mm 的塞尺检查时，不准塞入轴承外圈宽度的 1/3。

（5）采用润滑脂的轴承，装配后在轴承空腔内注入相当于空腔容积 65%～80%的清洁润滑脂。

（6）凡稀油润滑的轴承，不准加润滑脂。

（7）轴承内圈装配后，必须紧贴在轴肩或定距环上，用 0.05mm 塞尺检查时不得有插入现象。

（8）可拆卸的轴承在清洗后必须按原组装位置组装，不准混淆或颠倒。

（9）轴承装配后，应能均匀灵活地回转。在正常工作情况下，轴承温升不得大于50℃，最高温度不得大于 80℃。

（三）齿轮传动机构的装配

圆柱齿轮传动机构的装配是先将齿轮装在轴上，再把齿轮轴组件装入箱体。

1. 齿轮与轴的装配

（1）在轴上空套或滑移的齿轮，与轴的配合为间隙配合，装配前应检查孔与轴的加工尺寸是否符合配合要求。

（2）在轴上固定的齿轮，与轴的配合多为过渡配合，有少量过盈以保证孔与轴的同轴度。当过盈量不大时，可采用手工工具压入；当过盈量较大时，可采用压力机压装；过盈量很大时，则需采用温差法或液压套合法压装。压装时应尽量避免齿轮偏心、歪斜和端面未贴紧轴肩等安装误差，如图 2-1-18 所示。

（3）齿轮在轴上装好后，对精度要求高的应检查齿轮的径向跳动量和端面跳动量，检查径向跳动的方法，如图 2-1-19 所示。在齿轮旋转一周后，百分表的最大读数与最小读数

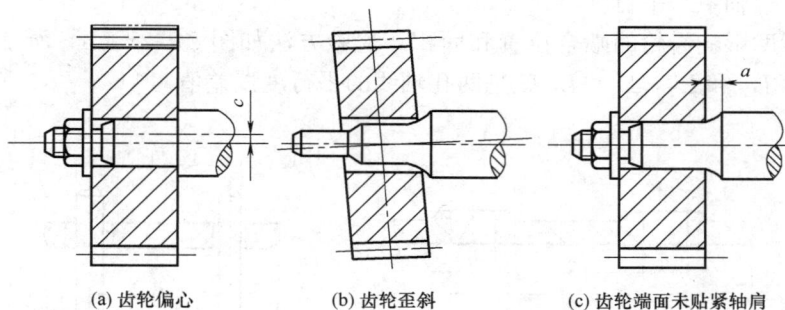

(a) 齿轮偏心　　　　　(b) 齿轮歪斜　　　　　(c) 齿轮端面未贴紧轴肩

图 2-1-18　齿轮在轴上的安装误差

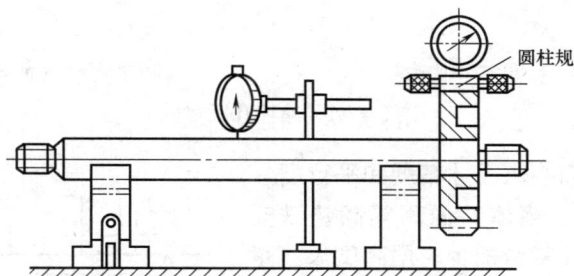

图 2-1-19　齿轮径向跳动的检查

之差，就是齿轮的径向跳动量。

（4）检查端面圆跳动误差的方法，如图 2-1-20 所示。

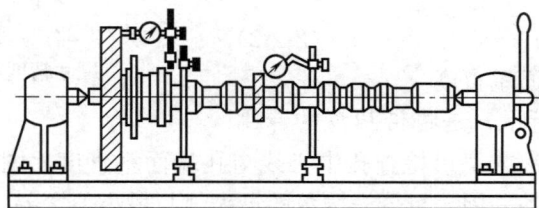

图 2-1-20　齿轮端面圆跳动的检查

① 用顶尖将轴顶起。

② 将百分表的测头抵在齿轮的端面上。

③ 转动轴就可以测出齿轮端面圆跳动误差。

（5）箱体孔距检验，如图 2-1-21 所示。

2. 齿轮轴装入箱体检查

齿轮轴装入箱体，对箱体进行的检查包括：孔距、孔系（轴系）平行度、孔轴线与基面距离尺寸精度和平行度、孔中心线与端面垂直度、孔中心线同轴度。

（1）孔距

相互啮合的一对齿轮的安装中心距是影响齿侧间隙的主要因素。箱体孔距的检验方法如图 2-1-21（a）所示，用游标卡尺分别测得 d_1、d_2、L_1、L_2，然后计算出中心距 A。

（2）孔系（轴系）平行度

孔系平行度影响齿轮的啮合位置和面积。检验方法如图 2-1-21（b）所示。分别测量心棒两端尺寸 L_1 和 L_2，L_1-L_2 就是两孔轴线的平行度误差值。

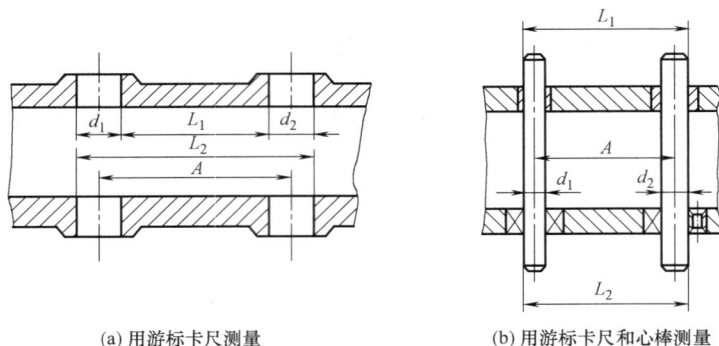

(a) 用游标卡尺测量   (b) 用游标卡尺和心棒测量

图 2-1-21　箱体孔距检验

（3）孔轴线与基面距离尺寸精度和平行度

如图 2-1-22 所示，箱体基面用等高垫铁支承在平板上，心棒与孔紧密配合。用高度尺（量块或百分表）测量心棒两端尺寸 h_1、h_2，则轴线与基面的距离 h 为：

$$h=\frac{h_1-h_2}{2}-\frac{d}{2}-a \qquad (2\text{-}1\text{-}2)$$

平行度偏差为：

$$\Delta=h_1-h_2 \qquad (2\text{-}1\text{-}3)$$

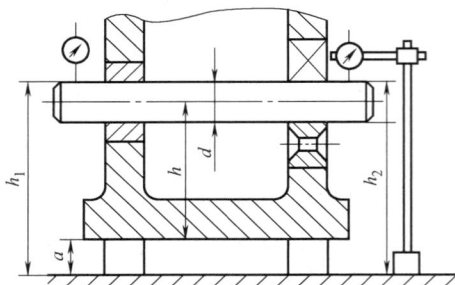

图 2-1-22　孔轴线与基面的距离尺寸精度和平行度检查

（4）孔中心线与端面垂直度

如图 2-1-23（a）所示，是将带圆盘的专用心棒插入孔中，用涂色法或塞尺检查孔中心线与孔端面垂直度。图 2-1-23（b）是用心棒和百分表检查，心棒转动一周，百分表读数的最大值与最小值之差，即为端面对孔中心线的垂直度误差。

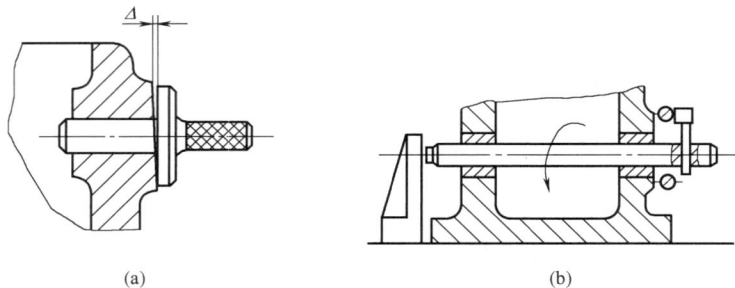

(a)   (b)

图 2-1-23　孔中心线与端面垂直度误差的检验

（5）孔中心线同轴度

图 2-1-24（a）所示为成批生产时，用专用心棒检验；图 2-1-24（b）所示为用百分表及心棒检验，百分表最大读数与最小读数之差的一半为同轴度误差值。

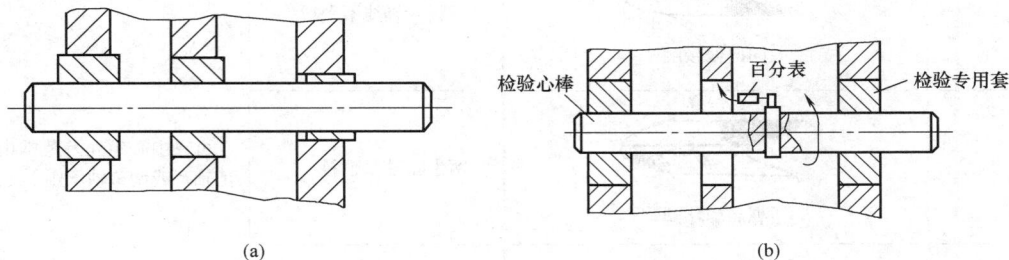

(a)　　　　　　　　　　(b)

图 2-1-24　孔中心线同轴度的检查

3. 齿轮啮合质量的检验

齿轮啮合质量的检验包括齿侧间隙和接触精度。

1）齿侧间隙的检查

检验方法是压铅丝法。如图 2-1-25 所示，在齿宽两端的齿面上，平行放两条直径约为齿侧间隙 4 倍的铅丝（宽齿应放置 3～4 条），铅丝的长度不应小于 5 个齿距，转动啮合齿轮挤压铅丝，铅丝被挤压后一段铅丝的两处最薄处的厚度尺寸之和是该处的齿侧间隙。

2）接触精度的检查

（1）一般传动齿轮在齿廓的高度上接触斑点不少于 30%～50%，在齿廓的宽度上不少于 40%～70%，其位置应在节圆处上下对称分布，影响接触精度的主要因素是齿形制造精度及安装精度。

图 2-1-25　压铅丝法
检验齿侧间隙

（2）当接触位置正确而接触面积太小时，是由于齿形误差太大所致，应在齿面上加研磨剂并使两齿轮转动进行研磨，以增加接触面积。齿形正确而安装有误差造成接触不良的原因及调整方法见表 2-1-4。

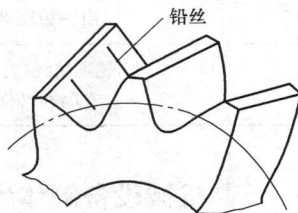

渐开线圆柱齿轮由安装造成接触不良的原因及调整方法　　　　　　表 2-1-4

序号	接触斑点	原因分析	调整方法
1	 正常接触	—	—
2		中心距太大	可在中心距允差范围内刮削轴瓦或调整轴承座
3		中心距太小	

续表

序号	接触斑点	原因分析	调整方法
4	同向偏接触	两齿轮轴线不平行	可在中心距允差范围内刮削轴瓦或调整轴承座
5	异向偏接触	两齿轮轴线歪斜	
6		两齿轮轴线不平行且轴线歪斜	
7	游离接触（在整个齿圈上接触区，由一边逐渐移至另一边）	齿轮端面与回转中心不垂直	检查并校正齿轮端面与回转中心的垂直度
8	不规则接触（有时齿面一个点接触，有时在端面边线上接触）	齿面有毛刺或有碰伤隆起	去除毛刺,修正

三、机械设备解体安装

（一）压缩机解体安装

1.机身的安装找正

（1）机身的安装主要是指机身在混凝土基础的就位，如图 2-1-26 所示。

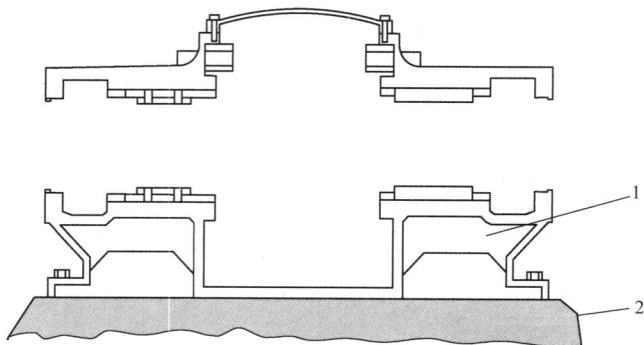

图 2-1-26　活塞式压缩机机身

1—机身；2—混凝土基础

（2）机身就位前油池必须进行煤油试漏检查。

（3）机身找正主要是指机身相对于混凝土基础的横向、纵向位置及水平度符合相关要求。

（4）活塞式压缩机安装标高以曲轴轴线定位，由垫铁调整。垫铁的布置宜使用坐浆法，使用水准仪控制基准垫铁顶面标高，各组垫铁顶面标高差应控制在 0.5mm 以内。

（5）大型机身箱体上开口处一般配置有撑梁，用于防止吊装时箱体变形。吊装前应将撑梁与机身箱体对号安装固定。吊装应按设备规定的吊点着力。用起重设备吊起机身，平稳地坐落在已经放好垫铁和千斤顶的基础上，预装好地脚螺栓，根据地脚螺栓位置和中心线，用千斤顶找正机身。机身上的各中心线与基础上对应的定位中心线允许偏差和标高允许偏差均为±5mm。

2. 曲轴安装

曲轴主要包括通油孔、曲柄销（曲拐颈）、曲柄、过渡圆角、主轴颈、键槽、轴端，如图 2-1-27 所示。曲轴与机体的安装主要是通过轴瓦来固定的，安装要求如下：

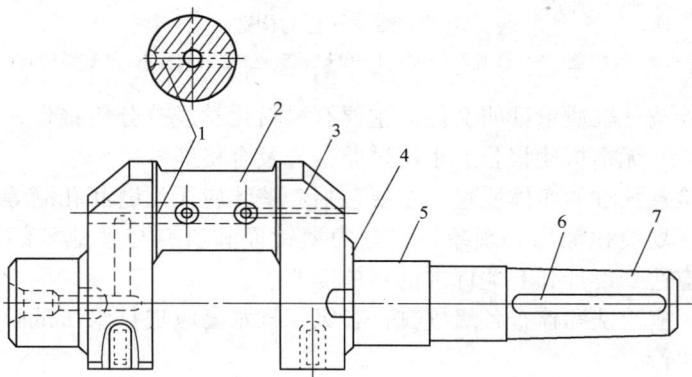

图 2-1-27 曲轴结构图

1—通油孔；2—曲柄销（曲拐颈）；3—曲柄；4—过渡圆角；5—主轴颈；6—键槽；7—轴端

（1）曲轴多使用薄壁瓦。轴瓦安装前应检查瓦面，有裂纹、夹渣、气孔、斑痕等缺陷的轴瓦不得使用。

（2）轴瓦安装前应清洗机身内油道并用压缩空气吹净。安装应保证轴瓦油孔对正瓦窝油孔。

（3）薄壁瓦的瓦背与瓦座应紧密贴合。当轴瓦外圆直径小于或等于 200mm 时，其接触面积不应小于瓦背面积的 85%；当轴瓦外圆直径大于 200mm 时，其接触面积不应小于瓦背面积的 70%，且接触应均匀。若存在不贴合表面，则应呈分散分布，且其中最大集中面积不应大于瓦背面积的 10%。

（4）轴瓦安装应保证与轴承座孔之间的径向过盈量。轴瓦制造时预留有半圆周向余量，用于装配时保证在轴承盖螺栓拧紧力作用下使瓦与轴承座孔之间适度的径向过盈。因此，轴瓦的测量高出度应按设备说明书的规定严格控制。

（5）主轴落稳后，对主轴的安装检查和调整主要包括以下内容：主轴水平度测量、主轴颈与下轴瓦接触检测、曲柄销与主轴颈平行度检测、曲轴与中体垂直度检测、曲柄开度检测、轴瓦间隙的测量与调整、滑动轴承轴向间隙的调整。

3. 中体、气缸安装

气缸的构造如图 2-1-28 所示。中体、气缸的安装要求如下：

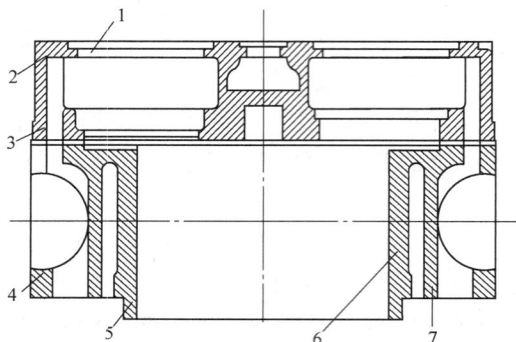

图 2-1-28　气缸的构造

1—气缸盖阀室；2—气缸盖；3—橡胶石棉垫；4—气缸；5—气缸突肩；6—气缸镜面；7—气缸装置面

（1）安装前检查气缸质量证明文件。主要有材料化学成分分析报告、机械性能试验报告、硬度检测报告、无损检测报告、水压试验报告及合格证等。

（2）安装前检查气缸的实体质量。主要包括：整体应无裂缝和孔洞等缺陷；气缸镜面不允许存在斑痕、划痕和擦伤等现象；气缸内壁镜面和所有与其他零部件安装连接的表面，加工质量均应达到设计和有关标准的粗糙度要求。

（3）安装前，应清洗和检查各级气缸，各级气缸水套应进行水压试验。试验压力按设备技术文件要求执行。

（4）活塞式压缩机的气缸与中体或机身多采用止口和定位销连接定位，安装前应仔细清洗检查。气缸安装后，调节气缸支撑，同时暂时对称均匀把紧螺栓。

（5）为保证压缩机运行平稳性和持久性，对气缸与十字头滑道的中心线进行对中检测与调整。对中检测测量，可采用拉钢丝找正法、光学准直仪找正法、激光准直仪找正法等。

（6）测量以十字头滑道中心线为基准，气缸与十字头滑道同轴度应符合设备安装说明书的规定，无规定时应符合表 2-1-5 的要求。

气缸与滑道同轴度　　　　　　　　　　　　　　　表 2-1-5

气缸直径（mm）	径向位移（mm）	轴向倾斜（mm/m）
$D \leqslant 100$	0.05	0.02
$100 < D \leqslant 300$	0.07	0.02
$300 < D \leqslant 500$	0.10	0.04
$500 < D \leqslant 1000$	0.15	0.06
$D > 1000$	0.20	0.08

（7）拧紧螺栓后需重新精铰定位销孔。

气缸安装精度经检测符合要求后，对修刮止口的连接面，应在拧紧螺栓后重新精铰定位销孔。

在中体与机身、气缸与中体间的定位孔打上定位销后，按照设备说明书要求的拧紧力矩对称均匀拧紧连接螺栓。

4. 连杆安装

（1）连杆的组成

连杆主要包括大头、小头、杆体、连杆螺栓、螺母、轴套、大头盖、大头瓦，如图 2-1-29 所示。其作用是将曲轴的圆周运动转变成十字头或活塞的往复运动，并将曲轴的动力传给气缸内的活塞，以进行气体的压缩工作。

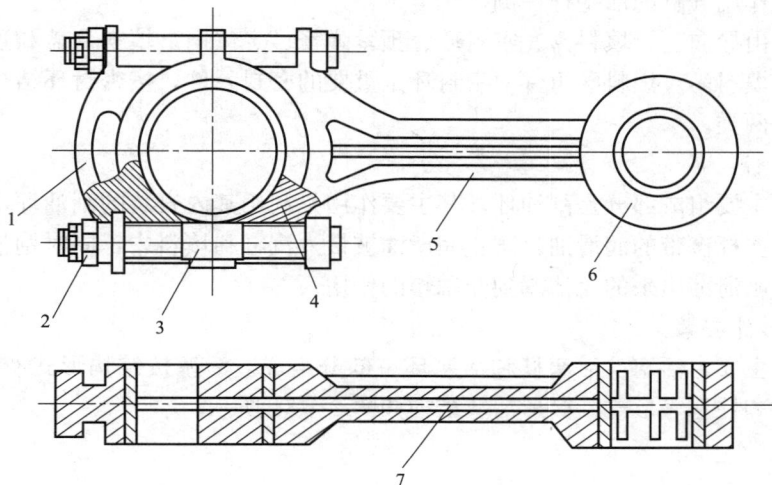

图 2-1-29　连杆的构造

1—大头盖；2—螺母；3—连杆螺栓；4—大头；5—杆体；6—小头；7—杆体油孔

（2）连杆的安装

连杆的安装包括大头与曲轴销的装配、小头与十字头或活塞的装配。

连杆大头装配：安装时检查连杆体侧的瓦油孔，应与连杆体油孔对正。安装后的检测参数有径向间隙、轴向间隙和接触情况。

连杆小头装配：连杆小头轴套应有合适的径向间隙，并应符合相应技术文件规定。

5. 十字头安装

十字头的组成主要包括十字头体、固定螺栓、防松垫片等，如图 2-1-30 所示。其主要作用是连接活塞与连杆，它的一端通过十字头销与连杆小头连接，另一端与活塞杆连接，从而推动活塞做往复活动并起导向作用和承受连杆运动产生的侧向力。十字头安装要求如下：

（1）安装前将十字头清洗干净。对出厂时已于中体对号标注的十字头，应与中体对号装配，并分清十字头上下承压面。

（2）对于浇有轴承合金的滑履，应检查上下滑履轴承合金层质量。

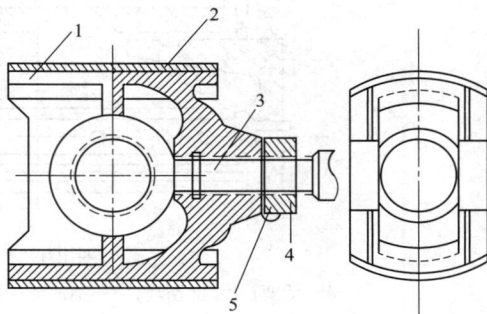

图 2-1-30　十字头构造

1—十字头体；2—巴氏合金层；3—活塞杆；4—螺帽；5—防松垫片

检查方法：将十字头放入中体滑道上往复拖动，用涂色法检查滑履工作面与滑道的接触情况，其接触点应在滑履中部均匀分布，面积不少于50％。

（3）十字头装入中体滑道后，在位于滑道前、中、后三个位置，用塞尺测量上承压面与滑道的四周间隙，各位置的四周间隙应均匀，并符合设备说明书的要求。

6. 填料和刮油器

（1）填料

填料是阻止压缩机气缸内被压缩的气体通过活塞杆与气缸盖之间的间隙向外泄漏的装置，安装在双作用气缸的活塞杆一侧。

填料通常由导向套、填料盒、密封环、预紧弹簧、定位销、填料盒盖和连接螺栓等零件组成，称为填料函。填料函组件中密封环是重要的密封元件，按密封环结构形式分为平面形和锥面形两类。

（2）刮油器

刮油器的主要组成部分是刮油环，其主要作用是利用其内安装的刮油环刮去在润滑十字头滑道时活塞杆携带的润滑油，防止润滑油被带入汽缸和填料中，同时刮油环还可以起到防止从填料函泄漏出来的气体漏到曲轴箱的作用。

7. 活塞组件安装

活塞组件主要由活塞、活塞杆和活塞环三部分组成。活塞按结构形式有筒形、实体、鼓型、级差式和柱塞等形式，筒形活塞结构如图 2-1-31 所示。

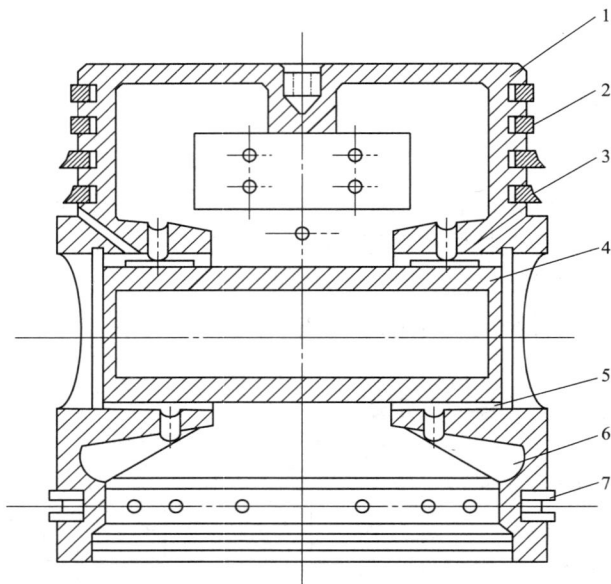

图 2-1-31　筒形活塞结构

1—活塞；2—活塞环；3—刮油环；4—活塞销；5—衬套；6—布油环；7—油环

安装要求如下：

（1）活塞杆用于连接活塞和十字头，一般采用 35 号、40 号优质碳素钢，与填料配合部分采用表面淬火；高压及有一定腐蚀性气体时，采用 42CrMo、38CrMoAlA 等材料，表面进行淬火或氮化处理。

（2）活塞环用来密封气缸工作面与活塞之间的间隙，它镶嵌在活塞环槽内。工作时外缘紧贴气缸镜面，背向高压气体一侧的端面紧压在环槽上，由此阻塞间隙和密封气体。活塞环材料有铜合金、铸铁、增强聚四氟乙烯、PEEK 材料等，也有在金属环外缘镶嵌耐磨材料的结构。

（3）活塞与活塞杆的装配应按照说明书和装配图的要求进行。清洗活塞和活塞杆并进行外观质量检查。有无油要求的应进行脱脂。活塞与活塞杆的组装定位依靠活塞杆凸肩和紧固螺母的端面，有时还包括紧固螺母外圆柱面，定位面的接触应均匀，安装后应检查活塞与活塞杆的锁紧装置。

（4）活塞环与活塞安装前，应检查翘曲度、在活塞环槽内的侧间隙与沉入量、自由状况的开口间隙；在气缸内应检查安装状态的开口间隙，在气缸内的前、中、后三个位置上检查活塞环与气缸镜面贴合的严密度，均应符合设备技术文件或相关技术标准的规定。活塞环在活塞上的安装，活塞环的开口位置应等分均匀错开，并应避开气缸阀腔孔位置。非金属活塞环、支承环安装时，还应符合产品技术文件的规定。

（5）活塞组件装入气缸时，应在活塞环开口的对侧和开口两侧施力，使活塞环压入环槽。施力点应垫软垫以防止损伤活塞环表面，活塞杆与十字头不得强行加力对中，活塞杆与十字头连接预紧后，应检测活塞杆的水平和垂直方向的径向跳动。

8. 气阀安装

活塞压缩机气阀一般都使用自动阀，有环状阀、网状阀、蝶形阀、菌形阀等多种形式，用以满足不同的使用要求，但以环状阀和网状阀使用最为普遍。安装要求如下：

（1）气阀安装前应将阀片、阀座、弹簧等解体清洗检查。阀座密封面、阀片表面应无划痕、擦伤、锈蚀等缺陷。

（2）同一气阀的弹簧初始高度应相等，弹力应均匀，可将其压缩 1～2 次后测量其高度；根据设备说明书或相关规范要求，检查阀座与阀片贴合面的严密性。采用模拟压缩机工况进行气体泄漏性检验的气阀，现场安装时不再进行严密性检查。

（3）装配气阀时连接螺栓应紧固，锁紧装置应顶紧和锁牢。安装进、排气阀时位置不得反装。气阀装入气缸前，可以用竹片从阀的外侧顶动阀片，若是进气阀，则应从阀的外侧能顶开阀片，从外侧顶不开则为排气阀。

（4）安装气阀时应按照说明书要求放置密封垫圈（多为紫铜垫），装入压筒时必须让压筒竖筋对正阀盖上的压筒顶丝。

（5）扣阀盖时应将气阀压筒的顶丝预先松开，对角匀称地拧紧阀盖螺栓，然后再拧紧压筒顶丝。拧紧时应按照说明书规定施加拧紧力矩。

9. 润滑系统安装

（1）活塞压缩机的各个摩擦面，除采用自润滑材料外，都需要进行润滑。

（2）活塞压缩机一般设置曲轴连杆循环润滑系统与气缸填料注油润滑系统，实现对传动机构中的主轴承、曲轴的曲柄销、连杆的大小头轴瓦、十字头销和滑道实施强制润滑。

（3）润滑系统一般由油池、稀油站、主油泵、辅助油泵、油路组成。油池应按照油温和油位就地指示仪表。油池最低位置装有放油阀，油路总吸油口应设有粗过滤器。

（4）主油泵用于压缩机正常工作，辅助油泵可用于压缩机启动前对润滑部位的预润滑，也可以在主油泵油压低于设定值时自启动。辅助油泵由独立电机驱动。润滑系统设有当油温超过和油压低于设定值时的报警及自动停机装置。

（5）压缩机的气缸、填料润滑采用多柱塞的注油器，按间隔、定量方式向各润滑点供油，是少油润滑方式。压缩机循环润滑系统常用机械油，而气缸、填料润滑系统需要根据工作条件选用不同油品，两个系统是独立的。

（6）润滑系统安装时，铜管用煤油清洗后，再用尼龙绳拴白布条拉擦去除氧化膜。焊接连接时可采用通氮保护。对碳素钢管一般要求进行酸洗、碱洗中和、清洗、干燥工序，清洗后用润滑油涂抹保护。润滑设备应根据说明书要求清洗干净。油管安装应尽可能选择近的路线，并尽量减少弯曲。安装应避免急弯和压扁。布置应整齐美观，并用管卡可靠固定。

（二）通风机解体安装

离心通风机结构如图 2-1-32 所示。

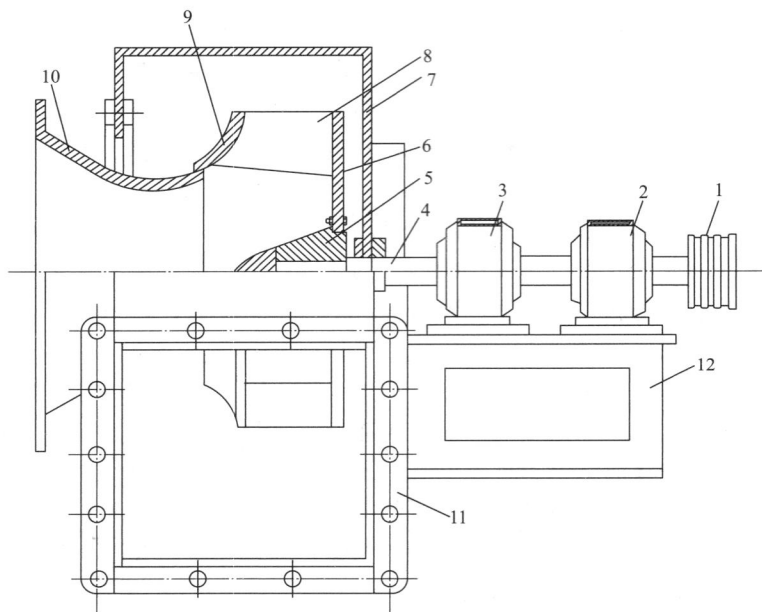

图 2-1-32　离心通风机结构示意图

1—联轴器；2、3—轴承箱；4—主轴；5—轴盘；6—后盘；7—机壳；8—叶轮；
9—前盘；10—进风口；11—出风口；12—底座

1. 离心通风机轴承箱的找正、调平

（1）轴承箱与底座应紧密结合。

（2）整体安装轴承箱的安装水平，应在轴承箱中分面上进行检测，其纵向安装水平亦可在主轴上进行检测，纵、横向安装水平偏差均不应大于 0.10/1000。

（3）左、右分开式轴承箱的纵、横向安装水平，以及轴承孔对主轴轴线在水平面内的对称度（图 2-1-33），应符合下列要求：

① 在每个轴承箱中分面上，纵向安装水平偏差不应大于 0.04/1000。

② 在每个轴承箱中分面上，横向安装水平偏差不应大于 0.08/1000。

③ 在主轴轴颈处的安装水平偏差不应大于 0.04/1000。

④ 轴承孔对主轴轴线在水平面内的对称度偏差不应大于 0.06mm；可测量轴承箱两侧密封径向间隙之差不应大于 0.06mm。

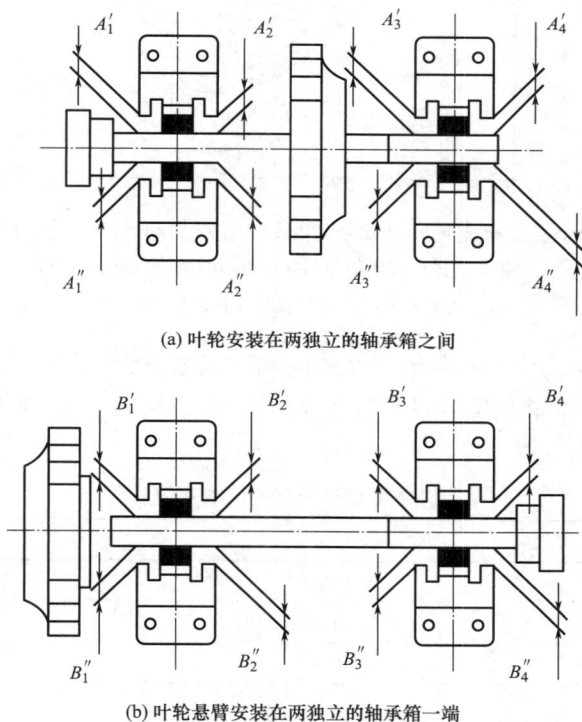

(a) 叶轮安装在两独立的轴承箱之间

(b) 叶轮悬臂安装在两独立的轴承箱一端

图 2-1-33　轴承孔对主轴轴线在水平面内的对称度

A'_1-A''_1、A'_2-A''_2……B'_1-B''_1、B'_2-B''_2……——轴承箱两侧密封径向间隙之差；

A'_1-A'_4、B'_1-B'_4、A''_1-A''_4、B''_1-B''_4——轴承箱两侧密封径向间隙值

2. 滑动轴承离心通风机的找正、调平

具有滑动轴承的离心通风机除应符合上述规定要求外，其轴瓦与轴颈的接触弧度及轴向接触长度、轴承间隙和压盖过盈量，应符合随机技术文件的规定；当不符合规定时，应进行修刮和调整；无规定时，应符合现行国家标准《机械设备安装工程施工及验收通用规范》GB 50231 的有关规定。

3. 通风机机壳、转子与叶轮安装

（1）先安装下半机壳至基础上，调整水平度（误差≤0.1mm/m），使用垫铁组找平，地脚螺栓初步固定。

（2）离心通风机机壳组装时，应以转子轴线为基准找正机壳的位置；机壳进风口或密封圈与叶轮进口圈的轴向重叠长度和径向间隙，应调整到随机技术文件规定的范围内（图2-1-34），并应使机壳后侧板轴孔与主轴同轴，并不得碰刮；无规定时，轴向重叠长度应为叶轮外径的 8‰～12‰；径向间隙沿圆周应均匀，其单侧间隙值应为叶轮外径的 1.5‰～4‰。

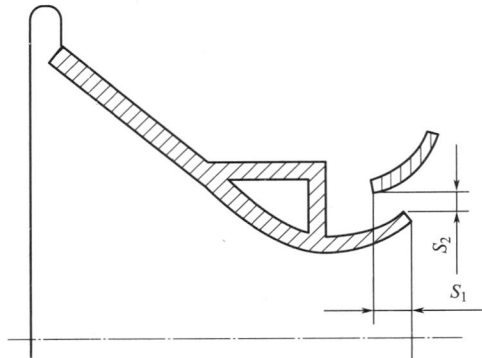

图 2-1-34　机壳进风口或密封圈与叶轮进口圈之间的安装尺寸

S_1—机壳进风口或密封圈与叶轮进口圈的轴向重叠长度；

S_2—机壳进风口或密封圈与叶轮之间径向间隙

（3）离心通风机机壳中心孔与轴应保持同轴。压力小于 3kPa 的通风机，孔径和轴径的差值不应大于表 2-1-6 的规定，且不应小于 2.5mm。压力大于 3kPa 的风机，在机壳中心孔的外侧应设置密封装置。

机壳中心孔径与轴径的差值 　　　　　　　　　　表 2-1-6

序号	机号	差值（mm）
1	No2～No6.3	4
2	＞No6.3～No12.5	8
3	＞No12.5	12

（4）将转子（含叶轮、主轴）吊入机壳，确保叶轮与机壳间隙均匀（按图纸要求，通常单侧间隙为叶轮直径的 1‰～2‰）；调整主轴水平度（误差≤0.05mm/m）。

（5）合上上半机壳，对称拧紧中分面螺栓，检查密封性；安装进出口风道，法兰连接处加密封垫。

4. 电机与联轴器对中调整

安装电机，调整与风机主轴的同轴度；使用千分表进行联轴器精对中（径向偏差≤0.05mm，轴向偏差≤0.03mm）。

四、机械设备调试与试运行

（一）机械设备调试与试运行步骤

机械设备调试与试运行的一般步骤：电气系统调试→润滑系统调试→液压、气动系统调试→冷却、加热系统调试→操作和控制系统调试→机械设备动作试验→单机试运行→整机空负荷试运行→整机负荷试运行。

（二）压缩机调试与试运行

1. 压缩机调试、单机试运行，应符合下列要求：

（1）应将各级吸、排气阀拆下。

（2）应启动冷却系统、润滑系统，其运转应正常。

（3）应检查盘车装置，应处于压缩机启动所要求的位置。

（4）点动压缩机，应在检查各部位无异常现象后，依次运转5min、30min和2h以上，每次启动运转前，应检查压缩机润滑情况且应正常。

（5）运转中润滑油压不得小于0.01MPa，曲轴箱或机身内润滑油的温度不应高于70℃。

（6）各级冷却水排水温度应符合随机技术文件的规定；无规定时，各级冷却水排水温度不应高于45℃。

（7）运转中各运动部件应无异常声响，各紧固件应无松动。

2. 压缩机空气负荷试运行，应符合下列要求：

（1）空气负荷试运行前，应先装上空气滤清器，并应逐级装上吸、排气阀，再启动压缩机进行吹扫；应从一级开始，逐级连通吹扫，每级吹扫时间不应小于30min，直至排出的空气清洁为止。

（2）吹扫后，应拆下各级吸、排气阀清洗洁净，且应随即装上复原。

（3）升压运转的程序、压力和运转时间应符合随机技术文件的规定；无规定且排气压力为额定压力的1/4时，应连续运转1h；排气压力为额定压力的1/2时，应连续运转2h；排气压力为额定压力的3/4时，应连续运转2h；在额定压力下连续运转不应小于3h；升压运转过程中，应在前一级压力下运转无异常现象后再将压力逐渐升高。

（4）压缩介质不是空气的压缩机，当采用空气进行负荷试运行时，其最高排气压力应符合随机技术文件的规定。

（5）一级吸气压力、各级排气温度和末级排气压力应符合随机技术文件的规定。

（6）运转中润滑油压不得低于0.01MPa；曲轴箱或机身内润滑油的温度，氧气压缩机不应高于60℃，其他压缩机不应高于70℃。

（7）各级冷却水排水温度应符合随机技术文件的规定；无规定时，各级冷却水排水温度不应高于45℃。

（8）压缩机运转时的振动速度有效值或峰-峰值应符合随机技术文件的规定。

（三）通风机调试与试运行

1. 离心通风机调试、试运行应符合下列要求：

（1）启动前应关闭进气调节门。

（2）点动电动机，各部位应无异常现象和摩擦声响。

（3）风机启动达到正常转速后，应在调节门开度为0°～5°时进行小负荷运转。

（4）小负荷运转正常后，应逐渐开大调节门，但电动机电流不得超过额定值，直至规定的负荷，轴承达到稳定温度后，连续运转时间不应少于20min。

（5）具有滑动轴承的大型风机，负荷试运行2h后应停机检查轴承，轴承应无异常现象；当合金表面有局部研伤时应进行修整，再连续运转时间不应少于6h。

（6）高温离心通风机进行高温试运行时，其升温速率不应大于50℃/h；进行冷态试运行时，其电机不得超负荷运转。

（7）试运行中，在轴承表面测得的温度不得高于环境温度40℃，轴承振动速度有效值不得超过6.3mm/s；矿井用离心通风机振动速度有效值不得超过4.6mm/s。

2．风机的安全和联锁报警与停机控制系统应经模拟试验，并应符合下列要求：

（1）冷却系统压力不应低于规定的最低值。

（2）润滑油的油位和压力不应低于规定的最低值。

（3）轴承的温度和温升不应高于规定的最高值。

（4）轴承的振动速度有效值或峰-峰值不应超过规定值。

（5）喘振报警和气体释放装置应灵敏、正确、可靠。

（6）风机运转速度不应超过规定的最高速度。

试运行中应按上述要求进行检查，其动作应灵敏、正确、可靠，并应记录实测的数值备查。

五、大型模块的运输及安装

（一）模块搬运

模块搬运技术是工厂模块化建造过程中必须采用的一项关键技术。将制造完成的大型模块按照运输或安装要求搬运至指定的位置，以便进行模块的运输或安装。

模块搬运技术常用的有自行式模块运输车搬运技术、模块半潜驳船海运技术等。

1．自行式模块运输车搬运技术

（1）模块陆地搬运常采用自行式模块运输车搬运技术。

自行式模块运输车（SPMT）由驱动模块、6 轴承重模块或 4 轴承重模块组成（图 2-1-35）。

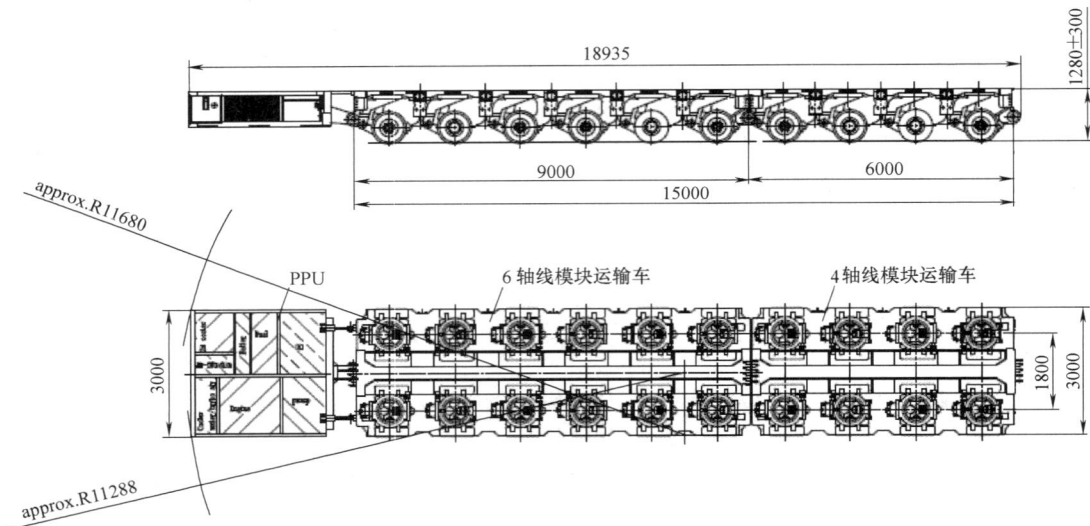

图 2-1-35　自行式模块运输车（SPMT）（单位：mm）

（2）模块运输车辆可自由拼接，形成更大的模块运输台车。

① 该运输车辆可以沿行驶轴线的纵向和横向自由拼接，形成更大的运输台车。具有出色的牵引力和紧凑的布局及良好的操控性。

② 可根据需要选择承重平台的升降功能和直行、斜行、横行、八字转向、前轴转向、

后轴转向、中心回转功能。

每一轴线都是在主控程序的严密控制下工作，具有良好的操控性，可以完成传统拖车无法完成的动作，轻松地实现原地调头、横向平移、围绕中心点旋转等动作。

（3）悬挂系统是最有特色的一个功能系统。

通过液压油缸控制承重平台的升降完成各种转向动作，自主控制车轮的浮动，在行驶中保持承重平台的水平姿态。

2. 模块半潜驳船海运技术

（1）模块的海运采用自航式半潜驳运输船（半潜船）。

（2）半潜船在工作时，会像潜水艇一样，通过调整船身压载水量，能够平稳地将船身甲板潜入 10～30m 深的水下。

① 露出船楼建筑，然后等待需要装运的货物（如游艇、潜艇、驳船、海洋平台等）拖拽到已经潜入水下的装货甲板上。

② 启动大型空气压缩机或调载泵，将半潜船身压载水排出船体，使船身连同甲板上的承载货物一起浮出水面，然后进行连接固定，实现跨海远洋运输。

（二）模块装（卸）船

（1）模块装（卸）船技术是工厂模块化建造过程中，将大型模块搬运上船的一项技术，是实现海运的一项关键技术。

（2）模块装（卸）船技术可以采用大型模块运输车运输模块上船，也可采用滑道滑移模块上船。两种上船模式都需要驳船结合涨潮和半潜驳船，调节压仓水进行平衡配合来完成。

（三）模块起重技术

1. 底层模块就位技术

地面安装的模块采用模块运输车直接运送就位，应用模块搬运技术，将模块运至安装位置后，根据高精度定位测量技术得到的测量结果，利用 SPMT 的承重平台的升降功能和 7 种行走模式，微调模块至正确的位置上，完成安装的过程，如图 2-1-36 所示。

2. 上层模块顶升技术

（1）高处安装的模块采用顶升滑移技术就位（图 2-1-37）。上层模块的顶升采用刚性支撑的四柱导架式井字液压顶升架完成（图 2-1-38、图 2-1-39）。

图 2-1-36 模块就位

图 2-1-37 模块顶升

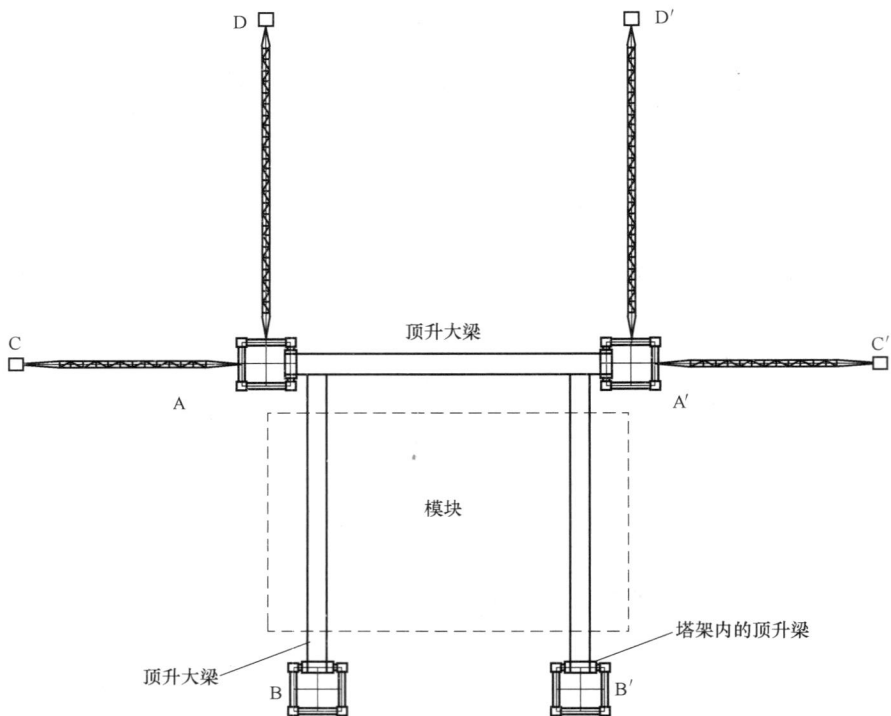

图 2-1-38　四柱导架式井字液压顶升架平面布置图

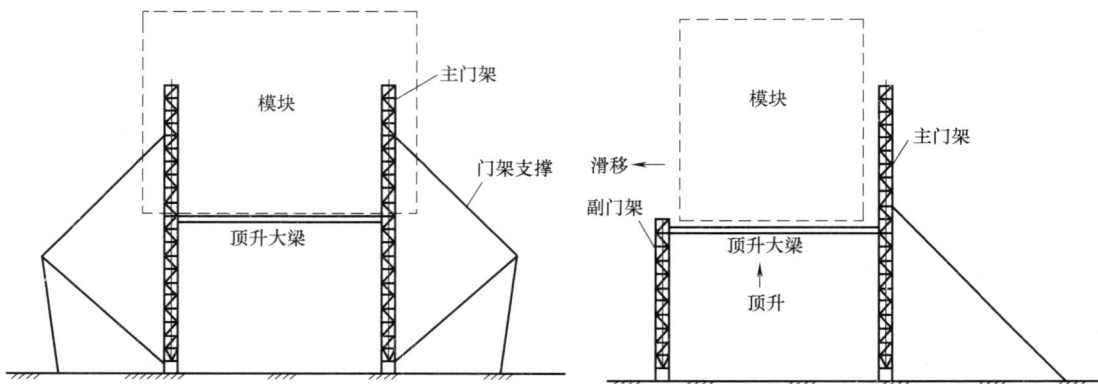

图 2-1-39　四柱导架式井字液压顶升架立面图

（2）模块顶升前先放置在两副门架顶升大梁上，顶升时跟随顶升大梁到达就位高度。

3. 上层模块滑移技术

（1）模块跟随顶升大字梁到达预定高度后，利用在两副门架间顶升大梁上的液压自锁，推动系统推运装置，缓慢推运模块滑移。滑移前，应在模块支墩下方和顶升大梁接触处，用四氟乙烯板粘接，以减少钢材之间的摩擦力。

（2）在滑移时，为防止模块移动偏离顶升大梁，需在顶升大梁上方设置导向挡块。

（3）模块滑移到位后，利用全站仪测量模块对接立柱的位置和对口间隙，调整到位。液压自锁推动系统采用计算机控制，移动速度慢，有效地控制了模块立柱对接的尺寸偏差。

第二节　电气装置安装工程细部节点做法

一、变配电工程（110kV 以上）

（一）变压器安装技术

1. 变压器安装

1）设备开箱与器身检查

本体检查：油箱无变形、瓷套管无裂纹，冲击记录仪数据符合制造厂及设备技术文件要求（运输冲撞加速度≤3g）。

变压器内部检查应满足下列要求：

（1）凡雨、雪天，风力达 4 级以上，相对湿度 75％以上的天气，不得进行器身检查。

（2）进行变压器内部检查时，向箱体内持续补充干燥空气，以保持含氧量不得低于18％，相对湿度不应大于 20％。

（3）检查内容：铁芯检查；绕组检查；绝缘围屏检查；引出线绝缘检查；无励磁调压切换装置检查；有载调压切换装置检查；绝缘屏障检查；强迫油循环管路与下轭绝缘接口部位检查。

（4）吊罩、吊芯检查时，吊索与铅垂线的夹角不宜大于 30°，起吊过程中，器身不得与箱壁有接触。

（5）器身检查完毕后，必须用合格的变压器油进行冲洗，不得有遗留杂物。

2）二次搬运及吊装

当利用机械牵引搬运变压器时，牵引着力点应在变压器重心以下并符合制造厂规定，运输倾斜角不大于 15°，牵引速度不应超过 2m/min，并采取防滑、防溜、防倾覆措施。

3）变压器本体及附件安装

变压器吊装时，索具必须检查合格，采用专用吊具（防磁扳钩），吊索夹角≤30°（图 2-2-1），钢丝绳必须挂在油箱的吊钩上，严禁用变压器顶盖上部的吊环进行吊装，该吊环仅作吊芯检查用。吊装过程中注意变压器本体倾斜角≤15°；就位后使用液压千斤顶进行微调，将千斤顶放置在油箱千斤顶支架部位，升降操作协调一致，各点受力均匀，水平度控制在≤0.5mm/m，并及时垫好垫块。

变压器基础的轨道应水平，轨距与轮距应配合，装有滚轮的变压器其滚轮应能灵活转动，设备就位后，应将滚轮用可拆卸的制动装置加以固定。变压器本体及附件安装如图 2-2-2 所示。

装有气体继电器的变压器，除制造厂规定不需要设置安装坡度外，应使变压器顶盖沿气体继电器的气流方向有 1％～1.5％的升高坡度（图 2-2-3）。当与封闭母线连接时，其套管中心线应与封闭母线中心线的尺寸相符。

变压器本体直接就位于基础上时，应符合设计、制造厂的要求。

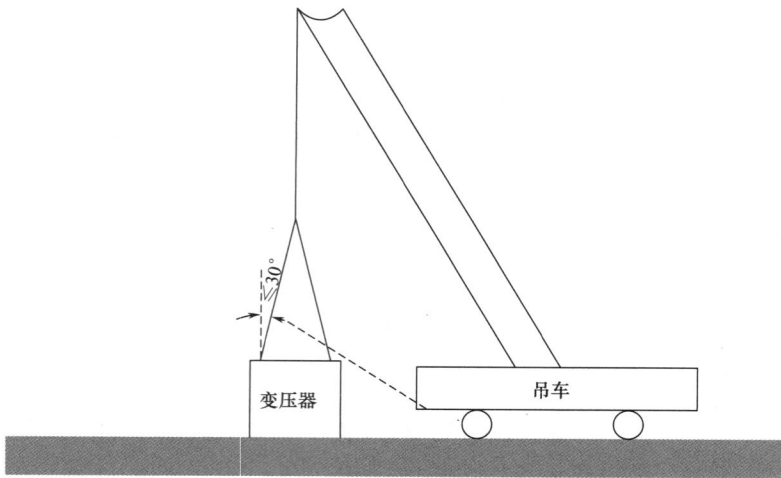

图 2-2-1　吊索与铅垂线夹角

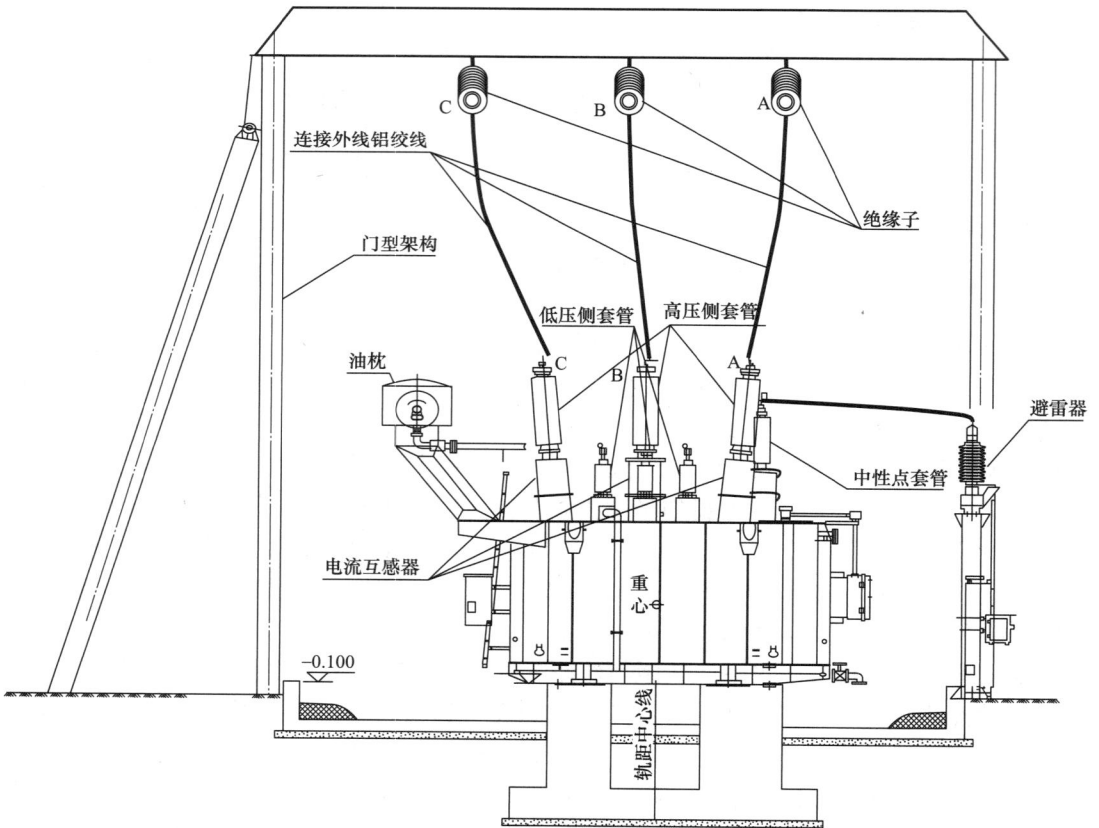

图 2-2-2　变压器本体及附件结构图

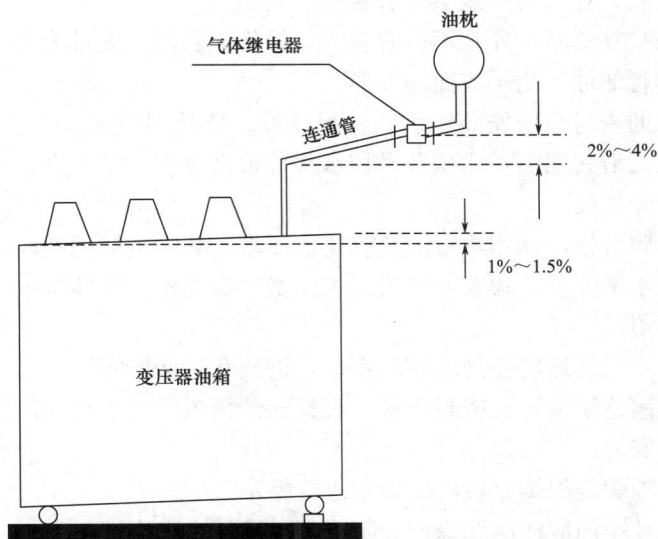

图 2-2-3 气体继电器安装示意图

4）附件安装

（1）有载调压切换装置传动机构安装

有载调压切换装置传动机构中的操作机构、电动机、传动齿轮和杠杆应固定牢靠，连接位置正确，操作灵活，无卡阻现象，摩擦部位应涂以适合当地气候条件的润滑脂。

切换开关的触头及连接线应完整无损，限流电阻完好。切换装置在极限位置时，其机械联锁与极限开关的电气联锁动作应正确。

（2）冷却装置安装

在安装前应按制作厂规定的压力值用气压或油压进行密封试验，冷却器、强迫油循环风冷却器持续 30min 无渗漏，强迫油循环水冷却器持续 1h 无渗漏。

冷却装置安装前，应用合格的绝缘油经净油机循环冲洗干净，并将残油排尽。

冷却装置的外接油管路在安装前应进行彻底除锈并清洗干净，水冷却装置安装后，油管应涂黄漆，水管应涂黑漆，并应有流向标志。

水冷却装置停用时，应将水放尽。

（3）升高座安装

升高座安装前，应先完成电流互感器的交接试验，二次线圈排列顺序检查完毕。

升高座安装时，应使绝缘筒的缺口与引出线方向一致，不得相碰。电流互感器和升高座的中心应基本一致。升高座法兰面必须与本体法兰面平行就位，放气塞位置应在升高座最高处。

（4）高压套管安装

法兰连接面应平整、清洁；密封垫圈应使用产品技术文件要求的清洁剂擦拭干净，其安装位置应准确；其搭接处的厚度应与原厚度相同，橡胶密封垫的压缩量不宜超过其厚度的 1/3；法兰螺栓应按对角线位置使用力矩扳手分 3 次对角紧固（如 M20 螺栓力矩值为 300~350N·m）。套管安装采用瓷外套时，瓷套管与金属法兰胶装部位应牢固密实，并涂有性能良好的防水胶，瓷套管外观不得有裂纹、损伤。

套管采用硅橡胶外套时，外观不得有裂纹、损伤、变形。充油套管无渗油现象，油位指示正常；充油套管的油位指示应面向外侧。

套管顶部结构的密封垫应安装正确，密封良好，连接引线时，不应使顶部连接松扣。套管均压环表面应光滑无划痕，均压环易积水部位最低点应有排水孔。

（5）气体继电器安装

安装前应经检验合格，动作整定值符合定值要求，解除运输用的固定措施。

气体继电器应水平安装，顶盖上箭头标志应指向储油柜。气体继电器应具备防潮和防进水功能并加防雨罩。

电缆引线在接入气体继电器处应有滴水弯，进线孔封堵严密。

集气盒内应充满绝缘油，且密封严密，观察窗的挡板应处于打开位置。

（6）测温装置安装

安装前应进行校验，根据制造厂的规定进行整定。

顶盖上的温度计座内应注满绝缘油，闲置的温度计座也应密封。

膨胀式信号温度计的细金属软管不得压扁和急剧扭曲，其弯曲半径不得小于 50mm。

（7）控制箱安装

安装时，冷却系统控制箱应有两路电源，自动互投传动应正确、可靠。

接线应采用铜质或有电镀金属防锈层的螺栓紧固，且应有防松装置。

保护电动机用的热继电器的整定值，应为电动机额定电流的 1～1.15 倍。

（8）高压引线连接

110kV 侧连接：采用 GIS 组合电器或架空线连接，软导线（如 LGJ-400）弯曲半径≥20 倍导线直径。

接线端子做镀银处理，接触面涂电力复合脂，螺栓力矩符合规范要求（如 M24 螺栓力矩值为 400～450N·m）。

（9）接地与屏蔽

主接地网：油箱两点接地（40mm×4mm 扁钢），铁芯、夹件单独引下接地，避免形成环流。

抗干扰措施：控制电缆与高压母线交叉时加装金属屏蔽管，二次回路屏蔽层单端接地。

中性点接地：通过双根 50mm×5mm 镀锌扁钢接地，接地电阻≤4Ω（有效接地系统）。

2. 变压器注油

1）绝缘油处理

（1）每批到达现场的绝缘油应有试验记录，并应按规定进行取样分析，大罐油应每罐取样。

（2）到达现场的绝缘油首次抽取，宜使用压力式滤油机进行粗过滤。

（3）储油罐顶部应设置进出气阀，用于呼吸的进气口应安装干燥过滤装置，并设置进油阀、出油阀、油样阀和残油阀。进油阀位于罐的上部，出油阀位于罐的下部，距罐底约100mm，油样阀位于罐的中下部，如图 2-2-4 所示。

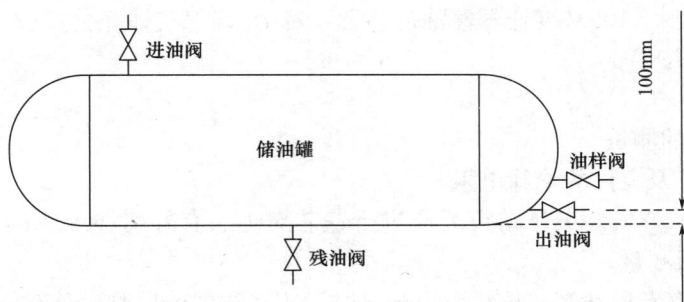

图 2-2-4 储油罐示意图

2）变压器抽真空与注油

（1）绝缘油必须试验合格后方可注入变压器内，不同牌号的绝缘油或同牌号的新油与运行过的油混合使用前，必须做混油试验。

（2）新安装的变压器不宜使用混合油。

（3）变压器真空注油不宜在雨天或雾天进行，真空时，应将不能承受真空下机械强度的附件与油箱进行隔离，分阶段抽至≤50Pa（维持 8h 以上），检测泄漏率≤13Pa/h。真空保压合格后进行变压器真空注油。

（4）注入油的温度应高于器身温度，注油速度≤100L/min。

（5）在抽真空时，必须将不能承受真空下机械强度的附件与油箱隔离，对允许抽同样真空度的部件，应同时抽真空。变压器注油示意图如图 2-2-5 所示。

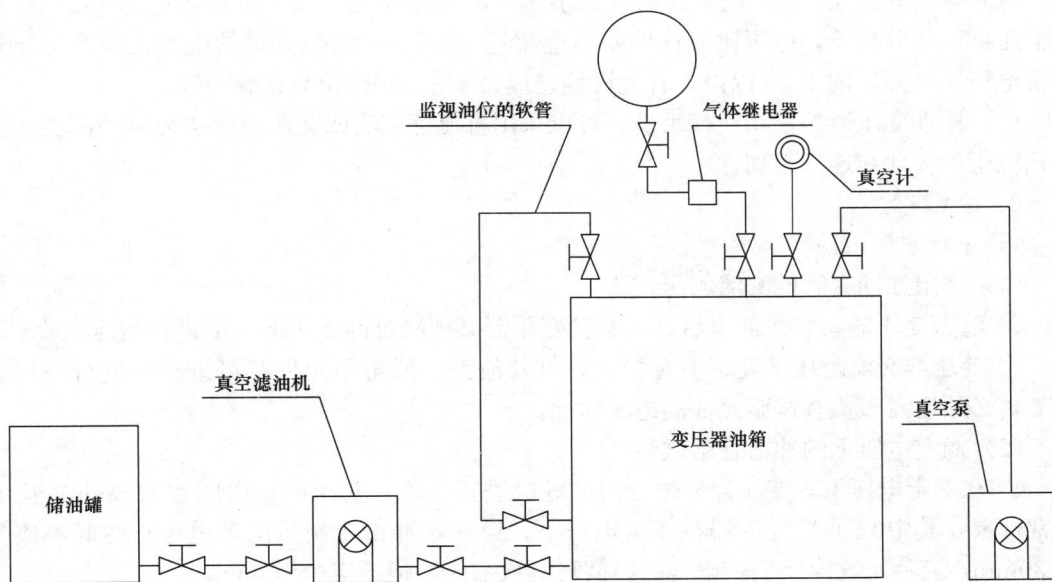

图 2-2-5 变压器注油示意图

（6）热油循环：注油后以≥60℃油温进行循环 48h，过滤后油击穿电压≥60kV，含水量≤10ppm。热油循环时，应将冷却器与油箱的油一起进行循环。

（7）静置时间：110kV变压器注油后静置≥72h，确保气体充分释放。

3. 交接试验与调试

1. 例行试验

1）绝缘电阻的测试

（1）测量铁芯及夹件的绝缘电阻

① 在变压器所有安装工作结束后应进行铁芯对地、有外引接地线的夹件对地及铁芯对夹件的绝缘电阻测量。

② 变压器上有专用铁芯接地线引出套管时，应在注油前后测量其对外壳的绝缘电阻。

（2）测量绕组连同套管的绝缘电阻值、吸收比

① 用2500V摇表测量各相高压绕组对外壳的绝缘电阻值，用500V摇表测量低压各相绕组对外壳的绝缘电阻值。测量完后，将高、低压绕组进行放电处理。

② 吸收比是通过计算得出的，测量绝缘电阻时，摇表摇15s和60s时，阻值有差异，此时的比值就是吸收比。吸收比≥1.3（常温），极化指数≥1.5（10min/1min值）。

2）测量绕组连同套管的直流电阻

（1）变压器的直流电阻与同温下产品出厂实测数值比较，相应变化不应大于2%。

（2）1600kVA及以下三相变压器，各相绕组之间的差别不应大于4%；无中性点引出的绕组，线间各绕组之间差别不应大于2%。

（3）1600kVA以上变压器，各相绕组之间差别不应大于2%；无中性点引出的绕组，线间差别不应大于1%。

3）检查所有分接电压比

（1）电压等级在35kV以下，电压比小于3的变压器电压比允许偏差应为±1%。其他变压器额定分接下，电压比允许偏差不应超过±0.5%。其他分接的电压比应在变压器阻抗电压值（%）的1/10以内，且允许偏差应为1%。相位角与铭牌一致。

（2）检查变压器的三相连接组别。可以采用直流感应法或交流电压法分别检测变压器三相绕组的极性和连接组别。

2. 专项试验

1）工频耐压试验

（1）绕组连同套管的交流耐压试验

① 电力变压器新装注油以后，大容量变压器必须经过静置12h才能进行耐压试验。

② 变压器交流耐压试验不但对绕组，对其他高、低耐压元件都可进行。进行耐压试验前，必须用摇表检查试验元件的绝缘状况。

（2）额定电压下的冲击合闸试验

① 在额定电压下，变压器冲击合闸试验应进行5次，每次间隔时间宜为5min，应无异常现象，其中750kV变压器在额定电压下，第一次冲击合闸后的带电运行时间不应少于30min，其后每次合闸后带电运行时间可逐次缩短，但不应少于5min。

② 冲击合闸宜在变压器高压侧进行，进行中性点接地的电力系统试验时，变压器中性点应接地。

110kV侧耐受电压230kV（1min），局部放电量≤300pC（$U=1.5U_m/\sqrt{3}$时）。

2）绕组变形测试

频响法曲线与出厂数据比对，相关系数≥0.9。

3）空载与短路试验

空载损耗偏差≤+15%，短路阻抗偏差≤±5%。

4）绝缘油试验

绝缘油的试验项目包括外状、水溶性酸、酸值、闪点、水含量、界面张力、介质损耗因数、击穿电压、体积电阻率、油中含气量、油泥与沉淀物、油中溶解气体组分含量色谱分析、变压器油中颗粒度限值。

5）SF_6气体试验

气体绝缘的变压器应进行SF_6气体含水量检验及检漏。SF_6气体含水量（20℃的体积分数）不宜大于250uL/L，变压器应无明显泄漏点。

3. 系统调试

保护联调：差动保护、瓦斯保护动作值校验，模拟故障触发正确跳闸。

冷却系统联锁：油温55℃启动风机，油温65℃报警，油温80℃跳闸（按设计整定）。

带电后，检查本体及附件所有焊缝和连接面，不应有渗油现象。

（二）高压电气装置的安装

1. 真空断路器安装

1）设备开箱验收及检查

（1）真空断路器应按照制造厂和设备包装箱要求运输、装卸，其过程中不得倒置、强烈振动和碰撞。

（2）真空灭弧室的运输应按易碎品的有关规定进行。真空断路器存放时不得重叠放置，若要长期存放，应每6个月检查1次，在金属零件表面及导电接触面应涂防锈油脂，用清洁的油纸包好绝缘件。

（3）保存期限如超过真空灭弧室上注明的允许储存期，应重新检查真空灭弧室的内部气体压强。

2）支架/底座固定

按图纸安装断路器支架或底座，安装应垂直，固定应牢固，相间支持瓷套应在同一水平面上，使用水平仪校验调整水平度，误差≤1mm/m。采用高强度螺栓固定，紧固力矩按厂家要求（通常为100~200N·m）。

3）操作机构安装

（1）机构固定

液压/弹簧/电动机构按图纸固定，调整与本体传动杆同轴度（偏差≤1mm）。

（2）连杆调整

连接本体与操作机构的连杆，调整长度使分合闸位置符合要求（分闸行程、超行程按厂家参数），三相联动连杆的拐臂应在同一水平面上，拐臂角度应一致。

4）联锁功能

检查断路器与接地刀闸、隔离开关的机械/电气联锁（如"五防"闭锁）。具备慢分、慢合功能的，在安装完毕后，应先进行手动缓慢分、合闸操作，手动操作正常，方可进行电动分、合闸操作。

5）导电回路连接

（1）母线连接

硬母线连接时使用力矩扳手（力矩值参考厂家标准，如 M12 螺栓约 70N·m），软母线连接需控制弧垂，避免对套管产生机械应力。

（2）触头处理

清洁触头接触面，涂抹导电膏，确保接触电阻值≤厂家规定值（通常≤50μΩ）。

真空断路器结构如图 2-2-6 所示。

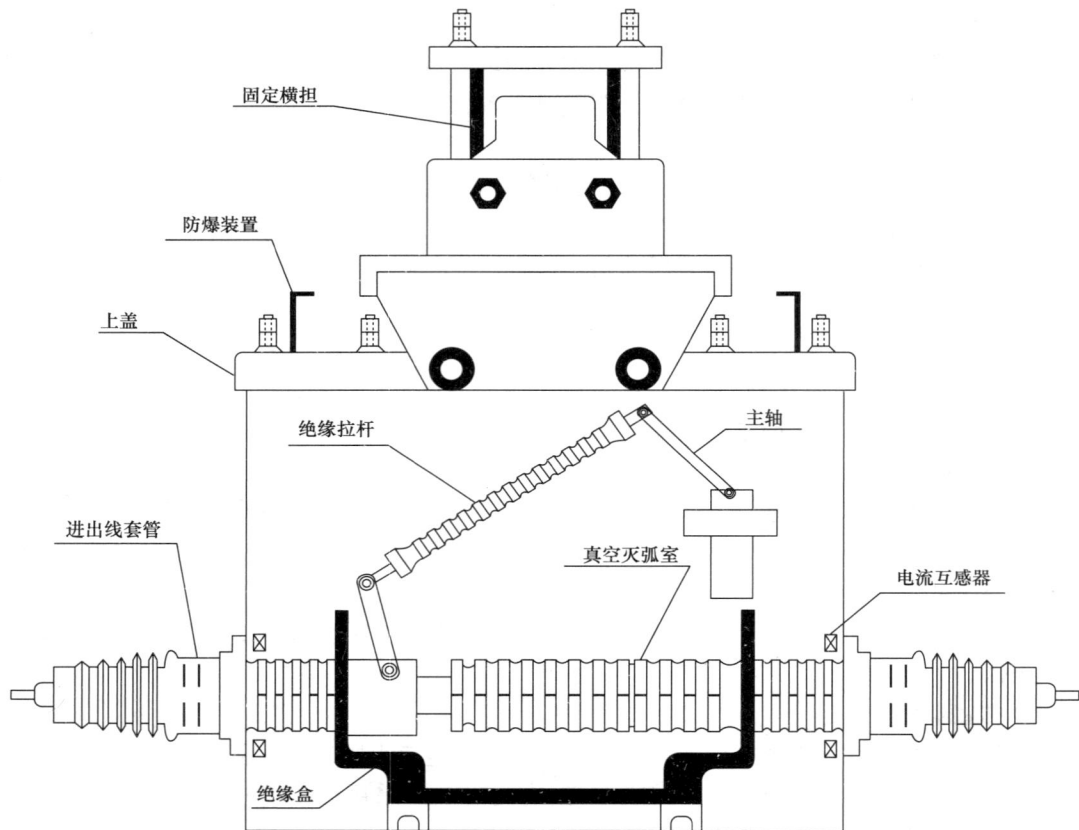

图 2-2-6　真空断路器结构图

2. SF$_6$ 断路器安装

（1）均压电容、合闸电阻应经现场试验，应符合技术文件要求。

（2）操动机构零件应齐全，轴承应光滑、无卡涩，铸件应无裂纹或焊接不良。

（3）罐式断路器安装前，应核对电流互感器二次绕组排列次序及变比、极性、级次等。

（4）灭弧室组装时，空气相对湿度应小于 80%，并应采取防尘、防潮措施。

（5）断路器支架或底架与基础的垫片不宜超过 3 片，其总厚度不应大于 10mm。

（6）SF$_6$ 气体充注：

抽真空至 133Pa 以下，维持 4h，泄漏率≤13Pa/h，采用氦质谱检漏仪检测法兰/焊缝，局部泄漏率≤0.5%/年。

　　SF_6 气体在注入 GIS 前，应对瓶中气体做好检验，合格后方可冲入。将各气室充到符合厂家规定气体压力值后停止注气。充气前气体微水含量≤5ppm，充气至额定压力（20℃时 0.4～0.6MPa），充注速率≤0.1MPa/min，静置 24h 后复测微水含量≤150ppm（体积比）。SF_6 断路器结构如图 2-2-7 所示。

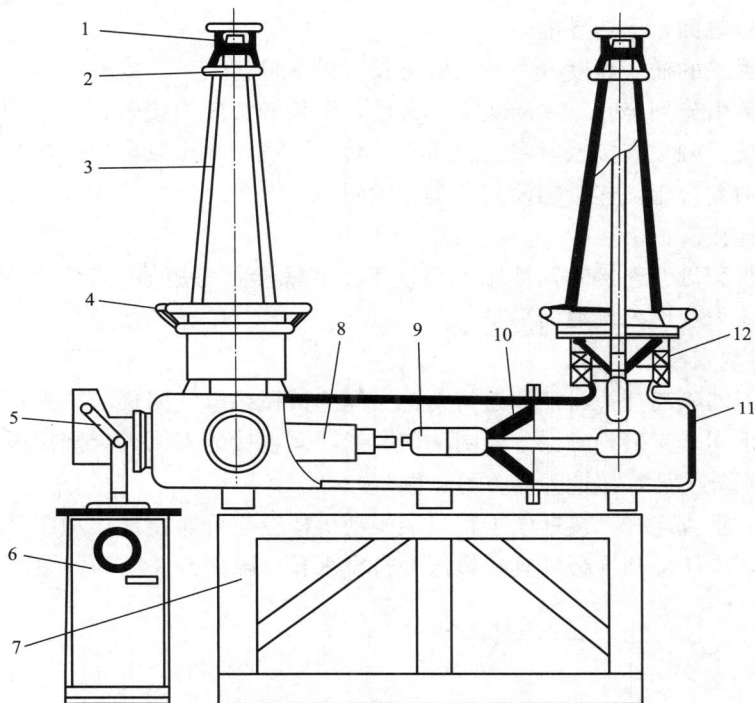

图 2-2-7　SF_6 断路器结构图

1—接线端子；2—上均压环；3—出线瓷套管；4—下均压环；5—拐臂箱；6—机构箱；7—基座；
8—灭弧室；9—静触头；10—盆式绝缘子；11—壳体；12—电流互感器

3. 隔离开关、负荷开关安装

1）支架/底座安装

按图纸固定隔离开关支架或底座，调整水平度和垂直度，使用水平仪校验，支架柱轴线、行、列的定位轴线允许偏差≤5mm。同相根开允许偏差≤10mm。

采用热镀锌螺栓固定，紧固力矩符合厂家要求（如无要求，按现行国家标准《电气装置安装工程 母线装置施工及验收规范》GB 50149 执行）。

2）本体吊装

使用吊车或电动葫芦吊装隔离开关本体，轻放至支架上，避免碰撞绝缘子，分相安装时，确保三相轴线对齐，间距符合设计要求。

3）操动机构安装

安装手动或电动操动机构，固定连接部件应紧固，转动部分应涂以适合当地条件的润滑脂。确保与本体传动轴同轴，连接牢固。

调整连杆长度，保证分合闸到位（分闸角度通常为 90°或按厂家要求），电动操作前，应先进行多次手动分、合闸，机构动作应正确。

检查联锁装置（如机械闭锁、电气联锁），限位装置应准确可靠，到达规定分、合极限位置时，应可靠切除电源，确保主刀闸与接地刀闸联锁可靠。

4）导电部分安装

（1）触头调整

清洁触头接触面，涂抹导电膏。

调整动静触头的插入深度（一般为触指长度的 80％以上），接触压力均匀，具有引弧触头的隔离开关由分到合时，主动触头接触前，引弧触头应先接触；从合到分时，触头的断开顺序应相反。触头应接触紧密，表面应平整、清洁，并涂以薄层中性凡士林，连接端子涂以薄层电力复合脂，连接螺栓应齐全、紧固。

（2）母线连接

软母线或管型母线连接时，使用力矩扳手紧固螺栓（力矩值参考厂家要求），硬母线连接需确保无应力变形，接触面平整。

5）接地刀闸安装

带有接地刀的隔离开关，接地刀与主触头间的机械或电气闭锁应准确可靠，接地刀闸与主刀闸安装于同一支架，确保分合闸动作顺畅，调整接地刀闸的合闸深度，与主刀闸闭锁可靠（主刀闸分闸后，接地刀闸方可合闸）。

开关底座、垂直连杆、接地端子箱以及操动机构箱应可靠接地。均压环和屏蔽环应安装牢固、平正，均压环和屏蔽环宜在最低处打排水孔。隔离开关结构如图 2-2-8 所示。

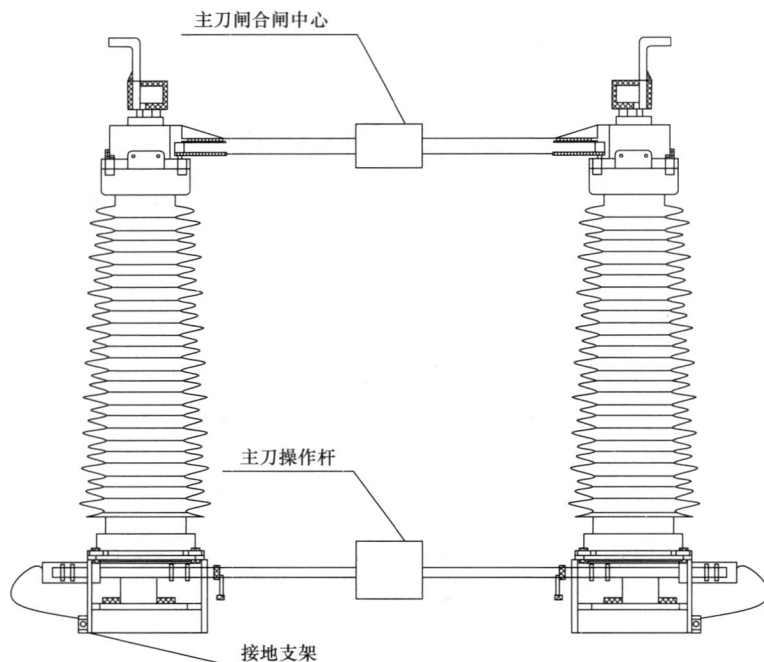

图 2-2-8　隔离开关结构图

负荷开关三相触头接触的同期性和分闸状态时触头间净距及拉开角度，符合技术文件要求。负荷开关内部结构如图 2-2-9 所示。

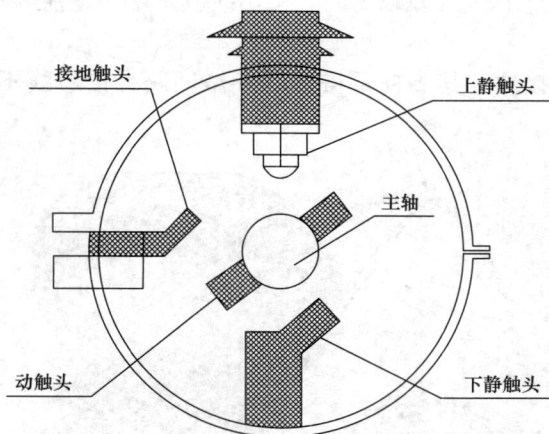

图 2-2-9　负荷开关内部结构图

4. 高压熔断器安装

高压熔断器安装时，带钳口的熔断器，其熔丝管应紧密地插入钳口内。装有动作指示器的熔断器，便于检查指示器的动作情况。熔断器内部结构如图 2-2-10 所示。

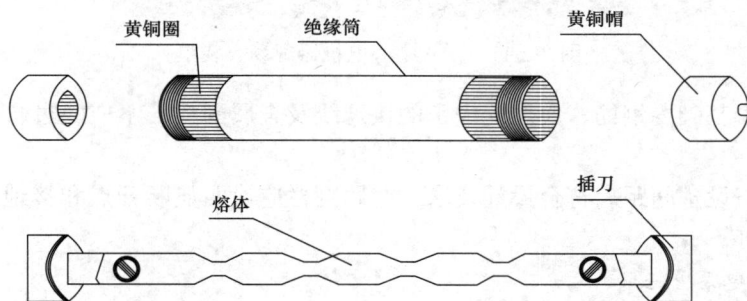

图 2-2-10　熔断器内部结构图

跌落式熔断器熔管的有机绝缘物应无裂纹、变形；熔管轴线与铅垂线的夹角应为 15°～30°，其转动部位应灵活，跌落时不应碰及其他物体而损坏熔管。

熔丝的规格应符合设计要求，且无弯曲、压扁或损伤，熔体与尾线应压接紧密牢固。

5. 干式空心电抗器安装

（1）使用专用吊具（如尼龙吊带）吊装，避免损伤绝缘层。吊装过程中保持电抗器平稳，严禁倾斜或碰撞。就位后调整位置，确保与周围设备（如避雷器、母线）的安全距离符合规范。

（2）干式空心电抗器的接线端子方向应与施工图纸方向一致。电抗器的重量应均匀地分配于所有支柱绝缘子上，找平时，允许在支柱绝缘子底座下放置钢垫片，但应固定牢靠。

（3）根据支架标高和支柱绝缘子长度综合考虑，使支柱绝缘子标高偏差控制在 5mm

以内。

（4）新安装的户外干式空心电抗器，产品结构应具有防鸟、防雨功能。

（5）当额定电流超过1500A及以上时，引出线应采用非磁性金属材料制成的螺栓进行固定。

（6）电抗器底座应接地，其支柱不得形成导微回路，接地线不应形成闭合环路，如图2-2-11所示。

图 2-2-11　干式空心电抗器现场安装图

（7）电抗器基础内钢筋、底层绝缘子的接地线及金属围栏，不应通过自身和接地线构成闭合回路。

（8）网栏与设备间距离符合设计要求，金属网栏应设明显断开点和接地点，安装平整牢固，防腐完好。

6. 装配式电容器安装

1）支架安装

（1）电容器框架安装：框架组件平直，长度误差≤2mm/m，连接孔应可调；每层框架水平度误差≤3mm，对角误差≤5mm；总体框架水平度误差≤5mm，垂直误差≤5mm，防腐完好。

（2）放电线圈支架安装：支架标高偏差≤5mm，垂直度偏差≤5mm，相间轴线偏差≤10mm，顶面水平度偏差≤2mm/m。

2）电容器组和辅助设备安装

（1）电容器的配置应使其铭牌面向通道一侧，并有顺序编号。

（2）电容器端子的连接应符合设计要求，接线应对称一致，整齐美观，母线及分支线应标以相色；硬母线连接应满足热胀冷缩要求。电容器端子间或端子与汇流母线间的连接，应采用带绝缘护套的软铜线。

（3）电容器底座应与主接地网可靠连接，固定在框架上的放电线圈与框架可靠跨接；有独立基础的放电线圈本体与主接地网可靠连接。放电线圈的二次绕组有一点可接地。

7. 互感器安装

1) 吊装与就位

使用专用吊具（油浸式互感器吊点需在专用吊环上），保持垂直吊装，倾斜角≤15°。

就位后调整方向，确保一次端子与母线连接方向一致。底座螺栓紧固力矩按厂家要求（如 M20 螺栓力矩为 120N·m±20N·m）。

2) 接地要求

每台互感器至少两点接地（底座与专用接地排），电容式电压互感器（CVT）的末屏需可靠接地，接地线截面积≥4mm^2。

3) 电气连接

(1) 一次侧连接

母线连接前清洁接触面，涂抹导电脂，螺栓紧固力矩满足现行国家标准《电气装置安装工程 母线装置施工及验收规范》GB 50149 的要求，硬母线需预留伸缩节，软导线连接应无过度张力。

(2) 二次侧接线

① 电流互感器（CT）

二次绕组严禁开路，未使用的绕组需短接并接地，多绕组 CT 需核对保护、计量绕组的准确级分配。

② 电压互感器（PT）

二次侧需装设熔断器或微型断路器，防止短路，核相并确认极性正确（保护、计量回路需独立接线）。

4) 安装后试验

绝缘电阻：一次侧对地≥1000MΩ（2500V 兆欧表），二次侧对地≥10MΩ（500V 兆欧表）。

极性测试：采用直流法或变比测试仪验证极性是否正确。

变比误差：CT 变比误差≤±1％，PT 变比误差≤±0.5％。

工频耐压：一次侧试验电压 230kV（110kV 设备，1min 无闪络）。

5) 特殊试验

CT 的 10％误差曲线校验（保护绕组需满足系统短路容量）。

CVT 的介损及电容量测量（tan δ≤0.5％，电容量偏差≤±5％）。

8. 避雷器的安装

1) 安装位置定位

避雷器应安装在以下关键位置：

(1) 进线侧：靠近线路入口，拦截雷电侵入波。

(2) 主变压器附近：直接保护主变高压侧和中性点（若中性点非全绝缘）。

(3) 母线段：保护母线及连接设备。

(4) 出线侧：针对电缆或架空线路出线进行保护。

2) 支架安装

检查支架或构架的强度、垂直度及接地可靠性，接地电阻应≤5Ω，清除安装区域杂物，确保安全距离（避雷器与周围设备间距≥1.5m）。

采用热镀锌钢支架，螺栓紧固并加装防松垫片，支架水平误差≤2mm/m，垂直误差≤1.5mm/m。

3）避雷器本体安装

吊装时使用专用尼龙吊带，避免碰撞瓷套或复合外套，确保避雷器垂直安装，倾斜度≤1%（复合外套型可适度放宽），多节避雷器串联时，连接法兰面需清洁并涂抹导电脂，硅橡胶伞裙表面涂抹防污闪涂料，提高抗污能力；螺栓按对角线顺序紧固。避雷器压力释放口方向应避开设备和人员通道。

复合外套避雷器通常内置均压环，均压环安装位置正确，避雷器密封端盖完好，复合外套无划痕。

引流线与避雷器端子接触面涂抹电力复合脂，螺栓扭矩符合厂家要求（如M12螺栓扭矩为30N·m）。

在安装避雷器时，注意保护侧面充放气阀和底部接地端子，不能松动接地端子里面的两只螺母，以免松动漏气。避雷器结构如图2-2-12所示。

4）电气连接

高压引线：采用软铜绞线（截面积≥50mm^2），避免过紧或过松，弯曲半径≥10倍线径。

接地线：独立接地引下线［截面积≥35mm^2（铜）或50mm^2（钢）］，直接接至主地网，禁止串联接地，引流线与避雷器端子接触面涂抹电力复合脂，螺栓扭矩符合厂家要求（如M12螺栓扭矩为30N·m）。

放电计数器：串联在接地回路中，安装高度为1.5m。

5）验收试验

绝缘电阻测试：用2500V兆欧表测量，阻值≥2500MΩ。

直流参考电压（U1mA）：实测值与铭牌偏差≤±5%。

泄漏电流测试：在0.75U1mA下，泄漏电流≤50μA。

放电计数器动作试验：模拟冲击验证计数器功能。

9. GIS组合电气设备安装技术

装配工作应在无风沙、无雨雪、空气相对湿度小于80%的条件下进行，并采取防沙、防潮措施，安装时按照技术文件要求选用吊装器具及吊点，如图2-2-13所示。

1）基准单元定位

首段母线筒作为基准，调整水平度≤1mm/m，明确GIS安装位置，并在地面标识出中心轴线，中心轴线偏差≤2mm。

使用液压升降平台固定，避免重力变形。

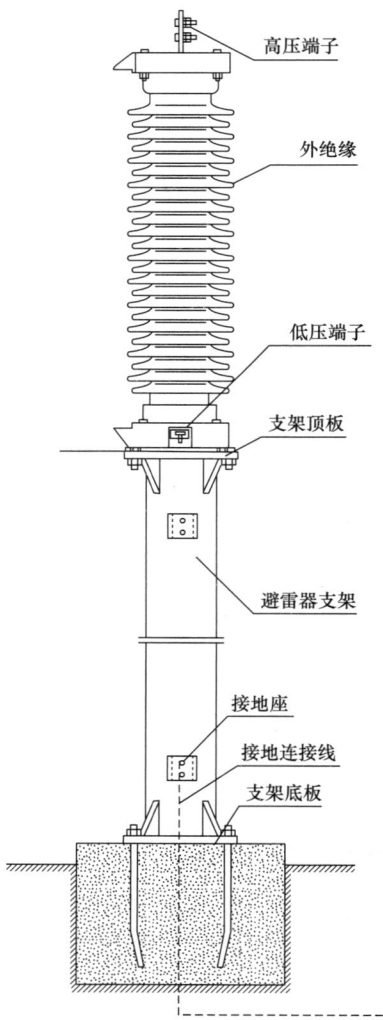

图2-2-12　避雷器结构图

高压端子
外绝缘
低压端子
支架顶板
避雷器支架
接地座
接地连接线
支架底板

图 2-2-13 GIS 组合电气设备安装现场图

2）分段拼装

按照制造厂的编号和规定程序进行装配，不得混装，按 AIS 图逐段吊装，法兰对接前用无毛布蘸无水乙醇清洁密封面；安装 O 型密封圈（涂抹硅脂），螺栓按十字对称顺序紧固（力矩值参考厂家标准，如 M20 螺栓为 200～250N·m）。

3）导体连接

插入盆式绝缘子导杆，调整接触指压力（弹簧压力值为 15～25N），使用 0.05mm 塞尺检查接触面插入深度≥20mm。

4）气室处理

（1）抽真空与检漏

检查密度继电器处的阀门及其他阀门处于开启位置。抽真空前，对一些需要更换吸附剂的气室应先将吸附剂在温度为 400℃ 的烘箱内烘干 2h 以后放到一个密封的容器内冷却到室温，立即放入 GIS 的气室内，此在空气暴露时间不应超过 10min。

抽真空至 133Pa 以下，维持 4h，泄漏率≤13Pa/h，采用氦质谱检漏仪检测法兰/焊缝，局部泄漏率≤0.5%/年。

（2）SF_6 气体充注

SF_6 气体在注入 GIS 前，应对瓶中气体做好检验，合格后方可冲入。将各气室充到符合厂家规定气体压力值后停止注气。充气前气体微水含量≤5ppm，充气至额定压力（20℃ 时 0.4～0.6MPa），充注速率≤0.1MPa/min，静置 24h 后复测微水含量≤150ppm（体积比）。

5）二次系统集成

（1）机构安装

液压/弹簧操作机构与本体传动杆同轴度偏差≤0.5mm，分合闸行程误差≤±1mm。

（2）电缆与 CT 安装

电流互感器二次绕组接线采用屏蔽双绞线，对地绝缘电阻值≥100MΩ。控制电缆与高压部件距离≥300mm，避免电磁干扰。

6）法兰密封与套管外观检查

GIS各单元的所有法兰连接处应用密封垫（圈）密封，密封垫（圈）必须无扭曲、变形、裂纹和毛刺，密封垫（圈）应与法兰面尺寸相配合，法兰连接面应平整、清洁无划伤。套管采用瓷外套时，瓷套与金属法兰胶装部位应牢固密实并涂有性能良好的防水胶；套管采用硅橡胶外套时，外观不得有裂纹、损伤、变形。

7）封盖要求

在每次安装、内检和试验工作结束后，应清点用具、用品，检查确认无遗留物后方可封盖。

二、电动机安装

（一）电动机接线、接地

1. 电动机接线

（1）电动机接线前应检查接入电缆是否与电动机功率相匹配，电缆应做绝缘试验和耐压试验。

（2）一般3kW以下的电动机采用星形接法较多，3kW以上的电动机一般都采用三角形接法，如图2-2-14所示。

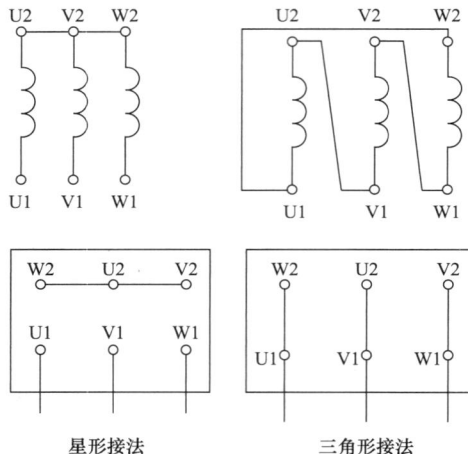

星形接法　　　　　　　三角形接法

图 2-2-14　电动机的星形接法和三角形接法

2. 电动机接地

为防止电动机因故障或者绝缘损坏而导致漏电造成对设备线路或者人身触电危险，电动机应具备可靠的保护接地。在电动机机身接地标识处采用黄绿色软铜线与接地干线可靠连接，如图2-2-15所示。

（二）电动机调试

1. 调试前的准备工作

1）安全检查

确保电动机及配套设备（断路器、变压器、电缆等）已断电，并挂警示牌。

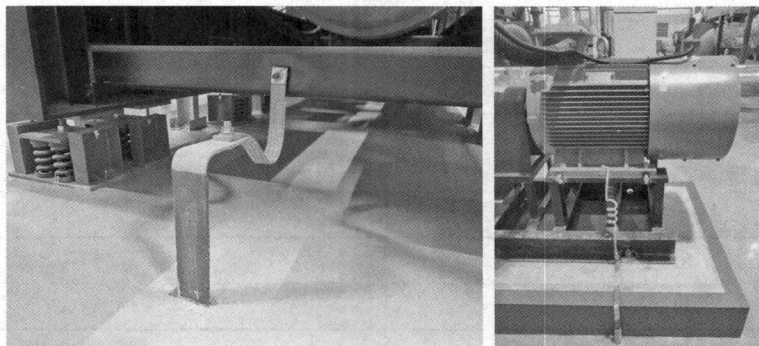

图 2-2-15　电动机接地示意图

检查接地系统是否符合规范（接地电阻值≤4Ω）。

2）机械检查

检查电动机安装是否水平，地脚螺栓紧固无松动，联轴器对中精度符合要求（径向偏差≤0.05mm，轴向偏差≤0.1mm）；手动盘车确认转子转动灵活，无卡阻或异响；润滑系统检查：轴承注油量、油质符合标准（如锂基脂润滑）。

3）电气检查

核对电缆规格、接线相位正确，端子紧固无松动。

（1）测量绝缘电阻（使用 2500V 兆欧表）

定子绕组对地绝缘电阻值≥1MΩ/kV（如 10kV 电机应≥10MΩ）；吸收比（R_{60}/R_{15}）≥1.3，极化指数（R_{10}/R_1）≥2.0；检查保护装置（过流、差动、温度保护等）接线及参数设置。

（2）绕组耐压试验

① 定子的各相线圈试验

对定子的各相线圈、外壳以及其他接地的两相分别进行试验，同时将转子绕组进行耐压试验，如图 2-2-16 所示。

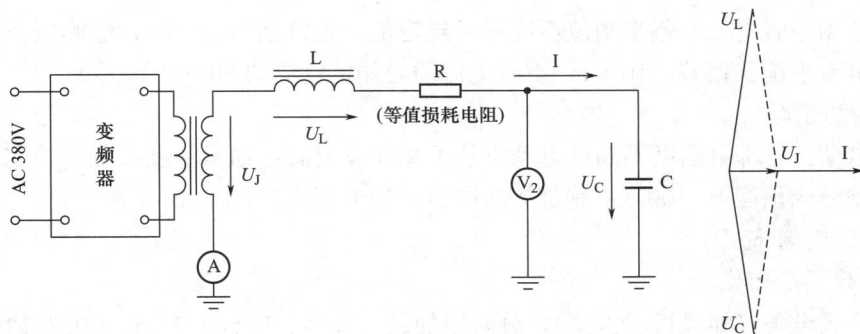

图 2-2-16　电动机耐压试验

② 试验电压规定

定子绕组、转子绕组的试验电压见表 2-2-1 和表 2-2-2。

定子绕组试验电压   表 2-2-1

额定电压(kV)	≤1	3	6	10
试验电压(kV)	1	5	10	16

转子绕组试验电压   表 2-2-2

转子工况	试验电压(V)
不可逆的	$1.5U_k+750$
可逆的	$3.0U_k+750$

2. 空载试运行调试

1）启动前检查

电动机启动前检查通风、冷却水、润滑系统应正常，无漏风、漏水、漏油和堵塞现象。润滑油位指示正确，转子手动盘车灵活，无异音。

启动前确认，断开负载（脱开联轴器），确保电动机空载运行，检查控制回路（PLC/DCS）逻辑正确，启停信号正常。

2）首次点动测试

短时通电（1～2s），观察电机转向是否正确（与设备标识一致），监听电机内部有无异常摩擦或撞击声。

3）空载运行监测

电动机旋转后，声音正常，轴承无杂音，无尖锐异响，空载噪声≤85dB（A）。无渗漏油现象。滑动轴承按照轴瓦检查标准检查。电动机滑动轴承温度不得超过80℃；滚动轴承不得超过95℃；电机外壳为75℃；铁芯线圈为100℃。

4）振动测量

测量电动机的振动应符合现行国家标准《轴中心高为56mm及以上电机的机械振动 振动的测量、评定及限值》GB/T 10068的要求。

5）三相空载电流测量

测量三相空载电流，不平衡值不应超过规定值。连续运行1～2h，监测以下参数：电流：三相电流平衡（偏差≤10%），空载电流约为额定电流的20%～40%。

6）温度测量

检查电动机各部分温度不超过电动机技术文件规定值：轴承温度≤85℃，定子绕组温度（红外测温或预埋PT100）≤绝缘等级限值（如F级≤155℃）。

3. 带负载调试

1）负载逐步加载

连接负载设备（如风机、水泵），分阶段加载（25%、50%、75%、100%额定负载），每阶段运行30min，记录电流、振动、温升等参数。

2）动态性能测试

启动特性：记录启动电流（通常为额定电流的5～7倍）、启动时间（符合设计值）。转速稳定性：满载时转速波动≤±1%；效率测试：输入功率与输出功率比值符合铭牌数据（高效电机≥95%）。

3）保护功能验证

模拟故障（如过流、短路、缺相），验证保护装置动作可靠性，差动保护校验：注入差动电流，确保保护动作值与设定值误差≤5%。

4．控制系统调试

1）软启动/变频器调试

设置启动曲线（如电压斜坡时间、限流值）。

变频器参数优化：载波频率、V/f 曲线、过载保护阈值。

测试调速范围及响应特性（如 0～100Hz 线性调节）。

2）PLC/DCS 联锁测试

验证与上下游设备的联锁逻辑（如润滑油泵启动后电机才允许启动）。

模拟远程/就地控制切换，确保信号传输稳定。

三、电力线路施工

（一）架空线路施工

杆塔施工：

1．基础工程

（1）混凝土电杆卡盘安装

安装前应先将下部回填土夯实，安装位置与方向应符合设计图纸规定，其深度允许偏差为±50mm，卡盘抱箍的螺母应紧固，卡盘弧面与电杆接触处应紧密。

（2）拉线盘的安装位置

延拉线方向的左、右偏差不应超过拉线盘中心至相对应电杆中心水平距离的 1%。

（3）卡盘安装

安装时利用电杆作为起吊滑车组的悬挂点，将卡盘起吊，布置如图 2-2-17 所示，当卡盘将要离开地面时，用棕绳拖住，使其缓慢靠近电杆，然后沿保护木杠慢慢松至底盘上。

2．塔杆拉线安装

（1）拉线安装后对地平面夹角与设计值的允许偏差，35～66kV 架空电力线路不应大于 1°；10kV 及以下架空电力线路不应大于 3°。

（2）承力拉线应与线路方向的中心线对正，分角拉线应与线路分角线方向对正，防风拉线应与线路垂直。

（3）当采用 UT 形线夹及楔形线夹固定安装时，丝扣上应涂润滑剂，楔形线夹处拉线尾线应露出线夹 200～300mm，用直径 2mm 镀锌铁线与主拉线绑扎 20mm。楔形线夹和 UT 形线夹如图 2-2-18 所示。

（4）当采用绑扎固定时，拉线两端应设置心形环，钢绞线拉线应采用直径不大于 3.2mm 的镀锌铁线绑扎固定，绑扎应整齐、紧密。

（5）采用预绞式拉线耐张线夹安装时，剪断钢绞线前，端头应用铁绑线进行绑扎，剪断口应平齐。

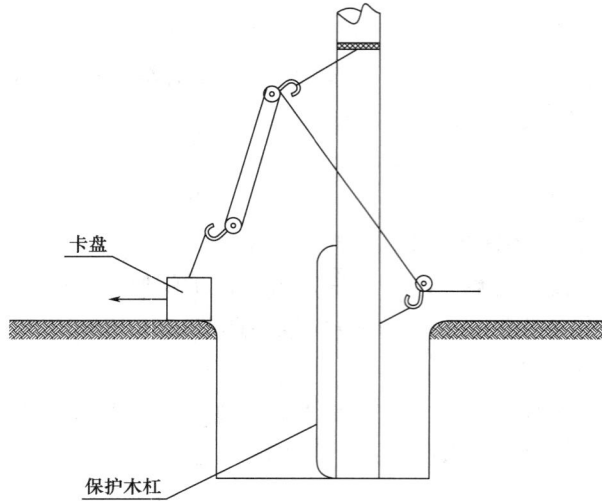

图 2-2-17　卡盘吊装示意图

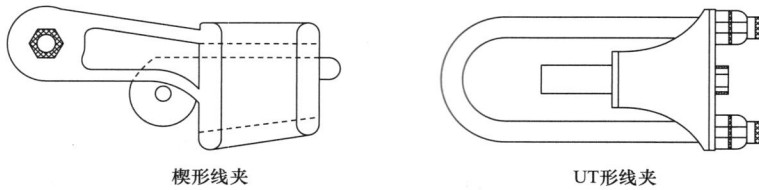

楔形线夹　　　　　　　　　　UT形线夹

图 2-2-18　线夹结构示意图

3. 拉线系统

（1）拉线系统分为上部拉线（上把、中把）和下部拉线（底把），如图 2-2-19 所示。

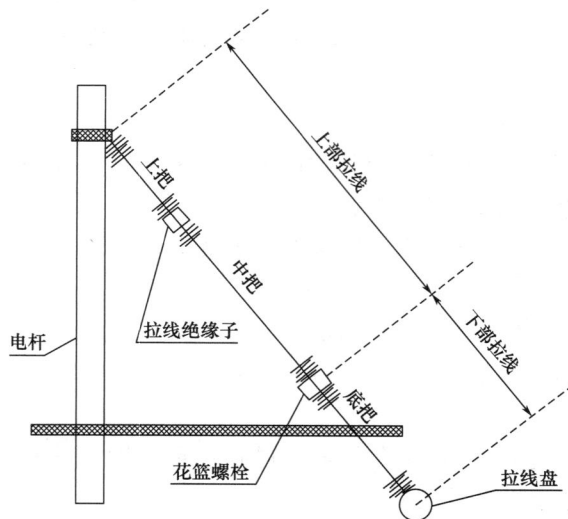

图 2-2-19　拉线系统图

（2）拉线绝缘子钢线卡子安装时，靠近拉线绝缘子的第一个钢线卡子，其 U 形环应压在拉线尾线侧，在两个钢线卡子之间的平行钢绞线夹缝间，应加装配套的铸铁垫块，相互间距宜为 100～150mm。

（3）跨越道路的水平拉线与拉桩杆安装时，拉桩杆的埋设深度，当设计无要求，采用坠线时，不应小于拉线柱长的 1/6。

（4）拉桩杆应向受力反方向倾斜，倾斜角宜为 10°～20°，拉桩杆与坠线角不应小于 30°。

（5）拉线抱箍距拉桩杆顶端应为 250～300mm，拉线杆的拉线抱箍距地面不应小于 4.5m。

（6）跨越道路的拉线，除应满足设计要求外，均应设置反光标识，与路边的垂直距离不小于 6m。

（7）顶（撑）杆安装时，底部埋深不宜小于 0.5m，并采取防沉措施，与主杆之间夹角应满足设计要求，允许偏差应为 ±5°。

（二）室外电缆敷设

1. 直埋敷设

（1）电缆直接埋地敷设时，室外埋设深度为不小于 700mm，电缆上下各均匀铺设细砂层，其厚度为 100mm，细砂层上覆盖混凝土保护板等保护层，保护层宽度应超出电缆两侧各 50mm，保护板可采用混凝土盖板或砖块（图 2-2-20）。

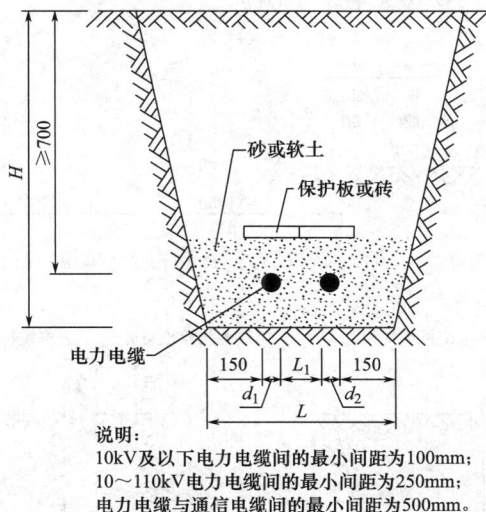

说明：
10kV 及以下电力电缆间的最小间距为 100mm；
10～110kV 电力电缆间的最小间距为 250mm；
电力电缆与通信电缆间的最小间距为 500mm。

图 2-2-20　铺砂盖砖或保护板（单位：mm）

（2）直埋敷设的电缆之间及其与各种设施平行或交叉的最小净距应符合有关规范要求。电缆与建筑物平行敷设时，电缆应埋设在建筑物的散水坡外。电缆与道路交叉时，保护管应伸出路基 1m（图 2-2-21）。

（3）沿电缆敷设的路径的直线段每隔 50～100m 处、缆接头处、转弯处、进入建筑物等位置设置明显的方位标志或标桩，指明电缆的数量、深度、起点、终端及线路变化，如图 2-2-22 所示。

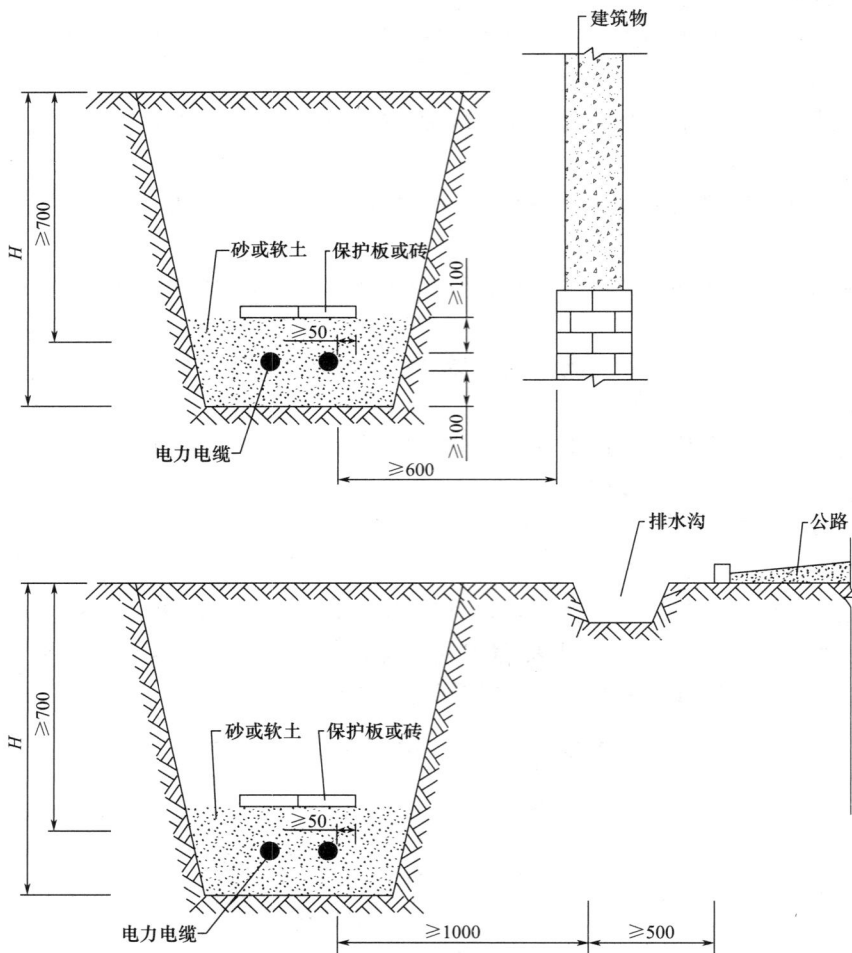

图 2-2-21　电缆与建筑物、公路平行（单位：mm）

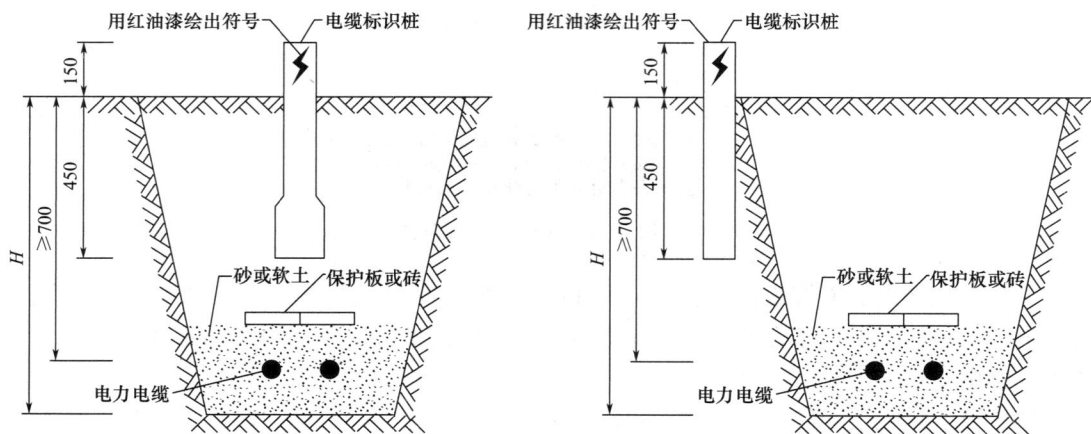

图 2-2-22　直埋电缆标识桩（单位：mm）

2. 直埋时保护导管敷设

电缆线路路径上有可能使电缆受到机械性损伤、化学作用、地下电流、振动、热影响、腐蚀物质、虫鼠等危害的地段、过车行道时应穿钢管保护，埋设深度为不小于 1m，应采取相应的保护措施，如穿管保护（图 2-2-23）。

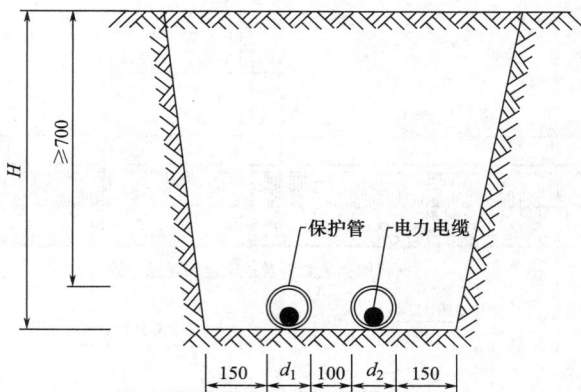

图 2-2-23 穿管保护（单位：mm）

电缆引入建（构）筑物时，在贯穿墙孔处应穿保护管，过墙引入管必须做好防水处理措施，且对管口实施阻水堵塞，其埋设深度距室外地面不应小于 0.7m，并应有适当的防水坡度（5°～10°）；除注明外，电缆保护管伸出墙外 1m，且伸出散水坡外≥100mm；穿墙保护管管材及管径详见实际工程设计；预埋钢管应做好接地，如图 2-2-24 所示。

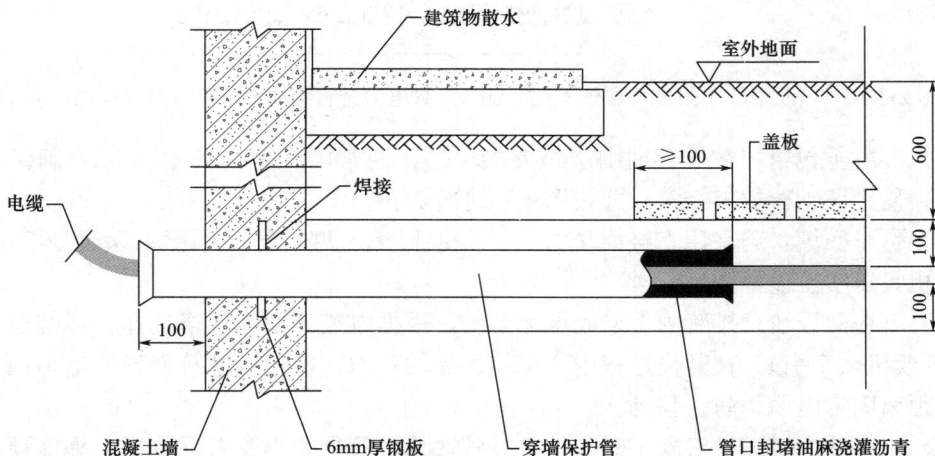

图 2-2-24 电缆穿墙保护管做法（单位：mm）

3. 排管敷设

（1）放线定位使用全站仪或经纬仪精确标出排管的中心线和走向，并做好沟槽开挖边界，确保位置准确无误。

（2）按照设计要求的深度和宽度进行机械或人工开挖沟槽，通常排管顶部需有至少200mm 的覆土层，遇到不良地质条件时，如地下水位高或软土层，采取必要的支护措施

（如钢板桩、混凝土支撑）以防止塌方。

（3）排管敷设时，将排管沿中心线排列，确保直线段平直，转弯处圆滑过渡。使用钢筋等固定材料将排管固定在沟槽底部。检查连接处的密封性，根据排管材质使用专用胶水或焊接技术进行处理，防止水分渗入，对于分支管道，预留适当的空间以便后续电缆敷设，如图 2-2-25 所示。

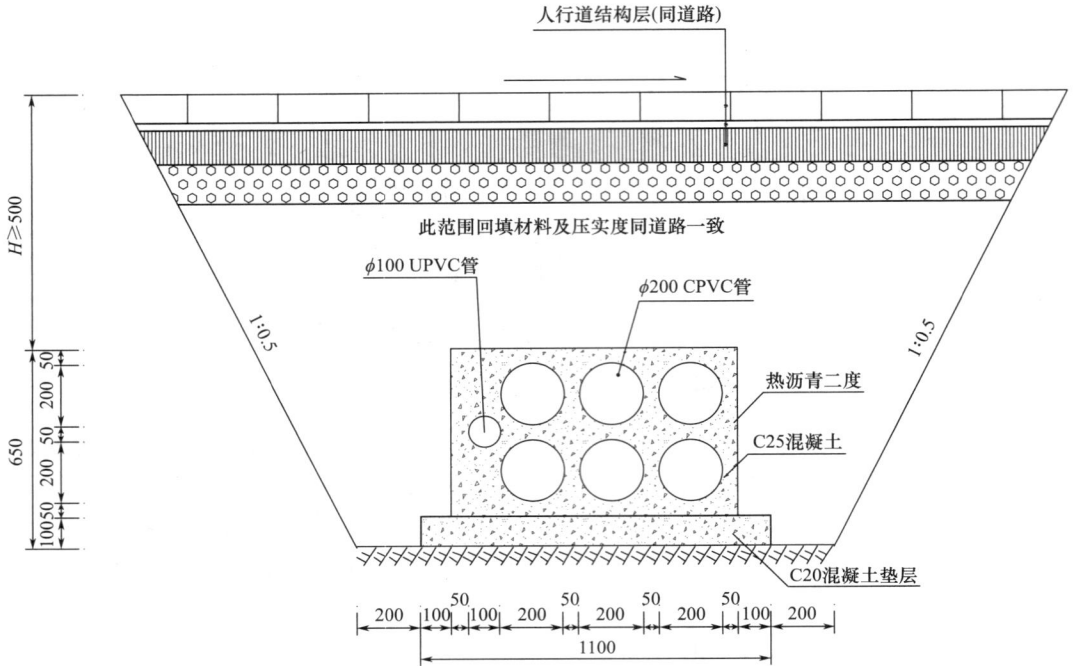

图 2-2-25　一般路段 6 孔 CPVC 管＋1 孔 UPVC 管电力排管剖面图（1∶20）（单位：mm）

（4）混凝土包封：在排管周围浇筑混凝土层，通常厚度为 80～120mm，确保完全包裹排管。使用振动棒振捣密实，并按照规范进行养护。

（5）覆土回填：若采用直接回填方式，分层回填土壤，每层厚度不超过 300mm，使用夯实机具压实至设计密度。

（6）电缆敷设清理排管内部，确保无杂物。根据电缆类型和规格选择合适的敷设方法（如人工或机械牵引）。在敷设过程中，保持适当的张力，避免过度拉伸导致电缆损坏。每隔一定距离固定电缆，防止移动。

（7）工作井中电缆排管施工时，按照排管数量、管径大小及布置位置，提前预制排管拼装模板进行预留孔洞，如图 2-2-26 所示，在排管两端井口处安装时，通过不同的拼装方式，满足电缆排管孔数不一样的排管排布方式，确保电缆井内排管洞口浇筑严密、管口整齐统一。

4. 电缆构筑物内敷设

电缆构筑物如电缆沟、电缆夹层、电缆隧道等，在电缆构筑物内敷设电缆应设电缆支架。

电缆沟内电缆排列应符合下列规定：电力电缆和控制电缆不宜配置在同一层支架上；

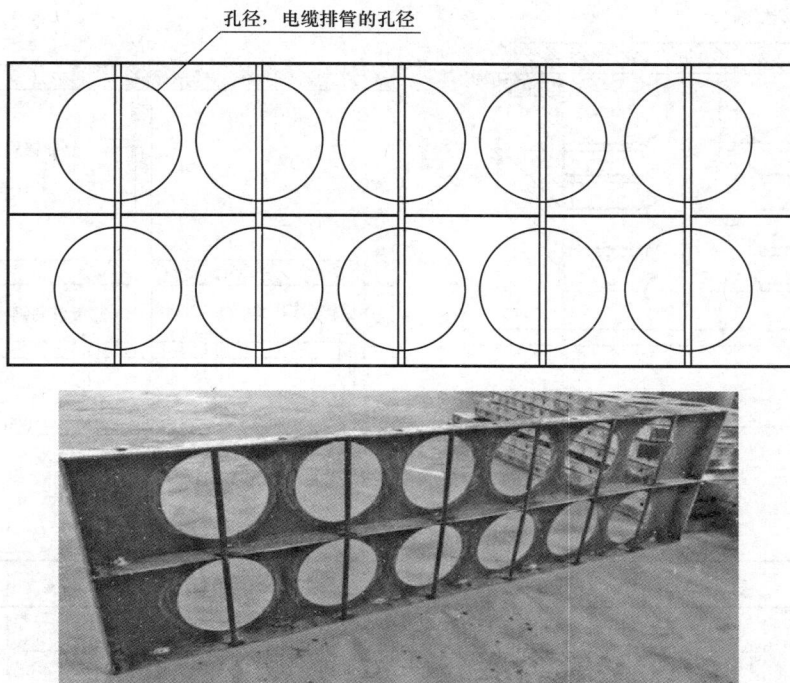

图 2-2-26　电缆工作井预制排管拼装模板

高低压电力电缆，强电、弱电控制电缆应按顺序分层配置，宜由上而下配置；同一重要回路的工作与备用电缆实行耐火分隔时，应配置在不同侧或不同层的支架上。电缆各支点间的距离应符合设计要求，当设计无要求时，不应大于表 2-2-3 的规定。

电缆各支点间的距离　　　　　　　　　　　　　　　　　　表 2-2-3

电缆种类		敷设方式	
		水平(mm)	垂直(mm)
电力电缆	全塑型	400	1000
	除全塑型外的中低压电缆	800	1500
	35kV 及以上高压电力	1500	3000
控制电缆		800	1000

注：全塑型电力电缆水平敷设沿支架能把电缆固定时，支点间的距离允许为 800mm。

电缆构筑物内通长敷设接地线，金属电缆支架必须与保护导体可靠连接，如图 2-2-27 所示。电缆构筑物应满足防止外部进水、渗水的要求，并能实现排水畅通。电缆沟沟壁、盖板及其材质应满足可能承受荷载和适合环境耐久的要求。

（三）室内电缆敷设

1. 桥架内电缆敷设

（1）电缆桥架转弯、分支处宜采用专用连接配件，其弯曲半径不应小于桥架内电缆最小允许弯曲半径，电缆最小允许弯曲半径应符合表 2-2-4 的规定。

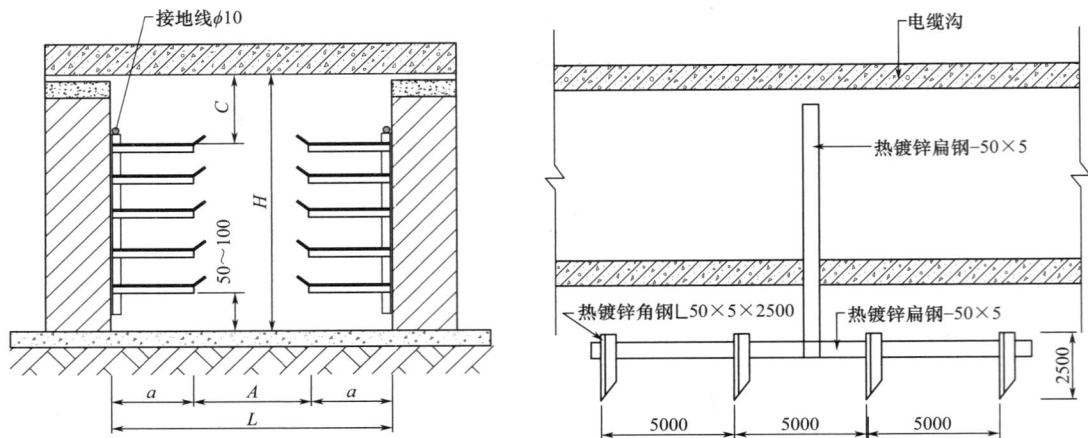

图 2-2-27　电缆沟金属支架接地及接地装置（单位：mm）

电缆最小允许弯曲半径 表 2-2-4

电缆形式		电缆外径(mm)	多芯电缆	单芯电缆
塑料绝缘电缆	无铠装		15D	20D
	有铠装		12D	15D
橡皮绝缘电缆		—	10D	
控制电缆	非铠装型、屏蔽型软电缆		6D	
	铠装型、屏蔽型		12D	—
	其他		10D	

（2）电缆的敷设和排列布置应符合设计要求，矿物绝缘电缆敷设在温度变化大的场所、振动场所或穿越建筑物变形缝时应采取"S"或"Ω"弯，如图 2-2-28 所示。

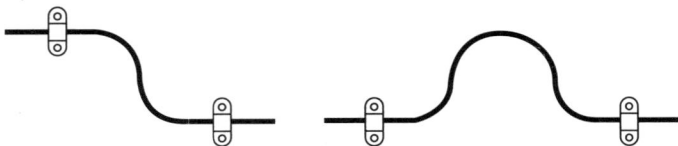

图 2-2-28　穿越沉降缝、伸缩缝等处设置 S 或 Ω 弯

（3）在梯架、托盘或槽盒内大于 45°倾斜敷设的电缆应每隔 2m 固定，水平敷设的电缆，首尾两端、转弯两侧及每隔 5～10m 处应设固定点；电缆出入电缆梯架、托盘、槽盒及配电（控制）柜、台、箱、盘处应做固定。

2. 电缆防护封堵

电缆进入沟、夹层、竖井、工作井、构筑物以及配电屏、开关柜、控制屏、保护屏时，以及电缆贯穿隔墙、楼板的孔洞处均应实施防火封堵。电缆穿入保护管时管口应密封。

电缆防火采用防火堵料、阻火包、涂料、隔板、槽盒等。防火堵料、阻火包主要用于穿越构筑物隔墙或隔板时孔洞的封堵。涂料主要用于电缆表面刷涂。隔板及槽盒用于电缆层间隔离及区域间的分隔。

在电缆桥架穿过墙壁、楼板等部位的孔洞处应采用防火封堵材料密实封堵，如图 2-2-29 所示。

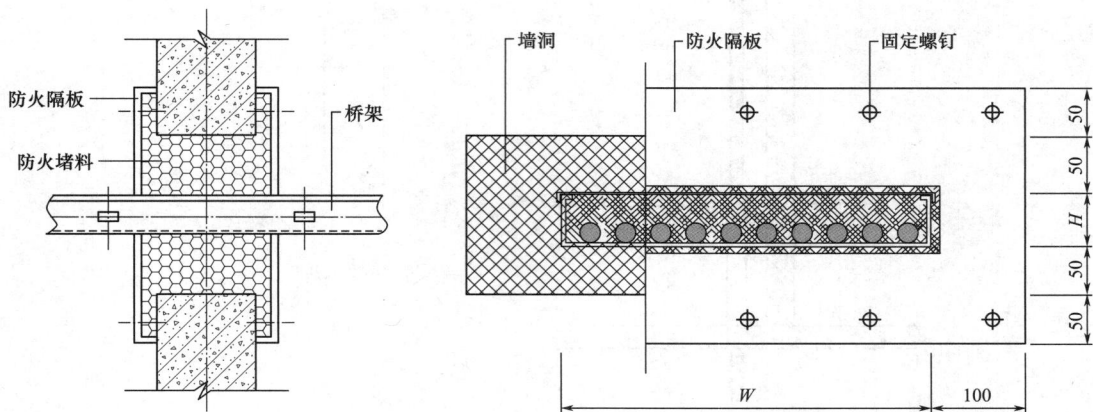

图 2-2-29 电缆桥架防火封堵（单位：mm）

当电缆通过墙、楼板或室外敷设穿导管保护时，导管的内径不应小于电缆外径的 1.5 倍并做封堵，三种封堵工艺如图 2-2-30 所示。

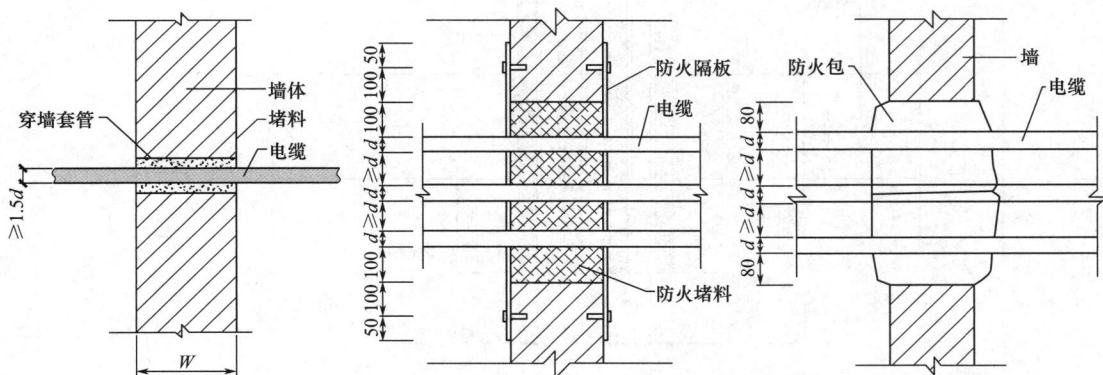

图 2-2-30 电缆导管、电缆的封堵措施（单位：mm）

3. 电缆保护管敷设

在易受机械损伤的地方和在受力较大处直埋电缆管时，应采用足够强度的管材。电缆在垂直安装时，距地 2m 以下部分应加金属盖板或保护管保护（图 2-2-31），但敷设在电气专用房间（如配电室、电气竖井、技术层等）内时除外。

电缆导管在敷设电缆前，应进行疏通，清除杂物，管道内应无积水。电缆敷设到位后应做好电缆固定和管口封堵（图 2-2-32），并应做好管口与电缆接触部分的保护措施。

电缆穿管的位置及穿入管中电缆的数量应符合设计要求，交流单芯电缆不得单独穿入

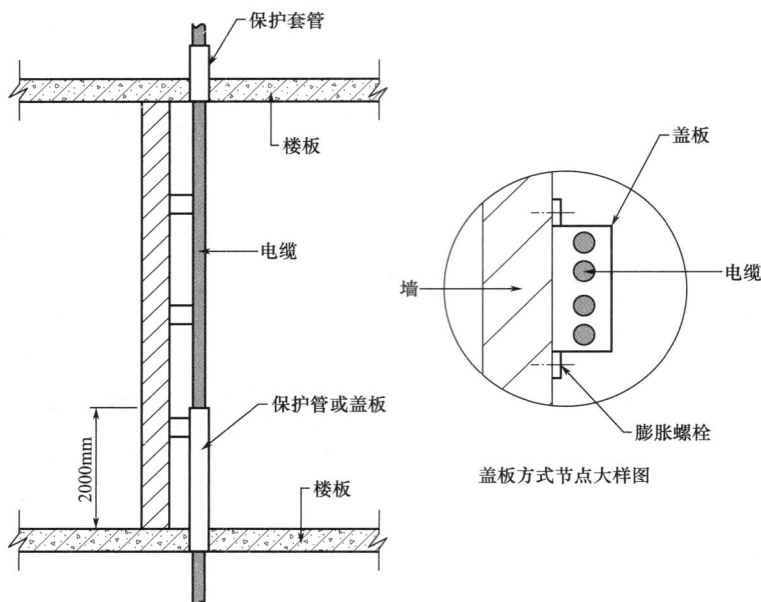

图 2-2-31　垂直安装的电缆保护管

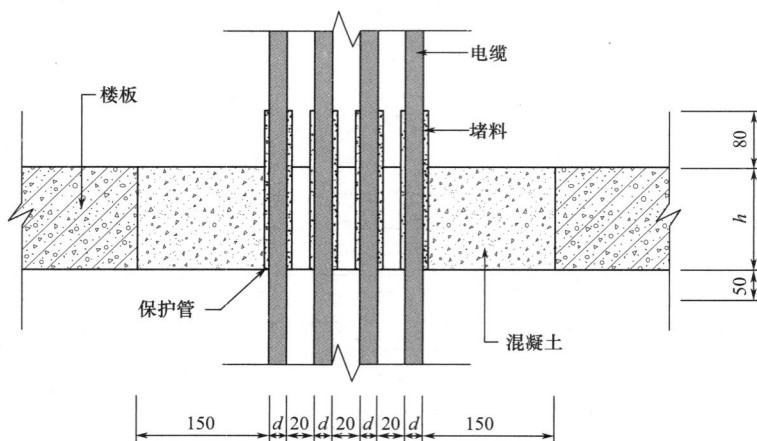

图 2-2-32　电缆保护管管口封堵（单位：mm）

钢管内。

4. 支架上电缆敷设

（1）金属电缆支架必须与保护导体可靠连接，如图 2-2-33 所示。

（2）电缆支架安装应符合下列规定：

① 除设计要求外，承力建筑钢结构构件上不得熔焊支架，且不得热加工开孔。

② 当设计无要求时，电缆支架层间最小距离不应小于表 2-2-5 的规定，层间净距不应小于 2 倍电缆外径加 10mm，35kV 电缆不应小于 2 倍电缆外径加 50mm。

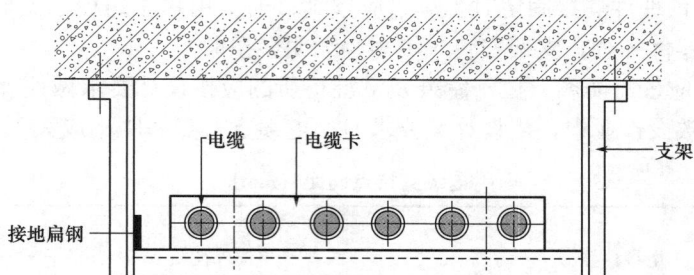

图 2-2-33 电缆支架的接地

电缆支架层间最小距离（mm） 表 2-2-5

电缆种类		支架上敷设
控制电缆明敷		120
电力电缆明敷	10kV 及以下电力电缆	150
	除 6～10kV 交联聚乙烯绝缘电力电缆	200
	6～10kV 交联聚乙烯绝缘电力电缆	250
	35kV 单芯电力电缆	250
	35kV 三芯电力电缆	300

③ 最上层电缆支架距构筑物顶板或梁底的最小净距应满足电缆引接至上方配电柜、台、箱、盘时电缆弯曲半径的要求，且不宜小于上表所列数据再加 80～150mm；距其他设备的最小净距不应小于 300mm，当无法满足要求时应设置防护板。

④ 当设计无要求时，最下层电缆支架距沟底、地面的最小距离不应小于表 2-2-6 的规定。

最下层电缆支架距沟底、地面的最小净距（mm） 表 2-2-6

电缆敷设场所及其特征		垂直净距
电缆沟		50
隧道		100
电缆夹层	非通道处	200
	至少在一侧不小于 800mm 宽通道处	1400
公共廊道中电缆支架无围栏防护		1500
室内机房或活动区间		2000
室外	无车辆通过	2500
	有车辆通过	4500
屋面		200

⑤ 当支架与预埋件焊接固定时，焊缝应饱满；当采用膨胀螺栓固定时，螺栓应适配、连接紧固、防松零件齐全，支架安装应牢固、无明显扭曲。

⑥ 金属支架应进行防腐，位于室外及潮湿场所的应按设计要求做处理。

（3）在电缆敷设作业中，当设计无要求时，电缆支持点间距不应大于表 2-2-7 的规定。

电缆支持点间距（mm）　　　　　　　　　　　　　　表 2-2-7

电缆种类		电缆外径	敷设方式	
			水平	垂直
电力电缆	全塑型	—	400	1000
	除全塑型外的中低压电缆		800	1500
	35kV 高压电缆		1500	2000
	铝合金带联锁铠装的铝合金电缆		1800	1800
控制电缆			800	1000
矿物绝缘电缆		<9	600	800
		≥9,且<15	900	1200
		≥15,且<20	1500	2000
		≥20	2000	2500

（4）无挤塑外护层电缆金属护套与金属支（吊）架直接接触的部位应采取防电化学腐蚀的措施，如图 2-2-34 所示。

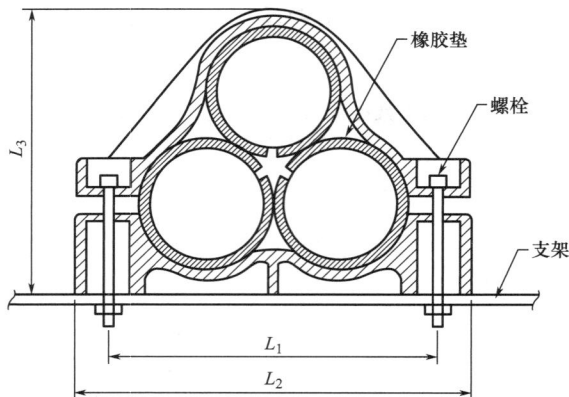

图 2-2-34　电缆金属护套防电化学腐蚀措施

5. 单芯电缆敷设

（1）交流单芯电力电缆，应布置在同侧支架上，采用非磁性夹具限位、固定。当按紧贴品字形（三叶形）排列时（图 2-2-35），电缆相序排列见表 2-2-8，除固定位置外，其余应每隔一定的距离用电缆夹具、绑带扎牢，以免松散。

螺栓　　电缆　　电缆卡

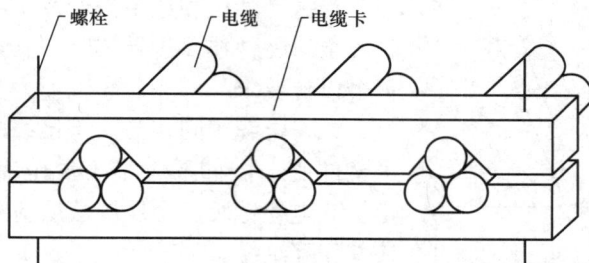

图 2-2-35　品字形排列电缆

电缆相序排列表　　　　　　　　　　　　　表 2-2-8

敷设形式	三相三线	三相四线
单路电缆	L1 / L2 L3；L1 L2 L3	L1 N / L2 L3；L1 L2 L3 N
两路平行电缆	L1 / L2 L3　L1 / L2 L3（d、2d、d）；L1 L2 L3　L3 L2 L1（d、2d、d）	L1 N / L2 L3　L1 N / L2 L3（d、2d、d）；L1 L2 L3 N　N L3 L2 L1（d、2d、d）
两路以上平行电缆	L1 / L2 L3　L1 / L2 L3　L1 / L2 L3（d、2d）；L1 L2 L3　L1 L2 L3　L1 L2 L3（d、2d）	L1 N / L2 L3　L1 N / L2 L3　L1 N / L2 L3（d、2d）；L1 L2 L3 N　L1 L2 L3 N　L1 L2 L3 N（d、2d）

（2）交流单芯电缆或分相后的每相电缆不得单根穿于钢导管内，固定用的夹具和支架不应形成闭合磁路。

（四）电缆头的制作

1. 10～35kV 电力电缆头制作

（1）电力电缆的铜屏蔽层和铠装护套及矿物绝缘电缆的金属护套和金属配件应采用铜绞线或镀锡铜编织线与保护导体做连接，其连接导体的截面积不应小于表 2-2-9 的规定。

电缆终端头保护联结导体的截面积（mm²）　　　　　　表 2-2-9

电缆相导体截面积	保护联结导体截面积
$S \leqslant 16$	S
$S > 16$，且 $\leqslant 120$	16
$S \geqslant 150$	25

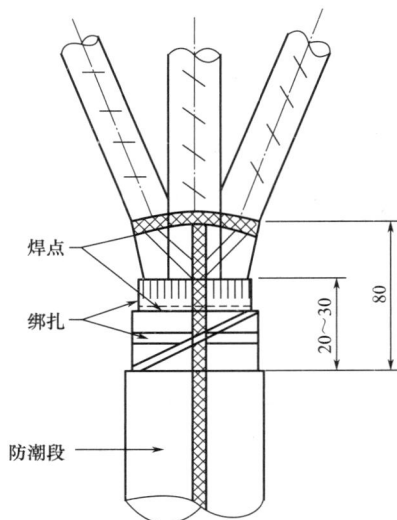

图 2-2-36　焊接地线的方法（单位：mm）

当铜屏蔽层和铠装护套及矿物绝缘电缆的金属护套和金属配件作保护导体时，其连接导体的截面积应符合设计要求。

（2）电缆中间接头，跨接线的截面应符合产品技术文件要求，且不应小于规范有关接地线截面的规定。其电缆铠装、金属屏蔽层应各自有良好的电气连接并相互绝缘。

在电缆终端头，用恒力弹簧将两根接地线分别与电缆铜屏蔽层及铠装层连接，如图 2-2-36 所示，并应接地良好，一般情况下屏蔽层与钢铠的两根接地线要求绝缘隔开。

直埋电缆接头的金属外壳及电缆的金属保护层应做防腐、防水处理。

2. 220kV 户外干式电力电缆终端头安装

（1）工艺流程如下：电缆敷设到位→确定电缆端头长度，适当留有余度→电缆加温校查→焊接地线→电缆内绝缘层加工→瓷套管端部引出线棒安装→底盘偏心座及应力锥安装→瓷套管安装→瓷套管顶盖安装→瓷套管吊装就位→绝缘油真空脱气处理→瓷套管注绝缘油→电缆端头清理加固。

电缆终端头制作、下料尺寸如图 2-2-37 所示。

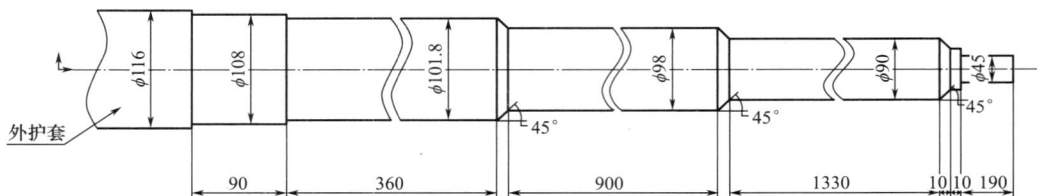

图 2-2-37　电缆终端头制作、下料尺寸

（2）由于 220kV 高压电缆直径大，在运输及电缆敷设过程中，易产生弯曲或扭劲现象，对电缆头制作带来不便。在电缆头安装前需采用带式加热器对电缆段进行加温校直电缆处理。加温时注意温度不宜超过 100℃，过高损失电缆绝缘。

（3）底盘、偏心座及应力锥、瓷套管、瓷套管顶盖以及电缆绝缘层加工面安装前，需用无水乙醇、无脂纸仔细清洗干净，可重复清洗，但清洗方向不可改变，清洗完成并涂抹硅胶后再进行安装。

四、防雷与接地装置

（一）接地装置施工

1. 接地网施工

根据接地网布置图，放出水平接地体扁钢的平面位置。在水平接地轴线边，每 5 米设置一根水平控制桩，测出设计地面标高并控制沟槽开挖深度。

接地网沟开挖：用凿岩机、挖掘机开挖，人工配合，风镐修整。开挖时，控制好开挖深度。在扁钢接地网与构筑物基础相碰的地方，可适当绕开。沟槽开挖完毕，检查开挖深度和放坡坡度，并做好有关记录。

2．人工接地体的施工

（1）其接地网的埋设深度不应小于 0.8m，圆钢、角钢、钢管、铜棒、铜管、铜板等接地极应垂直埋入地下，水平接地极间距不应小于 5m，垂直接地极的间距不宜小于其长度的 2 倍，接地网敷设纵向（或横向）采用通长扁钢，采用焊接方式，除埋设在混凝土中的焊接接头外，应采取防腐措施。

（2）人工接地体与建（构）筑物的外墙或基础之间的水平距离不宜小于 1m，在接地网边缘有人出入的通道处，应采取防跨步电压的措施，增设均压带或加强绝缘措施，如图 2-2-38 所示。

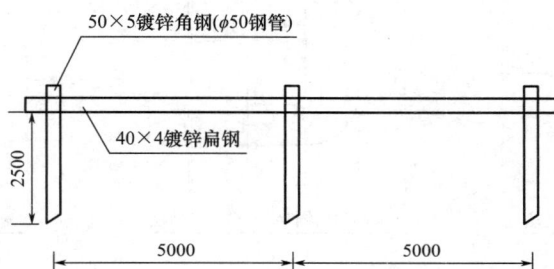

图 2-2-38　人工接地体安装示意图（单位：mm）

（3）在高电阻率地区，在接地极周围一定范围内使用长效防腐物理性降阻剂，或安装井深接地极，在井深接地极周围灌注长效防腐物理性降阻剂，并用土质良好的细土回填，回填后暂不夯实，待自然下沉 3～5d 后，再用细土夯实回填直至满足要求，如图 2-2-39 所示。

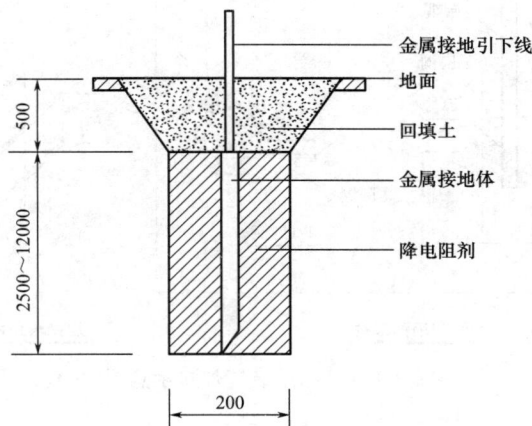

图 2-2-39　井深接地极安装示意图（单位：mm）

3．接地装置的连接

（1）接地装置的连接方式：

接地装置的连接有焊接连接和螺栓连接两种方式。

（2）当采用焊接方式时，除埋设在混凝土中的焊接接头外，应采取防腐措施，焊接搭接长度应符合下列规定：

① 扁钢与扁钢搭接不应小于扁钢宽度的 2 倍，且应至少 3 个棱边焊接。

② 圆钢与圆钢焊接长度不小于圆钢直径的 6 倍，双面焊接。

③ 圆钢与扁钢焊接长度不小于圆钢直径的 6 倍，双面焊接。

④ 扁钢与钢管，扁钢与角钢焊接，应紧贴角钢外侧两面，或紧贴 3/4 钢管表面，除在其接触部位两侧焊接外，还应由钢带或钢带弯曲成的卡子与钢管或角钢焊接，如图 2-2-40 所示。

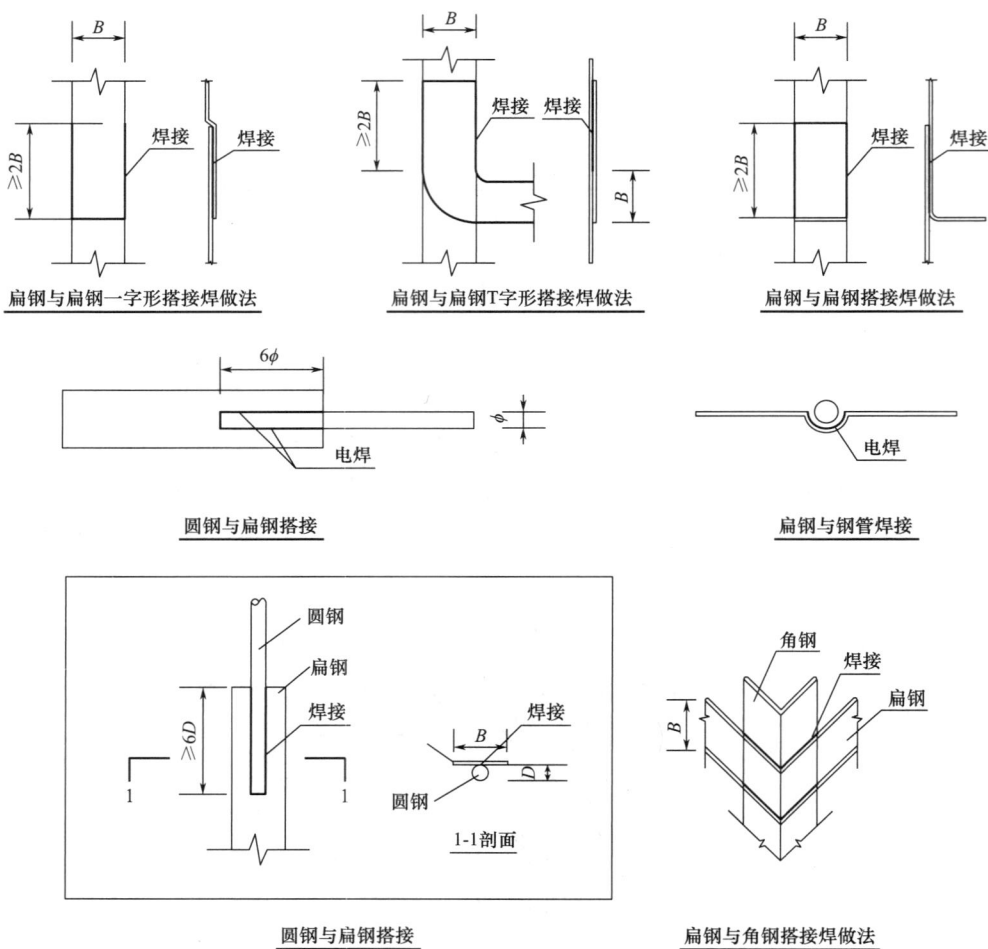

图 2-2-40 接地装置焊接示意图

（3）接地极之间的连接、接地极与接地母线的连接均应采用焊接，异种金属接地极、接地母线之间连接时的接头处应采取防止电化学腐蚀的措施，如图 2-2-41 所示。

4. 构架避雷针及引下线的安装

（1）构架避雷针应与主接地网相连，避雷针与主接地网的地下连接点至变压器和 10kV 及以下设备接地线与主接地网的地下连接点，沿接地体长度不得小于 15m。

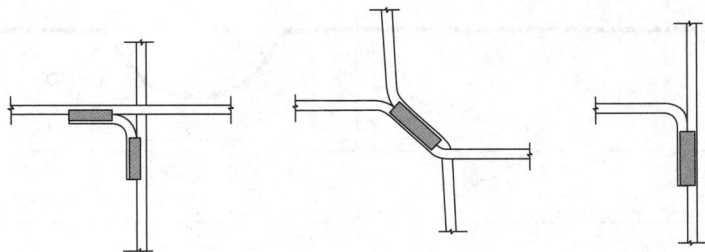

图 2-2-41 接地线的焊接形式

（2）接地引下线采用扁钢时，应采用热镀锌扁钢。接地引下线与接地体的连接应采用焊接，其搭接长度应符合要求，且至少两点与集中接地装置相连。接地体横平竖直，简洁美观。法兰连接处应进行加强跨越。接地引下线地面以上部分采用黄绿接地漆标示，接地漆的间隔宽度、顺序一致。

（二）设备装置的接地

1. 室内等电位联结母排的安装

一般采用热镀锌扁钢或铜排，按照设计要求的规格选择材料，安装在便于设备检修与运行巡视的位置。

（1）在变配电室，设备机房水平敷设时，高度控制在 250～300mm，距墙面为 10～15mm，支架直线段间距为 500～1500mm（图 2-2-42）。

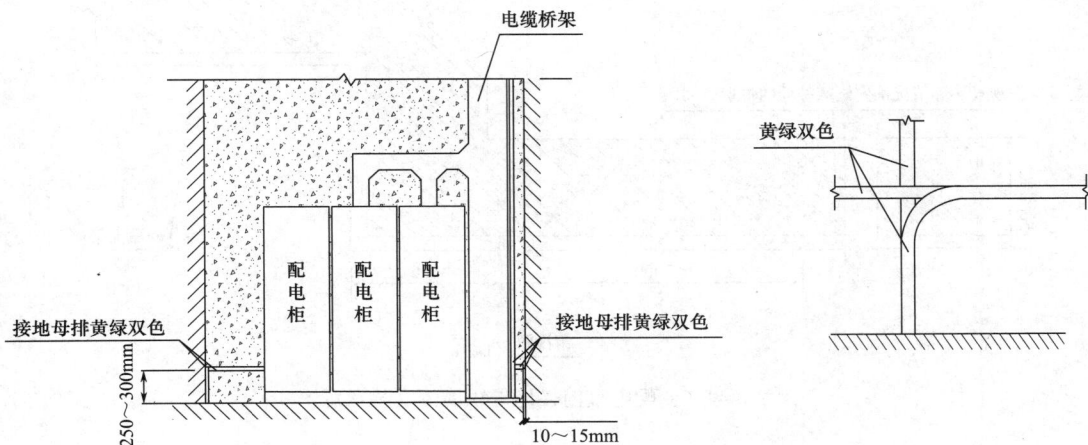

图 2-2-42 室内等电位联结母排的安装示意图

（2）在电气井道等垂直部位，接地装置的间距应控制在 1500～3000mm，而在墙角转弯处，间距为 300～500mm。

（3）在跨越建筑物和设备伸缩缝、沉降缝处，应设置弧形状的补偿器，具体做法如图 2-2-43 所示。

（4）在接地母线适当位置，安装 M8 的热镀锌蝴蝶螺栓，便于设备检修接地使用，检修接地螺栓处 50mm 不得涂刷黄绿双色标识漆，其余母线全长涂刷，如图 2-2-44 所示。

（5）接地母排安装顺直、平整，固定牢固，搭接长度、焊接质量满足规范要求。

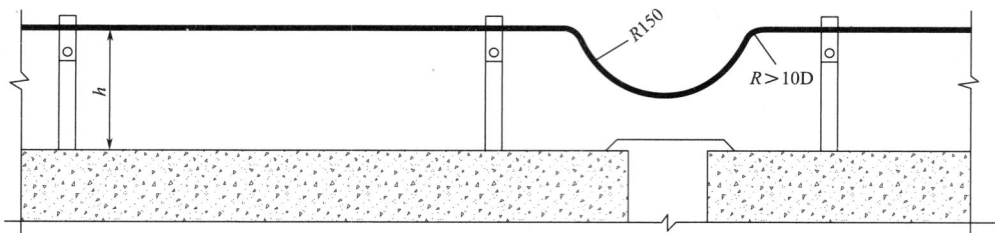

图 2-2-43　接闪带跨越建（构）筑物伸缩缝处安装示意图

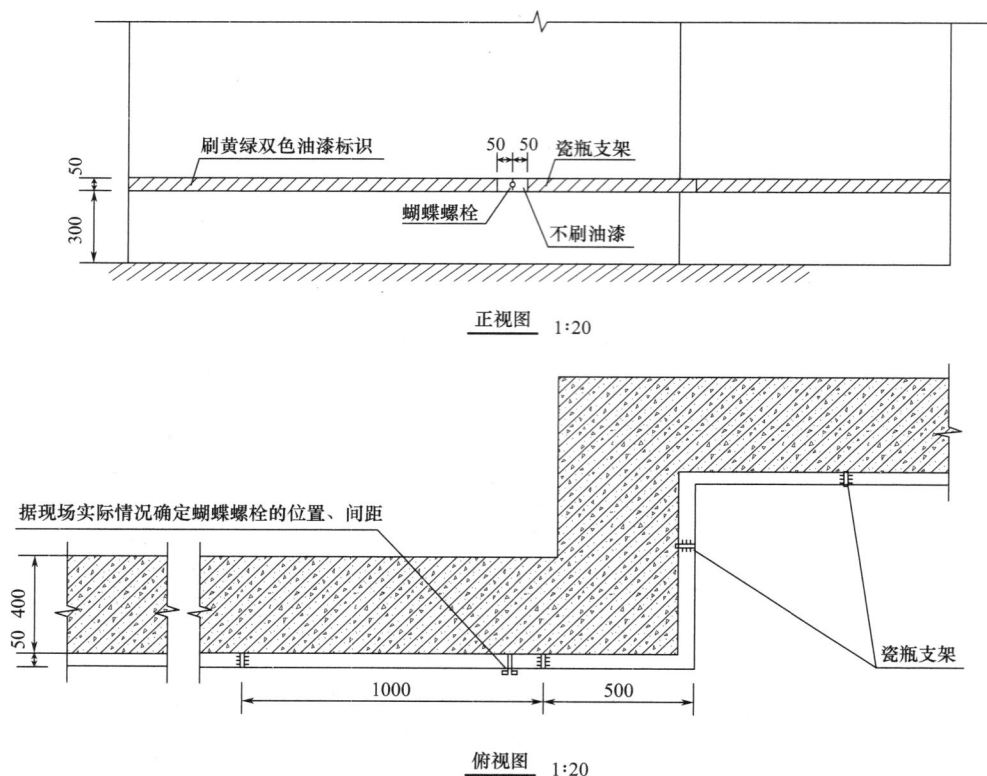

正视图　1:20

俯视图　1:20

图 2-2-44　变配电室内接地母线墙体安装示意图

2. 室内接地网与室外接地网的连接

室外接地母线通过穿墙套管引入室内，套管向室外有一定的坡度，防止室外雨水倒灌室内，在接地母线施工完成后，用油麻、热沥青对套管进行封堵，如图 2-2-45 所示。

3. 设备装置的等电位联结要点

（1）与等电位装置联结在一起，并与防雷装置连通形成联合接地。

所有与建（构）筑物组合在一起的设备装置，金属储物罐等金属构件，设备金属机座、变配电装置的金属底座，金属外壳，发电机、变压器和高压并联电抗器中性点等所有电气装置，都应与等电位装置联结在一起，并与防雷装置连通形成联合接地。

（2）进行可靠连接。成列安装的变配电箱、盘、柜的基础型钢与成列开关柜的接地母

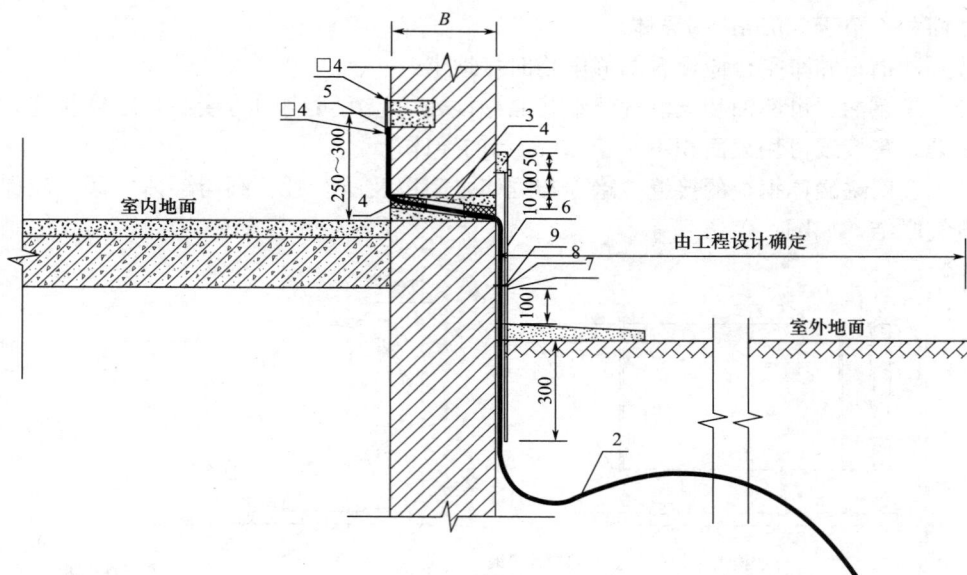

序号	名称	型号及规格	单位	数量	页次	备注
1	接地板	由工程设计确定	根			
2	接地线	由工程设计确定	m			
3	硬塑料套管		根			
4	沥青麻丝或建筑密封材料		kg			
5	断接卡子	由工程设计确定	副		34	V或X型
6	角钢	L70×70×4 镀锌	m			
7	卡子	−25×4 镀锌	个			

图 2-2-45 室外接地母线穿墙套管示意图

线不少于两处进行可靠连接，避雷器、放电间隙、浪涌保护器等设备，用最短的接地线与接地网连接。

（3）露天储罐周围应设置闭合环形接地装置，接地点不应少于2处，接地点间距不应大于30m。

（4）采用金属导体进行跨接。架空管道每隔 20～25m 应接地 1 次，平行敷设的管道、构架和电缆桥架、电缆金属外皮等长金属物，其净距小于 100mm 时，应采用金属导体进行跨接，跨接点的间距不大于 30m；交叉净距小于 100mm 时，其交叉处也应跨接。

（5）应用金属导体与相应储罐的接地装置连接。易燃油储罐的呼吸阀、易燃油和天然气储罐的热工测量装置，应用金属导体与相应储罐的接地装置连接。在小于等于 5 颗连接螺栓阀门、法兰、弯头等管道连接处，跨接线可采用截面积不小于 $4mm^2$ 的导体做等电位联结。

（6）不能保持良好电气接触的阀门、法兰、弯头等管道连接处，也应跨接。跨接线可采用截面积不小于 $50mm^2$ 的导体。

（7）油槽车卸车平台应设置防静电临时接地卡。

（8）易燃油、可燃油和天然气浮动式储罐顶处，应用可挠的跨接线与罐体相连，不应少于 2 处。跨接线可用截面积不小于 $25mm^2$ 的导体。

（9）金属罐罐体钢板的接缝、罐顶与罐体之间以及所有管、阀与罐体之间，应保证可靠的电气联结，如图 2-2-46 所示。

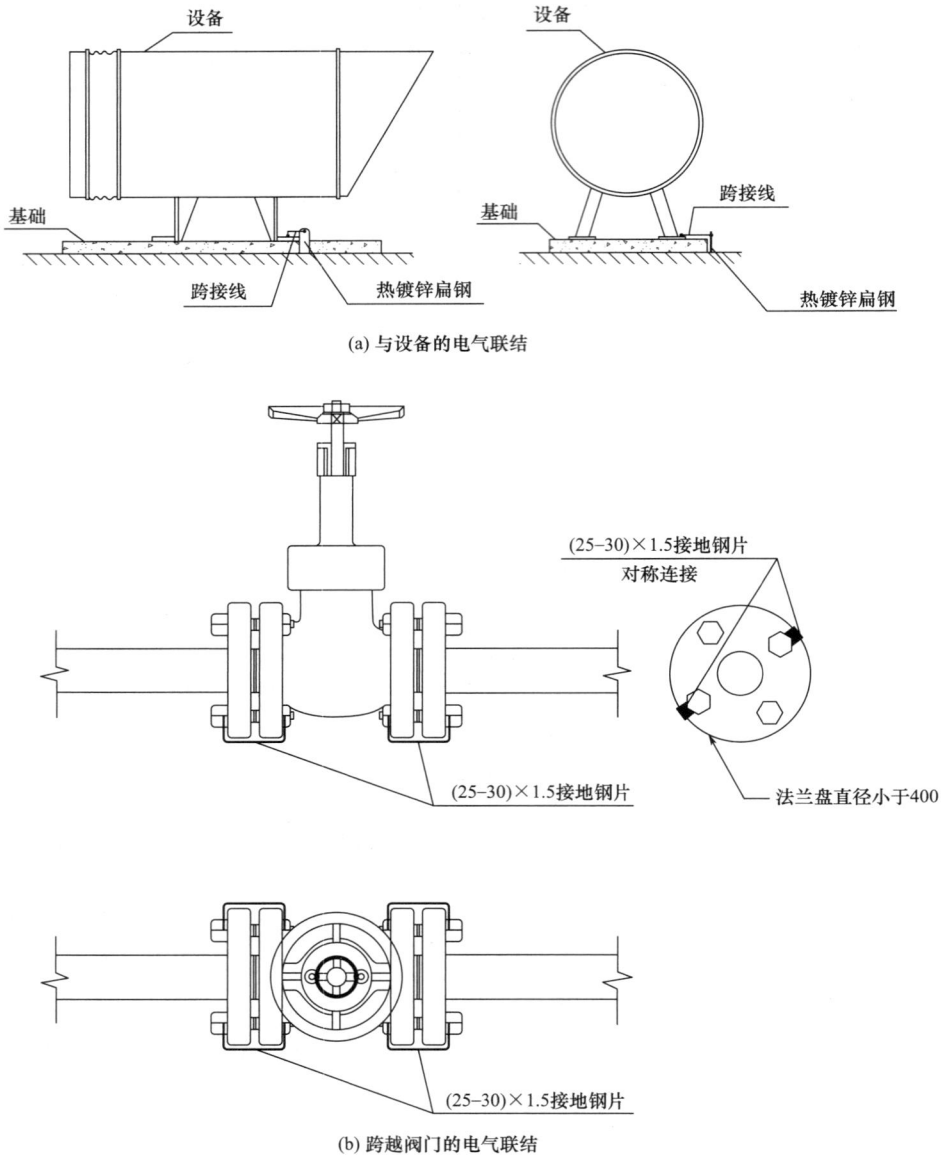

(a) 与设备的电气联结

(b) 跨越阀门的电气联结

图 2-2-46　设备的电气联结（单位：mm）

4. 建（构）筑物的等电位联结

（1）总等电位联结：利用中接地端子将建筑物钢筋、电气装置外露可导电部分，设备装置外壳、管线等外界可导电部分、保护导体等连接在一起。

（2）等电位端子箱的安装与嵌入式配电箱安装要求一致。等电位端子箱与设备等电位联结如图 2-2-47 所示。

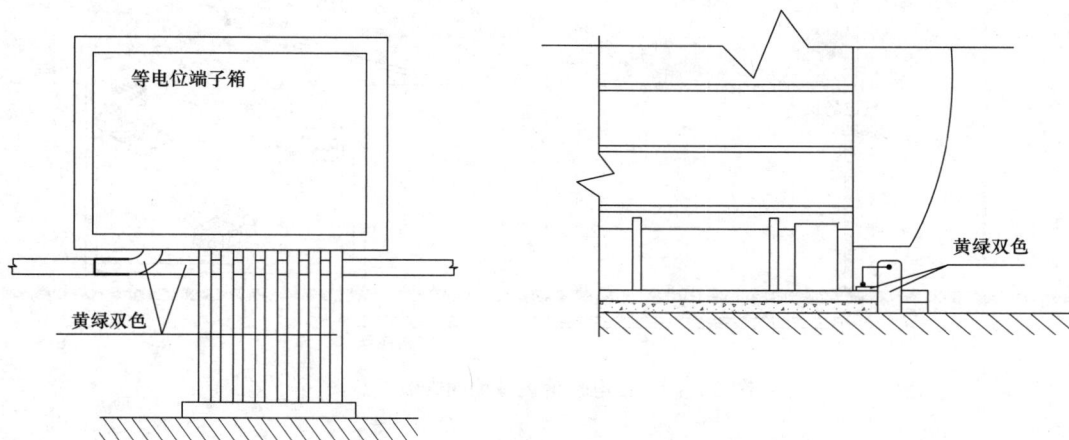

图 2-2-47　等电位端子箱与设备等电位联结示意图

（3）建（构）筑物设备布置等电位联结如图 2-2-48 所示。

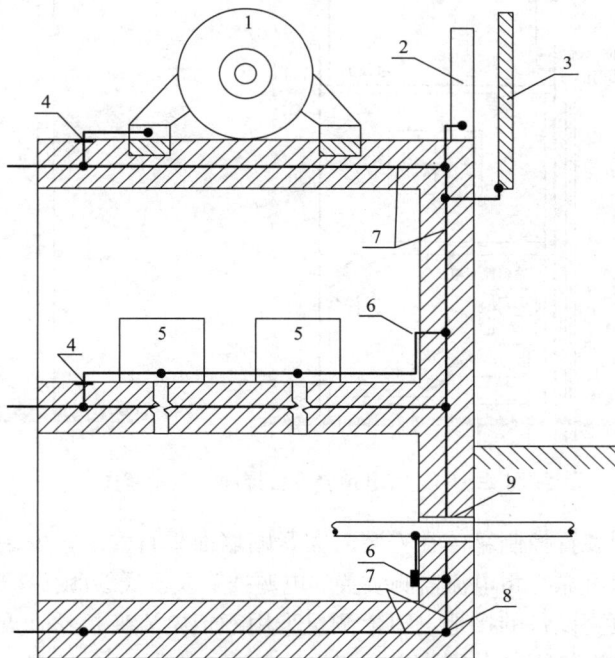

图 2-2-48　建（构）筑物设备布置等电位联结示意图

1—大型用的设备；2—钢柱；3—金属立面；4—用电设备与共用接地系统预埋件；5—用电设备；
6—等电位联结；7—钢筋混凝土内钢筋；8—基础接地；9—进户线（管）套管

5. 智能防雷装置的施工

建筑防雷监测系统可由监测系统平台和雷电临近预警装置、雷电流监测装置、接地监测装置、SPD 智能监测装置的一种或多种装置组成。

（1）雷电临近预警装置的观测设备感应面应保持水平，与地面高度的间距宜为 1.5m，安装方式如图 2-2-49、图 2-2-50 所示，通信控制箱挂式安装于室内墙体上。

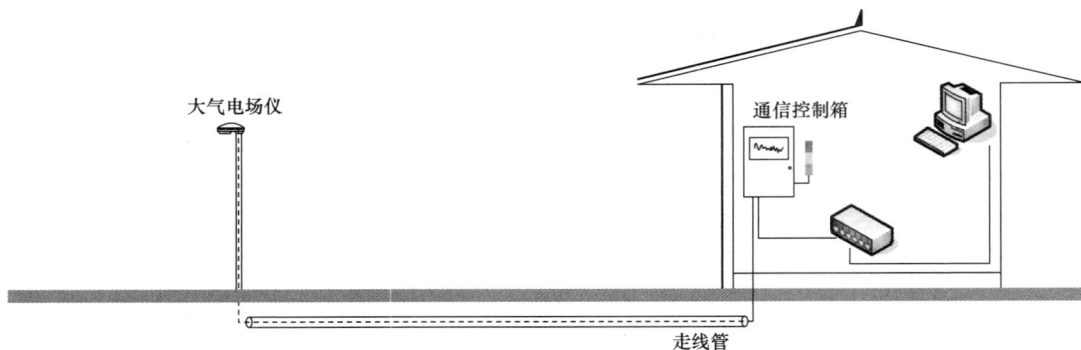

图 2-2-49　雷电预警设备地面安装示意图

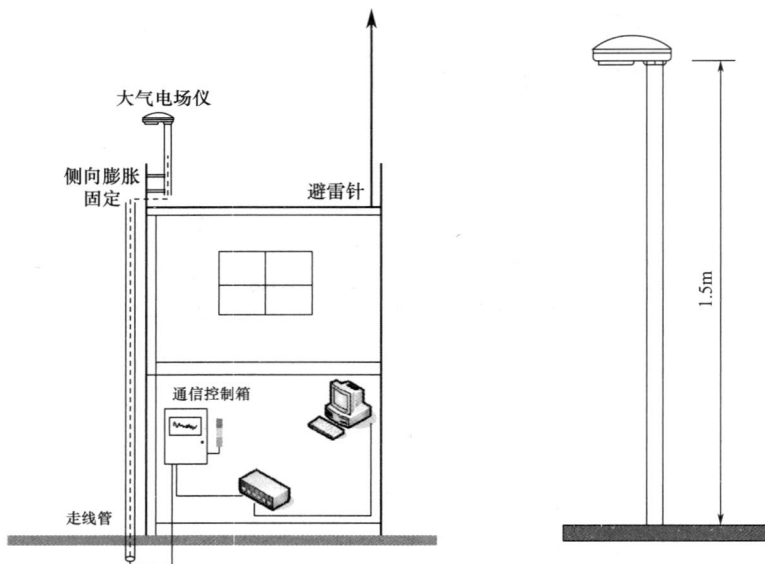

图 2-2-50　雷电预警设备楼面安装示意图

（2）雷电流监测装置控制箱体在安装时需紧贴墙面垂直安装，安装高度如图 2-2-51 所示。箱体安装应牢固可靠。雷电流监测装置的电源插头及罗氏线圈接头部位应做防水保护。

（3）接地电阻检测设备的接地电阻值测量采用额定电流变极法，配有 2 根独立的等离子接地棒作为辅助电极使用，分别为电压极和电流极，如图 2-2-52 所示。检测设备宜安装在有防雨功能的箱体内，防护等级不应低于 IP54，箱体采用挂墙或支柱（架）安装。

（4）建筑防雷监测系统室外布线时，宜采用热镀锌金属管、不锈钢管敷设，并做防腐

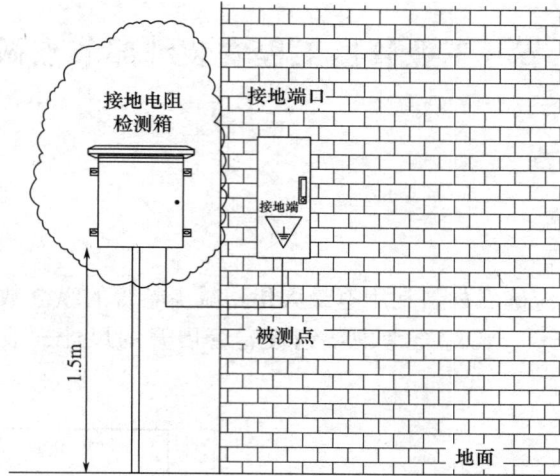

图 2-2-51　控制箱安装示意图

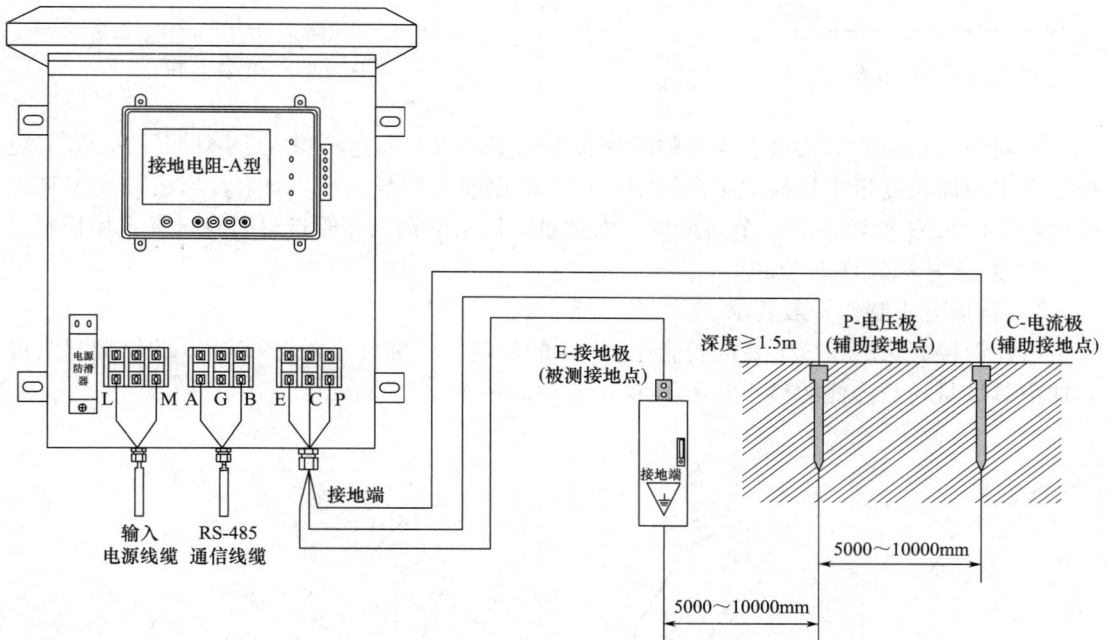

图 2-2-52　接线示意图

处理；室内敷设的线缆应穿金属导管或金属槽盒敷设；不同电压等级的线缆不应穿入同一根保护管；当合用同一槽盒时，槽盒内应有隔板分隔；建（构）筑物屋顶明敷的监测电源及信号线敷设应避开屋角、屋脊、屋檐和檐角等易受雷击的部位。

（5）导线的连接：导线的接头不应裸露，不同电压等级的导线接头应分别经绝缘处理后设置在各自的专用接线盒（箱）内；截面积 6mm^2 及以下铜芯导体间宜采用导线连接器连接缠绕搪锡连接；SPD 智能监测装置的供电及接线按照其实际使用状态进行连接，所有紧固件无松动，供电及接线应符合产品技术要求。

第三节　工业管道工程安装细部节点做法

一、燃气管道工程

（一）管道加工制作

1. 钢板尺寸的选择

选择钢板板材时，应确保材料利用率最大化，减少卷管的纵缝数量和板材废料，减少不必要的板材切割工作量，需综合考虑：钢板卷管展开的尺寸、节长度 L，如图 2-3-1、图 2-3-2 所示。

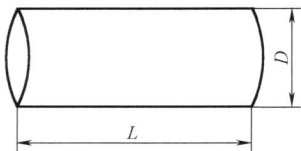

图 2-3-1　一节卷管

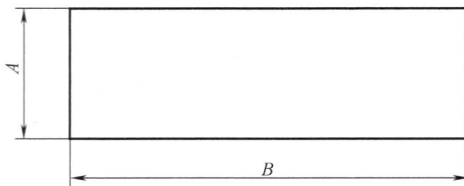

图 2-3-2　卷管展开

一般地，卷管的节长由卷管机的滚筒长度决定，因此板宽不得大于滚筒长度，应避免板宽大于滚筒长度带来板材的多余切割；板长根据卷管周长（B）确定，当板长大于且越接近卷管周长 B 整数倍时，余料最少；大批量同规格的钢板卷管选材时宜选择定尺板材。

2. 斜接弯头放样与管托

1）斜接弯头制作一般要求

（1）斜接弯头的组成形式应符合图 2-3-3 的规定。公称尺寸大于 DN400 的斜接弯头可增加中节数量，其内侧的最小宽度不得小于 50mm。

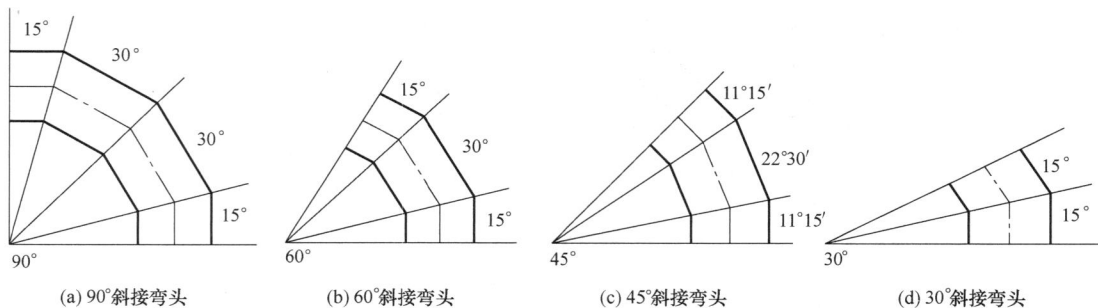

(a) 90°斜接弯头　　(b) 60°斜接弯头　　(c) 45°斜接弯头　　(d) 30°斜接弯头

图 2-3-3　斜接弯头的组成形式

（2）斜接弯头的焊接接头应采用全焊透焊缝。当公称尺寸大于或等于 DN600 时，宜在管内进行封底焊，焊接质量应符合设计要求和相关规范的规定。

（3）斜接弯头的周长允许偏差应符合下列规定：

① 当公称尺寸大于 DN1000 时，允许偏差为 ±6mm。

② 当公称尺寸小于或等于 DN1000 时，允许偏差为±4mm。

2）斜接弯头放样与管托的关系

实际制作斜接弯头时，需结合斜接弯头安装的具体情况确定斜接的节数、节长，符合下列规定：

（1）当公称尺寸大于或等于 150mm 时，管道同一直管段上两对接焊缝中心间的距离不应小于 150mm。

（2）加固环、板距卷管的环焊缝不应小于 50mm。

如图 2-3-4 所示，为了确保恒力支架与斜接弯头对接焊缝间距大于 50mm，对 DN2200 外径管道斜接弯头采用 4 个节而不是 5 个节；斜接弯头上部不应单独增加长度小于 150mm 的短节，因此需将斜接弯头节 4 加工成节 4′，如图 2-3-5 所示。

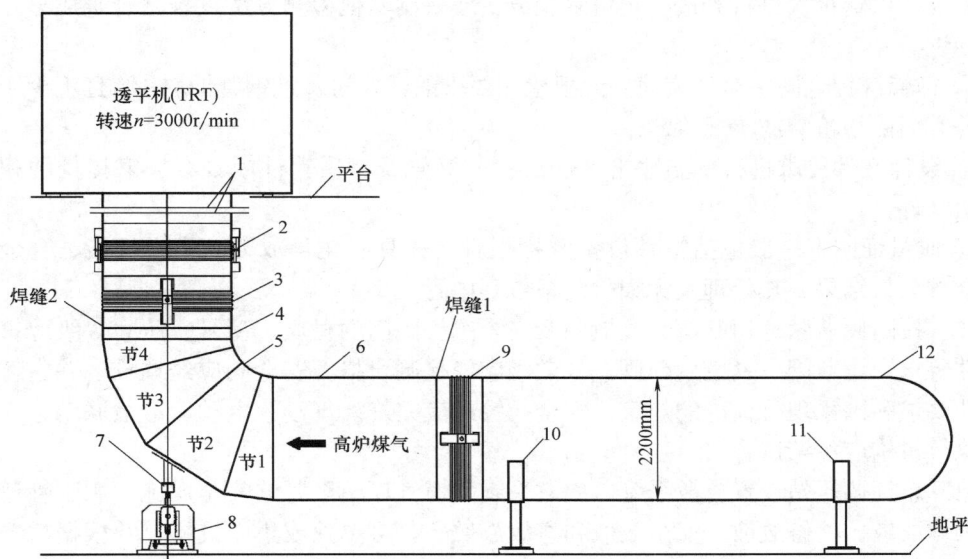

图 2-3-4　斜接弯头与支架的关系一

1—法兰；2、3、9—角向伸缩节；4、6、12—管道；5—斜接弯头；
7—过渡块；8—恒力支架；10、11—固定支架

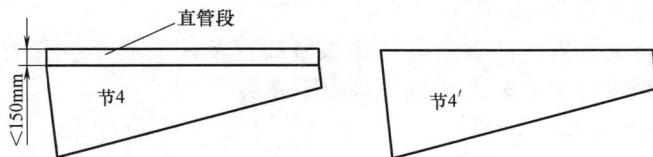

图 2-3-5　斜接弯头与支架的关系二

（二）燃气调压站管道

1. 中、低压燃气调压站管道系统

中、低压燃气调压站管道系统包括燃气输送管道、放散管道、管件、切断阀、调压阀、燃气过滤器、补偿器、放散阀、阻火器及安全附件等，因所输送燃气的特性、使用环境，系统的配置也有差异。燃气调压站的管道属于工业管道，其安装、调试、使用遵循设

计规定的有关工业管道标准。

2. 调压站管道系统安装要点

（1）调压站工艺管道应在与管道相关的土建工程施工完成、验收合格后进行安装。

（2）管道组成件的材质、规格、型号和质量证明书、安装使用说明书、外观质量及必要的尺寸等应根据设计文件和合同文件的要求，进行现场检查，技术文件资料应齐全完整。

管道和设备进场后，由质检员对管道组成件的规格、型号、材质、标识、质量证明书逐件检查。检查内容有：

① 管道及管件外观应完好无损，标识应完整、清晰，标识内容应与实际相符。防腐、保温材料型号、规格应符合设计文件要求。

② 合金钢管、不锈钢管及管件表面应无损伤、无锈蚀，管口应完好无损，安装前可根据需要按供货批次进行光谱半定量复验分析或采用其他检测方法复查其合金成分，并应做好标识。

③ 钢管订货合同中对外表面有无损检测要求的，应对每批钢管抽取 1％且不少于 1 根进行外表面磁粉检测或渗透检测。

④ 设计文件要求进行低温冲击韧性试验的钢管及钢质管件应具有厂家提供的相应合格证明文件。

⑤ 质量证明书一般包括特种设备监检报告，并具有化学成分及力学性能、合金钢锻件的金相分析结果、热处理及无损检测报告等内容。

（3）拉断阀、紧急切断阀、放散阀及安全阀等阀门的材质、型号、压力等级应符合设计文件要求，拉断阀、紧急切断阀、放散阀应经检测合格，安全阀应经调校，并应符合设计文件要求和国家现行标准的规定，安全阀铅封应完好。气动、电动、电液联动、气液联动等执行机构应经调试合格。

（4）燃气调压站设置放散系统。放散系统是燃气厂站重要的安全设施，用于管道和设备的操作放散、检修放散、安全放散和事故放散等，可单独或集中设置，并根据需要设置点火装置。集中放散装置的放散管口高度、位置由设计确定。放散系统管道焊缝无损检测的方法、抽检比例应符合设计文件要求，并经检测合格；绝缘接头和阻火器的材质、规格、型号应符合设计文件要求，绝缘电阻应试验合格。设有火炬时，点火系统电气联合调试应合格。放空立管和火炬的固定装置应符合设计文件要求。放散管应安装牢固、稳定，放散管的位置和高度应符合设计文件要求。

（5）静电导消接地装置、防雷击装置、报警装置及相关联锁装置的安装位置、规格、性能、参数等应符合设计文件要求，并应经检测合格。

3. 撬装燃气调压设备

撬装燃气调压设备是由工厂将单体设备和工艺管道等组装到钢质底座上，整体运至现场，直接安装在基础上的成套设备，质量保证程度高，现场安装简便，应用广泛。

撬装设备进场时，应对设备的型号、规格、外观及配件进行验收。设备型号、规格及性能检测报告应符合设计文件要求。设备及连接管件应完好、无损伤，外观质量及零配件材质应符合技术文件要求，阀门、压力容器和配件等应经检验、试验合格。设备质量证明文件应齐全、完整。安装时，撬装设备底座应与基础紧密贴合，受力应均匀，连接应牢固。

撬装燃气调压设备属于压力管道元件组合装置，安装时应遵守特种设备管理的有关规定。

图 2-3-6 所示为一种常用的中、低压燃气调压设备的管路系统图，该系统具有计量功能，配有两套调压装置，一用一备，来自中压管网的燃气减压为低压燃气送至用户。设备的中、低压端均设有安全放散管。流量计的安装位置、前后直管段的长度需符合设计、规范及产品的要求，保证计量的准确性。放散排放口的高度必须满足设计要求，以保证燃气安全排放、快速扩散。该系统图也常用于撬装设备的组合。

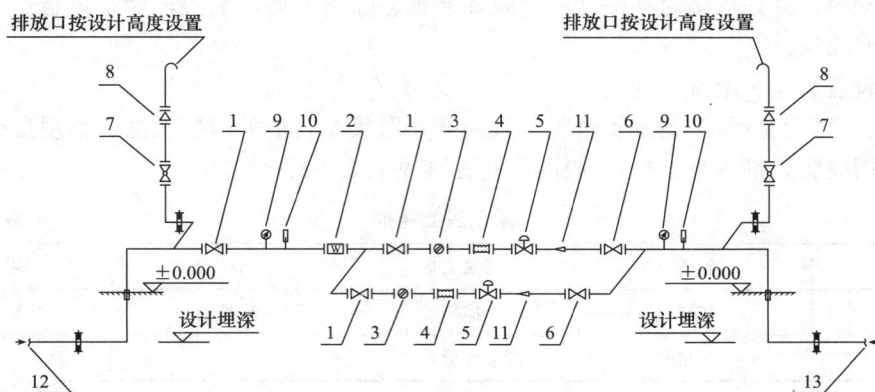

图 2-3-6　中、低压燃气调压设备管路系统图

1—球阀 1；2—流量计；3—燃气过滤器；4—波纹管补偿器；5—调压阀；6—球阀 2；7—放散阀；8—阻火器；
9—压力表；10—温度计；11—异径管；12—中压燃气进口（DN1）；13—低压燃气出口（DN2）

（三）架空管道

1. 管架钢柱地脚螺栓的调整

如图 2-3-7 所示，采用地脚螺栓丝杠调整的前提条件为：地脚螺栓（锚栓）预埋；地脚螺栓组能稳定钢柱。灌浆料为微膨胀材料，二次灌浆层厚度不宜小于 25mm。

垫片如图 2-3-8 所示，方形垫片边长 L（或圆形垫片 D），为地脚螺栓直径的 $2.5\sim3d$；垫片厚度为 H：对 M24 及以下的螺栓，H 不宜小于 8mm，对 M24 以上的螺栓，H 不宜小于 10mm；孔径 d_0 比 d 大 $1.5\sim2$mm。

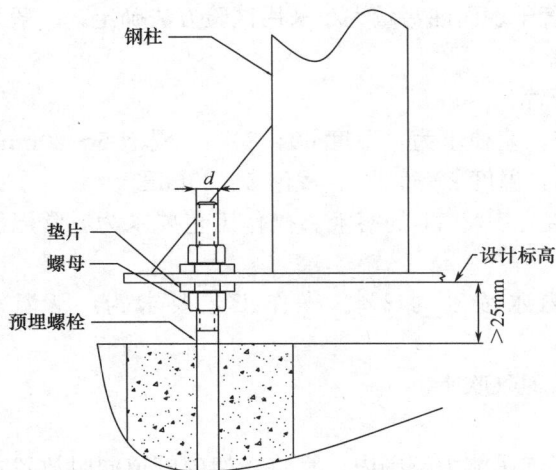

图 2-3-7　通过地脚螺栓调整钢柱

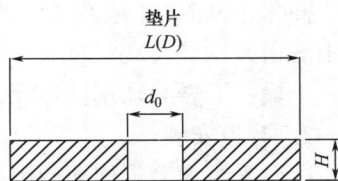

图 2-3-8　垫片

2. 管道安装

1）管道的预处理

管道的酸洗、钝化、脱脂及除锈和涂装，需在管道安装前完成。

（1）管道的喷砂（丸）除锈

车间内制作的钢板卷管应在车间内除锈及涂漆。素材管应在场外非敏感区（环保所指）集中除锈，并采取临时帐篷和粉尘收集装置，除锈不宜在潮湿环境下进行。管道除锈后，应及时涂漆。

（2）管道脱脂、酸洗、钝化

阀门、设备及少量不锈钢管道脱脂宜根据其形状、大小采用擦拭法、槽浸法或灌浸法脱脂。常用脱脂药剂见表 2-3-1，脱脂验收标准见表 2-3-2。

常用脱脂药剂 表 2-3-1

药剂	二氯乙烷	三氯乙烯	工业酒精	丙酮
用途	擦拭	擦拭	粗脱脂	擦拭
危害	污染环境易燃	污染环境易燃	易燃	污染环境易燃

脱脂验收标准 表 2-3-2

检验方式	检验方法		合格标准	备注
白光	100W 以上白炽灯照射	碳钢	均匀的浅灰色	—
		不锈钢	未见任何痕迹	
紫外线	50W 紫光灯（波长 320～380nm）照射	乳白色		—
白布	白色无纺布擦拭后在白光或紫光灯下照射	无油脂痕迹或类似污点及金属碎屑		粗糙面不适用
蒸气	樟脑检查蒸气吹扫冷凝液	不停旋转		—

脱脂：每升溶液含氢氧化钠 20～30g、含硝酸钠 35～50g、含硅酸钠 3～5g。操作工艺要求为：液体温度 70～80℃，浸泡时间按管子表面油污量大小采用试验方法确定，一般为 10～40min。

水冲：用压力为 0.8MPa 的洁净水冲干净。

酸洗：硫酸液浓度为 5%～10%；操作工艺要求为：温度 60～80℃，浸泡 5～20min。盐酸液浓度为 5%～20%；操作工艺要求为：温度 20～50℃，浸泡 5～20min。

中和：中和液配方为氨水稀释至 pH 值为 10～11 的溶液。操作工艺要求为：常温浸泡 3min。

钝化：$NaNO_2$ 浓度为 8%～10%；氨水浓度为 2%。操作工艺要求为：常温浸泡 10min。

干燥：干燥必须用清洁无油干燥空气或氮气吹干。

2）管道安装

综合管线大型桁架地面组装时，在吊机起吊能力范围内，宜将桁架内管道同时放置在桁架内并整体吊装，吊装前，须做强度及稳定性分析。

（1）井字架上部横梁宜现场安装：

安装大口径卷管不宜在井字架中穿管，应在钢结构的详图转换及加工制造前，在确保结构稳定的前提下，结构横梁在大口径卷管垂直就位后安装，如图 2-3-9 所示。

（2）管道托座安装：

如果在管道安装前安装管道托座，当在桁架内水平移动穿管道时，管道托座既妨碍管道移动、增大摩擦力，又会造成托座坠落，所以管道托座宜在管道调整到位后再安装。

（3）两弯头水平缝对接时，应先装水平向上弯头后装水平向下弯头，如图 2-3-10 所示。

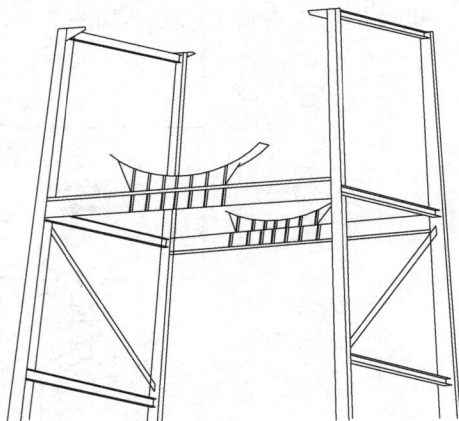

图 2-3-9 井字架结构

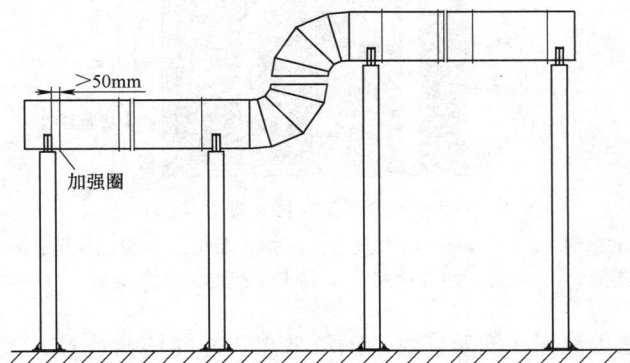

图 2-3-10 弯头之间的水平缝对接

（4）煤气管道排水器安装：

煤气排水器也叫作冷凝物排水器，在煤气管网中连续不断排除管道内的冷凝物（水、焦油等），主要分卧式和立式两种，如图 2-3-11 所示。一般水封高度 1000mmH$_2$O 以内，采用单室水封；水封高度超过 1000mmH$_2$O，采用双室水封或多室水封（复室水封）。卧式排水器多为单室，立式排水器为复室。

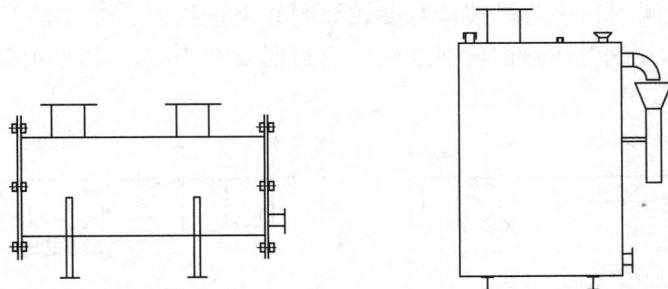

(a) 卧式排水器　　　　　(b) 立式排水器

图 2-3-11 煤气排水器

煤气排水器安装工艺要求如图 2-3-12 所示。

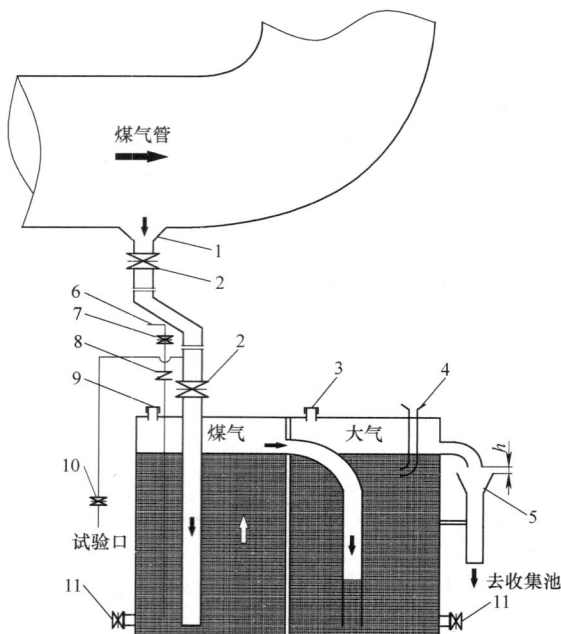

图 2-3-12　煤气排水器安装

1—集液漏斗；2—闸阀；3—排气口；4—补水漏斗；5—溢流水受水漏斗；
6—蒸气管；7—闸阀；8—单向阀；9—高压室加水口；10—闸阀；11—排污口

冷凝液排放点处集液漏斗安装在管道的最低点，并在切断装置、流量孔板前后；集液漏斗与排水器之间的落水管不宜垂直连接；落水管上下应各安装闸阀；在排水器上第一道闸阀上 200～300mm 处安装 DN15～DN20 的试验管；排水器的溢流管与受水漏斗上端有一定间隙，便于目测溢流水和水中气体散发；排水器应采用混凝土基础，基础应高出地面 100～200mm，排水器与基础之间应垫高，保持排水器底部通风干燥，严禁将排水器固定在基础上；防冻采用蒸气加热管，必须安装逆止阀和切断阀；排水器水封有效高度应为煤气设计压力加 500mm。

（5）对夹式蝶阀安装注意事项：

蝶阀有对夹式蝶阀和法兰蝶阀，对夹式蝶阀必须选用对夹专用法兰，如图 2-3-13 所示，DN150 对夹专用法兰密封面比普通法兰密封面要宽 5mm。如采用普通法兰时，法兰密封处会发生泄漏。

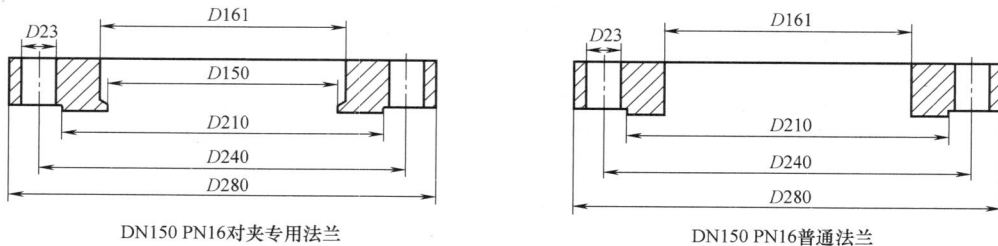

DN150 PN16对夹专用法兰　　　　　　　DN150 PN16普通法兰

图 2-3-13　法兰形式（单位：mm）

一般情况下全部衬胶对夹式蝶阀不得直接作为预留接口，因为后续管道与法兰焊接产生的高温会损伤阀体密封面。为了避免焊接高温对阀体密封面的损伤，必须将法兰脱离阀体后焊接，一般情况下管道在生产状态下不允许泄压，因此全部衬胶对夹式蝶阀不得直接作为预留接口。解决办法是在施工阶段，将法兰后面连接一段管道留给后续管道对接，如图 2-3-14 所示。

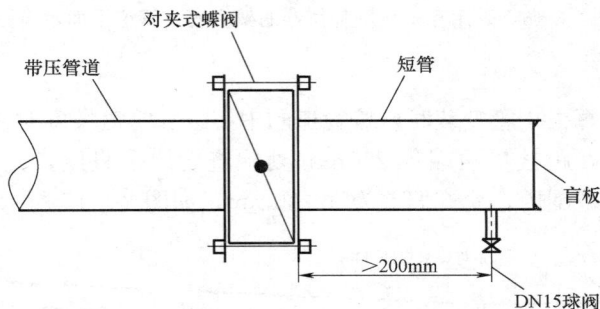

图 2-3-14 预留接口管道

盲板的作用：①防止误操作蝶阀，带来安全风险；②有效封堵，防止阀芯泄漏。
DN15 球阀作用：①切割盲板时泄压；②置换管道内有害、易燃、易爆气体。

二、供热管道

（一）地上管道

1. 管道安装

（1）管道安装前，管子的管径、壁厚和材质应符合设计要求并检验合格（检验时应校正管道的平直度、整修管口、加工坡口）；封闭物和其他杂物应清除；对钢管及管件进行除污；有防腐要求的宜在安装前完成防腐处理；对管道中心线和支架标高进行复核。

（2）管道安装的坡度和坡向应符合设计要求。

（3）管道吊装应使用专用吊具，运输吊装应平稳，不得损坏管道、管件。

（4）管道在安装过程中不得碰撞支架等组件。

（5）管道敷设时应采取固定措施，管组长度按空中就位和焊接的需要确定，宜大于或等于 2 倍支架间距。

（6）管件上不得安装、焊接任何附件。

图 2-3-15、图 2-3-16 所示为采用方形补偿器和复式波纹补偿器的架空安装管道平面示意图。

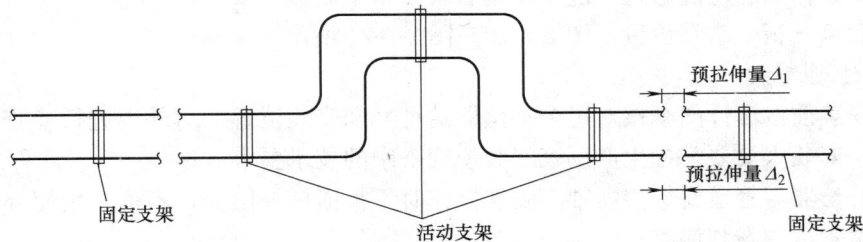

图 2-3-15 采用方形补偿器的架空安装管道平面示意图

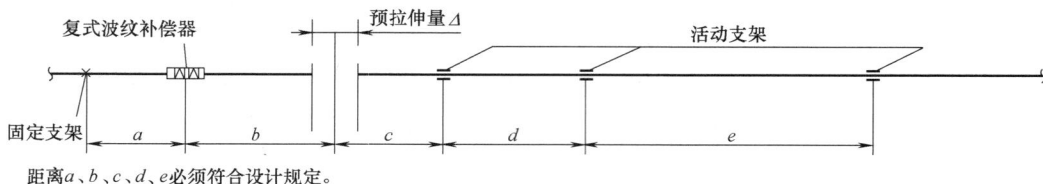

距离 a、b、c、d、e 必须符合设计规定。

图 2-3-16　采用复式波纹补偿器的架空安装管道平面示意图

2. 管口对接

（1）每个管组或每根钢管安装时应按管道的中心线和管道坡度对接管口。

（2）对接管口应在距接口两端各 200mm 处检查管道平直度，允许偏差为 $0\sim1$mm；在所对接管道的全长范围内，允许偏差为 $0\sim10$mm，如图 2-3-17 所示。

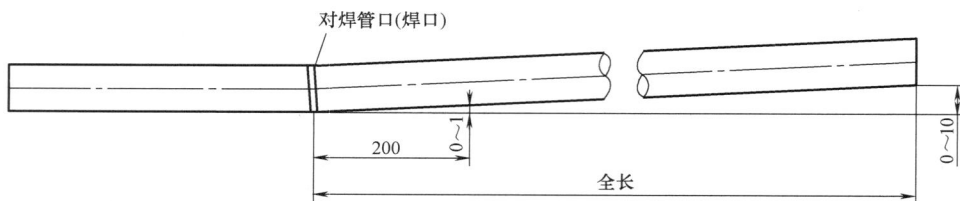

图 2-3-17　管道平直度测量（单位：mm）

（3）管道对口处应放置牢固，在焊接过程中不得产生错位和变形。

（4）管道焊口距支架的距离应满足焊接操作的需要。

（5）管道焊口及保温接口不得置于建（构）筑物等的墙壁中，且距墙壁的距离应满足施工的需要。

（6）管道开孔焊接分支管道时，不得在管道内遗留残留物，分支管伸进主管道内壁长度不得大于 2mm。

3. 管道穿墙（板）套管设置

（1）管道穿建（构）筑物的墙、板处应安装套管。

（2）穿墙套管的两端与墙面的距离应大于 20mm 且两端出墙距离应相等；穿楼板套管高出楼板面的距离应大于 50mm；套管中心的允许偏差为 $0\sim10$mm。

（3）套管与管道之间的空隙应采用柔性材料填充。

（4）防水套管应按设计要求制作，并应在建（构）筑物砌筑或浇灌混凝土之前安装就位，套管缝隙应按设计要求进行填充。

（5）管道保温层应随管道一起穿越套管，不得中断。

管道穿墙（板）套管设置如图 2-3-18～图 2-3-21 所示。

4. 补偿器安装

（1）安装前按设计图纸核对每个补偿器的型号和安装位置，对外观进行检查，核对产品合格证，安装人员要掌握生产厂家安装说明书中的技术要求。

（2）补偿器与管道要保持同轴，安装操作时不得损伤补偿器，不得采用使补偿器变形的方法调整管道的安装偏差。

（3）补偿器应按设计要求进行预变位，预变位完成后对预变位量进行记录。

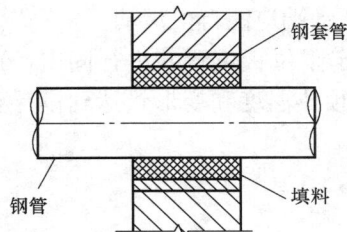

图 2-3-18　管道穿墙

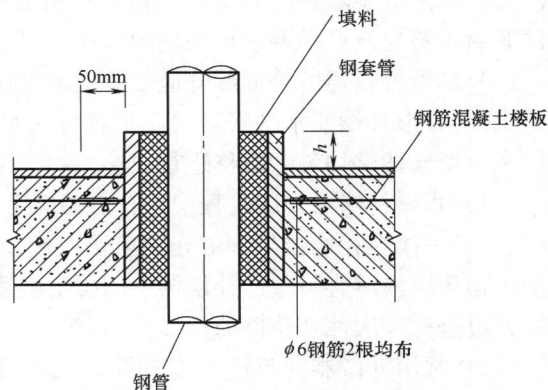

注：易积水场合：h=50mm；不易积水场合：h=20mm。

图 2-3-19　管道穿楼板

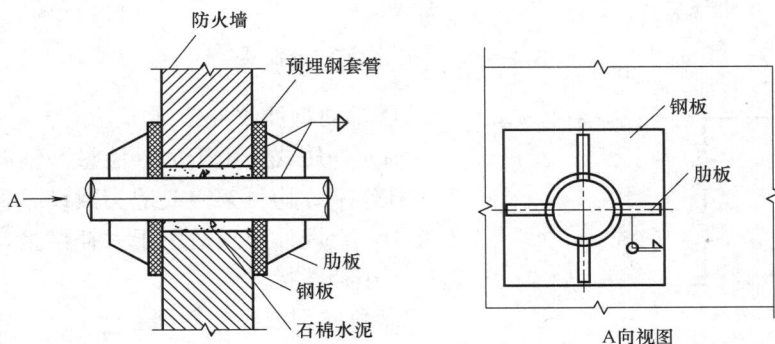

图 2-3-20　管道穿防火墙

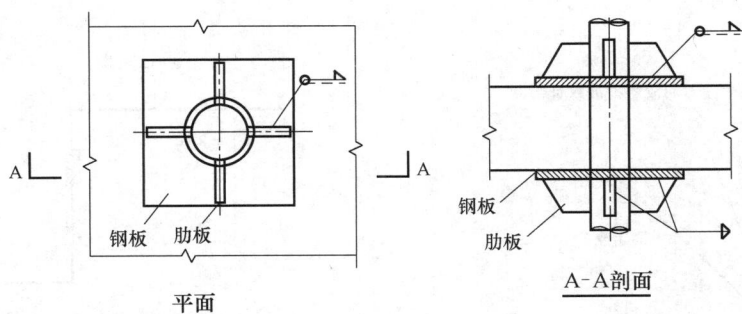

图 2-3-21　穿楼板固定支架

（4）补偿器安装完毕后按安装说明书的要求拆除固定装置、调整限位装置。

（5）补偿器应进行防腐和保温，防腐、保温材料不得对补偿器材料具有腐蚀性。

（6）补偿器安装完成后按规范要求进行记录。

（7）轴向波纹管补偿器的流向标记应与管道介质流向一致；角向型波纹管补偿器的销轴轴线应垂直于管道安装后形成的平面。

（8）采用成型填料的套筒补偿器，填料应符合产品要求；采用非成型填料的补偿器，填注密封填料应按产品要求依次均匀注压。

（9）球形补偿器的外伸部分应与管道坡度保持一致。

（10）方形补偿器水平安装时，垂直臂应水平放置，平行臂应与管道坡度相同；预变位应在补偿器两端均匀、对称进行。

（11）直埋补偿器安装过程中，补偿器固定端应锚固，活动端应能自由活动。

（12）一次性补偿器与管道连接前，应按预热位移量确定限位板位置并进行固定，预热前将预热段内所有一次性补偿器上的固定装置拆除，管道预热温度和变形量达到设计要求后方可进行一次性补偿器的焊接。

（13）常用补偿器的布置方法如图 2-3-22～图 2-3-28 所示。

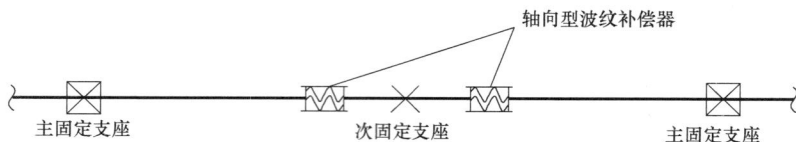

图 2-3-22　轴向型波纹补偿器

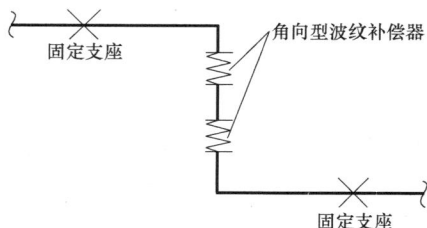

图 2-3-23　角向型波纹补偿器

① 轴向型波纹补偿器

轴向外压式适用于大补偿量，轴向内压式适用于小补偿量，均可架空或地沟敷设。直埋型敷设于土壤中，直埋外压式适用于大补偿量，直埋内压式适用于小补偿量。

② 角向型波纹补偿器

角向型波纹补偿器也称为铰链型波纹补偿器，用于架空敷设的管道，实现管道的角向补偿。

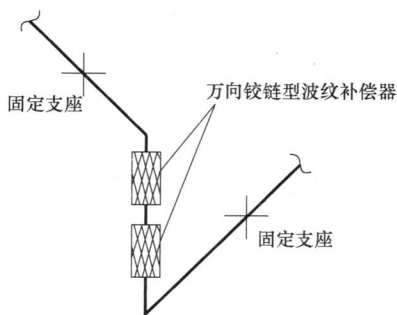

图 2-3-24　万向铰链型波纹补偿器

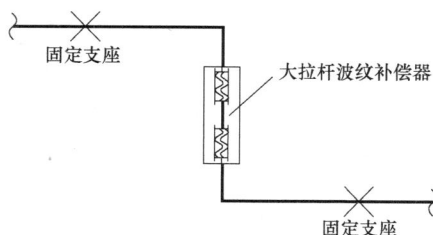

图 2-3-25　大拉杆波纹补偿器

③ 万向铰链型波纹补偿器

由两个或三个补偿器组合使用，实现管道立体角补偿，用于架空敷设的复杂管道系统。

④ 大拉杆波纹补偿器

通过补偿器弯曲变形实现管道的轴向补偿。

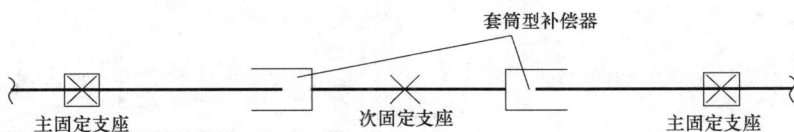

图 2-3-26　套筒型补偿器

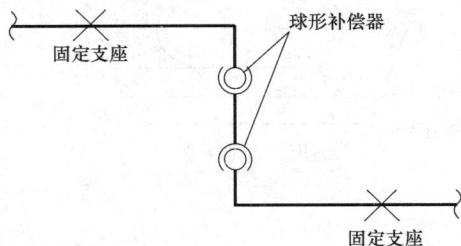

图 2-3-27　球形补偿器

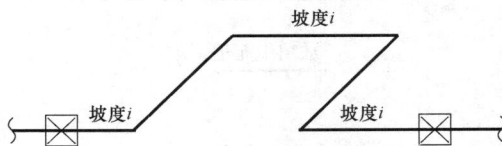

图 2-3-28　方形补偿器

⑤ 套筒型补偿器

通用型用于架空、地沟敷设；直埋型用于土壤直埋敷设。

⑥ 球形补偿器

两个成组使用，空间占用较大。

⑦ 方形补偿器

平行臂与管道坡度一致，垂直臂水平放置。

（二）预制直埋管道

预制直埋热水管道：

（1）直埋热水管道的排列，按供热方向右供左回布置（图 2-3-29）。

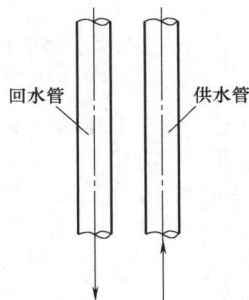

图 2-3-29　供回水管道排列顺序
（图 2-3-30 的 A 向视图）

（2）管槽的槽底土质必须强弱基本一致，开槽净深要考虑夯实裕量，避免再次回填。管底和其他部位所回填的砂、石、土等的配比、粒度、回填厚度等参数应符合设计要求，如图 2-3-30 所示。

（3）管道的敷设坡度不宜小于 2‰，进入建筑物的管道宜坡向干管。管道的高处宜设放气阀，低处宜设防水阀。直接埋地的放气管、防水管与管道有相对位移处应采取保护措施。

（4）异径管、三通或管道壁厚变化处，应设补偿器或固定墩（图 2-3-31），固定墩应设在大管径或壁厚较大一侧。固定墩处应采取防腐绝缘措施，钢管、钢架不应裸露。

（5）当管道有直埋敷设转至其他敷设方式，或进入检查室时，直埋保温管的保温层的端头应封闭。

三、制冷管道

1. 管道组对与连接

（1）制冷系统的液体管安装不应有局部向上凸起的弯曲现象，以免形成气囊。气体管

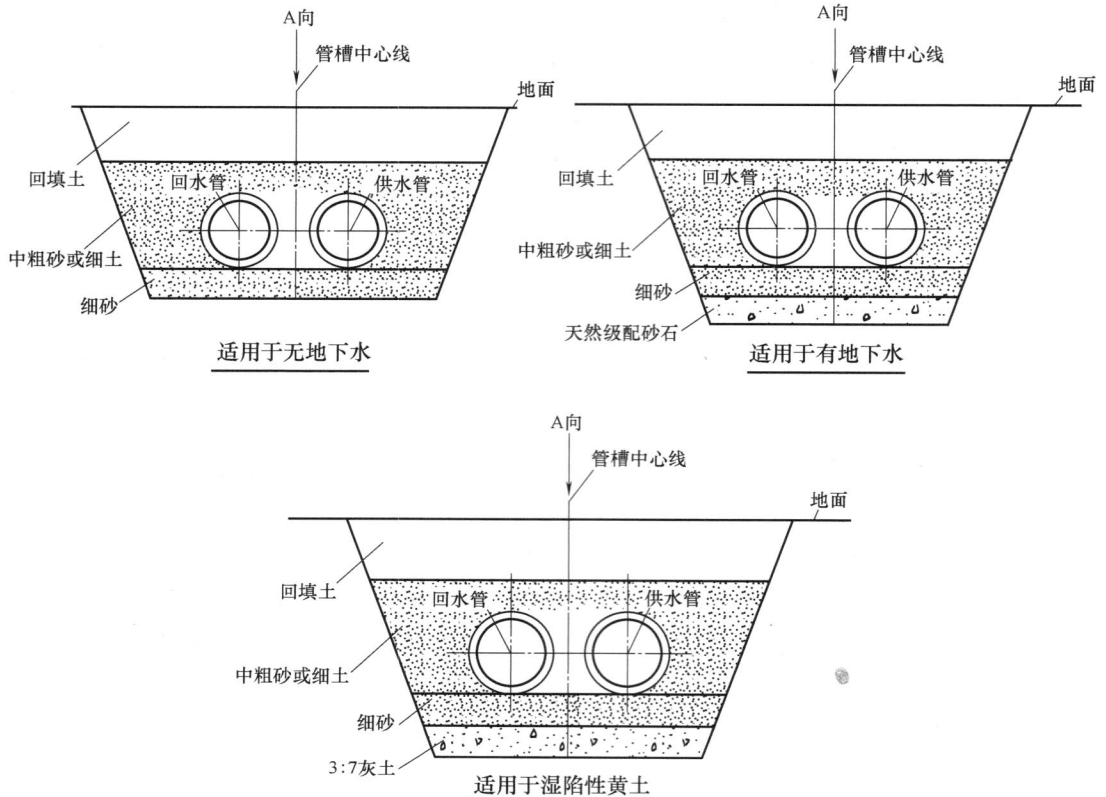

图 2-3-30　直埋热水管道敷设

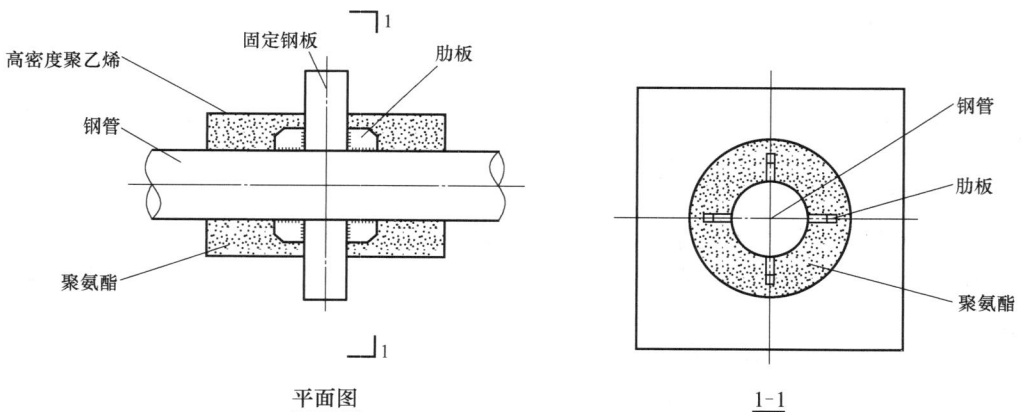

图 2-3-31　直埋热水管道固定支座

不应有局部向下凹的弯曲现象，以免形成液囊。

（2）从液体干管引出支管，应从干管底部或侧面接出，从气体干管引出支管，应从干管上部或侧面接出。

（3）管道成三通连接时，应将支管按制冷剂流向弯成弧形再行焊接（图 2-3-32），当支管与干管直径相同且管道内径小于 50mm 时，则需在干管的连接部位换上大一号管径的管段，再按以上规定进行焊接（图 2-3-33）。

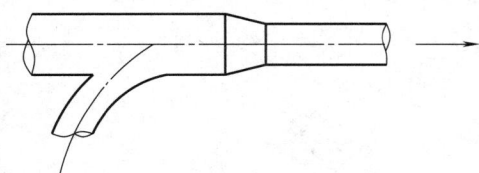

图 2-3-32　管道三通连接　　　　　　　　　图 2-3-33　同管径管道三通连接

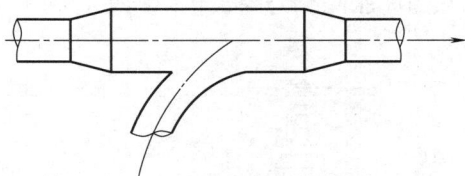

（4）不同管径的管子直线焊接时，应采用偏心异径管，如图 2-3-34 所示。

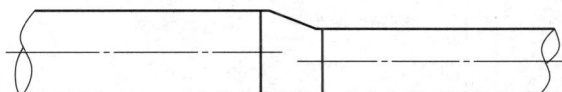

图 2-3-34　偏心异径管焊接示意图

（5）紫铜管连接宜采用承插口焊接，或套管式焊接，承口的扩口深度不应小于管径，扩口方向应迎介质流向，如图 2-3-35 所示。

（6）紫铜管煨弯可用热弯或冷弯，弯管的弯曲半径不应小于 $4d$，椭圆率不应大于 8%，不得使用焊接弯管或褶皱弯管，如图 2-3-36 所示。

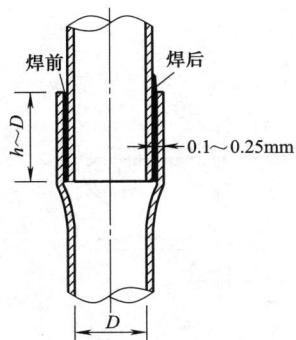

图 2-3-35　紫铜管连接示意图　　　　　　　图 2-3-36　紫铜管弯管半径示意图

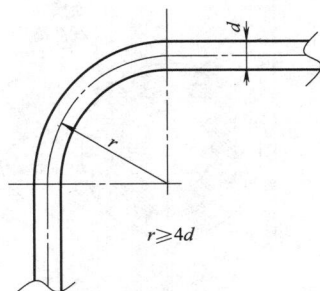

（7）管道穿过墙或楼板应设钢制套管，管道与套管的空隙宜为 10mm，应用隔热材料填充，并不得作为管道的支撑，如图 2-3-37 所示。

2. 阀门安装

（1）应把阀门装在容易拆卸和维护的地方，各种阀门安装时必须注意制冷剂的流向，不可装反。

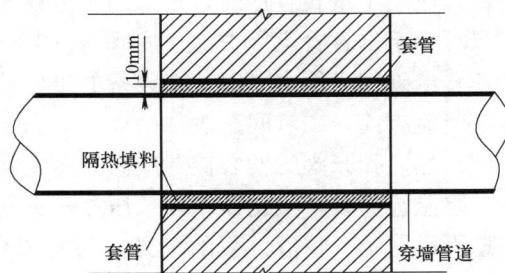

图 2-3-37　套管安装示意图

（2）安装带手柄的手动截止阀，阀杆应垂直向上或倾斜某一个角度，禁止阀杆朝下。如果阀门位置难以接近或位置较高，为了操作方便，可以将阀杆水平安装。电磁阀、调节阀、热力膨胀阀、升降式止回阀等，阀头均应向上竖直安装，如图 2-3-38 所示。

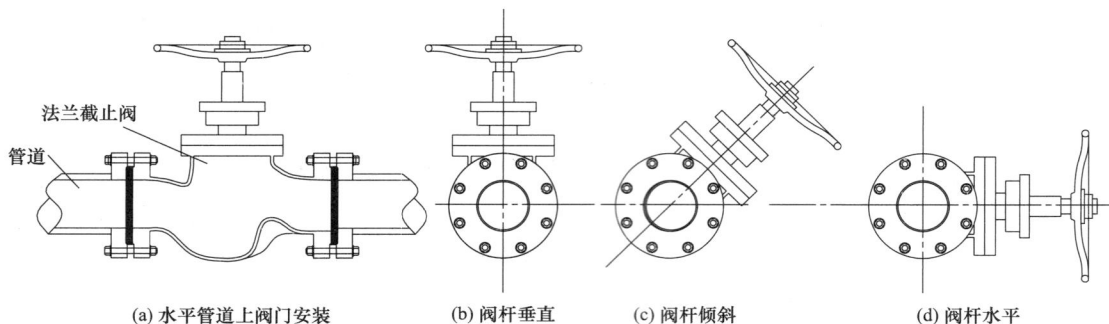

(a) 水平管道上阀门安装　　(b) 阀杆垂直　　(c) 阀杆倾斜　　(d) 阀杆水平

图 2-3-38　截止阀安装示意图

（3）安装法兰式阀门时，法兰片和阀门的法兰一定要用高压石棉板做垫，高压石棉板厚度要根据阀门上法兰槽的深浅确定。当阀门较大且槽较深时，要用较厚的石棉板，避免它们之间的凹凸接口容易有间隙而密封不严。在组装法兰式阀门时，一定做到所有螺栓受力均匀，否则，凹凸接口容易压偏，如图 2-3-39 所示。

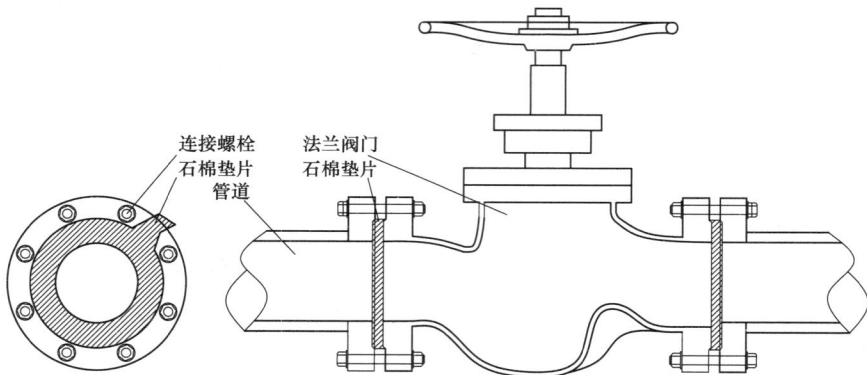

图 2-3-39　法兰阀门连接示意图

（4）安装止回阀时，要保证阀芯能自动开启。旋启式止回阀在水平和垂直管道上都可以使用；应用于垂直管道时，只适用于流体向上流动的情况。立式升降式止回阀（水平阀瓣）只可用于垂直管道（类似于底阀），如图 2-3-40 所示。

（5）电磁阀必须水平安装在设备的出口处，一定要按图样规定的位置安装。电磁阀若安装在节流阀前，二者间至少保持 300mm 的间距，如图 2-3-41 所示。

（6）热力膨胀阀的安装位置应靠近蒸发器，阀体应垂直放置，不可倾斜，更不可颠倒安装。感温包安装在蒸发器出口、压缩机吸气管段上，并尽可能装在水平管段部分。但必须注意不得置于有积液、积油之处。将感温包缠在吸气管上，感温包紧贴管壁，包扎紧密；接触处应将氧化皮消除干净，必要时可涂一层防锈层。当采用外平衡式热力膨胀阀时，外平衡管一般连接在蒸发器出口、感温包后的压缩机吸气管上，连接口应位于吸气管

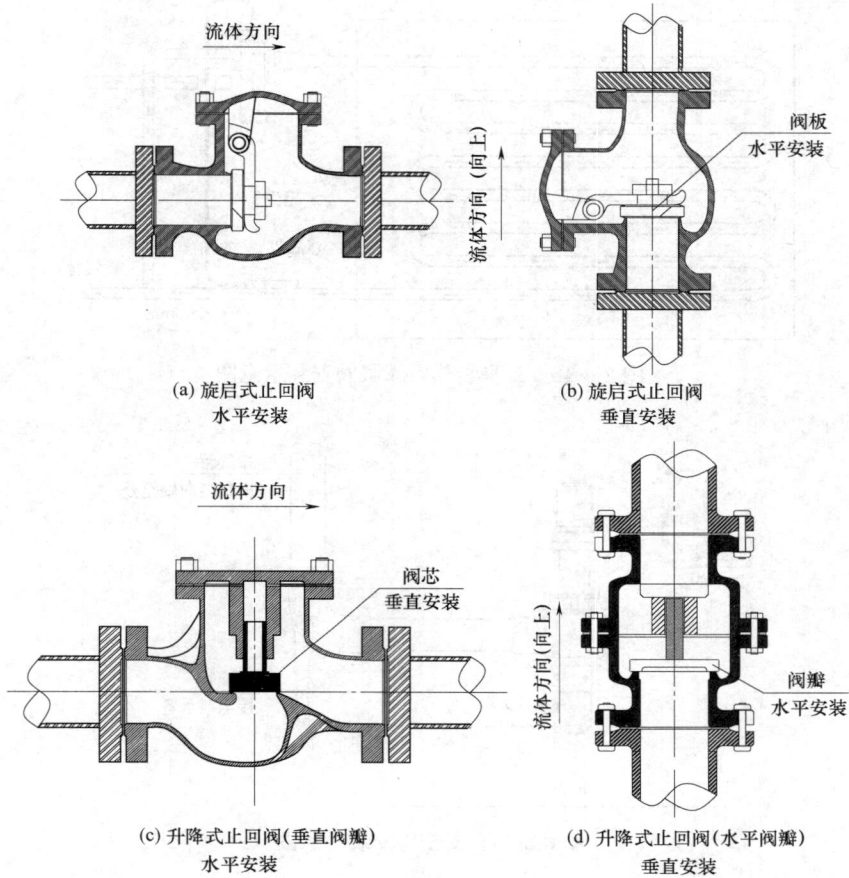

(a) 旋启式止回阀
水平安装

(b) 旋启式止回阀
垂直安装

(c) 升降式止回阀(垂直阀瓣)
水平安装

(d) 升降式止回阀(水平阀瓣)
垂直安装

图 2-3-40 止回阀安装示意图

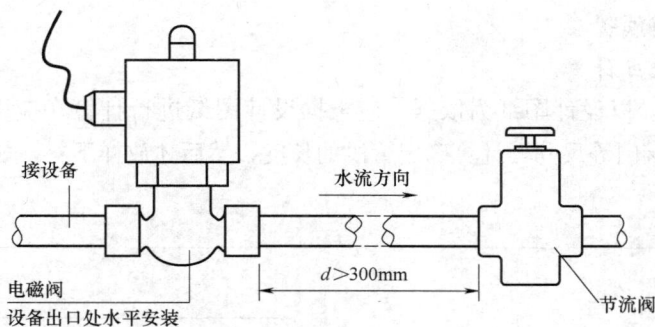

图 2-3-41 电磁阀安装示意图

顶部，如图 2-3-42 所示。

（7）安全阀应垂直安装在便于检修的位置，其排气管的出口应朝向安全地带，排液管应装在泄水管上，如图 2-3-43 所示。

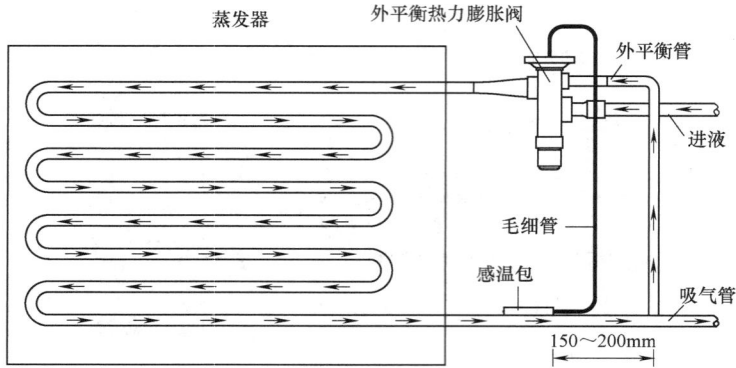

图 2-3-42　外平衡热力膨胀阀安装示意图

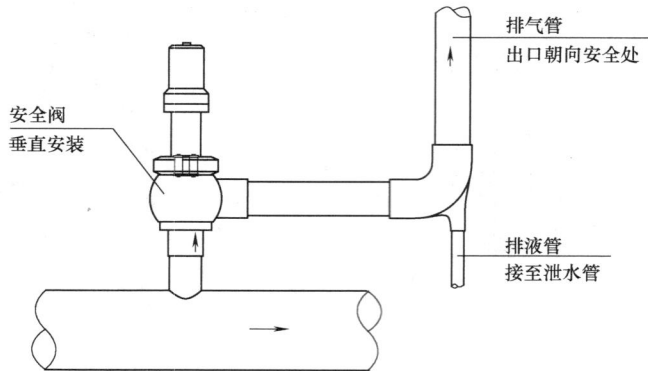

图 2-3-43　安全阀安装示意图

四、动力管道工程

（一）动力管道预制

1. 预制加工长度计算

按照设计要求，以设计图纸为依据，应根据设计图纸进行计算，应以标高、空间定位尺寸、扣减管件、阀门等尺寸，计算确定管段的长度，然后才放样下料，如图 2-3-44 所示。

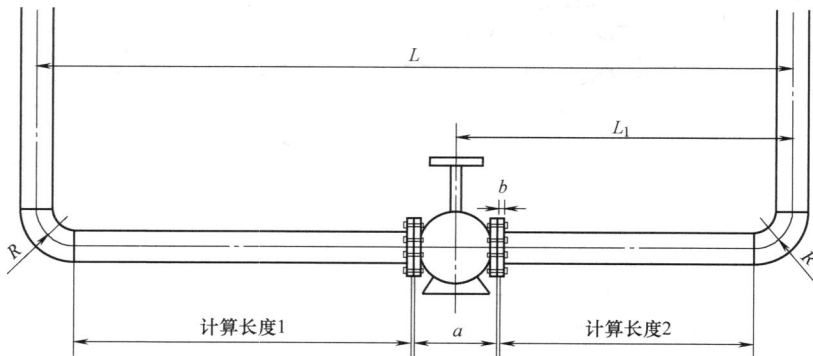

图 2-3-44　管道预制加工长度计算

（1）计算长度 1：

$$计算长度1 = L - L_1 - a/2 - R - b + \delta \qquad (2\text{-}3\text{-}1)$$

（2）计算长度 2：

$$计算长度2 = L_1 - a/2 - R - b + \delta \qquad (2\text{-}3\text{-}2)$$

式中　b 为法兰厚度，δ 为插入法兰长度。

2. 预制加工工具选择

在安装现场，根据管道材质、管径选用不同的切割方法，具体如下：

（1）对于碳钢管道，宜采用切割锯（带锯）、管割刀、切割机、氧气乙炔气切割等方法。

（2）对于不锈钢、合金钢管道，宜采用切割锯（带锯）、管割刀、切割机、等离子等方法。

（3）对于小管径的管道，宜采用切割锯（带锯）、管割刀、切割机切割。

（4）对于大管径的管道，宜采用切割锯、气割、等离子切割。

3. 预制放样方法

（1）预制加工需保证管道中心线与端面垂直，下料前，先检查管道端面与管中心线的垂直度，主要用角尺检查端面正交90°方向，测量两个正交方向的 a、b（距离大于 200mm）值相等则符合要求，否则应修整端面，如图 2-3-45 所示。

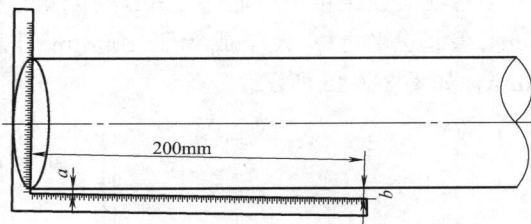

图 2-3-45　管道端面与管中心线的垂直度测量

（2）在管道端面垂直度合格后，根据计算下料长度，在管道上划线确定下料长度放样，按管道展开在圆周上平行管中心线画点，然后将点沿圆周连线，即为需下料切割端面线，对小口径管道画垂直方向 4 个点即可，当管径较大时，沿圆周画点，按两个相邻点之间距离≤200mm 为宜，如图 2-3-46 所示。

4. 预制切割及坡口加工

（1）在下料过程中，确保切割口端面应与管中心线垂直，其允许偏差不得大于管外径的 1%，且不得大于 3mm，如图 2-3-47 所示。

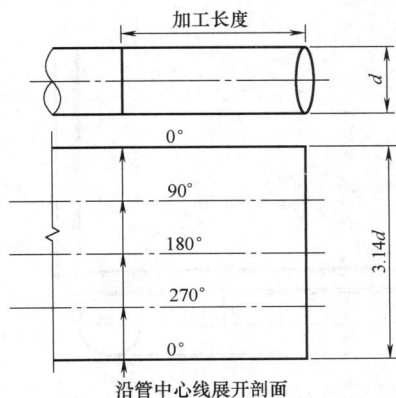

图 2-3-46　管道下料切割端面线

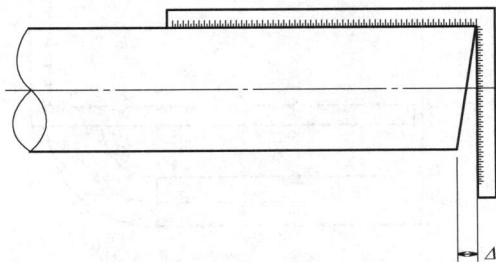

图 2-3-47　管道切口端面允许偏差
Δ—管子切口端面倾斜偏差

（2）管子切口表面应平整，无裂纹、毛刺、凹凸、熔渣、氧化物、铁屑等现象。

（3）国内碳钢管道使用较为普遍，施工现场管道加工常采用半自动火焰切割方法，即：切割、坡口一次成型，然后打磨清理氧化铁。

（4）坡口加工，根据管道壁厚确定管道坡口加工形式，常用壁厚管道加工为 V 形坡口，其加工技术要求应符合相关焊接技术规程。

5. 管件、附件坡口

焊接管件、附件的坡口在出厂时，一般已加工好，现场在管件、附件安装时，只需进行坡口的除锈、打磨即可进行组对安装。

（二）动力管道安装

动力管道主要以无缝钢管焊接连接较为普遍。

1. 管道组对

（1）对下料及坡口加工好的管段组对

平直度应在距接口中心 200mm 处测量，管道公称尺寸小于 100mm 时，允许偏差为 1mm；管道公称尺寸大于或等于 100mm 时，允许偏差为 2mm，且全长允许偏差均为 10mm，如图 2-3-48 所示。

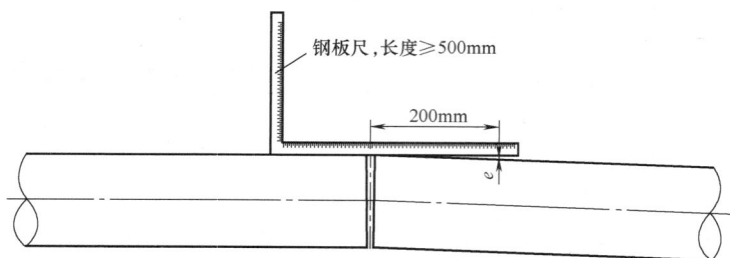

图 2-3-48　管道组对折口允许偏差

e—折口允许偏差

（2）管道与管件（弯头）、附件的组对

保证弯头敞口段端面与管道中心线垂直，两侧面与管道外壁在同一平面上，即 a、b 值相等，如图 2-3-49 所示。

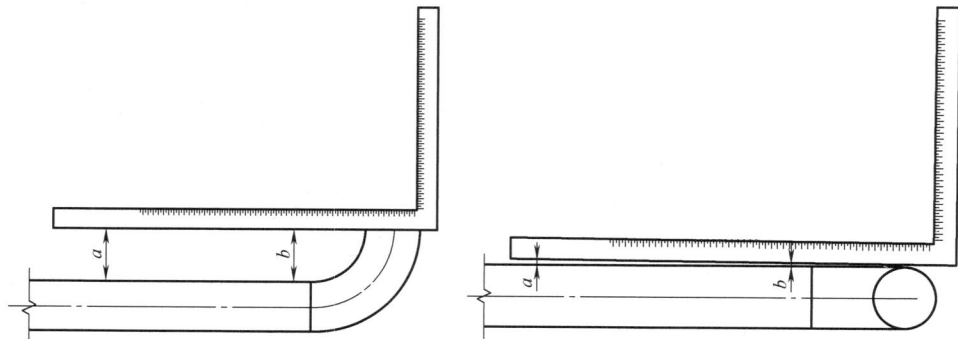

图 2-3-49　弯头组对端面垂直度及弯头组对平面度

2. 管道与设备的组对

（1）管道与设备的连接应在自由状态下进行，不得强力组对；对需热处理的管道，其安装对口可采用简易工装，然后利用热处理消除应力，不同规格管径管道对口调整装置，如图 2-3-50 所示。

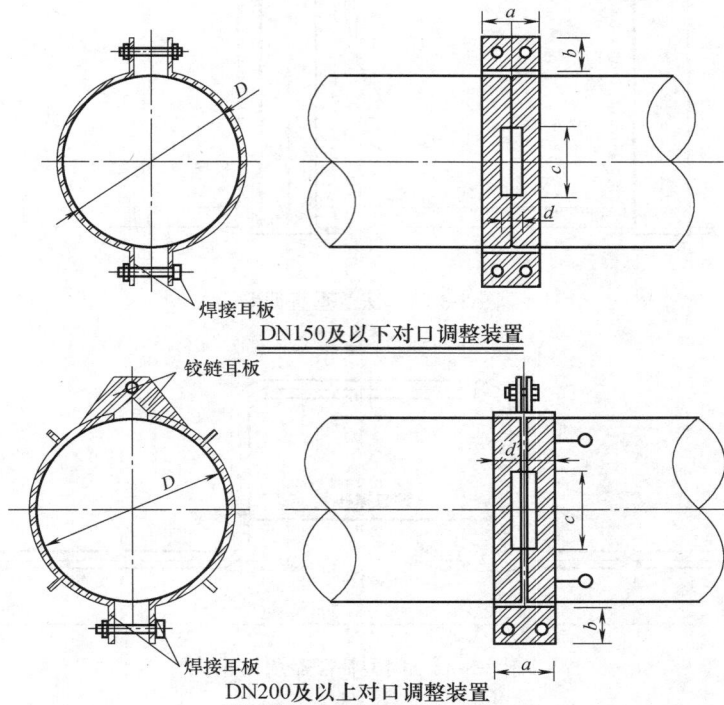

图 2-3-50　管道对口调整装置

（2）管道与法兰焊接时，应保证管中心与法兰中心同心，螺栓应能自由穿入。

两法兰面之间应保持平行，且法兰端面与管道中心线应垂直，即 a、b 值应控制相等。法兰接头的歪斜不得用强紧螺栓的方法消除，如图 2-3-51 所示。

（3）管道两相邻焊缝之间的距离，当管道公称直径大于等于 150mm 时，其间距不得小于 150mm，当管道公称直径小于 150mm 时，不得小于管外径，且不得小于 100mm。

（4）管道环焊缝距支、吊架的净距离不得小于 50mm，需热处理的管道不得小于 100mm。

3. 补偿器

（1）门型补偿器的制作，严格安装设计图纸要求的尺寸进行制作。

（2）制作成型的门型补偿器，在安装前应采取预拉伸措施固定，管道安装完成、固定支架焊接牢固可靠后，才能解除预拉伸措施。

（3）门型补偿器预拉伸量的计算，应根据直线管段两固定支架间的距离乘以管材线膨胀系数确定管段膨胀量，取管段膨胀量的 1/2 作为预拉伸值，如图 2-3-52 所示。

① 管道热膨胀伸长量 ΔL（m）计算：

$$\Delta L = (t_1 - t_2)L \times 12 \times 10^{-6} \qquad (2-3-3)$$

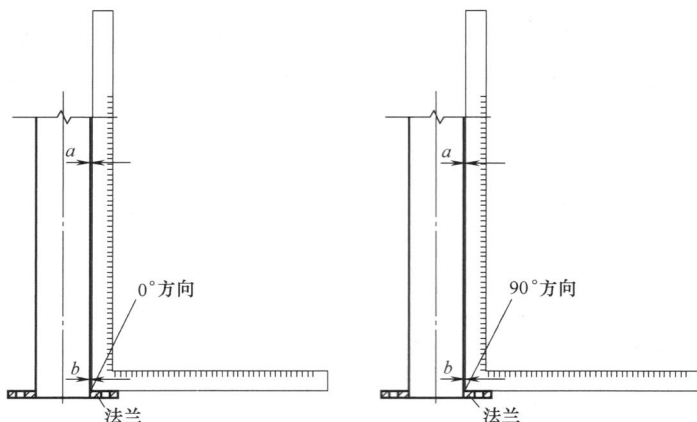

图 2-3-51　法兰垂直偏差

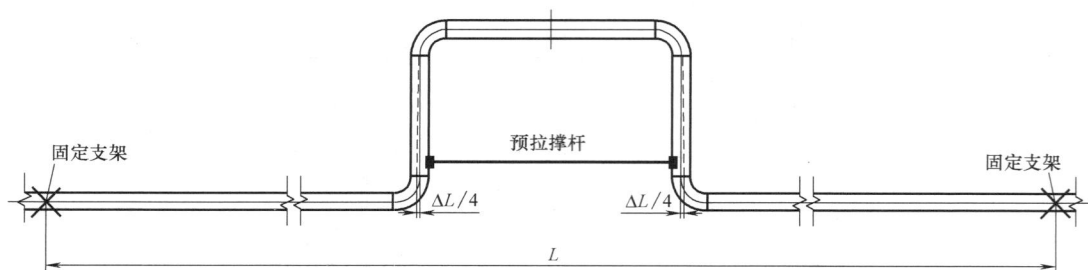

图 2-3-52　门型补偿器预拉伸

式中　t_1——管道运行时的介质温度（℃）；

t_2——管道安装时的温度（℃）；

L——计算管段的长度（m）；

碳素钢的线膨胀系数 12×10^{-6}/℃。

② 管道热膨胀拉伸量 α（m）计算：

$$\alpha = \Delta L / 2 \tag{2-3-4}$$

因此，门型补偿器制作完成后，与管道组对前，应进行预拉伸，用足够强度的撑杆支撑，管道安装、试验等工序完毕后，在送介质运行前解除撑杆。

4. 管道静电接地

易燃、易爆介质的动力管道，应进行静电接地。

（1）管道上当每对法兰或其他接头间电阻值超过 0.03Ω 时，应设导线跨接，导线的截面积应符合设计要求。

（2）管道系统的接地电阻值、接地位置及连接方式按设计文件的规定，静电接地引线宜采用焊接形式。

（3）有静电接地要求的不锈钢和有色金属管道，导线跨接或接地引线不得与管道直接连接，应采用同材质弧板抱箍过渡连接，如图 2-3-53 所示。

（4）静电接地安装完毕后，必须进行测试，电阻值超过规定时，应进行检查与调整。

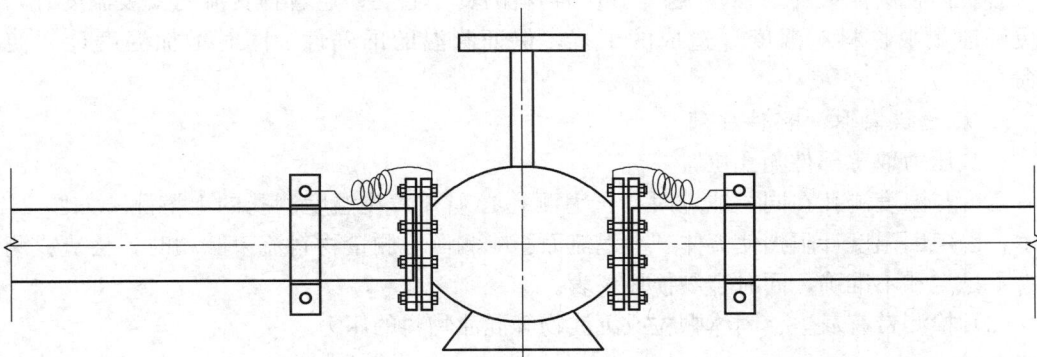

图 2-3-53　静电接地的过渡连接

第四节　自动化仪表工程安装细部节点做法

一、仪表设备及取源部件安装

1. 温度取源部件安装

温度取源部件在管道上的安装要求如图 2-4-1 所示，当温度取源部件与管道垂直安装时，取源部件轴线应与管道轴线垂直相交，如图中 a 处；在管道的拐弯处安装时，宜逆着物料流向，取源部件轴线应与管道轴线相重合，如图中 b 处；与管道呈倾斜角安装时，宜逆着物料流向，取源部件应与管道轴线相交，如图中 c 处。这样安装可以保证测温元件能

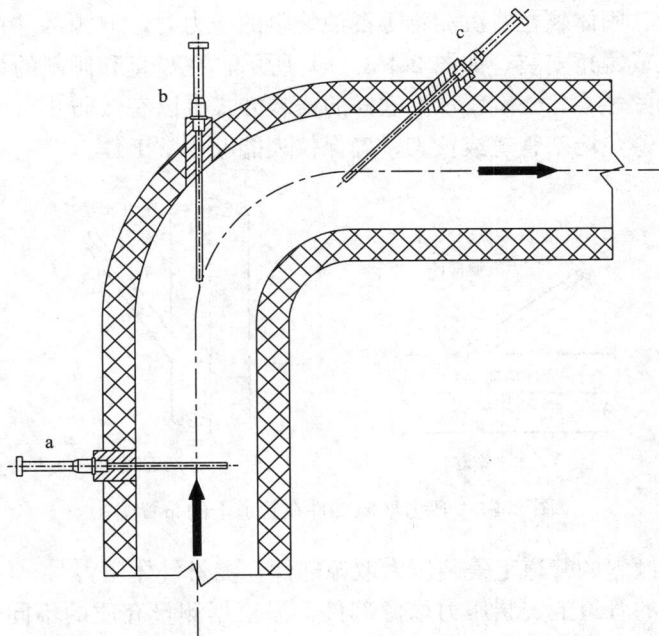

图 2-4-1　温度取源部件安装位置要求示意图

插入管道内物料流束的中心区域，测量到物料的真实温度；逆着物料流向安装温度计，可以更好地减少物料对温度计造成的干扰，保证测温的准确性，同时增加温度计的使用寿命。

2. 压力仪表取源部件安装

（1）压力取源部件测孔位置

压力与温度测孔在同一地点时，压力测孔必须开凿在温度测孔的上游测，如图 2-4-2 所示，以免因温度计阻挡使流体产生涡流而影响测压。测量物料流束脉动时，会造成测量压力不稳定和不准确，同时容易损坏仪表。

（2）检测带有灰尘、固体颗粒或沉淀物等混浊物料的压力

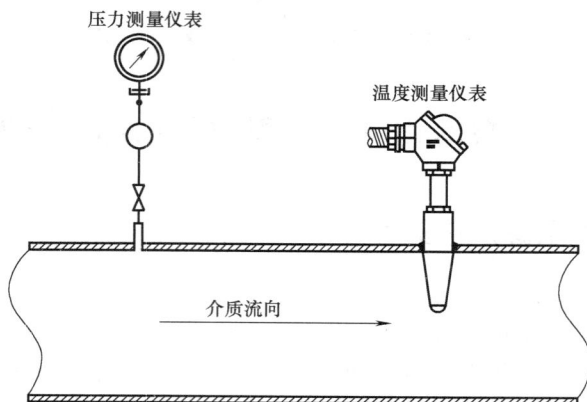

图 2-4-2　压力和温度测孔同时在管道上的布置图

检测带有灰尘、固体颗粒或沉淀物等混浊物料的压力时，取源部件在水平管道上，取源部件宜顺物料束成锐角安装，如图 2-4-3（a）所示；在竖直和倾斜的设备和管道上，应倾斜向上安装，如图 2-4-3（b）所示。这样的安装方式可以有效防止灰尘等杂质进入测量管道或仪表内部，避免堵塞管道或仪表，确保仪表能够正常工作。

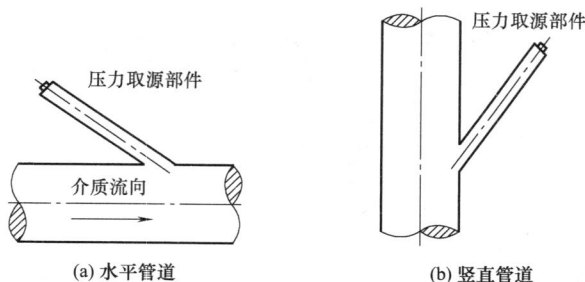

图 2-4-3　压力取源部件在管道上的布置图

（3）在水平和倾斜的管道上安装压力取源部件，测量气体压力

在水平和倾斜的管道上安装压力取源部件，需根据测量介质的不同选择合适的位置。测量气体压力时，应将取源部件安装在管道的上半部，如图 2-4-4（a）所示，以确保气体内的少量凝结液能顺利流回管道，避免流入测量管道及仪表造成测量误差；测量液体压力

时，取源部件应安装在管道的下半部与管道水平中心线成0°～45°夹角范围内，如图2-4-4（b）所示，可以使液体中析出的少量气体顺利流回管道，同时应采取措施防止管道底部的固体杂质进入测量管道及仪表，以保证测量的稳定性；测量蒸汽压力时，取源部件应安装在管道的上半部，以及下半部与管道水平中心线成0°～45°夹角范围内，如图2-4-4（c）所示，应保持测量管道内有稳定的冷凝液，同时也要防止管道底部的固体杂质进入测量管道和仪表。

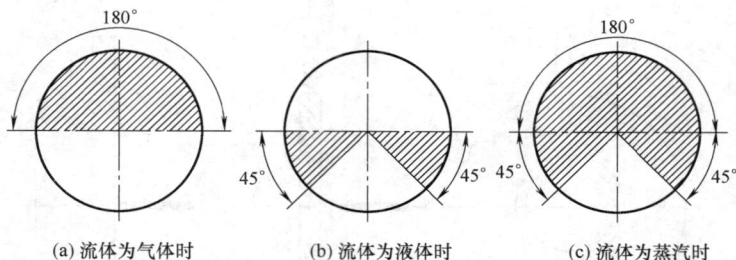

图 2-4-4　压力取源部件的安装位置示意图

3. 流量取源部件安装

节流装置取压口在管道上的方位设置需根据测量流体的不同而定。测量气体流量时，取压口应设在管道的上半部，如图2-4-5（a）所示，以确保测量的准确性。测量液体流量时，取压口应设在管道的下半部，并与管道的水平中心线成0°～45°夹角的范围内，如图2-4-5（b）所示，这样设置有利于液体的稳定测量。而测量蒸汽流量时，虽然蒸汽在管道中主要以气相存在，但测量时通常关注其冷凝后的液相物质。因此，取压口应设在管道的上半部，并与管道水平中心线成0°～45°夹角的范围内，如图2-4-5（c）所示，这样既能保证测量准确性，又能确保冷凝器内的液面高度稳定，多余的冷凝液能够顺利流回管道。

4. 压力仪表安装

压力仪表应就地安装，选择便于检修维护的安装位置，如图2-4-6所示。

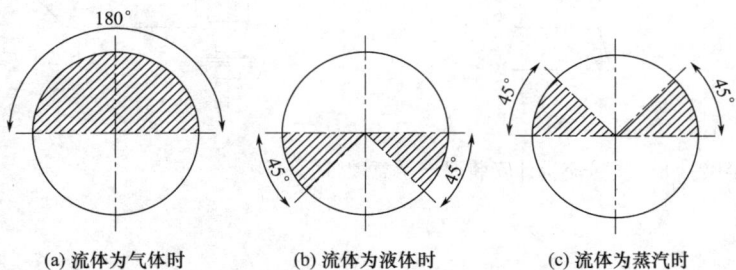

图 2-4-5　流量取源部件的安装位置要求示意图

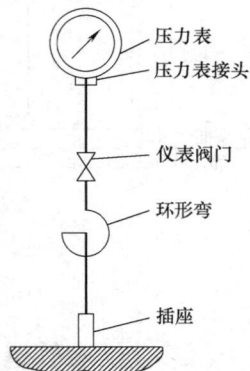

图 2-4-6　压力仪表
安装示意图

5. 流量检测仪表安装

1）节流件的安装方向

应使流体从节流件的上游端面流向节流件的下游端面，如图 2-4-7（a）所示；孔板的锐边或喷嘴的曲面侧应迎着被测流体的流向，如图 2-4-7（b）所示。锐边设计能够显著提高测量精度，通过形成稳定的流场减少紊流和涡流的影响；同时还能有效降低压力损失，提高能源效率。

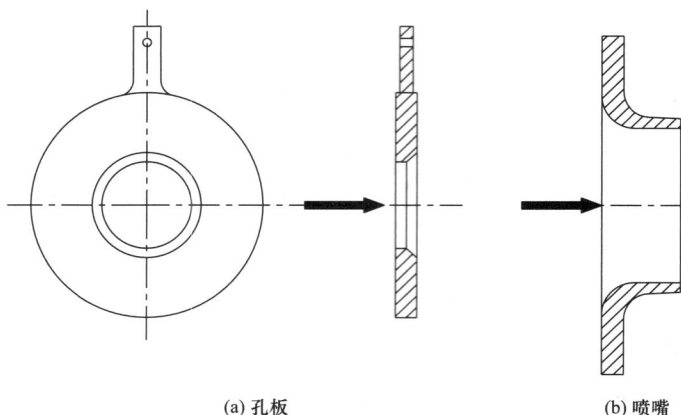

(a) 孔板　　　　　　　　　　　(b) 喷嘴

图 2-4-7　节流件安装方向示意图

2）质量流量计安装要求

质量流量计宜安装于水平管道上。测量气体时，箱体管应置于管道上方，如图 2-4-8（a）所示；测量液体时，箱体管应置于管道下方，如图 2-4-8（b）所示；在垂直管道上被测流体为液体时，流体的流向应自下而上，如图 2-4-8（c）所示。

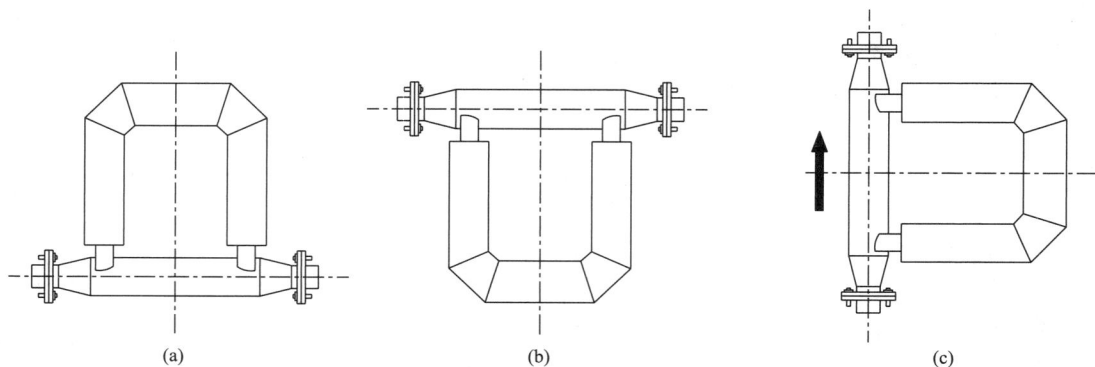

(a)　　　　　　　　　　(b)　　　　　　　　　　(c)

图 2-4-8　质量流量计安装要求示意图

二、仪表管道安装

仪表气源管的安装：

1. 气源配管

国外设计中气源配管推广全部选用不锈钢管，干管、分管的配管使用管配件焊接或者丝扣连接，而支管的配管使用卡套式接头连接。

2. 控制阀

控制阀相对集中的区域采用气源分配器（亦称分气包）进行分支，如图2-4-9所示。

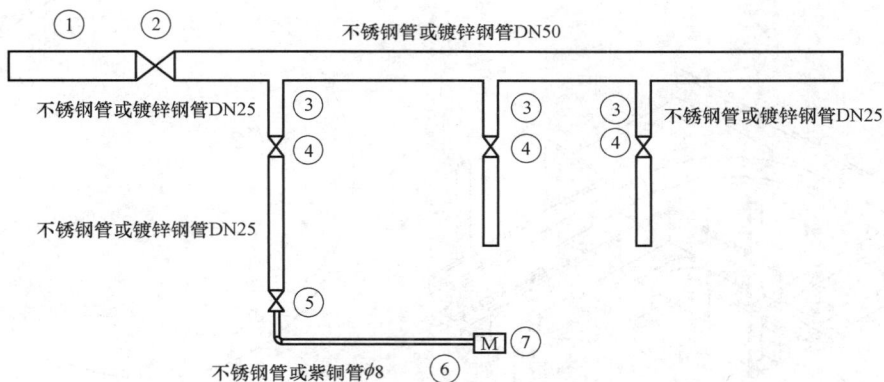

图 2-4-9 气源管配管安装示意图

①—气源总管；②—总阀门；③—分支管；④—阀门；⑤—变径终端头；

⑥—终端头；⑦—气动阀；紫铜管 $\phi 8$，一般长度为 $500\sim800$mm

三、自动化仪表线路安装

1. 支架安装

（1）设备、管道不允许现场进行非承压部件的焊接。

（2）支架需固定在设备或管道上时，宜采用 U 形螺栓或卡子固定，如图2-4-10所示。

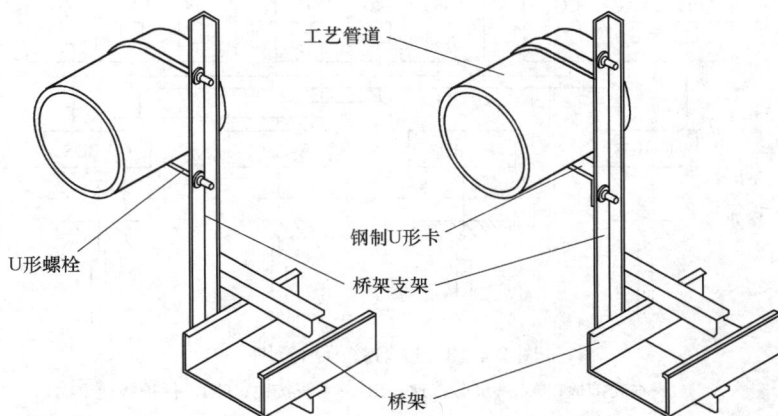

图 2-4-10 U 形螺栓、U 形卡固定支架示意图

2. 线缆敷设

（1）电缆桥架内，通常要求交流电源线路（电缆）与仪表信号线路（电缆）分层敷设。无法分层敷设时，两者之间需采用金属隔板隔开，以减少信号线路受电源线路电磁干扰，如图2-4-11所示。

（2）光缆的弯曲半径不应小于光缆外径的 15 倍，如图 2-4-12 所示，以确保光信号在光缆弯曲时仍能保持稳定传输，同时避免光缆因过度弯曲而受损。

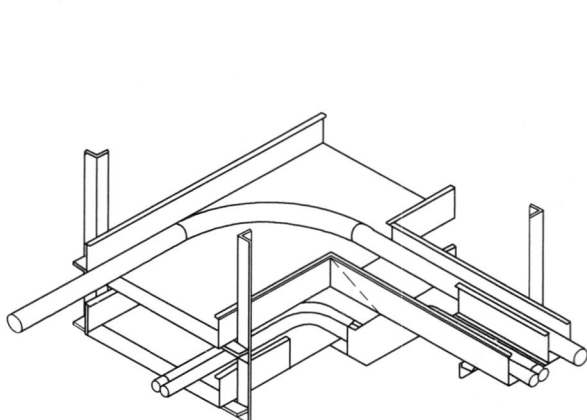

图 2-4-11　电缆分层敷设及隔离加装措施示意图

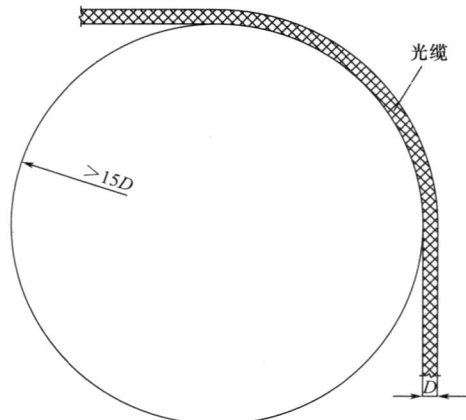

图 2-4-12　光缆弯曲半径示意图

3. DCS 接地

DCS 系统的接地有三部分：系统电源接地、信号屏蔽接地、机柜安全接地，在 DCS 机柜内安装有三块接地铜排，分别与三个接地对应。三根铜排在 DCS 系统内互相绝缘。每根铜排要求各自独立连接到电气全厂接地网上，中间无其他系统的地线接入，如图 2-4-13 所示。

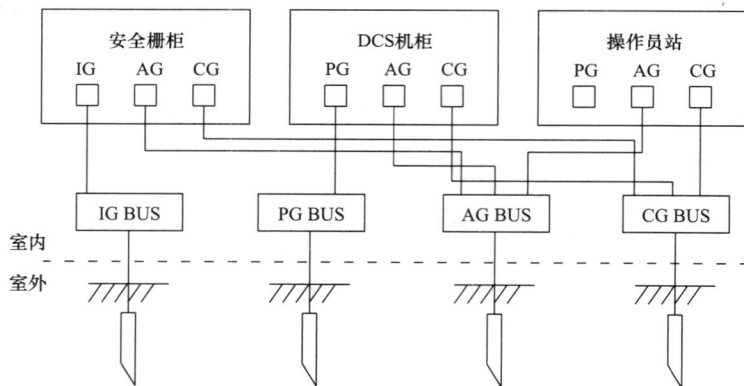

图 2-4-13　DCS 接地示意图

IG—本安接地；AG—屏蔽接地；PG—系统接地；CG—保护接地

四、仪表调试

1. 浮筒式液位计水校法

如图 2-4-14 所示，先根据浮筒的设计介质密度、量程和浮力公式（设计密度×设计量程＝水密度×校准量程）计算出校准量程，然后用记号笔和卷尺在筒体标注零点、校准 50％位和校准满点；依据连通器的原理用透明软管连接到浮筒式液位计底部，关闭浮筒式液位计上下法兰连接处手阀，打开浮筒液位计顶端排气口；从软管一侧缓慢灌水至标注零点位置，待液面平稳后标定零点，缓慢灌水至校准满点，待液面平稳后用手操器标定满点，两点标定完毕后缓慢放水至校准50％位，核对变送表头输出误差。

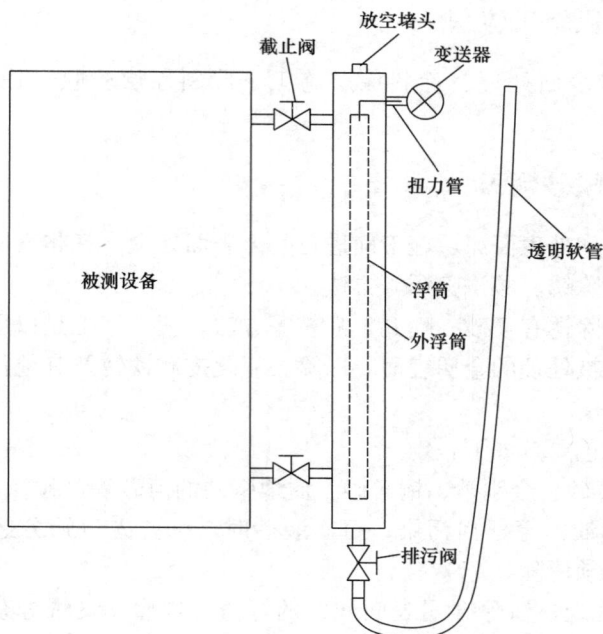

图 2-4-14 浮筒式液位计水校法原理图

2. 温度控制系统的回路试验

通过控制器或操作站的输出向执行器发送控制信号，利用温度变送器测量热水温度，将该模拟量输入信号输送至控制器，与设定温度进行比较，水温低于设定温度时，控制器的模拟量输出信号输送至执行器（调节阀），增大调节阀开度，增加蒸汽流量使水温上升，检查执行器的全行程动作方向和位置应正确，同时查看温度变送器反馈信号，实现闭环校验。并采用同样方式验证水温高于设定温度时的情况，如图 2-4-15 所示。

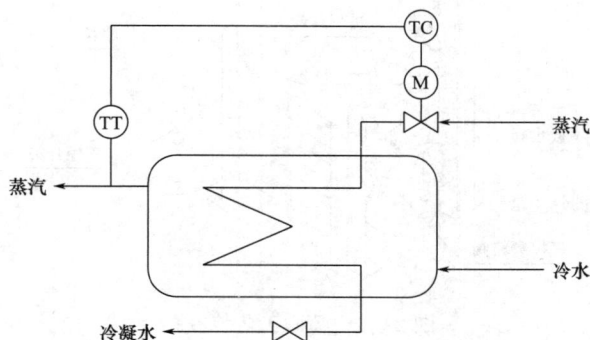

图 2-4-15 蒸汽加热器温度回路试验系统示意图

第五节　防腐蚀工程施工细部节点做法

一、防腐蚀工程施工流程

安装移交→基体表面处理→涂料涂层施工→涂料涂层验收→内衬施工→内衬防腐验收。

二、基体表面喷砂施工

（1）防腐蚀衬里和外表面涂层施工前进行基体表面处理。基体表面处理可采用动力工具除锈、喷（抛）射除锈、酸洗除锈等方法。

（2）喷（抛）射除锈有喷砂、喷丸、喷粒等方法。喷砂施工是以压缩空气为动力，将磨料以一定速度喷向被处理的金属表面，以除去氧化皮和铁锈及其他污物的一种方法，等级可以达到 Sa 级。

（3）喷砂施工工艺要点如下：

① 喷砂采用石英砂、金刚砂、铜矿砂、质地坚硬的河砂等，粒径为 0.5～4mm，颗粒大小均匀、干燥、无油污等任何污染；每次装砂时，都要先过筛分选，如发现磨料有结块、锈蚀严重的，必须清除。

② 喷砂前净化处理，清除金属表面残留的焊渣、焊瘤、飞溅等杂物，用脱脂剂擦除基体表面油渍，对于较大面积的浮尘，应用干燥的压缩空气吹扫干净。

③ 采用喷砂装备（图 2-5-1）施工时，需要采取以下控制措施：

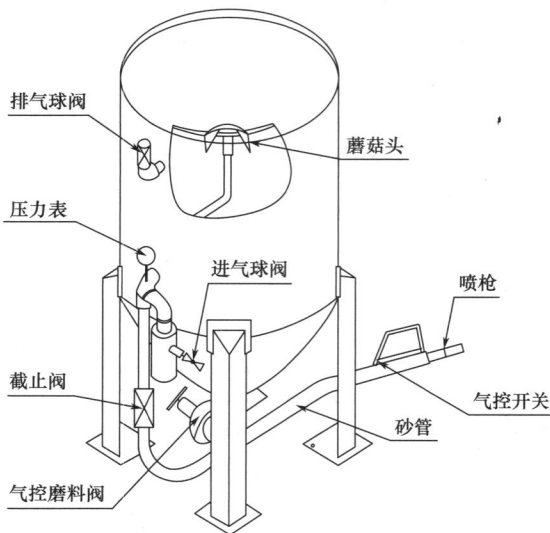

图 2-5-1　喷砂工艺装备图

a. 喷嘴选用耐磨合金或耐磨陶瓷的文丘里型喷嘴，应在其孔径扩大 25％ 时予以更换。喷嘴到基体金属表面距离为 100～300mm，喷射方向与基体金属表面法线的夹角为

15°～30°。

　　b. 压缩空气工作压力为 0.4～0.6MPa；压缩空气经气体缓冲罐、油水分离器，达到清洁、干燥后才能进入砂罐和喷砂枪。

　　c. 装砂时，应先关闭砂罐下面的出砂阀门，再关闭进砂罐和喷砂枪的进气阀，然后调节砂罐顶部放空阀，确认砂罐内压力为零后，再打开砂罐上的装砂盖向罐内装砂。

　　d. 装砂后，先关闭装砂盖，再关闭放空阀，然后打开进气阀，确认喷砂准备工作就绪后，方可打开砂罐下面的出砂三通旋塞。

　　e. 喷砂前，应用金属薄板或硬木板将非喷砂部位遮蔽保护。喷砂时，应调节三通处旋塞，控制出砂流量，喷枪不得朝向任何人员，操作人员必须全身防护。

　　④ 喷射完毕，及时清理金属喷砂面砂粒，并用干燥无油的压缩空气吹净表面灰尘，清理后的喷砂表面不得用手直接触摸，以免造成喷砂面的污染。

　　⑤ 喷砂过程中将粉尘、噪声控制在允许范围内。

三、涂料涂层施工技术

（一）地上设备、管道及钢结构防腐施工

1. 地上设备及管道防腐施工

（1）涂层施工常用刷涂法、滚涂法、空气喷涂法和高压无气喷涂法等。

（2）底漆在焊接施工前涂装，应将焊道两侧各留出 50mm，如图 2-5-2 所示。焊道底漆应在焊接施工（包括热处理和焊道检验等）完毕、系统试验合格，并办理工序交接后进行。

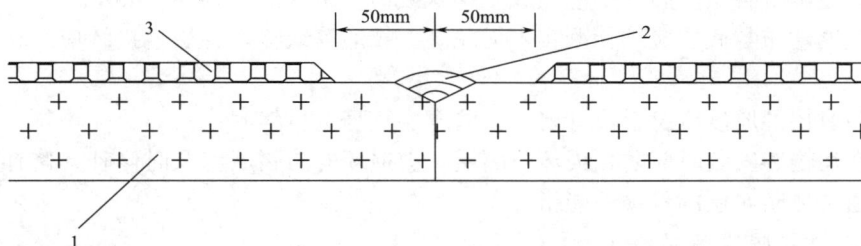

图 2-5-2　焊道防腐示意图
1—基体；2—焊道；3—底漆

（3）中间漆、面漆涂装宜在焊接施工（包括热处理和焊道检验等）完毕、系统试验合格并办理工序交接后进行，也可在焊接施工前进行涂装，但应将全部焊道留出，待试验合格后按要求进行涂装。

（4）涂刷前应对铭牌、窥视窗、焊接坡口、螺纹、永久性标识等不涂层的部位采取遮盖保护措施。

（5）需涂装的钢材表面应进行表面处理。表面处理前，应先对钢材表面的锈蚀等级进行判断；表面处理后应对钢材表面的除锈等级进行评定。

（6）设备金属表面的凹陷不平处宜采用耐腐蚀腻子修补。经处理的金属表面经检查合格后，应及时涂刷底层涂料，间隔时间不应超过 4h。

（7）施工环境温度宜为 5～38℃；相对湿度宜不大于 85%。金属表面温度应高于露点

温度 3℃。应避免在大风、雨、雾、雪及强烈日光照射时进行施工。

（8）除产品技术文件规定外，前一道漆膜表干后，方可涂下一道漆。

（9）涂层施工完成后应按照设计及相关规范要求进行质量检查。

2．钢结构防腐施工

（1）现场制作的金属结构表面处理及底漆涂刷应在安装前完成。

（2）制（供）氢站、油罐区及油泵房等金属结构防腐必须在设备调试前完成。

（3）涂装遍数、涂层厚度均应符合设计规定。当设计对涂层厚度无规定时，室外涂层干膜厚度不应小于 150μm，室内涂层干膜厚度不应小于 125μm，涂层干膜厚度的允许偏差不大于−5μm。累积允许偏差不大于−25μm。

（4）平台、扶梯、栏杆等焊接点及返锈处应及时进行除锈和防腐处理，除锈和防腐等级符合设计要求。

（二）地下设备及管道防腐施工

1．直埋管道环氧煤沥青防腐施工

（1）直埋管道及附件的防腐应在安装前完成，焊口检验合格，阴极保护装置安装完毕。

（2）底漆涂刷时，安装焊口两端应预留 100～200mm 不涂刷。

（3）第一道面漆应在底漆表干后固化前涂刷，最后一道面漆应在前一道面漆实干后涂刷。

（4）玻璃丝布应表面平整、无皱折和鼓包，缠绕压边宽度应为 20～25mm，搭接尺寸宜为 100～150mm。

（5）管道两端各层防腐涂层应做成阶梯状接槎，阶梯宽度宜为 50mm。

（6）玻璃丝布与底层应结合严实，无脱层、鼓泡等缺陷，各层搭接缝应互相错开，不应重叠。

（7）防腐层的厚度应符合设计要求，防腐层宜静置自然固化。

（8）在运输和安装时应防止损坏防腐层，被损坏的防腐层应及时修补，修补的防腐层应达到管道主体防腐层的各项性能指标。

2．聚乙烯粘胶带防腐施工

（1）底漆应与聚乙烯粘胶带配套使用。

（2）底漆表干后方可进行粘胶带缠绕施工；螺旋焊缝管缠绕粘胶带时，缠绕方向应与焊缝方向一致，管端应有 150mm±10mm 的预留段。

（3）粘胶带始末端搭接尺寸应不小于 1/4 管子周长，且不小于 100mm。两次缠绕搭接缝应相互错开，搭接宽度应符合设计要求，但应不小于 25mm。

（4）粘胶带缠绕搭接缝应平行、无翘边，不应扭曲皱褶。

3．外防腐补口补伤施工

（1）补口补伤检查材料的质量证明文件有合格证、质量检验报告和产品技术文件，并按照设计及相关规范要求抽样复验。

（2）补口补伤前先进行表面处理，焊口处的表面处理方式和清理等级应符合设计及相关规范要求；搭接区域防腐层表面粗糙度和处理宽度应满足补口补伤材料的要求；防腐补口示意图如图 2-5-3 所示。

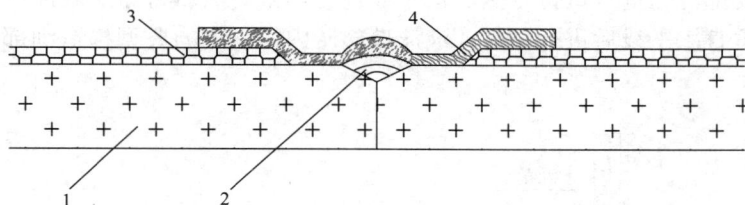

图 2-5-3　防腐补口示意图

1—基体；2—焊道；3—基体防腐层；4—补口防腐层

（3）补口补伤施工完成之后应按照设计及相关规范要求进行质量检查。

四、内衬防腐施工

（一）埋地钢管水泥砂浆内衬补口

（1）直径 DN1000 及以上的管道水泥砂浆衬里补口，可采用手工涂抹。

（2）采用单根预制生产的管道水泥砂浆衬里补口，可采用内衬短节法，如图 2-5-4 所示。

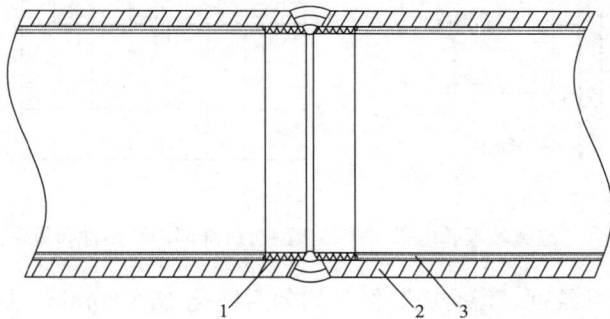

图 2-5-4　内衬短节法布置图

1—内衬短节；2—钢管；3—水泥砂浆衬里

（3）不锈钢内衬短节与钢管的焊接现场实施要点：

① 使用两个外径比钢管内径稍小、壁厚与水泥砂浆衬里厚度相同的不锈钢短节，其长度由设计方根据管道水泥砂浆衬里端口留头长度确定。

② 将不锈钢短节分别与接头处两端钢管内壁焊接，使不锈钢短节端头伸出钢管端头 1~1.5mm。

③ 用强度等级不低于原衬里的水泥砂浆填充不锈钢短节与原砂浆衬里空隙。

④ 将两端钢管组对，先用不锈钢焊条焊接不锈钢短节，然后按规定焊接接头。

（二）块材（脱硫烟囱泡沫砖）内衬施工

（1）泡沫砖内衬在支撑托安装完成、底涂层固化干燥后进行，清洁基层表面浮尘、油污。

（2）首先挑选泡沫玻璃砖，要求表面孔隙一致，排列均匀，无缺角、掉棱、裂缝以及明显的凹凸现象。不得安装有通孔、裂纹、缺角或有其他缺陷的泡沫玻璃砖。

（3）在主要部位先进行试排，然后按尺寸进行切割。然后将涂层表面的灰尘及浮砂清理干净。找好垂直水平线后进行贴衬。泡沫玻璃砖内衬系统的典型构造细部的原则性布置如图 2-5-5 所示。

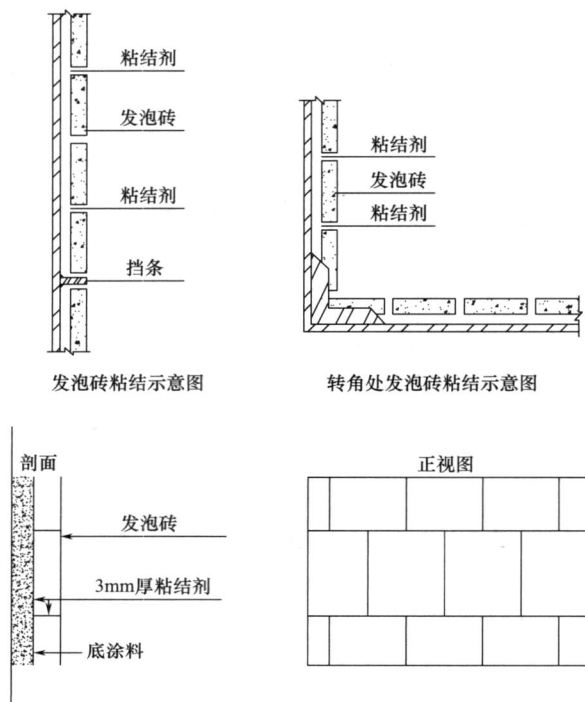

图 2-5-5　泡沫玻璃砖内衬系统的典型构造细部的原则性布置示意图

（4）按比例配制粘结剂，混合充分搅拌均匀后熟化 15～20min。如施工粘度过高，用专用稀释剂稀释。

（5）泡沫砖揉挤法施工，应从支承托架开始往上贴衬的顺序进行。用抹灰刀在基体表面上抹一层粘结剂，在要安装的泡沫玻璃砖的底部和所有各边均匀地抹上一层粘结剂。然后将泡沫玻璃砖粘贴到衬砌的位置，将泡沫玻璃砖在衬基表面上前后上下移动以消除泡沫玻璃砖与衬基之间的空隙。并用手木锤轻轻地敲打，使玻璃砖牢固地与基体结合，并使其与相邻的砖紧靠。将砌缝中挤出的多余粘结剂用刮刀刮去。粘结剂的厚度与各砖之间的缝隙应控制在 2～5mm。连续衬砖高度不宜过高，应与粘结剂的固化程度相适应，以免下层泡沫砖发生错位或移动。

（6）砖缝必须填满压实，不得有空隙，多余的粘结剂用刮刀刮去，保证砖缝的密实，并将表面清理干净。

（7）中间停工时，将已安装好内衬的衬基上和边缘处的粘结膜去掉，在复工后再继续安装泡沫砖。

（8）砖与砖之间环缝为连缝，纵缝应错缝排列，错缝宽度为砖宽的 1/2，最小不得小于 1/3。

（9）贴衬施工完毕后，应在泡沫玻璃砖表面刷涂两道防腐涂料。

（三）橡胶内衬施工

1. 设备橡胶内衬

（1）不可拆卸、密闭整体或受限空间结构应设置直径不小于 500mm 的人孔。当设备直径大于或等于 5000mm 时，应至少设置两个人孔。

（2）橡胶衬里接头可分为搭接、对接等形式，并应优先采用搭接接头。单层衬里、多层衬里面层、设备转角处应采用搭接接头。多层衬里底层和中间层宜采用对接接头，如图 2-5-6 所示。

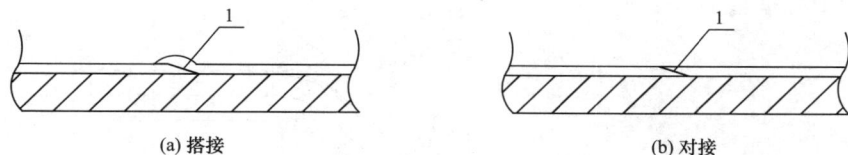

(a) 搭接　　　　　　　　　　　　　　　　(b) 对接

图 2-5-6　橡胶衬里接头形式

1—衬里接头

① 衬里接头搭接宽度不应小于胶板厚度的 4 倍，且不宜超过 32mm。设备转角处搭接宽度不应小于 50mm。

② 相邻衬里接头应错开，其最小距离不宜小于 200mm。采用多层衬里时，相邻衬里层的接头也应错开，其距离不宜小于 200mm。

③ 衬里纵、环接头相交处，不得采用十字形接头，应采用 T 字形接头，T 字形接头错缝距离应大于 200mm。贴衬 T 字形接头时，应先将下层搭接处的凸面削成斜面，然后贴衬上层胶板。

④ 衬里削边和接头搭接方向应根据设备及管道结构确定。衬里接头搭接方向应与介质流向一致。

（3）裁胶或胶板削边应采用冷裁刀。下料尺寸应准确合理，并应减少贴衬应力和接头。对形状复杂的工件，应绘制排版图，并应制作样板，按样板下料。需机械加工时，胶层厚度应留出加工余量。

（4）贴衬胶板时，胶板铺放位置和顺序应正确，不得起皱或拉扯变薄。贴衬时胶膜应完整，发现脱落应及时补涂。胶板贴衬后，应采用专用压滚或刮板依次滚压或刮压，不得漏压或漏刮，并应标记施工者代码。压滚或刮板用力程度应以胶板压合面见到压（刮）痕为宜，前后两次滚压或刮压应重叠 1/3～1/2，并应排净粘合面间的空气。胶板接头和边角处应用小号辊子压合严实，边沿应圆滑过渡，不得漏刮，并不得有翘起、脱层。

（5）胶板贴衬完成后的中间检查。有漏电、鼓泡、衬里不实、表面伤痕、最低处小于厚度标准等缺陷时，应进行修复，修补结束后应进行电火花检测。

（6）带压本体的硫化，应安装温度计、压力表及安全阀。当设备及管道无工艺管口可利用时，则应增开蒸汽进口和冷凝水排放口，蒸汽进口的设置应满足设备内部蒸汽分布均匀的要求，且蒸汽不得冲击衬里层。根据设备容积大小、硫化时的环境温度，对硫化工艺进行调整，并采取措施防止蒸汽断供。

（7）常压热水硫化，应有冷水和高压蒸汽供给系统，进排水和供汽阀门应检查合格。硫化结束，温度降至 40℃ 以下时，应关闭进水阀，打开排水阀，使水位逐步下降。降至一定高度，停止放水并进行硬度检测。当衬里硬度未达标时，应立即注水升温，并应计算出尚需恒温硫化时间。当达到恒温硫化时间后，再降温、排水、复查，直至合格。

2. 管道橡胶内衬

（1）橡胶内衬管不得应用螺纹焊管。直径大于或等于 550mm 时，可采用直缝焊接钢管；当采用铸铁管时，其内壁应平整光滑，并应无砂眼、气孔、沟槽、重皮等缺陷。

（2）S 形管应采用法兰连接，如图 2-5-7 所示。也可分解成弯头和直管，弯头应优先采用冲压成型，现场弯制成型的弯头内表面应无皱褶。异径管内径不得呈阶梯形，法兰面应与异径管中心垂直。

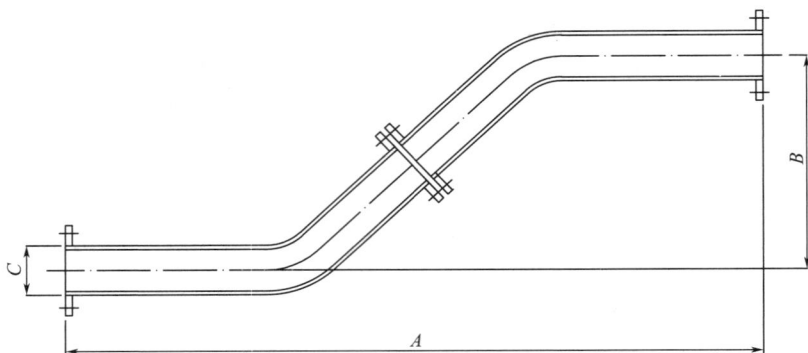

图 2-5-7　S 形管的法兰连接

（3）管道衬里采用预制胶筒法施工时，直径大于 250mm 的管道，可采用滚压法；直径小于或等于 250mm 的管道，可采用牵引气囊、牵引光滑塑料塞、牵引砂袋、气顶等方法。胶板下料长度应为管长加两个法兰盘密封面至管壁长度再留 20mm 余量。

（4）橡胶衬里硫化包括加热硫化、自然硫化和预硫化。加热硫化应按硫化工艺进行，不得欠硫化、过硫化，硫化终止时需对产品试板进行测试，当硬度不符合要求、发生欠硫化状况时，应进行二次硫化。任何部位，总硫化次数不得超过 3 次。

（5）管道橡胶内衬一般按照管道图纸分段、工厂化制作、预留现场安装封闭管段，待内衬管道安装完毕，制作封闭管段后，再进行内衬施工。

（四）玻璃鳞片内衬施工

（1）选择无结块、杂质的玻璃鳞片混合料；加入固化剂搅拌均匀，且在初凝前施工完毕。

（2）同层施工间隔时间超过 30min 时，接槎部位采用斜面搭接。

（3）每一道涂层完工后进行质量检查，涂层内部应致密、均匀，表面应平整光洁。

（4）完工后，应对玻璃鳞片衬里进行检验，确保表面固化完全、平整，颜色应一致，硬度、厚度符合设计要求。面层与基层应粘结牢固，无起壳和脱层现象。针孔检测试验电压应大于 3kV/mm。

（五）聚脲衬里施工

（1）先进行金属表面清理，保持干燥、平整光洁。

（2）应连续进行喷涂。当接缝不连续喷涂时，表面应进行处理后再喷涂，接缝宽度应大于 120mm。

（3）聚脲衬里涂层施工的厚度、色泽应均匀一致，表面平整。

（4）完工后，检验聚脲衬里的附着力，针孔检测电压宜不小于 3kV/mm。

（5）聚脲衬里施工不得与其他工种交叉作业。

（六）玻璃钢衬里施工

（1）金属表面处理合格后及时涂刷封底料，自然固化宜不小于 24h。

（2）基层的凹陷不平处，采用树脂胶泥料修补填平，转角处用胶泥抹成圆滑过渡。

（3）用玻璃布铺衬保证上下层错缝，错缝距离应不小于 50mm。

（4）增强层施工时，增加 1～2 层玻璃纤维布，搭接宽度不小于 50mm。

（5）涂胶时玻璃丝布应全部浸透无气泡。

（6）上层铺衬层固化后方可进行下层铺衬层的施工。

（7）完工后，应对玻璃钢衬里进行检验，确保表面平整光滑，衬里与金属表面粘结牢固，层间粘合严密，无分层、脱层、纤维裸露、色泽明显不匀等现象。玻璃钢衬里表面的气泡直径应不大于 3mm，且每平方米应不多于 3 个。玻璃钢衬里针孔试验检测电压应为 3～5kV/mm。

第六节　绝热工程施工细部节点做法

一、设备及管道绝热施工流程

安装移交→固定件和支承件的安装→设备及管道表面清理→绝热层材料敷设、捆绑→绝热层验收→防潮层和防潮隔汽层安装→防潮层和防潮隔汽层验收→外护板制作和安装→外保护层验收。

二、绝热层固定件、支承件施工

（1）用硬质材料的绝热层时，宜用钩钉或销钉固定，可采用直径为 4mm 的镀锌铁丝或低碳圆钢制作，直接焊装在碳钢制设备或直径大于 600mm 管道上，如图 2-6-1 所示。

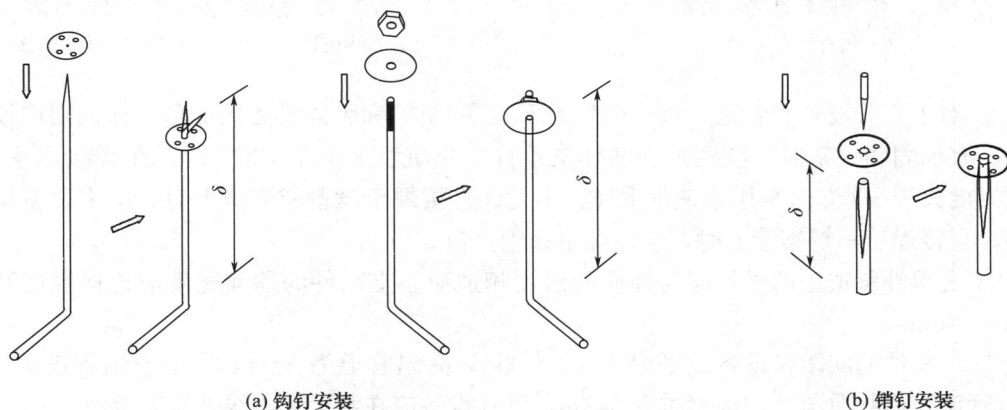

(a) 钩钉安装　　　　　　　　　　　　　　(b) 销钉安装

图 2-6-1　钩钉及销钉安装示意图

δ—绝热层厚度（mm）

（2）软质材料保温时，宜用销钉和自锁垫片固定，钉之间距不应大于 350mm。当不可直接焊接在设备表面时，可在设备表面安装钢板带或角钢框架，再将钩钉焊接于钢板带或框架上。

（3）每平方米面积上的钩钉个数：顶部不少于 6 个，侧部不少于 8 个，底部不少于 10 个。对于卧式圆罐的上半部及设备的顶部可以放宽至 400～500mm。圆罐的封头钩钉间距减小至 150～250mm 并成辐射状布置。

（4）靠近人孔和法兰附近的钩钉可适当增加，并注意不得妨碍维护和检修。

（5）对有振动的地方，钩钉或销钉应适当加粗、加密。

（6）保冷层宜采用带底座的塑料销钉固定，塑料销钉的长度应小于保冷厚度 10～20mm，如图 2-6-2 所示。

（7）支承件的安装

① 立式圆筒绝热层可用抱箍式支承件、环形钢板、管卡顶焊半环钢板和角钢顶面焊钢筋等做成的支承件支承。抱箍式支承件应根据设备或管道的周长制作成环形组合件，并用螺栓固定，如图 2-6-3 所示；当抱箍材质与母材不一致时，还应加设相应衬垫。

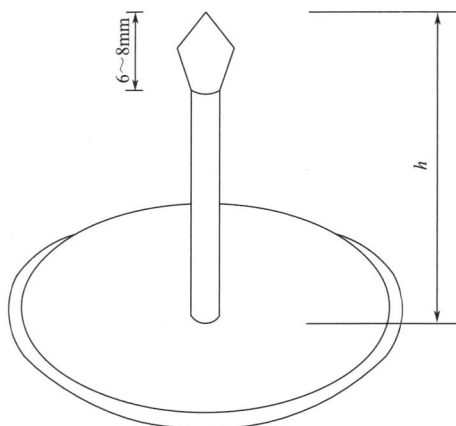

图 2-6-2 塑料销钉结构示意图
h—销钉长度

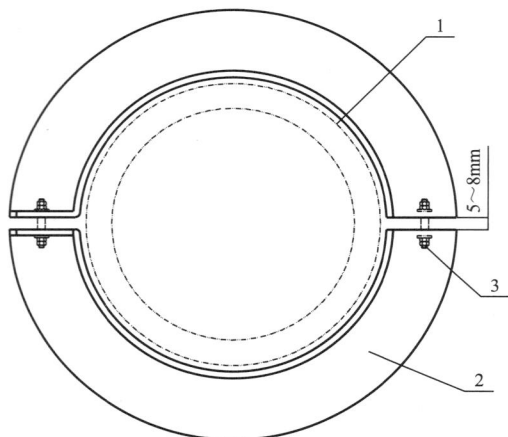

图 2-6-3 抱箍式支承件安装示意图
1—管道或设备；2—支承件；3—紧固螺栓

② 对于立式设备和管道、水平夹角大于 45°的斜管和卧式设备的底部，保温层应设支承件。有加固肋设备时，应用加固肋作支承件。介质温度小于 430℃时采用焊接承重环；介质温度大于 430℃时采用紧箍承重环。不允许直接焊于设备或管道上时，应采取紧箍承重环。直接焊于不锈钢管上时，应加焊不锈钢垫板。

③ 支承件所选用的材料应与介质的温度相适应。支承件的承面宽度应比保温层厚度小 10～20mm。

④ 支承件的间距：设备或平壁为 1.5～2m，高温管道为 2～3m，中低温管道为 3～5m。管道采用软质毡、垫保温时宜为 1m；卧式设备应在水平中心线处设支承件。

⑤ 直管道抱箍式支承件不得安装在管道附件、焊口等部位，安装应牢靠，其环面应与管道中心线垂直；支承件与管道之间用绝热材料进行隔垫，采用螺栓拧紧。

⑥ 支承件的位置应避开阀门、法兰等管件及设备附件的位置。对设备和立管，支承件应设在阀门、法兰等管件的上方，其位置不应影响螺栓的拆卸，如图 2-6-4 所示。支承件应焊接牢固，设备上的支承件安装应留有足够的膨胀间隙。

⑦ 圆管保温骨架支腿纵向间距以≤1500mm为宜，环向间距约为 600mm。

⑧ 露天设备、管道保温支承件及金属外护板应考虑必要的排水方向、排水坡度。

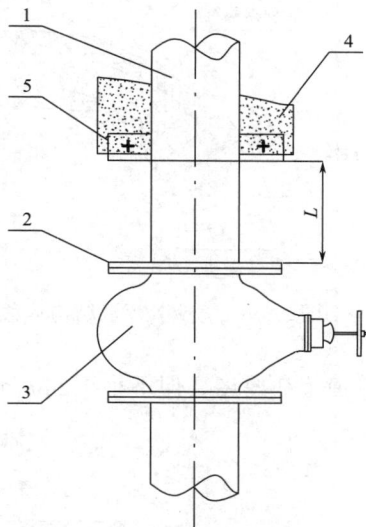

图 2-6-4　法兰、阀门部位支承件安装示意图

L—支承件距法兰、阀门距离；
1—垂直管道；2—法兰；3—阀门；
4—绝热层；5—绝热支承件

三、绝热层施工

（一）绝热材料的敷设、捆绑

绝热层厚度大于 80mm 时，应分层敷设，每层厚度应大致相等。绝热层应同层错缝，内外层压缝；内外层接缝错开大于 100mm，层间与缝间不得有空穴。水平安装的管道和设备最外层纵缝拼缝位置应尽量远离垂直中心线上方，纵向单缝的缝口朝下。

（二）管道绝热层施工

1. 直管

对于采用单层软质绝热材料的水平直管段，绝热材料的轴向接缝应位于管道轴线的左右侧；直管段绝热结构详见图 2-6-5。管道分层时，应逐层捆扎；每块材料至少用双股镀锌铁丝绑扎牢固，一般两道铁丝相距 250～300mm，镀锌铁丝距材料端部 100mm。镀锌铁丝铰接头必须放在轴向对缝处，拧紧后的铁丝铰接头要随即嵌入缝内。层间应错缝，纵向错缝一般为 15°，环向错缝应大于 150mm。水平管道外层纵向接缝不得布置在管道垂直中心线 45°范围内（大管径多块绝热制品时可不受此限制）。

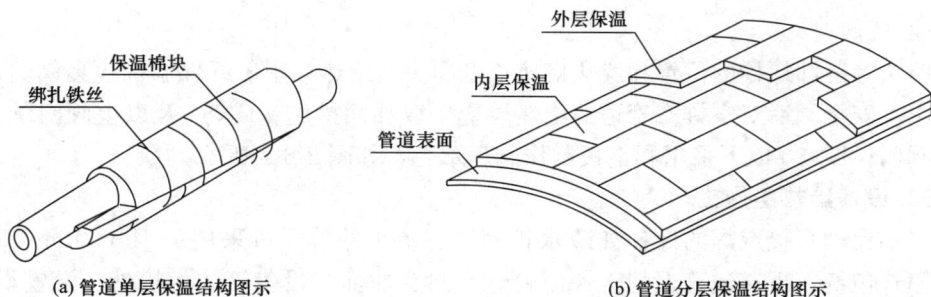

(a) 管道单层保温结构图示　　　(b) 管道分层保温结构图示

图 2-6-5　直管段绝热结构示意图

2. 弯管

由弯点开始，将保温棉按弯管角度和 R 大小等分成若干分，切割成扇形块；扇形块切割面要平整，尺寸准确。用镀锌铁丝绑扎扇形块，安装好后将削去接缝棱角。当绝热后

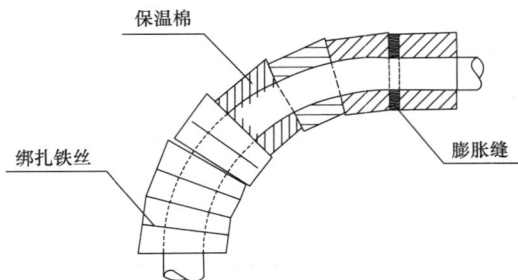

图 2-6-6　弯头处保温结构示意图

的管道外径小于 100mm 时，弯头可以采用直角弯头，如图 2-6-6 所示。

3. 法兰

按法兰保温尺寸切割绝热制品，用铁丝绑扎在设备或管道护壳上。法兰与管道末端应留出拆卸螺栓的位置，一般为法兰螺栓长度＋25mm。法兰绝热层与设备绝热层搭接长度等于设备绝热厚度，但不小于 75mm；法兰绝热层与管道绝热层搭接长度等于管道绝热厚度，但不小于 50mm，如图 2-6-7 所示。

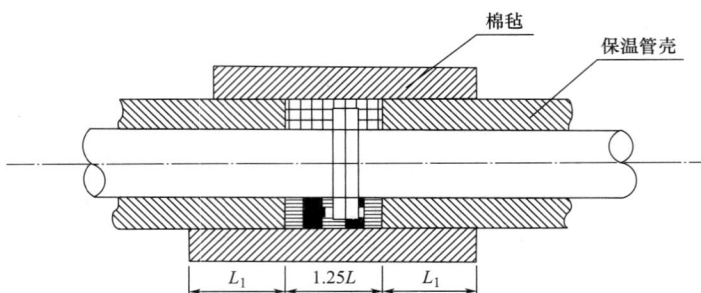

图 2-6-7　法兰绝热层与管道绝热层搭接示意图
L—螺栓的长度；L_1—绝热层搭接长度，L_1 应大于等于 50mm

4. 三通

按支管与主管的外径和位置，确定绝热管壳的切割形状，然后用镀锌铁丝环形绑扎牢固。

5. 焊接阀门

阀门的绝热材料及厚度与相连管道等同；绝热后的外形应与阀门基本一致，然后包扎铁丝网。

6. 法兰阀门

阀门法兰拆卸螺栓的位置和绝热搭接长度同法兰绝热，用矿纤保温棉包裹阀门，外用铁丝绑牢。安全阀后对空排汽管道的绝热层应采取加固措施。DN80 及以上阀门罩壳采用玻璃钢阀门；DN80 以下采用彩钢板制作阀门罩壳，如图 2-6-8 所示。

（三）设备绝热层施工

（1）不允许直接点焊的设备如疏水扩容器、疏水箱等，可采用扁钢（30mm×4mm）制成紧箍式包箍，再在包箍上焊上保温钉。在封头曲面与设备筒体相接处，设置承重环，在承重环上焊上直径 4mm 镀锌圆钢制作的圆环，供绑扎辐射状镀锌铁丝用；封头中心设置一个由直径 4mm 的铁丝做的活动环，供绑扎辐射状镀锌铁丝用。设备封头保温时应根据封头长、短轴放样切割保温材料为扇形块，用辐射状铁丝将其绑扎固定；扇形块应错缝压缝，如出现缝隙，用相同材质的保温材料填充平整、密实。

（2）设备上的短管、法兰、人孔、铭牌等要露出绝热结构之外，伸出短管的保温同与

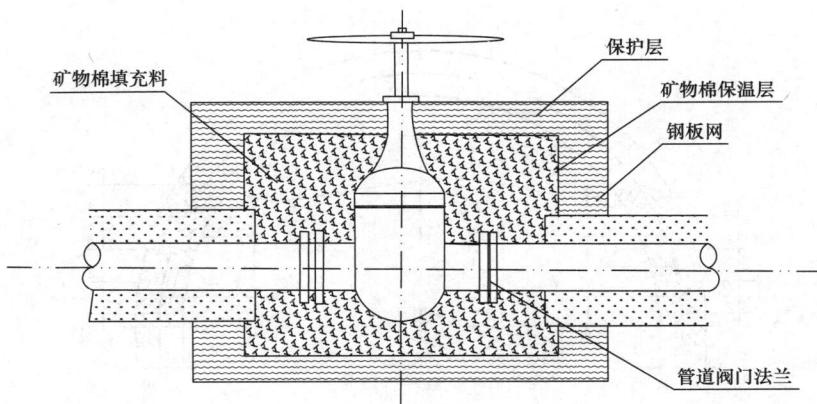

图 2-6-8　管道阀门法兰保温结构示意图

其相连管道的保温一致，施工时将设备上的铭牌留出，并在其周围做好防水处理。

（3）设备及箱体单层绝热应错缝，双层应压缝，接缝处必须平整、密实；其搭接长度要大于 100mm。绝热层应确保固定牢靠，如图 2-6-9 所示。

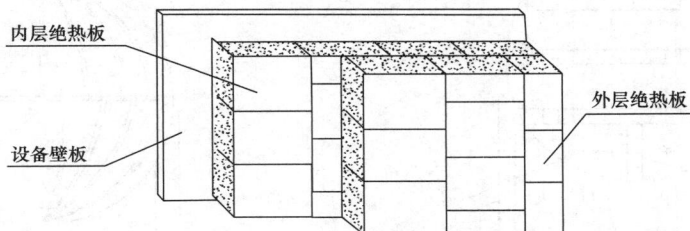

图 2-6-9　设备和箱体的保温结构示意图

（4）绝热材料和绝热外铁丝网应一道固定牢固；在补偿器处的铁丝网应断开。阀门处的绝热以不得影响阀门的执行（活动）机构为原则。

（四）球形容器硬质绝热材料施工

1. 拼砌法施工

（1）球形容器采用硬质绝热材料施工应采用成型的等腰梯形球面弧形板拼砌，敷设前，应根据球体的经、纬尺寸计算出分带数和带宽，确定每带需要的球面弧形板的大小和需要的数量，根据计算出的球面弧形板尺寸和数量进行材料定置。每块等腰梯形球面弧形板的尺寸宜为 350mm×350mm～600mm×600mm。

（2）以球体赤道线为基线按计算出的分带数和带宽分别向两极划线确定各带球面弧形板的排列位置；多层拼砌时，下一层应与前一层错缝排列，分带及错缝如图 2-6-10 所示。

（3）施工时应先在赤道设置定位带，容积超过 3000m³ 的球体应在上温带和下温带设置定位带，以及径向定位带，如图 2-6-11 所示。球面弧形板应以定位带为基线，按图箭头所示方向顺序进行拼砌。

2. 捆扎法施工

（1）球形设备绝热层应从经向和纬向两个方向进行捆扎，如图 2-6-12 所示。

（2）上下两极应设置拉紧用的活动环，赤道处应设置固定环。

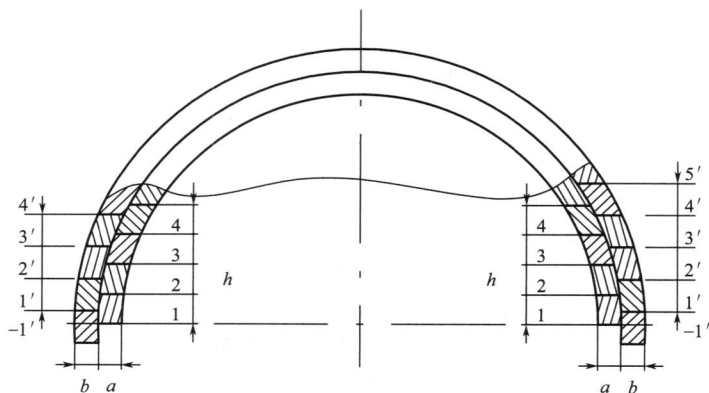

图 2-6-10　球体分带示意图

h—带宽；数字—带数

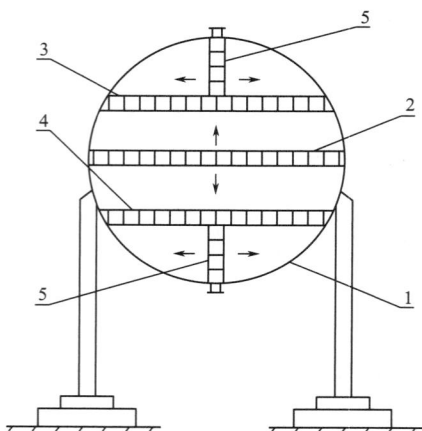

图 2-6-11　球形设备绝热制品定位带
的设置示意图

1—球体；2—赤道带定位带；3—上温带定
位带；4—下温带定位带；5—经向定位带

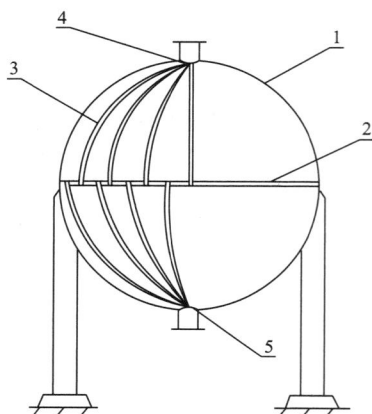

图 2-6-12　球形设备绝热层捆扎示意图

1—球体；2—赤道线固定环；3—经向
捆扎带；4、5—两极活动环

（3）赤道处的固定环宜采用－30mm×3mm 或－50mm×3mm 的碳钢或不锈钢环。

（4）经向捆扎时，赤道区的绝热制品不得少于 2 道捆扎，且间距不得大于 300mm。

（5）赤道带及上下温带间的绝热层宜再进行纬向捆扎，每块绝热制品不少于 1 道且经向与纬向交叉处应成"十"字形固定。

四、保护层施工

（一）立式设备金属保护层施工

（1）保护层的施工应在绝热层或防潮层检验合格之后进行。

（2）立式储罐金属保护层可采用平板或压型板。金属保护层可采用手工、机械下料或加工，不得采用火焰等热切割的方式。

（3）金属保护层接缝可采用搭接、挂接、咬接及插接或嵌接等方式，保护层安装应紧贴绝热层或防潮层，外观应整齐美观，不渗水、不开裂和不脱落。

（4）在保温时的露天或潮湿环境中的宜呛水部位以及保冷时的所有障碍开口部位，其障碍开口缝隙应涂防水胶泥、密封剂或加设密封带。

（5）立式设备金属保护层的接缝和凸筋，应呈棋盘形错列布置，如图 2-6-13 所示。金属保护层下料时，应按设备外形先行排版划线，并应综合考虑接缝形式、密封要求及膨胀收缩后留出 50～100mm 的余量。

（6）金属保护层应由下至上进行安装，水平环缝可平缝或错缝设置。

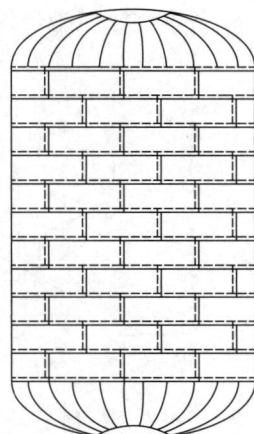

图 2-6-13　立式设备金属保护层接缝示意图

（7）圆形设备封头的金属保护层，可根据绝热后的外径大小而采用平盖式或桔瓣式。

（8）方形设备的金属保护层宜压菱形棱线。安装时保护层应按棱线对齐；方形设备的顶部，应以中线为界，将保护层加工成 1/20 的顺水坡度。

（9）保护层角部应采用包角板封闭，包角板宽度宜为 80～200mm；包角板边缘采用折线时，应折成宽度为 15mm 的 15°倾斜线；包角板边缘采用刻线时，应刻成 6～10mm 的圆弧，边缘应搭接在压型板波峰上。

（二）设备人孔、盲板、法兰保护层施工

（1）法兰或法兰连接的阀门宜做成可拆卸式绝热盒结构。

（2）人孔或盲板法兰金属保护盒宜制作成对称的部件，与设备相连的一段按设备保护层施工完后的外形加工成马鞍形接口，接边向外翻折 10～15mm，用自攻螺钉固定在设备金属保护层上，并用防水胶泥或密封剂密封。绝热盒结构及安装如图 2-6-14 所示。

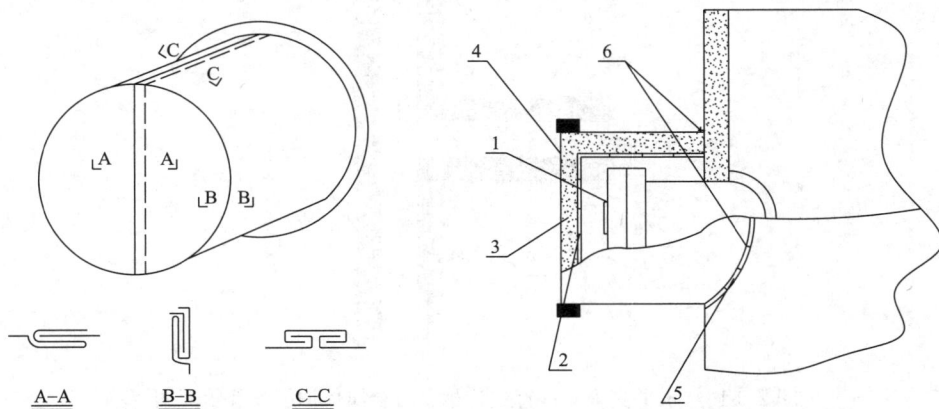

图 2-6-14　人孔或盲板法兰绝热盒结构及安装示意图

1—人孔或盲板法兰；2—铁丝网；3—绝热层；4—金属保护层；5—外翻边；6—自攻螺钉

（3）设备本体法兰绝热外保护层宜制作成两个或两个以上圆形结构。法兰保护盒与设备本体保护层搭接量不应小于 50mm，固定宜用钢带捆扎，接缝应涂抹防水胶泥或密封剂。设备本体法兰绝热保护层安装如图 2-6-15 所示。

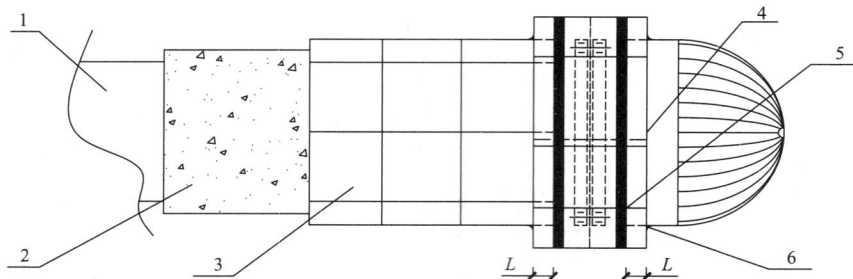

图 2-6-15　设备本体法兰绝热保护层安装示意图

L—法兰保护盒与设备本体保护层的搭接量，≥50mm；1—设备本体；2—设备绝热层；

3—设备保护层；4—法兰保护盒；5—捆扎钢带；6—接缝密封胶

（三）管道金属保护层

1. 主、支管相交处金属保护层施工

（1）直管段金属保护壳的外圆周长下料，应比绝热层外圆周长加长 30～50mm。保护壳环向搭接一端应压出凸筋；较大直径管道的保护壳纵向搭接也应压出凸筋；其环向搭接尺寸不得小于 50mm，纵向搭接尺寸不得小于 30mm。

（2）水平管道保护层宜沿管道由一侧向另一侧顺序施工，垂直或倾斜管道应由低向高顺序施工。

（3）水平支管与垂直主管相交时，水平支管保护层先施工，垂直主管应按支管保护层外径开口，水平支管保护层应插入垂直主管保护层开口内，如图 2-6-16 所示。

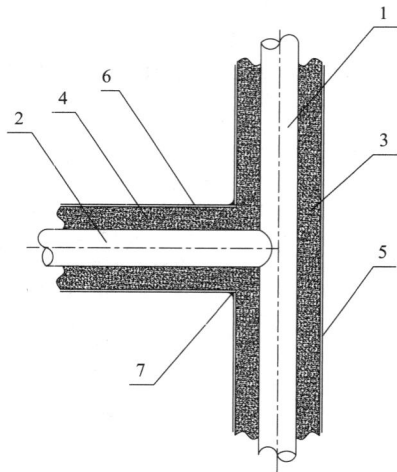

图 2-6-16　水平支管与垂直主管相交时金属保护层安装示意图

1—垂直主管；2—水平支管；3—垂直主管绝热层；4—水平支管绝热层；

5—垂直主管保护层；6—水平支管保护层；7—接缝处密封胶

（4）垂直支管与水平主管在水平主管下部相交时，垂直支管保护层应先施工，水平主管保护层应按垂直支管保护层外径开口，垂直支管保护层应插入水平主管保护层开口内，

上端口向外折边不应小于 10mm，如图 2-6-17 所示。

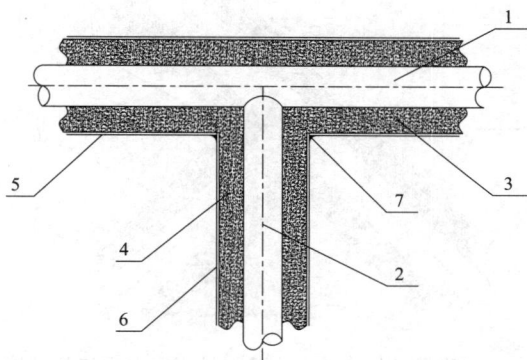

图 2-6-17　水平主管与垂直支管在水平主管下部相交时金属保护层安装示意图
1—水平主管；2—垂直支管；3—水平主管绝热层；4—垂直支管绝热层；
5—水平主管保护层；6—垂直支管保护层；7—接缝处密封胶

（5）垂直支管与水平主管在水平主管上部相交时，水平主管保护层应先施工，垂直支管端部应按马鞍形剪口与水平主管对接，如图 2-6-18 所示。

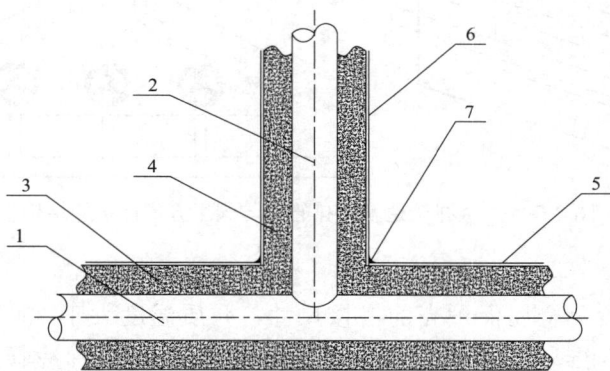

图 2-6-18　水平主管与垂直支管在水平主管上部相交时金属保护层安装示意图
1—水平主管；2—垂直支管；3—水平主管绝热层；4—垂直支管绝热层；
5—水平主管保护层；6—垂直支管保护层；7—接缝处密封胶

（6）水平支管与水平主管在水平面相交时，支管保护层应先安装，主管保护层应按支管保护层外径开口，支管保护层应插入主管保护层开口内，如图 2-6-19 所示。

（7）方形管道、公称直径小于等于 DN25 的不宜单独绝热的成排管道、伴热管排及阀组的金属保护层，宜制作成方形结构，如图 2-6-20 所示。

2. 弯头、阀门、法兰金属保护层施工

（1）管道弯头部位金属保护壳环向与纵向接缝的下料余量，应根据接缝形式计算确定。弯头的保护层的安装，其纵向接口可采用钉口形式，环向接口可采用咬接形式。纵向接口的固定，每片分节上的螺钉不少于 2 个，搭接宽度宜为 30～50mm。

① 绝热层外径小于 200mm 的弯头，金属保护层可做成直角弯头。

② 绝热层外径大于或等于 200mm 的弯头，金属保护层应做成分节弯头，弯头背面应

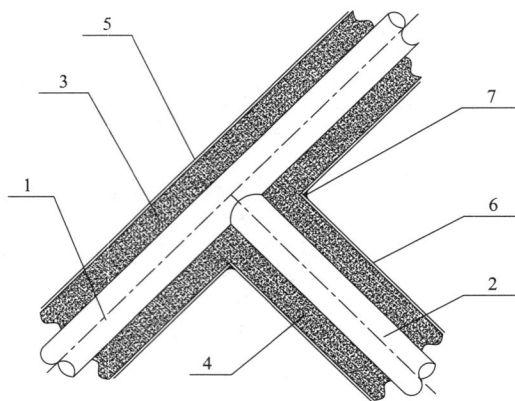

图 2-6-19　支管保护层应插入主管保护层开口内绝热结构示意图
1—水平主管；2—水平支管；3—水平主管绝热层；4—水平支管绝热层；
5—水平主管保护层；6—水平支管保护层；7—接缝处密封胶

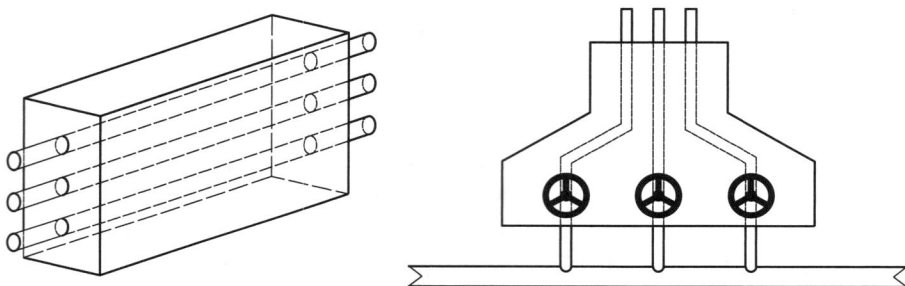

图 2-6-20　成排管道及成排管道与阀组方形保护层结构

安装防开裂带。

③ 弯头与直管段上金属保护壳的搭接尺寸，介质温度大于 350℃ 的管道应为 75～150mm；介质温度小于或等于 350℃ 的管道应为 50～70mm；保冷管道应为 30～50mm；搭接部位不得固定，如图 2-6-21 所示。

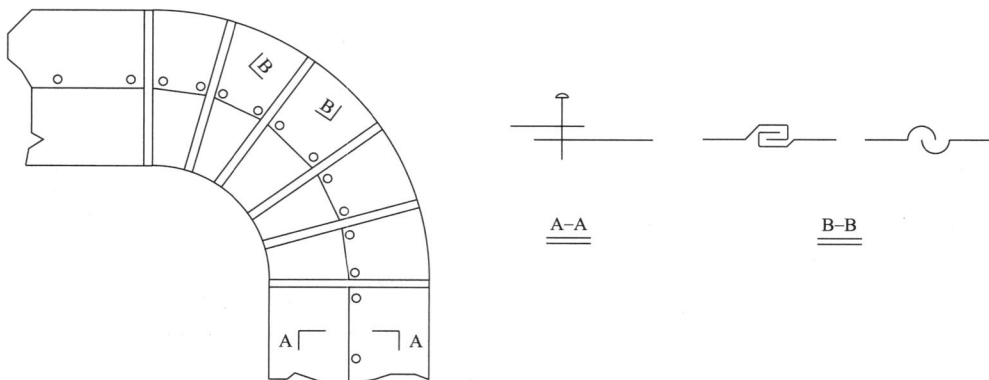

图 2-6-21　分片式虾米腰弯头安装示意图

（2）法兰金属保护盒宜采用两个对称的半圆结构的可拆卸保护盒对接，如图 2-6-22 所示。

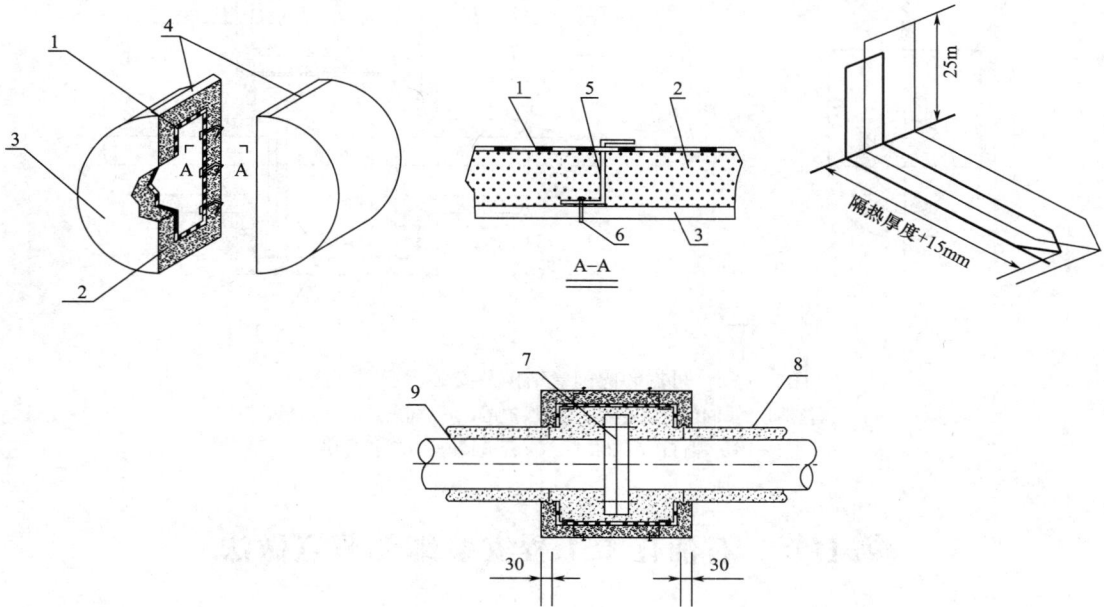

图 2-6-22　可拆卸法兰盒结构及安装示意图

1—铁丝网；2—法兰盒绝热层；3—保护层；4—插条；5—金属钩钉；

6—固定螺钉；7—法兰；8—管道保护层；9—管道

（3）阀门金属保护层盒宜采用上方、下圆结构的可拆卸保护盒对接，如图 2-6-23 所示。

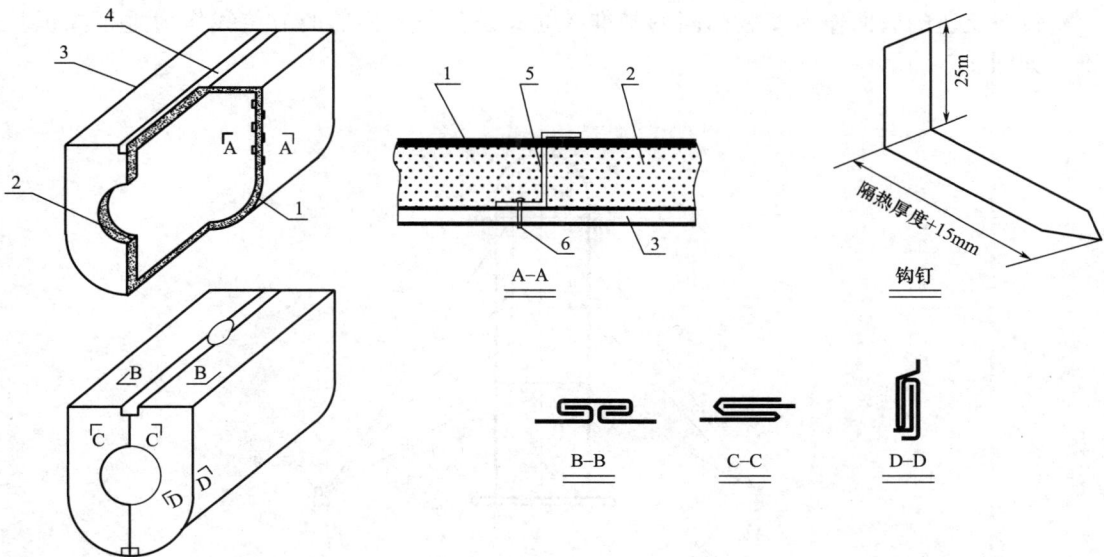

图 2-6-23　可拆卸阀门盒结构及安装示意图

1—铁丝网；2—阀门盒绝热层；3—保护层；4—插条；5—金属钩钉；

6—固定螺钉；7—阀门；8—管道；9—管道绝热层

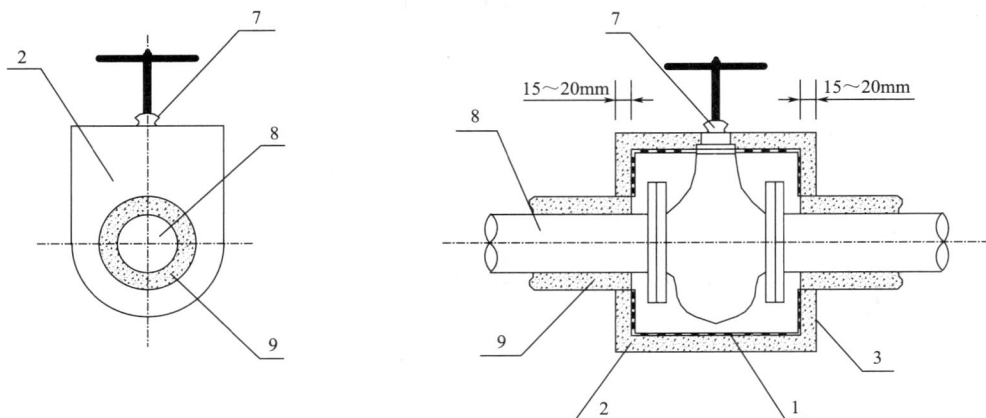

图 2-6-23　可拆卸阀门盒结构及安装示意图（续）

1—铁丝网；2—阀门盒绝热层；3—保护层；4—插条；5—金属钩钉；

6—固定螺钉；7—阀门；8—管道；9—管道绝热层

第七节　石油化工工程安装细部节点做法

一、塔器设备安装

（一）立式塔器设备安装

1. 整体安装

1）设备本体找正与找平

设备支座的底面作为安装标高的基准。立式设备任意相邻的方位线作为垂直找正基准，如图 2-7-1 所示。

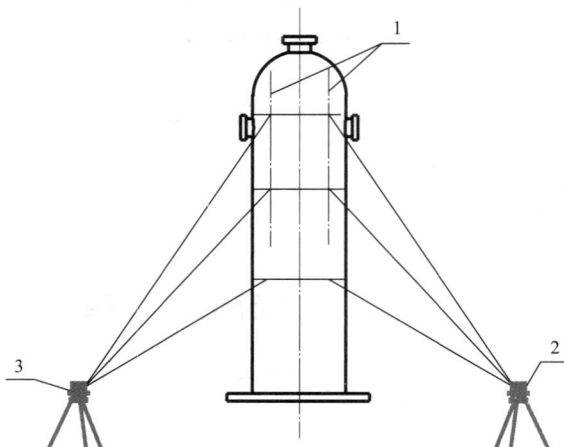

图 2-7-1　立式设备垂直找正基准线

1—设备外壁互成 90°的垂直度找正基准线；2、3—两台找正经纬仪

2）垫铁安装

（1）设备采用垫铁组找正、找平时，支柱式设备每组垫铁的块数不应超过 3 块，其他设备每组垫铁的块数不应超过 5 块，如图 2-7-2 所示。

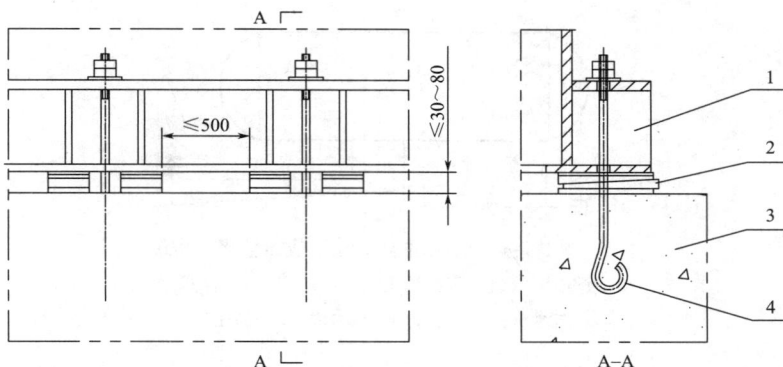

图 2-7-2　垫铁布置示意图（单位：mm）

1—设备支座；2—垫铁组；3—基础；4—地脚螺栓

（2）设备找正时，锤击垫铁的力量应使相邻的垫铁组同时受力。设备找正后各组垫铁均应被压紧，垫铁应露出设备支座底板外缘 10～30mm，垫铁组伸入支座底板长度应超过地脚螺栓。垫铁组层间进行焊接固定。

（3）每组垫铁的斜垫铁下面应有平垫铁；放置平垫铁时，最厚的放在下面，薄的放在中间；斜垫铁应成对相向使用，搭接长度应不小于全长的 3/4。

2. 分段塔器空中组对

分段塔器立式组对按下列程序和要求进行：

（1）在下筒节的对口内侧每隔 1000mm 左右设置上下两块龙门板，待上筒节吊装就位，在对口处每隔 1000mm 左右放置一间隙片，间隙片的厚度按对口间隙确定。

（2）上下筒节相对应的方位线偏差应不大于 5mm。

（3）用背杆、销子调整上下两段筒体的坡口间隙、棱角度等。

（4）沿圆周调整对接接头错边量、间隙及棱角度等，符合要求后进行定位焊，如图 2-7-3 所示。

3. 耐压试验

耐压试验时，如采用压力表测量试验压力，则应使用两个量程相同的且经检定合格的压力表。压力表的量程应为 1.5～3 倍的试验压力，宜为试验压力的 2 倍。压力表的精度不得低于 1.6 级，表盘直径不得小于 100mm。

耐压试验分为液压试验、气压试验和气液压组合压力试验。

试验系统一般除试验对象外，包括压力源、压力表、试压管、阀门、盲板或堵头等，法兰接头之间用螺栓紧固

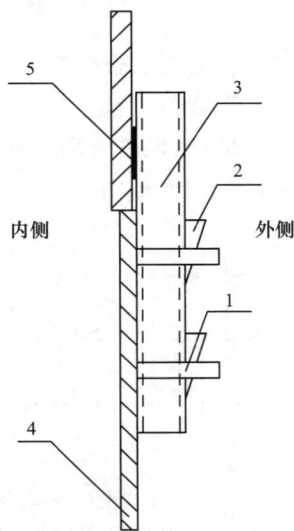

图 2-7-3　筒节组对找正示意图

1—龙门板；2—销子；3—背杆；

4—筒节；5—垫板

件和垫片紧密连接，如图 2-7-4 所示。

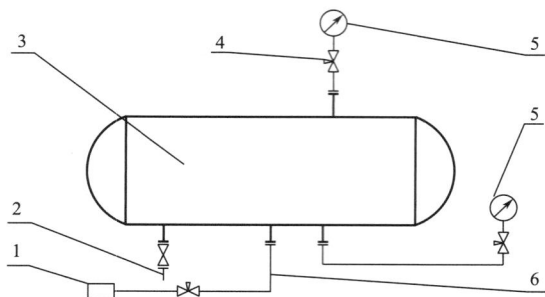

图 2-7-4　耐压试验系统组成示意图

1—试压泵（或空气压缩机）；2—阀门；3—容器；

4—进水（排气）管；5—压力表；6—高压管

4. 内件安装

塔盘水平度可采用水准仪测量或自制的专用水平测量仪进行测量，如图 2-7-5 所示。

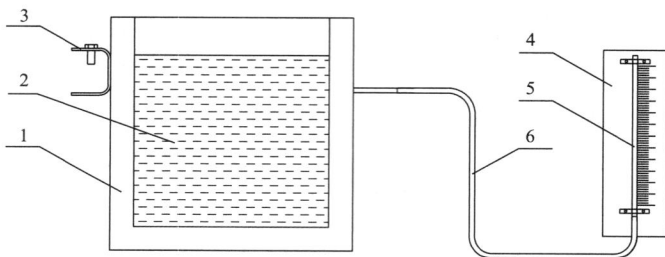

图 2-7-5　塔盘水平度测量装置

1—贮液罐；2—水；3—固定卡子；4—刻度尺；5—玻璃管；6—软胶管

（二）卧式设备安装

1. 基础预埋板

（1）卧式设备滑动端基础预埋板的上表面应光滑平整，不得有挂渣、飞溅。水平度偏差不得大于 $2\text{mm}/\text{m}$。

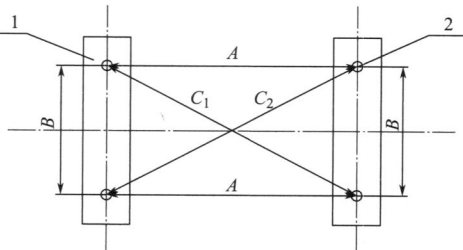

图 2-7-6　卧式设备地脚螺栓位置检验

A—地脚螺栓孔的纵向中心距；

B—地脚螺栓相邻孔中心距；

C_1、C_2—对角线长度；

1—设备基础；2—地脚螺栓

（2）混凝土基础抹面不得高出预埋板的上表面。设备基础的地脚螺栓孔的纵向中心距 A、相邻孔中心距 B 和对角线长度之差（$C_1 - C_2$）应符合相关规范规定。卧式设备地脚螺栓位置检验如图 2-7-6 所示。

（3）滑动端基础预埋板安装：

为了保证卧式设备滑动端预埋板安装水平度、标高、中心线等定位要求，现场实际施工时，滑动端预埋板一般不在基础施工时预埋，而是在设备安装时提前找正就位，随同设备地脚螺栓二次灌浆时固定，如图 2-7-7 所示。

2. 轴向水平度

卧式设备轴向有坡度要求时，水平度宜向其排液方向下降，坡度按设计文件要求执行，测量方法如图 2-7-8 所示。

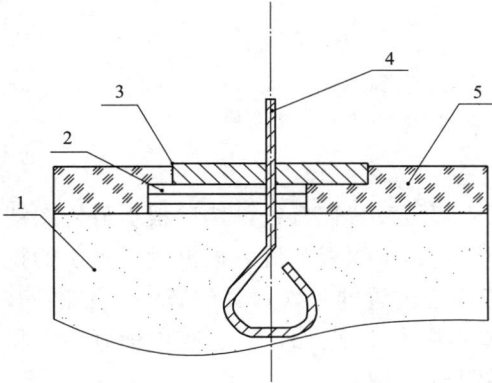

图 2-7-7　卧式设备滑动端预埋板安装示意图

1—设备基础；2—垫铁；3—滑动端预埋板；
4—地脚螺栓；5—设备就位后的二次灌浆层

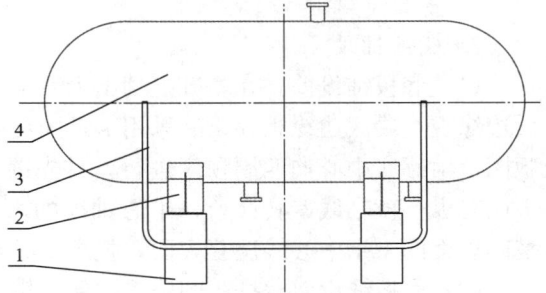

图 2-7-8　卧式设备用 U 形管找正、找平示意图

1—设备基础；2—设备鞍座；3—U 形管；4—设备

3. 滑动端安装

（1）滑动端支座接触面应涂润滑脂。地脚螺栓与相应的长圆孔两端的间距应符合膨胀要求。

（2）设备安装好后，要紧固地脚螺栓；工艺配管完成后，应松动滑动端的螺母，使其与支座板面间留有 1～3mm 的间隙，然后再安装一个锁紧螺母，如图 2-7-9 所示。

二、储罐制作与安装

（一）立式圆筒形储罐制作安装

1. 底板边缘板半径确定

边缘板铺设外半径如图 2-7-10 所示，数值按下式计算。

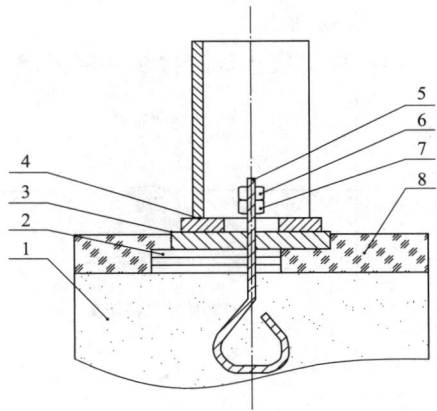

图 2-7-9　卧式设备滑动端安装示意图

1—设备基础；2—垫铁；3—滑动端基础预埋板；
4—设备鞍座底板；5—地脚螺栓；6—锁紧螺母；
7—螺母；8—设备底座二次灌浆层

$$R_e = \frac{R_0 + \dfrac{na}{2\pi}}{\cos\theta} \tag{2-7-1}$$

式中　R_e——边缘板铺设外半径（mm）；

R_0——边缘板设计外半径（mm）；

n——边缘板数量（块）；

a——每条焊接接头收缩量（mm）；

θ——基础坡度角（°）。

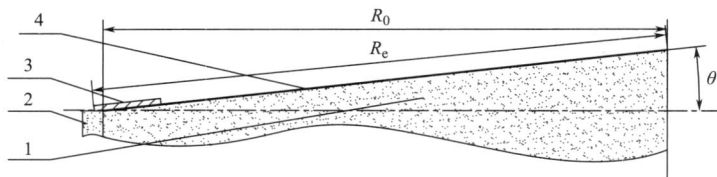

图 2-7-10　边缘板铺设半径示意图

1—基础环内回填层；2—混凝土环形基础；3—储罐边缘板；4—沥青层

2. 底板铺设

（1）底板铺设前，在基础上划出十字中心线及中幅板放置位置线，然后根据放样图铺设边缘板，罐底边缘板找正后采用卡具固定或点焊固定；中幅板铺设应根据设计提供的排版图，由罐底中心向四周顺序进行，首先铺设位于中心位置的一块，其位置一定要准确，不应有纵、横轴线旋转误差，中心轴线的水平误差不应大于 2mm，中心底板铺好后，将基础表面的十字中心线反至表面，找出中心，并做明显标志。

（2）底板铺设要按排版图施工，保证搭接的尺寸和位置，弓形边缘板的对接接头，采用内大外小的不等间隙。搭接宽度允许偏差为 -5mm，搭接间隙不应大于 1mm。

（3）中幅板搭接接头三层板重叠部分，应将上层底板切角，切角长度和宽度按图纸要求尺寸切割。在上层底板铺设前，应先焊接被上层底板覆盖部分的角焊缝。

3. 底板焊接

（1）储罐底板焊缝接头一般采用图 2-7-11 所示形式。

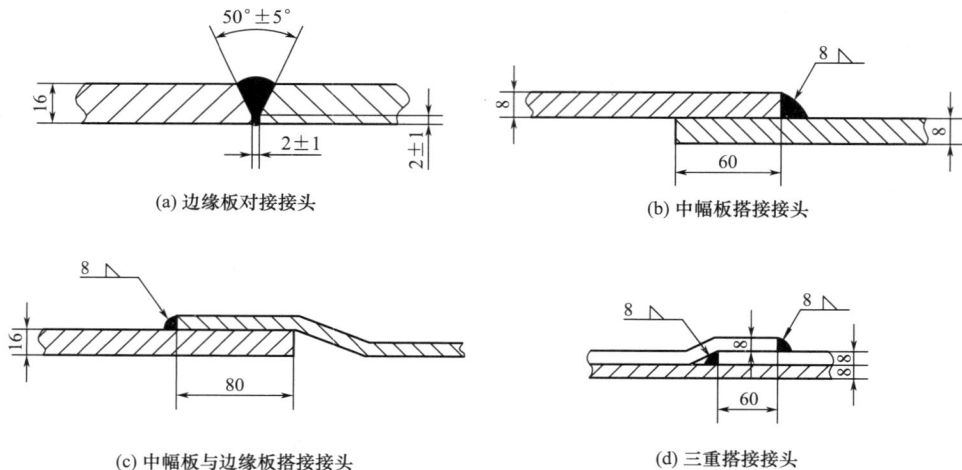

(a) 边缘板对接接头　　　　　　　　　　(b) 中幅板搭接接头

(c) 中幅板与边缘板搭接接头　　　　　　(d) 三重搭接接头

图 2-7-11　底板焊接接头形式示例（单位：mm）

（2）以图 2-7-12 所示的底板铺设为例，正确的焊接顺序如下：先焊接 1 之间的短焊缝，后焊接 2 之间的短焊缝，3 之间的长焊缝焊接时应隔一条焊一条，交错焊接，3 之间的长焊缝焊接完成后再焊接 4 之间的焊缝，焊接时应小电流多次成型，禁止大电流一次焊接完成，焊接时应采取防变形措施，长焊缝分成 400～500mm 长的小段，采用分段跳焊法。

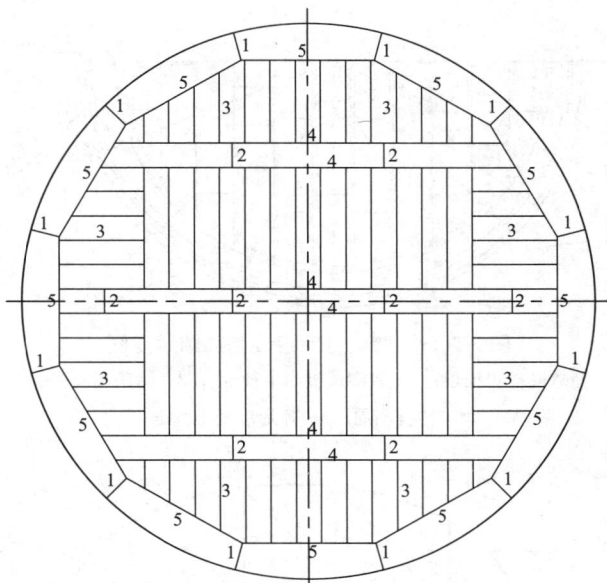

图 2-7-12　底板焊接顺序示意图

4. 壁板安装

（1）罐壁组装基准圆确定

首圈壁板的内组装圆半径按下式计算。

$$R_b = \frac{R_i + \frac{na}{2\pi}}{\cos\theta} \qquad\qquad (2\text{-}7\text{-}2)$$

式中　R_b——首圈壁板内组装圆半径（mm）;

　　　R_i——储罐内半径（mm）;

　　　n——首圈壁板纵向焊接接头数;

　　　a——每条纵向焊接接头焊接收缩量（mm）;

　　　θ——基础坡度角（°）。

（2）首圈壁板组装基准圆

以首圈壁板的内组装圆半径 R_b 为半径，在罐底板上划出组装圆周线，按排版图划出首圈每张板的安装位置线，在组装圆内侧 100mm 处划出检查圆周线，并做标识，如图 2-7-13 所示。

（3）基准壁板测量定位

① 安装和焊接第一圈（层）罐壁板以后，在罐壁底部以上 1000mm 高度处，水平测量的内部半径应在规范允许偏差范围内。测量应在每块罐壁板的中心点进行，如图 2-7-14 所示。若采用正装法施工，底层壁板是整个储罐壁板组装测量的基准，一定要严格控制其中心线、顶圆水平度以及壁板外形尺寸等偏差。

② 应检查壁板上的局部变形，在竖直方向上使用 1m 长直尺检查，在水平方向上使用 1m 长的弧形样板检查。水平测量的弧形样板的弧度应与罐的设计半径吻合，如图 2-7-15 所示。

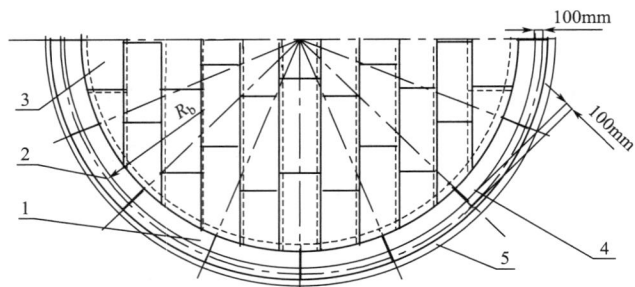

图 2-7-13　壁板首圈组装基准圆示意图

1—储罐底板边缘板；2—首圈壁板内半径 R_b；3—储罐底板中幅板；
4—检查圆周；5—环形混凝土基础

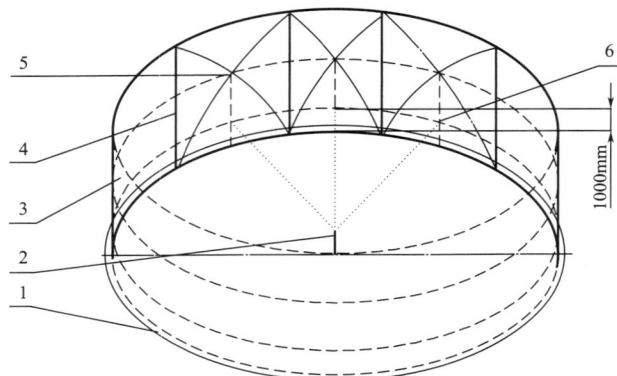

图 2-7-14　壁板底圈半径检查位置示意图

1—储罐底板；2—测量基准点；3—已安装壁板；
4—壁板对接焊缝；5—壁板中点；6—测量点

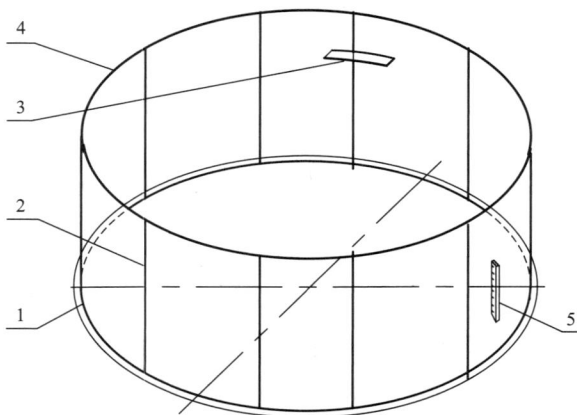

图 2-7-15　壁板垂直度和局部交变形测量示意图

1—储罐底板；2—壁板对接纵向焊缝；3—弧形样板；4—壁板环向焊缝；5—直尺

5. 去除临时卡具

（1）应使用热切割、刨削或打磨的方法去除临时卡具。

（2）应保留焊缝至临时卡具 2mm 高度，再磨平到光滑表面。在除掉临时卡具痕迹处，应进行 100％MT 或 PT，如图 2-7-16 和图 2-7-17 所示。

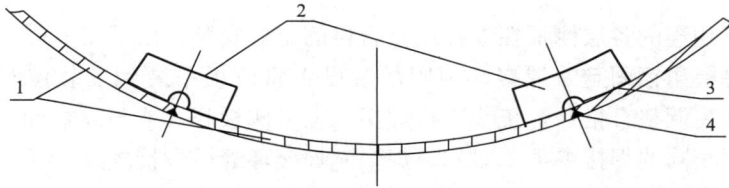

图 2-7-16　弧形板对接接头防焊接变形示意图

1—储罐弧形壁板；2—防变形板；3—临时焊缝；4—壁板对接焊缝

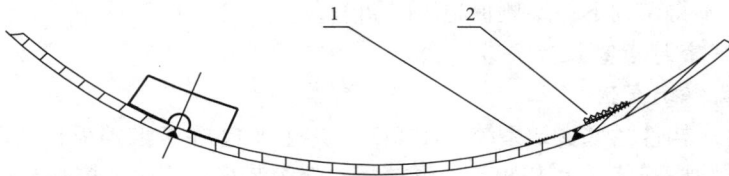

图 2-7-17　临时焊缝切割部位示意图（以图 2-7-16 为例）

1—临时焊缝切除后打磨与母材表面平滑；2—切除临时焊缝时保留母材表面高出约 2mm

（二）干式气柜现场制作安装

1. 壁板安装工艺

1）立柱安装

（1）立柱（图 2-7-18）是气柜侧壁结构安装的基准参照物，必须保证其轴线位置、垂直度、标高的准确，安装时要精确调整定位，最后拧紧地脚螺栓固定。

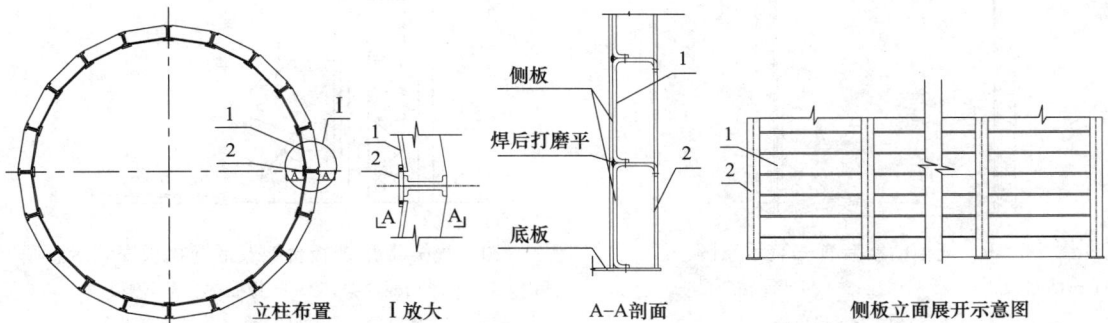

立柱布置　　　Ⅰ放大　　　A—A剖面　　　侧板立面展开示意图

图 2-7-18　气柜立柱、侧板示意图

1—侧板；2—立柱

（2）立柱下料、调平、端面接头坡口制作以及螺栓连接孔制作合格后吊装，采用全站仪进行分度及切向垂直度定位，采用钢卷尺和测力器进行半径定位及扭度控制。

（3）每单元立柱分段进行安装，利用柜顶平台高空组对，第一节立柱与柱脚焊接形成基柱。

（4）采用全站仪进行标高定位时，以立柱上的连接角钢孔为基准，确认立柱安装好后，对立柱锚固件进行二次灌浆。

（5）立柱对接焊缝应按图纸设计要求进行无损检测。

2）侧板安装

（1）与立柱相连的各层侧板在立柱调整合格固定后安装，由下至上逐层安装。

（2）先将每层角钢固定并焊接，利用吊装设备将侧板吊装到安装位置，并与角钢点焊。各层全部安装调整合格后，统一进行焊接，上下侧板间（或与立柱间）的焊缝及时焊接。焊接宜采用相同的焊接参数，对称施焊，先焊接环缝后焊接立缝。

（3）在组装侧板密封角钢所在段的侧板时，应精调侧板的垂直度和周长，然后进行组对，如图 2-7-18 所示。

（4）每安装一层侧板，必须测量一次立柱径、切向垂直度。如有变化或超差，及时调整，直至合格，不得留到下一层侧板施工时调整。

2. 橡胶卷帘密封活塞装置安装

1）活塞支架系统安装

气柜内部金属构件活塞支架系统（图 2-7-19）主要包括 T 形挡板台架、活塞挡板、T 形挡板，并按此顺序安装 T 形挡板。T 形挡板台架组装焊接程序及控制要点：在安装过程中应严格控制垂直度、半径及标高。

2）T 形挡板台架安装

T 形挡板台架在场外分片预制合格，用起重机从作业口运入柜内，在柜内通过起重机更换吊装位置进行 T 形挡板台架的柜内搬运和安装，如图 2-7-20 所示。

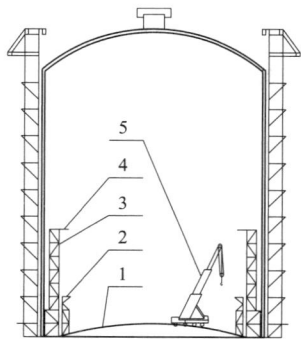

图 2-7-19　气柜活塞装置安装示意图
1—活塞板；2—活塞挡板；3—T 形挡板台架；
4—T 形挡板；5—起重机

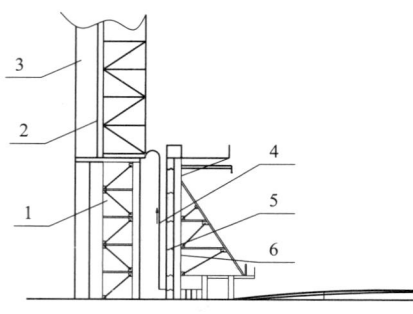

图 2-7-20　气柜 T 形挡板台架及活塞挡板安装示意图
1—T 形挡板台架；2—外橡胶膜；3—侧板；
4—内橡胶膜；5—波纹板；6—活塞挡板

3）活塞挡板安装

活塞挡板安装采取以上类似的方法将预制构件搬入并安装。在安装过程中应严格控制垂直度、半径及标高，作业口留出一片暂不安装，上部平台临时加强（图 2-7-20）。

4）T 形挡板安装

柜顶已就位固定后，安装 T 形挡板，如图 2-7-21 所示。T 形挡板底板定位组对，施

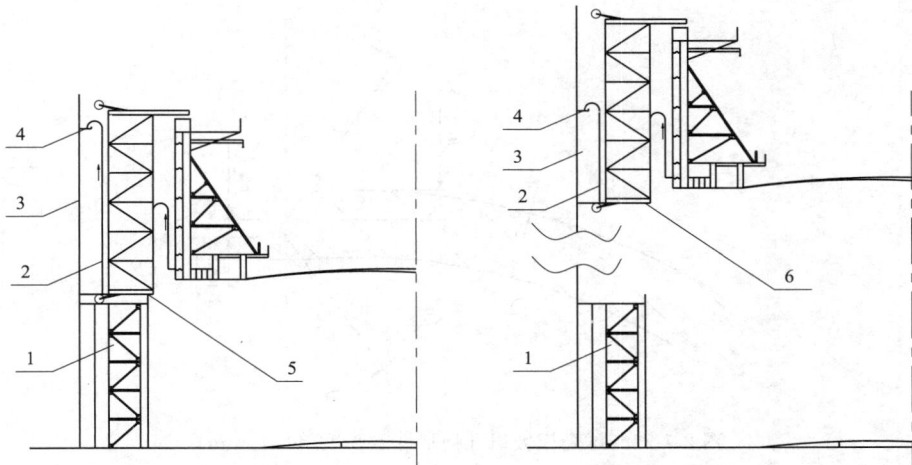

图 2-7-21　气柜 T 形挡板安装示意图

1—T 形挡板台架；2—外橡胶膜；3—侧板；4—挡板密封角钢；5—T 形挡板低点；6—T 形挡板高点

工步骤如下：

（1）将分段制作的挡板底板铺设就位，接口避开台架梁。

（2）根据柜底板上的基准圆引垂线确定其安装半径。

（3）检查上表面水平度。

（4）检测合格后组对点焊，下表面临时与台架事先点焊固定，在 T 形挡板整体安装好后将此固定点铲除。

（5）上表面密封槽钢和角钢安装处的一小段焊缝，并打磨平。

（6）组对 T 形挡板密封槽钢和角钢，暂不焊接。

三、金属球罐安装

（一）合金钢球形储罐

1. 球壳板的曲率检查

球壳板曲率检查所用的样板及球壳与样板允许间隙方式如图 2-7-22 所示。

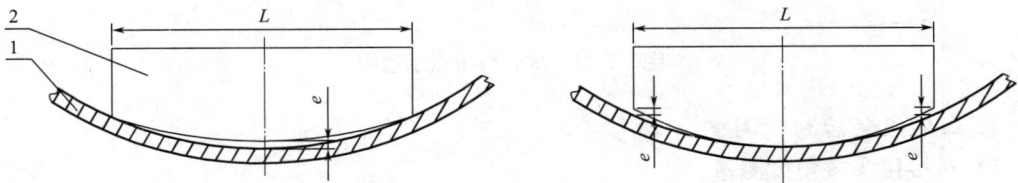

图 2-7-22　球壳板曲率测量示意图

1—球壳板；2—样板；L—样板弦长；$e \leqslant 3mm$

2. 球壳板坡口几何尺寸检查允许偏差规定

（1）坡口角度的允许偏差为 α_1（α_2）$\pm 2.5°$。

（2）坡口钝边及坡口深度的允许偏差为 P（h_1、h_2）$\pm 1.5mm$，如图 2-7-23 所示。

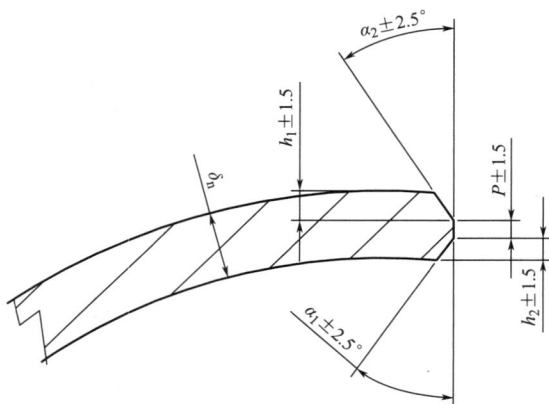

图 2-7-23　球壳板坡口几何尺寸（长度单位：mm）

3. 球罐组装

先吊装两块带支柱且相邻的赤道板。用吊车以外表面两个吊耳为吊点，吊装第一块带支柱的赤道板就位于与其对应的下支柱上并用卡具固定，且底板外侧焊挡板定位，在赤道板外侧两个定位块上用钢丝绳与地面固定，在内侧吊耳上用一根钢丝绳与球罐基础固定；第一块赤道带安装后，再用吊车吊装第二块带支柱的赤道板就位于与其对应的下支柱上并用卡具固定，然后安装两支腿间的赤道带板，板之间用卡具固定，支腿底部用方楔调整底板在基础上的位置，测量支柱周向和径向垂直度使其符合要求，并安装支柱间拉杆（图 2-7-24）。

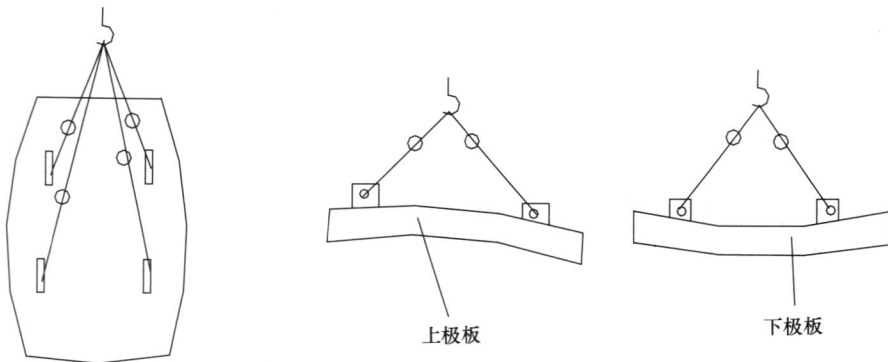

图 2-7-24　球壳板吊点示意图

4. 球罐组装后测量调整

1）对接接头棱角度测量

用弦长不小于 1000mm 的内样板或外样板，沿对接接头每 500mm 测量一点，测量方法如图 2-7-25 所示，e 值（包括错边量）即为对接接头的棱角度应不大于 4mm。

2）圆度的测量

球罐壳体圆度的测量用盘尺，在组装之前应在赤道板内侧划出直径测量基准线，赤道线方向均等测量 10 个尺寸，在经线方向测量 3 个尺寸（包括两极的极距）。测量位置如图 2-7-26 所示，偏差不大于 50mm 为合格。

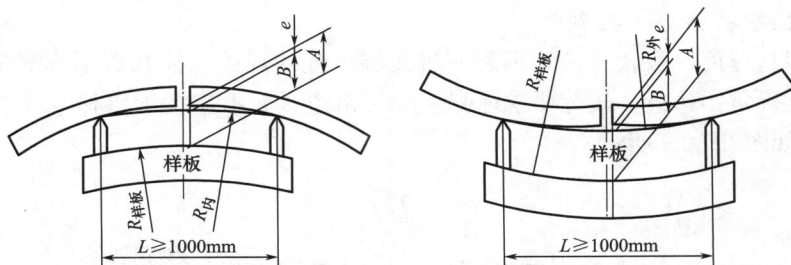

图 2-7-25 棱角度测量示意图

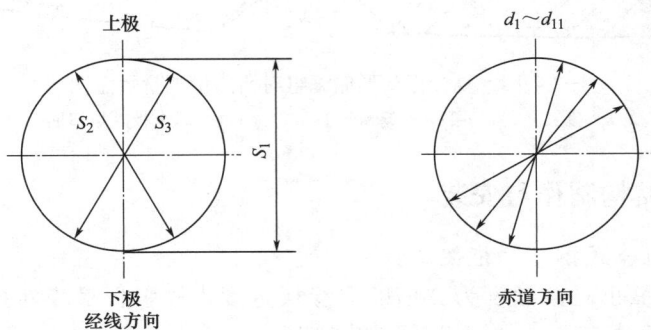

图 2-7-26 圆度测量位置示意图

(二) 不锈钢复合板球形储罐

1. 覆层保护

复合板球形储罐在组装过程中，其内侧要焊接定位块及搭设脚手架，由于对内侧覆材的保护，规范要求组装过程中和覆材接触的脚手架、定位块等应采用合适的防污染材料或应采取一定的防污染保护措施，例如：定位块采用不锈钢材质，脚手架和球壳板接触的地方包覆橡胶垫等，如图 2-7-27 所示。

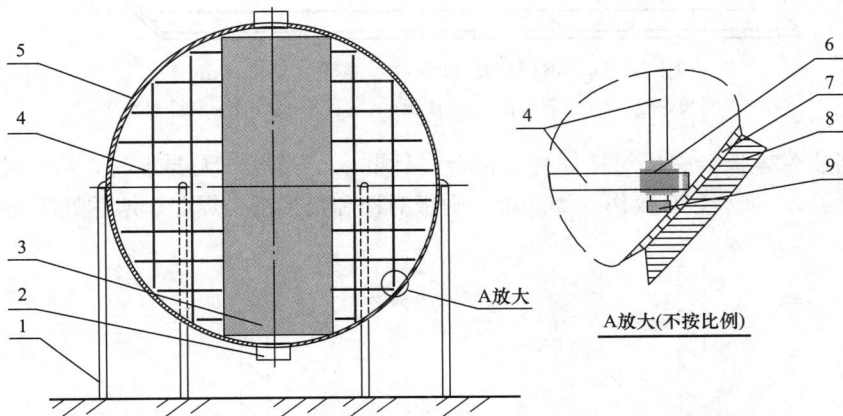

图 2-7-27 某 2500m³ 复合板球罐内覆层保护措施示意图

1—支腿；2—人孔；3—满堂脚手架；4—双排式脚手架；

5—球壳板；6—扣件；7—覆层；8—基层；9—隔离护套

2. 球壳板组对错边量控制

球壳板覆材厚度一般较薄，为不影响过渡层焊缝的焊接性能和覆层焊缝的焊后性能，按覆层的厚度确定错边量，规范要求球壳板组对错边量 e 不应大于覆材厚度的 1/2，且不大于 2mm，如图 2-7-28 所示。

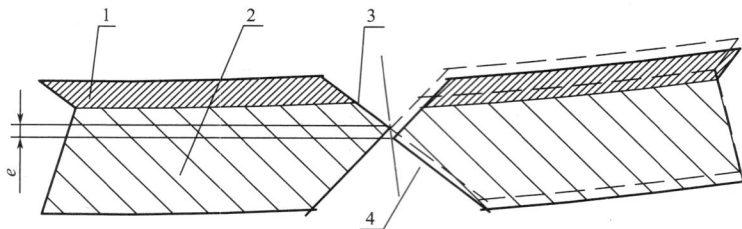

图 2-7-28　复合板球形储罐组对错边量测量示意图
1—覆层；2—基层；3—球壳板内坡口面；4—球壳板外坡口面

四、设备钢结构制作与安装

1. 型钢柱梁组合式钢结构框架工程

（1）柱翼缘板最小对接长度为 2 倍的翼缘板宽度，柱腹板最小对接长度为 600mm，对接焊缝间距应大于等于 200mm，如图 2-7-29 所示。

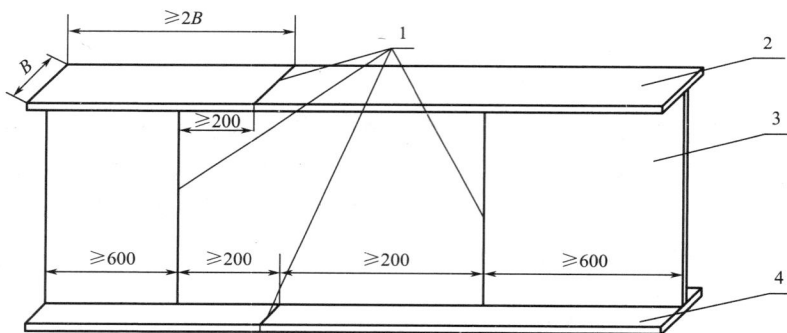

图 2-7-29　钢板拼接 H 形柱示意图（单位：mm）
1—对接焊缝；2—上翼缘板；3—腹板；4—下翼缘板；B—翼缘板宽度

（2）钢柱翼缘板、腹板对接焊缝应符合设计要求，当设计无要求时，应采用全熔透等强度一级焊缝，100％UT 探伤。翼缘板、腹板对接和角接组合焊缝全熔透如图 2-7-30 所示。

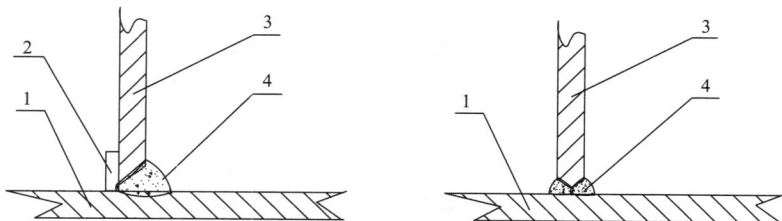

图 2-7-30　翼缘板、腹板对接和角接组合焊缝全熔透示意图
1—翼缘板；2—垫板；3—腹板；4—焊缝

（3）当钢结构采用高强度螺栓安装时，穿入方向应一致，每组螺栓应能自由穿入螺栓孔，不得强行穿入；且一定要注意高强度螺栓配件的安装顺序，螺母带凸台侧与垫片倒角侧相连。如图 2-7-31 所示。

2. 型钢柱梁外包混凝土框架工程

（1）钢管混凝土组合柱的纵向和横向焊缝，应采用双面或单面全焊透接头形式（高频焊除外），纵向焊缝焊接接头形式如图 2-7-32 所示。

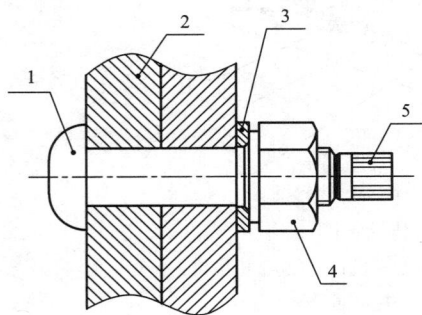

图 2-7-31　高强度螺栓配件连接图

1—扭剪型高强度螺栓；2—连接构件；

3—垫片；4—螺母；5—梅花头

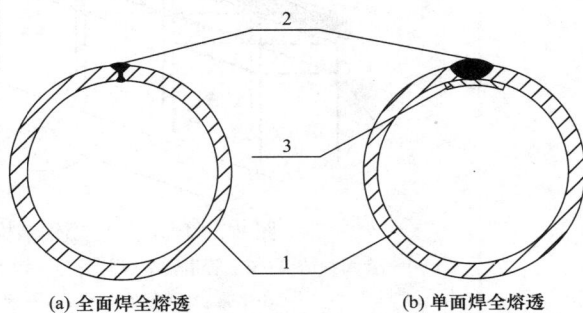

图 2-7-32　钢管混凝土组合柱的纵向焊缝示意图

1—钢管；2—焊缝；3—垫板

（2）矩形钢管混凝土柱构件采用钢板或型钢组合时，其壁板间的连接焊缝应采用全熔透，如图 2-7-33 所示。

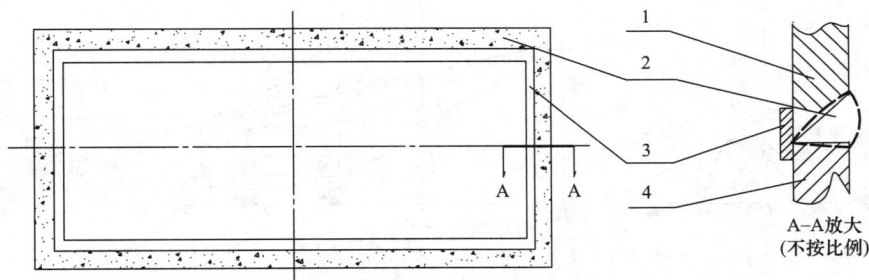

图 2-7-33　矩形钢管柱对接焊缝全熔透示意图

1—对接焊缝上部钢管；2—对接焊缝；3—垫板；4—对接焊缝下部钢管

3. 管廊拼装的允许偏差测量项目

管廊拼装的允许偏差测量项目包括：柱轴线对行、列定位轴线的平行偏移和扭转偏移；柱实测标高与设计标高之差；柱直线度；柱垂直度；相邻层间两柱对角线长度差；相邻柱间距离；梁标高；梁水平度；梁中心位置偏移；相邻梁间距；竖面对角线长度差；任一截面对角线长度差。管廊拼装如图 2-7-34 所示。

五、长输管道施工

1. 施工作业带

长输管线施工作业带是指在长输管线施工过程中，为了保证施工顺利进行，在管道线

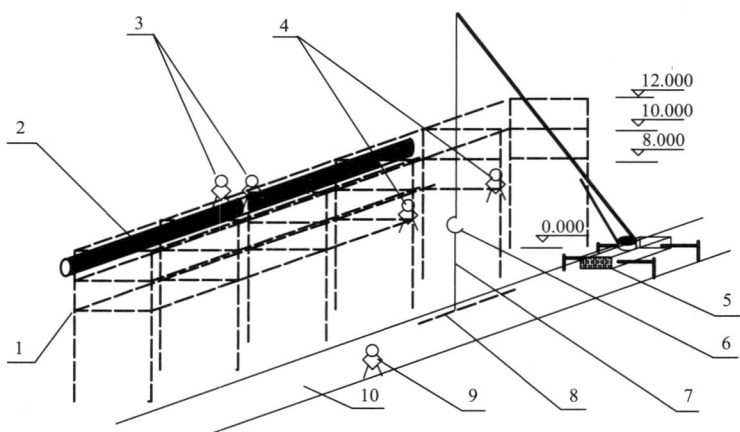

图 2-7-34　厂区管廊钢结构及管道安装示意图

1—管廊钢结构；2—管道；3—焊工；4—铆工；5—汽车起重机；6—起重机吊钩；

7—吊带；8—管廊钢梁；9—起重指挥；10—厂区道路

路两侧所划定的一定宽度的带状区域，如图 2-7-35 所示。

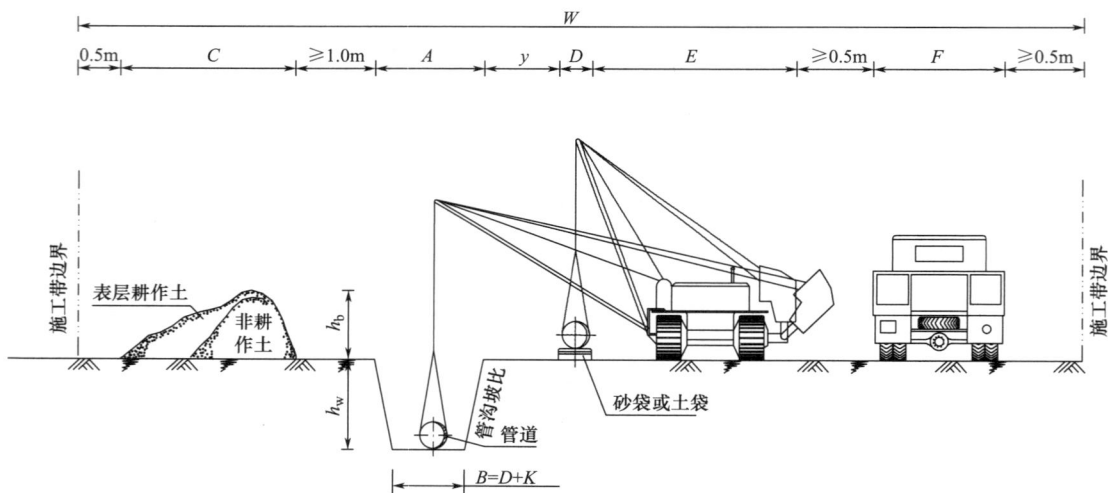

图 2-7-35　施工作业带示意图

A—管沟顶宽；B—管沟底宽；C—堆土宽度；D—管道外径；E—吊管机宽度；

F—运输车辆宽度；h_w—管沟挖深；h_b—堆土高度；y—安全距离；

K—沟底加宽余量；m—管沟坡比；W—作业带宽度

2. 采用围堰导流方式穿越河流

采用围堰导流方式穿越河流，即在河槽内筑坝断流，并在河岸的一侧开渠引水。适用于穿越河流较宽且不能断流的河流，如图 2-7-36 所示。

3. 顶管穿越

顶管穿越施工法是先在工作井内设置支座和安装主千斤顶，所需铺设的管道紧跟在工具管后，在主千斤顶推力的作用下工具管向土层内掘进，掘出的泥土由土泵或螺旋输送机排出或以泥浆的形式通过泥浆泵经管道排出，推进一节管道后，主千斤顶缩回，吊装上一节管道，继续顶进。如此往复，直至管道铺设完毕。管道铺设完毕后工具管从接收井吊至地面，如图2-7-37所示。

4. 补口补伤

补口补伤施工作业应严格遵守设计图纸相关技术要求，保证现场防腐质量。以聚乙烯热收缩套补口为例，现场补口示意图如图2-7-38所示。

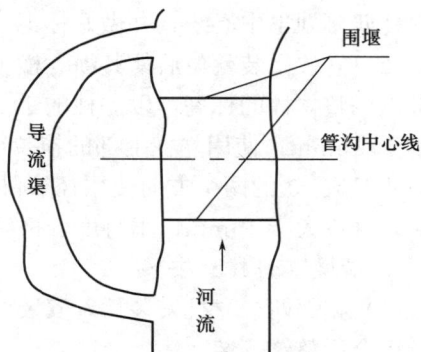

图2-7-36　大开挖围堰导流示意图

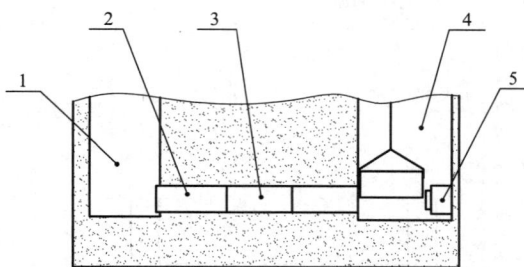

图2-7-37　顶管穿越施工法示意图

1—接收井；2—工具管；3—管道；4—工作井；5—主千斤顶

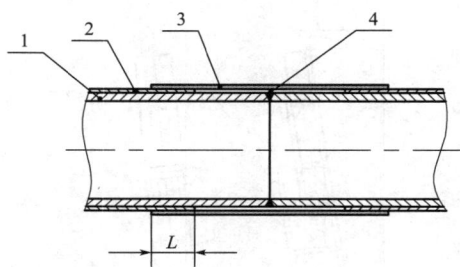

图2-7-38　补口示意图

1—管道；2—原防腐层；3—聚乙烯热收缩套；
4—焊缝；L—搭接宽度≥100mm

第八节　发电工程安装细部节点做法

一、电厂锅炉设备安装

（一）电厂锅炉钢结构安装

1. 柱底板安装

（1）柱底板就位后调整其位置，使其纵、横中心与基础纵、横中心对正，如图2-8-1所示（△为对正偏差）；通过调整柱底板地脚螺栓上的调整螺母来保证柱底板标高偏差不大于±3mm、水平偏差不大于0.5mm，调整完成后应锁紧调整螺母。

（2）单独供货的柱底板找正完成后，可直接进行二次灌浆；柱底板与立柱整体供货的，应待第一段钢架整体安装找正合格后进行钢架基础二次灌浆。

2. 立柱安装

（1）锅炉钢架安装前，以第一段立柱柱顶为基准，向下测量并在第一段立柱上划出1m标高线；并

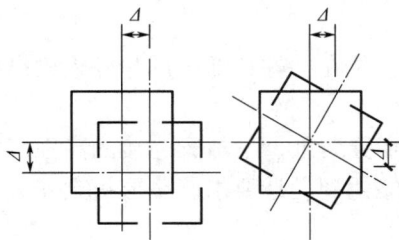

图2-8-1　柱底板与基础对中找正示意图

在立柱四侧划出中心线，并做好标记。

（2）立柱吊装就位后使其纵、横中心与基础纵、横中心对正，使用地脚螺栓的，调整螺母以调整立柱的标高，以立柱的1m标高线为测量基准点，使用水准仪测量立柱标高偏差小于±5mm；使用立柱上部的拖拉绳调整立柱垂直度，以立柱四侧中心线为测量点。

从互成90°的两个方向使用经纬仪检测立柱安装后的垂直度偏差不大于立柱长度的1/1000，且不大于15mm，垂直度合格后紧固固定螺栓。钢架立柱安装如图2-8-2所示。

3. 横梁（斜撑）安装

（1）相邻两根立柱安装后，安装两立柱间的梁和斜撑，梁与斜撑在地面采用安装螺栓进行组合后整体安装。

（2）横梁栓紧后接合板与构件紧贴，横梁标高偏差为±3mm；水平偏差≤$L/1000$且最大不大于3mm；中心线与柱相对偏差为±3mm。横梁安装如图2-8-3所示。

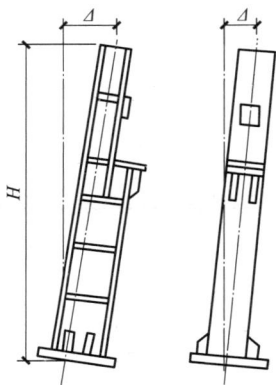

图2-8-2　钢架立柱安装示意图

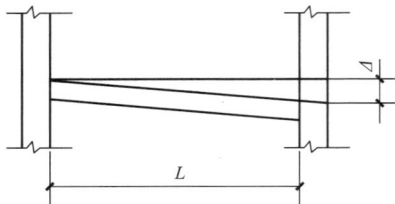

图2-8-3　横梁安装示意图

4. 锅炉顶板梁安装

1）板梁就位调整

（1）锅炉钢架整体找正合格后，吊装板梁就位在钢架柱顶上，调整板梁位置，使其纵横中心线与方形垫块（或弧形垫块）、立柱纵横中心线对中。

（2）检查板梁垂直度和水平度，达到规范要求后，紧固定位螺栓（该螺栓在锅炉水压试验前松开）。

（3）用水准仪检测安装后的板梁垂直挠度，并做好记录。板梁垂直挠度变化值应不大于板梁跨度的1/850。板梁安装如图2-8-4和图2-8-5所示。

2）叠梁形式的板梁

（1）先安装板梁下部，再安装板梁上部，板梁下部就位在立柱顶部，调整好板梁纵横中心、水平度及垂直度后，紧固定位螺栓。

（2）吊装板梁上部就位在板梁下部之上，调整找正后穿装上、下板梁连接的高强度螺栓，螺栓装齐后从板梁中部向两侧紧固连接螺栓，使力矩达到设计要求。叠形板梁安装如图2-8-6所示。

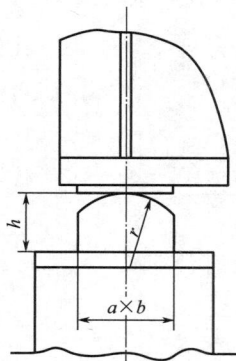

图 2-8-4　弧形垫块板梁安装示意图

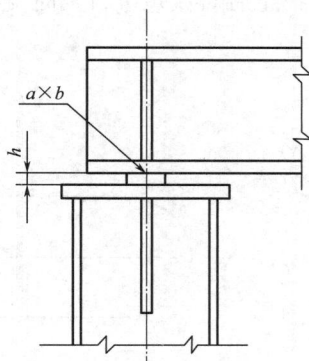

图 2-8-5　方形垫块板梁安装示意图

（二）电厂锅炉受热面安装

1. 汽包、联箱安装

1）锅炉汽包安装

（1）支撑式汽包安装

汽包的支撑座按照固定支座和滑动支座区分开，分别就位在图纸设计位置上。

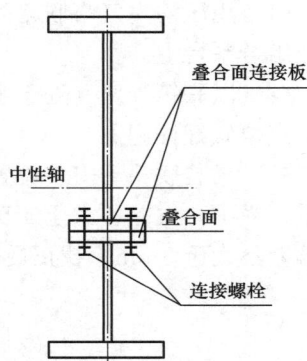

图 2-8-6　叠形板梁安装示意图

汽包检查划线完成后，将汽包吊装就位在支座上，找正汽包纵、横中心并与基准中心线对正，偏差小于±5mm。

通过调整支座来调整汽包的标高和水平，使用玻璃管水平在汽包水平中心标记位置测量其标高和水平，汽包的标高偏差小于±5mm，自身水平偏差小于 2mm。

找正完成后支座底部与其下部支撑焊接、固定支座支撑弧板与汽包底部的弧形板焊接，滑动支座支撑弧板与汽包底部的弧形板间加装聚四氟乙烯垫片。支撑式汽包安装如图 2-8-7 所示。

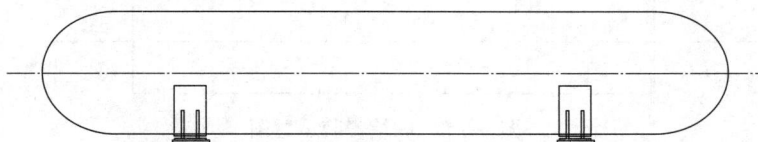

图 2-8-7　支撑式汽包安装示意图

（2）悬吊式汽包安装

汽包检查划线完成后，将汽包的两套 U 形吊杆穿装在汽包上并绑扎牢固，使用液压提升装置或起重机将汽包提升到安装位置，将吊杆对准汽包吊梁上的螺孔，穿入并安装导向垫块及螺母。

通过调整吊杆，使汽包纵、横中心与基准中心线对正，偏差小于±5mm；使用玻璃管水平检查汽包的标高偏差小于±5mm，自身水平偏差小于 2mm。

找正后将汽包吊杆锁紧，汽包吊挂装置与汽包接触部位圆弧应吻合，局部间隙不大于

2mm。找正后对汽包进行临时支撑固定。悬吊式汽包安装如图 2-8-8 所示。

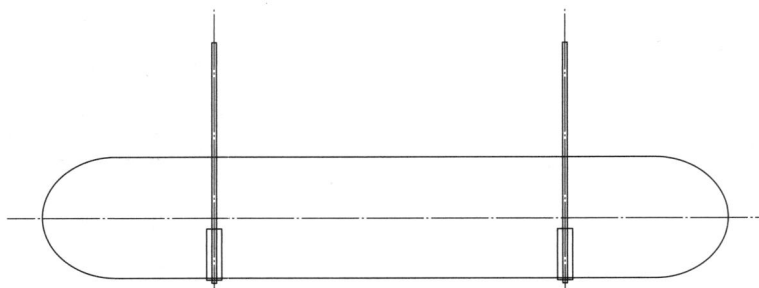

图 2-8-8　悬吊式汽包安装示意图

2）联箱安装

（1）用压缩空气将联箱内部吹扫干净，并使用内窥镜对联箱内部进行检查。将联箱放置在组合平台上。

（2）以联箱管座（处于水平状态）为基点进行联箱划线，将联箱四等分并在上下左右四个点位做好标记。

（3）吊装联箱到安装位置与吊杆进行连接，联箱安装如图 2-8-9 所示，调整吊杆使联箱纵、横中心偏差不大于 ± 5mm，使用玻璃管水平检查标高偏差不大于 ± 5mm，自身水平偏差不大于 3mm，找正后对联箱进行临时支撑固定。

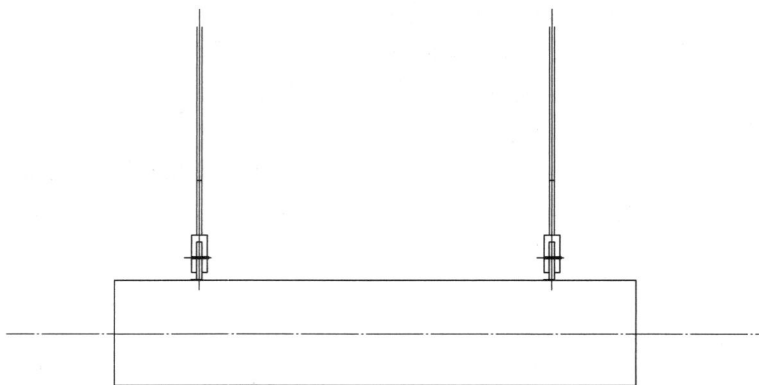

图 2-8-9　联箱安装示意图

2. 垂直水冷壁组合安装

1）垂直水冷壁组合

（1）水冷壁联箱、管排及部件合金材质光谱检查合格后，采用压缩空气将联箱及管座吹扫干净，并使用内窥镜检查联想内部清洁无物。使用压力 $0.4 \sim 0.5$MPa 压缩空气对管排进行吹扫并进行通球试验。

（2）联箱与管排组合参见图 2-8-10，将联箱平放在组合支架上对联箱进行四等分划分并做好标记。以联箱左右水平标记为基准，找平联箱后用型钢将联箱固定，联箱水平度偏差小于 3mm。

（3）打磨焊口并调整管排与管座间焊口间距为 1.5～2mm，进行焊口焊接。调整管排间鳍片间隙，校核垂直水冷壁整体尺寸应符合设计要求，组件长度偏差小于±10mm，宽度偏差小于±5mm，管排平整度偏差小于±5mm。

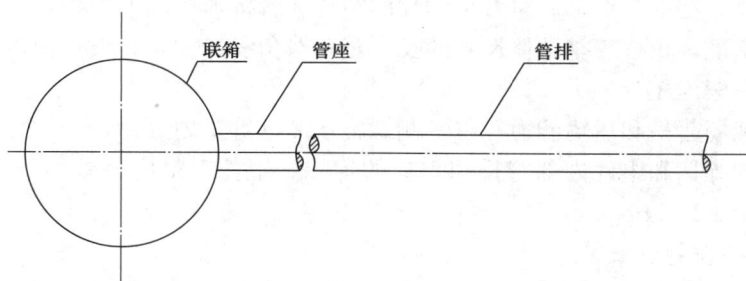

图 2-8-10　水冷壁联箱与管排组合示意图

2）垂直水冷壁组件安装

（1）吊装水冷壁组件与相应的吊杆进行连接，通过调整吊杆使水冷壁组件上部联箱的水平、与锅炉基准线纵横向间距达到设计要求后，水冷壁集箱初始标高通常比设计标高预抬高 15～20mm，以保证水冷壁全部安装完成后，水冷壁上集箱标高达到设计标高要求，联箱水平度偏差不大于 3mm，垂直水冷壁安装参见图 2-8-11。

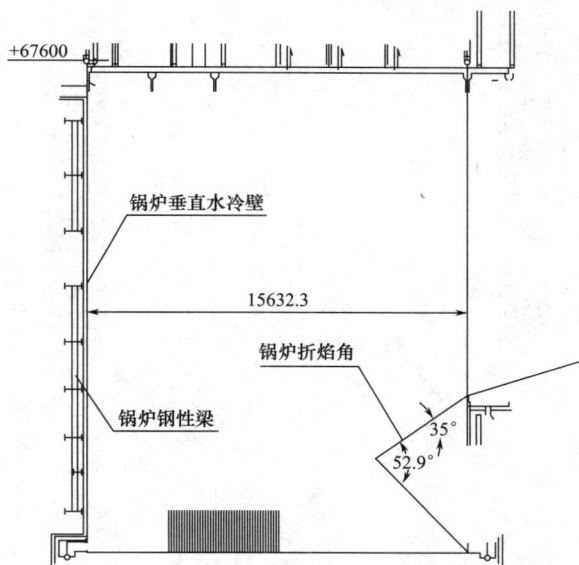

图 2-8-11　锅炉炉膛垂直水冷壁示意图（单位：mm）

（2）调整水冷壁管排垂直度偏差不大于 1‰长度，且不大于 15mm，使用型钢将水冷壁组件定位加固。

（3）调整组件间鳍片间隙，进行密封焊接，膜式壁拼接时边排管间距偏差不大于±3mm。

（4）安装纵、横向刚性梁。四侧水冷壁找正后进行角部密封焊接和刚性梁角部连接。

（5）检查锅炉炉膛整体尺寸应符合设计要求，偏差不大于 2/1000，且不大于 15mm。

3）螺旋水冷壁组合

（1）螺旋水冷壁组合按炉前、炉左、炉右和炉后的顺序分别进行组合，将一侧螺旋水冷壁管排全部摆放在平台上，调整管排鳍片的距离和管排焊口间的间距，以吊带（垂直搭接板）位置为基准，校核管排整体尺寸的长、宽和对角线尺寸符合设计要求，螺旋角度符合设计要求（一般为 17°～19°）。

（2）结合现场起吊和运输能力，将一侧螺旋水冷壁管排划分为 7～9 个组件进行组合，进行组件鳍片的焊接和组件内部管排间焊口的焊接。组件平整度偏差小于 5mm，长度和对角线偏差小于 ±10mm。

4）螺旋水冷壁组件安装

（1）吊装螺旋水冷壁组件并与上部水冷壁对接，以吊带（垂直搭接板）为基准调整螺旋水冷壁角度满足厂家设备要求，锅炉炉膛螺旋水冷壁安装示意如图 2-8-12 所示。

（2）调整管排组件间鳍片的距离和管排焊口间距并进行焊接，安装刚性梁和进行角部连接，炉膛整体尺寸偏差应不大于 15mm。

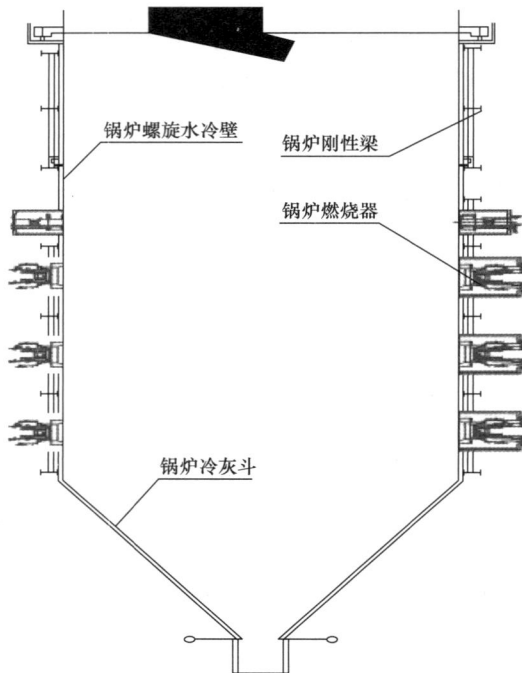

图 2-8-12　锅炉炉膛螺旋水冷壁安装示意图

3. 高温过（再）热器安装

（1）高温过（再）热器进出口联箱、管排及部件合金材质光谱检查合格，联箱内部清洁及管排通球完成后进行高温过（再）热器安装，参见图 2-8-13。

（2）高温过（再）热器进出口联箱划线后，吊装到安装位置并与吊杆连接，调整联箱的标高和水平符合规范要求，并将联箱临时固定。

（3）将高温过（再）热器管排从炉底或炉顶吊到安装位置，从炉左侧到炉右侧进行管排与联箱管座的对口焊接，焊接后调整管片的间距、垂直度并安装管排固定装置，管排与左右延伸段水冷壁、折焰角的间距达到设计要求，过（再）热器蛇形管自由端安装偏差小于±10mm、管排间距偏差不大于±5mm、管排平整度不大于20mm、边缘管与外墙间距偏差不大于±5mm。

4. 省煤器安装

（1）省煤器进出口联箱和管排光谱合格、联箱内部清洁及管排通球完成后进行省煤器安装，参见图 2-8-14。

（2）将省煤器进出口联箱划线后，吊装到安装位置并与吊挂管连接，调整联箱的标高和水平符合规范要求并临时固定。

（3）将省煤器管排炉侧吊到安装位置，从炉左侧到炉右侧进行管排与联箱管座的对口焊接。

（4）调整管片的间距、垂直度并安装管排固定装置、防磨装置，管排与左右包墙、前后包墙及中间隔墙的间距达到设计要求，省煤器安装组件宽度偏差不大于±5mm，组件对角线偏差不大于 10mm，组件边管垂直度偏差为±5mm，边缘管与外墙间距偏差为±5mm。

5. 燃烧器安装

（1）将燃烧器与水冷壁连接固定，调整燃烧器的位置和角度。

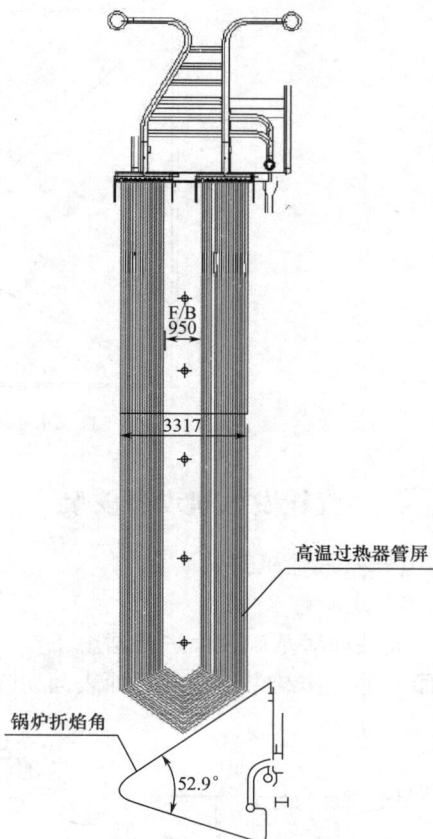

图 2-8-13　高温过（再）热器垂直
管排安装示意图

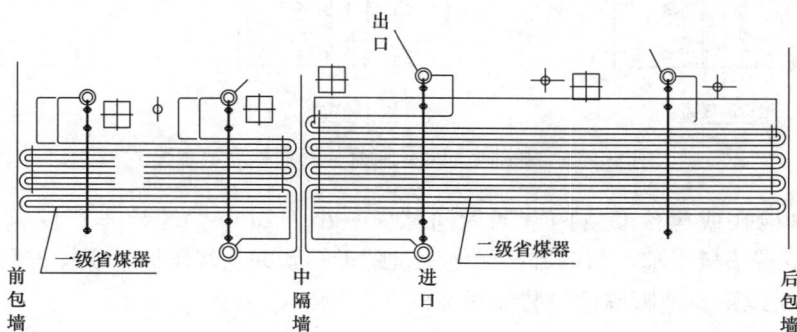

图 2-8-14　省煤器安装示意图

（2）燃烧器喷嘴标高偏差小于±5mm，燃烧器外壳垂直度偏差不大于 5mm，喷嘴伸入炉腔深度偏差小于±5mm。

（3）燃烧器切圆找正如图 2-8-15 所示，喷口中心轴线与燃烧切圆的切线偏差不大于 0.5°。

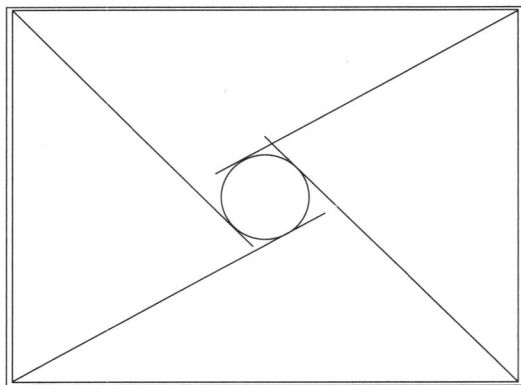

图 2-8-15　燃烧器切圆找正示意图

二、汽轮发电机设备安装

（一）汽轮机安装

1. 地脚螺栓安装

安装前对基础表面进行凿毛工作，将浮浆层凿除，并保证不得使基础钢筋露出，基础表面凿毛工作结束后，沿毛面表面切除地脚螺栓套筒头部（图 2-8-16）。

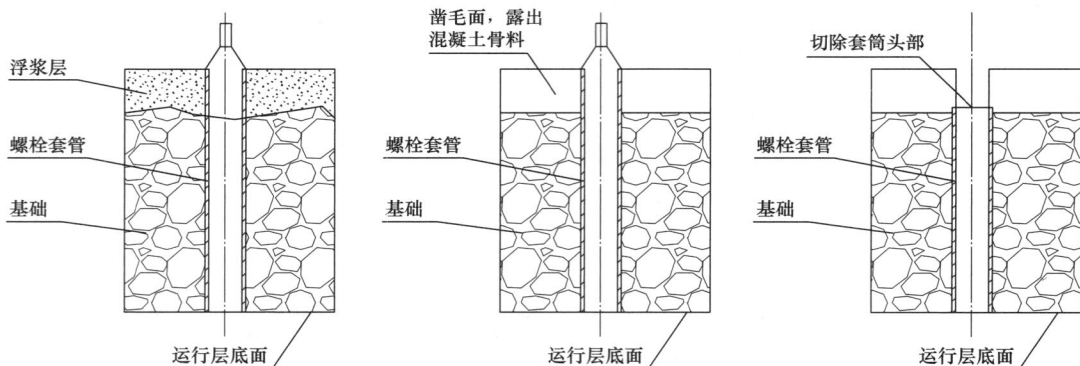

图 2-8-16　基础毛面及地脚螺栓套筒处理示意图

螺栓与螺栓孔或螺栓套管内壁四周间隙应不小于 5mm；螺栓垂直度偏差应不大于 5mm；螺栓下端垫板平整，与基础接触密实，螺母锁紧并点焊牢固；螺栓拧紧后端部宜露出螺母 2～3 个螺距。地脚螺栓安装如图 2-8-17 所示。

2. 轴瓦检查安装

1）轴瓦侧隙测量

轴瓦两侧间隙，用塞尺检查阻油边处为准，插入深度为 15～20mm，瓦口处的楔形油隙应过渡均匀。

2）轴瓦顶隙测量

（1）椭圆形轴瓦和圆筒形轴瓦的顶部间隙可用测量转子外径和轴瓦内径，通过差减法

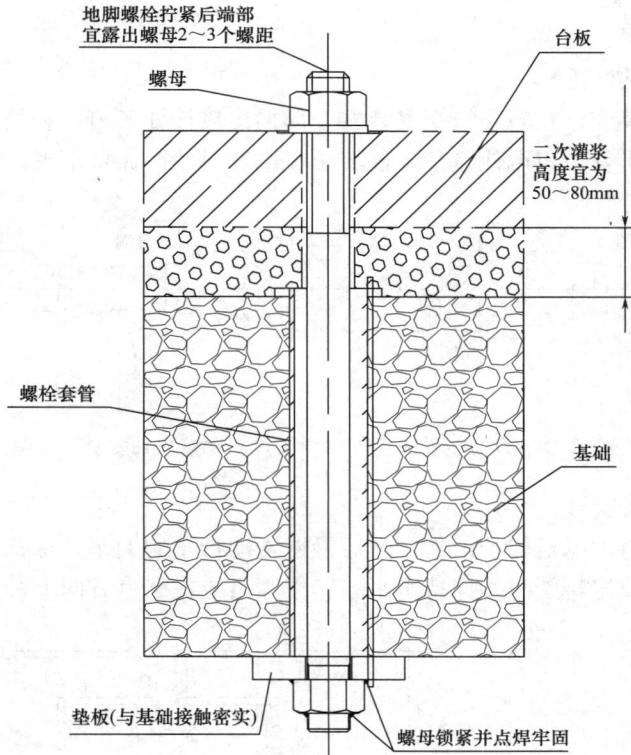

图 2-8-17 地脚螺栓安装示意图

得出或通过压熔丝法测量得出。

（2）四瓦块可倾瓦的轴瓦顶部间隙如图 2-8-18 所示，可用深度千分尺测量；六瓦块可倾瓦的轴瓦顶部间隙，可用压熔丝法测量。

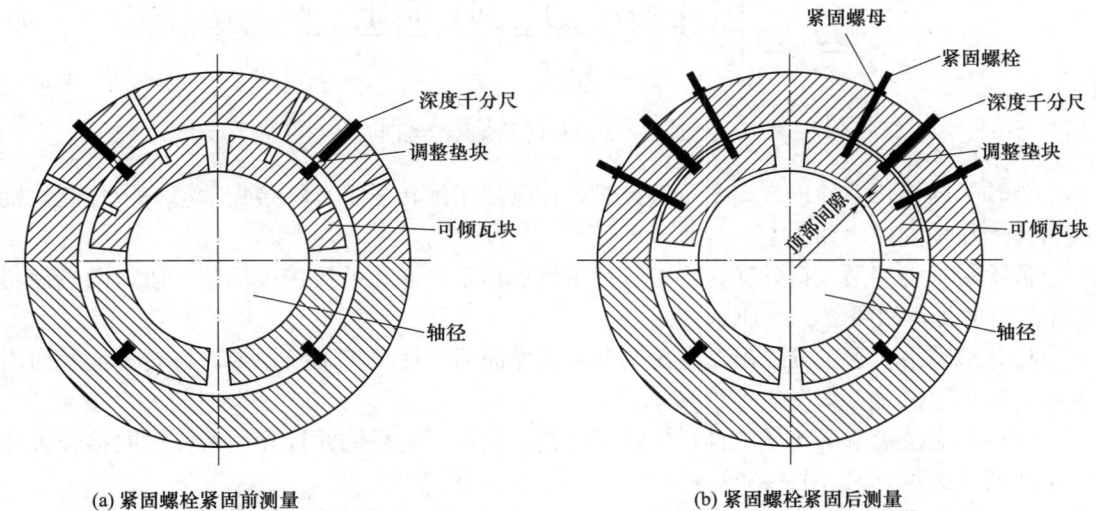

(a) 紧固螺栓紧固前测量　　　　　　　　(b) 紧固螺栓紧固后测量

图 2-8-18 四瓦块可倾瓦的轴瓦顶部间隙测量示意图

（二）发电机安装

接长轴法穿转子：

（1）转子起吊前装配

发电机转子吊装前，在转子汽端安装并全部抽出接长轴各节，在励端转子托架上安装相应重量的配重以平衡吊点两侧重量，使转子在吊装时始终保持水平，如图 2-8-19 所示。

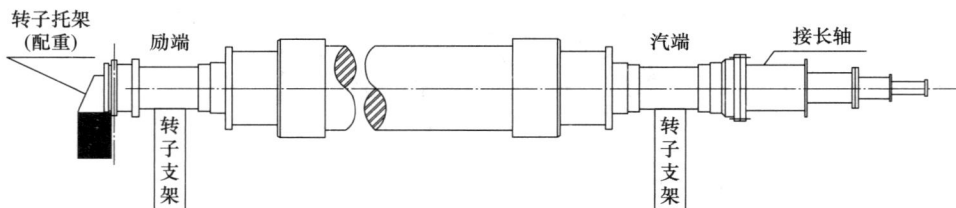

图 2-8-19　发电机转子托架（含配重）和接长轴安装示意图

（2）发电机转子穿装

使用 1 号行车将发电机转子吊起，然后慢慢走动行车的大车，徐徐将转子穿入定子腔内。注意：起吊和放置转子时须保持水平，转子大齿应在竖直方向上，如图 2-8-20 所示。

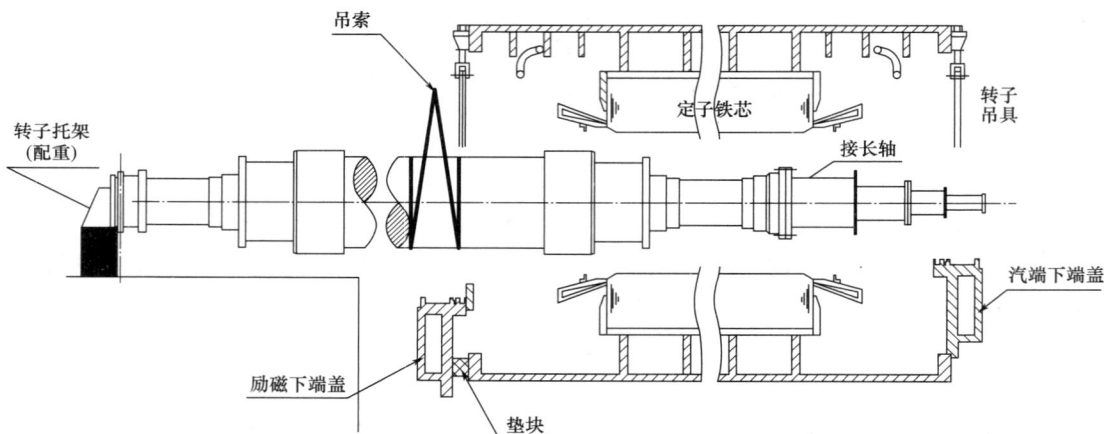

图 2-8-20　发电机转子穿装示意图一

当转子的接长轴伸出汽端定子端板时，在汽端用吊转子工具将接长轴第一节挂起，励端由转子托架支撑，如图 2-8-21 所示。

拆除转子励端吊点钢丝绳，将 1 号行车吊点移至汽端，吊接接长轴第一段，励端使用 2 号行车吊装，如图 2-8-22 所示。

松开汽端吊转子工具，吊车与滑车同时徐徐向前，使转子不断插入，将转子继续向内穿入到达预定位置，如图 2-8-23 所示。

使用汽端及励端吊转子工具，将转子吊起，两台行车松钩并拆除吊索，拆除接长轴及转子托架（配重），如图 2-8-24 所示。

然后依次进行端盖下半、轴瓦的安装，最后缓慢松开转子吊具，将转子落放在轴承上，拆除转子吊具，穿转子施工结束，如图 2-8-25 所示。

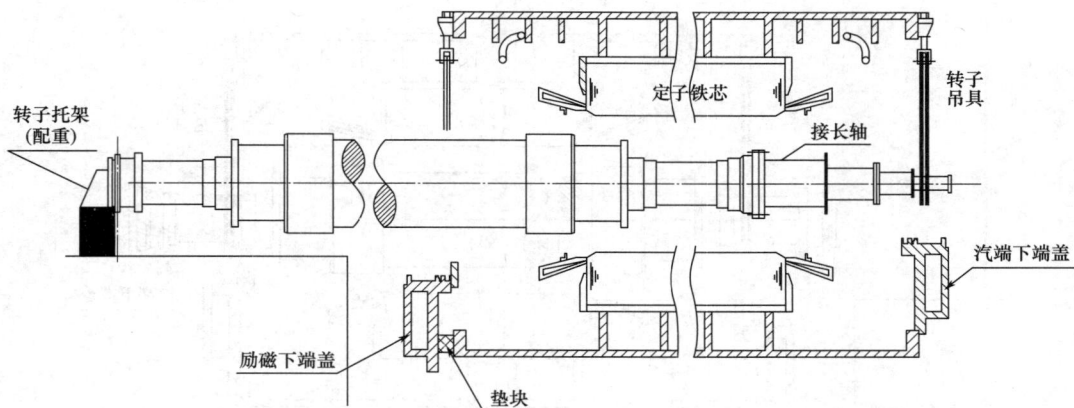

图 2-8-21 发电机转子穿装示意图二

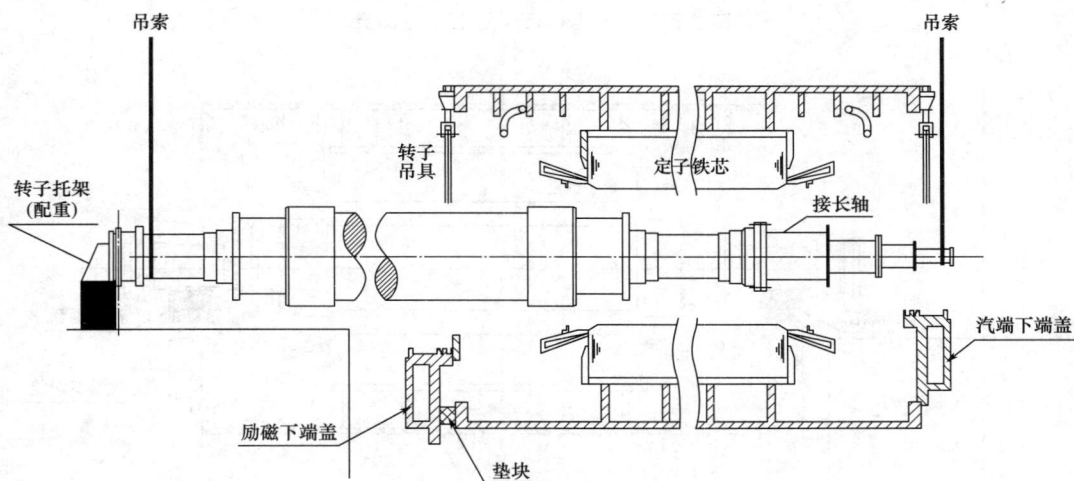

图 2-8-22 发电机转子穿装示意图三

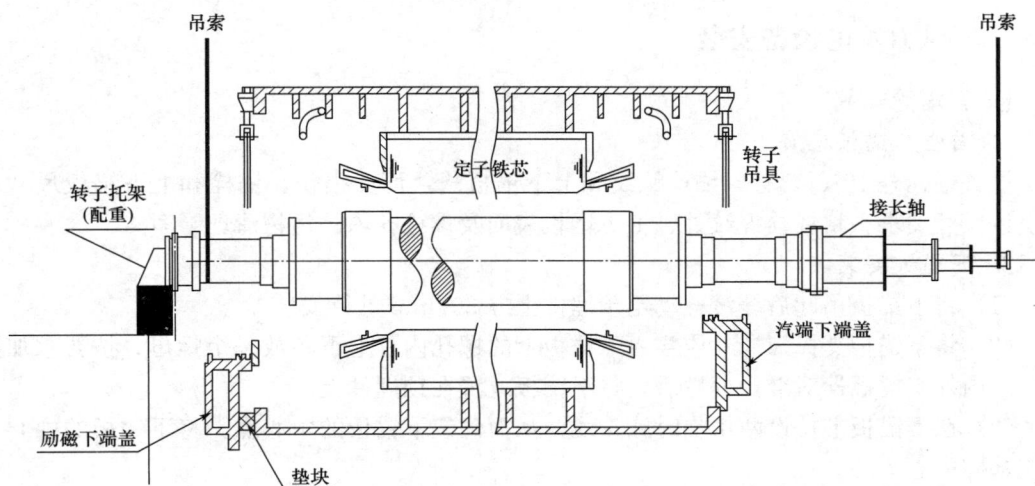

图 2-8-23 发电机转子穿装示意图四

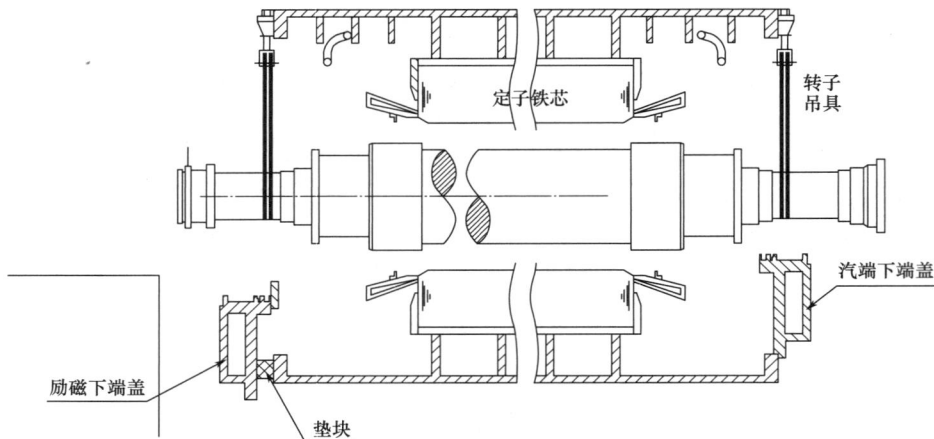

图 2-8-24　发电机转子穿装示意图五

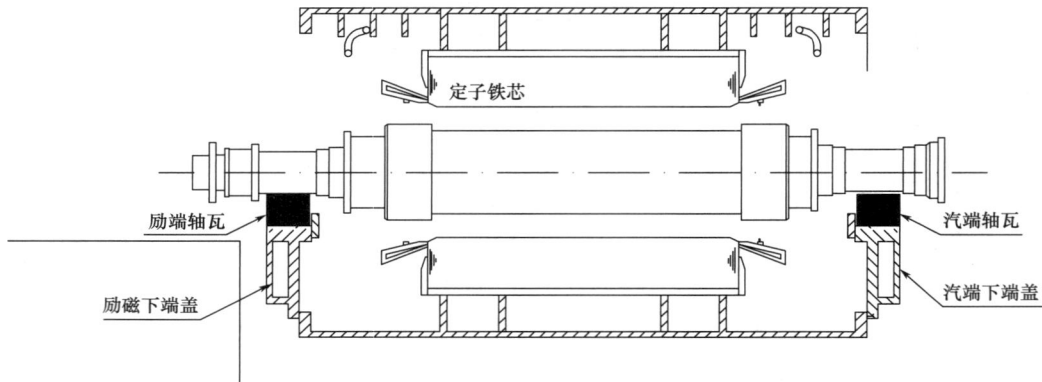

图 2-8-25　发电机转子穿装示意图六

三、风力发电设备安装

（一）塔筒安装

1. 锚栓、锚板检查

检查锚栓外 PVC 套管、锚栓螺纹和上下锚板法兰面无损伤，锚栓和上下锚板尺寸符合设计尺寸要求，将锚栓螺纹处、上下锚板表面及螺栓孔内的污物清理干净。

2. 下锚板安装

（1）将下锚板吊起后缓缓移动至预埋件上方 300mm 处待安装。

（2）将下锚板支撑螺栓对应穿入下锚板上的螺孔内，上下各放一个螺母，按要求加好垫片。内外支撑螺栓对准预埋件后，将下锚板放置在预埋件上。

（3）在下锚板上拉设两条临时施工线，从而确定下锚板的中心点，将下锚板的中心点对应基础中心。

（4）将下锚板支撑螺栓与对应的预埋件焊接牢固，焊脚高度不小于 6mm。

（5）通过调整支承螺栓的上下螺母调整下锚板的平整度，使下锚板达到图纸设计标高，且下锚板的水平度偏差不超过 3mm。

3．定位锚栓及上锚板安装

（1）用吊车将上锚板吊起到一定高度，然后在上锚板的内外螺栓孔均匀对称穿上定位锚栓螺母并固定。

（2）定位锚栓穿好后，慢慢吊起锚板和定位锚栓，移动至下锚板正上方，把定位锚栓穿入对应的下锚板螺栓孔内，在下锚板下方垫上垫片后拧紧半螺母。

4．锚栓安装

在定位锚栓安装完毕，找平、找正后，将普通锚栓按照对角顺序安装原则，锚栓上端（锥头端）先穿入上锚板，另一端穿入下锚板，采用同样的方法将剩余锚栓逐步安装就位，并在锚栓的下端（平头端）拧上半螺母，锚栓的下端长度为半螺母的 1/2，普通锚栓上端螺纹长度为 120～130mm。紧固力矩为 300N·m，装配后如图 2-8-26 所示。

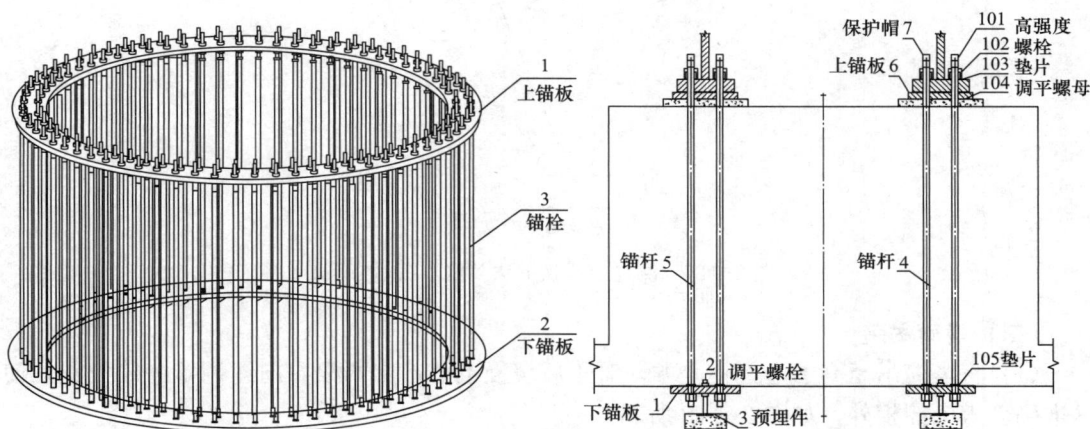

图 2-8-26　锚栓笼安装示意图

5．锚栓笼的调整及加固

（1）上、下锚板同心度的调整：在基础呈 90°方向设置四个固定桩，然后使用四根 $\phi 6$ 钢丝绳（配有调节花篮螺栓）与上锚板锚栓连接，通过调整花篮螺栓，使上、下锚板同心。

（2）上、下锚板同心后，调整上锚板的水平度：测量定位锚栓处上锚板平面与塔筒对接区域的水平度，调节尼龙螺母和钢螺母使上锚板平面达到图纸设计标高，上锚板水平度应不大于 1.5mm（严禁将 PVC 套管穿出上锚板上平面），然后用酒精喷灯加热 PVC 套管端口处的热缩管，使其收缩封堵 PVC 套管和锚栓的间隙。

（3）调整结束后，用 4 根钢筋（两个方向、每个方向为十字架）加强锚栓组合件。钢筋上端与上锚板焊钉焊接，下端与基础预埋件焊接，并在 4 根钢筋的交汇点焊接牢固，加强锚栓笼的整体稳定性。

（4）测量锚栓笼同心度、上锚板水平度及锚栓外露上锚板长度。

参见图 2-8-27，通过调节锚栓笼临时施工拉线及锚栓固定螺母对锚栓笼同心度、上锚板水平度及锚栓露出上锚板长度进行调整，使上锚板上法兰面标高误差不大于 3mm，上锚板水平度不大于 1.5mm，上下锚板同心度不大于 3mm，锚栓上端（锥头端）露出上锚板长度满足设计精度要求。风机基础放射锚固筋全部安装完成并确认无误后进行基础浇筑工作。

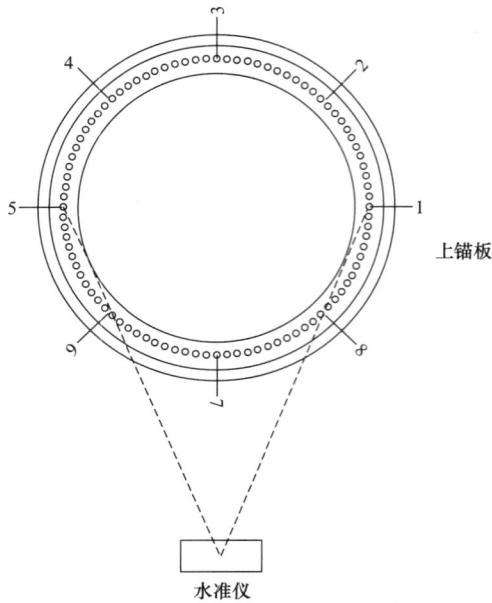

图 2-8-27　测量上锚板上法兰水平度示意图

（二）塔筒吊装

（1）将塔筒吊至高于电控柜上方，对正后缓慢下落，用两根导向绳调整塔筒位置，使其准确套入电控柜外，如图 2-8-28 所示。

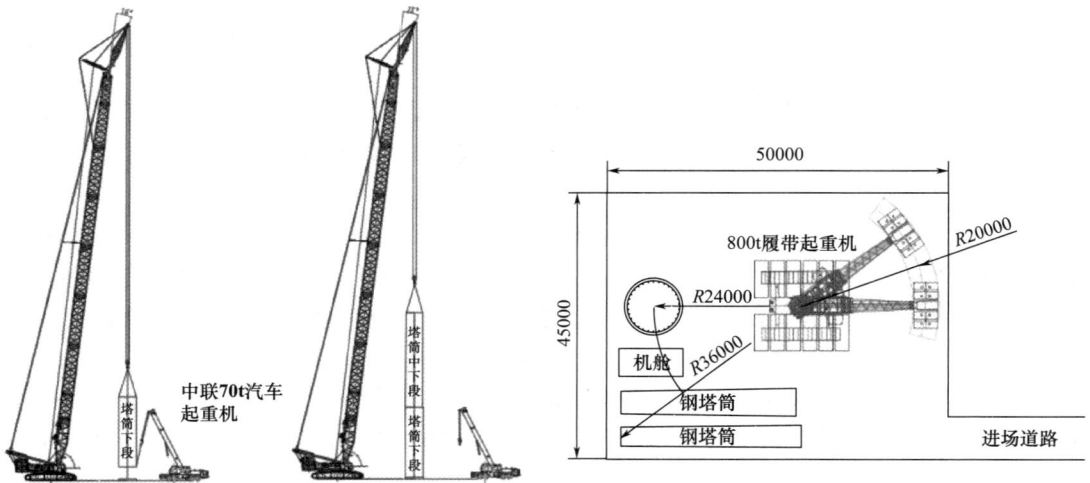

图 2-8-28　塔筒吊装示意图（单位：mm）

（2）塔筒移动时不能碰撞电控柜体，缓慢下落至预埋基础法兰上方 10mm 处，以塔筒门为基准，将塔筒法兰孔对准锚栓后下落塔筒，使锚栓穿过法兰孔，拧上所有的垫片和螺母，用力矩不应超过 1000N·m 的电动扳手对角预紧螺栓。

（3）将底段塔筒吊装就位，并将全部螺栓使用电动扳手初拧后，采用液压拉伸器对螺栓 180°对称施加预拉力到超张拉油压。

（4）基础法兰和锚栓张拉到张拉油压的 80％；待二次张拉时张拉到超张拉油压的 100％，塔筒就位紧固后塔筒法兰内侧的间隙应小于 0.5mm。

四、太阳能发电设备安装

（一）光伏发电设备安装

1. 光伏支架安装

（1）在基础上固定好三角底梁，使用螺栓将三角背梁和三角斜梁相互连接后，再与三角底梁固定，依次将所有的支撑柱都安装好。

（2）使用螺栓将横梁组合固定，并在横梁内加止动垫片，依次在三角支架上装好横梁，在三角背梁上安装后斜撑，用后斜撑支撑件与横梁相连，使用螺栓固定，与横梁连接时加止动垫片。

（3）在每跨居中位置用拉杆将两横梁连接，用螺栓、止动垫片固定。跨距小于 3000mm 时，该跨不安装拉杆与后斜撑。C 型钢横梁需要加长时采用横梁连接片连接，使用螺栓、止动垫片固定。

2. 光伏组件安装

（1）将长条螺母插入横梁中，移动到适当位置。

（2）配合压块位置，将光伏组件进行固定，组件角度符合设计图纸的要求。光伏支架和光伏组件安装参见图 2-8-29。

（二）光热发电设备安装

1. 槽式光热发电设备安装

1）安装设备支撑结构

（1）支腿垂直于地面且支腿中心在一条直线上。在对应的支腿上安装驱动和轴承，调整轴承、驱动装置中心在一条直线上，直线度偏差不大于±3mm。

（2）安装驱动装置，驱动装置旋转角度宜为±120°，误差应小于±5°。旋转时各部件连接件应无卡涩、阻碍、变形等缺陷。

（3）将主轴吊装到支腿上，并用螺钉初步固定，调整主轴位置，使主轴处于水平状态，参见图 2-8-30。

2）安装反射镜、集热管支臂

（1）将集热器支壁固定在主轴上与主轴垂直，直线度偏差不大于±3mm。

（2）将反射镜支臂安装在主轴上，同侧斜撑角度一致，直线度偏差不大于±3mm，支臂固定牢固，参见图 2-8-31。

3）集热器安装"0"位置确认

将"面型检测板"放置在已安装好的反射镜上面，反射镜背部标注有"0"的一边靠近支架主轴的内边，微调折片螺钉位置，使反射镜位置与"面型检测板"贴合，固定螺钉，倾斜高度差应≤3mm。反射镜安装参见图 2-8-32。

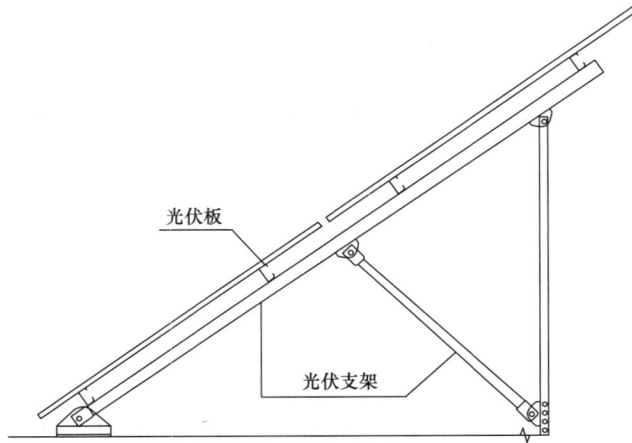

图 2-8-29　光伏支架和光伏板安装示意图

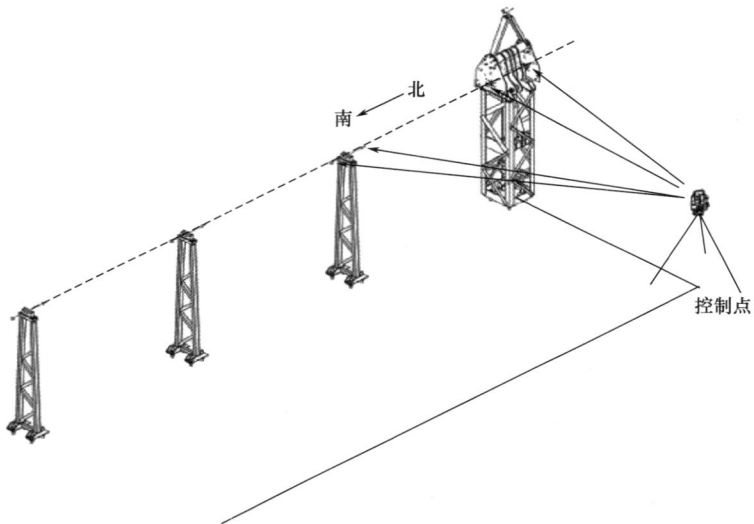

立柱及轴承座定位测量示意图

图 2-8-30　支腿及主轴安装图

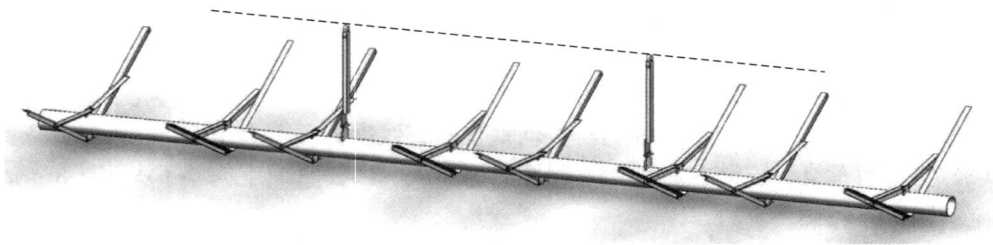

图 2-8-31　反射镜、集热管支臂安装示意图

4）集热器安装

将集热管安装在支架上，集热管同心度符合设计要求，集热管放置在集热管支架上通

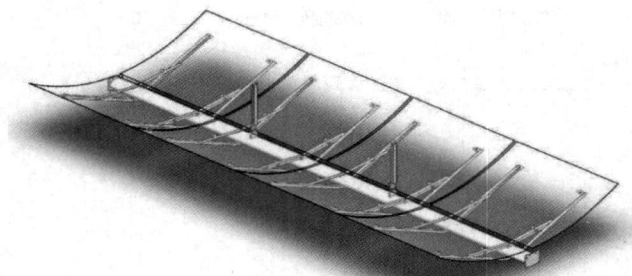

图 2-8-32　反射镜安装示意图

过 U 形箍进行固定，集热管端部采用氩弧焊焊接堵板。集热器通过端部驱动塔头进行调平，水平度偏差为±0.03°。集热器安装参见图 2-8-33。

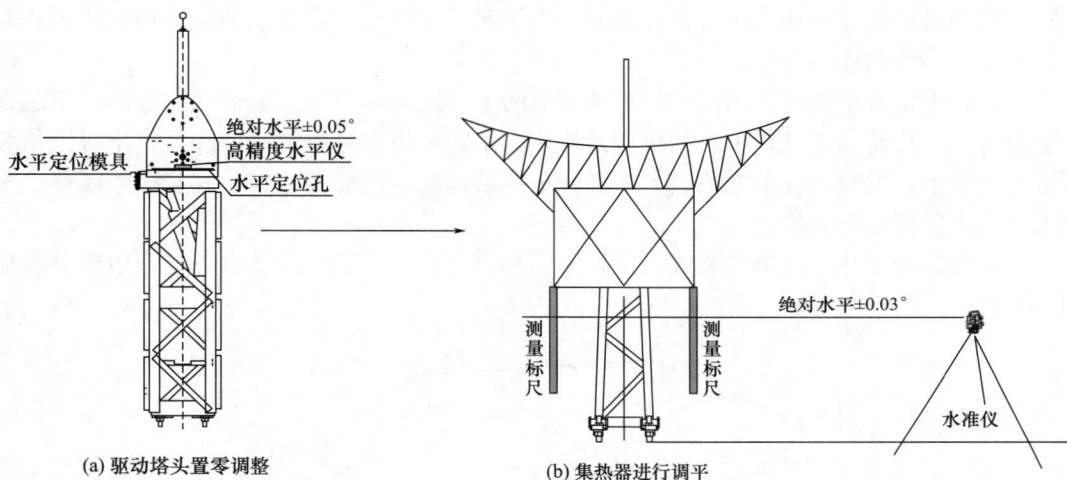

(a) 驱动塔头置零调整

(b) 集热器进行调平

图 2-8-33　集热器安装示意图

2. 塔式光热发电设备安装

1）吸热屏安装

（1）吸热屏安装时每片管屏采取对称安装的方式，单面安装应不多于 2 组。

（2）吸热屏通过固定装置，固定在吸热塔钢构梁，吸热屏中心偏差应不大于 3mm，垂直度偏差小于长度的 1/1000，且不大于 15mm，标高偏差小于 3mm，两管屏间吸热面管子间隙小于 3mm。

（3）吸热屏吊挂装置部件连接应牢固，吊杆受力均匀，水压前应进行吊杆受力复查。吸热屏安装参见图 2-8-34。

2）定日镜安装

（1）使用全站仪对定日镜基础立柱位置进行测量；使用水平仪对定日镜柱顶板标高进行复查；每个定日镜柱顶板标高不一致，需对每个基础标高进行复核，位置和标高偏差应小于±10mm。

（2）在组装车间按照定日镜支架图纸进行支架组合，支架组合完成后将定日镜镜面安装在支架上，部件固定牢固。

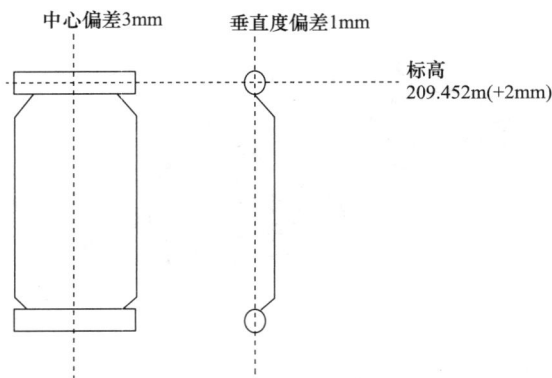

图 2-8-34　吸热屏安装示意图

（3）定日镜镜场呈环形布置，安装顺序应按照"镜场安装顺序"的说明进行规划，总体按照由内向外的顺序进行。

（4）根据定日镜编号，用拖车将组装完成的定日镜运输至其安装位置，利用汽车起重机进行定日镜吊装，定日镜中心的小型镜片作为吊物孔吊点应先临时拆卸，将定日镜吊装至混凝土柱上，安装短柱下方的法兰和混凝土柱顶部法兰连接定位销，安装法兰螺栓，按照力矩要求紧固连接螺栓。

（5）安装液压油缸及驱动装置，定日镜调整角度符合图纸设计要求，定日镜安装参见图 2-8-35。

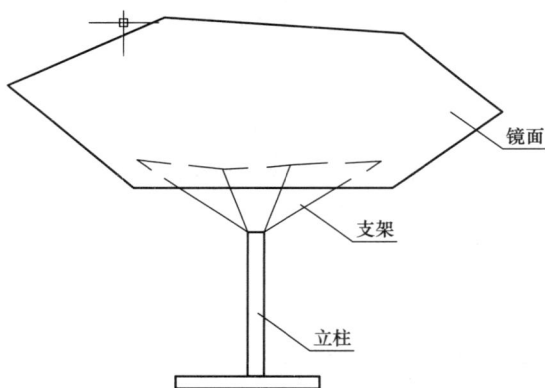

图 2-8-35　定日镜安装示意图

第九节　冶炼工程安装细部节点做法

一、炼铁设备安装

（一）高炉本体结构安装

1. 炉体框架安装

炉体框架由炉体下部框架、炉体上部框架和炉顶刚架三部分组成，框架柱采用箱形断面结构。

（1）炉体下部框架柱采取 2 点吊装，缓慢平稳落位，框架柱四边上的中心线与基础中心线重合后就位，并临时固定。

（2）框架柱找正。利用千斤顶对框架柱基座进行微调，使基座中心线与基础中心线重合，同时对框架柱第一节柱各边和对角线距离、基座标高和水平度进行测量控制，实现精确就位，如图 2-9-1 所示。

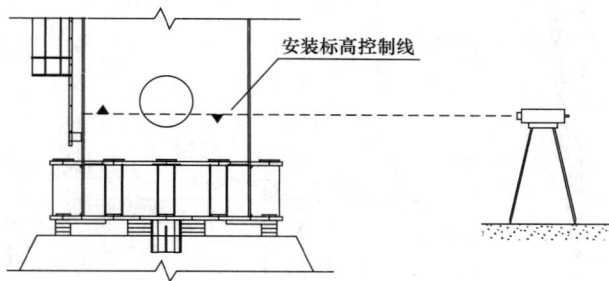

图 2-9-1 下部框架柱安装标高控制示意图

（3）上部框架、炉顶刚架宜分段将两立柱和横梁、斜梁等在地面拼装成片后吊装就位，并同步安装各层平台、栏杆、梯子以及管道、设备等，如图 2-9-2 所示。

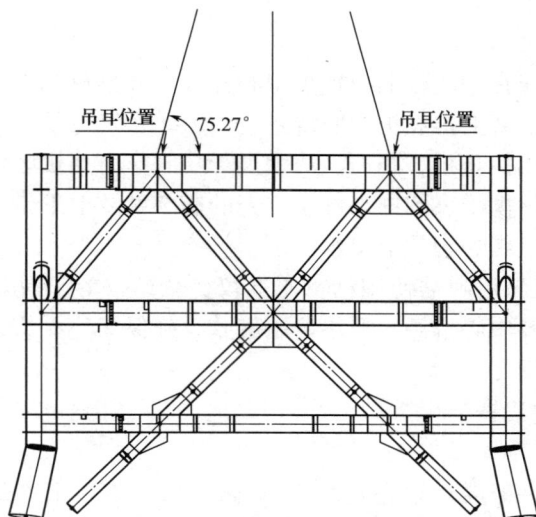

图 2-9-2 框架拼装成片吊装立面图

2. 高炉炉壳安装

1）炉壳拼装

（1）高炉炉壳采用现场组装成环带吊装。炉壳在组装平台上拼装时，以组装平台上预先设置的四芯线和 1∶1 放样的尺寸线为基准进行整圈拼装。

（2）炉壳拼装时，不得用点焊的方式连接炉壳，应配置相应的装配卡具夹紧构件、花篮螺栓等临时措施，保证炉壳拼装的尺寸允许偏差符合规范要求，如图 2-9-3 所示。

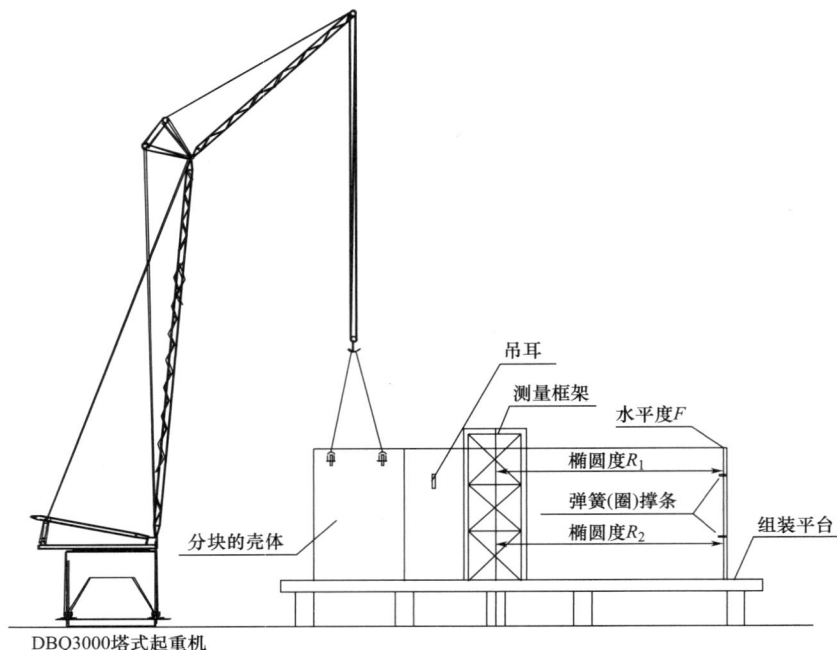

图 2-9-3　高炉炉壳拼装示意图

2）炉壳安装

（1）吊装就位前，应在炉底板上设置炉中心标板，并测量基准点，底板上设置中心测量塔架，并在中心测量塔架上挂设炉中心线坠。

（2）炉壳安装时利用拉耳板、圆冲、扁钢楔子与制作厂预拼装保留的圆冲套环进行固定，就位后通过调整扁钢楔子、圆冲来修正炉壳的椭圆度及上下带炉壳的错口偏差。通过调整焊缝间隙垫来调整上带炉壳的上口水平度。

3）每带炉壳吊装就位后，需使用精密水准仪、全站仪等工具，在测量桁架上检查其标高、椭圆度、垂直度及中心偏差，严格控制偏差，确保满足相应规范要求。经检查确认后，进行下道工序，如图 2-9-4 所示。

（二）高炉本体主要设备

1. 冷却壁安装

（1）冷却壁的安装一般滞后炉壳安装 2～3 带，风口带以下冷却壁安装时，在炉体内搭设的临时施工平台上操作。风口带以上冷却壁安装时，在炉内挂设的安全吊盘上操作，如图 2-9-5、图 2-9-6 所示。

（2）每安装一带冷却壁提升一次吊盘。吊盘各滑车组要受力均匀，吊钩要封死，防止脱钩。提升吊盘时除指挥和必须操作人员外，其他工作人员一律不准站在吊盘上。

2. 风口装置安装

（1）风口大套应根据法兰面上的水平中心线和垂直中心线的标记组装在炉壳上，采用专用吊板进行大套的装配，大套送入风口大套孔后用导链调平。装配过程如图 2-9-7 所示。

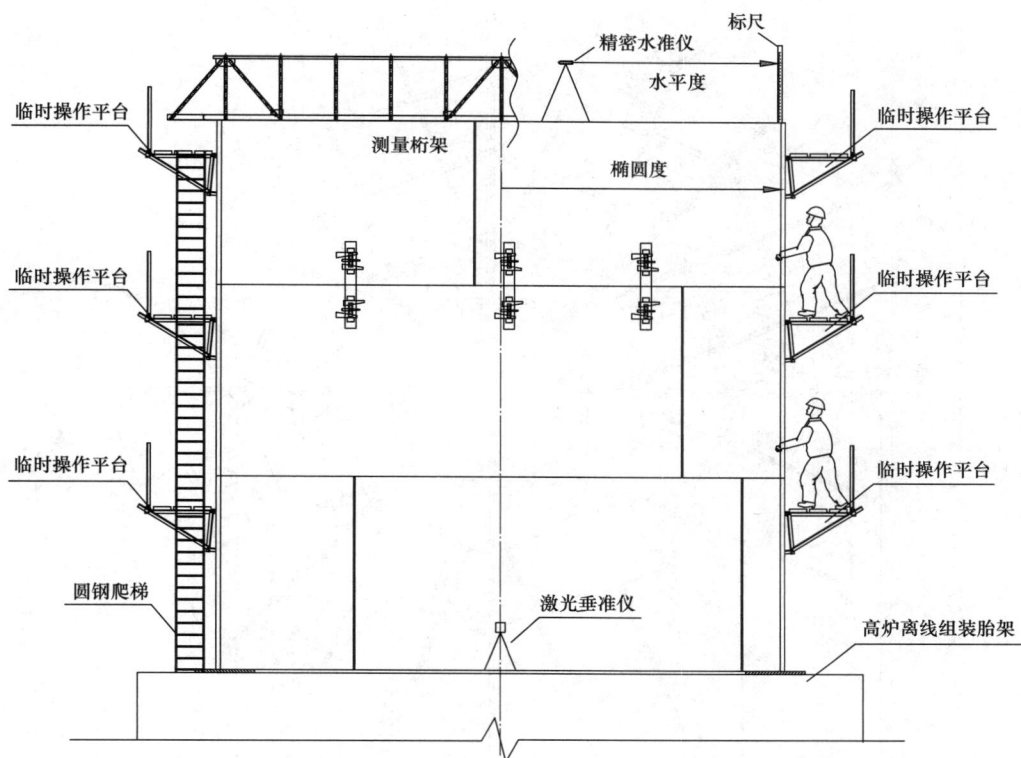

图 2-9-4 炉壳安装测量控制示意图

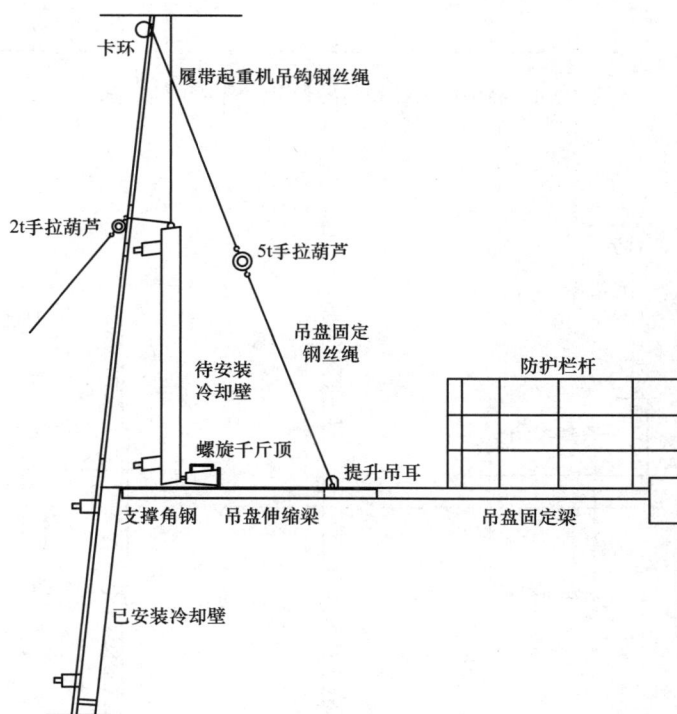

图 2-9-5 冷却壁安装及吊盘固定示意图

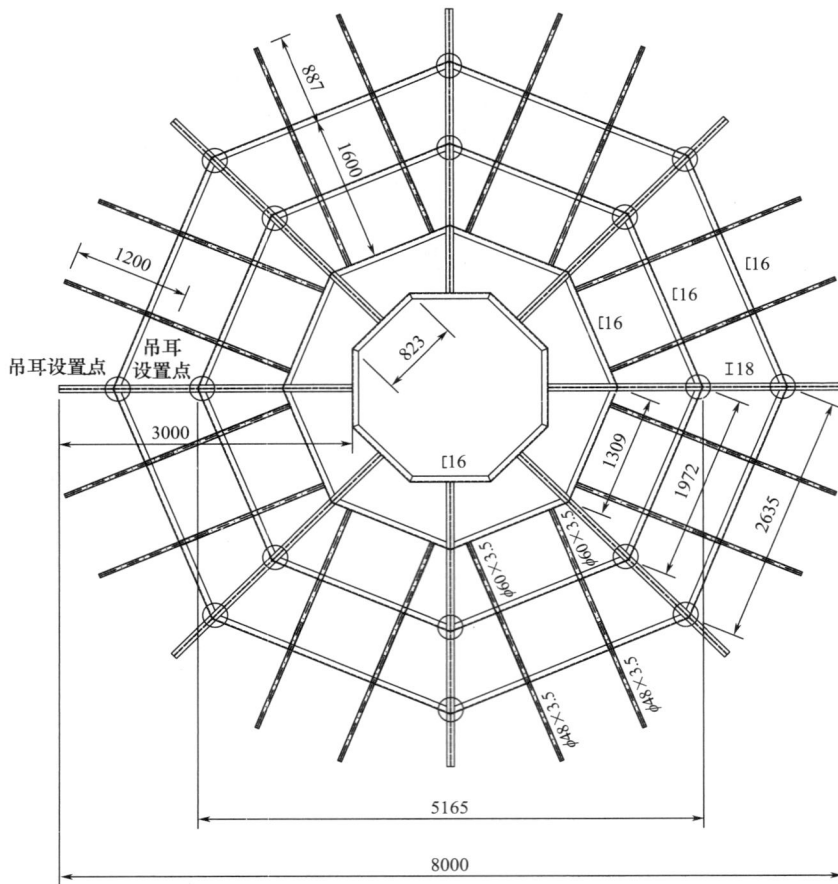

图 2-9-6　高炉冷却壁安装吊盘设计图（单位：mm）

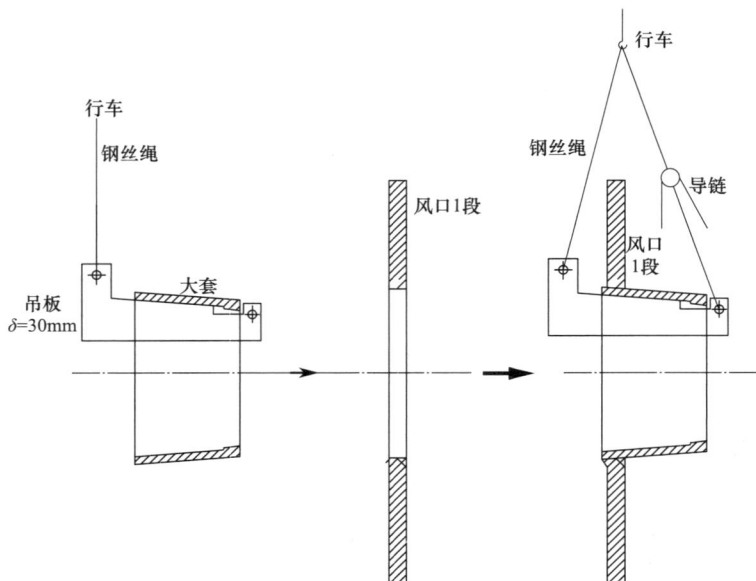

图 2-9-7　风口大套装配示意图

（2）装配时与风口带法兰制孔四芯线对准，通过全站仪测定大套中心的安装高度和角度，利用上下调节板调整组装深度，水平调节板调节大套组装高度，调整合格后焊接固定，大套与风口带炉壳点焊固定，调节及加固如图 2-9-8 所示。

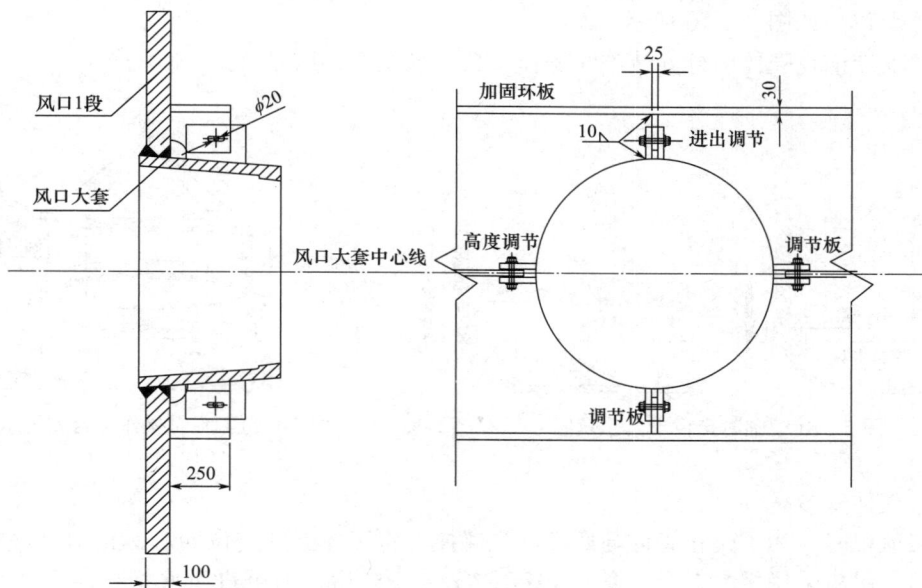

图 2-9-8 风口大套调节及加固示意图（单位：mm）

（3）风口大套采用对称焊接，以减少焊接变形。因风口段炉壳板厚度较大，因此，当焊接检验合格后，对风口法兰进行热处理。

（三）热风炉安装

1. 热风炉炉壳安装

1）底板安装

在基座上铺垫干砂，调整好水平度后安装底板。吊装时用两台导链调整底板水平度，将底板平稳地降落到干砂上。在底板上事先做好的四芯标记对准基础上的四芯标记后，利用中心设有偏移的地脚螺栓固定底板，做好防雨措施，如图 2-9-9 所示。

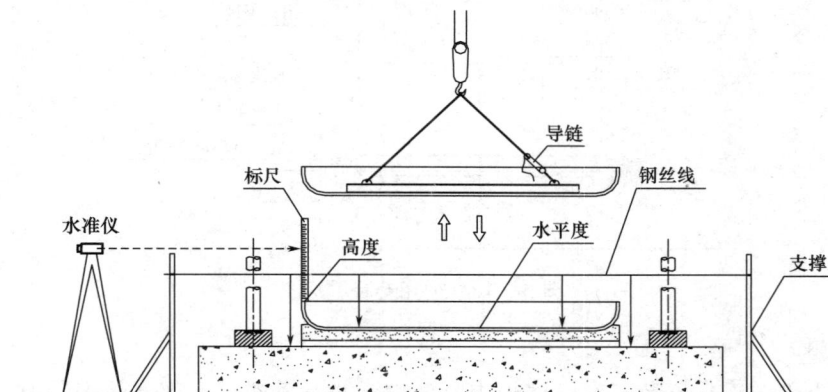

图 2-9-9 热风炉底板安装示意图

2）各段炉壳安装

（1）安装准备

吊装第二段壳体前，先在底板（第一段）与第二段壳体接口位置安装临时定位卡具，便于壳体就位，如图2-9-10所示。

壳体安装前在壳体内外安装临时操作平台，如图2-9-11所示。

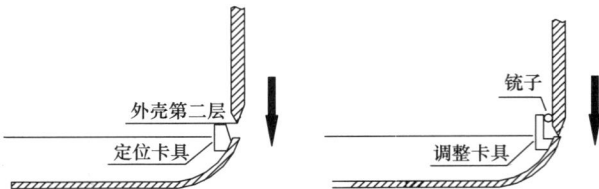

图2-9-10 临时定位卡具示意图

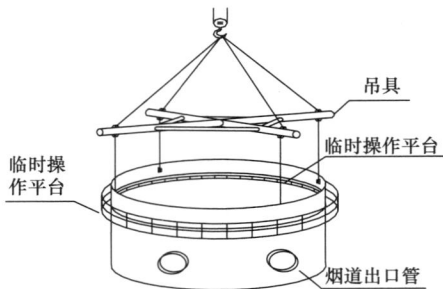

图2-9-11 临时操作平台安装示意图

（2）壳体安装

吊装就位时，为了防止壳体与底板发生碰撞，将壳体上的定位四芯标记对准底板的四芯标记后，吊机采用慢钩就位。第三段壳体安装完毕后，即可进行底板压浆和炉算子安装，然后再进行以上各段壳体安装，如图2-9-12所示。

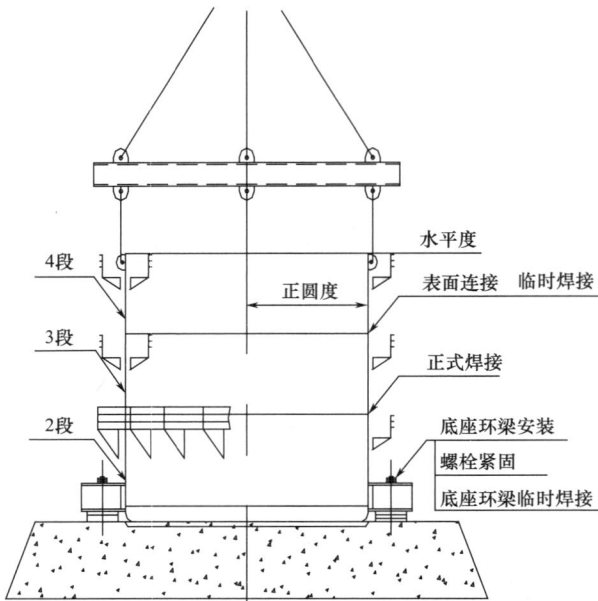

图2-9-12 炉壳安装示意图

（3）测量

直筒段下部炉壳的安装，在炉底板中心处设置测量塔架。上部壳体安装时，设置搁置在炉壳上的活动测量桥，在活动测量桥上挂设炉中心线坠和架设水准仪，分别测量炉壳半径、炉壳钢板圈（带、环）上口高度差、炉壳钢板圈（带、环）中心相对炉底中心的同心度等，如图 2-9-13 所示。

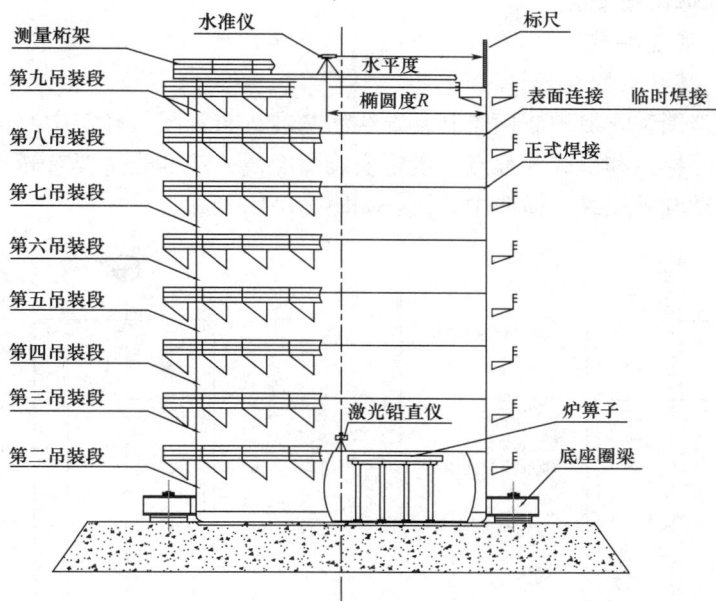

图 2-9-13　炉壳安装测量示意图

2. 炉箅子安装

（1）炉箅子支柱安装后，测量支柱顶端标高，通过调整柱底的垫片和调整螺栓来调整支柱的垂直度，如图 2-9-14 所示。

（2）炉箅子大梁在地面上预装配后安放在支柱上，柱顶和梁底的间隙填上垫片，以调整大梁的水平度和标高。

（3）炉箅子按详图初步组装，以炉中心和炉外侧的基准线为标准进行调整，控制炉箅子相邻件的组装精度，测量水平度，调整炉箅子外形的椭圆度，如图 2-9-15 所示。

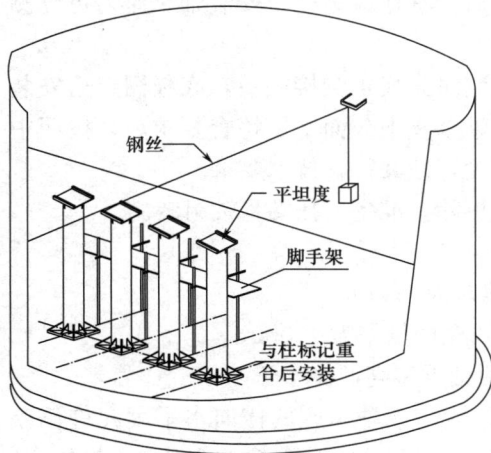

图 2-9-14　炉箅子支柱安装示意图

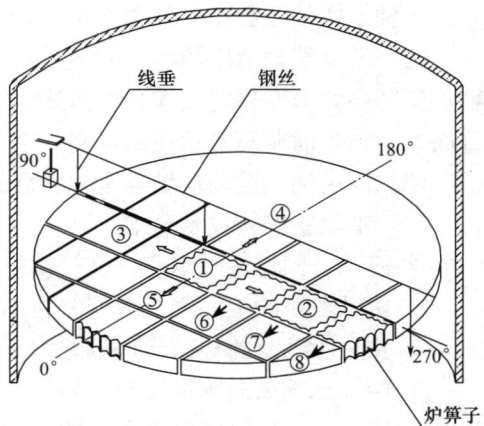

图 2-9-15　炉箅子椭圆度调整示意图

二、炼钢设备安装

（一）转炉本体设备安装

1. 转炉支撑装置安装

1）基准线、基准点的设置

依据设计施工图和测量控制网绘制基准线和基准点布置图，确定中心标板和基准点位置，埋设永久中心标板和永久基准点，设定安装基准线；基准线主要有转炉炉体纵、横向中心线，转炉倾动轴承座纵、横向中心线，如图 2-9-16 所示。

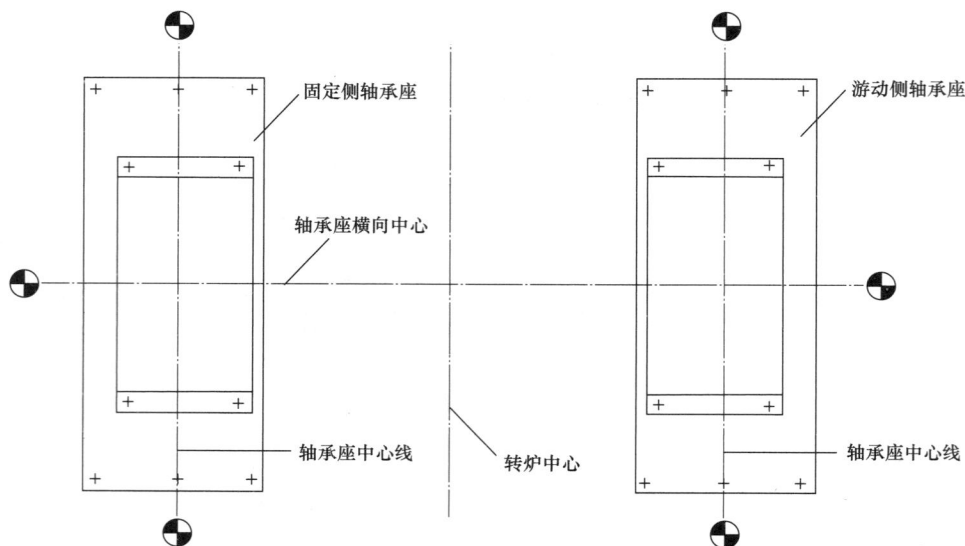

固定侧轴承座　　游动侧轴承座

轴承座横向中心

轴承座中心线　　转炉中心　　轴承座中心线

图 2-9-16　转炉中心线示意图

2）转炉轴承座安装找正

（1）固定端轴承座底座初找完毕后，以轴承座底座上水平面的十字中心线为准找正基准，测量中心线、标高及水平度的偏差，调整合格后拧紧地脚螺栓，安装轴承座，再复测并记录轴承座偏差数据，如图 2-9-17 所示。

（2）游动端轴承座的底座一般为铰接底座，安装时先找正铰接底板，底板固定后安装轴承座底座并采取临时支撑调整措施，调整底座使轴承座中分面水平符合要求后，按照中分面处的加工面调整轴承座的标高、中心线及水平度，使其符合技术要求。

（3）固定端、游动端轴承座找正后做好标记，拆除，准备与托圈耳轴组装。

（4）轴承座安装技术要求：

① 游动、固定端轴承座，纵、横向中心允许偏差为 1.0mm。

② 两轴承座的中心距允许偏差为 1mm，对角线允许偏差为 4.0mm。

③ 轴承座轴线的标高允许偏差为 ±5.0mm，两轴承座高低差小于 1.0mm。

④ 两轴承座纵向水平度允许偏差为 0.1/1000；固定端轴承座的横向水平度允许偏差为 0.2/1000，其倾斜方向炉壳一侧宜偏低；游动端横向水平度允许偏差为 0.1/1000，其倾斜方向炉壳一侧宜偏低。

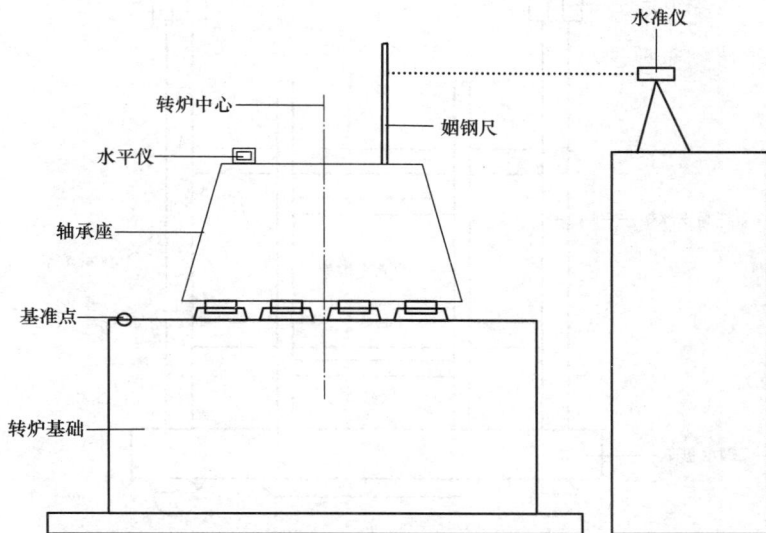

图 2-9-17　轴承座调整示意图

⑤ 轴承座、轴承支座斜楔之间的局部间隙应用塞尺检查，不应大于 0.05mm。

2. 炉体组装与安装

1）转炉本体设备吊装方式

转炉本体设备具有外形尺寸大、单台设备重、安装位置难以用跨内行车直接吊装等特点，通常根据现场条件，确定施工方法。施工方法主要有"台车法""滑移法"，也有采用移动式吊车或卷扬机与滑轮组相配合吊装的方法。

"台车法"是利用台车组装和安装炉体，将炉下一台或两台钢包车作为转炉设备移动台车，台车上设置设备支撑体系（推炉支架），可在台车上完成托圈和整个炉壳的组装，整体由台车移动牵引装置牵引至安装工位就位。台车能承载整个转炉设备重量时可整体就位，台车承载能力不足时，可分段组装和安装炉壳，先将托圈和上炉壳组装并安装就位，台车返回，再将炉底运送到上炉壳下，与上炉壳对接。

设备支撑体系（推炉支架）由刚性立柱、柱间撑、爬梯、平台栏杆、液压千斤顶等组成，如图 2-9-18 所示，其承受组装设备重量及组装时产生的冲击，设备支撑体系的设置尺寸、选用形式和材质均需根据现场实际情况结合设计图纸进行详细的计算和设计。

2）托圈吊装找正

（1）托圈吊装前应装配好耳轴上的轴承和轴承座，托圈水冷系统应做水压试验和通水试验。

（2）将托圈吊装到推炉支架上，以台架上投测的纵、横向中心线为基准，调整好托圈的中心位置和倾动轴水平度，使其符合规范要求，倾动轴承座下底面标高比转炉支承装置上表面高约 50mm。以传动耳轴轴线为基准轴线，用激光准直仪或挂线千分尺，检查托圈两耳轴同轴度，允许偏差为 1.5mm，如图 2-9-19 所示。

3）炉壳组对安装

（1）转炉炉壳安装采用正装法还是倒装法，关键要看是否利于托圈炉壳连接装置安

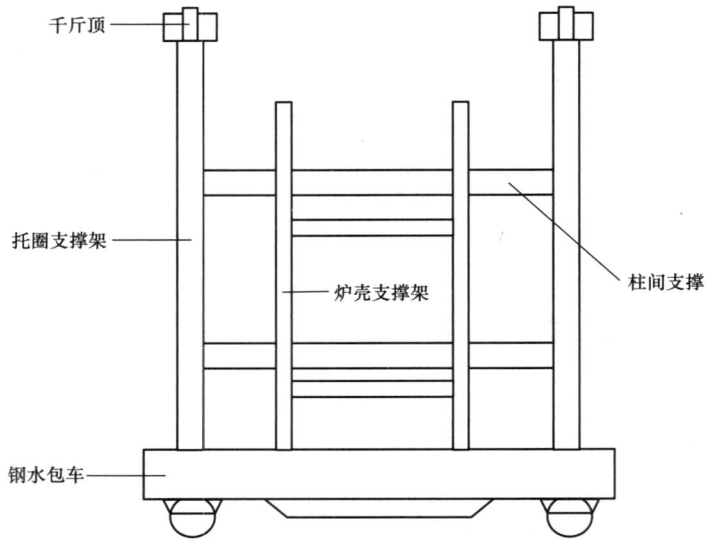

图 2-9-18 推炉支架结构示意图

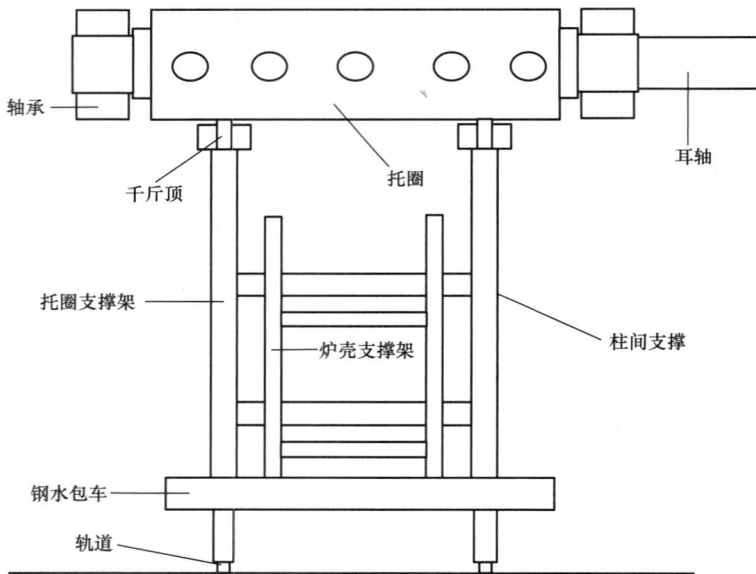

图 2-9-19 托圈就位示意图

装。当连接装置位于托圈的下表面，且托圈上表面无定位装置时，为便于连接装置的焊接安装，一般采用倒装法；当连接装置位于托圈的下表面，托圈上表面有定位装置，且连接装置较适合由下部进行安装时，一般采用正装法，如图 2-9-20 所示。

（2）炉壳组装后应检查直径、高度及垂直度，其允许偏差应符合设计技术文件要求。

（3）炉壳焊接，炉壳与托圈连接装置焊接应有焊接工艺评定，并应根据工艺评定报告制定焊接作业指导书；炉体组装对接焊缝内部质量及外观质量应符合设计技术文件要求。

（4）炉体吊上高架后，进行炉体与托圈之间精找正。以托圈纵、横中心线和倾动轴中心标高为基准，调整炉体与托圈的同心度、炉壳轴线对托圈支承面的垂直度及炉口平面至耳轴轴线距离。

（5）炉壳与托圈安装定位后，安装炉壳托圈连接装置，再安装水冷炉口、炉裙挡渣板、出钢口压板、非传动侧旋转接头（水冷）等附件。

（6）水冷炉口必须进行水压试验和通水试验。

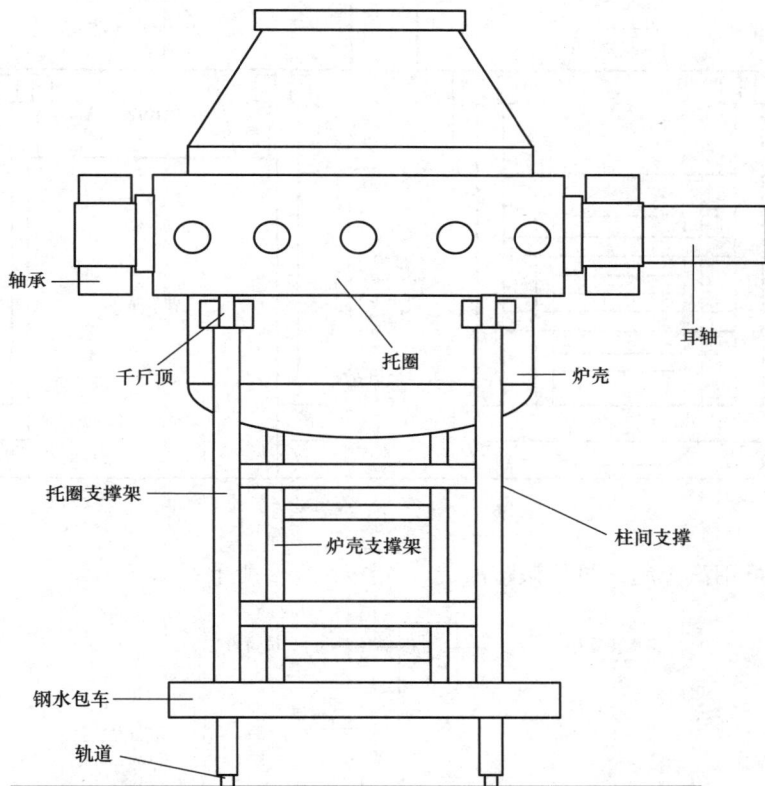

图 2-9-20　炉壳正装法就位示意图

4）炉体推移就位

将装配在钢水包车上的炉体和托圈，水平牵引运至转炉中心，对炉体本体进行定位调整，使倾动轴中心线与转炉轴承座中心线重合，通过同步调整液压千斤顶，实现转炉轴承座的精确找平和找正，最后按力矩要求紧固螺栓，如图 2-9-21 所示。

5）倾动装置装配

倾动装置由电动机、一次减速机、二次减速机、扭力杆装置组成。倾动装置上的两组切向键分别与二次减速机大齿轮及驱动侧耳轴相连接，传动扭力矩，使炉体正反转。

（二）连铸设备安装

1. 钢包回转台安装

1）底座安装

（1）底座就位前，在底座与基础间设置均布若干组垫板，作为底座调整时的支承垫板，并调整好斜垫板的标高使其保证在设计要求的高度。

（2）回转底座可采用"空中接力吊装法"吊装，如果钢水接受跨起重机不能具备运行

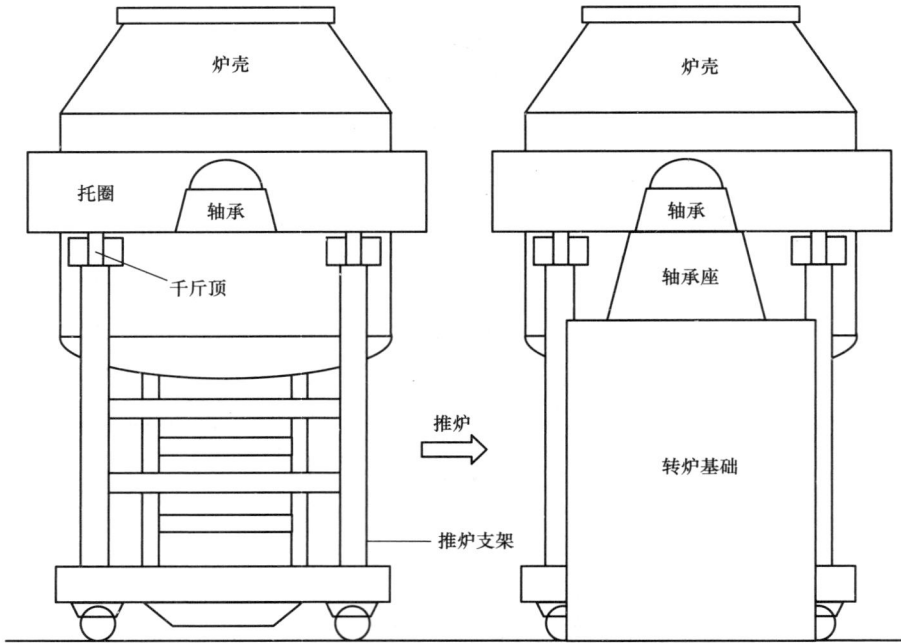

图 2-9-21　推炉示意图

条件，底座也可用汽车起重机从该跨吊装，如图 2-9-22 所示。

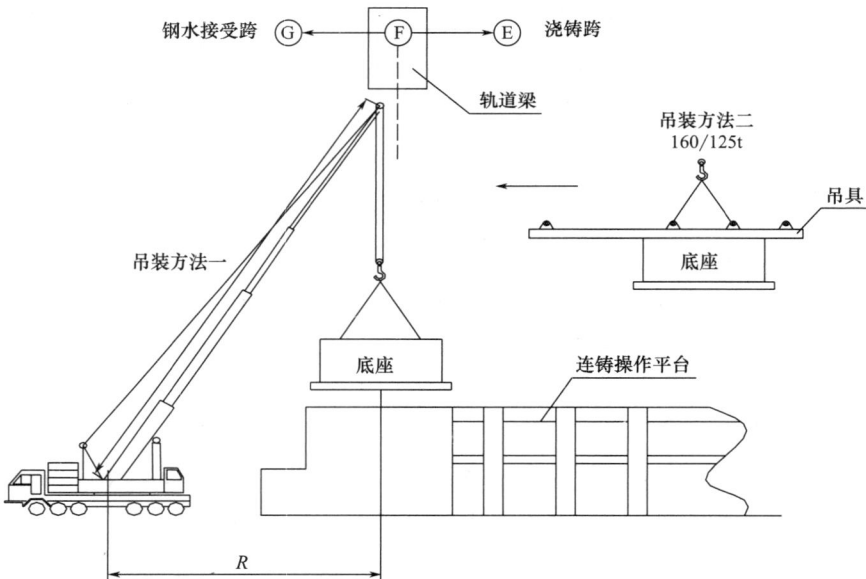

图 2-9-22　大包回转台底座两种吊装方法示意图

（3）底座就位后调整设备纵、横中心，通过挂设的中心线测量回转台底座的中心偏差，使底座中心与理论中心重合。底座的纵、横向中心线允许偏差为 1.0mm；标高允许偏差为±1.0mm。在底座上表面测量水平度。在底座与回转轴承结合面进行水平度测量时，为了保证测量的准确性，需要用 4m 长的水平尺在底座上设置 4 点测量，测量位置参见图 2-9-23，水平度允许偏差为 0.02/1000。

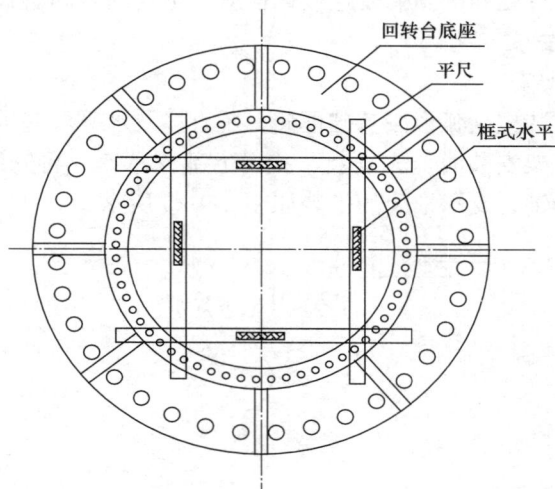

图 2-9-23　回转台底座水平度测量位置示意图

（4）安装时务必注意底座上"S"点的位置，"S"点应在垂直于铸流方向的回转台中心线上。

（5）利用液压扳手紧固地脚螺栓，分两次进行，第一次达到设计值的 70%，然后，可以进行上部设备的安装，待设备安装完成之后再按设计值最终紧固地脚螺栓。

2）回转体安装

（1）一般采用"空中接力吊装法"吊装，第一步在钢水接受跨将回转体与吊具结合，先用钢水接受跨起重机的主钩，将回转体吊起；第二步用钢水接受跨起重机的副钩和浇铸跨 160/125t 起重机的 160t 主钩，分别在吊具两端挂钩的吊耳接过回转台，在空中将回转体吊住。此时，钢水接受跨主钩松开；第三步是两台起重机抬吊就位。参见图 2-9-24 所示大包回转台回转体吊装示意图。

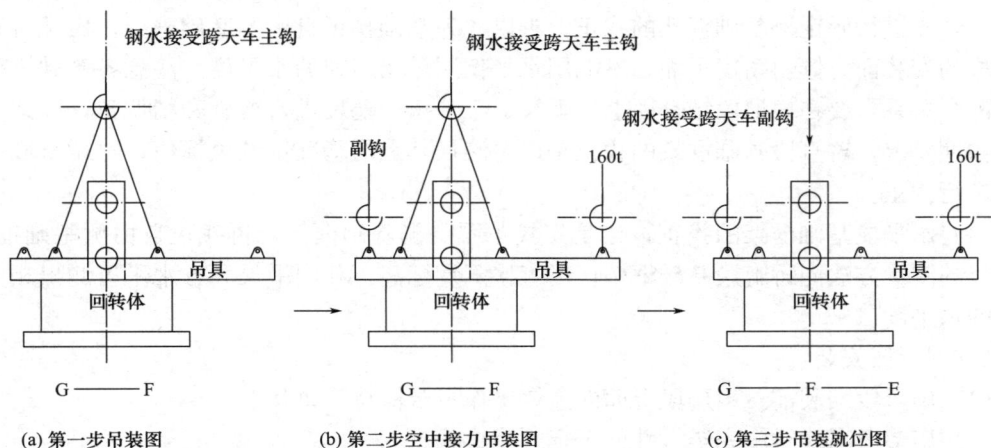

(a) 第一步吊装图　　　　(b) 第二步空中接力吊装图　　　　(c) 第三步吊装就位图

图 2-9-24　大包回转台回转体吊装示意图

（2）安装时，同时要保证回转体"S"点、内圈"S"点、外圈"S"点、底座"S"点重合。

（3）回转装置各部件之间的高强度连接螺栓应对称均匀紧固。

2. 铸流导向设备安装

1）扇形段支撑框架安装

扇形段支撑框架安装包括弧形段基础框架、矫直段及水平段基础框架的安装。

（1）弧形段基础框架安装时，先安装、找正上部支承座，再安装、找正下部支承座，之后安装支承托架和销轴，支承框架的吊装如图2-9-25所示。

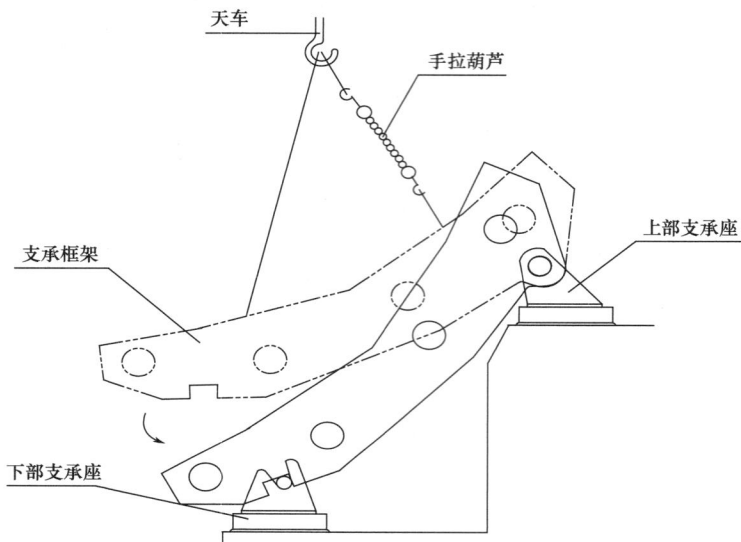

图 2-9-25　弧形段支承框架的吊装

（2）矫直段基础框架安装，是以设定的连铸机纵向中心线和最终矫直辊中心线为基准。安装顺序是首先对通过最终矫直线的框架进行找正，然后以此为基准面向前找正弯曲段基础框架，向后找正水平段基础框架，找正方法如图2-9-26所示。

（3）先进行固定侧基础框架的找正，再以此为基础找正自由侧基础框架。由于矫直段扇形段的安装面为倾斜角度平面，不能用水平仪测量相互间的水平度，注意各基础框架之间的配合关系，要在扇形段结合面上用平尺、千分垫、塞尺进行检查和精调整，以达到水平度精度要求。矫直段基础框架的找正是通过测量其上的基准销的坐标值，对矫直段基础框架进行找正。

（4）水平段基础框架的找正，也是先找正固定侧基础框架，再找正自由侧基础框架，中心线的测量方法同矫直段基础框架；可直接测量标高，利用平尺和方水平可测出相关两框架的水平度。

2）扇形段安装

（1）扇形段安装前，扇形段上面的连铸操作平台保持开口状态。

（2）扇形段离线对中完毕，并处于辊缝闭合状态。

（3）先安装通过"最终矫直线"的扇形段，吊装使用本跨的天车配合两个手拉葫芦调

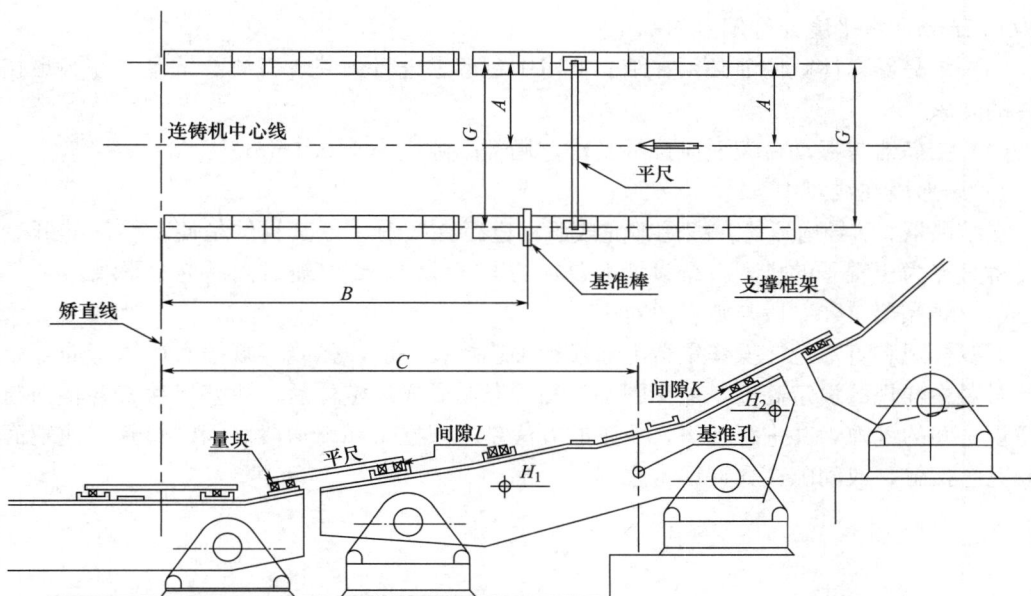

图 2-9-26 基础框架找正示意图

整弧形段角度，向前依次安装弧形段，向后依次安装水平段。扇形段吊装示意图如图 2-9-27 所示。

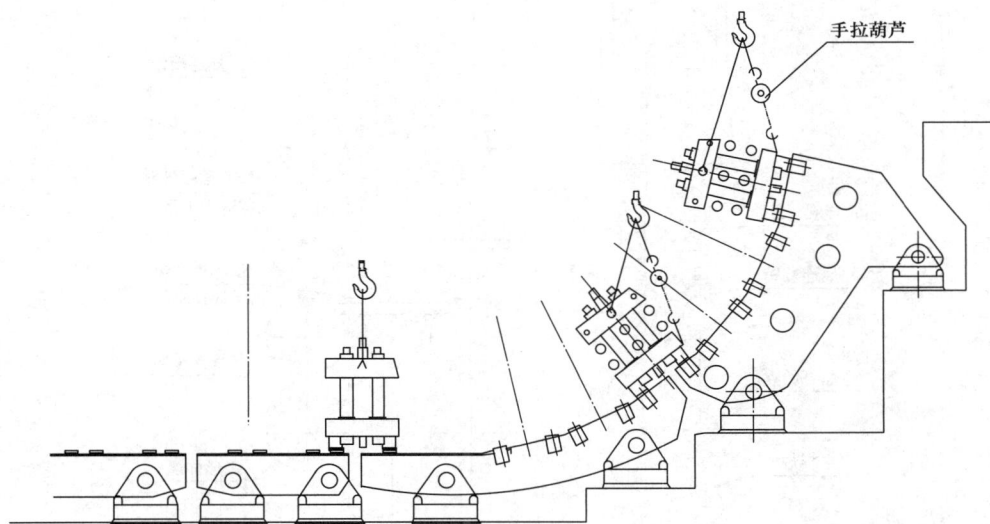

图 2-9-27 扇形段吊装示意图

3）结晶器及振动装置安装

（1）振动装置底座的纵、横向中心线以铸机纵向中心线和外弧线为基准进行调整，用精密经纬仪、水准仪配合内径千分尺测量；两底座的水平度可采用平尺配合框架水平测量。

（2）结晶器振动装置找正应将振动装置调整到"振动零点"后进行，纵、横向中心线应以支撑台上的结晶器定位销为基准进行测量，标高和水平度测量应在支撑台与结晶器结合面上；标高允许偏差为 ± 0.5mm，纵向中心线允许偏差为 1.0mm，横向中心线允许偏差为 0.5mm，水平度允许偏差为 0.10/1000。

（3）结晶器本体就位前必须在结晶器对中台架上进行预装、检测、试验，并满足技术文件的要求。

（4）结晶器与振动台架面应接触紧密，局部间隙应小于 0.1mm。

4）扇形段在线对中

在结晶器、0 号扇形段在线调整完成后，进行在线对中。其目的是使从结晶器开始到最终矫直点为止辊子的排列符合设计上要求的连续弧线，最终矫直点后为水平线。

（1）结晶器、"0"段与弧形段对中

弧线样规和直弯规在操作平台上通过销轴连接在一起，弧线样规插入后以弯曲开始点来校对对中样规的设定高度，参见图 2-9-28。当弧形样规定位后，用塞尺检查各辊面与弧形样规之间的缝隙，并进行找正，找正的方法是增减框架和扇形段之间的垫片，使辊面与样规完全接触，或间隙在允许误差之内。

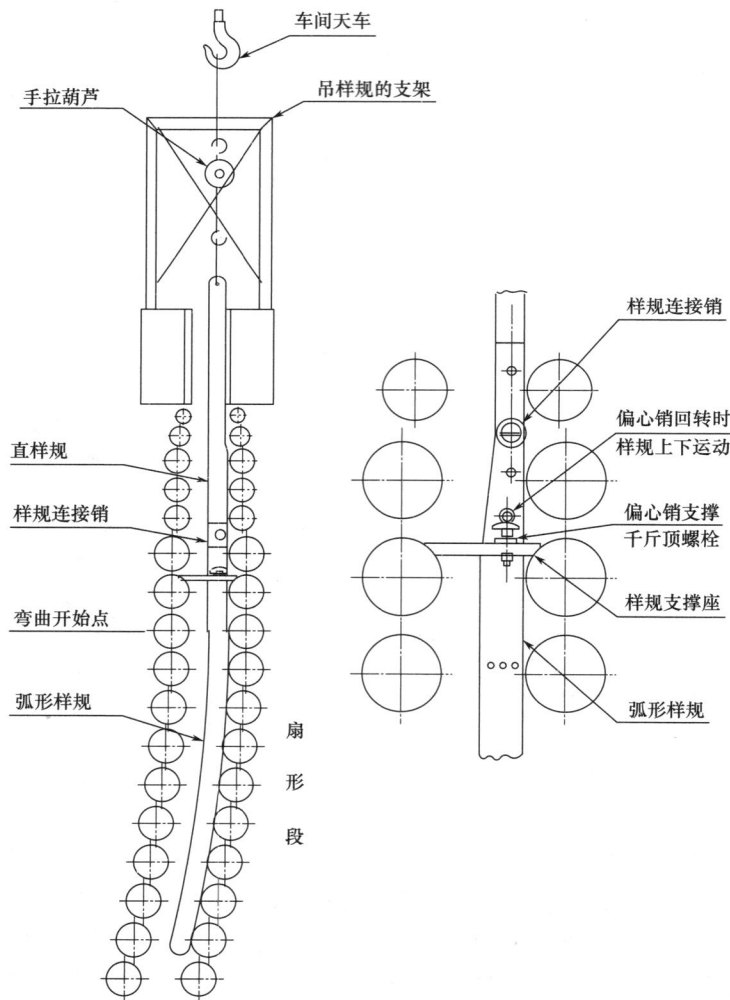

图 2-9-28　结晶器及"0"段对弧示意图

（2）矫直段与相邻扇形段对中

矫直段与相邻扇形段对中包括矫直段与水平段对中和矫直段与弯曲段对中，采用该区间专用样规。参见图 2-9-29 所示扇形段在线对中示意图。

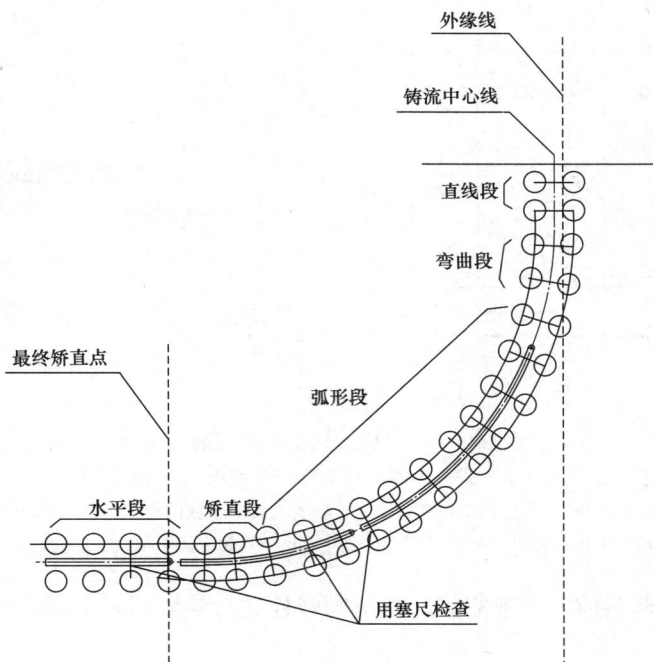

图 2-9-29　扇形段在线对中示意图

（3）水平段对中

以最终矫直点辊的标高为基准，用平尺和方水平测定矫直辊后辊子的水平度。保持平尺的水平，用塞尺检查各辊面与平尺之间的缝隙，并进行找正，找正的方法是增减框架和扇形段之间的垫片，使辊面与平尺完全接触，或间隙在允许误差之内。

（4）弧形段在线对中

以已找正的扇形段"0"段和矫直段为基准，使用这一区间的专用样规，逐段测定各扇形段辊子和样规之间的间隙进行找正，使这一区间的铸造弧线平滑过渡，参见图 2-9-29 所示扇形段在线对中示意图。通过调整扇形段支座与基础框架间的垫片调整各扇形段。

三、轧机设备安装

（一）轧机主机列设备安装

1. 轧机底座安装

（1）轧机底座分入口侧底座和出口侧底座，通常以出口侧底座为基准进行调整。

（2）入口侧的底座安装调整时，两底座间的距离应比设计尺寸放大 0.3～0.5mm，以便于轧机机架的安装，机架就位后再将入口侧底座向出口侧靠紧。

（3）单机架轧机底座安装，以标高基准点为基准，用水准仪或内径千分尺配合平尺测量底座上平面；以轧制中心线为基准挂设钢线，用吊线坠测量底座纵向中心线偏差；以轧机机列中心线为基准挂设钢线，用内径千分尺测量出口底座横向中心线偏差和相对机列中心线的平行度偏差；以出口底座为基准，用内径千分尺测量入口底座相对出口底座的平行度偏差，参见图 2-9-30。

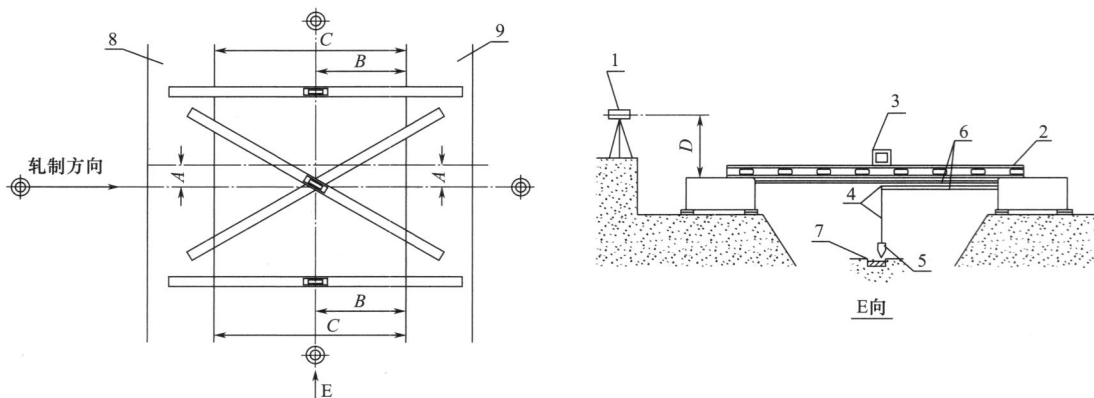

图 2-9-30　单机架轧机底座安装测量

1—精密水准仪；2—平尺；3—水平仪；4—钢琴线；5—线锤；6—内径千分尺；7—中心标板；

8—入口侧底座；9—出口侧底座；A—轧制线方向中心线的测定；B—横向中心线

的测定和出口侧底座相对轧机中心线平行度的测定；C—两底座间平行度的测定；D—标高的测定

（4）轧机底座调整前，一般需将轧机地脚螺栓进行初紧固，紧固力的大小取轧机地脚螺栓紧固力的 65%～75%。

（5）轧机机架安装前，将底座用型钢临时焊接固定于周边基础上，避免机架安装时底座发生偏移。同时可以在底座侧面四周安装百分表，用以监测机架安装过程中底座的偏移情况，以便对底座位置进行调整。

2. 轧机机架安装

1）轧机机架吊装

轧机机架吊装方法有：行车吊装法、流动式起重机吊装法、专用起重装置吊装法等。

（1）行车吊装法

利用车间内单台或 2 台行车抬吊，将轧机机架吊装就位，参见图 2-9-31。吊装前，要校核行车的起重能力、提升高度、行车吊钩间距尺寸，并确认机架运输车的进场路线、进车方向、卸车和起吊位置及吊点的设置等。

（2）流动式起重机吊装法

根据轧机机架重量及厂房高度选择适用的流动式起重机械，同时考虑吊车站位处地基承载力能否满足的问题，适用于单机架轧机机架的吊装。

（3）专用起重装置吊装法

适应不同环境下吊装作业的专用起重装置，如横向滑移垂直液压顶升装置、智能液压提升装置和全自动液压顶升装置，可完成超重超高轧机机架的安装工作，不受机组行车、厂房结构等情况影响。采用专用起重装置吊装轧机机架如图 2-9-32 所示。

2）机架安装

（1）先安装传动侧，并以此机架为基准，以保证轧辊驱动装置的安装精度。

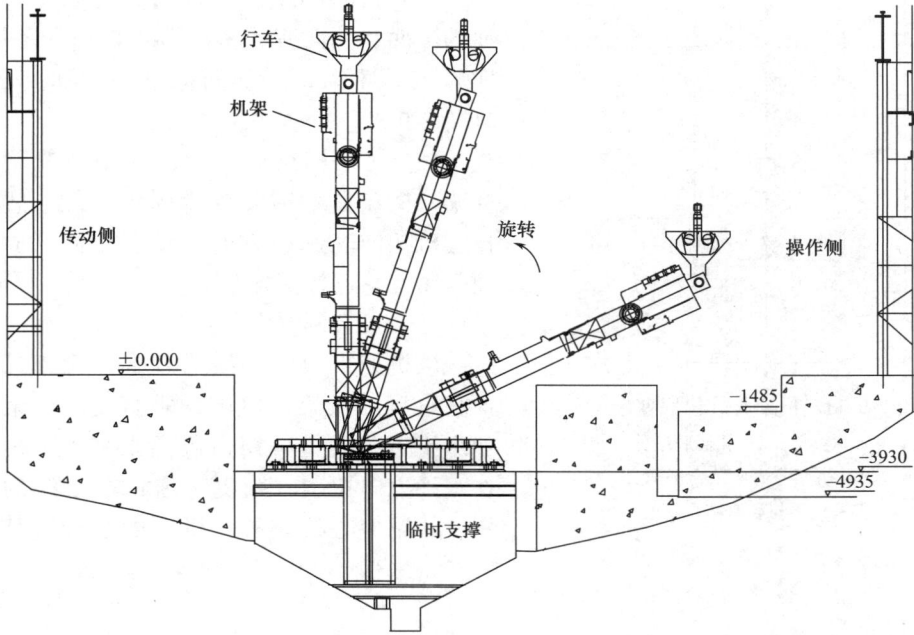

图 2-9-31 行车吊装法吊装机架

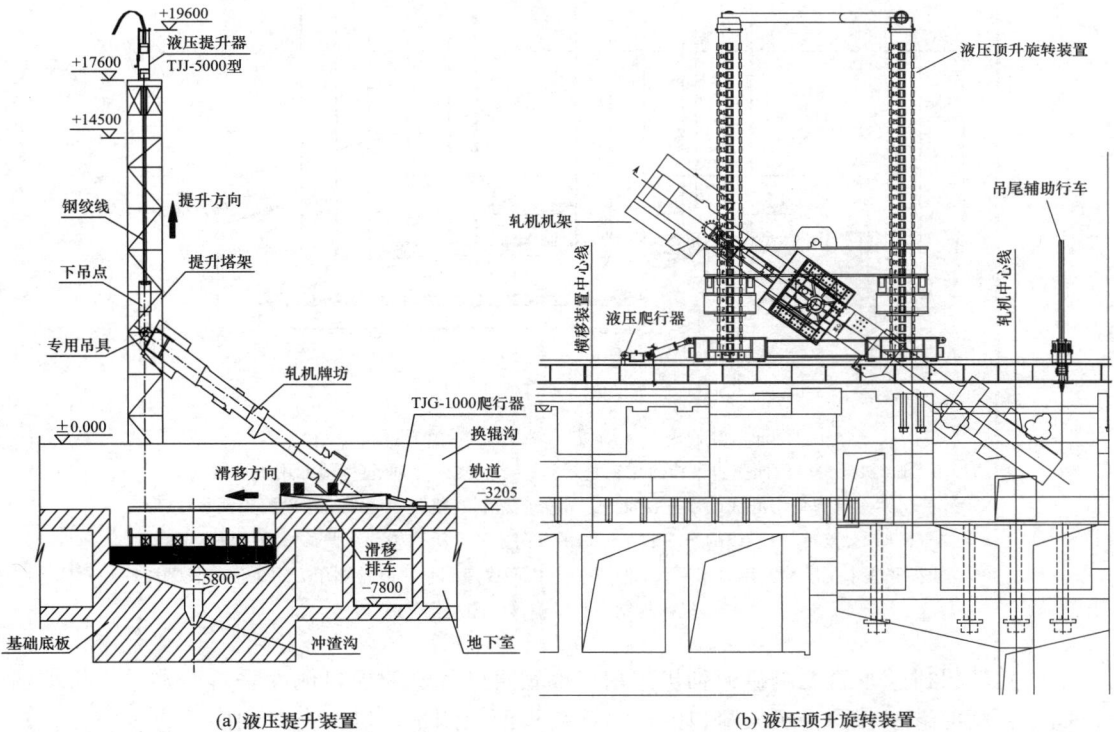

(a) 液压提升装置

(b) 液压顶升旋转装置

图 2-9-32 专用起重装置吊装轧机机架

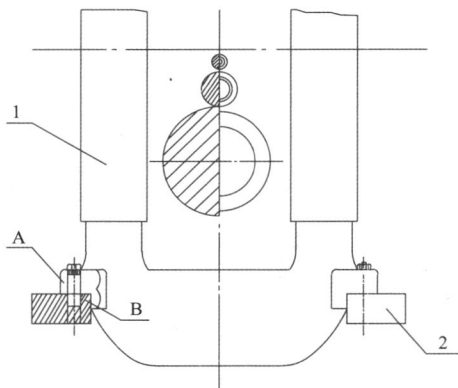

图 2-9-33　机架与轧机底座装配

1—机架；2—轧机底座；

A—机架与底座结合平面；

B—机架与底座结合侧面

见图 2-9-34。

（2）机架与底座装配后，机架与底座结合面的平面和侧面应严密，用 0.05mm 塞尺检查，四周 75％不入，局部间隙应小于 0.10mm，参见图 2-9-33。

（3）上下横梁就位时应先吊下横梁后吊上横梁，横梁紧固时要先紧固传动侧，然后将操作侧机架向轧制线方向移动，使上下横梁接触面靠紧并将连接螺栓紧固。

（4）机架调整定位：

以机架窗口中心线为基准，检查机架窗口面垂直度、机架窗口侧面垂直度、机架窗口底面水平度、两机架窗口底面水平度、机架窗口在水平方向扭斜、两机架窗口中心线的水平偏斜、轧制中心线偏移、机列中心线偏移等，参

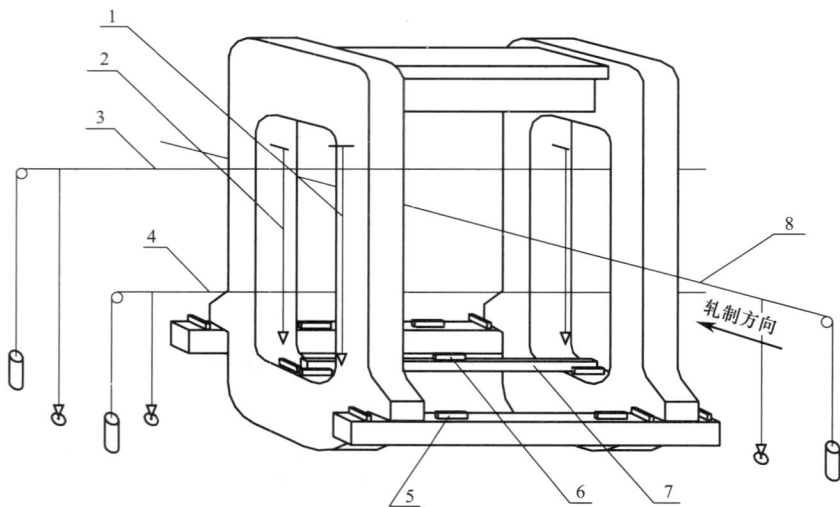

图 2-9-34　轧机机架综合测量方法

1—机架窗口侧面垂直度检测用铅垂线；2—机架窗口面垂直度检测用铅垂线；

3—机架上部窗口中心线的水平偏移、水平方向扭斜、机列中心线偏移检测用钢琴线；

4—机架下部窗口中心线的水平偏移、水平方向扭斜、机列中心线偏移检测用钢琴线；

5—轧机底座水平度检测用方水平仪；6、7—轧机两底座间水平度检测用方水平仪、长平尺；

8—机架轧制中心线偏移检测用钢琴线

（5）轧机机架垂直度测量包括机架窗口面垂直度和机架窗口侧面垂直度测量，机架窗口面垂直度应选取在两个机架窗口的出口侧衬板面上测量，机架窗口侧面垂直度应在传动侧和操作侧机架内侧面或外侧面上测量，如图 2-9-35 所示。可用激光跟踪仪或全站仪检测，或用吊垂线、内径千分尺、耳机或灯光检查，以保证检测的精确度，Ⅰ级精度允许偏

差为 0.05/1000，Ⅱ级精度允许偏差为 0.10/1000。

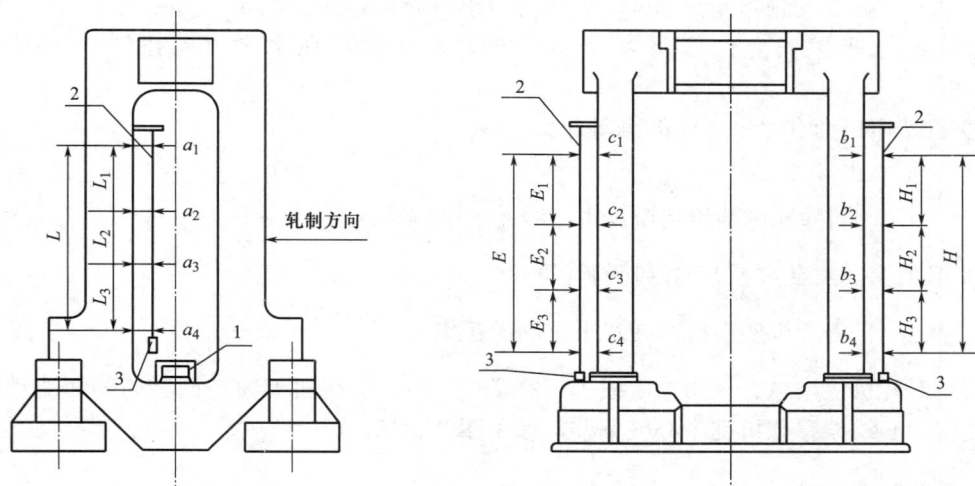

(a) 机架窗口垂直度   (b) 机架侧面垂直度

图 2-9-35 机架垂直度测量

1—水平仪；2—挂设测量铅垂线；3—重锤

① 机架窗口面垂直度计算：

$$\frac{|a_1-a_2|}{L_1} 、\frac{|a_3-a_4|}{L_3} 、\frac{|a_1-a_3|}{|L_1+L_2|} 、\frac{|a_1-a_4|}{L}$$

② 机架窗口侧面垂直度计算：

$$\frac{|b_2-b_2|}{H_1} 、\frac{|b_3-b_4|}{H_3} 、\frac{|b_1-b_3|}{|H_1+H_2|} 、\frac{|b_1-b_4|}{H}$$

或

$$\frac{|c_1-c_2|}{E_1} 、\frac{|c_3-c_4|}{E_3} 、\frac{|c_1-c_3|}{|E_1+E_2|} 、\frac{|c_1-c_4|}{E}$$

(6) 轧机机架水平度在传动侧和操作侧机架窗口底面上测量，传动侧和操作侧机架应分别进行纵向和横向的水平度测量，传动侧和操作侧机架应进行相对水平度测量。两机架窗口底面水平度，可用平尺、块规和框式水平仪检查，参见图 2-9-36。Ⅰ级精度允许偏差为 0.05/1000，Ⅱ级精度允许偏差为 0.10/1000。

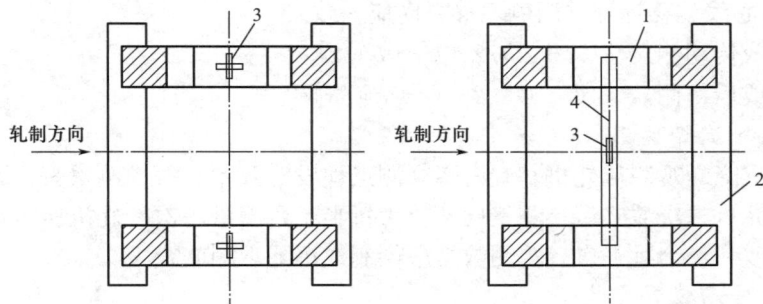

图 2-9-36 机架水平度测量

1—机架；2—底座；3—框式水平仪；4—长平尺

（7）轧机机架窗口面扭斜和水平偏斜以轧机机列中心线或平行于轧机机列中心线的辅助线为基准，在传动侧和操作侧两个机架窗口出口侧衬板面上测量，参见图2-9-37。机架窗口中心线水平偏斜允许偏差为 0.20/1000，机架窗口在水平方向扭斜允许偏差为 0.20/1000。

① 机架窗口面在水平方向的偏斜计算：

$$同一轧机两机架窗口中心线的水平偏斜 = \frac{\left| \frac{a+b}{2} - \frac{c+d}{2} \right|}{L} \qquad (2\text{-}9\text{-}1)$$

② 机架窗口面在水平方向的扭斜计算：

$$单片机架窗口面在水平方向的扭斜 = \frac{|a-b|}{L_1} \text{ 或 } \frac{|c-d|}{L_2} \qquad (2\text{-}9\text{-}2)$$

（8）对轧机机架纵、横向中心线进行测量时，应在轧机机架窗口面和内侧面测量，一般用轧制中心线偏移和机列中心线偏移，参见图2-9-38。

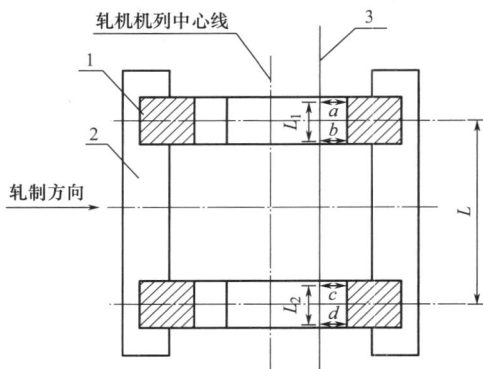

图 2-9-37　机架窗口面的扭斜和水平偏斜测量
1—机架；2—底座；3—与轧机机列
中心线平行的辅助线

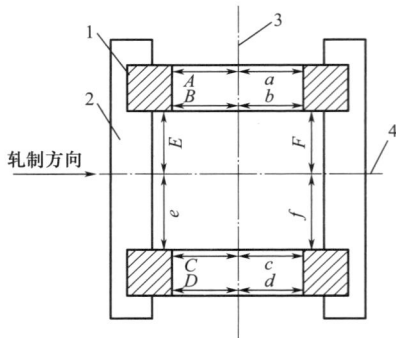

图 2-9-38　轧机机架中心线测量图
1—机架；2—底座；3—轧机机列中心钢琴线；
4—轧制中心钢琴线

① 轧制中心线偏移计算（两侧偏移方向应一致）：

入口侧偏移量：$(E-e)/2$

出口侧偏移量：$(F-f)/2$

② 机列中心线偏移计算（两侧偏移方向应一致）：

操作侧（或传动侧）：$[(A+B)/2-(a+b)/2]/2$

传动侧（或操作侧）：$[(C+D)/2-(c+d)/2]/2$

3. 轧机基础沉降观测

轧机基础沉降的观测从轧机基础沉降观测点埋设时开始，每周测量一次，直到轧机二次灌浆以前。轧机二次灌浆后，测量周期改为每半个月测量一次。轧机所有设备安装完毕后，测量周期改为一个月一次。观测数据应绘制成沉降观测曲线表。

4. 轧机主传动装置安装

1）主传动电机底座安装

（1）电机厂房需封闭，四周墙面、屋顶不得漏雨，避免雨水渗入设备基座导致电机轴承座绝缘失效。

（2）安装底座前，清洗底座上的油污，去除底座预埋部分的铁锈。用锉刀修平底座上、下机加工面碰伤的部位。以电机基础埋设并测定的纵、横向中心基准点为基准，挂置纵、横向中心线。将底座上的四个纵、横向中心点，调整到与中心线基准基本重合。

2）轴承座安装

（1）拆除轴承座上盖和推力瓦，清洗轴瓦，并用白布擦净，用砂纸、磨光机清理轴承座底面毛刺、钝边。安装绝缘垫片和调整垫片，轴承座按照定位销孔进行对中，用水准仪测量标高，标高控制在±0.1mm，水平度控制在0.05/1000。

（2）拆除转子包装，用清洗油，清洗所有机加工面，注意轴承部位严禁用金属刮磨，检查轴承部位有无划痕。处理合格后，将转子吊起装入轴承座轴瓦上，吊装过程应缓慢进行，防止有较大冲击。

3）主电机穿芯

（1）转子穿芯一般采用车间起重设备，为精确控制转子穿芯高度，吊索系统长度必须在吊装过程中可调，可采用吊索、链式葫芦组成吊索系统，在穿芯过程中通过调整链式葫芦确保穿芯过程中转子和定子之间的安全间隙，参见图2-9-39。

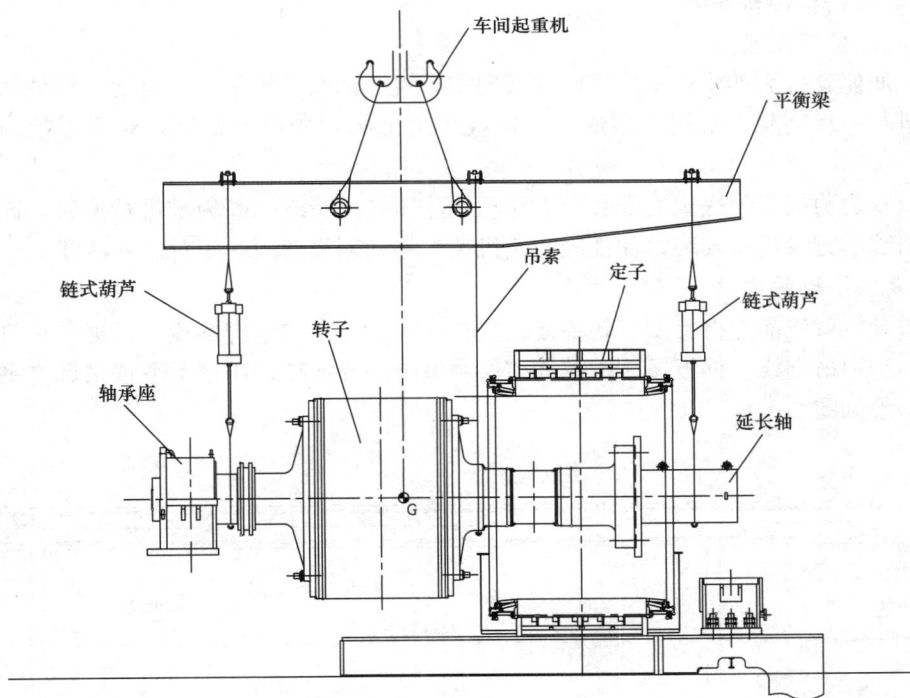

图 2-9-39 轧机主电机穿芯示意图

（2）由于车间起重设备起重高度有限，需根据现场实际作业吊装高度，定制合适长度的吊索系统。同时穿芯前需对转子内腔、定子外表放置、包裹类似橡胶绝缘板，以防止穿芯过程中意外的磕碰。

4）主电机定位调整

（1）检查轴承座与转子同心度，用压铅法检查轴瓦内径与对应轴外径的间隙，用水准仪和方水平检查轴的标高和水平，参见图2-9-40。

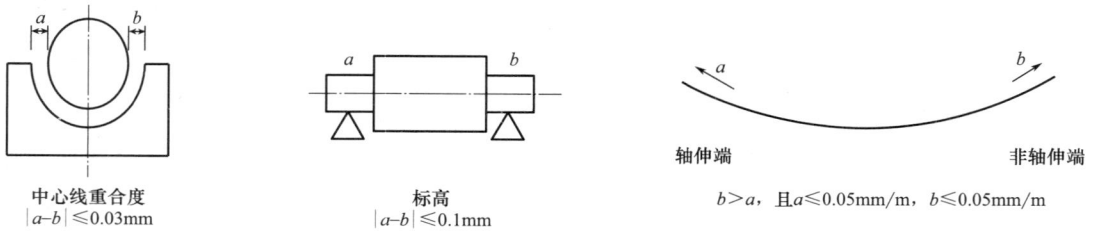

中心线重合度 $|a-b|\leq 0.03mm$　　　标高 $|a-b|\leq 0.1mm$　　　轴伸端　非轴伸端　$b>a$，且$a\leq 0.05mm/m$，$b\leq 0.05mm/m$

图 2-9-40　轧机主电机轴承座调整

（2）采用滑动轴承的电机，需进行气隙的测量，必要时应做径向调整。先以一个磁极为基准，盘车一周，在不同方位用塞尺测量该极顶部与定子内圆的气隙值，以核实定子的轴向中心线与转子的轴向中心线是否吻合；再用塞尺测量各个磁极顶部与定子间的气隙值，并用下式计算气隙不均匀度：

$$气隙不均匀度 = \frac{最大（或最小）气隙值 - 平均气隙值}{平均气隙值}\% \qquad (2\text{-}9\text{-}3)$$

（二）剪切机设备安装

1. 底座安装测量

（1）底座就位后初步调整底座的纵横向中心线、标高、水平、平行度，初调后对预埋螺栓孔进行一次灌浆，采用专用液压力矩扳手对地脚螺栓进行紧固，对底板精调后及时灌浆。

（2）双边剪固定侧底板的安装应以移动侧静压轨道最终标高为准进行调整，同时参照工厂预组装的记录进行安装，保证固定侧机架与移动侧机架间的相对位置精度。

2. 静压导轨的安装

静压导轨就位前先将可调节斜垫板放置在底板上并穿上地脚螺栓，根据剪切机埋设中心标板，利用吊钢线、钢板尺、精密水准仪调整中心及标高，通过水平仪来调整平面度和直线度，参见图2-9-41。

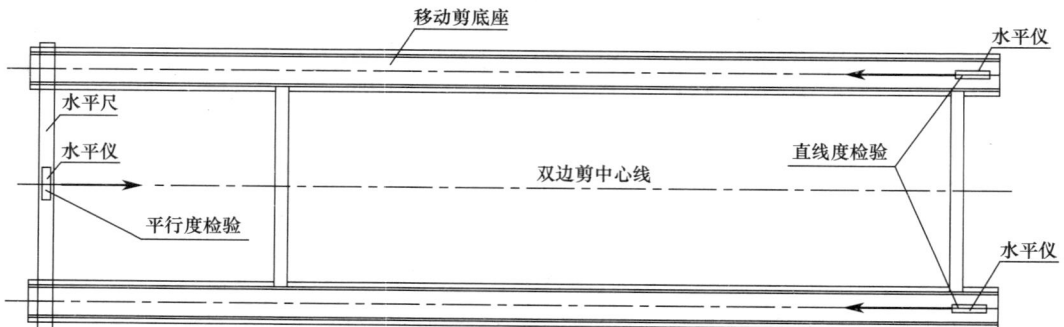

图 2-9-41　静压导轨精调示意图

3. 剪切机机架安装调整

机架就位，用连接螺栓紧固，测量底座与机架接触面的紧密程度，用塞尺检查。

4．主齿轮箱及主驱动的安装调整

主齿轮箱调整的测点选在两个轴承的剖分面上，用水平仪检查其水平度，在其底座螺栓旁垫铜皮进行调节，使其符合要求。

5．剪刃安装

手动盘车，使剪刃处于标准位置，用千分块、塞尺等量具测量剪刃间隙，调整剪刃间隙直至达到规范要求。

6．夹送辊安装

安装时先将进出口侧下夹送辊吊装就位，并在轧制中心线处用 0.5mm 钢丝拉出一基准线，通过夹送辊中部的悬挂偏心轴调整夹送辊轴线与轧制中心线的垂直度，偏差应 ≤0.1/1000，参见图 2-9-42，调整完毕后锁紧偏心轴及耳轴轴承座的定位螺栓。

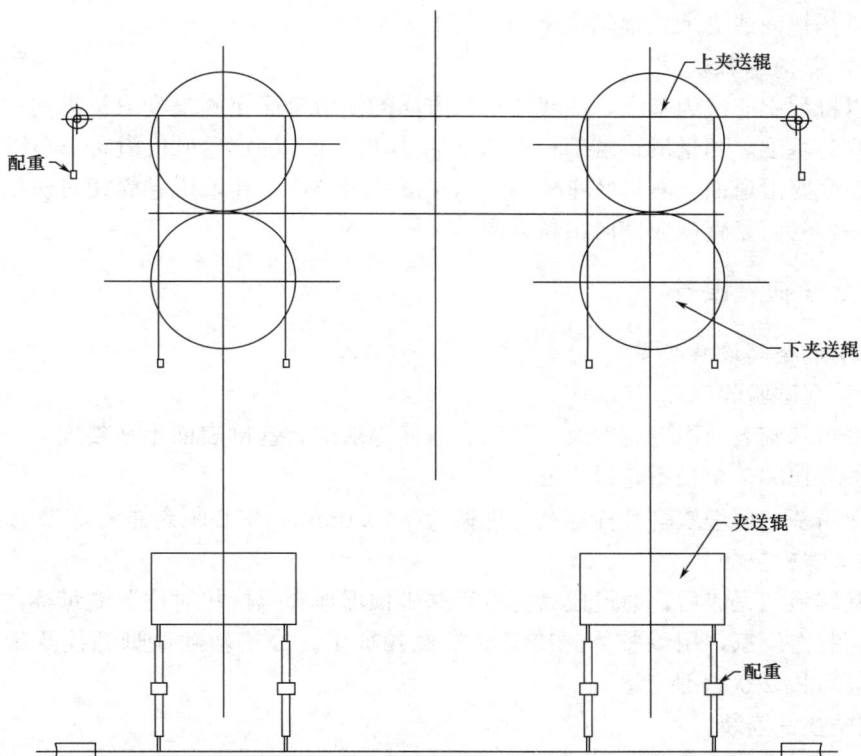

图 2-9-42　夹送辊与轧线垂直度调整

再用精密水准仪，通过调整下夹送辊下部的调整螺栓调整四个下夹送辊的标高，参见图 2-9-43。要求四个下夹送辊标高一致，标高相差不得大于±0.1mm，且辊顶最高位置比双边剪输入输出辊道标高高 3mm，比下剪刃顶面高 5mm。

（三）卷取机、开卷机设备安装

1．冷轧带钢卷取机、开卷机

（1）移动式的开卷机、卷取机安装标高、中心线和水平度均在底座滑动面上测量，并在卷筒上进行复核。卷筒水平度在允许偏差范围内悬臂端应高于固定端。

（2）回转式双卷筒带钢卷取机安装时，回转齿轮箱支承装置安装标高、中心线和水平

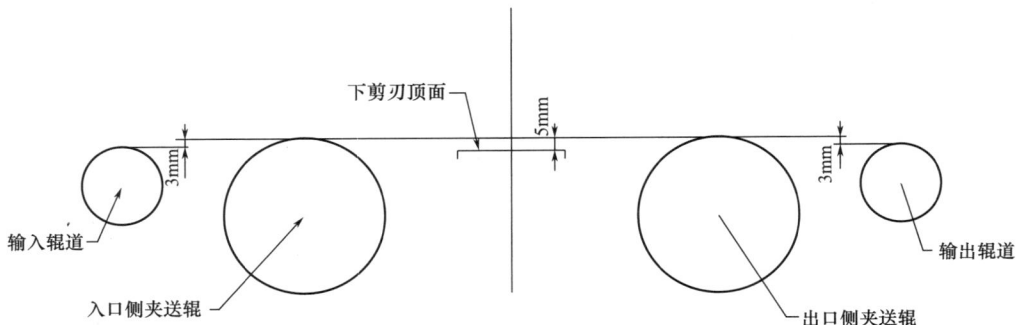

图 2-9-43　下夹送辊标高调整

度均在支承托辊面或支承托辊轴承座剖分面上测量。

2. 热轧带钢卷取机

（1）以机列中心线为基准，在底座出口方向的侧滑道面上测量卷取机纵向中心线；以机组中心线为基准，测量滑道端部相对基准的设计尺寸，确定卷取机横向中心线。

（2）在底座滑道面上测量底座标高、水平度及直线度，卷取机卷筒相对机组中心线的垂直度偏差，卷筒悬臂端应偏向出料方向。

四、空分制氧设备

1. 整体式冷箱设备安装

1）冷箱基础验收

（1）冷箱基础表面不应有裂纹、孔洞、露筋等缺陷，基础表面不平整度＜3/1000，表面水平度＜3/1000，全长不超过 10mm。

（2）冷箱基础预埋地脚螺栓标高允许偏差＋20.0mm，中心距允许偏差 2.0mm。

2）地脚螺栓复测

冷箱基础施工完成后，通过模具将冷箱基础预埋地脚螺栓相对位置测量标注后反馈给整体式冷箱制作厂家，用以整体式冷箱底板螺孔加工。冷箱基础地脚螺栓测量定位偏差＜2.0mm，如图 2-9-44 所示。

3）调整垫铁安装

（1）每个柱脚两地脚螺栓之间设置一组垫铁，底板主梁下方每隔 1000mm 设置一组垫铁，每一垫铁组应放置整齐平稳，并接触良好，垫铁顶面标高为柱底板底面设计标高。

（2）冷箱底板每个垫铁组的块数不宜超过 5 块，厚度不宜小于 2mm；放置平垫铁时，厚的宜放在下，薄的放在中间，垫铁安装完成后，各垫铁之间应断焊固定。

4）整体式冷箱吊装就位调整

（1）吊装前应检查确认：冷箱柱脚底板抗剪件内已填充混凝土并已达到强度要求；管形型材内已用矿渣棉充填；冷箱内用于塔器固定支架拆除及塔器分布器调整的临时操作平台已搭设并固定牢靠。

（2）吊装采用双机抬吊，先进行试吊，确认主尾吊车实际荷载小于吊装方案计算荷载后，将整体式冷箱缓慢吊装至基础上方。待初步固定后，缓慢减少吊车荷载，配合进

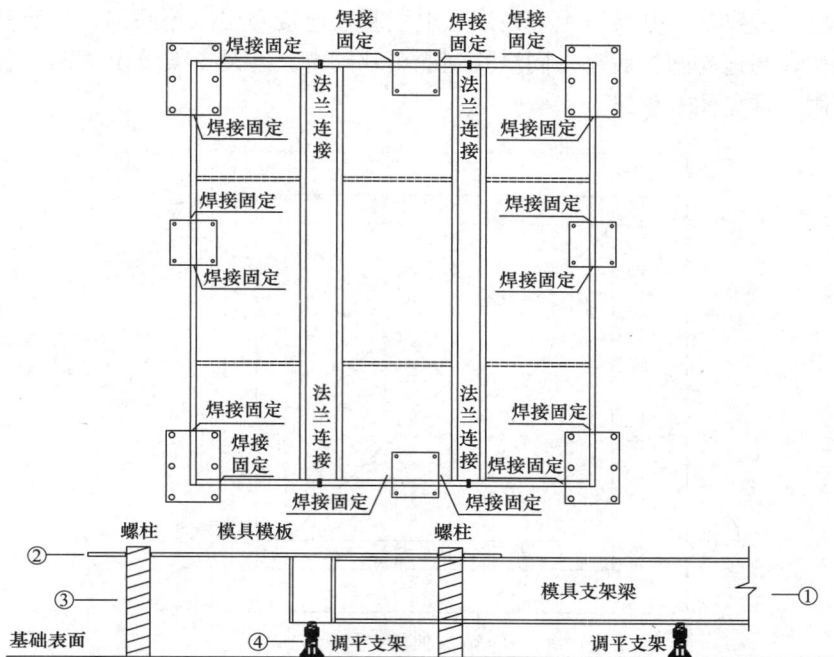

图 2-9-44　地脚螺栓测量模具
①—模具支架；②—螺栓定位板；③—地脚螺栓；④—调平支架

行冷箱调整。

（3）吊装就位后通过冷箱底板垫铁调整整体式冷箱垂直度，采用 2 台经纬仪或全站仪分别从两个正交方向测量结构轴线的偏移，如图 2-9-45 所示。垂直度允许偏差应小于 $H/1000$（H 为冷箱高度），且最大值不得超过 25.0mm。

（4）冷箱调整完成后每个柱脚四周通过调整垫铁与基础紧密接触，然后拧紧柱脚螺栓，焊接固定调整垫铁，浇灌柱脚混凝土，振捣密实。

5）冷箱内设备调整

（1）拆除冷箱内运输固定支架等临时构件，复核塔器垂直度偏差不大于 0.2mm/m，总高范围内垂直度误差不得大于 8mm。

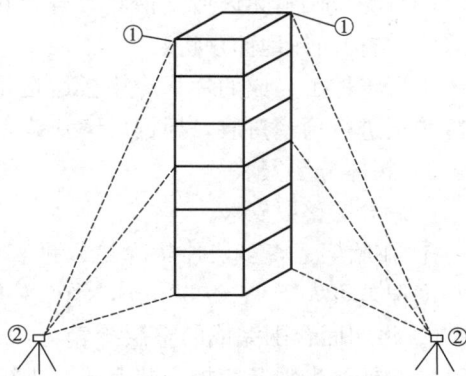

图 2-9-45　整体式冷箱安装验收
①—冷箱结构轴线；②—经纬仪

（2）切割压力塔、低压塔、主冷凝器、氩塔分布器人孔封头，调整分布器水平度偏差在±1mm 内，然后进行清洁脱脂及封堵焊接检测。分布器调整时，先将红外线水平测量仪放在分布器中间平整位置，通过调节微调螺钉调整水平。

2. 现场组装冷箱结构安装

1）基板安装

（1）冷箱基板在基础施工阶段与预埋地脚螺栓一起安装，利用型钢支架将底板和预埋地脚螺栓固定，地脚螺栓基板分上下两层，上层基板连接底层冷箱底部，下层基板对地脚螺栓进行限位，与地脚螺栓底部一同浇筑到冷箱基础内。型钢支架分上下两层将地脚螺栓组件固定牢固，详见图 2-9-46。

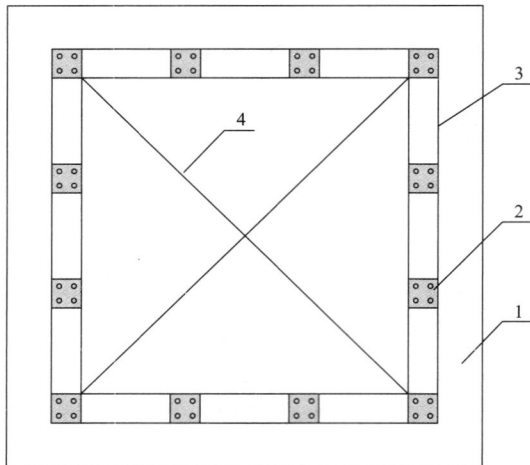

图 2-9-46　冷箱基础预埋件固定示意图
1—冷箱基础；2—预埋地脚螺栓与底板；3—固定底板型钢架；4—对角固定型钢

（2）对冷箱基板高度及螺栓尺寸进行校准，使冷箱基板安装标高偏差控制在±2mm，纵、横中心线偏差不大于 5mm，纵、横水平度偏差不大于 0.5/1000mm。

（3）测量调整无误后型钢支架与上下两层基板点焊固定，进行基础混凝土浇筑。

2）结构面板地面预拼装

工厂将加工完成的片状冷箱板运送至施工现场，利用 H 型钢和千斤顶制作拼装胎架对冷箱板进行预制拼装，根据后续安装方式不同，可分为分层整段拼装和分片拼装。

3）箱体分层安装

（1）分层整段安装

① 在胎架上将多块片状冷箱板拼装成整面后，整层四面直立合围成一段。整层箱体水平度偏差不大于 $H/1000$mm，平面对角线偏差不大于 5mm。

② 将四面合围完成的整层冷箱分段通过高强度螺栓紧固，内侧焊缝间断焊，外侧焊缝满焊，外侧牛腿及爬梯安装完成，进行冷箱分层整段吊装。

③ 整段吊装就位后，安装垂直度不超过 $H/1000$（H 为冷箱高度），箱体平面对角线偏差不大于 5mm，检查调整合格紧固连接螺栓后，进行上下段冷箱焊接，如图 2-9-47 所示。

（2）分层分片安装

① 将多块片状冷箱板利用胎架拼成整面，拼装过程中拉线检查拼接的冷箱面平整度，使冷箱板外表面型钢拼接处对齐并隔段点焊，平整度检查合格后将拼接焊缝满焊。外侧牛腿及爬梯安装完成，进行整面分片吊装。

② 整面分片箱板吊装就位后用连接螺栓紧固，每层四面高空拼接合围后，通过地面经纬仪对垂直度进行复测，并在顶部测量对角线尺寸，垂直度偏差不大于 $H/1000$mm

（H 为冷箱高度），箱体上平面对角线差不大于 5mm，同层箱体顶面高差不大于 5mm，如图 2-9-48 所示。

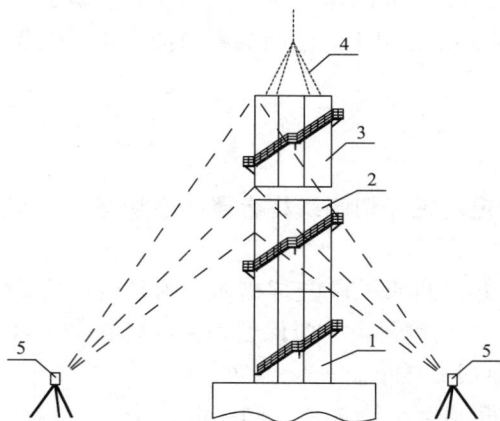

图 2-9-47　冷箱分段吊装示意图
1—第一层冷箱分段；2—第二层冷箱分段；3—第三层冷箱分段；4—吊装钢丝绳；5—两台经纬仪互成 90°观测

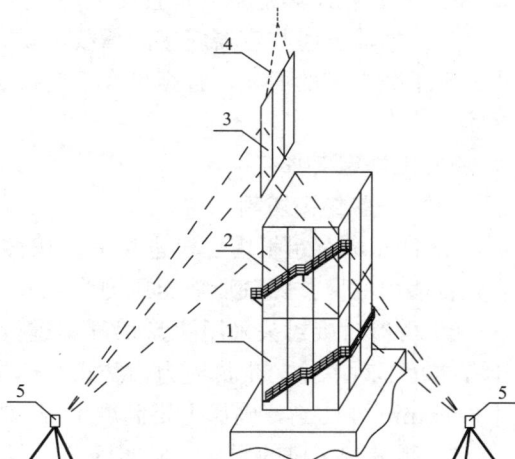

图 2-9-48　冷箱分层分片安装示意图
1—第一层冷箱板；2—第二层冷箱板；3—第三层吊装的一侧冷箱板；4—吊装钢丝绳；5—两台经纬仪互成 90°观测

4）冷箱结构整体验收

（1）第一层冷箱板底面与基板、基板与冷箱板间加固肋板各处均满焊连接。

（2）冷箱板连接处均用高强度螺栓紧固，底层冷箱板内外焊缝均满焊，其余各层冷箱板内部焊缝间断焊，外侧焊缝满焊。

（3）通过经纬仪检查调整冷箱整体垂直度偏差不大于 $H/1000$，且不应大于 25mm。

3. 冷箱塔器安装

1）主换热器安装

（1）换热器冷箱钢结构安装完成后，初步试装屋面面板并调整冷箱标高和垂直度，拧紧柱脚螺栓，浇灌柱脚二次浇灌层混凝土。

（2）将冷箱四周箱体面板的拼接双柱之间进行密封焊接固定，拆下试装屋面面板，作为主换热器吊装孔。

（3）放置支架梁两端底部垫板，接着将设备支架梁安装就位，支架梁及端部限位槽钢先临时固定，保证支架梁在换热器安装时可调整。

（4）待柱脚二次浇灌层达到强度要求后，主换热器逐个安装固定在支架梁上，全部换热器调整完毕后，完成支架梁和屋面面板焊接和螺栓紧固。

（5）主换热器安装标高允许偏差为 ±3.0mm，垂直度偏差不大于 1.5/1000，且应小于 10mm；水平度偏差不大于 3.0mm。

2）下塔设备安装

（1）下塔就位安装之前，冷箱结构安装高度不得低于下塔的上端高度，冷箱内塔体设备就位、组对焊接需在冷箱板保护的情况下进行。

（2）利用基础底板下的调整垫板进行塔器支座表面水平度的调整，塔器支座表面的高度允许误差为±1mm，水平度允许误差为≤0.5mm/m，全长范围误差不大于2.0mm。

（3）将下段塔器吊装至支座上，通过支座调整垫板调整下塔垂直度偏差不大于0.2mm/m，在总高范围内垂直度误差不大于5mm。

（4）塔器支座与容器底座的承载位置（支座的上方）间隙用整块垫板填实，垫板的尺寸大于承载支座的面积，且至少大于连接螺栓外缘50mm以上，垫板的材料应采用不锈钢材质。

3）上塔组对焊接

（1）塔器封头切割

① 低压塔及粗氩塔上段进场后，按照图纸标定的现场切割线将容器闷板切除，切割前先将塔内的保护氮气泄放至压力为0。

② 塔器对接封头采用圆盘切割锯进行切割，并对封头采取支撑措施，保证封头在离开塔体时不对塔体产生拉应力，防止塔体发生变形，切割封头时应保留切割线，在切割线外3～5mm处切割，确保上塔高度不因现场施工错误而减小。

③ 测量对接口的周长、椭圆度及直径偏差，椭圆度允许偏差：同一断面上最大内径与最小内径之差不应大于该断面内径的1%，且不大于25mm。

④ 封头切除后，利用电动工具对塔体对接坡口进行处理，打磨坡口后及时使用吸尘器将塔内铝屑清理干净。

⑤ 塔器组对宜采用Y形坡口，双面对称焊接；由于塔器构造原因无法进行双面对称焊时，应采用V形坡口内嵌入不锈钢衬环，如图2-9-49所示。

（2）塔器对口调整

① 上段塔器吊装前，对组对口椭圆度测量、圆周测量、4等分等分线划定并记录，分别标定0°、90°、180°、270°。同时在上、下段塔器外侧0°、180°方向上焊接2个定位块（100mm×50mm×10mm），保证对接时上下段塔器定位块在同一直线上。

② 在上段塔器缓慢下落至对接口10mm时，仔细核实管口方位，对对接口进行初步找圆，如图2-9-50所示，要求环焊缝间隙均匀，上下段塔器错边量小于壁厚的15%，最大不超过3mm。

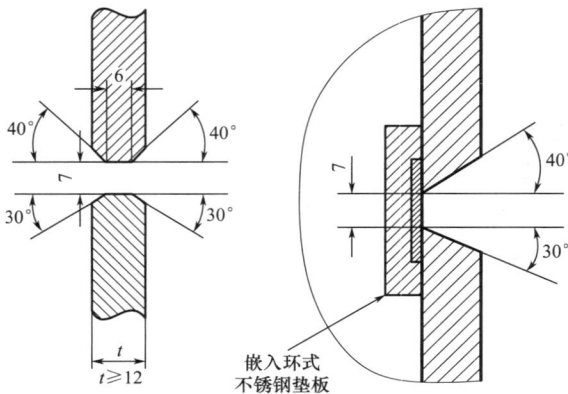

图2-9-49 塔器对接组焊形式（单位：mm）

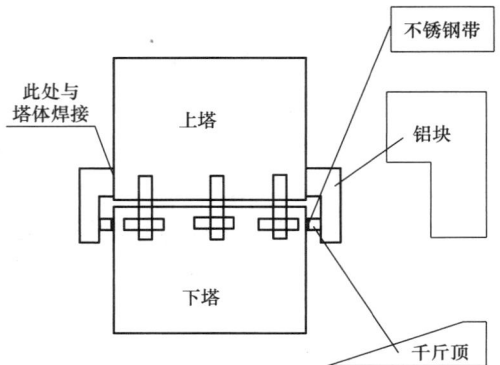

图2-9-50 塔器对接口错边调整

③ 上段塔器方位确定后，在上塔上部 0°、90°、180°、270°四个方向各挂一个 2t 倒链，对上塔的垂直度进行进一步的精找工作。由于焊接时对上下塔之间间隙要求较高，可在下塔体适当位置上焊一铝板，然后利用螺旋千斤顶的上下顶升来调整上下塔之间的间隙要求，如图 2-9-51 所示，然后测量对接环焊缝间隙的不均匀性，最终焊缝间隙需控制在 4～6mm 内。

④ 焊接前塔器垂直度调整：同在塔器顶部 0°、90°、180°、270°位置焊接线坠固定板，利用固定板悬挂线坠，钢丝从上而下沿塔壁延伸至塔器底部，通过测量钢丝与塔壁之间的距离调整组对及焊接过程中塔器的垂直度，如图 2-9-52 所示。

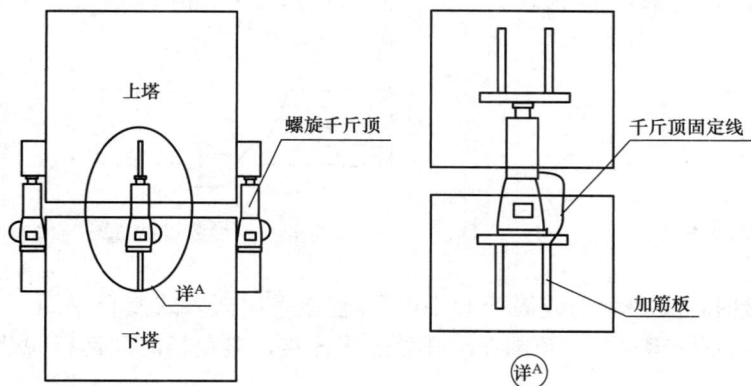

图 2-9-51 塔器对接焊缝间隙调整

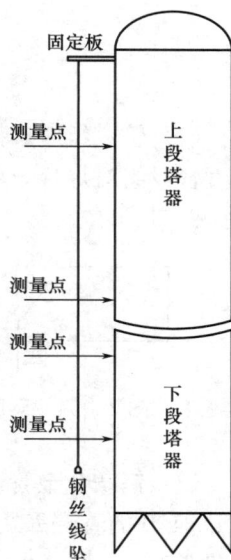

图 2-9-52 塔器垂直度调整

（3）塔器对接焊缝焊接

① 在上下段塔器垂直度及焊缝间隙、错边量调整合格后，先进行定位点焊，点焊可分别在 0°、90°、180°、270°四点上，点焊间距为 250～300mm，点焊长度为 80～100mm，高度不超过母材板厚，其焊肉质量要求与正式焊缝相同。

② 点焊完成后对对接焊缝进行间断式焊接，形成若干段短焊缝均布在环形对接焊缝上，减少后续焊接变形。

③ 补焊短焊缝间的余留接缝，使短焊缝首尾相接后形成一封闭圆环。对接焊缝焊接采用两人同时双面横焊，焊前须预热。组对人员同焊接人员共同确定起焊点，采取两处对称同方向焊接的顺序。如偏差较大时应在塔体垂直度倾斜侧的相反侧先焊，边焊边测量，并记录，根据垂直度情况，调整焊接位置。

④ 上塔与下塔组对、焊接后，垂直度允许偏差不大于 0.2mm/m，总高范围内垂直度误差不得大于 8mm。

4. 冷箱内管道安装

1）管道预制

（1）在现场搭设预制间进行管道分段预制，使用滚动支架进行管道预制，如图 2-9-53

所示。

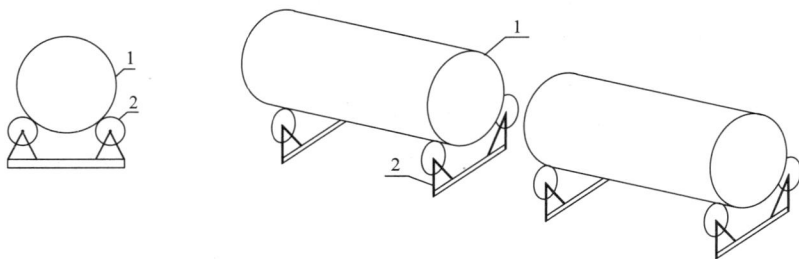

图 2-9-53 冷箱管道预制滚动支架示意图

1—冷箱管道；2—管道支架滚轮

（2）管道组对焊接，按照单线图中适于装配的方式，将弯头、三通等管件在预制间内与直管段组对焊接，焊接采用 V 形或 U 形坡口，对接间隙预留 2～3mm，如图 2-9-54、图 2-9-55 所示。

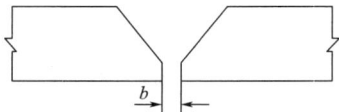

图 2-9-54 V 形坡口示意图

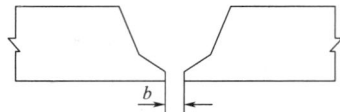

图 2-9-55 U 形坡口示意图

（3）铝镁合金管道焊接时，直径大于或等于 DN100 的管道采用嵌入式复合衬圈；小于 DN100 的管道采用嵌入式不锈钢衬圈。衬圈在断开处点焊连接，避免长时间运行脱落，如图 2-9-56、图 2-9-57 所示。

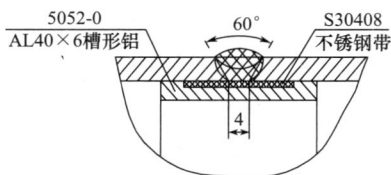

图 2-9-56 嵌入式复合衬环示意图

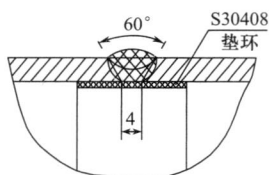

图 2-9-57 嵌入式不锈钢衬环示意图

（4）冷箱内铝镁合金或不锈钢管道采用氩弧焊焊接，管道焊缝进行 100% 射线检测。

（5）管道清洗脱脂：

① 冷箱内管道安装前先进行预制管段脱脂处理，所有阀门管道、管件、仪表、垫片和其他附件严格进行脱脂。脱脂剂选用四氯乙烯或三氯乙烯等溶剂，严禁使用四氯化碳溶剂。

② 现场大口径管道使用高温蒸汽冲刷管道内壁，小口径管道用脱脂剂浸泡或使用浸有脱脂剂的无纺布拖拽清洁管道内壁。

③ 管道脱脂后的检验采用滤纸擦拭法：用清洁干燥的白色滤纸擦抹脱脂件表面，纸上无油脂痕迹为合格；紫光灯照射检查法：脱脂后用紫光灯检查脱脂件表面，无油脂荧光为合格。

④ 预制完成的焊接件经清洁度检查合格后用塑料薄膜封闭管口，分批运至冷箱内。

2）管道安装

（1）冷箱结构及塔器设备安装就位后进行冷箱管道的安装，管道安装顺序遵循先大口径管、后小口径管；先长管、后短管；先主管、后支管的原则。在同一高度平面内，以精馏塔为中心，先内后外进行管道安装。

（2）预制好的大口径管道在主冷箱封顶完成前吊运至冷箱内，冷箱封顶后利用架设的卷扬机进行安装。

（3）冷箱管道安装过程中要重点保证坡向、坡度、立管铅垂度、成排管道的间距、交叉管道外壁间距等符合设计文件要求。

（4）管道安装过程中重点控制好固定口安装精度，管道切口端面倾斜不大于 $D/100$ 且最大不超过 3.0mm。直管段两环焊缝间距应大于 100mm。

（5）冷箱内低温管道外壁与冷箱内壁间距控制在 400mm 以上，装填珠光砂后确保保冷效果。

（6）仪表管安装前灌注脱脂剂进行脱脂，仪表管取源部件使用仪表管接头焊接，一次部件安装位置偏差不大于 5mm。仪表管全程使用角钢托架保护，并绑扎牢固，避免杂物及后续珠光砂装填破坏仪表管，托架可参照图 2-9-58、图 2-9-59 所示安装。

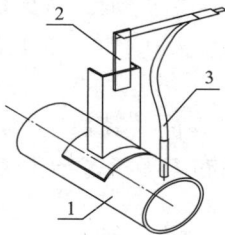

图 2-9-58　水平部件托架
1—容器或管道；2—托架；3—仪表管

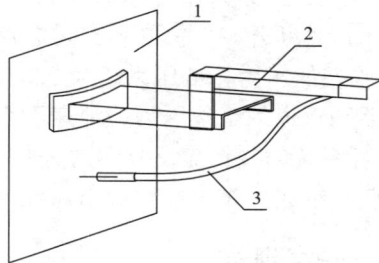

图 2-9-59　垂直部件托架
1—容器或管道；2—托架；3—仪表管

3）管道系统试压、吹扫

（1）管道试压

冷箱内管道系统多，压力等级不同，按系统、压力等级设置不同的试压回路分别试压。试验介质采用干燥无油的压缩空气或氮气。采用试压气源分配器增加试压气源接口，提高试压效率，如图 2-9-60 所示。

① 管道做强度试验，试验压力为工作压力的 1.15 倍，稳压 10min，压力不降为合格。

② 管道在强度试验合格后做严密性试验，并将强度试验后的压力降至工作压力，用发泡剂对冷箱内管道及容器表面进行全面检验，若发现漏点及时标记，禁止带压补漏，须泄压后修补，探伤合格后重新进气试压，直至未发现漏点为合格。

③ 冷箱内管道做泄漏量试验，试验压力为工作压力，保压 12h，在试验压力稳定 30min 后，开始记录起点压力、起点温度，泄漏率不大于 2.5% 为合格，泄漏率按下式计算：

$$Q = \left(1 - \frac{P_2 \times T_1}{P_1 \times T_2}\right) \times 100\% \qquad (2\text{-}9\text{-}4)$$

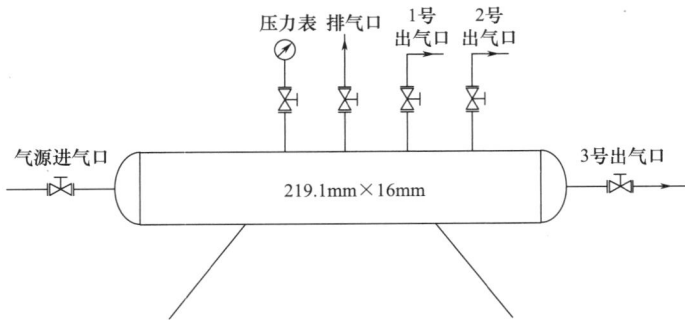

图 2-9-60　管道试压气源分配器

式中　Q——泄漏率（%）；

P_1——起始绝对压力（MPa）；

T_1——起始热力学温度（K）；

P_2——终点绝对压力（MPa）；

T_2——终点热力学温度（K）。

（2）管道吹扫

① 管道经压力试验合格后，用无油、干燥空气进行分段吹扫，吹扫前将膨胀机、低温泵进出口管断开，并拆卸所有过滤器滤芯及流量计孔板，待吹扫完成后按原位复装。

② 吹扫的压力，低压系统为 0.040～0.050MPa，高压系统为 0.250～0.40MPa，不得超过容器和管道的工作压力，流速不小于 20m/s。

③ 各系统的吹扫需反复多次进行，直至吹出口无铁锈、焊渣及其他杂物。检查方法可用白色滤纸或白布放在吹扫出口处，经 5min 后，在纸或白布上无机械杂质为合格。

五、炉窑砌筑

（一）不定形耐火材料施工

1. 耐火浇注料施工

常用耐火浇注料的施工方式有两种：一种是现场直接浇捣成型；另一种是预制成型。在现场直接浇捣成型的有三种情况：整体浇捣成型（如小型室式炉）、部分浇捣成型（如加热炉炉顶）、局部浇捣成型或修补（如砌砖操作较困难的墙及拱部找平），如图 2-9-61 所示。

浇注料施工方法：

（1）搅拌耐火浇注料用水，应采用洁净水。

（2）浇注料搅拌应采用强制式搅拌机。投料顺序、搅拌时间及液体加入量应按施工说明执行。变更用料牌号时，搅拌机及上料斗、称量容器等均应清洗干净。

（3）浇注料在现场浇注前，应进行现场坍落度测定和试块取样，对每一种牌号或配合比，每 $20m^3$ 为一批留置试块进行检验，不足此数亦作一批检验。

（4）浇注料施工应支设定型模板。模板应具有足够的刚度和强度，支模尺寸应准确，接缝严密，安装应牢靠、稳定，使用前内表面应涂刷脱模剂，通过预拼装、检查验收。模板支架的安装形式应便于安设及拆除的需要。

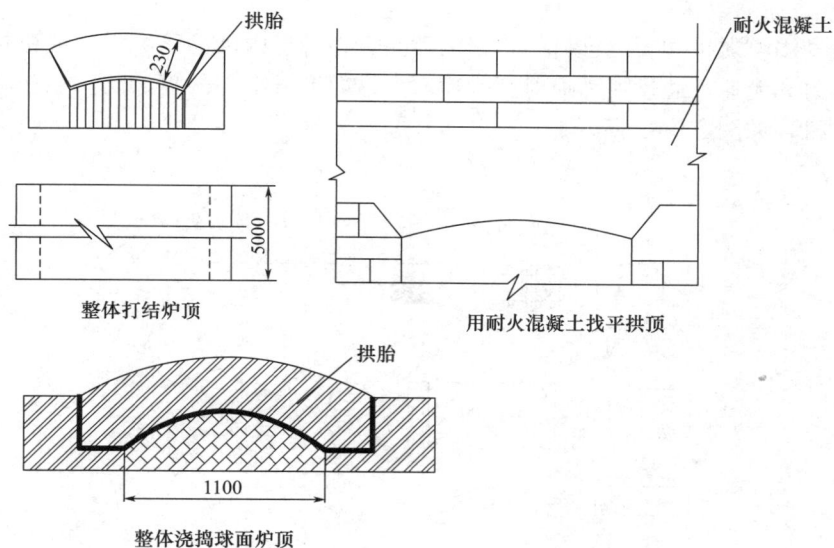

图 2-9-61　耐火浇注料的成型情况（单位：mm）

（5）检查锚固件的安设是否符合设计要求，连接是否牢固；锚固钉的长度是浇注料炉层厚度的 2/3，锚固件的安设方式有交错状和格子状等，间距为炉衬厚度的 1.5～3 倍，如图 2-9-62 所示。

图 2-9-62　加固金属件的安装方法与配置

（6）搅拌好的浇注料，宜在 30min 内浇注完，或根据施工说明要求在规定的时间内浇注完。已初凝的浇注料不得使用。

（7）浇注料应从低处向高处分层浇注，一次浇注厚度不宜超过 200～300mm。

（8）浇注料应振捣密实。振捣机具宜采用插入式振捣器。在特殊情况下可采用附着式振动器或人工捣固。当用插入式振捣器时，耐火浇注料厚度不应超过振捣器工作部分长度的 1.25 倍。

（9）浇注料浇注应连续，在浇注料凝结前应浇注完毕。工作间断超过凝结时间应留设施工缝。继续施工时，应将施工缝表面清理干净，拉毛、涂刷粘结剂后，方可继续浇注。

（10）浇注衬体表面不得有剥落、裂缝、空洞等缺陷。

2. 耐火喷涂料施工

喷涂是利用喷射机和喷枪进行的，耐火喷涂料在管道内借助压缩空气或机械压力以获得足够的压力和流速，通过喷嘴喷射到受喷面上，即形成牢固的喷涂层。用于喷涂的主要设备是喷涂机，如图2-9-63所示。

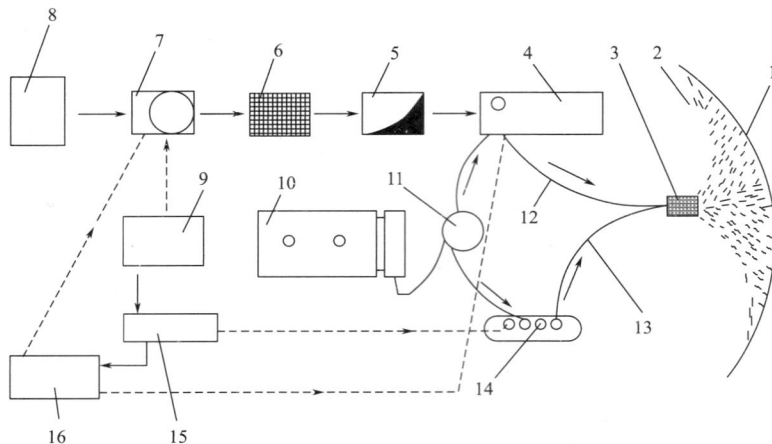

注：箭头为工序走向；虚线是在另一施工场地。

图2-9-63 喷涂施工顺序示意图

1—炉壳；2—喷涂的炉衬；3—喷枪头；4—喷涂机；5—料斗；6—筛网；
7—强制搅拌机；8—喷涂料堆；9—水箱；10—空压机；11—气水分离器；
12—压力输料管；13—压力水管；14—水罐；15—高压水泵；16—配电盘

1）喷涂施工方法

耐火喷涂料在喷涂前应检查金属支承件的安装位置、间距尺寸及焊接质量情况，并清理干净；当支承架上有固定钢丝网时，应检查钢丝网的锚固质量是否符合要求。钢丝的上下左右应重叠搭接一格，重叠不得超过三层，绑扣应朝向非工作层，如图2-9-64所示；检查喷涂面，喷涂面不得有浮锈、积尘、油污和被水浸湿的情况。

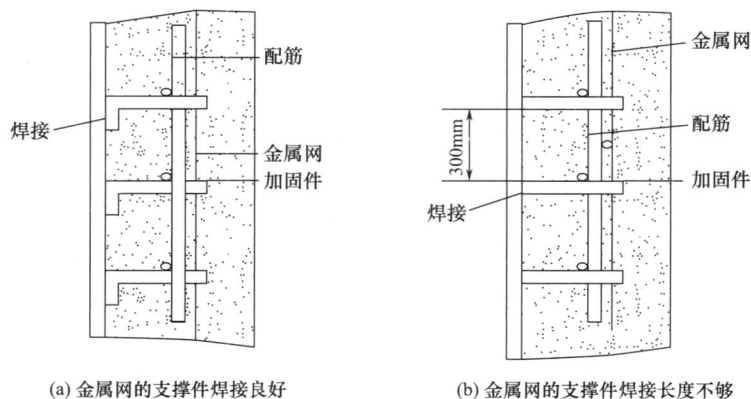

(a) 金属网的支撑件焊接良好　　　　(b) 金属网的支撑件焊接长度不够

图2-9-64 金属网结构加固方法

2）喷涂操作要点

（1）喷涂宜采用半干法，先将耐火喷涂料加少量的水搅拌均匀，输送到喷嘴处时，再加余下的少部分水进行喷涂。

（2）喷涂料施工前，应按照厂家提供的该种喷涂料牌号规定的施工说明书进行试喷，以确定适合的风压、水压等各项参数。

（3）喷涂时要掌握喷嘴方向，尽量保持与喷涂面垂直，喷涂时喷涂面上不应出现干料或流淌现象，以螺旋形活动方式向喷涂面上喷射，使粗细颗粒分布均匀。根据材料相对密度、喷枪与喷涂面距离，调整最佳喷涂压力。喷涂耐火纤维时，喷涂距离应控制在 $1\sim1.5m$，成一字形往复移动喷枪（图 2-9-65）。喷涂耐火纤维属于复合炉衬并安有锚固件，其结构如图 2-9-66 所示。

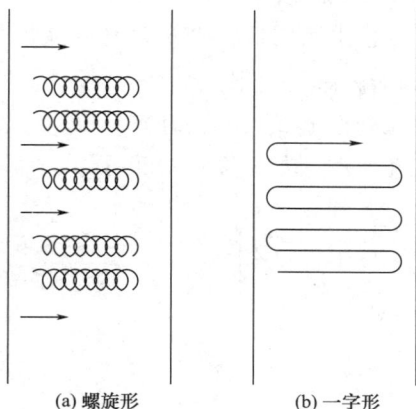

(a) 螺旋形　　(b) 一字形

图 2-9-65　喷涂形式

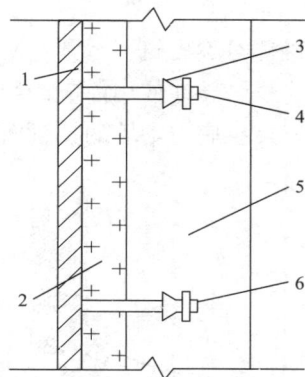

图 2-9-66　喷涂式耐火纤维炉衬结构
1—炉壳；2—矿渣棉毡；3—夹板；
4—螺母垫层；5—耐火纤维涂料；6—螺栓

（4）喷涂的用水量应通过喷嘴上的水阀来调节，用水量必须均匀稳定。若喷枪压力、喷涂距离和用水量匹配时，喷涂体不会产生流淌或干料夹层。

（5）喷涂施工应分段连续进行，一次喷到设计厚度。如内衬较厚需分层喷涂时，每层喷涂厚度以 $50\sim70mm$ 为宜，较厚的喷涂层应分二至三层喷涂。多层喷涂时，应在前层料体初凝后再喷涂后层，注意不要待前层完全凝固后再喷涂后一层，以防出现分层现象。

（6）喷涂层厚度应及时检查，过厚部分应削平。喷涂层表面不得抹光。检查喷涂层密度可用小锤轻轻敲打，发现空洞或夹层时应及时处理。喷涂层的厚度应在未硬化前及时检查修整，对于过厚处及凸凹不平处应削平，喷涂层的表面不得抹光。

（二）耐火砖砌筑施工

1. 炉底和炉墙砌筑

1）平底炉底砌筑

（1）砌筑炉底前应预先找平基础，必要时应在最下一层砖加工找平。

（2）炉底的砌筑顺序，应符合设计要求。炉底有死底和活底两种，经常检修的炉底，应砌成活底。砌筑时，先砌底，后砌墙，墙压在底上，这种底叫作死底。先砌墙，后砌底，这种底作活底。

（3）铺底的砌筑方向。铺底砌砖从炉底的中心线开始，先拉线砌中心列砖，然后向两边端部进行。

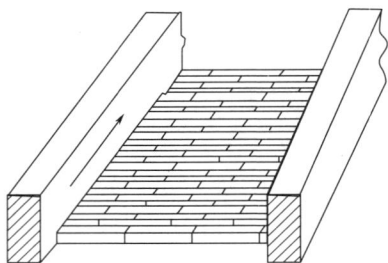

图 2-9-67　炉底或烟道底的
最上层砌筑方法

（4）砖的层数设置。一般情况是炉底的下面砖层采用平砌，而上面砖层采用侧砌或竖砌，与物料及气体的流动方向垂直或呈一交角，如图 2-9-67 所示。炉底的每层砌砖都要掌握水平，并且遵守错缝原则。

2）反拱炉底砌筑

（1）反拱的底基弧形必须准确，反拱弧形应用样板找正方可砌筑。砌筑过程中，应经常用样板检查砖缝的辐射程度，如图 2-9-68 所示。

（2）反拱底的中心比四周低。砌筑时必须从反拱中心向两侧对称砌筑，否则，所砌砖易失去平衡，导致砖缝张嘴或倒塌。

（3）拱脚砖在使用前应仔细加工，砌筑反拱时，必须错缝砌筑，不得环砌。

（4）反拱底与炉墙的接触面必须保持水平，要求加工平整，如图 2-9-69 所示。

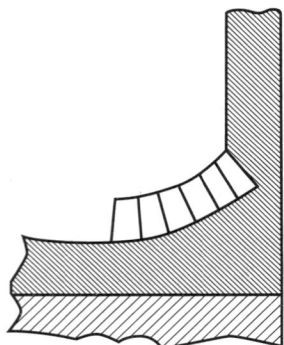

图 2-9-68　反拱炉底

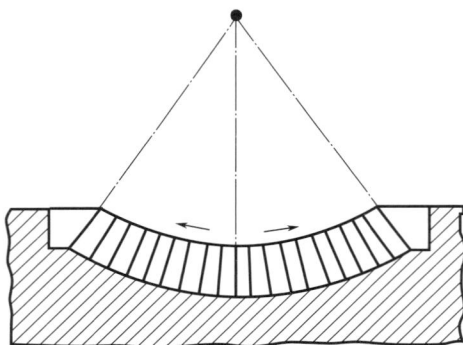

图 2-9-69　反拱砌筑顺序及拱脚要求

3）直形炉墙砌筑

（1）砌墙时，在同一砖层内，前后相邻列和上下相邻砖层的砖缝应交错，如图 2-9-70 所示。

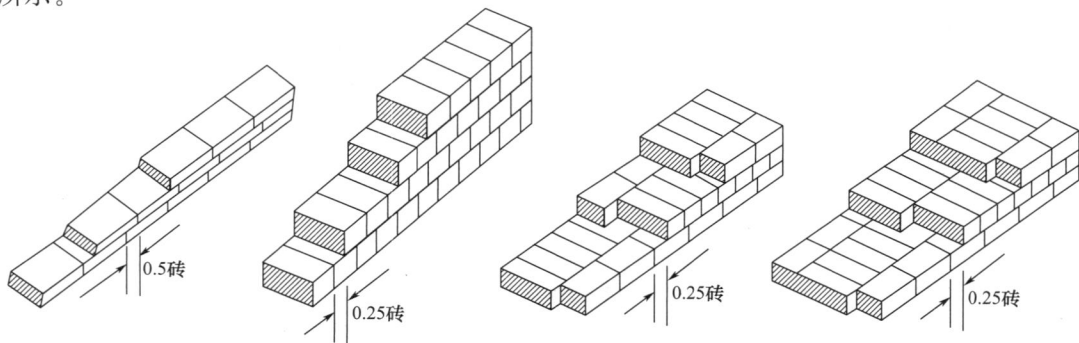

图 2-9-70　砖墙的错缝砌法

（2）墙的砌体要平整和垂直。为保持砖层的水平，直墙应立标杆拉线砌筑。当两面均为工作面时，应同时拉线砌筑，炉墙砌体应横平竖直。用水平尺和靠尺检查砌体表面的平整度，用控制样板检查墙的垂直度和倾斜度。

（3）砌墙中断时，应留成阶梯形退台，如图 2-9-71 所示。砌筑砖垛时，上下相邻砖层的垂直缝均应交错。

4）圆形炉墙砌筑

圆形炉墙的横向竖缝叫作辐射缝，纵向竖缝叫作环缝（一般出现在墙厚为一半砖以上的砌体）。圆形炉墙砌筑应用弧形砖、扇形砖和楔形砖，墙身要横平竖直、灰浆饱满，不能有三角缝，外形应符合圆弧要求。

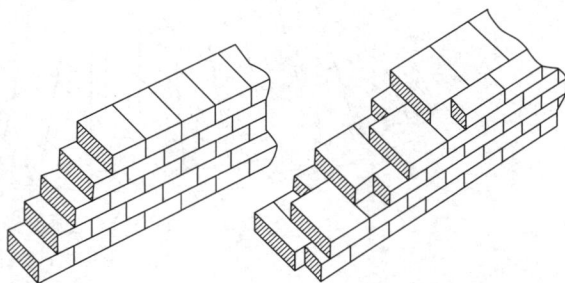

图 2-9-71 阶梯形退台示意图

（1）以炉壳为基准面砌筑法。当炉子的直径较大，炉壳中心线垂直误差和半径误差符合炉内形质量要求时，可采用以炉壳作炉墙基准面的砌筑法。砌筑时，以厚度样板控制墙体厚度，样板的控制厚度为墙厚加上绝热层的厚度。以圆弧样板控制炉墙的圆弧度及辐射缝。使用厚度样板时，必须与圆形墙的辐射缝平行，如图 2-9-72 所示。

（2）半径规控制法。当炉子的直径较小时，可采用半径规控制的砌筑方法，即在圆心设中心控制线，沿此中心量半径画圆，即能准确地控制圆形炉墙的弧线。具体做法是设中心导管及轮杆，即在炉心固定一根中心管，在中心管上套一定长度可以转动的轮杆，如图 2-9-73 所示。

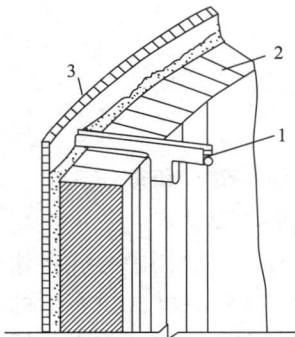

图 2-9-72 按炉壳为基准面砌筑圆形炉墙
1—样板；2—圆形炉墙；3—炉壳

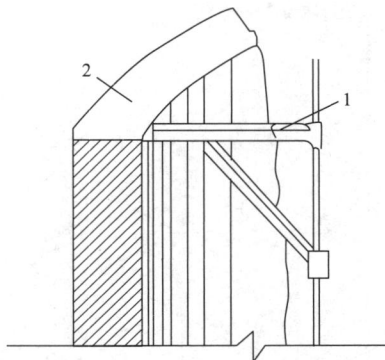

图 2-9-73 按半径规控制法砌筑圆形炉墙
1—轮杆；2—圆形炉墙

（3）弧形样板控制法。根据圆柱体设备直径的大小，可将砌体周围设 4~8 个基准点。砌砖时，每一个基准点要保持垂直，然后用样板检查砌体的准确度，如图 2-9-74 所示。

（4）圆形炉墙不得有三层重缝或三环通缝，上下两层的重缝与相邻两环的通缝不得在同一地点，圆形炉墙的合门砖应沿圆周均匀布置，避免集中分布。圆形炉墙的常用错缝砌法如图 2-9-75 所示。

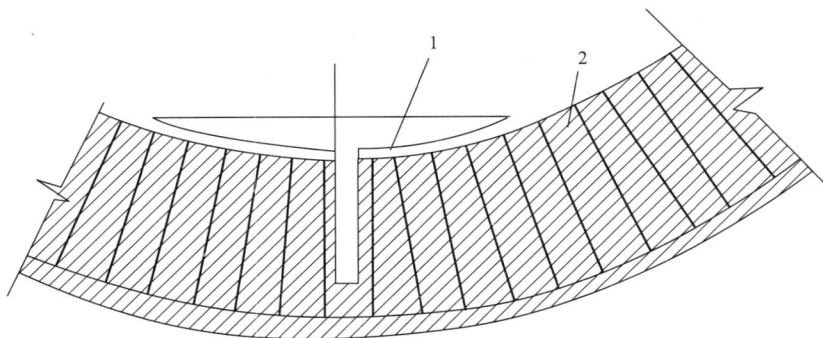

图 2-9-74　弧形样板控制法

1—弧形样板；2—圆形炉墙

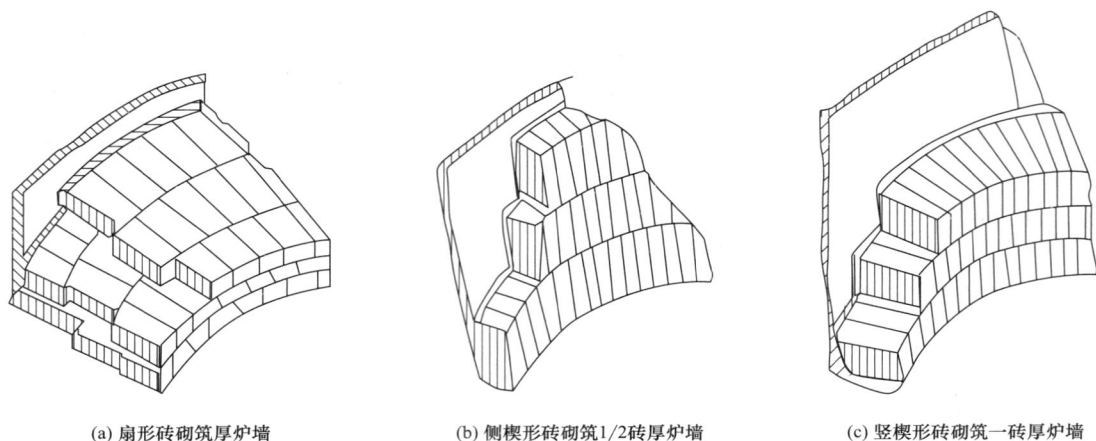

(a) 扇形砖砌筑厚炉墙　　　　(b) 侧楔形砖砌筑1/2砖厚炉墙　　　　(c) 竖楔形砖砌筑一砖厚炉墙

图 2-9-75　圆形炉墙的错缝砌法

2. 拱和拱顶砌筑

1）拱脚砌筑

（1）拱脚表面应平整，角度应正确，不得用加厚砖缝的方式找平拱脚。

（2）砌筑拱脚砖前，应按中心线将两侧炉墙找平，使其跨度符合设计尺寸。拱脚下的炉墙上表面应按设计标高找平。拱脚砖与中心线的间距应符合设计规定。

（3）砌拱应先砌拱脚砖。在拱脚纵向两端各置一块拱脚砖，仔细找正位置，复核其跨距、标高、角度均无误后，即以拱脚砖的斜面为基准，在两砖之间拉线。中间的拱脚砖根据线砌筑，注意在砌拱脚砖时用下面的线控制标高，上面的线控制拱斜面角度，要保证这两根线所形成的斜面要平整，如图 2-9-76 所示。

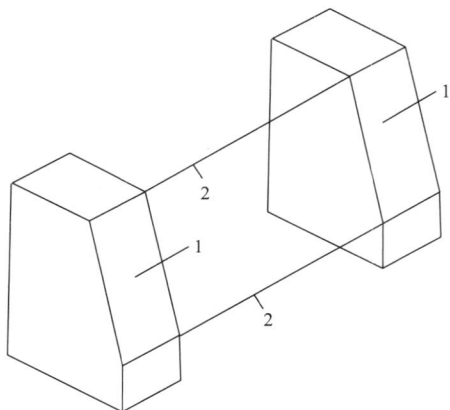

图 2-9-76　拱脚砖砌筑方法

1—拱脚砖；2—线绳

2）拱和拱顶砌筑

（1）砌筑拱顶有错砌和环砌两种方法，除设计规定或特殊结构外，拱顶一般为错缝砌筑，如图 2-9-77 所示。

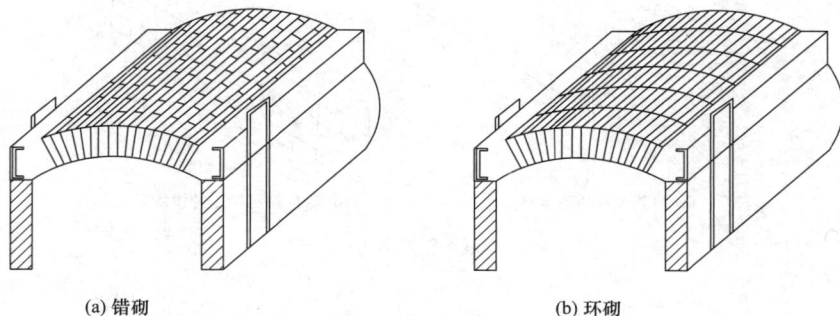

(a) 错砌　　　　　　　　　　　(b) 环砌

图 2-9-77　拱顶砌法

（2）拱顶砌筑前，应先支设拱胎。

（3）砌拱时，必须从两边拱脚同时向中心对称进行。拱砖的放射缝应与半径方向相吻合。

（4）错缝砌筑拱顶时，为了保持锁砖列的尺寸一致，必须使两边拱脚砖的标高和间距在全长上保持一致。砌筑时，可首先在拱顶的两端预先砌筑一环，然后按此环拉线砌筑其他各列砖。

（5）锁砖应按拱顶的中心线对称、均匀地分布。跨度小于 3m 的非吊挂式拱顶，打入 1 块锁砖；跨度大于 3m 时，打入 3 块锁砖；跨度大于 6m 时，打入 5 块锁砖。锁砖打入前，砌入拱顶的深度约为砖长的 2/3，如图 2-9-78 所示。

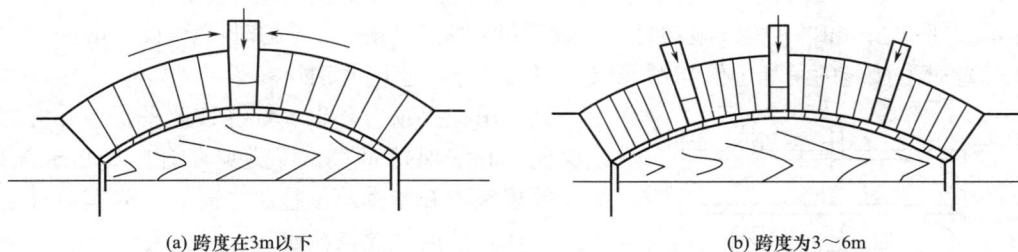

(a) 跨度在3m以下　　　　　　　　　(b) 跨度为3～6m

图 2-9-78　填打锁砖示意图

（6）拱顶上部的找平部分，根据使用条件允许用加工砖或填充浇注料找平，如图 2-9-79 所示。

（7）斜拱砌筑通常有两种方法：一种是将炉墙顶部加工成斜面后再砌拱脚砖；另一种方法是不加工炉墙顶部砖而将拱脚砖逐层退台砌筑，如图 2-9-80 所示。前者的砌筑方法是转折处拱砖加工成对嘴楔子，后者是将拱砖退台环砌，如图 2-9-81 所示。

图 2-9-79　拱顶上部找平方法

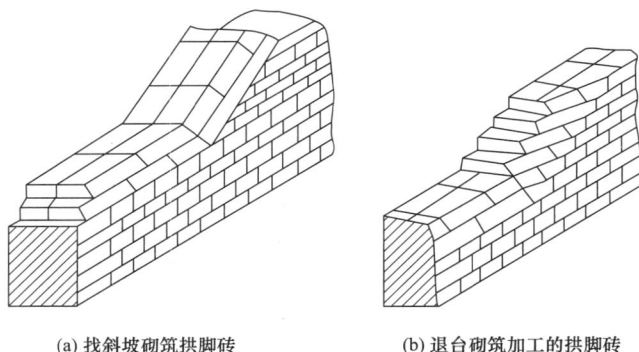

(a) 找斜坡砌筑拱脚砖   (b) 退台砌筑加工的拱脚砖

图 2-9-80　斜拱拱脚砌筑

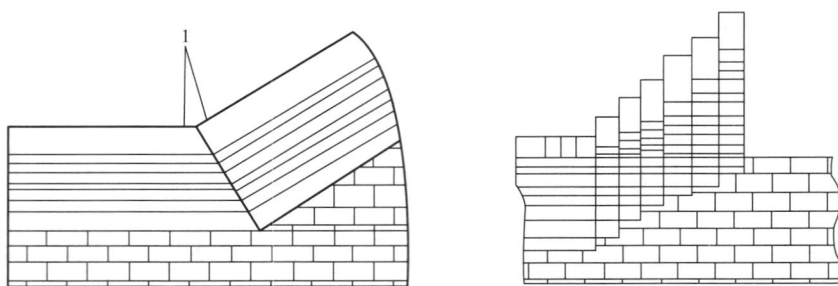

图 2-9-81　斜拱的砌法

1—对槎砖

3）吊（悬）挂式平拱顶砌筑

（1）吊挂砖应预砌筑，并进行挑选、分类和编号，必要时应加工。

（2）吊挂平顶的吊挂砖，应从中间向两侧砌筑。吊挂平顶的内表面应平整，个别砖的错牙不应超过 3mm。吊挂砖湿砌时，砖缝厚度不大于 3mm；干砌时不大于 2mm。

（3）对吊挂砖的吊耳上缘与吊挂梁之间的间隙，应用薄钢片塞紧。

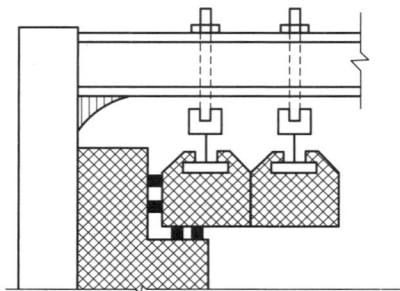

图 2-9-82　吊挂平顶的膨胀缝

（4）吊挂拱顶应环砌，环缝彼此平行，并应与炉顶纵向中心线保持垂直，以避免在合门处出现偏扭、倾斜等现象。开始砌筑吊挂拱顶时，应先按设计要求砌筑一环，然后照此依次砌筑。

（5）砌筑吊挂平顶时，其边砖与炉墙接触处应留设膨胀缝，如图 2-9-82 所示。

（三）耐火陶瓷纤维施工

按耐火陶瓷纤维制品形状，耐火陶瓷纤维内衬分为层铺式内衬、叠砌式内衬施工方法。

1. 层铺式内衬施工

1）锚固钉焊接

（1）设于炉顶的锚固钉中心距宜为 200～250mm，设于炉墙的锚固钉中心距宜为 250～300mm。锚固钉与受热面耐火纤维毯、毡或板边缘距离宜为 50～75mm，最大距离不应超过 100mm。

（2）当采用陶瓷杯或转卡垫圈固定耐火陶瓷纤维毯、毡或板时，锚固钉的断面排列方向应一致。

2）纤维毯、毡或板铺贴

（1）耐火陶瓷纤维毯、毡或板应铺设严密、紧贴炉壳。紧固锚固件应松紧适度。

（2）耐火陶瓷纤维毯、毡或板的铺设应减少接缝，各层间错缝不应小于100mm。隔热层耐火纤维陶瓷毯、毡或板可对缝连接。受热面为耐火陶瓷纤维毯、毡或板时，接缝应搭接，搭接长度宜为100mm，如图2-9-83所示。搭接方向应顺气流方向，不得逆向。

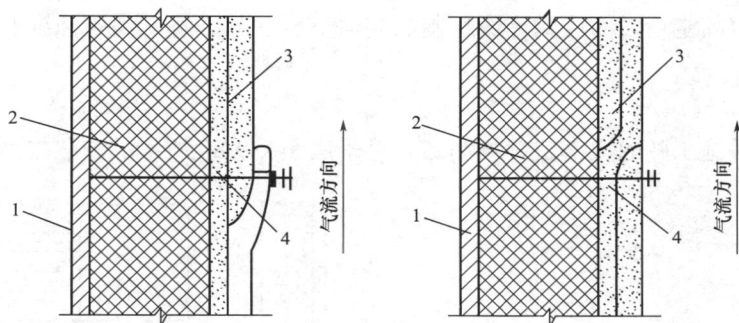

图 2-9-83　耐火陶瓷纤维毯、毡或板搭接
1—炉壳；2—隔热层；3—耐火陶瓷纤维毯、毡或板；4—锚固钉

（3）耐火陶瓷纤维毯、毡在对接缝处应留有压缩余量，如图2-9-84所示。当采用耐火陶瓷纤维毡时，压缩余量不应小于5mm；当采用耐火陶瓷纤维毯时，压缩余量不应小于10mm。

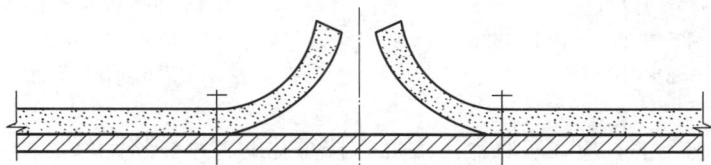

图 2-9-84　对接缝处压缩

（4）耐火陶瓷纤维毯、毡或板应按炉壳上孔洞及锚固钉的实际位置和尺寸下料，切口应略小于实际尺寸。

（5）当锚固钉端部用陶瓷杯固定时，耐火陶瓷纤维毯、毡或板上的开孔应略小于陶瓷杯外形尺寸。每个陶瓷杯的拧紧深度应相等，并应逐个检查。杯内应用与受热面同材质的耐火填料塞紧。

（6）当铺设炉顶的耐火陶瓷纤维毯、毡或板时，应用快速夹进行层间固定。

（7）在炉墙转角或炉墙与炉顶、炉底相连处，耐火陶瓷纤维毯、毡或板应交错相接，不得内外通缝。耐火陶瓷纤维毯、毡或板与其他耐火炉衬连接处不应出现直通缝。

（8）金属锚固钉、垫圈等应采取保护措施。用耐火涂料覆盖时，应涂抹严密；用耐火陶瓷纤维块覆盖时，应粘贴牢固。

2. 叠砌式内衬施工

叠砌式内衬可用销钉固定法和粘贴法施工，每扎耐火陶瓷纤维毯、毡均应预压缩成制品，其压缩程度应相同，压缩率不应小于15％。

1）销钉固定法

（1）支撑板、固定销钉应焊接牢固，并应逐根检查。墙上的支撑板应水平，销钉应垂直。

（2）用销钉固定时，活动销钉应按设计规定的位置垂直插入耐火陶瓷纤维制品中，不得偏斜和遗漏，如图2-9-85所示。

（3）用销钉固定后，耐火陶瓷纤维制品应与里层贴紧。耐火陶瓷纤维制品的接缝处均应挤紧。

2）粘贴法

（1）粘贴法施工的耐火陶瓷纤维制品，可采用图2-9-86所示的方法排列。

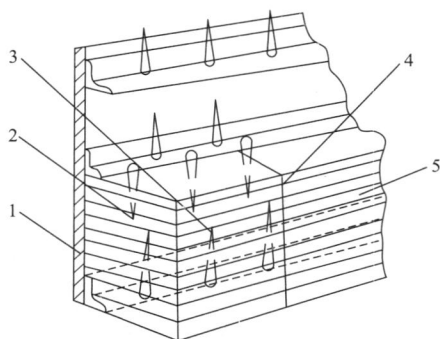

图2-9-85　穿串固定
1—支撑板；2—活动销钉；3—固定销钉；
4—接缝；5—耐火陶瓷纤维制品

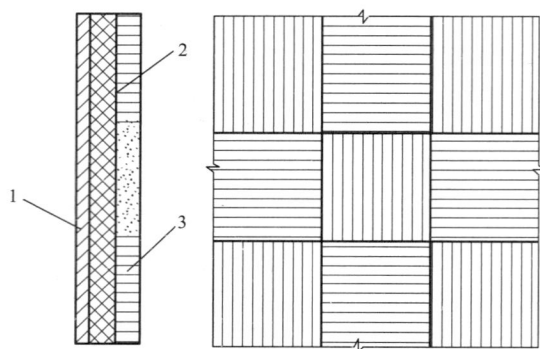

图2-9-86　叠砌式粘贴法
1—炉壳；2—隔热层；
3—耐火陶瓷纤维制品

（2）粘贴法施工前，应在被粘贴的表面，按每扎的大小分格划线。耐火陶瓷纤维制品应粘贴平直、紧密。

（3）粘贴耐火陶瓷纤维制品，粘结剂应涂抹均匀、饱满。耐火陶瓷纤维制品涂好粘结剂之后，应立即贴在预定的位置上，并应用木板压紧。粘贴及压紧时，不得推动已贴好的相邻耐火陶瓷纤维制品。

（4）烧嘴、排烟口、孔洞等部位周边应用耐火陶瓷纤维条加粘结剂填实，不得松散和有间隙。填充用耐火陶瓷纤维条应与其周边垂直。

（5）当设计规定耐火陶瓷纤维炉衬需用钢板网时，钢板网应焊接牢固。钢板网应平整，钢板网的钢板厚度宜为1～1.5mm。

第三章
施工技术应用的细部做法

第一节 设备测量的细部做法

一、单体设备

1. 基础划线及高程测量

1) 单体设备的基础划线

单体设备要根据建筑结构的主要柱基中心线，按设计提供的坐标位置，测量出设备基础中心线，并将纵、横中心线固定在中心标板上或用墨线画在基础上，作为安装基准中心线，如图 3-1-1 所示。

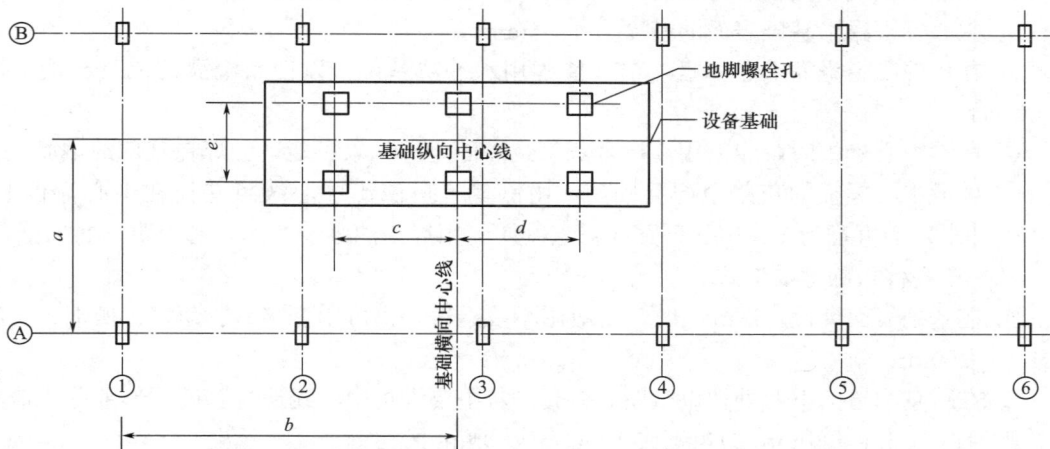

图 3-1-1 单体设备基础划线图

（1）首先以建筑的轴线Ⓐ为基准，在设备基础上量出距离轴线为 a 的两个点，划出基础纵向中心线；再以建筑物轴线①为基准，在设备基础上量出距离轴线为 b 的两个点，划出基础横向中心线。

（2）以基础的纵向中心线为基准按尺寸 e 划出地脚螺栓孔中线纵向轴线；再以基础横向中心线为基准以尺寸 c、d 划出地脚螺栓孔的横向轴线。这样地脚螺栓孔的位置就确定了。

2) 单体设备的高程测量

安装单位接收由土建移交的标高基准点，将标高基准点引测到设备基础附近方便测量的地方，作为下步设备安装时标高测量的基准点并埋设标高基准点。

3）精度控制

（1）放线测量用计量设备必须经检定或校准合格且在有效期内。使用前要校准设备。测量放线尽量使用同一台设备、同一人进行测量。

（2）机械设备定位基准的面、线或点与安装基准线的平面位置和标高的允许偏差，对于单体设备来讲平面位置允许偏差为±10mm，标高允许偏差为−10～+20mm。

（3）设备基础中心线必须进行复测，两次测量的较差不应大于5mm。

（4）对于埋设有中心标板的重要设备基础，其中心线应由中心标板引测，同一中心标点的偏差不应超过±1mm。纵、横中心线应进行正交度的检查，并调整横向中心线。同一设备基准中心线的平行偏差或同一生产系统的中心线的直线度应在±1mm以内。

（5）每组设备基础，均应设立临时标高控制点。标高控制点的精度，对于一般的设备基础，其标高偏差，应在±2mm以内；对于与传动装置有联系的设备基础，其相邻两标高控制点的标高偏差，应在±1mm以内。

2. 中心标板和基准点的埋设

1）中心标板

中心标板是在设备两端的基础表面中心线上埋设的两块一定长度的型钢，并标上中心线点，作为安装放线时找正设备位置用的一种标定点。

（1）埋设中心标板的方法

① 中心标板应埋设在中心线的两端，并且标板的中心要大约在中心线上。

② 中心标板露出基础表面的高度为4～6mm。

③ 在用混凝土浇灌中心标板之前，要先用水冲洗基础，以使新浇灌的混凝土能与原基础结合。

④ 埋设中心标板时，应使用高标号灰浆浇灌固定。如果可能，应焊在基础的钢筋上。

⑤ 埋设中心标板的灰浆全部凝固后，由测量人员测出中心线点并投在中心标板上。投点（冲眼）的直径为1～2mm，并在投点的周围用红铅油画一圆圈，作为明显的标记。

（2）中心标板的埋设形式

① 在基础表面埋设（图3-1-2），一般用小段钢轨，也可用工字钢、角钢、槽钢，长度为150～200mm。

② 在跨越沟道的下凹处埋设（图3-1-3），若主要设备中心线通过基础凹形部分或地沟时，则埋设50mm×50mm的角钢或100mm×50mm的槽钢。

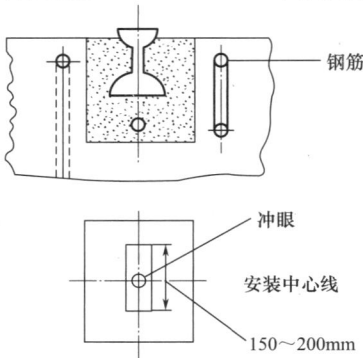

图3-1-2 在基础表面埋设

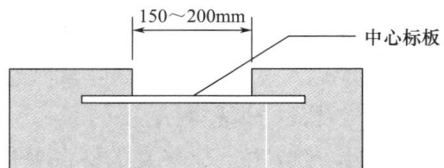

图3-1-3 在跨越沟道的下凹处埋设

③ 在基础边缘埋设（图 3-1-4），中心标板长度为 150～200mm，至基础的边缘为 50～80mm。

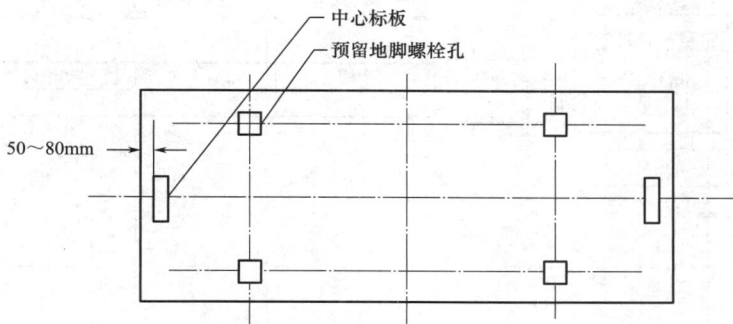

图 3-1-4 在基础边缘埋设

2) 基准点

（1）在设备基础上埋设坚固的金属件（通常用 50～60mm 长的铆钉），并根据厂房的标准零点测出它的标高以作为安装设备时测量标高的依据，称为基准点。

（2）由于厂房内原有的基准点往往会被先行安装的设备挡住，在后续安装设备进行标高测量时，再用厂房内原有的基准点就不如新埋设的基准点准确、方便。

（3）常用的基准点如图 3-1-5 所示。它是在直径 19～25mm、长约 50～60mm 铆钉的杆端焊上一块约 50mm 见方的钢板，或在铆钉钉杆上焊接一根 U 形钢筋。埋设时，先在预定的位置上挖出一个小坑，再用水泥砂浆浇灌固定。埋设基准点的小坑要上口小、下口大（图 3-1-6），基准点露出基础顶面部分不能太高（约 10～14mm）。

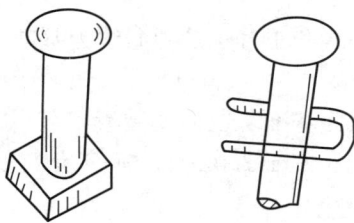

图 3-1-5 基准点

图 3-1-6 基准点的埋设方法

（4）中心标板和基准点可在浇筑基础混凝土时配合土建埋设，也可在基础上预留埋设中心标板和基准点的孔洞，待基础养护期满后再埋设，但预留孔的大小要合适，并且要下大上小，位置适当。

二、连续生产设备

1. 基础划线

以玻璃炉窑为例说明连续生产设备基础划线，如图 3-1-7 所示。

（1）连续生产设备的基础划线

根据施工平面布置图，以建筑的轴线Ⓐ为基准，在设备基础上量出距离轴线为 b 的两

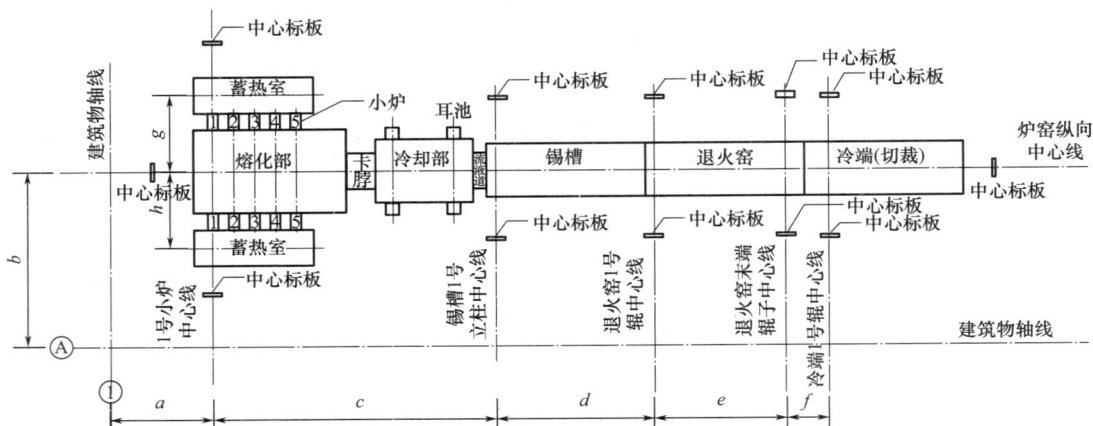

图 3-1-7　连续生产设备基础划线图

个点，划出基础纵向中心线；再以建筑物轴线①为基准，在设备基础上量出距离轴线为 a 的两个点，划出 1 号小炉中心线。炉窑的纵向中心线贯穿整个玻璃炉窑生产线。1 号小炉中心线是锡槽、压延机和过度辊台、退火窑和冷端输送辊道定位的基准。

（2）玻璃熔窑、蓄热室

熔化部和冷却部的安装以熔窑纵向中心线和 1 号小炉中心线为基准。

（3）锡槽

锡槽设备定位以锡槽 1 号立柱中心线为基准，标高定位以锡槽沿口标高为基准；锡槽 1 号立柱中心线以熔窑 1 号小炉中心线为基准，锡槽沿口的标高以熔窑池壁上沿标高为基准。

（4）压延机和过渡辊台

压延机和过渡辊台导轨的平面位置以熔窑纵向中心线和 1 号小炉中心线为基准。

（5）退火窑

退火窑辊道第一根辊的定位以熔窑 1 号小炉中心线为基准。主传动装置安装以退火窑的纵、横向中心线和标高为基准，平面位置允许偏差为 ±2.0mm，标高允许偏差为 ±1.0mm。

（6）冷端切装机组

冷端输送辊道的中心线与退火窑中心线允许偏差为 ±2.0mm，横向以退火窑辊道末根辊子为安装基准，输送辊道辊子橡胶圈的上母线距地面的标高应满足设计要求。

2. 测量标高

（1）设备基础标高要根据车间内基准标高点，按设计的规定确定，基础上应设置标高基准点。

（2）附属设备的标高根据主机的标高来确定，与其他设备有关联的设备标高，要根据已安装好的其他设备的标高确定。

3. 精度控制

（1）关键基准尺寸的测量，必须使用同一个或同一组量具，最好由同一位测量工施测。

（2）基础划线时，墨线宽度不应大于 1.5mm。

（3）纵向安装基准中心线、横向安装基准中心线应标示在中心标板上，直线度允许偏差为 0～0.5mm。

（4）设备之间有位置关联的基础中心线相对位置的允许偏差为 ±2.0mm。

（5）机械设备定位基准的面、线或点与安装基准线的平面位置和标高的允许偏差为 ±1mm。

（6）多组基础时，各基础的中心间距允许偏差为 ±2.0mm，横向中心线应相互平行，平行度允许偏差为 0～0.5mm/m，最大不应大于 2.5mm。

（7）数组同样设备的中心间距允许偏差为 0～5.0mm。

（8）基础上基准标高点与永久性标高允许偏差为 0～3.0mm。

第二节 焊接技术应用的细部做法

一、焊前准备的细部做法

根据施工现场的条件及安全性、经济性、高效性，综合评判后，选择合理的焊接方法及焊接施工工艺，以满足被焊产品的质量要求。

（一）选择合理的焊接设备

1. 焊条电弧焊

焊条电弧焊设备主要包括焊机（焊接电源）、焊钳、焊接电缆和地线夹钳等（图 3-2-1）。

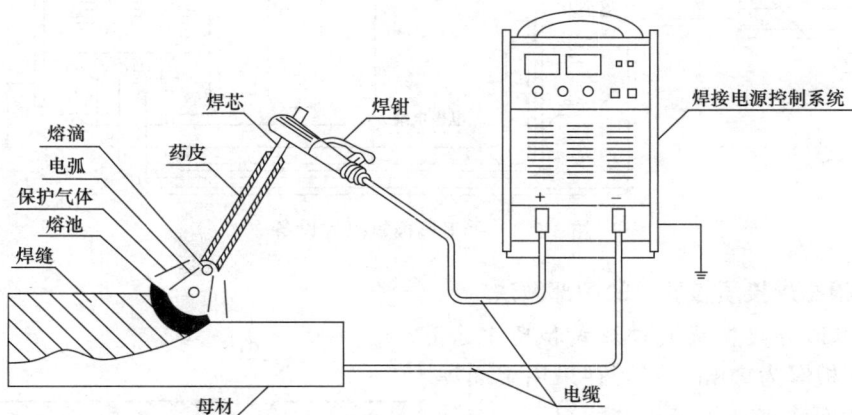

图 3-2-1 焊条电弧焊的设备

2. CO_2 气体保护焊

CO_2 气体保护焊设备主要由焊接电源、焊枪、送丝机构、气路系统和控制系统五部分组成（图 3-2-2）。

3. 氩弧焊（钨极惰性气体保护焊）

手工钨极惰性气体保护焊设备主要由焊接电源、焊枪、供气系统、水冷系统、焊接电缆线和遥控器等组成（图 3-2-3）。

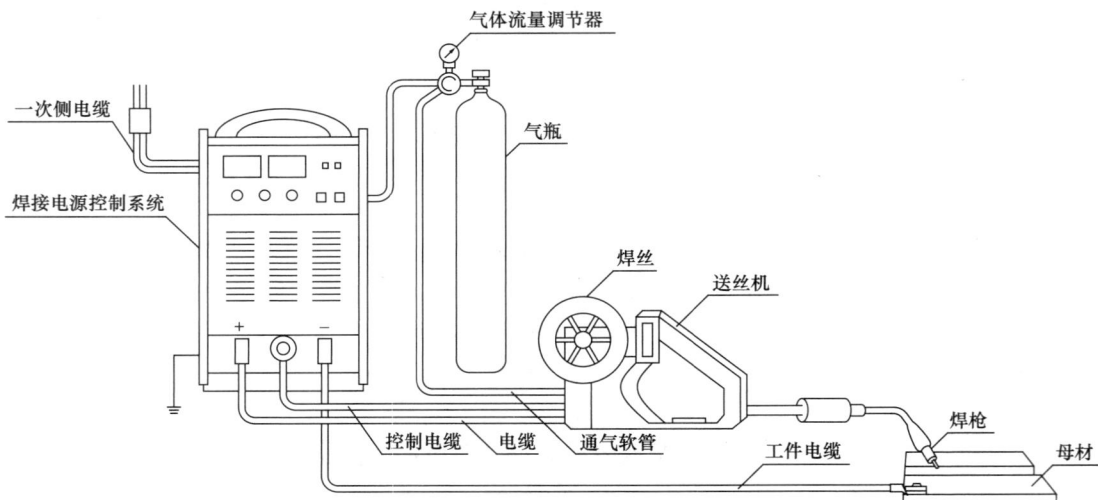

图 3-2-2 CO_2 气体保护焊设备

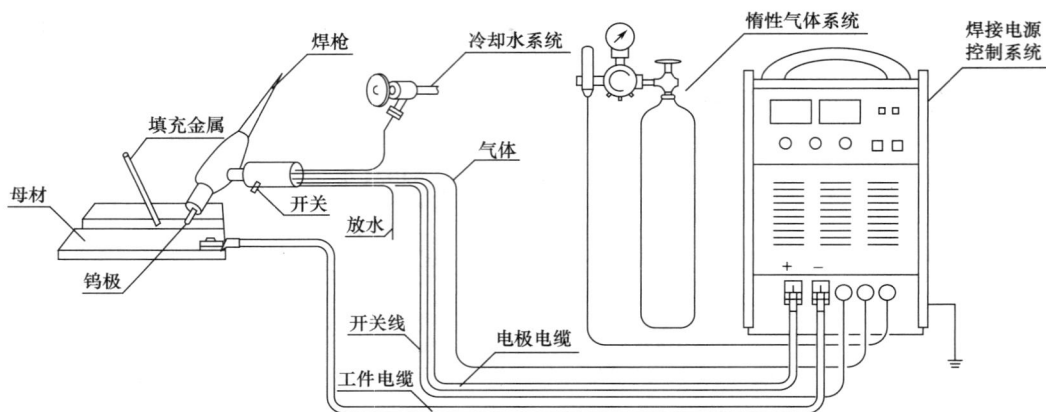

图 3-2-3 手工钨极氩弧焊设备

（二）根据焊接质量要求的细部做法

1. 全熔透焊接接头坡口形式和尺寸选用

（1）当板厚为 30mm 时，在采用单面焊接完成及背面清根后焊接工艺情况下，应计算焊接接头坡口尺寸 b、p、α_1 和 α_2 偏差范围，如图 3-2-4 所示。

（2）在图 3-2-4 中：$b=0\sim3mm$、$p=0\sim3mm$、$\alpha_1=45°$、$\alpha_2=60°$、$H_1=\dfrac{2}{3}(\delta-p)$、$H_2=\dfrac{1}{3}(\delta-p)$。

焊接接头组装后坡口尺寸合格范围为：

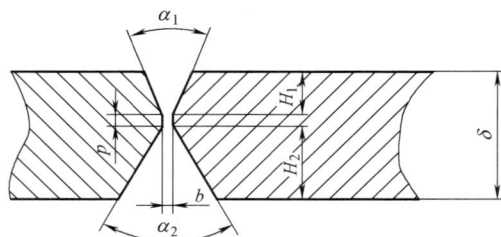

图 3-2-4 $\delta\geqslant16mm$ 时，推荐焊条电弧焊对接接头的坡口尺寸

α_1 和 α_2—坡口角度；b—组对间隙；p—坡口钝边；H_1 和 H_2—坡口深度；δ—母材壁厚

$b=0\sim5mm$、$p=0\sim3mm$、$\alpha_1=40°\sim55°$、$\alpha_2=55°\sim70°$。

2. 焊接质量错边控制

1）等壁厚对接接头错边控制

（1）对接接头组装会出现错边现象，直接影响全熔透焊缝质量，造成焊缝背面产生未焊透缺陷。

（2）管道组成件对接环焊缝组对时，应使内壁平齐，其错边量 △ 不能超过壁厚的 10%，且不应大于相应材质的数值规定，如图 3-2-5 所示。

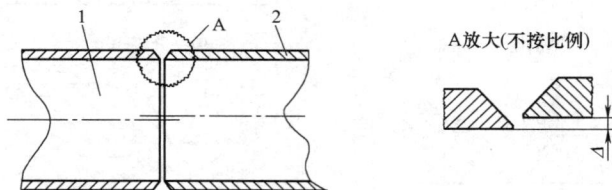

图 3-2-5　管道组成件对接接头内壁平齐示意图
1 和 2—管道组成件；△—内壁错边量

2）主管开孔与支管组对时的错边量控制

主管开孔与支管组对时的错边量 m 应取 0.5 倍的支管名义壁厚或 3.2mm 两者中的较小值，如图 3-2-6 所示，必要时可进行堆焊修正。

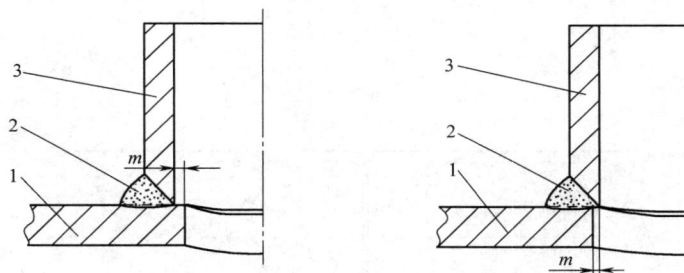

图 3-2-6　安放式支管组对错边示意图
1—主管壁；2—主管与支管焊缝（对接和角接组合焊缝）；3—支管壁

3）不等壁厚对接接头错边控制

不等壁厚的工件组对时，薄件端面的内侧或外侧应位于厚件端面范围之内。当内壁错边量不符合规定或外壁错边量大于 3mm 时，焊件端部应按图 3-2-7 的规定进行削薄修整。端部削薄修整后的壁厚应不小于设计厚度。

二、焊接实施的细部做法

（一）管材焊接

1. 坡口清理

（1）焊件坡口及附近内外侧表面的油、漆、锈、毛刺、镀锌层等污物和有色金属表面氧化膜的存在，对焊接质量影响很大。尽管组对前对其进行过清理，但由于焊件组对过程或组对清理后的待焊过程中，坡口表面仍可能被氧化或被污染。

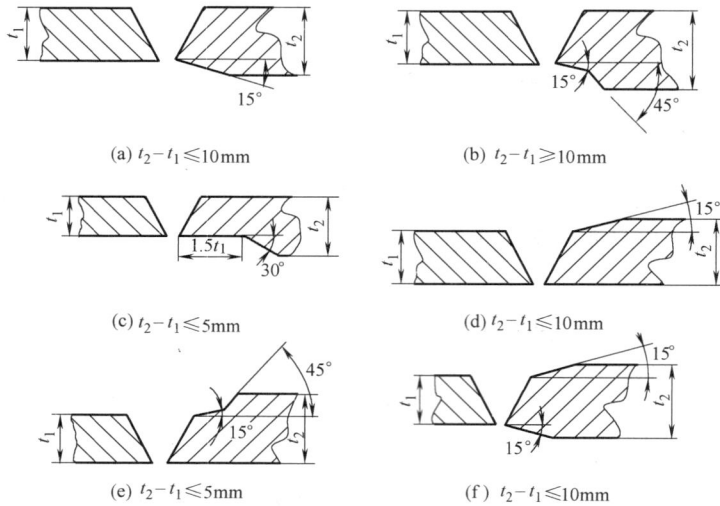

(a) $t_2 - t_1 \leqslant 10\text{mm}$ (b) $t_2 - t_1 \geqslant 10\text{mm}$

(c) $t_2 - t_1 \leqslant 5\text{mm}$ (d) $t_2 - t_1 \leqslant 10\text{mm}$

(e) $t_2 - t_1 \leqslant 5\text{mm}$ (f) $t_2 - t_1 \leqslant 10\text{mm}$

注：1. 用于管件时，如受长度限制，图（a）、（d）、（f）中的15°角可改为30°；

2. 图（a）、（b）、（c）为外侧平齐，图（d）、（e）为内侧平齐，图（f）为内外均不平齐。

图 3-2-7 管壁不等厚度接头削薄修整示意图

（2）碳素钢及合金钢焊件组对前及焊接前，应将坡口及内外侧表面不小于20mm范围内的杂质、污物、毛刺和镀锌层等清理干净，并不得有裂纹、夹层等缺陷，如图3-2-8所示。

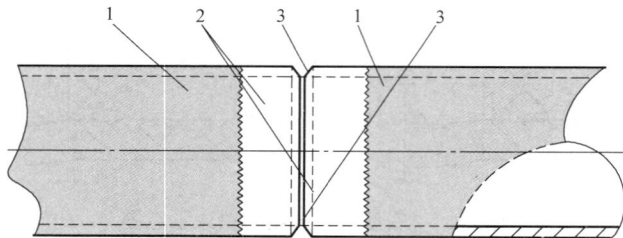

图 3-2-8 管道对接接头焊前坡口及其周边清理示意图

1—管道外表面不清理区域；2—靠近坡口管道内外表面打磨露出金属光泽区；3—坡口面

2. 钢板卷管组对

钢板卷管组对时，相邻两节间纵向焊缝间距应大于壁厚的3倍，且不应小于100mm；卷管的纵向焊缝应置于易检修的位置，且不宜在底部。有加固环、板的卷管，加固环、板的对接焊缝应与管子纵向焊缝错开，其间距不应小于100mm，加固环、板距卷管的环焊缝不应小于50mm，如图3-2-9所示。

3. 焊缝组对要求

应尽可能对称布置以减小变形，同时避免焊缝交叉或过分集中。例如：封头各种不相交的拼接焊缝中心线间距离至少应为封头钢材厚度的3倍，且不小于100mm。凸形封头由成形的瓣片和顶圆板拼接制成时，瓣片间的焊缝方向宜为径向和环向的，如图3-2-10所示。

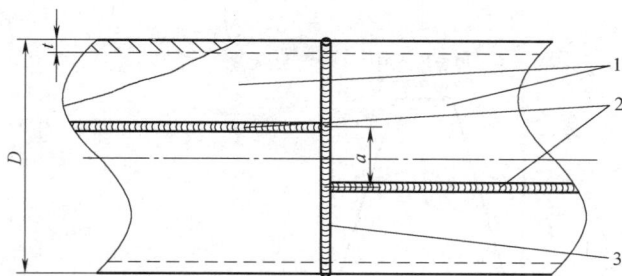

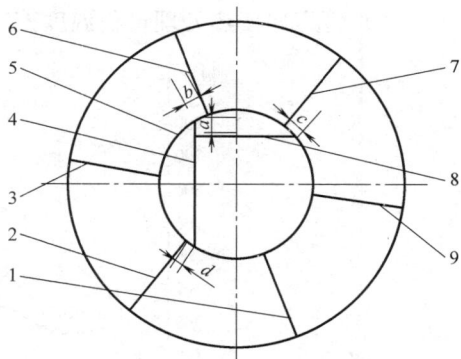

图 3-2-9　钢板卷管组对焊缝位置示意图

1—钢管；2—钢板卷管纵向焊缝；3—钢板卷管对接焊缝；

D—钢管外径；t—壁厚；a—钢板卷管对接接头

其纵向焊缝最小间距，≥100mm

图 3-2-10　凸形封头由成形的

瓣片拼接示意图

1~9—瓣片对接焊缝；a~d—交叉焊缝相邻

最小距离，≥3δ（壁厚）且≥100mm

（二）焊接热处理

1. 需要考虑焊接热处理的情况

（1）母材金属强度等级较高，产生延迟裂纹倾向较大的合金钢。

（2）处在低温下工作的压力容器及其他焊接结构，特别是在脆性转变温度以下使用的压力容器。

（3）承受交变载荷工作，有疲劳强度要求的构件。

（4）大型压力容器。

（5）有应力腐蚀和焊后要求几何尺寸稳定的焊接结构。

2. 焊后热处理应考虑的因素

钢材的淬硬性、焊件厚度、结构刚性、焊接方法、焊接环境及使用条件等。

3. 热处理工艺规范包括的内容

热处理方法、加热温度、保持时间和升降温速度等。

（1）加热方法：

工厂制造的设备焊后整体热处理宜采用炉内整体加热、炉内分段加热、炉外整体和分段加热等方法；现场设备分段组焊的环缝、管道焊缝及焊接返修后的热处理，宜采用局部加热方法。

（2）焊缝热处理加热范围如图 3-2-11 所示。

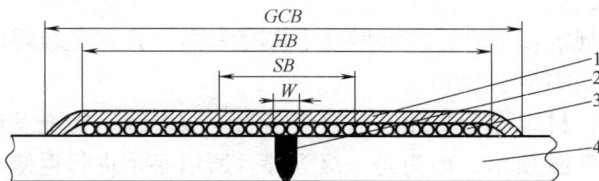

图 3-2-11　焊缝热处理加热范围

1—保温层；2—电加热器；3—焊缝；4—母材；W 为焊缝宽度；SB 为均温区宽度；

HB 为加热带宽度；GCB 为保温宽度

（3）管道焊接热处理过程温度控制曲线如图 3-2-12 所示。

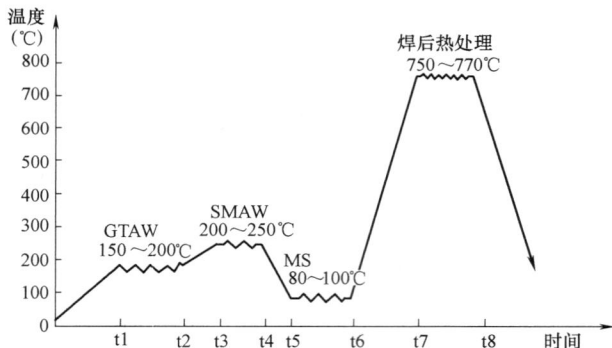

图 3-2-12　材质 P91 管道焊接（预热层间温度）热处理过程温度控制曲线
GTAW—钨极氩弧焊打底；SMAW—焊条电弧焊填充盖面；MS—马氏体低温转变；
0～t1 焊前准备；t1～t2 打底焊接；t2～t3 层间预热；t3～t4 填充盖面；t4～t5 焊后空冷；
t5～t6 低温马氏体转变；t6～t7 焊后热处理升温阶段；t7～t8 热处理恒温阶段

三、焊后检验的细部做法

1. 焊缝表面质量缺陷检测

1）焊缝表面咬边

咬边是指由于焊接参数选择不当，或操作方法不正确，沿焊趾的母材部位产生的沟槽或凹陷，也称作咬肉，如图 3-2-13 所示。

（1）咬边的危害

① 减少母材的有效截面积。

② 在咬边处可能引起应力集中，特别是低合金高强钢的焊接，咬边的边缘组织被淬硬，易引起裂纹。

（2）咬边的规定

① 不锈钢复合钢板焊接产品设计图样及技术条件无明确规定时，焊缝的咬边深度不应大于板材厚度（复层与基层分别计算）的 10％，且不大于 0.5mm，如图 3-2-14 所示。

② 咬边的连续长度不应大于 100mm，且焊缝两边的咬边总长度不应大于该焊缝总长度的 10％，如图 3-2-15 所示，或按供需双方协议的规定执行。

2）焊缝表面气孔

（1）表面气孔的规定：一级、二级焊缝不得有表面气孔，三级焊缝直径小于 1.0mm，每米不多于 3 个，间距不小于 20mm。

（2）钢结构工程，材质为 Q355B，对接焊缝为一级焊缝。检查发现有一条焊缝出现表面气孔缺陷，如图 3-2-16 所示。因为是一级焊缝，所以必须进行返修。

2. 焊缝内部质量缺陷检测

1）未焊透

（1）Ⅰ级、Ⅱ级和Ⅲ级焊接接头内不允许存在未焊透部位。未焊透是焊接时接头根部

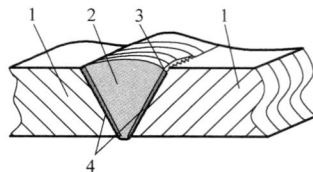

图 3-2-13　焊缝咬边示意图
1—焊接接头母材壁厚截面；
2—焊缝；3—咬边横截面；
4—焊接接头坡口面熔化区

未完全熔透的现象，如图 3-2-17 所示。

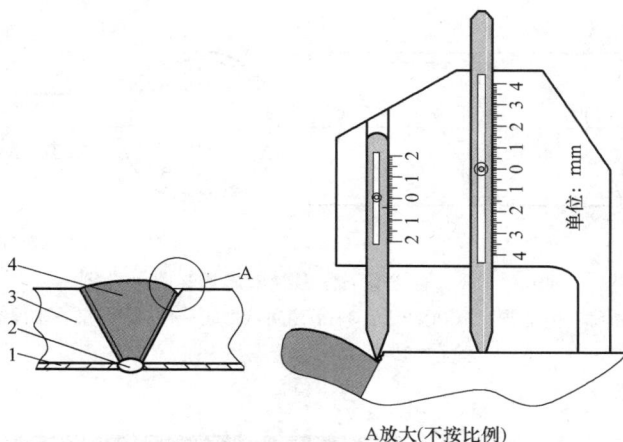

图 3-2-14 复合层不锈钢焊接接头基层焊缝表面咬边深度测量示意图

1—复层不锈钢；2—过渡层和复层焊缝横截面；3—基层；4—基层焊缝；A—放大，咬边深度 0.4mm

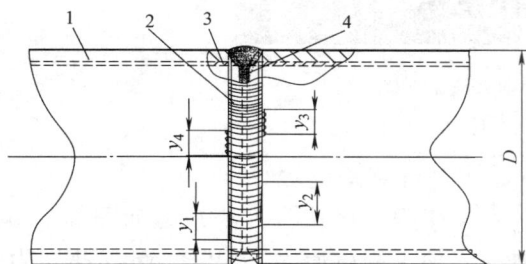

图 3-2-15 不锈钢复合管外侧焊缝咬边长度示意图

1—钢管基层；2—基层焊缝表面；3—钢管复层；
4—钢管复层焊缝表面；D—复合钢管外径；
焊缝长度为 $\Pi \cdot D$；咬边长度为 $y_1 + y_2 + y_3 + y_4$

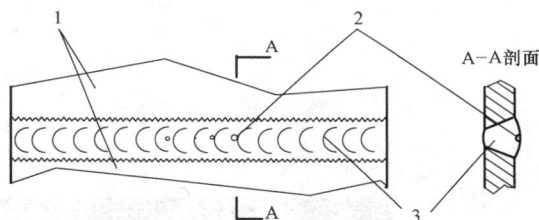

图 3-2-16 钢结构工程对接焊缝表面
气孔缺陷及修补示意图

1—母材；2—表面气孔缺陷；3—焊缝

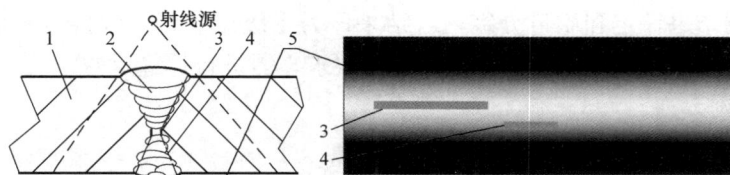

图 3-2-17 焊接接头坡口面未全部熔化而形成未焊透现象

1—母材；2—焊缝；3—未焊透缺陷；4—未熔合缺陷；5—底片（右侧为旋转 90°后）

（2）某热力管道，材质 L290M、规格 $D508 \times 10mm$，对接焊缝 100% 的 X 射线检测，执行现行标准《承压设备无损检测 第 2 部分：射线检测》NB/T 47013.2，合格级别为 Ⅱ级。检测结果发现有一处为未焊透缺陷，必须进行返修焊接，如图 3-2-18 所示。

2）夹渣

（1）焊缝夹渣的检验

夹渣是指焊后残留在焊缝中的熔渣，如图 3-2-19 所示。

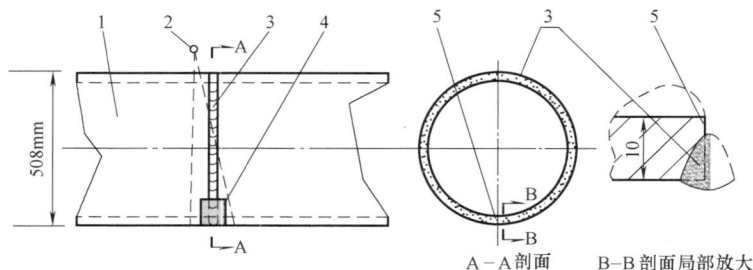

图 3-2-18 某管道工程焊缝未焊透缺陷示意图

1—材质 L290M 管道；2—射线源；3—管道对接焊缝；4—底片；5—未焊透缺陷

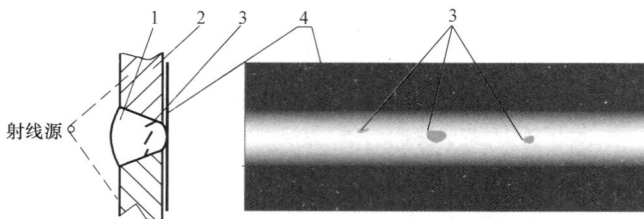

图 3-2-19 焊缝检测到夹渣示意图

1—焊缝；2—母材；3—夹渣；4—底片

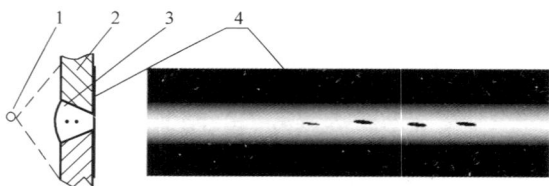

图 3-2-20 某工程焊接接头夹渣缺陷示意图

1—射线源；2—母材；3—焊缝；4—底片

（2）工程应用实例

某工程焊接接头夹渣缺陷如图 3-2-20 所示，该工程材质为 Q235B，母材厚度为 8mm，接头形式为对接接头全焊透，射线检测执行现行标准《承压设备无损检测 第 2 部分：射线检测》NB/T 47013.2，合格级别为 Ⅱ 级。根据《承压设备无损检测 第 2 部分：射线检测》NB/T 47013.2 标准的 "6.1" 进行检测结果评定和质量分级，若结果评为 Ⅰ 级或 Ⅱ 级，焊接接头质量符合要求；若结果评为 Ⅲ 级或 Ⅳ 级，焊接接头质量不满足要求，需进行焊缝返修。

3. 质量检验方法

1）常用无损检测方法及适用范围

常用焊接接头无损检测方法及适用范围见表 3-2-1。

常用焊接接头无损检测方法及适用范围　　　　表 3-2-1

序号	检测方法代号	适用范围		
		材料	焊接接头形式	透照厚度（mm）
1	RT	金属材料	对接接头、角接接头、管板角焊缝等	钢：<38
2	UT	金属材料	对接接头、T形焊接接头、角接接头和对堆焊层等	容器：6～500 管道：6～150

序号	检测方法代号	适用范围		
		材料	焊接接头形式	透照厚度(mm)
3	MT	铁磁性材料	对接接头、T形焊接接头和角接接头等	—
4	PT	非多孔性金属材料	不限制	—

2）无损检测技术等级及合格等级

承压设备焊接接头无损检测技术等级及合格等级见表 3-2-2。

承压设备焊接接头无损检测技术等级及合格等级　　　　　表 3-2-2

序号	检测方法代号	检测技术等级	焊接接头合格等级
1	RT	分为 A、AB、C 级	分为 Ⅰ、Ⅱ、Ⅲ、Ⅳ级
2	UT	分为 A、B、C 级（TOFD 不分级）	分为 Ⅰ、Ⅱ、Ⅲ级
3	MT	无	分为 Ⅰ、Ⅱ级
4	PT	分为 A、B、C 级灵敏度	分为 Ⅰ、Ⅱ级

第三节　起重吊装作业细部做法

一、吊装准备

（一）技术准备

（1）设备吊装前应编制施工方案。对于单独发包且难度较大、内容复杂的吊装工程还应编制施工组织设计。

（2）对属于超危大工程范畴的设备及构件吊装工程应按要求编制超危大工程专项施工方案，并按照超危大工程有关管理规定组织方案论证、方案交底和方案实施的监督管理。

（3）设备吊装方案应包括以下主要内容：

① 工程概况

工程概况包括工程内容及特点难点、施工场地气候及地质情况、设备主要参数、起重吊装总平面布置、安全风险辨识分析等内容。

② 编制依据

编制依据主要包括与起重吊装相关的法律法规、标准规范、设计文件及所属工程施工组织设计等。编制依据内容应完善、准确。

③ 施工计划

A. 进度计划

B. 设备与材料计划

C. 劳动力计划

④ 吊装工艺及技术要求

A. 吊装工艺参数

B. 吊装工艺流程

C. 吊装工艺方法描述及操作要求

D. 吊装安全检查要求

⑤ 质量保证措施

⑥ 安全保证措施

⑦ 吊装管理及作业人员配置

⑧ 验收要求

⑨ 应急处置措施

⑩ 计算书及相关图纸（包括并不仅限于）

A. 吊装工艺计算书

吊装工艺计算书包括主起重机和辅助起重机受力分配计算、吊装安全距离核算、吊耳强度核算、吊索吊具安全系数核算等内容。

B. 地基处理计算书

C. 地锚设计计算书

D. 吊耳及吊具设计计算书

E. 吊装平面图及立面布置图

吊装平面图及立面布置图主要包括以下内容：

a. 设备运输路线及摆放位置。

b. 设备组装、吊装位置。

c. 吊装过程中吊装机械、设备、吊索、吊具及障碍物之间的相对距离。

d. 吊装桅杆站立位置及其拖拉绳、主后背绳的平面分布。

e. 起重机械的组车、拆车、吊装站位及移动路线。

f. 滑移尾排及牵引和后溜滑轮组的设置位置。

g. 吊装工程所用的各台卷扬机现场摆放位置及跑绳布置。

h. 吊装工程所用的各个地锚的平面坐标位置。

i. 需要做特殊处理的吊装场地范围。

j. 吊装警戒区。

F. 地锚设计图

G. 吊耳及吊具设计图

H. 其他图纸

a. 有特殊要求的钢丝绳穿绕图。

b. 有特殊要求的索具系统布置图。

c. 吊、索具与主吊耳、溜尾吊耳的连接形式。

（4）吊装作业前应由吊装方案编制人向所有相关作业人员进行吊装方案交底并记录，作业人员应熟知吊装方案、指挥信号、安全技术要求及应急措施。吊装方案交底应至少包括下列内容：设备吊装顺序、设备吊装方案和吊装工艺、吊装作业工序及要点、安全技术措施。

（5）吊装方案编制人应负责方案的技术实施，应包括下列内容：

① 指导并监督作业人员正确执行方案。

② 解决吊装施工过程中出现的技术问题。

③ 提出方案修改意见并编制补充方案。

(6) 吊装方案、吊装计算书及修改或补充方案、方案交底记录和方案实施的过程记录均应存档。

(二) 起重机械、吊索具准备

(1) 起重吊装作业前，应根据吊装方案要求编制详细的起重机械及吊索具清单和进场计划。

(2) 起重机械包括液压汽车起重机、全路面起重机、履带起重机、轮胎起重机等流动式起重机，桥式、门式、门座式起重机，还包括起重桅杆及轻小型起重设备（如起重葫芦、卷扬机、千斤顶等）。

(3) 检查拟进入现场的起重机械的工作状况、设备完好性和相关证件。

(4) 起重吊索具包括钢丝绳吊索、尼龙吊带、绳夹、吊装平衡梁、卸扣、吊耳等。

(5) 检查拟进入现场的吊索具质量证明文件，规格、尺寸和性能等参数应满足吊装方案的要求，并进行现场质量检查确认。

(6) 现场使用的吊索具应做好明确标识，并分类存放、保管和维护。

(三) 地基处理、场地准备

(1) 现场条件应满足四通一平（水通、电通、路通、通信网络通、场地平整）。

(2) 吊装作业场地的地耐力特征值应大于起重设备对地基的最大压强计算值（kPa）。吊装作业场地地耐力数据应对有关勘测资料进行复核，常用的地耐力检测方法有浅层平板测试仪法和压重法。

起重设备对地基的最大压强计算值应按下式计算，起重设备路基箱铺设如图 3-3-1 所示。

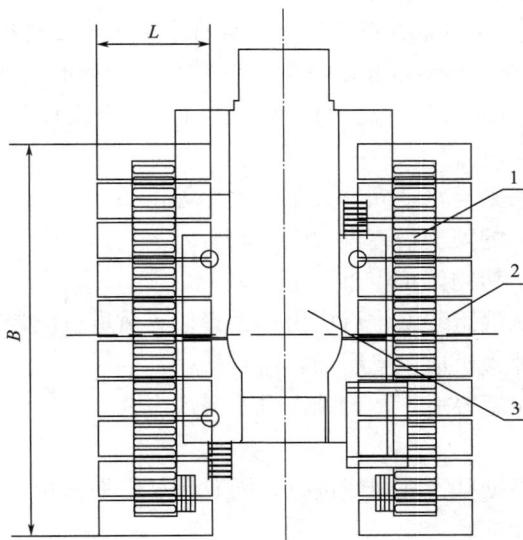

图 3-3-1　起重设备路基箱铺设示意图
1—起重设备履带或支腿底板；
2—路基箱；3—吊装机械

$$P=(G_1+G_2+G_3)/(2\times B\times L) \qquad\qquad (3\text{-}3\text{-}1)$$

式中　P——起重设备对地基的最大压强计算值（kPa）；

　　　G_1——吊车（含吊索具）重量（t）；

　　　G_2——设备重量（t）；

　　　G_3——路基箱重量（t）；

　　　B——路基箱宽度（m）；

　　　L——路基箱长度（m）。

（3）如吊装区域（包括吊装设备组拆、站位作业、行走及设备摆放区域）地耐力不符合吊装方案要求，应进行地基处理。常用的地基处理方法有碾压法、换填法、强夯法（强夯置换法）、桩基法等。

（4）确定设备到货状态、进场路线、卸车方法和平面布置。

（5）根据吊装方案放线，标识吊装机械站位、移动路线和被吊物摆放位置。

（6）吊装前应使用警戒带进行吊装区域的隔离封闭。

二、吊装实施

（一）设备吊装

1. 一般规定

（1）设备吊装总重量不得大于吊车在拟定工况下的额定起重量。

（2）当采用两台起重机作为主吊，抬吊立式设备时，起重机起重能力宜相同；当设有平衡装置或抬吊对偏载不敏感的卧式设备时，可按所分配的载荷选择起重机。每台起重机的吊装载荷不得超过其额定起重能力的80%。

（3）吊装前应根据设备重心位置设置吊点：

① 立式设备吊点位置应设置在重心以上，且宜采用板式或管轴式吊耳形式；

② 卧式设备吊点应对称设置在重心两侧，且宜采用兜捆形式；

③ 利用设备现有吊点或管口、法兰设置吊点时，应经设计单位确认或进行强度验算后确定。

（4）设备吊装时，吊索与水平面的夹角宜大于等于60°。

（5）设备与吊臂之间的安全距离宜大于500mm。

（6）吊装过程中，吊钩侧偏角应小于1°。

（7）起重机按规定位置组装站位后应由相关责任人员进行测量确认。

（8）吊装指挥及作业人员应职责明确，信号统一。

（9）设备吊装时应设置警戒区，无关人员不得入内。

2. 起重设备的选用

起重机的选择必须根据其特性曲线进行，同时必须仔细分析、计算吊装过程中的每一个工艺细节对起重机的要求。

一般情况下，选择起重机的具体步骤如下：

（1）根据被吊设备或构件的就位位置、现场具体情况等确定起重机的站位，进而确定幅度。

（2）根据被吊物的就位高度、设备几何尺寸、吊索具高度等和步骤（1）已确定的幅度，查起重机起升高度特性曲线，确定需要的起重机臂长。履带起重机起升高度曲线如图 3-3-2 所示。

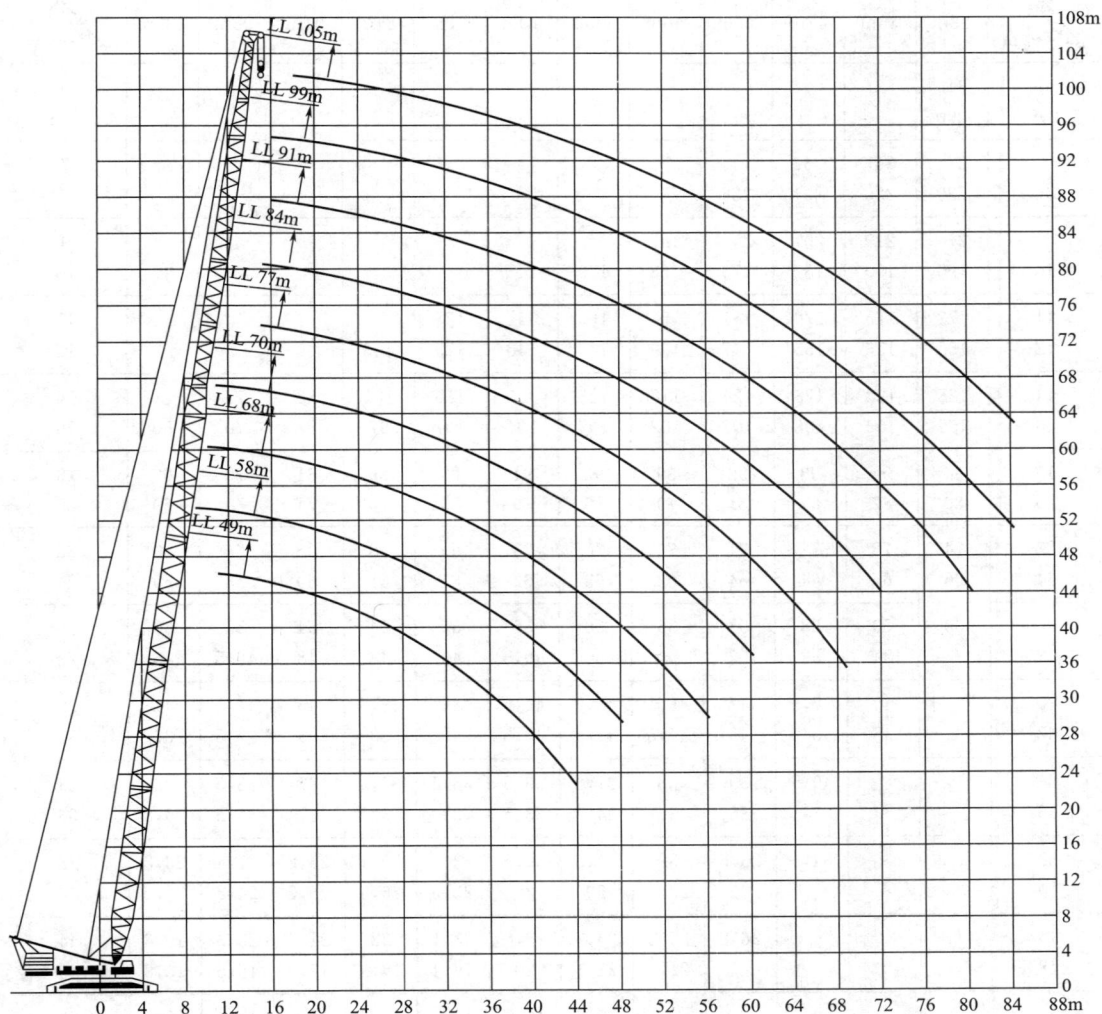

图 3-3-2　履带起重机起升高度曲线图

（3）根据上述已确定的幅度、臂长，查起重机的"起重量特性表"确定起重机能够吊装的载荷。履带起重机的起重量特性表见表 3-3-1。

（4）如果起重机能够吊装的载荷大于被吊物的重量，则起重机选择合格，否则应重选。

（5）吊装过程干涉问题判断，校核通过性能。通过性能的计算如图 3-3-3 所示。

履带起重机的起重量特性表　　　　　　　　表 3-3-1

| L 28~105m | D 28m | 360° | 155t/135t | 43t |

半径 (m)	28m	35m	42m	49m	56m	63m	70m	77m	84m	91m	98m	105m	半径 (m)
6	310												6
6,5	290												6,5
7	271	267	262										7
8	239	235	231	226									8
9	214	210	207	200	187								9
10	193	190	187	179	168	170	145						10
11	173	173	170	161	152	160	145	125					11
12	155	156	155	147	139	147	140	125	103				12
14	128	128	128	124	118	125	120	115	101	83	71		14
16	109	109	108	107	102	107	104	101	97	82	70	60	16
18	94	94	93	93	89	92	91	89	85	81	70	60	18
20	83	82	81	81	79	80	79	79	76	74	70	60	20
22	74	73	72	71	70	70	70	69	68	66	64	60	22
24	66	65	64	64	63	63	62	61	61	60	58	55	24
26	60	59	58	57	56	56	55	55	54	54	52	50	26
28		54	52	52	50	60	49,5	49	48	48	46,5	46	28
30		49	47,5	47	45,5	45,5	44,5	44	43,5	43	41,5	41	30
32		45	43,5	43	41,5	41,5	40,5	40	39	39	37,5	37	32
34			40,5	39	38	37,5	36,5	36,5	35,5	35	33,5	33	34
36			37	36	35	34,5	33,5	33	32	32	30,5	29,8	36
38			34,5	33,5	32	31,5	30,5	30	29,1	28,8	27,4	26,8	38
40				31	29,5	29	28	27,5	26,5	26,2	24,8	24,2	40
44				26,8	25,3	24,7	23,6	23,1	22	21,6	20,3	19,6	44
48					21,9	21,1	20	19,4	18,3	17,9	16,5	15,8	48
52						18,2	16,9	16,4	15,2	14,8	13,4	12,6	52
56						15,7	14,4	13,8	12,6	12,1	10,7	9,9	56
60							12,3	11,6	10,3	9,8	8,4	7,6	60
64							9,7	8,4	7,8	6,4	5,3		64
68								8,1	6,7	6,1	4,7	3,7	68
72									5,2	4,6			72
76									4,3				76
m/s	14,3		12,8		11,1		9						m/s

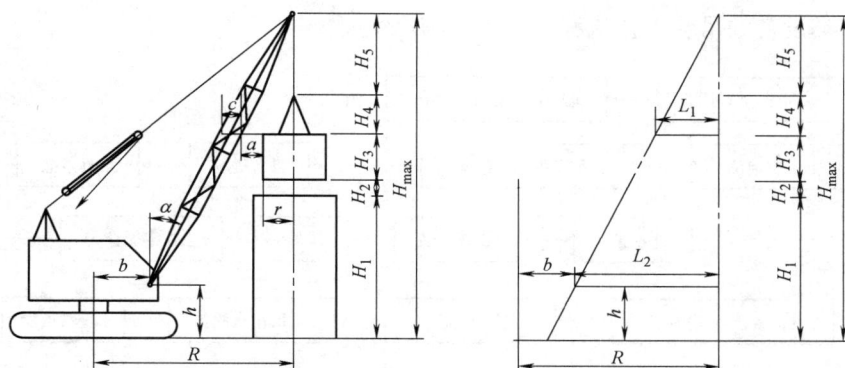

图 3-3-3　设备吊装通过性能计算简图

图中各参数意义及确定如下：

R——幅度；

H_{max}——臂头高度；

b——起重机旋转中心至臂脚铰链的水平距离；

c——起重臂宽度；

h——起重机臂脚铰链高度；

a——设备至臂架安全距离，一般不应小于 500mm；

H_1——基础高度（计算至地脚螺栓顶部）；

H_2——腾空高度（至少应取 200mm）；

H_3——设备高度；

H_4——吊索高度（根据吊索角度计算）；

H_5——臂头到吊钩的距离；

r——设备半径。

由图中所示几何关系可知：

$$L_1 = r + a + c/2 \tag{3-3-2}$$

$$L_2 = R - b \tag{3-3-3}$$

安全距离为：

$$a = \frac{H_{max} - (H_1 + H_2 + H_3)}{H_{max} - h} L_2 - r - c/2 \tag{3-3-4}$$

以上步骤需要反复分析计算，才能确定起重机的型号、规格及工况参数。

3. 吊装方法

使用吊车吊装设备可采用单机提升旋转吊装、单机提升扳转吊装、单主机抬吊递送吊装、双主机抬吊递送吊装等方法进行。在工程实践中，以上几种吊装方法往往会组合使用，如塔类化工设备的吊装。

下面是典型的塔类化工设备吊装方法。

（1）塔类化工设备特点是高度高、重量重，长细比大，就位找正有一定难度，对吊车的吊装性能和稳定性有着较高的要求。塔类化工设备的吊装一般采用履带起重机进行。典型的塔类设备使用单主机抬吊递送吊装方法。

（2）塔类设备的吊装工艺流程如图 3-3-4 所示。

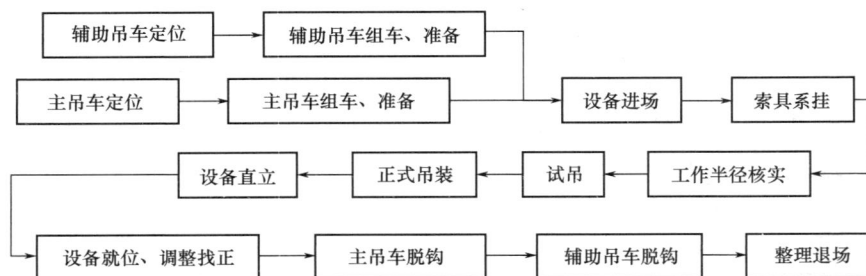

图 3-3-4　塔类设备吊装工艺流程图

（3）吊车定位和组装：

吊车到达吊装现场后，应按照吊装方案中应用的工况参数进行组装，主要工况参数包括最大起重量、工作半径（幅度）、吊臂长度（主、附臂）、起升及变幅机构配置、超起装置、配重等。吊车组装作业可利用吊车自身的辅助起重装置或辅助吊车进行，连接固定应使用吊车自带的销轴、螺栓等配（备）件。

吊车组装完成后应按照吊装方案中吊装工艺平面图和地面划线标志进行定位，并进行现场测量复核，主要复核吊车工作半径、行走路线及距离数据等。

塔类设备一般使用履带起重机吊装，履带起重机组装如图 3-3-5 所示。

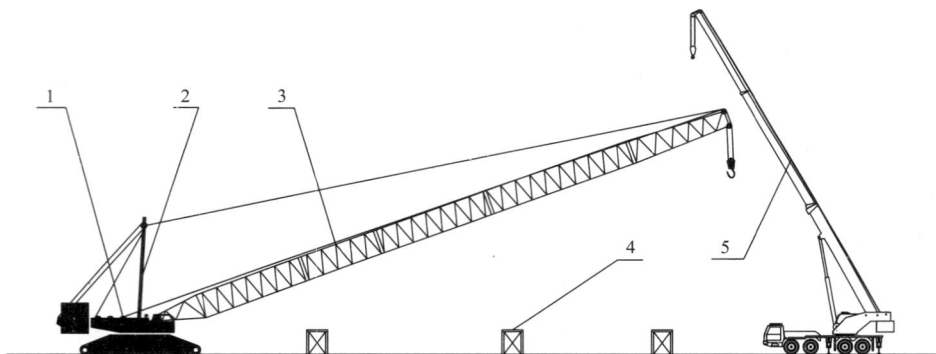

图 3-3-5　履带起重机组装示意图

1—吊车；2—变幅机构；3—主吊臂；4—吊臂临时支墩；5—辅助吊车

（4）设备进场及索具系挂：

塔类设备一般情况下是由（液压）平板运输车运载进场，并按照吊装方案中确定的进退场路线进行操作，停放在指定的位置上。然后由主吊车或主辅吊车配合进行卸车。设备卸车后应水平放置于配套鞍座上。

吊装索具包括主吊钢丝绳、主吊平衡梁、辅吊钢丝绳及各类卸扣。吊索系挂应在主辅吊车定位之后进行。对于塔类设备，主吊钢丝绳应使用压制头吊绳，上端与主吊平衡梁的吊耳连接，下端与设备上部的管式吊耳兜挂连接，辅吊钢丝绳则通过卸扣与设备底部的吊耳连接。

（5）吊装就位：

塔类设备的吊装就位一般包括以下操作过程：

① 使用主吊车和溜尾吊车采用抬吊的方式将处于水平放置的设备吊起，如图 3-3-6 所示。吊起时应保持两台吊车同步起升。

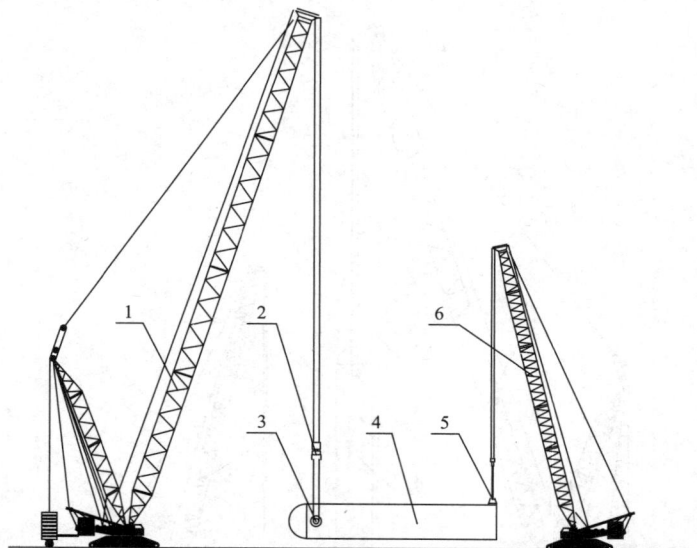

图 3-3-6 塔类设备吊装示意图一（水平抬吊）

1—主吊车；2—主吊具；3—主吊耳；4—设备；5—底部吊耳；6—溜尾吊车

② 采用主吊车抬吊（溜尾吊车）递送吊装法将设备由水平翻转为垂直竖立（翻身）。在此过程中主吊车吊钩先起升一段高度（一般为 200～300mm，可根据吊车性能状况及吊绳长度确定），溜尾吊车再根据主吊车起升的高度向主吊车方向移动，至主吊车吊绳基本垂直，然后主吊车吊钩继续起升，溜尾吊车行走，如此交替进行，设备轴线由水平向垂直状态转动，如图 3-3-7 所示。

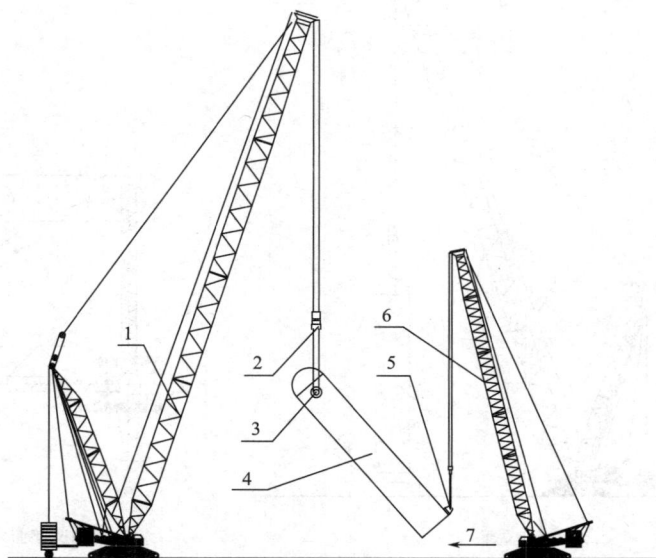

图 3-3-7 塔类设备吊装示意图二（翻身）

1—主吊车；2—主吊具；3—主吊耳；4—设备；5—底部吊耳；6—溜尾吊车；7—溜尾吊车移动方向

③ 当设备翻身至完全竖直时，主吊车将承担设备的全部重量荷载。溜尾吊车将吊钩下降卸荷，然后将底部吊耳系挂的索具移除，溜尾吊车退场，如图 3-3-8 所示。

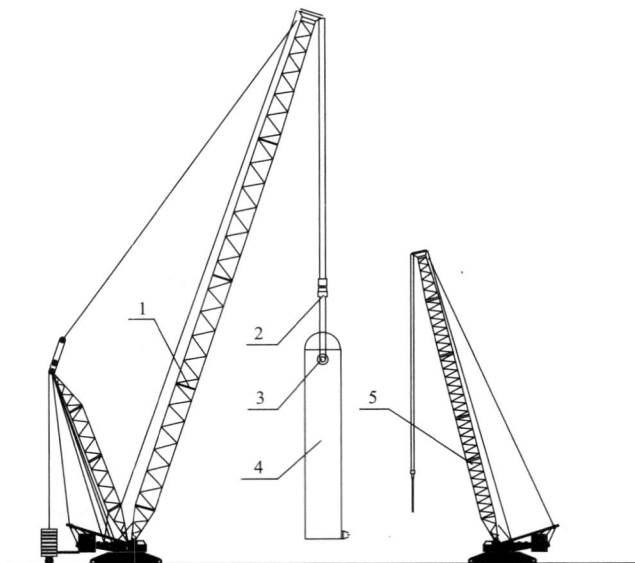

图 3-3-8　塔类设备吊装示意图三（竖立）
1—主吊车；2—主吊具；3—主吊耳；4—设备；5—溜尾吊车

④ 采用主吊车提升旋转吊装法将设备吊起一定高度并平移到基础上方，通过旋转平移和调整工作半径的方法将设备精确对准基础位置，主吊车吊钩下降，将设备平稳放置于基础之上，如图 3-3-9 所示。

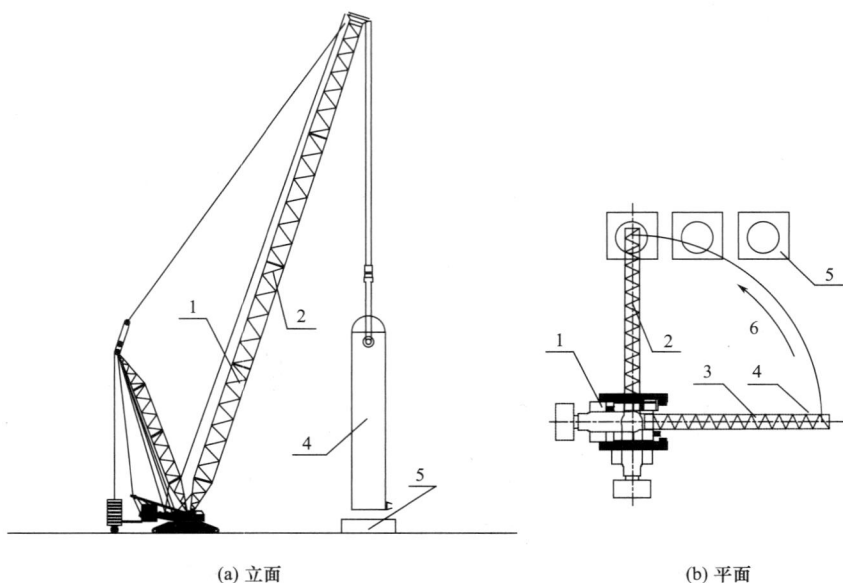

(a) 立面　　　　　　　　　　　　　　　　(b) 平面

图 3-3-9　塔类设备吊装示意图四（提升旋转就位）
1—主吊车；2—主吊臂；3—主吊臂（旋转前）；4—设备；5—设备基础；6—旋转方向

⑤ 采用辅助方法将设备初步找正并采取临时固定措施后，主吊车脱钩退场，吊装过程结束。

在正式吊装前还应进行试吊，观察测量设备是否平衡、吊装结构有无变形、各连接处有无异常、地基沉降情况等，以确保吊装过程安全。

（二）钢结构吊装

（1）钢构件应按规定的吊装顺序配套供应，装卸时，起重运输机械不得靠近基坑行走。

（2）钢构件的堆放场地应平整，构件应放平、放稳，避免变形。

（3）钢柱吊装一般使用流动式起重机进行，吊点可利用柱顶连接板设置，也可兜绑牛腿结构进行。对于结构尺寸较大的重型钢柱，应使用单主机抬吊递送法进行吊装。

（4）钢柱吊装就位后应使用缆风绳或钢管支撑等临时稳定措施。柱底灌浆应在柱校正完或建筑底层钢框架校正完，并紧固地脚螺栓后进行。

（5）钢梁和钢屋架的吊装一般使用流动式起重机进行，并采用对称两吊点的方式吊装。吊点一般采用兜绑方式，也可预制专用吊耳。对于纵向结构尺寸较大的钢梁或屋架，可使用吊梁加多吊点或双机抬吊方式进行，以增加吊装稳定性。

钢屋架吊装如图 3-3-10 所示。

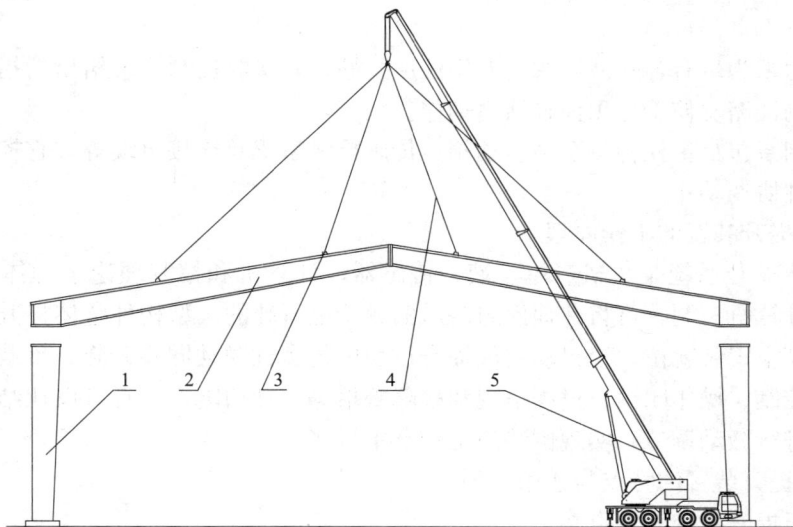

图 3-3-10　钢屋架吊装示意图
1—钢柱；2—钢屋架；3—吊点；4—吊绳；5—液压汽车起重机

（6）柱、梁安装完毕后，在未设置浇筑楼板用的压型钢板时，应在钢梁上铺设适量吊装和接头连接作业时用的带扶手的走道板。

（7）缆风绳或溜绳的设置应在方案交底中明确。对不规则构件的吊装，其吊点位置，捆绑、安装、校正和固定方法也应在方案交底中明确。

（三）液压提升吊装

1.液压提升装置

1）液压提升装置的组成

液压提升装置由承重系、动力系、控制系三大部分组成。

（1）承重系包括钢缆（钢绞线）式提升千斤顶、构件夹持器、安全夹持器及 $\phi15.20$ 的高强度低松弛钢绞线。液压提升千斤顶外观与结构简图如图 3-3-11 所示，夹持器卡爪工作原理如图 3-3-12 所示。

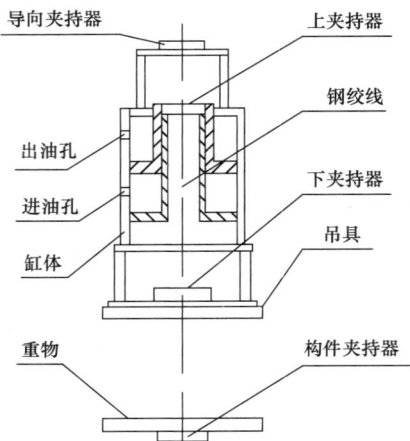

图 3-3-11　液压提升千斤顶结构简图

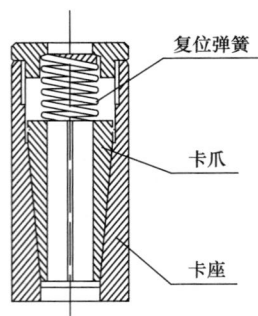

图 3-3-12　卡爪工作原理图

（2）动力系为带有各式液压阀的专用液压泵站，它接收控制系统给出的指令开关电磁阀，从而控制油路驱使千斤顶油缸活塞动作。

（3）控制系包括主控柜、泵站启动箱、传感检测系统及连接电缆等，它控制整个系统中各运动部件协调动作。

2）液压提升装置的工作原理

液压同步提升系统是集机、电、液、传感器、计算机和控制理论于一体的现代化设备。它采用计算机控制，可将在地面组装后的成千上万吨的大型构件整体提升到几十米甚至几百米的高空安装就位，全自动完成提升过程中的多缸联动同步升降、负载均衡、姿态校正、应力控制、操作闭锁、过程呈现和故障警报等多种功能，而且可以让结构件在空中长期滞留和进行微动调节，实现倒装施工和空中拼接。

3）液压提升装置的特点与适用范围

（1）液压提升系统的特点

液压提升系统的特点包括液压千斤顶多点联合吊装、钢绞线悬挂承重、计算机同步自动控制、体积小、重量轻、占用场地小、提升效率高、同步精度高、冲击载荷小、带载升降与停留、安全可靠等。

（2）适用范围

液压提升系统适用于大型门式起重机、大型石油化工设备及建筑构件、机库屋架、桥梁、电站设备、海上石油平台等设备或构件的吊装。它可以解决传统吊装工艺和大型起重机械在起重高度、重量、结构面积、作业场地等方面无法克服的难题。

2. 液压提升支承系统

液压提升支承系统一般由提升塔架、缆风绳、锚点和支承基础组成。在条件满足的情况下，也常用工程结构代替支承塔架作为液压提升支承点或面。液压提升支承系统应符合以下要求：

（1）吊装的最大载荷不得超过支承系统的设计额定载荷。

（2）利用工程结构作为液压提升支承时，应对承重结构的强度和稳定性进行校核，并经原设计单位书面同意。

（3）液压提升支承系统与设备的最小安全距离宜大于 200mm。

（4）锚点及缆风绳设置应符合以下要求：

① 地锚应根据吊装系统配置及地质情况专门设计。

② 利用原有基础或结构作为锚点时，需要对其强度和稳定性进行校核，并经原设计单位书面同意。

③ 塔架缆风绳系统应根据塔架的高度、设备和吊装装置的迎风面积等因素进行核算后确定。

液压提升支承系统平面布置如图 3-3-13 所示。

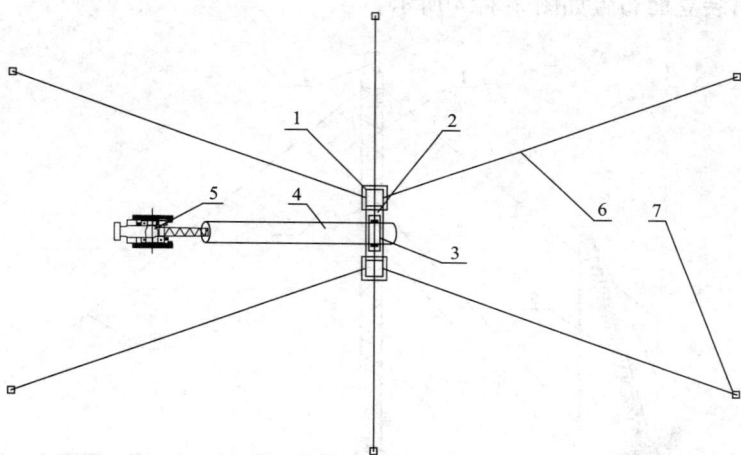

图 3-3-13 液压提升支承系统平面布置图

1—提升塔架；2—提升横梁；3—液压提升装置；4—设备；5—辅助吊车；6—缆风绳；7—锚点

3. 液压提升吊装

（1）提升作业之前应对提升支承结构和被提升设备及其加固结构进行验收。

（2）提升施工开始时应进行试提升，并应符合下列规定：

① 提升作业应在被提升结构与胎架之间的连接解除之后进行。提升加载应采用分级加载。在加载过程中应对被提升结构和提升支承结构进行观测，无异常情况方可继续加载。

② 被提升结构脱离胎架后应在被提升结构最低点离开胎架 100mm 做悬停。悬停期间应对整体提升支承结构和基础进行检查和检测，检验合格后方可继续提升。

（3）液压提升系统在提升的初始阶段应检验系统的安装质量和系统的性能，确保完好。

（4）连续提升开始，应对环境、结构、设备及提升组织和人员操作等做全方位控制，并应符合下列规定：

① 提升过程中，应使用测量仪器对被提升结构进行高度和高差的监测，并应根据验

算设定值进行控制。当各提升点的荷载或高差出现超差时，应实时进行调整或停止提升，查清并排除故障后方可恢复提升。

② 控制系统应配置不间断电源设施，保持电源电压稳定。

③ 设备底部的移送速度应与主吊起升速度相匹配，使主吊索具保持垂直，应保持主吊索与铅垂线的夹角不得大于1°。

④ 在提升过程中，应用仪器监测塔架的变化情况和地基沉降情况，发现有异常发生时应停止吊装。

⑤ 用于保证支承结构稳定的缆风绳在提升过程中不得进行转换。

（5）对被提升结构提升到位、固定牢固并完成相关检测后，方可拆除整体提升支承结构。

（6）提升支承系统的卸载，宜分批分级进行。对于卸载不同步效应，应事先通过结构验算确定合理的卸载顺序。

液压提升吊装立面布置如图 3-3-14 所示。

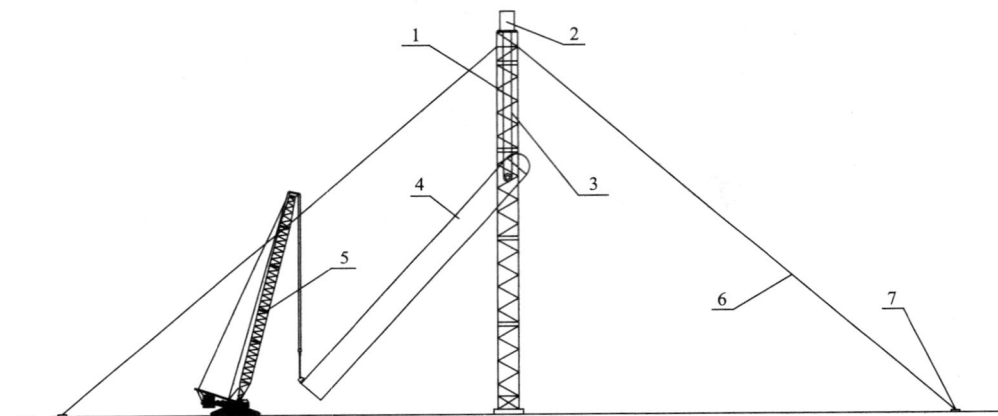

图 3-3-14　液压提升吊装立面布置图

1—提升塔架；2—提升横梁；3—液压提升装置；4—设备；5—辅助吊车；6—缆风绳；7—锚点

三、吊索具的使用

（一）吊装绳索

1. 钢丝绳

1）钢丝绳的分类

根据现行国家标准《钢丝绳 术语、标记和分类》GB/T 8706，钢丝绳的分类通常有以下三种：按结构分类、按用途分类和按尺寸分类。根据现行国家标准《重要用途钢丝绳》GB/T 8918，钢丝绳按其股的断面、股数和外层钢丝的数目进行分类，起重吊装用钢丝绳根据习惯大多采取按结构进行分类，最常见和使用最多的是单层多股圆形钢丝绳，以下所述钢丝绳如无其他说明皆指该类钢丝绳。

2）钢丝绳标记

单层多股钢丝绳应按下列顺序标记：

（1）外层股数；

（2）乘号（×）；

（3）每个外层股中钢丝的数量及相应股的标记；

（4）连接号（＋）或（－）；

（5）芯的标记。

示例：6×37＋1，其中6表示为6股、37表示每股内钢丝数、1表示有1根绳芯或绳芯的结构类型。

以同直径钢丝绳相比较，每股内钢丝多且细，则钢丝绳的挠性较好，使用时显得更"柔软"，但耐磨性稍差。

3）钢丝绳的参数

钢丝绳的参数主要包括：直径（绳直径、钢丝直径）、钢丝总断面面积、参考质量（kg/100m）、钢丝绳公称抗拉强度、钢丝绳破断拉力等。

2. 钢丝绳吊索的计算选用

1）吊索的种类

（1）吊索又俗称为千斤绳、绳扣，用其挂在起重机吊钩上或滑车组的下滑车上，吊装设备、构件等重物。

（2）使用钢丝绳制造的索具，需要符合现行国家标准《钢丝绳吊索 环索》GB/T 30587、《钢丝绳吊索 插编索扣》GB/T 16271、《一般用途钢丝绳吊索特性和技术条件》GB/T 16762或所采购或选用钢丝绳吊索的产品说明书、技术标准。

（3）起重吊装用钢丝绳吊索通常有传统的插编钢丝绳吊索和压制钢丝绳吊索，插编钢丝绳吊索又分为手工插编钢丝绳吊索和机械插编钢丝绳吊索。

（4）单肢吊索、末端配件及公称长度如图3-3-15所示。

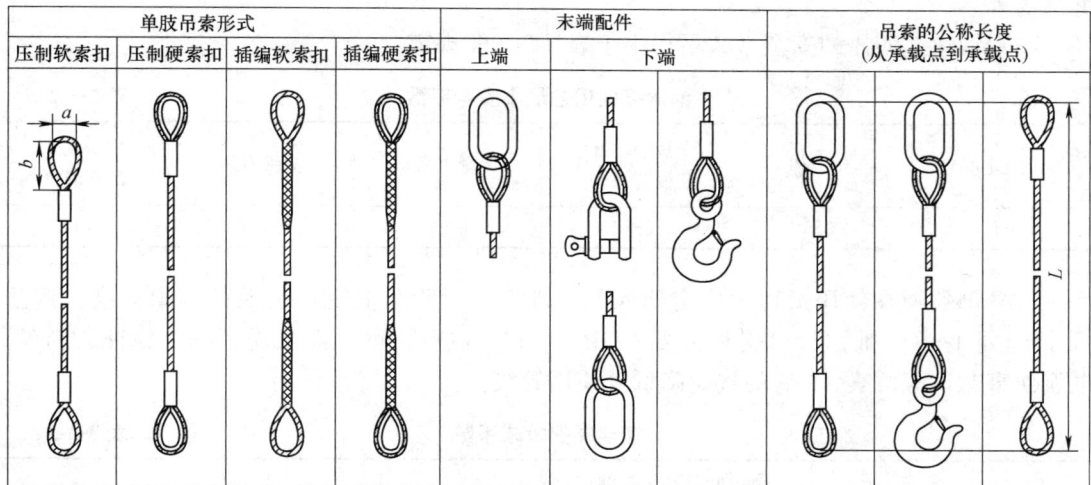

图3-3-15 单肢吊索及末端配件类型示意图

2）钢丝绳吊索直径及长度要求

（1）单肢吊索的两端插编末端之间的距离应不小于钢丝绳公称直径的15倍，单肢吊索的两端压制接头内端之间的距离应不小于钢丝绳公称直径的10倍。

（2）吊索实测长度和公称长度的差值应不大于钢丝绳公称直径的 2 倍，或不大于规定长度的 0.5%，二者之中取大值。

3）钢丝绳吊索外观检查要求

（1）插编钢丝绳吊索应符合下列要求：

① 插编部分的绳芯不得外露，各股要紧密，不能有松动的现象。

② 插编后的绳股切头要平整，不得有明显的扭曲。

（2）压制钢丝绳吊索的外观应符合下列要求：

① 接头表面应光滑，无裂纹、飞边和毛刺。

② 钢丝绳端部应超出铝合金接头 1~1.5 倍绳径。

4）钢丝绳吊索的选用

钢丝绳吊索主要根据吊物重量、吊索直径、根数、受力角度、钢丝绳公称抗拉强度及安全系数等参数进行选用。

5）吊索的使用要求

（1）由于起吊时需要平衡，一般不采用单肢吊索，而采用多分肢的形式进行捆绑吊装。起重吊装时，最理想状态的吊索是垂直的，但除非使用吊具，一般很难做到。吊索与铅垂线的夹角 α 一般应控制在 30°~45°之间，特殊情况下，不得大于 60°。

（2）钢丝绳在相同直径时，股内钢丝越多、钢丝直径越细，则绳的挠性也越好，易于弯曲；但细钢丝捻制的绳不如粗钢丝捻制的绳耐磨损。因此，不同型号的钢丝绳，其使用的范围也不同。6×19+1 钢丝绳一般用作缆风绳、拉索，即用于钢绳不受弯曲或可能遭受磨损的地方；6×37+1 钢丝绳一般用于钢绳承受弯曲场合，常用于滑轮组中，作为穿绕滑轮组起重绳，也可用作吊索；6×61+1 钢丝绳柔性好，适宜用于滑轮组、吊索和捆绑吊物等。

（3）钢丝绳使用的安全系数不得小于表 3-3-2 的规定。

钢丝绳使用的最小安全系数　　　　表 3-3-2

用途	缆风绳	机动起重设备跑绳	无弯矩吊索	捆绑绳索	用于载人的升降机
安全系数	3.5	5~6	6~7	8~10	14

（4）钢丝绳在使用过程中应定期保养、维护、检验和报废，按现行国家标准《起重机 钢丝绳 保养、维护、检验和报废》GB/T 5972 执行，钢丝绳发现磨损、锈蚀、断丝、电弧伤害时，应按表 3-3-3 的规定降低其使用等级。

钢丝绳的折减系数　　　　表 3-3-3

钢丝绳规格（交互捻）			折减系数
6×19+1	6×37+1	6×61+1	
一个捻距内断丝数			
1~3	1~6	1~9	0.90
4~6	7~12	10~18	0.70
7~9	13~19	19~29	0.50

（二）吊装机具

1. 起重滑车

1）滑车与滑车组的作用

滑车与滑车组（也成为滑轮与滑轮组）是一种重要的吊装工具，在设备吊装中应用得非常广泛。使用滑车一是承受吊装力和牵引力；二是改变牵引绳索的方向。

滑车一般用作定滑车、动滑车、导向滑车、平衡滑车等，也常由多个滑车组成滑车组。

2）滑车的结构形式、规格

（1）结构形式

按滑车头部结构形式可分为吊钩型、链环型、吊环型和吊梁型，如图 3-3-16 所示；按滑车的轮数可分为单轮滑车、双轮滑车和多轮滑车，其中单轮滑车有闭口和开口两种；按滑车的作用来分，可分为定滑车、动滑车、导向滑车和平衡滑车。

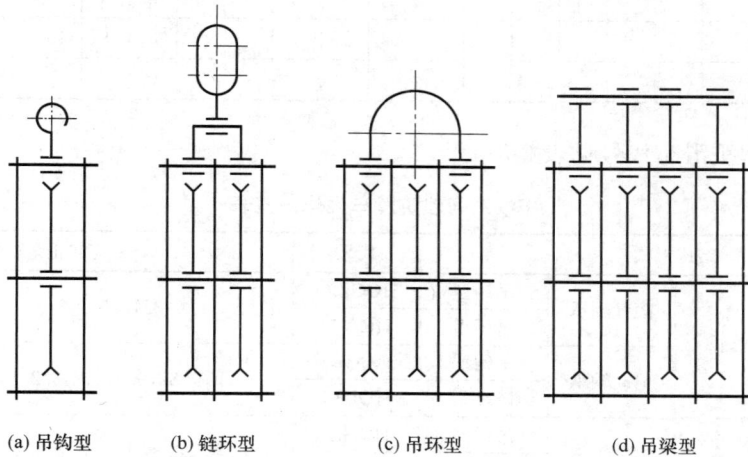

| (a) 吊钩型 | (b) 链环型 | (c) 吊环型 | (d) 吊梁型 |

图 3-3-16　滑车结构形式

（2）滑车系列

滑车有 HQ 系列、HY 系列（林业滑车）和 H 系列，设备吊装常用 HQ 系列和 H 系列。

① HQ 系列起重滑车

HQ 系列起重滑车规格见表 3-3-4。

HQ 系列起重滑车规格表

表 3-3-4

滑轮直径(mm)	额定起重量(t)																	钢丝绳直径范围(mm)
	0.32	0.5	1	2	3.2	5	8	10	16	20	32	50	80	100	160	200	250	320	
	滑轮数量(个)																		
63	1																		6.2
71		1	2																6.2～7.7
85			1	2	3														7.7～11

续表

滑轮直径(mm)	额定起重量(t)																		钢丝绳直径范围(mm)
	0.32	0.5	1	2	3.2	5	8	10	16	20	32	50	80	100	160	200	250	320	
	滑轮数量(个)																		
112			1	2	3	4													11~14
132				1	2	3	4												12.5~15.5
160					1	2	3	4	5										15.5~18.5
180						2	3	4	6										17~20
210						1			3	5									20~23
240							1	2		4	6								23~24.5
280								2	3	5	8								26~28
315									1		4	6	8						28~31
355										1	2	3	5	6	8	10			31~35
400																8	10		34~38
450																		10	40~43

HQ 系列起重滑车代号见表 3-3-5。

HQ 系列起重滑车代号一览表　　　　　　　　　　表 3-3-5

结构形式				代号	额定起重量(t)
单轮	开口	滚针轴承	吊钩型	HQGZK1	0.32,0.5,1,2,3.2,5,8,10
			链环型	HQLK1	
		滑动轴承	吊钩型	HQGK1	0.32,0.5,1,2,3.2,5,8,16,20
			链环型	HQLK1	
	闭口	滚针轴承	吊钩型	HQGZ1	0.32,0.5,1,2,3.2,5,8,10
			链环型	HQLZ1	
		滑动轴承	吊钩型	HQG1	0.32,0.5,1,2,3.2,5,8,10,16,20
			链环型	HQL1	
			吊环型	HQD1	1,2,3.2,5,8,10
双轮	双开口	滑动轴承	吊钩型	HQGK2	1,2,3.2,5,8,10
			链环型	HQLK2	
	闭口		吊钩型	HQG2	1,2,3.2,5,8,10,16,20
			链环型	HQL2	
			吊环型	HQD2	1,2,3.2,5,8,10,16,20,32
三轮	闭口	滑动轴承	吊钩型	HQG3	3.2,5,8,10,16,20
			链环型	HQL3	
			吊环型	HQD3	3.2,5,8,10,16,20,32,50
四轮	闭口	滑动轴承	吊环型	HQD4	8,10,16,20,32,50
五轮				HQD5	20,32,50,80
六轮				HQD6	32,50,80,100
八轮				HQD8	80,100,160,200
十轮				HQD10	200,250,320

滑车标记形式如下：

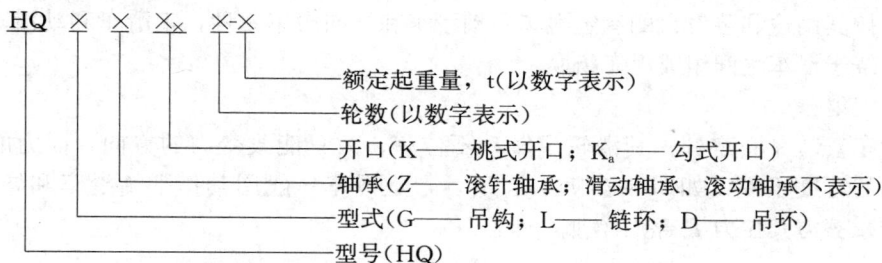

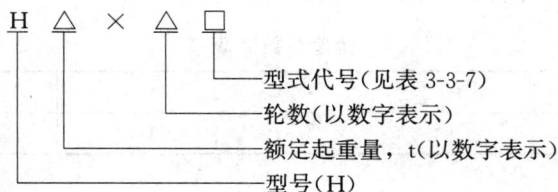

HQ × × ×× ×-×

— 额定起重量，t(以数字表示)
— 轮数(以数字表示)
— 开口(K—— 桃式开口；K_a—— 勾式开口)
— 轴承(Z—— 滚针轴承；滑动轴承、滚动轴承不表示)
— 型式(G—— 吊钩；L—— 链环；D—— 吊环)
— 型号(HQ)

② H 系列起重滑车

本系列由 14 种起重量、11 种滑轮配成 17 个品种、103 个规格，见表 3-3-6。

H 系列起重滑车规格表　　　　　　　表 3-3-6

型号	额定起重量 (t)	试验载荷 (kN)	全高 H (mm)	沟口直径 D (mm)	质量(kg)
HQGZK1-0.32	0.32	5.12	230	28	1.78
HQLZK1-0.32					1.64
HQGK1-0.32					1.33
HQLK1-0.32					1.99
HQGZK1-0.5	0.5	8	260	31.5	2.25
HQLZK1-0.5					2.03
HQGK1-0.5					1.76
HQLK1-0.5					1.58
HQGZK1-1	1	16	310	37.5	4.4
HQLZK1-1					4.08
HQGK1-1					3.6
HQLK1-1					3.32
HQGZK1-2	2	32	405	45	7.98
HQLZK1-2					7.4
HQGK1-2					7.41
HQLK1-2					6.8

滑车标记形式如下：

H △ × △ □

— 型式代号(见表 3-3-7)
— 轮数(以数字表示)
— 额定起重量，t(以数字表示)
— 型号(H)

型式代号表　　　　　　　表 3-3-7

型式	开口	吊钩	链环	吊环	吊梁	桃式开口	闭口
代号	K	G	L	D	W	KB	不加 K

3）起重滑车的使用

滑车按其用途和装设目的有定滑车、动滑车和导向滑车 3 种，定滑车和动滑车用绳索串联地穿绕于滑车之间组成滑车组。

（1）定滑车

定滑车安装在固定处，其滑轮只转动不位移，故只能改变力的方向，而力的大小不变，绳索的速度不变，如图 3-3-17（a）所示，定滑车一般用其作平衡滑车和导向滑车。考虑转动摩擦力其拉力 P 略有增加，即：

$$P = Q/\eta \qquad (3\text{-}3\text{-}5)$$

式中　Q——重物重力，kN。

　　　η——单滑车效率，用于钢丝绳时，$\eta = 0.94 \sim 0.98$；用于棕绳时，$\eta = 0.80 \sim 0.94$。

（2）动滑车

动滑车随吊物同步移动，按其装设目的有省力动滑车［图 3-3-17（b）］和增速动滑车［图 3-3-17（c）］两种。如不计摩阻力，单轮可省力一半，即：

$$P = Q/2 \qquad (3\text{-}3\text{-}6)$$

而增速动滑车较滑车可使重物运动速度提高 1 倍。

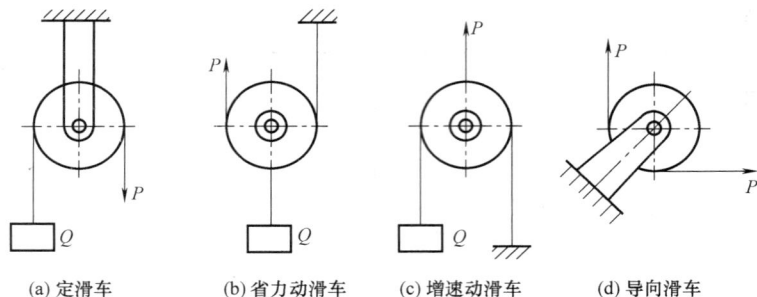

(a) 定滑车　　　　(b) 省力动滑车　　　　(c) 增速动滑车　　　　(d) 导向滑车

图 3-3-17　滑车计算简图

（3）导向滑车

其实，导向滑车是定滑车的用途之一，只起改变受力方向的作用，如图 3-3-17（d）所示。导向滑车的受力大小取决于进绳和出绳方位间夹角 α 的大小，夹角愈大则受力愈小，即：

$$P_1 = PZ \qquad (3\text{-}3\text{-}7)$$

式中　Z——角度系数，见表 3-3-8。

角度系数 Z 表　　　　　　　　　　　表 3-3-8

$\alpha(°)$	0	15	22.5	30	45	60
Z	2	1.94	1.84	1.73	1.41	1

（4）滑车组

滑车组使用时滑车组中的定滑车位置不动，只有滑轮转动，而动滑车随重物同步移动，起省力作用；且滑车组中滑轮愈多愈省力，但重物的移动速度亦相应愈慢。

起重滑车组钢丝绳穿绕方法分顺穿法和花穿法两种，它是一项非常重要而且较为复杂的起重操作技术。

① 顺穿法

顺穿法可分为单头顺穿法和双头顺穿法，如图 3-3-18 所示。

顺穿法就是将绳索的一端按顺序逐个绕过定滑车和动滑车各滑轮的一种简单穿绳方法，视卷扬机的台数不同，可抽出单头，如图 3-3-18（a）所示；也可有一个不转动的平衡滑轮而抽出双头，如图 3-3-18（b）所示。单头顺穿法会因各段绳索受力

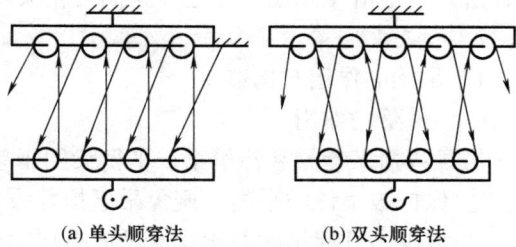

(a) 单头顺穿法　　(b) 双头顺穿法

图 3-3-18　滑车组钢丝绳顺穿方法示意图

不相等（固定端受拉力最小，而后逐段受力递增，引出端受力最大）而易造成滑车歪斜。此种穿绕方法虽有穿绕简单容易的优点，但宜用于 4 个滑轮以下的滑车组。而双抽头顺穿法则不但能避免滑车发生歪斜，而且工作平稳、减少阻力，加快吊装速度。

② 花穿法

在滑车组滑轮数量较多，又用一台卷扬机牵引时可用花穿法，用以改善滑车组的工作条件并降低抽出头的拉力，还可保证滑车组受力均匀而起吊平稳。

许多施工企业，在长期的吊装实践中，验证了一些有效的花穿方法，图 3-3-19 仅为其中的一部分，起示例作用。

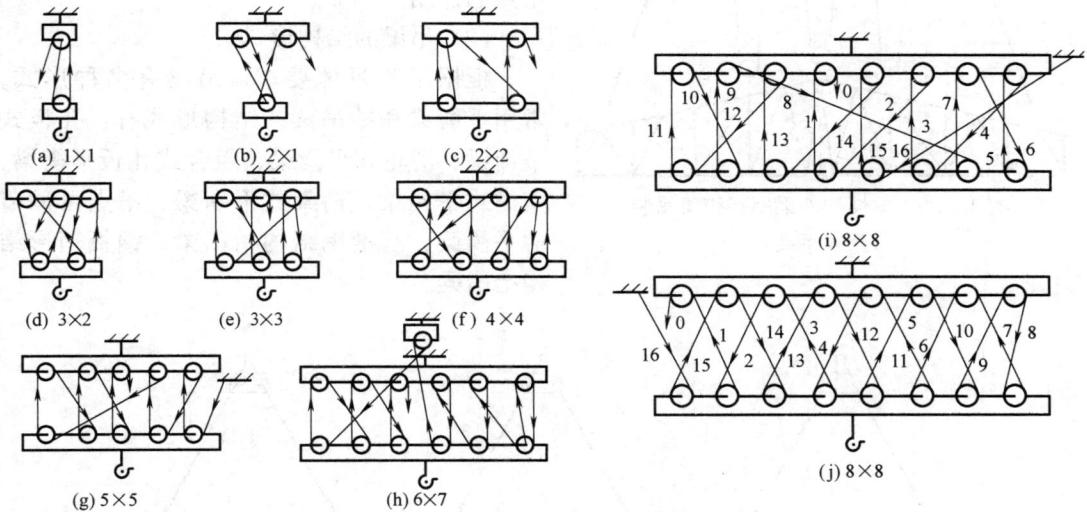

(a) 1×1　　(b) 2×1　　(c) 2×2

(d) 3×2　　(e) 3×3　　(f) 4×4

(g) 5×5　　(h) 6×7

(i) 8×8

(j) 8×8

图 3-3-19　滑车组钢丝绳花穿方法示意图（数字表示穿绳顺序）

③ 穿绕方法的选择

在选择起重滑车组钢丝绳穿绕方法时应综合考虑以下要求，视具体情况选用。

穿绕方法应简单，要易操作，尽量避免采用过分复杂的穿绕方法；在负载后滑车组应不产生歪斜，或只发生轻度歪斜，避免在吊装进行时滑车组歪斜加剧的情况发生；牵引钢丝绳进入滑轮的偏角应控制在不大于 4°的范围内；在动滑车移动过程中，各段穿行的钢丝绳之间只能发生轻度摩擦，切不可产生危及安全的严重摩擦，更不可缠绕在一起；在卸载

后，靠吊具和动滑车的重量即能使动滑车和绕绳顺利下降；一般花穿法要求吊物达到预定位置后，其定滑车和动滑车之间距离要稍大些。

2. 吊装平衡梁

1）吊梁的作用与构造

（1）吊梁的作用

吊梁包括平衡梁和抬吊梁。平衡梁用于单机吊装，其作用如下：

① 保持被吊件的平衡，避免吊索损坏设备。

② 减少吊件起吊时所承受水平向挤压力作用而避免损坏设备。

③ 缩短吊索的高度，减少动滑轮的起吊高度。

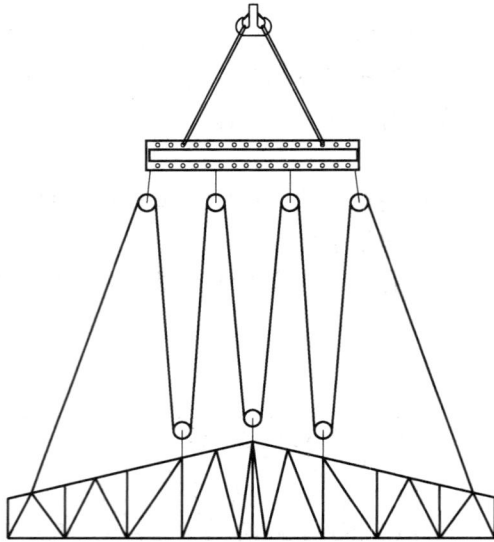

图 3-3-20　柔性构件采用平衡梁吊装（吊点吊装）

④ 当构件刚度不满足要求，需采用多吊点起吊时，应通过合理设置吊点以平衡和分配各吊点载荷，具体如图 3-3-20 所示。

⑤ 转换吊点如图 3-3-21 所示。

在同一台非标准起重机（如桅杆）的一个吊耳上，如需要挂两套及其以上的滑轮组，也需要采用平衡梁。

抬吊梁用于双机抬吊来完成一些设备的吊装工作，主要起到分配起重机负荷和转换吊点的作用。

（2）吊梁的结构形式

根据吊装具体要求，吊梁有多种形式。常用平衡梁和抬吊梁的结构形式有：孔板式平衡梁、滑轮式平衡梁、组合式孔板平衡梁、支撑式平衡梁、桁架式平衡梁、吊点可调节的平衡梁、双槽钢结构抬吊梁、钢板箱形结构抬吊梁。

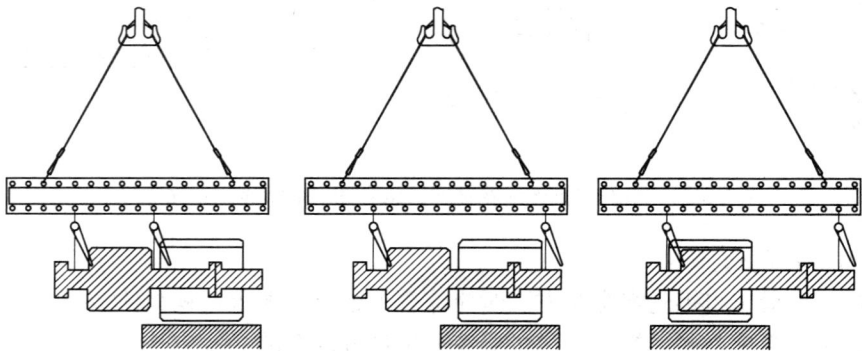

图 3-3-21　精密设备采用平衡梁吊装（调水平、避免吊绳擦伤和转换吊点）

平衡梁和抬吊梁结构形式如图 3-3-22～图 3-3-29 所示。

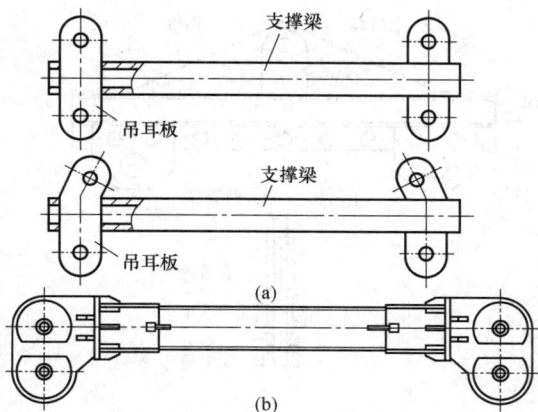

图 3-3-22 孔板式平衡梁

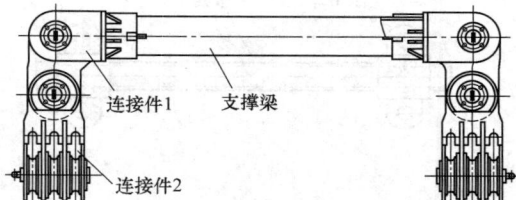

图 3-3-23 滑轮式平衡梁

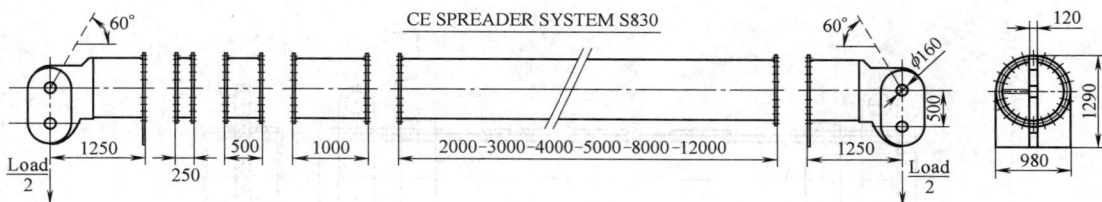

图 3-3-24 组合式孔板平衡梁（单位：mm）

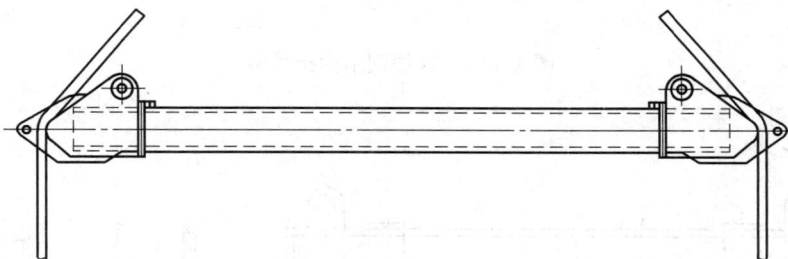

图 3-3-25 支撑式平衡梁

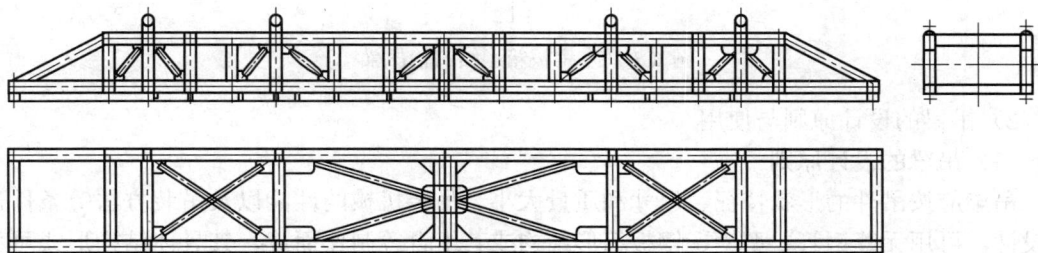

图 3-3-26 桁架式平衡梁

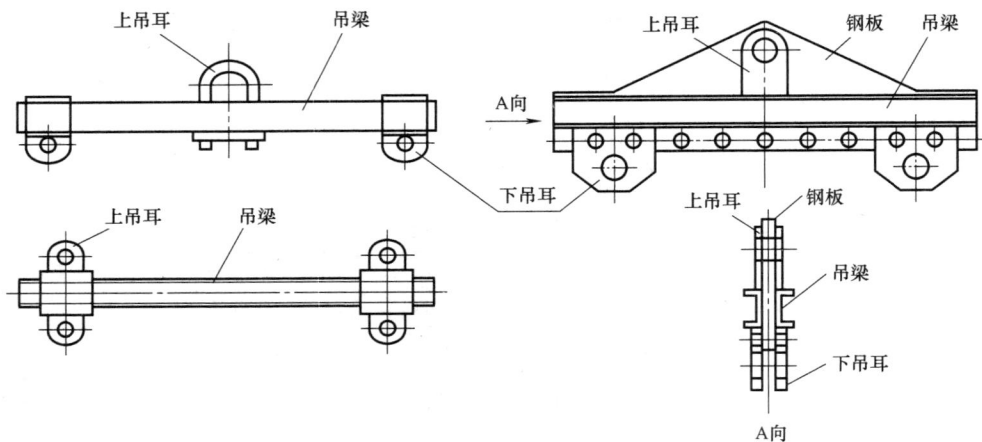

图 3-3-27　吊点可调节的平衡梁

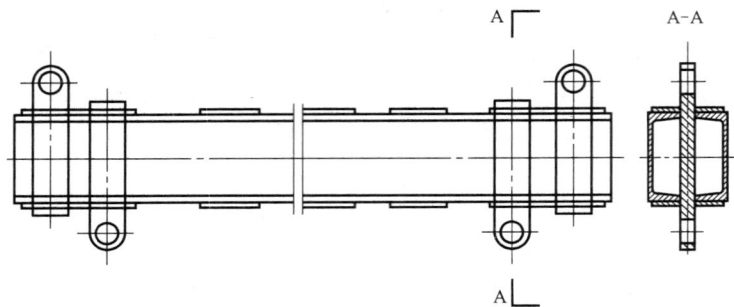

图 3-3-28　双槽钢结构抬吊梁

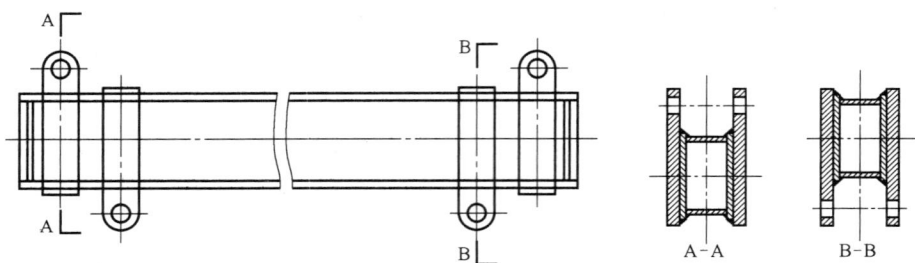

图 3-3-29　钢板箱形结构抬吊梁

2）吊梁的设计原则与使用

（1）吊梁的设计原则

吊梁应按吊件的形状特征、尺寸和质量大小、吊装机械的性能以及吊装方法等条件进行设计，可用无缝钢管、型钢、钢板箱形结构或其组合等制作而成，其具体结构形式可为实腹式或格构式。撑杆式平衡梁也可按照一定吊装吨位和长度设计为可组合式的钢管法兰对接形式。

一般来说，平衡梁依据受力形式可分为受压杆件（撑杆）、受弯杆件和压弯组合杆件。而抬吊梁一般仅为受弯杆件。对于压弯组合受力的吊梁，多是应用在吊装一些柔性或多吊点受力的构件，起吊时以吊梁本身的刚性来保证吊件的稳定，应根据具体吊件情况对应设计。

（2）吊梁的使用

① 自行设计、制造的吊梁，其设计图纸与校核计算书应随吊装施工技术方案一同审批。

② 使用前应检查确认。主要受力件出现塑性变形或裂纹、吊轴磨损量达到原件尺寸的5％、吊梁锈蚀严重等均不得使用。

③ 吊梁使用时应符合设计使用条件。

④ 使用中出现异常响声、结构有明显变形等现象应立即停止。

⑤ 使用中应避免碰撞和冲击。

⑥ 吊梁使用后应清理干净，应放置在平整坚硬的支垫物上，并应由专人保管。

3. 吊点（吊耳）

1）吊点形式

吊点是设备和结构吊装时，索具在吊件上的绑结受力点，是吊装中重要的连接部件，直接关系到吊装安全。

吊点形式多样，有吊耳、捆绑式吊点、吊环螺钉吊点、眼板等。

对于一般设备和构件的起吊，吊耳是主要的吊点连接方式，大体可分为圆钢式吊耳（图3-3-30）、板式吊耳（图3-3-31）和管轴式吊耳（图3-3-32）等结构形式。圆钢式吊耳用于轻小型构件（一般小于5t）的吊装，板式吊耳在中型及重型设备构件吊装中应用广泛，管轴式吊耳则用于塔类设备及重型设备构件吊装。

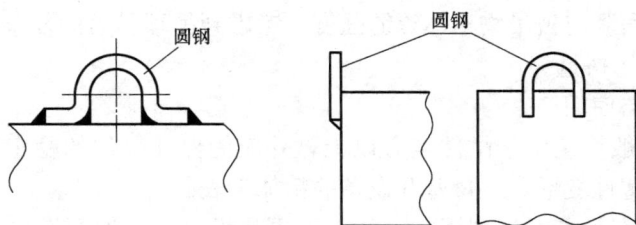

图3-3-30 圆钢式吊耳

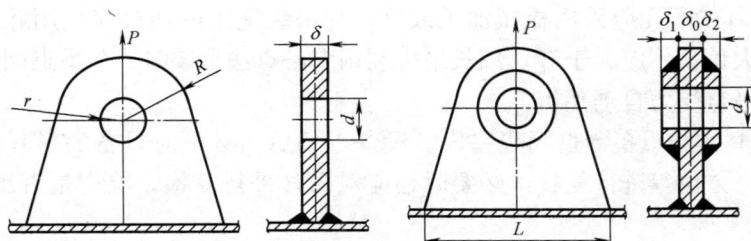

图3-3-31 板式吊耳

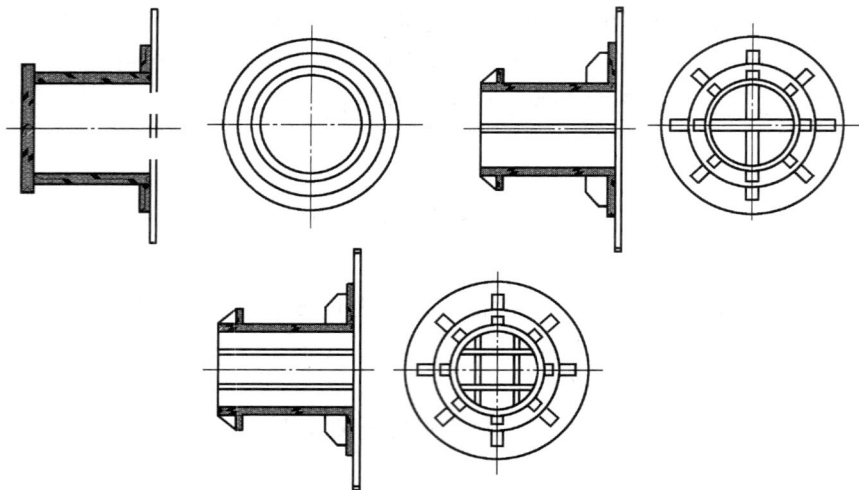

图 3-3-32　管轴式吊耳

2）吊点的设计原则与使用

（1）设计原则

在吊装工程中经常使用板式吊耳。焊接式板式吊耳用钢板制成，分为顶部板式吊耳和侧壁板式吊耳。对于在吊件起吊过程中受力变化的吊点，应按其最大受力进行设计。以安全、经济、使用方便、不影响被吊装的设备为基本原则，综合考虑材料、吊装所使用的机械情况、吊装作业人员的操作水平、吊装作业环境、吊装工艺方法、吊耳制作质量、焊接吊耳位置设备或构件本身的局部强度等因素的影响。

孔板式吊耳的失效形式以吊耳板与设备或构件本体的连接焊缝强度不足及板孔撕裂为多见，故吊耳板孔强度和焊缝强度是板孔式吊耳设计的重要关注点。设计计算时应分别校核吊耳板孔强度和吊耳与被吊物本体焊缝强度。考虑到吊耳受力的复杂性，吊耳设计时一般应考虑不小于 50％裕量。

（2）吊点选择与使用

① 吊点位置一般均应位于吊件重心以上，并应能保证吊件的稳定与平衡，确保不会因吊件自重而引起塑性变形，尽量避开设备的精加工表面。

② 如设备已设有吊点则应利用，一般不可再另设吊点。但要在确认设备上已有的吊耳、吊钩、板眼和吊环螺钉等是为吊装设备整体而设，还是为吊装部分而设或仅为吊装某零部件而设后，才可利用。

③ 板式吊耳的耳孔应采用机械加工成型，与吊装绳索的连接应采用卸扣，受力方向与耳板平面最大偏角不应大于 5°。细长吊件利用多吊点法吊装时，各吊点间应设置平衡滑轮等装置使各吊点受力自动平衡。

④ 设备吊耳宜与设备制造同步完成。设备进场后，必须对设备的吊耳外观、焊肉高度、焊接位置、方位等进行复核，必要时还应对吊耳进行复检，检查是否出现延迟裂纹，确保吊装安全。

⑤ 吊点在使用过程中必须先试吊、后起吊，保证吊装平稳。吊装过程中吊点受力应尽可能与吊点计算模型吻合，不允许超载使用。

后 记

　　《机电工程安装细部节点做法优选（2025）》是在《机电工程安装工艺细部节点做法优选（2022）》的框架基础上修订和完善的，本书的出版也离不开 2022 年版 102 位参编人员的辛勤汗水和智慧结晶，分别是杨存成、王清训、陆文华、要明明、马振民、李子水、李丽红、张青年、陈洪兴、周武强、郑永恒、胡笛、徐贡全、高杰、郭育宏、唐艳明、黄尚敏、潘健、陈海军、季华卫、姜修涛、梁波、安泰、安利华、曹丹桂、曹冬冬、曾宪友、陈骞、陈乔、陈煜、陈二军、程宝丽、程国明、崔峻、董军、董海峰、杜世民、符明、高惠润、葛兰英、顾耀、贺广利、胡建林、胡忠民、贾广明、康卫强、李超、李湖辉、李梅玉、李宇舟、李玉磊、李增平、林炜、刘昌芝、刘欢龙、刘明友、刘鑫铭、刘宴伟、芦立江、罗宾、吕莉、马义、马甜甜、毛文祥、孟凡龙、孟庆礼、米彦宾、潘国伟、裴以军、乔勋涛、邱康利、屈振伟、时龙彬、苏志强、孙飞、孙杰、汤毅、唐剑、陶建伟、王超、王伟、王建林、温玉宏、谢鸿钢、薛慧峰、颜勇、杨铁彦、叶健、易万君、于峰、于海洋、于伟强、余海敏、袁志文、张琛、张俊、张仟、张家新、张彦旺、郑云德、周德忠、朱进林，正是各位专家学者的专业贡献与不懈努力，为行业技术发展提供了宝贵经验，也为本书的迭代升级奠定了坚实基础，在此向 2022 年版参编人员表示衷心的感谢。

编　者

2025 年 7 月